光学技術の事典

黒田　和男
荒木　敬介
大木　裕史
武田　光夫
森　　伸芳
谷田貝豊彦

編集

朝倉書店

【口絵1】 ZnSe 光学部品
（→ 28. 赤外光学材料）

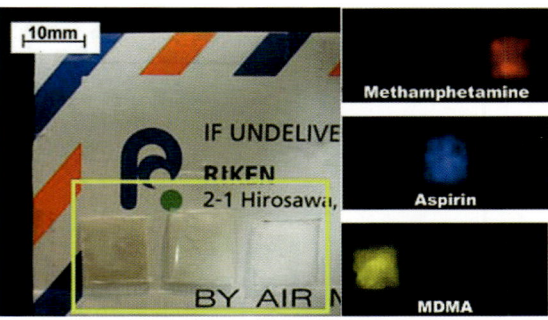

【口絵4】 封筒内に隠された薬物のテラヘルツ分光
イメージング例（→ 78. テラヘルツ応用）

【口絵2】 加法混色と減法混色
（→ 63. 色彩工学：印刷系①）

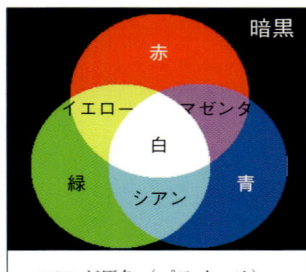

加法混色

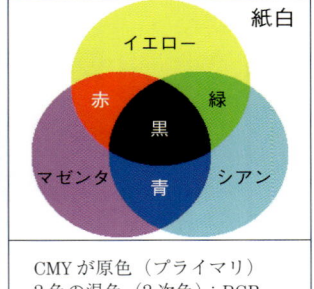

減法混色

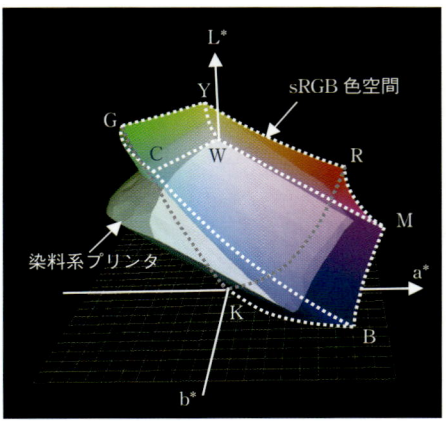

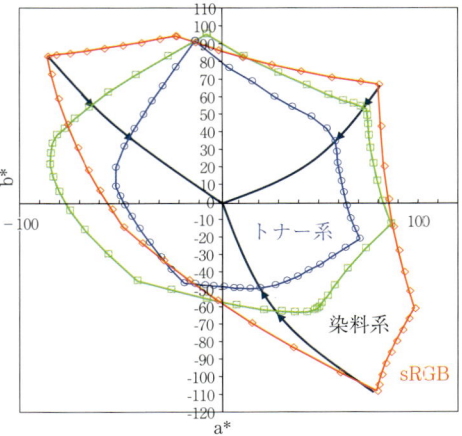

【口絵3】 各種プリンタの色再現域（$L^*a^*b^*$ 色空間）（→ 64. 色彩工学：印刷系②）

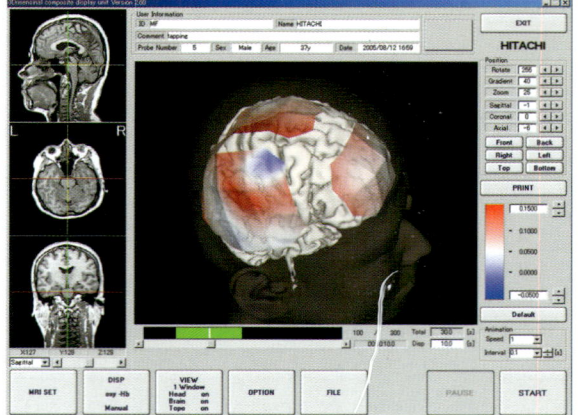

【口絵5】 MRI画像に重畳した光トポグラフィー像
（→ 86. 光トポグラフィー）
㈱日立メディコ：光トポグラフィー ETG-7100 カタログ（CO-121）より．

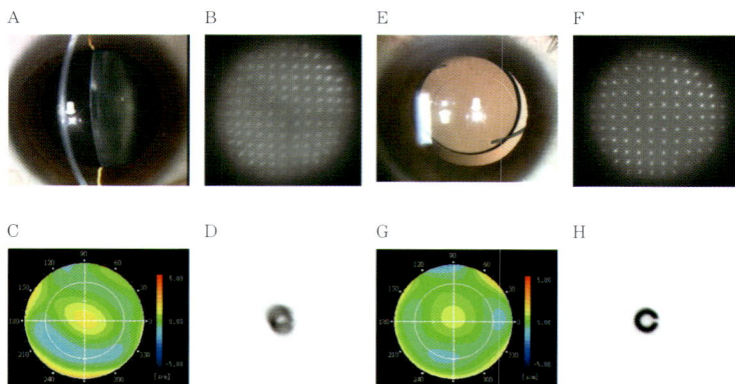

【口絵6】 初期白内障眼の波面センサーによる解析（→ 88. 医用計測機器）

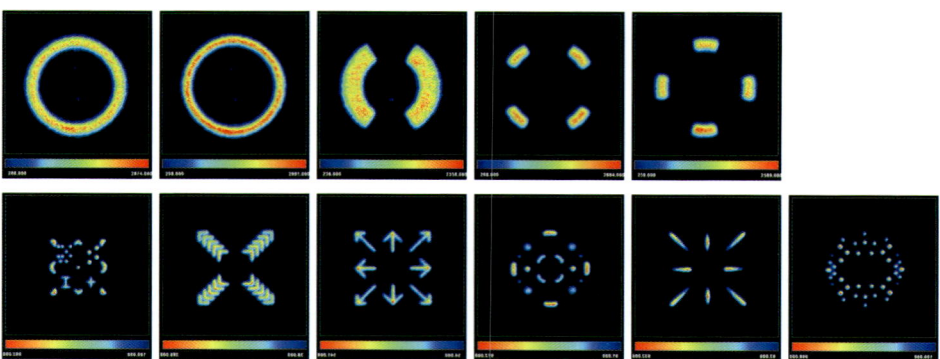

【口絵7】 照明瞳内強度分布（露光機上での測定結果）（→ 95. 計算機リソグラフィー）

序

　本書は当初，久保田・浮田・会田編『光学技術ハンドブック』(1968)，小瀬・斎藤・田中ほか編『光工学ハンドブック』(1986)，辻内・黒田・大木ほか編『最新光学技術ハンドブック』(2002．以上朝倉書店刊)の流れを汲むハンドブックの最新改訂版として企画された．今世紀に入ってデジタル技術の進展は著しく，光学技術もそれに伴い大きく変化している．カメラの世界では銀塩フィルムはほぼ完全に固体撮像素子に置き換えられてしまった．さらに，スマートフォンやタブレット端末に搭載される極小カメラに至っては，億のオーダーを超える台数が毎年製造販売される時代を迎えている．上記2002年版ハンドブックではデジタル化技術は本格的に取り上げられていない．このような状況下での改訂版の企画であったが，議論を重ねるうちに基本方針について見直しが必要との結論に達した．2002年版はすでに900ページを超える大冊となっている．これを延長すると次の改訂版は1000ページを超えかねない．おそらくハンドブックとはいえ限度を超えるページ数が必要となる．電子書籍化は現実的な選択肢の一つではあるが，出版社の方針として，時期尚早ということで見送られた．このような議論の結果，まだ需要のある2002年版ハンドブックはそのまま残すこととし，よりコンパクトなハンドブックとして新たに企画したのが本書である．光学の基礎や最新技術に関連する重要項目を厳選し，それぞれ3ないし4ページ程度で解説するというスタイルをとった．本のタイトルもハンドブックとせず，『光学技術の事典』と銘打つこととなった．

　本書の企画に当たっては，基礎をおろそかにせず，大学学部程度の光学の講義に出てくる項目はもれなく取り上げたつもりである．また，現場でも役立つように，設計や製造技術の基礎も多く取り上げた．この意味で，本書はこれまでのハンドブックの編集方針を引き継ぐものである．と同時に，最新技術も重要と思われる項目を多く選んで解説した．ページ数に制限があるため，詳細を解説できなかった項目もある．これについては，記事に引用された参考文献，あるいは，『最新光学技術ハンドブック』の該当する項目を参照されたい．また，巻末に公式集をまとめ読者の

便宜を図った．

　本書も多くの専門家にご執筆をいただいた．ご多忙中にもかかわらず，本書のために時間を割いていただいた著者各位に心より感謝いたします．また，本書の企画を強力に進めていただいた朝倉書店編集部に厚く御礼申し上げる．

　2014 年 7 月

編集委員を代表して　黒 田 和 男

■ 編集委員

黒田 和男	宇都宮大学オプティクス研究教育センター特任教授／東京大学名誉教授
荒木 敬介	キヤノン株式会社総合R&D本部／宇都宮大学客員教授
大木 裕史	株式会社ニコン コアテクノロジー本部長／東京大学特任教授
武田 光夫	宇都宮大学オプティクス研究教育センター特任教授／電気通信大学名誉教授
森 伸芳	コニカミノルタ株式会社アドバンストレイヤーカンパニー
谷田貝 豊彦	宇都宮大学オプティクス研究教育センター教授・センター長／筑波大学名誉教授

■ 執筆者（五十音順）

阿部 勝行	オリンパス株式会社	大瀧 達朗	株式会社ニコン
荒木 敬介	キヤノン株式会社	大谷 幸利	宇都宮大学
蟻川 謙太郎	総合研究大学院大学	大友 文夫	株式会社OTリサーチ
安藤 学	キヤノン株式会社	大沼 一彦	千葉大学
家 正則	国立天文台	岡本 隆之	独立行政法人理化学研究所
生駒 哲一	九州工業大学	長田 英紀	OPI株式会社
石坂 哲	コニカミノルタ株式会社	尾松 孝茂	千葉大学
石部 芳浩	キヤノン株式会社	川瀬 晃道	名古屋大学
市川 裕之	愛媛大学	河田 聡	大阪大学
伊藤 啓	株式会社ニコン	河村 尚登	前キヤノン株式会社
稲 秀樹	キヤノン株式会社	菊地 彰	オリンパスメディカルシステムズ株式会社
今村 秀明	住友電工ハードメタル株式会社	菊地 晃司	ソニー株式会社
上原 進	株式会社オハラ	木口 雅史	株式会社日立製作所
魚津 吉弘	三菱レイヨン株式会社	久保田 慎	株式会社シード
歌川 健	株式会社ニコン	栗巣 賢一	住友電気工業株式会社
内川 惠二	東京工業大学	黒川 隆志	国立天文台
遠藤 宏志	キヤノン株式会社	黒田 和男	宇都宮大学
大木 裕史	株式会社ニコン	桑山 哲郎	キヤノン株式会社
大須賀 慎二	浜松ホトニクス株式会社	小松 進一	早稲田大学

執筆者一覧

齊藤 公博	ソニー株式会社	服部 洋幸	コニカミノルタ株式会社
坂尻 浩一	東京工業大学	馬場 俊彦	横浜国立大学
佐藤 俊一	防衛医科大学校	春名 正光	大阪大学
佐藤 浩	キヤノン株式会社	福田 一帆	東京工業大学
塩入 諭	東北大学	不二門 尚	大阪大学
渋谷 眞人	東京工芸大学	古澤 明	東京大学
志村 努	東京大学	増田 高	キヤノン株式会社
杉岡 幸次	独立行政法人理化学研究所	松本 弘一	東京大学
鈴木 憲三郎	株式会社ニコン	松山 隆司	京都大学
関根 淳	株式会社ニコン	松山 知行	株式会社ニコン
髙見 英樹	国立天文台	丸山 晃一	HOYA 株式会社
竹添 秀男	Otto von Guericke University	水野 正朝	株式会社ニコン
武田 光夫	宇都宮大学	三井 恒明	キヤノン株式会社
立和名 一雄	HOYA 株式会社	村上 敏貴	株式会社ニコン
田中 哲	防衛大学校	村上 洋平	株式会社日本触媒
田中 拓男	独立行政法人理化学研究所	百生 敦	東北大学
太和田 善久	大阪大学	森島 綾子	ジャスコエンジニアリング株式会社
津田 剛志	株式会社ニコン	森田 隆二	北海道大学
槙田 博文	オリンパス株式会社	森 伸芳	コニカミノルタ株式会社
友藤 哲也	株式会社ニコン	森 勇介	大阪大学
直井 由紀	コニカミノルタ株式会社	谷田貝 豊彦	宇都宮大学
中川 英則	キヤノン株式会社	柳井 啓司	電気通信大学
長嶋 太一	大阪ガスケミカル株式会社	矢成 光弘	株式会社ニコン
中楯 末三	東京工芸大学	山口 弘太郎	株式会社ニコン
浪川 敏之	株式会社ニコン	山崎 和秀	オリンパス株式会社
新坂 俊輔	株式会社ニコン	山本 和久	大阪大学
西井 準治	北海道大学	横森 清	独立行政法人科学技術振興機構
長谷川 勝二	日本分光株式会社	吉村 政志	大阪大学
長谷川 雅宣	キヤノン株式会社	鷲巣 晃一	キヤノン株式会社
波多腰 玄一	株式会社東芝	渡辺 順次	東京工業大学

目　　次

第Ⅰ部　基礎編

- A. 幾何光学 ……………………………………………………［荒木敬介］… 2
- B. 波動光学 ……………………………………………………［谷田貝豊彦］… 8
- C. 偏光・結晶光学 ……………………………………………［黒田和男］… 16
- D. 放射と散乱 …………………………………………………［黒田和男］… 23
- E. 統計光学 ……………………………………………………［武田光夫］… 29

第Ⅱ部　製造技術

【設計】
1. 近軸光学 …………………………………………………［荒木敬介］… 38
2. 絞りとその作用 …………………………………………［荒木敬介］… 41
3. 収　差 ……………………………………………………［荒木敬介］… 44
4. フーリエ光学 ……………………………………………［渋谷眞人］… 47
5. 性能評価法 ………………………………………………［森　伸芳］… 51
6. レンズ設計 ………………………………………［関根　淳・山口弘太郎］… 54
7. 自動設計法 ………………………………………………［三井恒明］… 57
8. 非球面光学系 ……………………………………………［荒木敬介］… 60
9. 非共軸光学系 ……………………………………………［荒木敬介］… 64
10. 分布屈折率光学系 ………………………………………［槌田博文］… 67
11. 非結像用光学系 …………………………………………［直井由紀］… 70
12. ガウスビーム光学系 ……………………………………［尾松孝茂］… 73
13. 光学薄膜の設計 …………………………………………［新坂俊輔］… 76

【加工・製造】
14. ガラス・結晶材料の加工 ……………………………［安藤　学・中川英則］… 82
15. モールド …………………………………………………［服部洋幸］… 85
16. インプリント ……………………………………………［西井準治］… 88
17. レーザープロセシング …………………………………［杉岡幸次］… 91

- 18. 分布屈折率 ………………………………………………… ［魚津吉弘］ … 94
- 19. 接　着 ……………………………………………………… ［村上敏貴］ … 98
- 20. 製膜法 ……………………………………………………… ［友藤哲也］ … 102

【検査】

- 21. 基礎定数の測定 …………………………………………… ［山崎和秀］ … 106
- 22. 波面収差，面形状の測定長 ……………………………… ［長谷川雅宣］ … 110
- 23. 屈折率の計測 ……………………………………………… ［立和名一雄］ … 113
- 24. 透過率・反射率の計測 ……………………… ［長谷川勝二・森島綾子］ … 116
- 25. 解像力・OTFの計測 ……………………………………… ［伊藤　啓］ … 119

【材料】

- 26. 光学ガラス ………………………………………………… ［上原　進］ … 123
- 27. 結　晶 ………………………………………… ［吉村政志・森　勇介］ … 126
- 28. 赤外光学材料 ………………………………… ［栗巣賢一・今村秀明］ … 129
- 29. フルオレン系光学材料 …………………………………… ［長嶋太一］ … 133
- 30. 液　晶 ……………………………………………………… ［竹添秀男］ … 136
- 31. 微粒子 ……………………………………………………… ［村上洋平］ … 139
- 32. 光学薄膜材料 ……………………………………………… ［津田剛志］ … 142
- 33. 光学フィルム ………………………………… ［渡辺順次・坂尻浩一］ … 146

【素子】

- 34. レンズ ……………………………………………………… ［鈴木憲三郎］ … 149
- 35. ミラー ……………………………………………………… ［浪川敏之］ … 152
- 36. プリズム …………………………………………………… ［矢成光弘］ … 155
- 37. フィルター ………………………………………………… ［志村　努］ … 159
- 38. 回折格子 …………………………………………………… ［丸山晃一］ … 162
- 39. レーザー …………………………………………………… ［尾松孝茂］ … 166
- 40. 光　源 ……………………………………………………… ［波多腰玄一］ … 170
- 41. 発光ダイオード …………………………………………… ［波多腰玄一］ … 173
- 42. 光検出器 …………………………………………………… ［大須賀慎二］ … 176
- 43. 固体撮像素子 ……………………………………………… ［菊地晃司］ … 179
- 44. 光ファイバーと光導波路 ………………………………… ［黒川隆志］ … 183
- 45. 偏光素子 …………………………………………………… ［大谷幸利］ … 186
- 46. 変調素子 …………………………………………………… ［黒川隆志］ … 189

【画像処理と信号処理】

- 47. 画像とサンプリング定理 ………………………………… ［志村　努］ … 193
- 48. デジタルカメラ画像処理 ………………………………… ［歌川　健］ … 197

49. 画像復元と超深度	[小松進一] … 201
50. 物体認識	[柳井啓司] … 204
51. 3次元画像計測	[松山隆司] … 209
52. 時系列解析	[生駒哲一] … 213

第Ⅲ部　光関連技術・応用技術

【計測】
53. 長さ・距離・角度	[松本弘一] … 218
54. 形状の計測	[谷田貝豊彦] … 222
55. 変位・振動の計測	[中楯末三] … 225
56. 速度・温度・圧力	[松本弘一] … 229
57. 欠陥検査	[稲　秀樹] … 232
58. 光ファイバーセンサー	[田中　哲] … 235
59. 偏光計測	[大谷幸利] … 239

【測光測色】
60. 測　光	[内川惠二] … 243
61. 色彩工学（表示系①）—色覚と観察環境—	[福田一帆] … 245
62. 色彩工学（表示系②）—表色系—	[福田一帆] … 247
63. 色彩工学（印刷系①）—減法混色と色予測—	[河村尚登] … 251
64. 色彩工学（印刷系②）—印刷における色再現—	[河村尚登] … 255

【ホログラフィー】
65. ホログラフィー	[谷田貝豊彦] … 259
66. デジタルホログラフィー	[谷田貝豊彦] … 263
67. ホログラフィック光学素子	[谷田貝豊彦] … 266

【生理光学】
68. 眼の光学系	[不二門尚] … 269
69. 生物の眼—複眼の構造と機能について—	[蟻川謙太郎] … 272
70. 視覚系の情報処理機構	[塩入　諭] … 276

【最新光学技術】
71. 近接場光学	[河田　聡] … 280
72. 電磁場解析	[市川裕之] … 283
73. プラズモニクス	[岡本隆之] … 286
74. 量子光学	[古澤　明] … 289

- 75. 非線形光学 ……………………………………………… ［黒田和男］… 292
- 76. フォトニック結晶 ……………………………………… ［馬場俊彦］… 296
- 77. 超短パルスレーザー …………………………………… ［森田隆二］… 299
- 78. テラヘルツ応用 ………………………………………… ［川瀬晃道］… 302
- 79. X線イメージング ……………………………………… ［百生　敦］… 306
- 80. メタマテリアル ………………………………………… ［田中拓男］… 310

【医用】
- 81. 内視鏡 …………………………………………………… ［菊地　彰］… 313
- 82. 光コヒーレンストモグラフィー（OCT） …………… ［春名正光］… 316
- 83. 眼底カメラ ……………………………………………… ［増田　高］… 320
- 84. 眼内レンズ ……………………………………………… ［大沼一彦］… 323
- 85. マンモグラフィー ……………………………………… ［石坂　哲］… 326
- 86. 光トポグラフィー ……………………………………… ［木口雅史］… 329
- 87. 光線力学的治療 ………………………………………… ［佐藤俊一］… 333
- 88. 医用計測機器 …………………………………………… ［不二門尚］… 337

【光応用技術】
- 89. 太陽熱利用 ……………………………………………… ［森　伸芳］… 340
- 90. 太陽電池 ………………………………………………… ［太和田善久］… 343
- 91. オートフォーカス ……………………………………… ［大瀧達朗］… 347
- 92. 超解像技術 ……………………………………………… ［大木裕史］… 351
- 93. 補償光学系 ……………………………………………… ［髙見英樹］… 354
- 94. 手振れ防止技術 ………………………………………… ［鷲巣晃一］… 359
- 95. 計算機リソグラフィー ………………………………… ［松山知行］… 362

第Ⅳ部　光学機器

【光学機器】
- 96. カメラ（システム） …………………………………… ［遠藤宏志］… 368
- 97. カメラ用レンズ ………………………………………… ［遠藤宏志］… 371
- 98. 顕微鏡 …………………………………………………… ［阿部勝行］… 377
- 99. レーザー走査顕微鏡 …………………………………… ［阿部勝行］… 384
- 100. 望遠鏡 …………………………………………………… ［家　正則］… 387
- 101. 眼鏡レンズ ……………………………………………… ［水野正朝］… 391
- 102. コンタクトレンズ ……………………………………… ［久保田慎］… 394
- 103. 光ディスク ……………………………………………… ［齊藤公博］… 398
- 104. スキャナー・複写機 …………………………………… ［横森　清］… 402

| 105. レーザー走査光学系プリンター ……………………………[石部芳浩]… 406
| 106. レーザー加工機 ………………………………………………[長田英紀]… 409
| 107. 分光機器 ………………………………………………………[長谷川勝二]… 414
| 108. ステッパーの光学系 …………………………………………[松山知行]… 418
| 109. レーザーディスプレイ ………………………………………[山本和久]… 423
| 110. プロジェクター（フロント，リア）………………………[佐藤　浩]… 427
| 111. 3次元映像機器 ………………………………………………[桑山哲郎]… 431
| 112. 測量機器 ………………………………………………………[大友文夫]… 436

【公式集】　　　　　　　　　　　　　　　　　　　　　　　　　　　441
1. 幾何光学基本方程式／2. 光線追跡・結像公式／3. Seidel 収差・色収差／4. Zernike 多項式／5. Maxwell 方程式／6. 波動方程式／7. スカラー波動方程式の解／8. 特殊関数／9. 光強度／10. Fresnel 係数／11. 回折／12. 偏光表示／13. 結晶光学／14. 放射量と測光量

索　　引 …………………………………………………………………… 457

I

基礎編

- ●幾何光学
- ●波動光学
- ●偏光・結晶光学
- ●放射と散乱
- ●統計光学

A

幾何光学

幾何光学は光学機器の光学設計の最も基本となる考え方である．波動光学が光を波としてとらえるのに対し，幾何光学では光を波長 0 の極限として考え「光線」としてとらえる理論体系となっている[1,2]．

a. Fermat の原理

媒質中では光の位相速度は真空中に比べて遅くなるが，その速度の真空中での位相速度に対しての比の逆数を屈折率とよぶ．一般に屈折率 $N(x, y, z)$ の媒質中を光が空間の A 点から B 点に進むとき，光路に沿った線積分

$$V = \int_A^B N ds = c \int \frac{ds}{v} = c \int dt$$

は光が同一時間内に真空中を進む距離に相当する（光路長とよぶ）．ここで c は真空中での光速度，v は媒質中での光速度，積分は線素 ds に沿った線積分を表す．光はいつも，この光路長が極小値をとるように進むという原理が幾何光学の基本となる原理で，Fermat の原理とよばれる．この原理に対応して，均質媒質中では光は直進する（均質媒質中では光線の経路は直線となる）という光線の最も基本的な現象が説明される．

(1) 光線方程式

一方，屈折率が場所によって変わる場合は，この Fermat の原理を変分法を用いて数学的に変形していくと，光路を示す微分方程式は r を位置ベクトルとすれば

$$\frac{d}{ds}\left(N\frac{d\boldsymbol{r}}{ds}\right) = \nabla N$$

と書くことができる．この式は，屈折率分布媒質中を光が進む場合の光路を決める基本方程式で，光線方程式とよばれる．

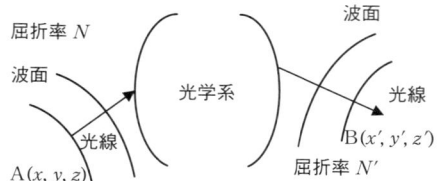

図 1　光線と波面

(2) 点アイコナールとアイコナール方程式

光路長 V を 2 点 $A(x, y, z)$，$B(x', y', z')$ の位置の関数として表したものを，点アイコナールとよぶ．また，ある瞬間に物点から出た光は一定時間後には等しい光路長を連ねた面を形成する．この面は波面とよばれるが，等方性媒質中では，図 1 に示すように，一般に光線は波面に垂直となっている．この特性（Malus の定理とよばれる）を使えば，点アイコナールを位置座標で偏微分することで光線の方向ベクトルを導出することができる．この性質があるため，入射空間でも射出空間でもすべての点において点アイコナール V では，

$$\left(\frac{\partial V}{\partial x}\right)^2 + \left(\frac{\partial V}{\partial y}\right)^2 + \left(\frac{\partial V}{\partial z}\right)^2 = N^2$$

$$\left(\frac{\partial V}{\partial x'}\right)^2 + \left(\frac{\partial V}{\partial y'}\right)^2 + \left(\frac{\partial V}{\partial z'}\right)^2 = N'^2$$

という関係が成り立つ[3]．この式をアイコナール方程式とよぶが，この関係式は Herzberger が 3 次の収差論の基本展開式を導出[4]した際に用いられた重要な関係である．

b. 屈折反射の法則

媒質密度が不連続に変わる媒質の境界面では光線は以下に述べる反射屈折の法則に従い，光線の経路が折れ曲がる．屈折は射出側媒質に入る光線の経路，反射は入射媒質に戻る経路を指す．屈折と反射へのエネルギーの配分割合は 2 つの媒質の特性，入射光線の角度によって決まるが，その割合を出すには波動光学的取り扱いが必要である．

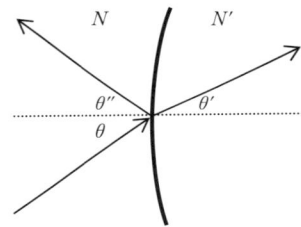

図2　屈折の法則，反射の法則

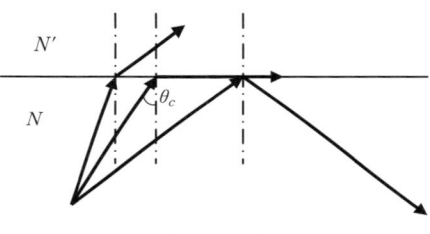

図3　全反射

(1) 屈折の法則（Snellの法則）　図2に示すような境界で，入射側空間の媒質の屈折率を N，射出側空間の媒質の屈折率を N' としたとき，光線の境界入射点での境界面の法線と入射光線のなす角を θ，境界面の法線と射出光線のなす角を θ' とすれば，入射光線と境界面の法線，射出光線（屈折光線）は同一平面内にあり，

$$N' \sin\theta' = N \sin\theta$$

が成り立つ．これを屈折の法則という．また，この法則を発見したオランダ人Snel（英語表記ではSnell）の名をとってSnellの法則ともいう．

Snellの法則はベクトル解析で使う外積の表記を使って表現すると，

$$\boldsymbol{n} \times (N'\boldsymbol{s'} - N\boldsymbol{s}) = 0$$

と書ける．ここで $\boldsymbol{n}$ は光線と面の交点での面法線ベクトル，$\boldsymbol{s}$，$\boldsymbol{s'}$ は入射，射出の光線の方向ベクトル（単位ベクトル）である．

(2) 反射の法則　反射光に対しては，境界面の法線と反射光線とのなす角を θ'' とすれば，入射光線と境界面の法線，反射光線はやはり同一平面内にあり，

$$\theta'' = -\theta$$

が成り立つ．これを反射の法則という．この式は上記屈折の式で形式的に $N' = -N$ と置いた解の式の形になっている．そのため，結像光学で必要な近軸理論，収差論の結果の式は屈折光線について結果が出されていれば，反射光線についてはこの $N' = -N$ という置き換えで使えることは知っておくとなにかと便利である．

c.　平面境界での屈折

屈折の法則から導かれる基本的な事項について以下に述べる．取扱いを簡単にする（屈折力の概念を持ち込まない．屈折力がある場合は，〔1．近軸光学〕を参照）ために，2つの透明な媒質の境界は滑らかな平面であるとする．

(1)　全反射　屈折の法則において，光線が屈折率の高い媒質から屈折率の低い媒質に入射する場合の射出角 θ' に対しては，$\sin\theta' = (N/N') \sin\theta$ の値が1になる入射角 θ が存在する．この時の入射角は臨界角 θ_c とよばれ，この

$$\theta_c = \sin^{-1}\left(\frac{N'}{N}\right)$$

より入射角が大きいと，それに対する屈折角 θ' が存在しないため，入射した光線はすべて境界面で反射するようになる（図3）．この現象は全反射とよばれる．水（$N = 1.333$）から空気中（$N = 1$）への場合の臨界角は $\theta_c = 48°36'$ である．

(2)　単一境界によるみかけの位置のずれ　水中にある物体を空気中から見たとき，その物体が実際の位置より浅い位置にあるかのように見えるが，これも屈折の法則から説明できる．

図4で，i は水中（屈折率 N）での光線と境界面法線とのなす角度，i' は屈折後空中に出たあとの面法線となす角度としたとき，実際の深さ s とみかけの深さ s' は屈折の法則から

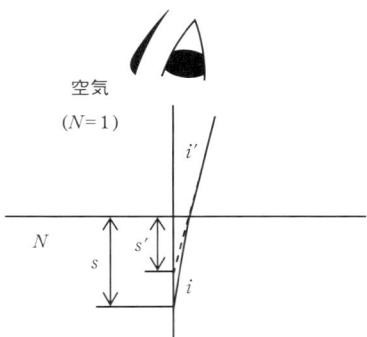

図4 みかけの点の位置

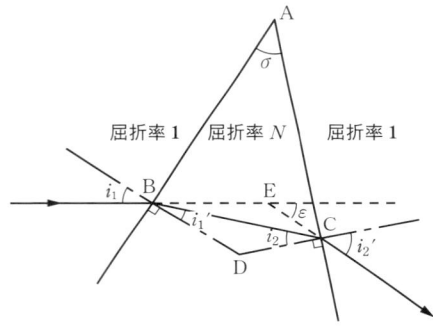

図5 プリズムを通過する光線の屈折

$$s' = \frac{\cos i'}{\cos i} \frac{s}{N}$$

と書ける[5]が，実際に瞳孔に入る光束は i の小さな範囲に限られるので

$$s' \cong \frac{s}{N}$$

と考えてよい．これが実際に見えるみかけの深さである．

(3) 平行平板によるみかけの位置のずれ 上記の媒質の境界によるみかけの位置のずれは，ガラス板のような厚み d の境界面が平行の屈折板でも生じる．その結果は，

$$s'' \cong s + \left(1 - \frac{1}{N}\right)d$$

となり，みかけの位置が奥行方向に

$$\Delta \equiv s'' - s = \frac{N-1}{N}d$$

だけずれることを示している．このことは，光学系中に平行平板の屈折板を挿入する場合は，物体位置や結像位置をこのずれの量だけずらして配置する必要があることを示している．

一般に，光学系においては，複写機の原稿台ガラスやカバーガラス，分光特性を制御する各種フィルターのように光路中に平行平板ガラスを挿入することが多いので，この平行平板による物体位置，像位置の補正は結像性能を保つうえでも非常に重要である．

(4) 非平行境界面による光線のふれ
次に，2つの境界平面が互いに平行ではなく，一定の角度をもっている，たとえばプリズムのようなものを光線が屈折して通過する図5のような場合を考えてみる．この図で，入射光線に対する射出光線のふれ角（偏角）を ε とすれば，簡単な幾何学より

$$\varepsilon = (i_1 + i_2') - \sigma$$

なる関係が導かれる．ここで，σ はプリズムの頂角，i_1 は B 点における入射角，i_2' は C 点における屈折角である．ここで，i_1 を変化させてふれ角がどう変化するかをプロットしたのが図6である．ふれ角 ε は一般に最小値をとるカーブとなるが，最小値を

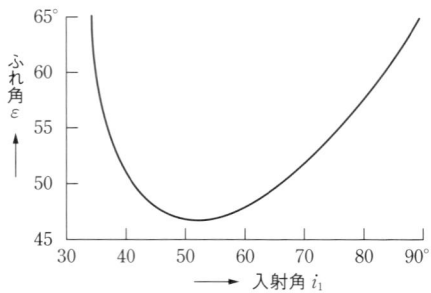

図6 プリズムの入射角とふれ角（$\sigma = 60°$，$N = 1.6$）

とる場合は $i_1 = i_1'$ が満たされる場合であることを数学的に証明することができる[6]．そしてその場合には，

$$\varepsilon_{\min} = 2i_1 - \sigma$$

$$i_1' = i_2 = \frac{\sigma}{2}$$

が満たされることも示すことができる．この，ふれ角が極小値をとる場合には，上記式と Snell の法則から，

$$N = \frac{\sin\left(\dfrac{\varepsilon_{\min} + \sigma}{2}\right)}{\sin\left(\dfrac{\sigma}{2}\right)}$$

なる関係が導かれる．分光器を使えば，$\varepsilon_{\min}$ も σ も高精度で測定できるので，その測定値を右辺に代入することで，N の値を精度よく求めることができる．この最小偏角を使った屈折率の高精度の測定方法は最小偏角法とよばれている．

d．平面境界での反射

反射の法則から導かれる基本的な事項について以下に述べる．ここでも取扱いを簡単にする（屈折力の概念を持ち込まない．屈折力がある場合は，〔1. 近軸光学〕を参照）ために，反射面は滑らかな平面であるとする．

(1) 単一平面鏡による物体位置のみかけ上の移動　屈折面の場合も物体位置がみかけ上動いたが，平面鏡による反射の場合も，物体位置はみかけ上の物体位置が実際の物体位置とは違う位置へと動く．図7で，P が実際の物点の位置，P′ がみかけ上の物点の位置である．形をもったものは点の集合として考えることができるが，反射の場合は，移動量は屈折に比べ大きく，しかも実際には光の届かない反射面の向こう側に向きが「反転した像」が図7(B)のように，あたかも存在しているように見えるのが屈折の場合との大きな違いである．

(2) 平面鏡の移動によるみかけの物体位置の移動　平面鏡の移動によるみかけ

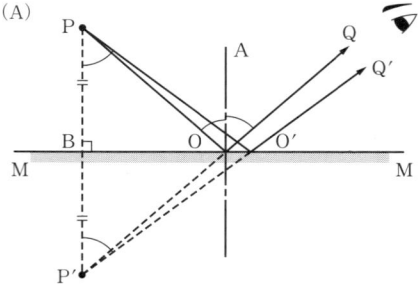

図7　単一反射面によるみかけの物体位置の移動

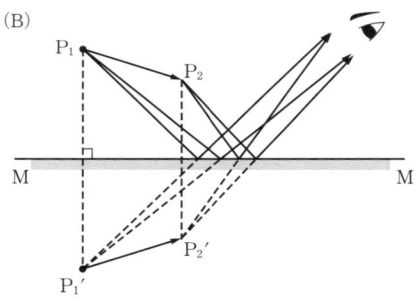

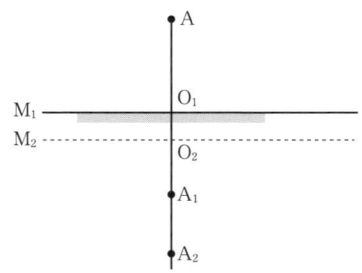

図8　平面鏡の平行移動に伴うみかけの物体位置の移動

の物体位置の移動を考えてみる．最初に平面鏡が平行移動する場合，平面鏡が平面鏡の接平面内を移動してもみかけの物体位置は変わらないが，平面鏡が面法線方向に平行移動する場合は図8に示すようにみかけの物体位置は移動する．その際，ミラーの平行移動量 O_1O_2 に対して，実際の物点 A のみかけの物点は A_1 から A_2 まで動く．そ

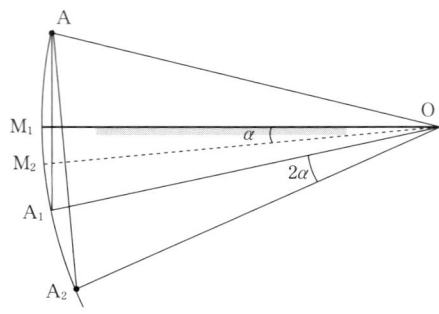

図9 平面鏡の回転移動に伴うみかけの物体位置の移動

の際,
$$A_1A_2 = 2O_1O_2$$
なる関係であることは容易に示せる.このようにみかけの物点はミラーの移動量の2倍動く.

次に,平面鏡が図9のようにOを中心としてαだけ回転移動($\angle M_1OM_2=\alpha$)する場合を考える.この際,物点Aのみかけの物点はA_1からA_2まで動くとすれば,A_1とA_2はOを中心とする円弧上にあり,
$$\angle A_1OA_2 = 2\alpha$$
となることを示すことができる.つまり,みかけの物点は反射面の回転角の2倍だけ回転する.

(3) 平面鏡の回転による光線の偏向

平面鏡が光学装置の中で用いられる目的の1つは,反射によって光線の方向を変えることにある.平面鏡が初期の状態からある角度δだけ傾いた場合,反射光線に与える影響を図10に示す.この図からわかるように,傾いた後のふれ角は$2(i+\delta)$であるが,傾く前のふれ角は$2i$であったので,光線の角度変化は2δである.このことから,平面鏡がδだけ傾くと,反射光線はその2倍の2δだけ向きが変化するという重要な結論が導ける.

(4) 2枚の平面鏡による光線の偏向

1枚の平面鏡による光線のふれと違って,平面鏡を2枚使って光線を偏向させると,偏向の向きは2枚鏡のなす角度だけで決定される.その様子を説明するための図が図11である.この図で,なす角σの2面鏡M_1,M_2で反射される際の入射角をα,βとすれば,配置の幾何学的関係から
$$\sigma = \alpha + \beta$$
であり,M_1,M_2で偏向される角度をそれぞれε_1,ε_2とし,2面トータルで偏向される偏向角をεとすれば,

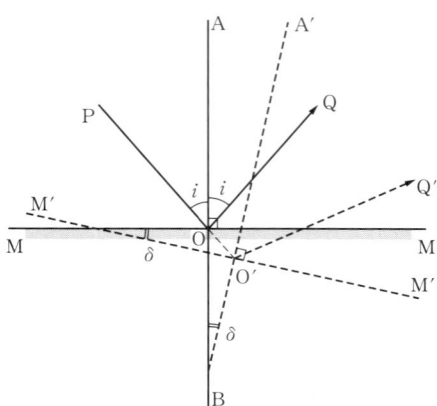

図10 平面鏡の回転に伴う光線の偏向

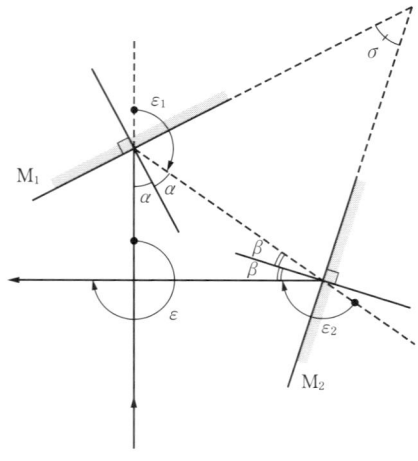

図11 2枚の平面鏡による光線の偏向

$$\varepsilon = \varepsilon_1 + \varepsilon_2 = (\pi - 2\alpha) + (\pi - 2\beta)$$
$$= 2\pi - 2(\alpha + \beta) = 2(\pi - \sigma)$$

を示すことができる．この結果は，2枚の平面鏡による光線の偏向は入射方向には無関係に2枚鏡のなす角度 σ だけで決定されるということを示している．たとえば，$\sigma = \pi/4$ の場合は $\varepsilon = 3\pi/2$ で，偏向光線は入射光線に対して直交方向になる．

また，$\sigma = \pi/2$ の場合は $\varepsilon = \pi$ で，偏向光線は入射した方向に逆向きに戻る光線となる．

ただし，この図において入射光線は2枚の平面鏡の法線を含む面内の成分しかもたないものとする．もし，入射光線が，この面に垂直な成分をもてば，その成分だけは反射後も保たれることになり，厳密には入射した方向に逆向きに戻る光線にはならない．そのため，この方向の成分も入射光線方向に戻すために，この2面双方に垂直な第3の反射面を設け，すべての方向の成分の符号を反転させて偏向光線は入射した方向に逆向きに戻る光線になる工夫がなされる．このような，面法線が互いに直交しあう3面の反射面で構成される構造の反射面をコーナーキューブ反射面とよぶ．この構造の反射面においては，すべての光線が，入射光線と逆向きに反射して戻ってくるので，道路や車両の危険表示の反射板として用いられる．それ自体は発光しないものの，ヘッドライトの光が当たれば，ヘッドライトの方向に反射光を返し，運転者に危険を知らせることができる． ［荒木敬介］

■参考文献

1) 三宅和夫：幾何光学，共立出版 (1979).
2) 早水良定：光機器の光学I，日本オプトメカトロニクス協会 (1989).
3) M. Born and E. Wolf: Principles of Optics, 7th ed., Cambridge University Press (1999).
4) M. Herzberger: *J. Opt. Soc. Am.*, **29** (1939), 395-406.
5) 松居吉哉：結像光学入門，啓学出版（第4刷より日本オプトメカトロニクス協会刊）(1988).
6) 久保田広：光学，岩波書店 (1964).

B

波動光学

「光とは何か？」という問いに関する解答は，20世紀以降，① 均質な空間では直線的に進む「光線」である，② 波動で電磁波の一種である，③ エネルギーをもった微粒子，すなわち「光子，フォトン」である，の3種類のいずれか，もしくは，考える状況によっていずれかの側面をもつものと解釈されている．第1の光線としての側面から光の特性を解析する光学の分野を，幾何光学という．第2の立場が波動光学であり，いずれも光の伝播や光学機器の特性をよく記述できる．一方，光を光子として取り扱う第3の立場は，量子光学とよばれ，量子力学を利用して光の性質や伝播による現象を研究する．

本項では，光を波動と考え，屈折・反射，回折や干渉などの現象を説明する．

a．電磁波としての光波

(1) 波動方程式　光波は電磁波で，等方的な誘電体媒質中では，電界 $\boldsymbol{E}$ と磁界 $\boldsymbol{H}$ は波動方程式

$$\nabla^2 \boldsymbol{E} = \frac{1}{v^2} \frac{\partial^2 \boldsymbol{E}}{\partial t^2} \quad (1)$$

$$\nabla^2 \boldsymbol{H} = \frac{1}{v^2} \frac{\partial^2 \boldsymbol{H}}{\partial t^2} \quad (2)$$

に従う．ただし v は光波が進む媒質中の速度で，真空中の光速度 c とは，媒質の屈折率を n とすると $v = c/n$ の関係がある．光波の電界成分と磁界成分はまったく同じ方程式に従うので，通常は一方の電界成分を光波と考える．

(2) 平面波　今，単位ベクトル $\boldsymbol{s}$ 方向に進む平面波を考えよう．この波動の電界と磁界は，波動方程式 (1) と (2) を満足しているので，$\boldsymbol{E}(\boldsymbol{s}\cdot\boldsymbol{r}-vt)$ と $\boldsymbol{H}(\boldsymbol{s}\cdot\boldsymbol{r}-vt)$ で表される．さらに，この波動が角周波数 ω の正弦波であると，電界は，

$$\boldsymbol{E} = \boldsymbol{E}_0 \cos[a(\boldsymbol{s}\cdot\boldsymbol{r}-vt)+\phi]$$
$$= \boldsymbol{E}_0 \cos[a\boldsymbol{s}\cdot\boldsymbol{r}-\omega t+\phi] \quad (3)$$

と書くことができる．ここで，$\boldsymbol{E}_0$ は電界の振幅ベクトルであり，T を正弦波の周期とすると，$\omega = \pi/T$ であるので，$a = \omega/v = 2\pi/(vT) = 2\pi/\lambda$ の関係があることがわかる．ここで，波数を $k = 2\pi/\lambda$ と定義し，さらに，波数ベクトルを $\boldsymbol{k} = k\boldsymbol{s}$ とすると，

$$\boldsymbol{E} = \boldsymbol{E}_0 \cos(\boldsymbol{k}\cdot\boldsymbol{r}-\omega t+\phi) \quad (4)$$

が得られる．この式は，波数ベクトル方向に進む正弦平面波の電界成分を表すことがわかる．式 (4) を指数関数で表すと，

$$\boldsymbol{E} = \boldsymbol{E}_0 \mathrm{Re}\{\exp[i(\boldsymbol{k}\cdot\boldsymbol{r}-\omega t+\phi)]\} \quad (5)$$

が得られる．波動を指数関数で表した方が計算に都合がいいので，これを単に

$$\boldsymbol{E} = \boldsymbol{E}_0 \exp[i(\boldsymbol{k}\cdot\boldsymbol{r}-\omega t+\phi)] \quad (6)$$

と書く．必要がある場合には，その実部を用いる方法がとられる．磁界に対しても同様に，

$$\boldsymbol{H} = \boldsymbol{H}_0 \exp[i(\boldsymbol{k}\cdot\boldsymbol{r}-\omega t+\phi)] \quad (7)$$

が得られる．

式 (6) で空間の項と時間の項を分離すると，

$$\boldsymbol{E} = \boldsymbol{E}_0 \exp[i(\boldsymbol{k}\cdot\boldsymbol{r}+\phi)] \cdot \exp(-i\omega t)$$
$$= U(\boldsymbol{r})\exp(-i\omega t) \quad (8)$$

と表すことができ，

$$U(\boldsymbol{r}) = \boldsymbol{E}_0 \exp[i(\boldsymbol{k}\cdot\boldsymbol{r}+\phi)] \quad (9)$$

を複素振幅という．

(3) 球面波　波動方程式を球座標系で解くと，次のような解が得られる．

$$U(r) = A\frac{\exp[i(kr-\omega t)]}{r} \quad (10)$$

この光波は $r = 0$ の点から球面状に伝播する波で，球面波とよばれる．

(4) 横波　Maxwell の方程式（公式集5）に式 (6) と (7) を代入すると，

$$\boldsymbol{k} \times \boldsymbol{E} = \omega\mu\boldsymbol{H} \quad (11)$$

これから，$\boldsymbol{E}$ と $\boldsymbol{H}$ は互いに直交し，同位相で振動する．しかも進行方向 $\boldsymbol{k}$ とも直交して

いるので，光波は横波であることがわかる．

今，光波の進行方向が z 軸方向であるとすると，電界の振動方向はこれと直交する x 方向または y 方向をとることができる．振動の方向が時間や空間が変化すると不規則に変化することなしにある規則にしたがっているとき，この光波は偏光しているという．

光波の性質を考える場合に，この偏光の効果を無視すると，振動ベクトル $\boldsymbol{E}_0$ をスカラーとみなすことになるので，この場合の光波はスカラー波であるという．このとき，複素振幅は，

$$U(\boldsymbol{r}) = U_0(\boldsymbol{r})\exp[i(\boldsymbol{k}\cdot\boldsymbol{r}+\phi)] \quad (12)$$

と表すことができる．

(5) Helmholtz 方程式 式 (8) を波動方程式 (1) に代入すると，複素振幅に関する方程式

$$(\nabla^2 + k^2)U(\boldsymbol{r}) = 0 \quad (13)$$

が得られる．これを Helmholtz 方程式という．

(6) 光の強度 電磁界のポインティングベクトルは $\boldsymbol{S} = \boldsymbol{E}\times\boldsymbol{H}$ で表される．これは，単位時間に単位面積を垂直に横切るエネルギーを表す．光の強度は，ポインティングベクトルの絶対値の時間平均として定義される．

$$I = \langle|\boldsymbol{S}|\rangle = \frac{1}{2}n\sqrt{\frac{\epsilon_0}{\mu_0}}|E_0|^2 \quad (14)$$

ただし，ϵ_0, μ_0 はそれぞれ，真空中の誘電率と透磁率である．n は屈折率で，$n = \sqrt{\epsilon/\epsilon_0}$ である．ただし，ϵ は媒質の誘電率．通常は，光強度として，$I = n|E_0|^2$ をとることが多い．媒質の変化を考慮しない場合には $I = |E_0|^2$ としてもよい．

b．反射と屈折

(1) 反射と屈折の法則 屈折率が n_1 と n_2 の誘電体媒質 I と誘電体媒質 II が平面の境界で接している場合を考えよう（図1）．そこに平面波が到達すると，境界面で反射と屈折がおこる．媒質 I から境界面上

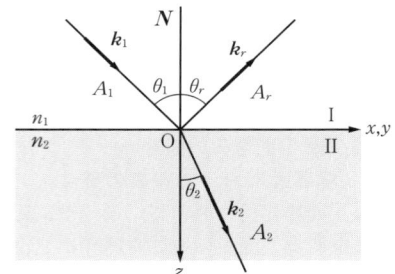

図 1 境界面における反射と屈折

の1点 O に入射する平面波の方向を表す波数ベクトルを $\boldsymbol{k}_1$，反射して媒質 I を進む光の波数ベクトルを $\boldsymbol{k}_r$，屈折して媒質 II を進む透過波の波数ベクトルを $\boldsymbol{k}_2$ とする．点 O における法線ベクトルを $\boldsymbol{N}$ とする．ベクトル $\boldsymbol{k}_1$, $\boldsymbol{k}_r$, $\boldsymbol{k}_2$ と法線ベクトル $\boldsymbol{N}$ のなす角を，それぞれ，入射角 θ_1，反射角 θ_r，屈折角 θ_2 という．境界面を，点 O を原点とする xy 面とし，法線方向に z 軸ととる．入射波の方向を決めるベクトル $\boldsymbol{k}_1$ は xz 面にあるとする．このとき，入射平面波，反射平面波，透過平面波の位相をそれぞれ，δ_1, δ_r, δ_2 とすると，

$$\delta_1 = \boldsymbol{k}_1\cdot\boldsymbol{r} - \omega t + \phi_1$$
$$= k_{1x}x + k_{1z}z - \omega t + \phi_1 \quad (15)$$
$$\delta_r = \boldsymbol{k}_r\cdot\boldsymbol{r} - \omega t + \phi_r$$
$$= k_{rx}x + k_{ry}y + k_{rz}z - \omega t + \phi_r \quad (16)$$
$$\delta_2 = \boldsymbol{k}_2\cdot\boldsymbol{r} - \omega t + \phi_2$$
$$= k_{2x}x + k_{2y}y + k_{2z}z - \omega t + \phi_2 \quad (17)$$

ただし，ϕ_1, ϕ_r, ϕ_2 は入射波，反射波，透過波の初期位相である．また，ベクトル $\boldsymbol{k}_1$ の x 成分を k_{1x} などとした．これらの3つの平面波が境界面において，$z = 0$ において位相が常に一致するためには，$k_{1x}x = k_{rx}x + k_{ry}y = k_{2x}x + k_{2y}y = 0$ が必要である．この条件がすべての x と y について成立するためには，$k_{1x} = k_{rx} = k_{2x}$ と $k_{ry} = k_{2y} = 0$ が必要である．結局，$(2\pi/\lambda_1)\sin\theta_1 = (2\pi/\lambda_1)\sin\theta_r = (2\pi/\lambda_2)\sin\theta_2$ が得られ，反射の法則

$$\theta_1 = \theta_r \quad (18)$$

と，Snell の屈折の法則

$$n_1 \sin\theta_1 = n_2 \sin\theta_2 \qquad (19)$$

が導かれる．また，$k_{ry} = k_{2y} = 0$ から，反射波と透過波は y 方向には進まず，xz 平面内を進む．xz 平面を入射面という．

(2) 境界面における連続の条件　異なる媒質の境界面において，電流や電荷がない場合には，光波の電界や磁界は連続の条件を満たさなければならない．すなわち，媒質 I と媒質 II の電界や磁界をそれぞれ E_1, E_2, H_1, H_2 とし，それぞれの接線方向成分と法線方向成分を E_{t1}, E_{n1} などとすると，

$$E_{t1} = E_{t2}, \qquad H_{t1} = H_{t2} \qquad (20)$$
$$\epsilon_1 E_{n1} = \epsilon_2 E_{n2}, \qquad \mu_1 H_{n1} = \mu_2 H_{n2} \qquad (21)$$

がその条件である．ただし，媒質 I と媒質 II の誘電率を ϵ_1, ϵ_2，透磁率を μ_1, μ_2 とする．

(3) Fresnel の公式　異なる媒質の境界面において，入射波が反射と屈折した後，それぞれの波の複素振幅はどのように変化するであろうか．入射波の振幅に対する反射波と透過波の振幅の比を，それぞれ振幅反射率 r，振幅透過率 t という．この振幅反射率 r と振幅透過率 t を求めるためには，境界面における電界と磁界の接線成分が連続であるとの条件を用いて導く．入射波の偏光の状態により，反射波と透過波の振幅は異なる．入射面に平行な向きに電界が振動する偏光の状態を p 偏光，これに対して，入射面に垂直な方向に電界が振動する偏光を s 偏光とよぶ．p 偏光に対する振幅反射率 r_p，振幅透過率 t_p は，

$$r_p = \frac{n_2 \cos\theta_1 - n_1 \cos\theta_2}{n_2 \cos\theta_1 + n_1 \cos\theta_2} \qquad (22)$$

$$t_p = \frac{2n_1 \cos\theta_1}{n_2 \cos\theta_1 + n_1 \cos\theta_2} \qquad (23)$$

s 偏光に対する振幅反射率 r_s，振幅透過率 t_s は，

$$r_s = \frac{n_1 \cos\theta_1 - n_2 \cos\theta_2}{n_1 \cos\theta_1 + n_2 \cos\theta_2} \qquad (24)$$

$$t_s = \frac{2n_1 \cos\theta_1}{n_1 \cos\theta_1 + n_2 \cos\theta_2} \qquad (25)$$

また，屈折の法則 (19) を用いると，

$$r_p = \frac{\tan(\theta_1 - \theta_2)}{\tan(\theta_1 + \theta_2)} \qquad (26)$$

$$t_p = \frac{2\sin\theta_2 \cos\theta_1}{\sin(\theta_1 + \theta_2)\cos(\theta_1 - \theta_2)} \qquad (27)$$

$$r_s = -\frac{\sin(\theta_1 - \theta_2)}{\sin(\theta_1 + \theta_2)} \qquad (28)$$

$$t_s = \frac{2\sin\theta_2 \cos\theta_1}{\sin(\theta_1 + \theta_2)} \qquad (29)$$

の関係が得られる．これらは，Fresnel 係数とよばれている．

(4) Stokes の関係式　光が媒質の境界に入射したときに，振幅反射率と振幅透過率の間には簡単な関係がある．屈折率が n_1 の媒質から屈折率が n_2 の媒質に，光が入射したときの反射率と透過率を r, t とする．逆に，屈折率が n_2 の媒質から屈折率が n_1 の媒質に，光が入射したときの反射率と透過率を r', t' とする．光線逆行の原理を使うと，

$$r^2 + tt' = 1, \qquad r = -r' \qquad (30)$$

の関係を導くことができる．これを Stokes の関係式という．式 (30) の第 2 式から，境界を逆方向に進む場合の振幅反射率は順方向に進む場合（逆方向に進む光の入射角が順方向に進む光の屈折角であるとき）と絶対値は等しいが符号が異なることがわかる．

(5) 全反射　媒質 I の屈折率 n_1 が媒質 II の屈折率 n_2 よりも大きい場合に，媒質 I から媒質 II に進む光波が全反射する現象が現れる．入射角 θ_1 が大きくなってくると，ある角度 θ_c のところで屈折角が $\theta_2 = \pi/2$ になり，それを超えて入射角を大きくすると，屈折光は現れず，すべての光波は反射される．この現象が全反射であり，このときの角度 θ_c を臨界角という．臨界角は，

$$\theta_c = \sin^{-1}\left(\frac{n_2}{n_1}\right) \qquad (31)$$

で与えられる．媒質IIの中の光波の伝播は，式(17)から，

$$U_2(x, z) = A \exp[i(k_{2x}x + k_{2z}z - \omega t)] \quad (32)$$

ここで，$k_{2x} = k_2 \sin\theta_2$, $k_{2z} = k_2 \cos\theta_2$ であり，$\cos\theta_2 = \pm i\left[\left(\dfrac{n_1}{n_2}\right)^2 \sin^2\theta_1 - 1\right]^{1/2}$ より，

$$\begin{aligned}U_2(x, z) =& A\exp\left\{-\dfrac{2\pi}{\lambda_0}n_2 z\left[\left(\dfrac{n_1}{n_2}\right)^2\sin^2\theta_1 - 1\right]^{1/2}\right\}\\&\times \exp\left[i\left(\dfrac{2\pi}{\lambda_0}n_1 x\sin\theta_1 - \omega t\right)\right] \quad (33)\end{aligned}$$

が得られ，境界面を入射面に平行な方向 (x方向)に進み，z方向には急激に減衰する波動であることがわかる．これがエバネッセント波である．

(6) 強度反射率と強度透過率

Fresnel 係数 (22) から (29) は，境界面における振幅の反射率と透過率を与えるものであった．光波のエネルギーに関する反射率と透過率は，境界面上に単に面積をとって，それに入射するエネルギーに対して反射と屈折する光波のエネルギーの比で強度反射率 R と強度透過率 T が定義される．p 偏光と s 偏光それぞれに対して，

$$R_p = r_p^2 = \dfrac{\tan^2(\theta_1 - \theta_2)}{\tan^2(\theta_1 + \theta_2)} \quad (34)$$

$$\begin{aligned}T_p &= \dfrac{n_2 \cos\theta_2}{n_1 \cos\theta_1} t_p^2 \\&= \dfrac{\sin 2\theta_1 \sin 2\theta_2}{\sin^2(\theta_1 + \theta_2)\cos^2(\theta_1 - \theta_2)}\end{aligned} \quad (35)$$

$$R_s = r_s^2 = \dfrac{\sin^2(\theta_1 - \theta_2)}{\sin^2(\theta_1 + \theta_2)} \quad (36)$$

$$\begin{aligned}T_s &= \dfrac{n_2 \cos\theta_2}{n_1 \cos\theta_1} t_s^2 \\&= \dfrac{\sin 2\theta_1 \sin 2\theta_2}{\sin^2(\theta_1 + \theta_2)}\end{aligned} \quad (37)$$

が得られる．

c．干渉

(1) 二光束干渉
空間のある点で2つの平面波

$$E_1 = E_{10} \exp[-i(\omega_1 t - \phi_1)] \quad (38)$$
$$E_2 = E_{20} \exp[-i(\omega_2 t - \phi_2)] \quad (39)$$

が重なり合った場合を考えると，

$$E = E_1 + E_2 \quad (40)$$

光波の強度は，

$$I = |E|^2 = I_1 + I_2 + J_{12} \quad (41)$$

ただし，$I_1 = |E_1|^2$, $I_2 = |E_2|^2$ であり，それぞれの平面波の強度．また，J_{12} は，両平面波の重ね合わせによって生じた項で，

$$\begin{aligned}J_{12} &= E_1 E_2^* + E_1^* E_2 \\&= 2E_{01}E_{02}\cos(\Delta\omega t - \Delta\phi)\end{aligned} \quad (42)$$

ただし，

$$\Delta\omega = \omega_2 - \omega_1 \quad (43)$$
$$\Delta\phi = \phi_2 - \phi_1 \quad (44)$$

このように，波動の重ね合わせによって強度が強めあったり弱めあったりする現象を干渉という．2種類の光波が干渉する現象を二光束干渉という．

干渉の項は時間的に変化し，光強度は角周波数 $\Delta\omega$ で正弦的に振動する．この現象は，光ビートとして知られている．

$\Delta\omega = 0$ のときには，時間的な変化はなく位相差 $\Delta\phi$ にのみ依存して光強度が変化する．このときの空間的な光強度分布を干渉縞という．

$$J_{12}(x, y) = 2\sqrt{I_1 I_2}\cos(\Delta\phi) \quad (45)$$

光強度の最大値は，

$$\Delta\phi = 2m\pi \quad (46)$$

のとき，

$$I_{\max} = I_1 + I_2 + 2\sqrt{I_1 I_2} \quad (47)$$

最小値は，

$$\Delta\phi = (2m + 1)\pi \quad (48)$$

のとき，

$$I_{\min} = I_1 + I_2 - 2\sqrt{I_1 I_2} \quad (49)$$

ただし，$m = 0, \pm 1, \pm 2, \cdots$．干渉縞の鮮明度もしくはコントラスト V は，

$$V = \dfrac{I_{\max} - I_{\min}}{I_{\max} + I_{\min}} \quad (50)$$

で定義される．$0 \leq V \leq 1$ である．

(2) 等傾角干渉と等厚干渉
図2に示すような厚さ d の透明平行平面板に入射

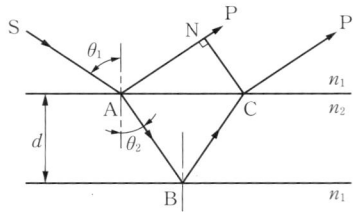

図2　平行平面板における干渉

角 θ_1 で波長 λ の単色光が入射したとする.

十分遠方にある光源 S から平面波が入射し，表面 A で反射して P 方向に進む平面波と A で屈折して裏面 B で反射し表面 C で屈折して P′ 方向に進む平面波が干渉するとする．このときの両光波の光路長差は，C より AP に下した垂線の足を N とすると，

$$\Delta\phi = n_2(\overline{AB}+\overline{BC}) - n_1\overline{AN} = 2n_2 d\cos\theta_2 \tag{51}$$

ただし，θ_2 は表面における屈折角．Stokes の関係式（30）から，反射によって位相が π 変化するので，干渉する両光波間の位相差は

$$\Delta\phi = \frac{2\pi}{\lambda_0}2n_2 d\cos\theta_2 \pm \pi \tag{52}$$

である．干渉縞の明暗は，d が一定なので，入射角 θ_1（もしくは屈折角 θ_2）で決まる．このような干渉を，等傾角干渉という．等傾角干渉縞を観測するには，広がった光源を使い，反射波 P や P′ をレンズの焦点面で観測する．干渉縞が最も鮮明に見える位置が，物体から無限遠点にあるからである．このような状態を，干渉縞は無限遠に局在しているという．レンズの光軸を中心とする同心円状の干渉縞が得られる．平面板の厚さに分布がある場合にも，平面板の表面で反射した光波と裏面で反射した光波の干渉の条件を与える位相差は，式（52）で与えられる．この場合には，入射角 θ_1 が一定であっても，厚さ d の変化に従って干渉縞の明暗がきまる．このような干渉を，等厚干渉

といい，干渉縞は物体面上に局在する．

(3) 多光束干渉　図2の場合のように，裏面で反射した光波が表面からすぐ屈折してゆく場合のみを考えたが，実際には，表面で再度反射し裏面でも再び反射するような複数の光波も考えなければいけない．このように多数の光波の干渉は，多光束干渉という．屈折率が n_1 から n_2 の媒質に進む場合の反射率を r とし，表面と裏面の間を伝播する場合の位相変化を δ とすると，強度透過率はそれぞれ

$$T = \frac{1}{1 + \dfrac{4r^2}{(1-r^2)^2}\sin^2\dfrac{\delta}{2}} \tag{53}$$

となる．強度反射率は $R = 1 - T$ で与えられる．

位相変化に対して干渉縞の強度は，二光束干渉の場合には正弦的に変化するが，多光束干渉の場合には図3に示すように，反射率が高い場合には δ が 2π の整数倍の近傍のみ高い透過率を示し，それ以外は透過率はほぼ 0 となる．

d. 回折

均質な媒質中では光は直進し，異なる媒質の境界面では反射と屈折をすることはよく知られている．光が伝播する途中で障害物に当たると，その背後に光が廻り込む現象を回折という．回折の現象は，光の直進性や反射屈折では説明がつかない．適切な境界条件のもと，波動方程式を解く必要がある．通常，回折によって偏光は変化しないとしているので，透明で均質な媒質中を伝播する複素振幅が従う Helmholtz 方程式

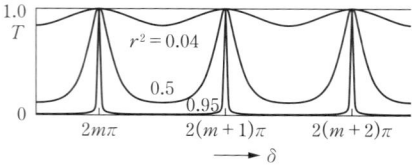

図3　多光束干渉による干渉縞の強度（透過光）

(13) から出発する．

(1) Fresnel-Kirchhoff の回折積分

図4に示すように，点光源 P_0 からの単色光が，不透明なスクリーンにある開口を通って観測点Pに伝播する場合を考えよう．Helmholtz 方程式 (13) を適用して，観測点Pを含む閉局面 S 上の複素振幅 U と $\partial U/\partial n$ を用いると，観測点における U が得られる．

$$U(\mathrm{P}) = -\frac{1}{4\pi}\iint_S \left[U\frac{\partial}{\partial n}\left(\frac{e^{ikr}}{r}\right) - \left(\frac{e^{ikr}}{r}\right)\frac{\partial U}{\partial n}\right]dS \quad (54)$$

これを Helmholtz-Kirchhoff の積分定理という．次に，閉曲面 S を開口部 S_1，スクリーンの裏側 S_2，スクリーンと交わらない部分 S_3 の3つに分けて考える．開口部分 S_1 では，点光源 P_0 から球面波 $U_0 = A(e^{ikr_0}/r_0)$ が到達していてこの光波はスクリーンがないときと変わらないとみなせるので，$U = U_0$, $\partial U/\partial n = \partial U_0/\partial n$ であるとする．また，スクリーンの裏側 S_2 では，$U = 0$, $\partial U/\partial n = 0$．$S_3$ では，閉局面を十分大きくとれば，$U = 0$, $\partial U/\partial n = 0$ とみなせる．点光源や観測点の位置はスクリーンから離れているとして，$k \gg 1/r_0, 1/r$ などの近似を用いると，最終的には，

$$U(\mathrm{P}) = -\frac{iA}{2\lambda} \times$$
$$\iint_{S_1} \frac{e^{ik(r_0+r)}}{r_0 r}[\cos(\boldsymbol{n}, \boldsymbol{r}) - \cos(\boldsymbol{n}, \boldsymbol{r}_0)]dS \quad (55)$$

が得られる．これが Fresnel-Kirchhoff の回折積分である．$(\cos(\boldsymbol{n}, \boldsymbol{r}) - \cos(\boldsymbol{n}, \boldsymbol{r}_0))/2$ は傾斜因子とよばれている．式 (55) は点光源 P_0 と観測点 P を入れ替えても成立する．これを Helmholtz の相反定理という．

光源がスクリーンから十分離れている場合には，式 (55) は，

$$U(\mathrm{P}) = -\frac{iA}{2\lambda}\frac{e^{ikr_0}}{r_0} \times$$
$$\iint_{S_1} \frac{e^{ikr}}{r}(1 + \cos\chi)d\sigma \quad (56)$$

が得られる．ここで，角 χ は，開口面上の点を Q として，直線 P_0Q と QP のなす角である．また，$d\sigma$ は開口面上にとった面積要素である．実用上は，$\chi = 0$ とし，さらに，開口の複素振幅透過率を表す関数を g として，

$$U(\mathrm{P}) = -\frac{iA}{\lambda}\frac{e^{ikr_0}}{r_0}\iint_{S_1} g\frac{e^{ikr}}{r}d\sigma \quad (57)$$

で，回折の計算をすることが多い．

より具体的な回折計算を行うため，図5のような座標系をとる．

光軸に z 軸をとり，観測面の座標を (x, y) とする．また，開口面の座標を (ξ, η) とすると，開口を表す関数は，$g(\xi, \eta)$ とかけて，開口の外側では0の値をとる．また，点光源から開口面上の点 Q までの距離 r_0 を光源面から開口面までの距離 R_0 で置き換える．また，波長 λ は距離 r よりも極めて大きいので，距離 r が変わると，e^{ikr} の変化は大きい．このような条件下では，式 (57) は，

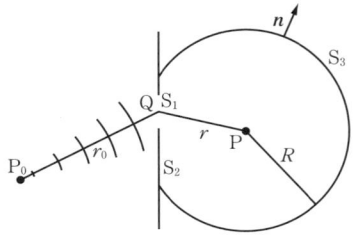

図4 Helmholtz-Kirchhoff の積分定理

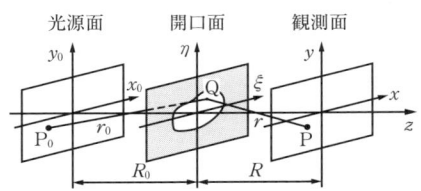

図5 回折の計算をするための座標系

$$U(x, y) = -\frac{iA}{\lambda} \frac{e^{ikR_0}}{R_0} \iint_{-\infty}^{\infty} g(\xi, \eta) \frac{e^{ikr}}{R} \mathrm{d}\xi \mathrm{d}\eta \tag{58}$$

と書ける．

(2) Babinet の原理 光源 P_0 と観測点 P の開口 S を置いたときの P における回折波の振幅を U_1，開口 S とまったく同じ形の遮蔽板 S' を置いたときの P における回折波の振幅を U_2 とし，さらに，光源 P_0 と観測点 P の間に何も置かない場合の P における回折波の振幅を U_0 とすると，回折積分の計算範囲を同じとすると，

$$U_1 + U_2 = U_0 \tag{59}$$

の関係が成り立つ．これを Babinet の原理という．特に，$U_0 = 0$ の場合には，$U_2 = -U_1$ であり，これは両回折波の振幅の絶対値は等しく，位相が π ずれることを示している．

(3) Fresnel 回折 ここで，
$$r = \sqrt{R^2 + (x - \xi)^2 + (y - \eta)^2} \tag{60}$$
通常は，開口の広がりは開口面から観測面までの距離 R よりも小さいので，$R \gg x, y, \xi, \eta$ とみなすことができる．

$$r \approx R + \frac{1}{2} \frac{(x - \xi)^2 + (y - \eta)^2}{R} \tag{61}$$

この条件下では，近似できて，

$$U(x, y) = \frac{iA}{\lambda} \frac{e^{ikR_0}}{R_0} \frac{e^{ikR}}{R} \iint_{-\infty}^{\infty} g(\xi, \eta) \\ \exp\left\{\frac{i\pi}{\lambda R}\left[(x - \xi)^2 + (y - \eta)^2\right]\right\} \mathrm{d}\xi \mathrm{d}\eta \tag{62}$$

と書ける．この状態の回折を Fresnel 回折という．

(4) Fraunhofer 回折 開口面から観測面までの距離 R がさらに大きいと，式 (61) で，ξ と η の 2 乗の項が無視できて，

$$r \approx R + \frac{1}{2} \frac{x^2 + y^2 - 2(x\xi + y\eta)}{R} \tag{63}$$

このとき，式 (62) は

$$U(x, y) = -\frac{iA}{\lambda} \frac{e^{ikR_0}}{R_0} \frac{e^{ikR}}{R} \exp\left[\frac{i\pi(x^2 + y^2)}{\lambda R}\right] \\ \times \iint_{-\infty}^{\infty} g(\xi, \eta) \exp\left\{-\frac{i2\pi}{\lambda R}(x\xi + y\eta)\right\} \mathrm{d}\xi \mathrm{d}\eta \tag{64}$$

この状態の回折を Fraunhofer 回折という．

(i) フーリエ変換： 観測面の座標を $\nu_x = x/(\lambda R)$, $\nu_y = y/(\lambda R)$ のように変換すると，式 (64) は，

$$U(\nu_x, \nu_y) = C \iint_{-\infty}^{\infty} g(\xi, \eta) \\ \exp[-i2\pi(\xi\nu_x + \eta\nu_y)] \mathrm{d}\xi \mathrm{d}\eta \tag{65}$$

ただし，

$$C = -\frac{iA}{\lambda} \frac{e^{ikR_0}}{R_0} \frac{e^{ikR}}{R} \exp\left[\frac{i\pi(x^2 + y^2)}{\lambda R}\right] \tag{66}$$

式 (65) は，Fraunhofer 回折の振幅分布は開口関数 $g(\xi, \eta)$ のフーリエ変換であることを示している．(ν_x, ν_y) は，空間周波数とよばれている．

(ii) 矩形開口の Fraunhofer 回折： 幅が w_x, w_y の矩形開口の Fraunhofer 回折の振幅分布は式 (64) より，

$$U(x, y) = C \int_{-w_x/2}^{w_x/2} \int_{-w_y/2}^{w_y/2} \\ \exp\left\{-\frac{i2\pi}{\lambda R}(x\xi + y\eta)\right\} \mathrm{d}\xi \mathrm{d}\eta \\ = C w_x w_y \frac{\sin\frac{\pi w_x x}{\lambda R}}{\frac{\pi w_x x}{\lambda R}} \frac{\sin\frac{\pi w_y y}{\lambda R}}{\frac{\pi w_y y}{\lambda R}} \tag{67}$$

(iii) 円形開口の Fraunhofer 回折： 式 (64) を極座標系で書き換えると，半径が a の円形開口の Fraunhofer 回折が計算できる．$\xi = r\cos\theta$, $\eta = r\sin\theta$, $x = \rho\cos\phi$, $y = \rho\sin\phi$ とする．

$$U(\rho) = C \int_0^a \int_0^{2\pi} \\ \exp\left\{-\frac{i2\pi}{\lambda R} r\rho \cos(\theta - \phi)\right\} r \mathrm{d}r \mathrm{d}\theta$$

$$= C\pi a^2 \frac{2J_1\left(\frac{2\pi a\rho}{\lambda R}\right)}{\frac{2\pi a\rho}{\lambda R}} \quad (68)$$

ただし，$J_1(\ )$ は1次のベッセル関数である．
Fraunhofer 回折像の強度分布は，

$$I(\rho) = |U(\rho)|^2 \quad (69)$$

これを図示すると図6のようになり，半径 $\rho = 1.22(\lambda R/D)$ の円盤状のパターンになる．ただし，円形開口の直径を $D = 2a$ とした．これを Airy の円盤という．

(5) 角スペクトル法　Helmholtz 方程式 (13) に従う光波 $U(r)$ を考える．この光波は，

$$U(r) = \iint_{-\infty}^{\infty} \tilde{U}(k_\xi, k_\eta) e^{i\mathbf{k}\cdot\mathbf{r}} dk_\xi dk_\eta \quad (70)$$

のように，振幅が $\tilde{U}(k_\xi, k_\eta)$ で $\mathbf{k}$ 方向に進む平面波の重ね合わせで書くことができる．ただし，各平面波が物理的に存在できるためには，$|\mathbf{k}| = 2\pi/\lambda$ より，z 方向に対する波数ベクトル成分 k_z に対して，

$$k_z = \sqrt{(2\pi/\lambda)^2 - k_\xi^2 - k_\eta^2} \quad (71)$$

が成立する必要がある．ここで，$k_\xi^2 + k_\eta^2 < (2\pi/\lambda)^2$ の場合には，平面波は $\tilde{U}(k_\xi, k_\eta) e^{i(k_\xi\xi + k_\eta\eta + k_z z)}$ となり，z 方向に進む成分をもつ．しかし，$k_\xi^2 + k_\eta^2 > (2\pi/\lambda)^2$ の場合には，平面波は $\tilde{U}(k_\xi, k_\eta) e^{i(k_\xi\xi + k_\eta\eta) - k_z z}$ となり，z 方向には急激に減衰し，波動として進むことはできない．これはエバネッセント波である．

図6　円形開口の Fraunhofer 回折像の強度分布

再び，図5を考え，$z = 0$ の位置に開口があるとする．開口面での光波の複素振幅 $U(\xi, \eta, 0)$ のフーリエ変換は，

$$\tilde{U}(\nu_\xi, \nu_\eta, 0) = \iint_{-\infty}^{\infty} U(\xi, \eta, 0) e^{-i2\pi(\xi\nu_\xi + \eta\nu_\eta)} d\xi d\eta \quad (72)$$

そのフーリエ逆変換は，

$$U(\xi, \eta, 0) = \iint_{-\infty}^{\infty} \tilde{U}(\nu_\xi, \nu_\eta, 0) e^{i2\pi(\xi\nu_\xi + \eta\nu_\eta)} d\nu_\xi d\nu_\eta \quad (73)$$

このことから，$z = 0$ における光波は平面波 $\tilde{U}(\nu_\xi, \nu_\eta, 0) e^{i2\pi(\xi\nu_\xi + \eta\nu_\eta)}$ の重ね合わせで表すことができることがわかる．各平面波が距離 R だけ z 方向に進むと，各平面波は $\tilde{U}(\nu_\xi, \nu_\eta, 0) e^{i2\pi(\xi\nu_\xi + \eta\nu_\eta)} \cdot e^{ik_z R}$ となるので，これを積分すれば，$z = R$ における光波が求まる．すなわち，式 (71) を用いると，$z = R$ における光波の複素振幅は，

$$U(\xi, \eta, R) = \frac{1}{(2\pi)^2} \iint_{-\infty}^{\infty} \tilde{U}(k_\xi, k_\eta, 0) e^{i(k_\xi\xi + k_\eta\eta)}$$
$$\times e^{iR\sqrt{(2\pi/\lambda)^2 - k_\xi^2 - k_\eta^2}} dk_\xi dk_\eta \quad (74)$$

ただし，$k_\xi = 2\pi\nu_\xi, k_\eta = 2\pi\nu_\eta$．
式 (74) は，開口面 ($z = 0$) での光波の複素振幅 $U(\xi, \eta, 0)$ から観測面 ($z = R$) での複素振幅 $U(x, y, R)$ を与える．このような方法で回折を計算する手法を角スペクトル法という[3]．角スペクトル法では，傾斜因子を無視するなどの近似を用いずに回折を計算することができる． ［谷田貝豊彦］

■参考文献
1) M. Born and E. Wolf : Principles of Optics, 7th ed., Cambridge University Press (1999).
2) E. Hecht : Optics, 4th ed., Addison Wesley (2002). 邦訳：尾崎義治，朝倉利光：ヘクト光学，丸善 (2002).
3) J. W. Goodman : Introduction to Fourier Optics, 3rd ed., Roberts & Co. (2005), pp. 55-61.

C

偏光・結晶光学

a. 偏 光

(1) 完全偏光の表示　光は横波である．光の電磁場は進行方向に垂直な面内で振動する．角周波数 ω，波数 k の平面波を考えよう．光の進む方向を z 軸にとると，電磁場は xy 面内で振動する．電場の x 成分を E_1，y 成分を E_2 と表すと，それらは

$$E_1 = A_1 \cos(\omega t - kz + \phi_1) \quad (1a)$$
$$E_2 = A_2 \cos(\omega t - kz + \phi_2) \quad (1b)$$

と書ける．ここで，A_j は振幅，ϕ_j は初期位相である．位置 z を固定し，時間 t を動かしたとしよう．このとき2次元ベクトル (E_1, E_2) の先端が描く図形は一般には楕円になり，特別の場合には，直線または円になる．これらを楕円偏光（elliptic polarization），直線偏光（linear polarization），円偏光（circular polarization）とよぶ．

偏光状態は，振幅比 $\tan\theta = A_2/A_1$ と，位相差 $\delta = \phi_2 - \phi_1$ で決まる．

① $\delta = 0$ または $\delta = \pi$ のとき，直線偏光になる．電場の振動方向は x 軸から測って θ または $-\theta$ に等しい．

② $\delta = \pi/2$ または $\delta = 3\pi/2 (= -\pi/2)$ のとき，楕円の主軸が xy 軸に一致する．この場合を標準形とよぶことにする．このとき，楕円の長軸と短軸の比は A_2/A_1 に等しい．これを楕円率といい，$\tan\chi$ と表す．このときの χ を楕円率角という．特に，$\tan\chi = 1$ のとき，すなわち，xy 成分の大きさが等しいとき，円偏光になる．また，$\tan\chi = 0$ ($A_2 = 0$)，または，$\tan\chi = \infty$ ($A_1 = 0$) のとき，楕円がつぶれて直線偏光になる．$\delta = \pi/2$ のとき，電場ベクトルの先端は右回り（時計回り）に回転する．これを右回り楕円偏光とよぶ．一方，$\delta = 3\pi/2$ のときは左回り（反時計回り）楕円偏光である．この場合，楕円率に符号をつけて，左回り楕円偏光を $\tan\chi < 0$ と表現する．

③ 位相差 δ が一般の値をもつとき，式 (1) から $\omega t - kz$ を消去すると

$$\frac{E_1^2}{A_1^2} - 2\frac{E_1 E_2}{A_1 A_2}\cos\delta + \frac{E_2^2}{A_2^2} = \sin^2\delta \quad (2)$$

を得る（図1）．これは一般に楕円を表す．楕円の主軸の長さを $2B_1$，$2B_2$ とし，B_1 軸が x 軸となす方位角を ψ とする．楕円率は $\tan\chi = \pm B_2/B_1$ で与えられる．ただし，符号は右回り楕円偏光を正にとる．実験室系における偏光パラメーターから標準形への変換は次の関係式で与えられる．

$$B_1^2 + B_1^2 = A_1^2 + A_2^2 \quad (3a)$$
$$\tan 2\psi = \tan 2\theta \cos\delta \quad (3b)$$
$$\sin 2\chi = \sin 2\theta \sin\delta \quad (3c)$$

(2) Jones ベクトル　電場の xy 成分を複素指数関数を用いて

$$E_1 = \Re[A_1 \exp\{i(\omega t - kz + \phi_1)\}] \quad (4a)$$
$$E_2 = \Re[A_2 \exp\{i(\omega t - kz + \phi_2)\}] \quad (4b)$$

と表す．ここで，$\Re$ は実部を意味する．このとき，共通位相因子を落とした，2次元複素ベクトル

$$U = \begin{pmatrix} A_1 e^{i\phi_1} \\ A_2 e^{i\phi_2} \end{pmatrix} \quad (5)$$

を Jones ベクトルとよぶ[*1]．

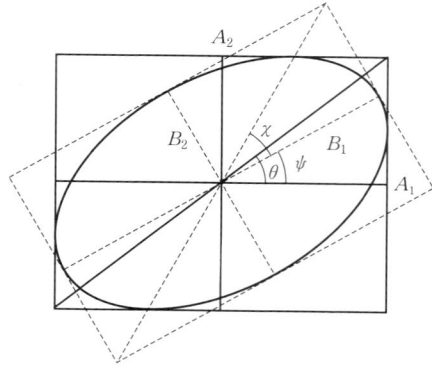

図 1　楕円偏光

2つのJonesベクトル U_1, U_2 に対し，複素ベクトルの内積 $U_1^* \cdot U_2$ を導入する．内積が0の2つの偏光状態は直交するという．振動方向が直交する直線偏光や，右回りと左回りの円偏光は直交する偏光の例である．

(3) Jones行列　偏光素子は，Jonesベクトルの変換行列で表せる．これをJones行列とよぶ．以下に代表的な偏光素子のJones行列を挙げる．さらに詳しい例は付録の公式集を見よ．

（ⅰ）旋光子：偏光状態を角度 ψ だけ回転する素子を旋光子（rotator）という．

$$R(\psi) = \begin{pmatrix} \cos\psi & -\sin\psi \\ \sin\psi & \cos\psi \end{pmatrix} \quad (6)$$

ある偏光素子のJones行列を J とする．これを角度 ψ だけ回転したときのJones行列 J_ψ は，回転行列（6）を用い

$$J_\psi = R(\psi) J R(-\psi) \quad (7)$$

で与えられる．この式は，偏光素子を ψ だけ回転するのは，入射偏光を $-\psi$ 回転し，偏光素子を通過した後，偏光を ψ 回転して元に戻すのと等価であることを表したものである．

（ⅱ）偏光子：入射光から，特定の偏光成分を取り出す素子を偏光子（polarizer）という．直線偏光を取り出すものを直線偏光子，円偏光を取り出すものを円偏光子という．x 方向の直線偏光子のJones行列は

$$P = \begin{pmatrix} 1 & 0 \\ 0 & 0 \end{pmatrix} \quad (8)$$

となる．

偏光状態 U_1（$|U_1|=1$）を透過する理想的な偏光子に，偏光状態 U_2 の光を入射したとき，透過光強度は $|U_1^* \cdot U_2|^2$ で与えられる（Malusの法則）．

（ⅲ）リターダー（波長板）：x 成分と y 成分の間に位相差をつける偏光素子をリターダー（retarder）という[*2]．位相遅れ（retardation）が Γ のリターダーは

$$C(\Gamma) = \begin{pmatrix} 1 & 0 \\ 0 & e^{-i\Gamma} \end{pmatrix} \equiv \begin{pmatrix} e^{i\frac{\Gamma}{2}} & 0 \\ 0 & e^{-i\frac{\Gamma}{2}} \end{pmatrix} \quad (9)$$

となる．

(4) 部分偏光　自然の光は，前節で述べた完全偏光の状態にはなく，部分的に偏光した状態になる．部分偏光の状態を表すには，統計的な表現が必要になる．この目的には，強度の次元をもつStokesパラメーターが用いられる．

$$S_0 = \langle A_1^2 + A_2^2 \rangle \quad (10a)$$
$$S_1 = \langle A_1^2 - A_2^2 \rangle \quad (10b)$$
$$S_2 = 2\langle A_1 A_2 \cos\delta \rangle \quad (10c)$$
$$S_3 = 2\langle A_1 A_2 \sin\delta \rangle \quad (10d)$$

ここで，記号 $\langle \cdots \rangle$ は時間平均をとることを意味する．S_0 は光の強度を与える．偏光状態を決めるのは (S_1, S_2, S_3) である．

部分偏光の度合いは，偏光度

$$V = \frac{\sqrt{S_1^2 + S_2^2 + S_3^2}}{S_0} \quad (11)$$

で表される．$V=0$ が無偏光の状態，$V=1$ が完全偏光の状態を表す．

偏光素子による偏光状態の変化は，Stokesパラメーターの線形変換，すなわち，4×4 行列で表すことができる．これをMüller行列という．Müller行列の例は付録の公式集を見よ．

(5) Poincaré球　完全偏光に対するStokesパラメーターを，実験室系および標準形の偏光パラメーターで表すと

[*1] 偏光を扱う場合，z 方向に進む平面波の波動関数を $\exp\{i(\omega t - kz)\}$ と表示することが多い．一方，光学の教科書の多くで $\exp[i(kz-\omega t)]$ が用いられている．これらの表記は互いに複素共役の関係にある．付録の公式集には2つの表示を併記した．

[*2] 移相子，遅延子，波長板（wave plate）などともよぶ．

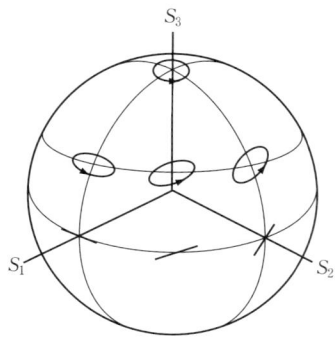

図 2　Poincaré 球

$S_1 = S_0 \cos 2\theta \quad\quad = S_0 \cos 2\chi \cos 2\psi$ (12a)
$S_2 = S_0 \sin 2\theta \cos \delta = S_0 \cos 2\chi \sin 2\psi$ (12b)
$S_3 = S_0 \sin 2\theta \sin \delta = S_0 \sin 2\chi$ (12c)

となる．光強度を $S_0 = 1$ にとると，$S_1^2 + S_2^2 + S_3^2 = 1$ が成り立つから，ベクトル (S_1, S_2, S_3) を半径 1 の球面上の点に対応させることができる．これを Poincaré 球（Poincaré sphere）という．Poincaré 球を地球に例えると，経度が主軸の方位角，緯度が楕円率角に対応する．赤道上には直線偏光が並び，北極は右回り円偏光，南極は左回り円偏光が対応する．Poincaré 球の直径の両端の 2 点（対蹠点）の偏光は直交する．

Poincaré 球を用いると，偏光素子の作用を簡単に表すことができる．実際，旋光子は北極と南極を結ぶ直径を軸とする回転，リターダーは主軸に平行な直線偏光に対応する赤道上の 2 点を結ぶ直径を軸とする回転で表される．旋光子やリターダーを組み合わせた複合的な偏光素子を考えよう．どのような偏光素子にも，その素子を透過しても状態が変わらない偏光が存在する．これらを固有偏光状態という．一般に固有偏光は 2 つ存在し，互いに直交する．Poincaré 球上での偏光素子の作用は，2 つの固有偏光状態を結ぶ直径を軸とする回転で表される．旋光子とリターダーは，Poincaré 球の回転という意味では同じ種類の偏光素子であると結論できる．

b． 結晶光学

（1）　固有偏光　結晶のような異方性媒質中では，入射光は偏光状態を変えながら伝搬する．ところが，伝搬によっても状態が変わらない偏光が 2 つ存在する．これらを固有偏光という．2 つの固有偏光は互いに直交し，それぞれ固有の屈折率をもって伝搬する．異方性媒質に入射した光は，固有偏光成分に分けられる．この 2 つの成分は屈折率が異なるから，伝搬距離に比例した位相差が生じる．このため，偏光状態が変化する．

（2）　誘電率テンソル　異方性媒質では，電場に対する応答関数である誘電率 ϵ が方向依存性をもち，2 階のテンソルになる．角周波数 ω の光によって生じた電束密度 D と光電場 E の関係は

$$D_j(\omega) = \sum \epsilon_{jk}(\omega) E_k(\omega) \quad (13)$$

と表される．反転対称性を有する結晶では，誘電率テンソルは対称テンソルとなり座標軸の回転で対角化できる．その固有値を $\epsilon_j = \epsilon_0 N_j^2$ としたときの N_j を主屈折率という．

一般的には，透磁率もテンソル量になる．しかし，光の周波数領域では，透磁率は真空中の値 μ_0 に等しいと近似でき，スカラー量として扱うことができる．

（3）　電磁場と波動ベクトル　等方性媒質中の平面波は，電場 E，磁場 H，および，波動ベクトル k が直交する．異方性媒質中では，電場と電束密度 D は平行ではなくなる．磁場と磁束密度 B については，$B = \mu_0 H$ が成り立ち，両者は平行である．これらのベクトルの関係を図 3 に示す．D と B が波動ベクトル k と直交する．波面は k の方向に進む．一方，図中の $S = E \times H$ はポインティングベクトルで，エネルギーの流れを表すベクトルである．ポインティングベクトルの方向を光線方向とよぶ．図 3 からわかるとおり，電場と電束密度が平行でないと，波面法線と光線方向は平行では

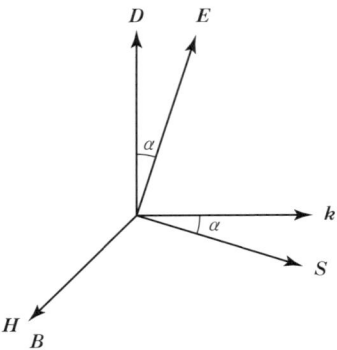

図3 結晶中を伝搬する光波の電磁場と波動ベクトル

なくなる.

(4) Fresnelの方程式 波面法線 e が与えられたとき,固有偏光の屈折率 n は次の方程式

$$\sum \frac{e_j^2}{1-\dfrac{n^2}{N_j^2}} = 0 \quad (14\text{a})$$

または,これと等価な

$$\sum \frac{n^2 e_j^2}{n^2 - N_j^2} = 1 \quad (14\text{b})$$

の解として求まる.これをFresnelの方程式という.

(5) 屈折率楕円体 屈折率楕円体 (index ellipsoid) を用いると,固有偏光の電束密度 D の方向と屈折率を図形的に求めることができる.主軸の半軸長が主屈折率に等しい楕円体

$$\sum \frac{x_j^2}{N_j^2} = 1 \quad (15)$$

を屈折率楕円体という.波面法線 e が与えられたとき,原点を通る e に垂直な面,すなわち,波面で屈折率楕円体を切断する.断面は楕円になる.この楕円の主軸の方向が電束密度に平行になり,主軸の半軸長が屈折率 n_a, n_b に等しい(図4).

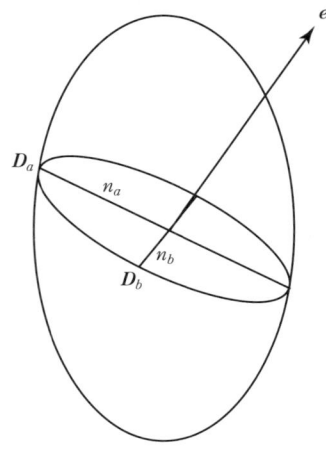

図4 屈折率楕円体と固有偏光

(6) 屈折面と光線速度面 波面法線 e に平行で長さが屈折率に等しいベクトル $n = ne$ を屈折率ベクトルとよぶ.波動ベクトルと屈折率ベクトルは $k = \omega n/c$ と比例関係にある.屈折率ベクトルをすべての立体角方向にとったとき,ベクトルの先端が描く図形を屈折面 (index surface) という.1つの方向に対し2つの固有偏光が存在するから,屈折面は二重の曲面である.この面は,代数的には Fresnelの方程式 (14) で定義される4次曲面になる.屈折率面は波動ベクトル k が描く面に相似になる.

光線の進む速度を v とすると,$s = v/c$ を(規格化)光線速度ベクトルという.ここで,c は真空中の光速度である.n と s はそれぞれ図3の k と S に平行である.この2つのベクトルは $e \cdot s = 1$ の関係を満たす.

光線速度ベクトルの先端が描く図形が光線速度面である.結晶中に,仮想的な点光源を置いたとする.点光源から出た光波の波面は,光線速度面に相似になる.したがって,光波の伝播を記述する Huygens(ホイヘンス)の原理の2次波としては,結晶中では光線速度面を用いる.Huygensの原

理から，波面は光線速度面に接することが結論できる．言い換えると，屈折率ベクトルが光線速度面に直交する．これと対の関係「光線速度ベクトルは屈折率面に直交する」も正しい．

(7) 一軸結晶 結晶を光学的な性質で分類すると，等方性結晶，一軸結晶，二軸結晶に分けられる．一軸結晶では，主屈折率の2つが等しく，$N_1 = N_2 \neq N_3$ が成り立つ．$N_1 = N_2 = N_o$ を常光線主屈折率，$N_3 = N_e$ を異常光線主屈折率とよぶ．屈折率楕円体は，N_3 軸（z 軸）を対称軸とする回転楕円体になる．$N_e > N_o$ を正の一軸結晶，逆の不等号が成り立つ場合を負の一軸結晶とよぶ．

一軸結晶中の固有偏光は，常光線（ordinary ray）と異常光線（extraordinary ray）に分けられる．常光線の屈折率は伝搬方向によらず等方的で，N_o に等しい．一方，異常光線の屈折率は伝搬方向により変化する．波面法線が z 軸方向を向くとき，屈折率は N_o に等しい．したがって，この方向では常光線と異常光線の屈折率が等しくなる．このような性質をもった方向を光学軸（optic axis）とよぶ．一軸結晶では z 軸が唯一の光学軸である．光学軸に直交する方向に進む異常光線の屈折率は N_e に等しい．波面法線がこの中間の方向を向くときは，屈折率は N_o と N_e の間の値をとる．実際，波面法線が光学軸となす角度が θ のときの異常光線の屈折率 $n_e(\theta)$ は

$$\frac{1}{n_e^2(\theta)} = \frac{\cos^2\theta}{N_o^2} + \frac{\sin^2\theta}{N_e^2} \qquad (16)$$

で与えられる．屈折率面は，常光線と異常光線で分離でき，常光線は球面，異常光線は回転楕円面になる．図5は負の一軸結晶の屈折率面である．図中の s_e は，異常光線の光線速度ベクトルである．

電束密度ベクトルは，常光線では光学軸に直交し，異常光線では光学軸と波面法線

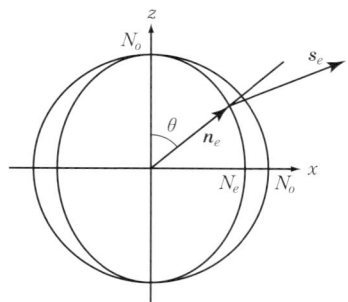

図5 負の一軸結晶の屈折率面

が張る面の上に乗る．

(8) 二軸結晶 二軸結晶では，主屈折率がすべて異なる．誘電率テンソルを対角化する座標軸を x, y, z 軸とし，固有値の大小関係を $N_1 < N_2 < N_3$ とする．二軸結晶には，固有偏光の屈折率が等しくなる光学軸が2本ある．光学軸は xz 面内に z 軸に対して対称な位置にあり，z 軸となす角度 β は

$$\cos^2\beta = \frac{\dfrac{1}{N_2^2} - \dfrac{1}{N_3^2}}{\dfrac{1}{N_1^2} - \dfrac{1}{N_3^2}} \qquad (17)$$

を満たす．波面法線が2本の光学軸となす角度を θ_1, θ_2 とすると，2つの固有偏光に対する屈折率 n は

$$\frac{1}{n^2} = \frac{1}{2}\left[\frac{1}{N_1^2} + \frac{1}{N_3^2} + \left(\frac{1}{N_1^2} - \frac{1}{N_3^2}\right)\cos(\theta_1 \pm \theta_2)\right] \qquad (18)$$

で与えられる．

(9) 複屈折 等方媒質から結晶へ入射する光波を考える．結晶中では光波は2つの固有偏光に分離して進む．入射波の波動ベクトルを k_1，結晶中の光波の波動ベクトルを k_{2a}, k_{2b} とする．屈折の法則は，波動ベクトル，あるいは，それと因子 ω/c だけ

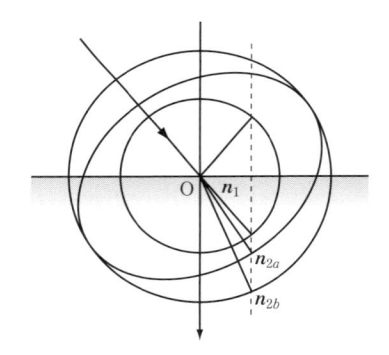

図6 屈折率面を用いた屈折の法則の説明

異なる屈折率ベクトルの境界面に平行な成分が保存されると表現できる．異方性媒質でもこれは変わらない．したがって，境界面に平行な成分を添字 t で表すと，屈折の法則は

$$(n_1)_t = (n_{2a})_t = (n_{2b})_t \tag{19}$$

となる．この関係は，屈折率面を用いると図6のように表現できる．入射光，屈折光の屈折率ベクトルは入射面内にあり，境界面への射影成分が等しい．

屈折の法則は屈折前後の波動ベクトルの関係を与えるものであるが，光線速度ベクトルについても同様な議論ができる．2つに分かれた屈折光は異なる光線速度ベクトル方向に伝搬する．結晶を通してものを見ると複屈折により二重像が見えるが，これは波動ベクトルではなく光線速度ベクトルが異なる方向を向くことが原因で生じる現象である．

(10) 電気光学効果 物質に外部電場をかけると誘電率テンソルが変化する．電気光学効果の記述には，誘電率テンソルの逆テンソルを用いることが多い．静電場 E_j がかかったとき，逆誘電率テンソル η は

$$\eta_{jk} = \eta_{jk}^{(0)} + \sum_l r_{jkl} E_l + \sum_{lm} h_{jklm} E_l E_m \tag{20}$$

と変化する．電場の1次の効果を Pockels 効果，2次の効果を Kerr 効果という．

Pockels 効果によって生じる屈折率変化は

$$\Delta n = \frac{1}{2} n_0^3 r_{eff} \tag{21}$$

と表される．ここで，n_0 は電場がかかる前の屈折率，r_{eff} は結晶方位と偏光状態で決まる有効 Pockels 係数である．電気光学結晶をリターダーとして用いることを考えよう．電気光学効果による位相遅れの変化量が π になるときの外部電圧を半波長電圧という．たとえば，電圧をかけない状態で位相遅れが0であるとする．半波長電圧をかけることにより半波長板になる．位相遅れ0の波長板と半波長板を電圧のオンオフで切り替えることにより，透過光の偏光状態を制御できる．Pockels セルや電気光学（EO）変調器は，このような原理で動作する光変調器である．

(11) 磁気光学効果 外部磁場をかけることにより物質の光学的な性質が変化する現象を磁気光学効果という．磁場の1次に比例した磁気旋光性を示す Faraday 効果や，磁場の2次に比例して複屈折が生じる Cotton-Mouton 効果，さらに，磁性体表面で反射した光の偏光状態が磁化に依存して変化する磁気 Kerr 効果などがある．

Faraday 効果は外部磁場に平行に光を通すと，偏光状態が回転する現象である．回転角 ϕ は，外部磁場の大きさ H と伝搬長 d に比例する．回転角を $\phi = VHd$ と書いたとき，係数 V を Verdet 定数という．等方媒質の場合，磁場に平行に進む光に対しては，左右円偏光が固有偏光になり，それぞれ異なる屈折率をもつ．このような媒質に直線偏光が入射すると，大きさの等しい左右円偏光に分かれ，伝搬距離に比例した位相差が生じる．それらを合成すると直線偏光になるが，偏光の振動面は位相差に比例して回転する．すなわち，Faraday 効果や次に述べる自然旋光性は，円偏光を固有偏光とする複屈折現象であると理解できる．

(12) 旋光性 自然界にはらせん構造をもつ分子が存在する．らせん分子を鏡に映した像は自分自身と重ならず，右巻きと左巻きを区別できる．結晶でも，鏡像，あるいは，反転をとる操作に対して対称にならないものが存在する．片方巻きのらせん分子を溶かした溶液や反転対称性を欠く結晶に光を通すと偏光状態が回転する．これを自然旋光性という．これは，左右円偏光（結晶の場合は直交する楕円偏光）を固有偏光にもつことが原因で，異なる屈折率で伝搬することにより位相差が生じる．これが原因で偏光状態が回転する．

Faraday効果と自然旋光性はよく似た現象であるが，1つ大きな違いがある．透過光を鏡で反射し，もう一度旋光性媒質に戻す．Faraday効果では回転角は加算され，入射端面に戻ったときは2倍になる．一方，自然旋光性では逆向きに回転し，戻ったときは回転角は0になる．Faraday効果のこの性質は光アイソレーター（光の一方通行素子で，一方向には光は通すが，反射して戻ってきた光は通さない素子）の原理に応用されている．すなわち，偏光子と回転角45°のFaraday素子を組み合わせたもので，反射して戻ってきた光は偏光が90°回転しているため偏光子を通ることができない． 〔黒田和男〕

D

放射と散乱

a. 熱放射

(1) 黒体放射 物体が光を放射するメカニズムには様々なものがあるが，代表的なものとしては，高温の物体からの熱放射と，原子分子や固体中の電子が量子遷移することによって光子を出す量子遷移放射がある．はじめに熱放射について述べる．

温度 T の壁で囲まれた空洞を考える．壁からの放出と壁による吸収を繰り返すうちに，空洞内の放射（電磁波）は熱平衡状態に達する．壁に小孔を開けて中を観測すれば，熱平衡状態にある放射を観測できる．これを，空洞放射，または，黒体放射という．黒体とは，すべての電磁波を吸収してしまう物体を指す．実際，小孔を通して中に入った放射は，壁で散乱されて空洞内部に閉じ込められてしまうので，黒体とみなすことができる．

黒体放射のスペクトル分布を理論的に導いたのは Plank である．熱平衡状態では放射は明らかに等方的であるから，分布は伝搬方向にも偏光にもよらず，周波数だけに依存する．周波数が ν から $\nu + d\nu$ の間に入る光のエネルギー密度 $\rho(\nu)d\nu$ は

$$\rho(\nu)d\nu = \frac{8\pi h \nu^3}{c^3 (e^{h\nu/k_B T}-1)} d\nu \quad (1)$$

で与えられる．ただし，c は光速度，$h = 6.63 \times 10^{-34}$ [Js] は Plank 定数，$k_B = 1.38 \times 10^{-23}$ [J/K] は Boltzmann 定数である．これを Plank の式という．式 (1) の関数は $\nu_m = 2.822 k_B T/h$ のときに最大値をとるから，スペクトルが最大となる周波数は温度に比例することが導かれる（Wien の変位則）．周波数 ν の代わりに波長 λ を横軸にとってスペクトルを表わすこともよく行われる（図 1）．この場合のスペクトル最大の位置は $\lambda_m = 0.2014 hc/k_B T$ の所にある．この位置は周波数を横軸とした場合と一致しない．

Plank の式を周波数で積分して放射の全エネルギー密度 U を求めると

$$U = \frac{4\sigma}{c} T^4 \quad (2)$$

となり，温度の 4 乗に比例する．ただし

$$\sigma = \frac{2\pi^5 k_B^4}{15 c^2 h^3} = 5.67 \times 10^{-8} [\mathrm{W \cdot m^{-2} \cdot K^{-2}}] \quad (3)$$

は Stefan-Boltzmann 定数である．

空洞内の放射は光子からなる気体と見る

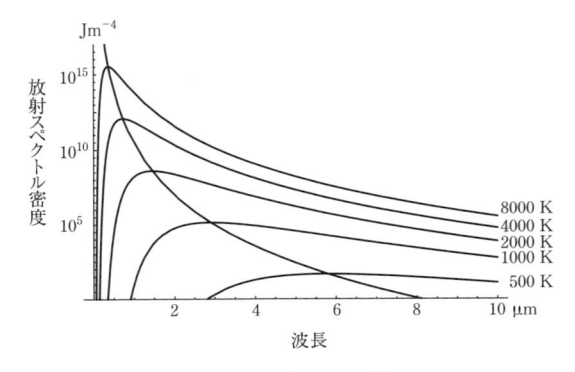

図1 黒体放射のスペクトル（Plank の式）
波長を横軸にとってプロットしてある．温度は 500, 1000, 2000, 4000, 8000 K.

こともできる．分子気体と異なり，光子は生成消滅を繰り返すから，光子数は一定ではない．式 (1) を光子のエネルギー $h\nu$ で割ると，光子数密度が得られる．また，光子は $h\nu/c$ の運動量をもつので，物体に圧力を及ぼす．計算すると，圧力は全エネルギー密度の 1/3 に等しいという結果が得られる．

(2) 熱光源 物体の放射強度について考えよう．熱平衡状態では放射される量と吸収される量はバランスしているはずであるから

（放射強度）＝（吸収率）×（黒体放射強度） (4)

の関係式が成り立つ．これを Kirchhoff の法則とよぶ．物体の放射強度と黒体放射強度との比を放射率という．上式は，放射率は吸収率に等しいことを示している．これはエネルギー保存則からの帰結である．

b. 点光源からの放射

(1) 遅延ポテンシャル 局在電荷の周期運動による電磁波の放射を古典的に扱う．電流分布の存在する領域が電磁波の波長に比べ十分小さければ，点光源とみなすことができる．

電磁場をベクトルポテンシャル $A(r,t)$ とスカラーポテンシャル $\phi(r,t)$ で表す．ポテンシャルにはゲージ変換の自由度が残されている．ここでは

$$\mathrm{div}\, A + \frac{1}{c^2}\frac{\partial \phi}{\partial t} = 0 \quad (5)$$

を満たすローレンツゲージを用いる．光源における電流分布を $J(R,t)$，電荷密度分布を $\rho(R,t)$ とする．ここで，R は光源の内部の位置座標である．ポテンシャルの満足する波動方程式を解いて

$$A(r,t) = \frac{\mu_0}{4\pi} \iiint \frac{J(R,t_r')}{|r-R|} \mathrm{d}^3 R \quad (6a)$$

$$\phi(r,t) = \frac{1}{4\pi\epsilon_0} \iiint \frac{\rho(R,t_r')}{|r-R|} \mathrm{d}^3 R \quad (6b)$$

を得る．ここで

$$t_r' = t - \frac{|r-R|}{c} \quad (7)$$

である．式 (7) は，時刻 t_r' に光源内の位置 R を出発した信号が，空間を光速度 c で進み，観測点 r に到達する時刻が t であることを意味する．信号が空間を光速度 c で伝播することを考慮すると，(R,t_r') における電流および電荷密度が，(r,t) におけるポテンシャルを決めるのである．式 (6) で与えられるポテンシャルを遅延ポテンシャルという．

光源の内部に座標の原点をとる．光源の拡がりは，観測点までの距離に比べ十分小さいとする．原点から観測点に向かうベクトルを r，それに平行な単位ベクトルを s とする．積分点から観測点までの距離は，$|r-R| \approx r - s\cdot R$ と近似できる．ここで，$r = |r|$ である．これを式 (6) の被積分関数に代入し，$s\cdot R/r$ で展開すると

$$\frac{J(R, t-|r-R|/c)}{|r-R|} = \frac{J(R, t-r/c)}{r}$$
$$+ \frac{s\cdot R}{cr}\frac{\partial J}{\partial t}\left(R, t-\frac{r}{c}\right) + \cdots \quad (8)$$

を得る．電荷密度についても同様の式が得られる．

(2) 電気双極子放射 はじめに，展開式の第 1 項からの寄与を計算する．以下に明らかにするが，この項から電気双極子放射が導かれる．ベクトルポテンシャルは

$$A(r,t) = \frac{\mu_0}{4\pi r} \iiint J(R, t_r) \mathrm{d}^3 R \quad (9)$$

となる．ただし

$$t_r = t - \frac{r}{c} \quad (10)$$

は原点における遅延時間である．そこで，電荷分布から電気双極子モーメント p を

$$p(t) = \iiint R\rho(R,t) \mathrm{d}^3 R \quad (11)$$

と定義する．この式の時間微分をとり，電荷の連続の式 $\partial\rho/\partial t + \mathrm{div}\, J = 0$ を考慮すると

$$A(r,t) = \frac{\mu_0}{4\pi r}\dot{p}(t_r) \quad (12)$$

を得る．ここで，関数記号の上のドットは時間微分を意味する．スカラーポテンシャルは式（5）より

$$\phi(r,t) = -\frac{1}{4\pi\epsilon_0}\operatorname{div}\left(\frac{p(t_r)}{r}\right) \quad (13)$$

を得る．ポテンシャルが決まったので，電磁場を求めると

$$H = \frac{1}{4\pi}\operatorname{rot}\left(\frac{\dot{p}(t_r)}{r}\right) \quad (14a)$$

$$E = \frac{1}{4\pi\epsilon_0}\operatorname{rot}\operatorname{rot}\left(\frac{p(t_r)}{r}\right) \quad (14b)$$

を得る．ファーフィールド成分は，式（17）にまとめて表示する．

(3) 磁気双極子放射，電気4重極放射 展開式（8）の第2項からは，磁気双極子放射と電気4重極放射が導かれる．磁気双極子モーメント m と電気4重極モーメント Q はそれぞれ

$$m(t) = \frac{1}{2}\iiint R \times J(R,t)\,d^3R \quad (15)$$

$$Q_{jk}(t) = \iiint\left(R_jR_k - \frac{1}{3}R^2\delta_{jk}\right)$$
$$\rho(R,t)\,d^3R \quad (16)$$

と定義される．

電気双極子放射と併せ，$r \to \infty$ で $1/r$ 依存性をもつファーフィールド成分を求めると

$$E_F = \frac{\mu_0}{4\pi r}\left[s\times\{s\times\ddot{p}(t_r)\} + \frac{1}{c}s\times\ddot{m}(t_r)\right.$$
$$\left. + \frac{1}{2c}s\times\{s\times[\dddot{Q}(t_r)\cdot s]\}\right] \quad (17a)$$

$$H_F = -\frac{1}{4\pi cr}\left[s\times\ddot{p}(t_r) - \frac{1}{c}s\times\{s\times\ddot{m}(t_r)\}\right.$$
$$\left. + \frac{1}{2c}s\times\{\dddot{Q}(t_r)\cdot s\}\right] \quad (17b)$$

を得る．ここで，$s = r/r$ は r 方向の単位ベクトルである．また $Q(t_r)\cdot s$ は電気4重極モーメントと単位ベクトル s の内積である．式（17）に現れる単位ベクトル s の二重の外積 $s\times(s\times X)$ はベクトル X の s に直交する成分 $-X_\perp$ を表す．式（17）の各項は s との外積の形をしているから，s と直交すること，すなわち，ファーフィールドは横波であることがわかる．

c． 自然放出と誘導放出

(1) A 係数と B 係数 物体による光の放出，吸収の過程は，ミクロには物体を構成する量子系のエネルギー準位間の遷移と結び付いている．原子（分子）気体からの放射を考えよう．原子の i 番目のエネルギー準位を E_i とすると，j 番目から i 番目の状態への遷移（$E_j > E_i$）によって放出される光子の周波数は

$$h\nu = E_j - E_i \quad (18)$$

の関係式で与えられる．ここで，h はPlank定数である．励起状態 E_j にある原子は不安定であり，式（18）で与えられる光子を放出して，エネルギーの低い状態 E_i へ遷移する．この過程を化学反応式ふうに書けば

$$E_j \to E_i + h\nu \quad (19)$$

である．これを光の自然放出という．一般には遷移可能な下の準位は多数あるから，実際にどの遷移が起こるかは確率の問題である．

次に原子が i 状態にあるときに，式（18）で与えられる周波数の光を照射すると，原子は光子を1個吸収し，j 状態へ遷移する．これは（19）の逆過程である．吸収の確率は，入射する光強度に比例する．放出の場合も，入射光強度に比例するプロセスが存在する．物理的には，入射光電場に共鳴して原子の量子状態が振動を始める．そのため，共鳴する光を放出する確率が高くなると解釈できる．これを誘導放出という．誘導放出過程の存在は，レーザーの原理である励起媒質による光増幅を実現する物理過程として重要である．

以上の話を定量化しよう．i 状態にある原子の密度を N_i, j 状態にある原子の密度

を N_j, 遷移に共鳴した放射密度を $\rho(\nu)$ とする．自然放出の確率は上の準位の密度に比例する．

$$\text{自然放出の確率} = A_{ij}N_j \qquad (20)$$

誘導放出は上の準位の密度と共鳴周波数における放射密度に比例するので

$$\text{誘導放出の確率} = B_{ij}N_j\rho(\nu) \qquad (21)$$

同様に，吸収の確率は下の準位の密度と放射密度に比例し

$$\text{吸収の確率} = B_{ji}N_i\rho(\nu) \qquad (22)$$

となる．A_{ij}, B_{ij} をそれぞれ Einstein の A 係数，B 係数とよぶ．温度 T の熱平衡状態では，原子の密度は Boltzmann 分布に従い，$N_i \propto g_i \exp(-E_i/k_BT)$ を満たす．ただし，g_i は i 状態の縮退度である．これを用い，放出と吸収が平衡状態状態にあるとすると，Plank の式 (1) が導かれる．

(2) 量子論に基づく計算 自然放出の確率は量子論に基づいて計算できる．結果のみを記すと，許容遷移に対して

$$A_{ij} = \frac{16\pi^3 e^2 |r_{ij}|^2 \nu^3}{3\epsilon_0 hc^3} \qquad (23)$$

ただし，e は素電荷，ϵ_0 は真空の誘電率，r_{ij} は電子の位置ベクトルの行列要素の ij 成分，$\nu=(E_j-E_i)/h$ である．また，A 係数と B 係数は

$$\frac{A_{ij}}{B_{ij}} = \frac{8\pi h\nu^3}{c^3} \qquad (24)$$

の関係で結ばれる．

d．孤立物体による散乱

(1) 散乱行列 単色平面波が有限の大きさの静止物体に入射し，散乱，吸収を受けるものとする．入射光の角周波数を ω, 波数を k とし，入射光の進行方向を z 軸にとる．物体内部に座標系の原点をとり，観測点を r, 散乱方向の単位ベクトルを $e_r = r/r$ とする．e_r の極座標を (θ, ϕ) とする．θ を散乱角，ϕ を方位角とよぶ．入射方向と散乱方向を含む面を散乱面という（図2）．

入射光の電磁場を (E_0, H_0), 散乱光を

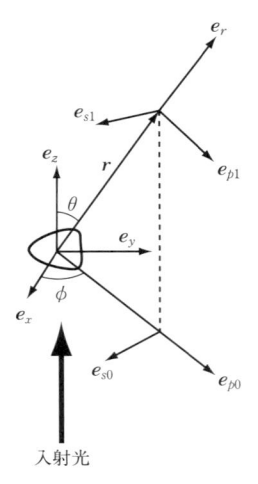

図2 光の散乱

(E_1, H_1) とする．入射光の偏光を散乱面に平行な成分と垂直な成分に分ける．xy 面内で散乱面に平行な単位ベクトルを e_{p0}, 垂直な単位ベクトルを e_{s0} とすると，入射波の電場は

$$E_0 = E_{p0}e_{p0} + E_{s0}e_{s0} \qquad (25)$$

と書ける．

散乱物体から十分遠方（$r\to\infty$）で散乱光を観測する．そこでは散乱光は球面波のように振る舞う．

$$E_1 \to \frac{e^{ikr}}{-ikr}F \qquad (26)$$

ここで，ベクトル F は横波条件 $e_r\cdot F=0$ を満たす．よって，散乱光も

$$E_1 = E_{p1}e_{p1} + E_{s1}e_{s1} \qquad (27)$$

と書ける．このとき，散乱行列 S を

$$\begin{pmatrix} E_{p1} \\ E_{s1} \end{pmatrix} = \frac{e^{ik(r-z)}}{-ikr}\begin{pmatrix} S_2 & S_3 \\ S_4 & S_1 \end{pmatrix}\begin{pmatrix} E_{p0} \\ E_{s0} \end{pmatrix} \qquad (28)$$

と定義する[1]．散乱行列は散乱角 θ と方位角 ϕ の関数である．

入射光は x 方向の直線偏光であるとすると，電場ベクトルは $E_0 e_x$ と書ける．このとき，散乱光の振幅は E_0 に比例するから，

電場ベクトルを $F = E_0 X$ とする．ベクトル X は散乱行列と方位角 ϕ を用いて

$$X = (S_2 \cos\phi + S_3 \sin\phi)e_{p1} + (S_4 \cos\phi + S_1 \sin\phi)e_{s1} \quad (29)$$

と表される．このとき，散乱光の (θ, ϕ) 方向の強度（ポインティングベクトル）は

$$\frac{d\psi_s}{d\Omega} = I_0 \frac{|X|^2}{k^2} \quad (30)$$

となる．ここで

$$I_0 = \frac{k|E_0|^2}{2\omega\mu_0} \quad (31)$$

は入射光強度．$d\Omega = \sin\theta\, d\theta\, d\phi$ は立体角要素である．これを全立体角にわたって積分した ψ_s を I_0 で割った値は面積の次元をもつ．

$$\sigma_s = \iint \frac{|X|^2}{k^2} d\Omega \quad (32)$$

これを散乱断面積とよぶ．また，散乱の角度依存性を表す式 (30) は微分散乱断面積とよぶ．散乱光強度とは別に，散乱体を挿入したことにより入射光が失ったエネルギーを ψ_{ext} とすると，これは散乱と吸収による損失の和になる．これをパワーの消衰とよび，消衰を入射光強度で割った値を消衰断面積とよぶ．散乱角 $\theta = 0$ の前方拡散には消衰の情報が含まれる．このことを用いると，消衰断面積が

$$\sigma_{ext} = \frac{4\pi}{k^2} \Re[(X \cdot e_x)_{\theta=0}] \quad (33)$$

と表されることが導かれる．ここで記号 $\Re$ は実部を意味する．これを光学定理という．

(2) 微粒子による散乱 散乱物体が光の波長に比べ十分小さく，点とみなせるときは，物体に一様な電場 $E_0(t) = A \exp(-i\omega t)$ がかかるとしてよい．物体は等方的で，分極率を α とすると，散乱光は電気双極子 $p = \epsilon_0 \alpha E_0(t)$ が放射する電場 (14) で近似できる．散乱行列は

$$S_1 = \frac{-ik^3\alpha}{4\pi}, \quad S_2 = \frac{-ik^3\alpha}{4\pi}\cos\theta \quad (34)$$

となる．ここで θ は散乱角である．非対角項 S_3, S_4 は消える．

微分散乱断面積は

$$\frac{d\sigma_s}{d\Omega} = \frac{k^4|\alpha|^2}{16\pi^2}\sin^2\gamma \quad (35)$$

となる．ただし，γ は分極方向と散乱方向の間の角度である．特に，入射光が無偏光の場合，$\sin^2\gamma$ の平均値は

$$\langle \sin^2\gamma \rangle = \frac{1 + \cos^2\theta}{2} \quad (36)$$

で与えられる．散乱角で積分して，散乱断面積

$$\sigma_s = \frac{k^4|\alpha|^2}{6\pi} \quad (37)$$

を得る．分極率が波長に依存しなければ，散乱断面積は波長の4乗に逆比例する．このような散乱は Rayleigh 散乱とよばれる．光学定理により，消衰断面積は

$$\sigma_{ext} = k\Im[\alpha] \quad (38)$$

となる．ここで，記号 $\Im$ は虚部を意味する．

微小球を例に取り上げよう．球の直径を a，複素屈折率を n とすると，分極率は

$$\alpha = 4\pi a^3 \frac{n^2 - 1}{n^2 + 2} \quad (39)$$

となり，散乱断面積と消衰断面積は

$$\sigma_s = \frac{8\pi k^4 a^6}{3}\left|\frac{n^2-1}{n^2+2}\right|^2 \quad (40)$$

$$\sigma_{ext} = 4\pi k a^3 \Im\left[\frac{n^2-1}{n^2+2}\right] \quad (41)$$

で与えられる．

(3) 弱い散乱体による散乱 散乱体の屈折率が1に近いものを弱い散乱体とよぶ．このような媒質中では弱い散乱しか起きないから，入射光の伝搬に対して散乱の影響を無視して構わない．このとき，散乱体の微小体積要素 dV による散乱を独立に求め，全体の散乱は，体積要素による散乱の振幅の和で表されるとしてよいであろう．言い換えると，多重散乱は無視できるとするのである．ただし振幅の和をとるとき，微小体積要素の位置による位相差は考慮し

なくてはいけない．

微小体積要素 dV の分極率は，屈折率差 $n-1$ が十分小さいとき，$\alpha = (n^2-1)dV$ となる．散乱体の内部に座標原点 O をとり，O から観測点までのベクトルを r とする．体積要素 dV の位置ベクトルを R とする．散乱点から観測点までの距離は $|r-R| \approx r - s_r \cdot R$ と近似できる．ただし，$s_r = r/r$ は，r 方向の単位ベクトルである．散乱点を中心とする発散球面波は

$$\frac{\exp(ik|r-R|)}{|r-R|} \approx \frac{e^{ikr}}{r}\exp(-iks_r \cdot r) \quad (42)$$

と近似できる．一方，入射光は $\exp(ik_0 \cdot R)$ であるから，散乱光にかかる位相項は $\exp\{i(k_0-k)\cdot R\}$ である．ここで，k_0 は入射光の波動ベクトル，$k = ks_r$ は散乱光の波動ベクトルである．

以上の準備の下に，散乱行列は

$$S_1 = \frac{-ik^3}{4\pi}G, \quad S_2 = \frac{-ik^3}{4\pi}G\cos\theta \quad (43)$$

$$G = \int(n^2-1)\exp(-iq\cdot R)dV \quad (44)$$

で与えられる．ここで，$q = k - k_0$ である．非対角成分は 0 になる．これは，量子力学の散乱問題の Born 近似と本質的に同じ形をしているので，Born 近似とよばれる．

(4) Mie 散乱　屈折率の一様な球による散乱を Mie 散乱という．Mie は厳密解を球調和関数展開の形で導いた．球の複素屈折率を n，半径を a とする．散乱断面積と消衰断面積は次のように書ける．

$$\sigma_s = \frac{2\pi}{k^2}\sum_{j=1}^{\infty}(2j+1)(|a_j|^2+|b_j|^2) \quad (45)$$

$$\sigma_{ext} = \frac{2\pi}{k^2}\sum_{j=1}^{\infty}(2j+1)\Re[a_j+b_j] \quad (46)$$

ここで

$$a_j = \frac{n\psi_j(nx)\psi_j'(x)-\psi_j(x)\psi_j'(nx)}{n\psi_j(nx)\xi_j'(x)-\xi_j(x)\psi_j'(nx)} \quad (47)$$

$$b_j = \frac{\psi_j(nx)\psi_j'(x)-n\psi_j(x)\psi_j'(nx)}{\psi_j(nx)\xi_j'(x)-n\xi_j(x)\psi_j'(nx)} \quad (48)$$

ただし，$x = ka$ で，また

$$\psi_j = xj_j(x), \quad \xi_j = xh_j^{(1)}(x) \quad (49)$$

である．ここで，$j(x)$ と $h_j^{(1)}(x)$ はそれぞれ，球ベッセル関数および第1種球ハンケル関数である．式 (47)，(48) 中のプライムは微分を意味する．

散乱行列成分は

$$S_1 = \sum_{j=1}^{\infty}\frac{2j+1}{j(j+1)}\{a_j\pi_j(\mu)+b_j\tau_j(\mu)\} \quad (50)$$

ただし，$\mu = \cos\theta$ である．

$$S_2 = \sum_{j=1}^{\infty}\frac{2j+1}{j(j+1)}\{a_j\tau_j(\mu)+b_j\pi_j(\mu)\} \quad (51)$$

ここで

$$\pi_j(\mu) = \frac{dP_j(\mu)}{d\mu} \quad (52)$$

$$\tau_j(\mu) = \mu\pi_j(\mu)-(1-\mu^2)\frac{d\pi_j}{d\mu} \quad (53)$$

ここで，$P_j(\mu)$ はルジャンドルの多項式である．非対角成分は 0 になる．　　［黒田和男］

■参考文献
1) C. F. Bohren and D. R. Huffman：Absorption and Scattering of Light by Small Particles, John Wiley & Sons (1983).

E 統計光学

光波はその本質において統計的な揺らぎをもつ波動場である.光波の統計性が重要な役割を果たす光物理の諸現象を確率モデルに基づいて統一的に記述しようする理論体系を統計光学[1]という.光を連続的な波動ととらえる古典統計光学と光を量子化された光子ととらえる光子統計光学があり[2],古典光学と量子光学がそうであるように,それぞれの適用領域を互いに補完しあっている.ここでは身近な物理現象に幅広く適用することのできる古典統計光学について述べる.

a. 準単色光の1点の波動場の確率モデル[1]

(1) スカラー波動場の確率密度関数

点 r,時刻 t における準単色光のスカラー波を次式のように複素解析信号で表す.

$$E(r,t) = |E(r,t)| \exp[i\phi(r,t)] \times \exp[i(\bar{k}\cdot r - \bar{\omega}t)] \quad (1)$$

ここで $|E(r,t)|$ は振幅,$\phi(r,t)$ は位相,$\bar{\omega}$ は準単色光の平均光周波数,$\bar{k}$ は平均波動ベクトルで $\bar{k} = \bar{\omega}/c$ (c は光速)である.熱光源からの光は多数の原子や分子からの独立でランダムな波動の重ね合わせにより生成されるので,中心極限定理により,波動場の実部と虚部は互いに独立で平均値が0の同じガウス分布をもつ円形複素ガウス確率過程に従う[1].その結果,振幅 $|E|$ の確率密度関数は Rayleigh 分布

$$p_{|E|}(|E|) = \frac{|E|}{\sigma^2} \exp\left(-\frac{|E|^2}{2\sigma^2}\right) \quad (2)$$

となる.ここで,$\sigma^2 = \langle |E|^2 \rangle / 2 = I/2$ であり,$I = \langle |E|^2 \rangle$ は平均光強度,$\langle .. \rangle$ はアンサンブル平均を表す.また,振幅 $|E|$ と位相 ϕ は互いに確率的に独立で,位相は $(-\pi, \pi)$ の範囲に一様分布する.瞬時強度 $\hat{I}(r,t) = |E(r,t)|^2$ の確率密度関数は式(2)に対して $|E| = \sqrt{\hat{I}}$ の確率変数の変換を行うことにより

$$p_I(\hat{I}) = \frac{1}{I} \exp\left(-\frac{\hat{I}}{I}\right) \quad (3)$$

のような指数分布となる[1].

(2) ベクトル波動場の偏光行列と部分偏光[1-4]

ベクトル波動場の場合は,一般性を失うことなく,$\bar{k}$ の方向を z 方向に選び,電場の Jones ベクトルを $E = (E_x, E_y)^T$ で表し,次式のような偏光行列を定義する[1,3].

$$J = \begin{bmatrix} J_{xx} & J_{xy} \\ J_{yx} & J_{yy} \end{bmatrix} = \begin{bmatrix} \langle E_x^* E_x \rangle & \langle E_x^* E_y \rangle \\ \langle E_y^* E_x \rangle & \langle E_y^* E_y \rangle \end{bmatrix} \quad (4)$$
$$= \langle E^* E^T \rangle$$

ここで,^{T} はベクトルの転置,* は複素共役を表す.式(4)の定義より,J は非負正定値エルミート行列となり,平均光強度は

$$I = \mathrm{tr}[J] = \langle E_x^* E_x \rangle + \langle E_y^* E_y \rangle \quad (5)$$

で与えられる.たとえば,完全に偏光した単位強度の光波の場合,x 方向直線偏光 $E = (1,0)^T \exp[i(\bar{k}\cdot r - \bar{\omega}t)]$ と y 方向直線偏光 $E = (0,1)^T \exp[i(\bar{k}\cdot r - \bar{\omega}t)]$ に対して偏光行列はそれぞれ

$$J_X = \begin{bmatrix} 1 & 0 \\ 0 & 0 \end{bmatrix} \quad J_Y = \begin{bmatrix} 0 & 0 \\ 0 & 1 \end{bmatrix} \quad (6)$$

となる.一方,自然光は偏光状態がランダムに変化してすべての方向に対して等しい平均強度をもつ非偏光であり,互いに直交する電場成分の間に相関がない.$\langle E_x^* E_y \rangle = \langle E_y^* E_x \rangle = 0$,$\langle E_x^* E_x \rangle = \langle E_y^* E_y \rangle$ なので,単位強度の非偏光の偏光行列は

$$J_U = \frac{1}{2}\begin{bmatrix} 1 & 0 \\ 0 & 1 \end{bmatrix} \quad (7)$$

となる.

一般に座標系の回転や偏光素子の通過によりJonesベクトルは

$$\boldsymbol{E}' = \boldsymbol{L}\boldsymbol{E} \quad (8)$$

のように変換される. $\boldsymbol{L}$ はJones行列とよばれ,光量損失をともなわない座標系の回転や波長板の通過のような変換ではユニタリー行列になる. したがって,偏光行列は

$$\boldsymbol{J}' = \langle \boldsymbol{E}'^* \boldsymbol{E}'^{\mathrm{T}} \rangle = \boldsymbol{L}^* \langle \boldsymbol{E}^* \boldsymbol{E}^{\mathrm{T}} \rangle \boldsymbol{L}^{\mathrm{T}} = \boldsymbol{L}^* \boldsymbol{J} \boldsymbol{L}^{\mathrm{T}} \quad (9)$$

で与えられ,適当な座標回転と波長板通過を組み合わせたユニタリー変換 $\boldsymbol{L}$ により

$$\boldsymbol{J}' = \boldsymbol{L}^* \boldsymbol{J} \boldsymbol{L}^{\mathrm{T}} = \begin{bmatrix} \lambda_1 & 0 \\ 0 & \lambda_2 \end{bmatrix} \quad (10)$$

のように,非負固有値 λ_1, λ_2 をもつ対角行列に変換することができる. その結果は式(6)と式(7)によりさらに

$$\boldsymbol{J}' = \begin{cases} (\lambda_1 - \lambda_2)\boldsymbol{J}_X + 2\lambda_2 \boldsymbol{J}_U & (\lambda_1 \geq \lambda_2) \\ (\lambda_2 - \lambda_1)\boldsymbol{J}_Y + 2\lambda_1 \boldsymbol{J}_U & (\lambda_2 > \lambda_1) \end{cases} \quad (11)$$

のように,完全偏光成分 $\boldsymbol{J}_X$ または $\boldsymbol{J}_Y$ と非偏光成分 $\boldsymbol{J}_U$ の重ね合わせで表される. 全光強度 $\mathrm{tr}[\boldsymbol{J}'] = \lambda_1 + \lambda_2$ に対する偏光成分の強度 $|\lambda_1 - \lambda_2|$ の比を偏光度 P とよび,偏光行列 $\boldsymbol{J}$ から次式で求めることができる.

$$P = \frac{|\lambda_1 - \lambda_2|}{\lambda_1 + \lambda_2} = \sqrt{1 - \frac{4\det[\boldsymbol{J}]}{(\mathrm{tr}[\boldsymbol{J}])^2}} \quad (12)$$

たとえば,完全偏光 $\boldsymbol{J} = \boldsymbol{J}_X$ や $\boldsymbol{J} = \boldsymbol{J}_Y$ に対しては $P=1$, 非偏光 $\boldsymbol{J} = \boldsymbol{J}_U$ では $P=0$ となる.

b. 準単色光の2点の波動場の統計的性質[1-4]

(1) スカラー波動場のコヒーレンス関数 2つの異なる点 $\boldsymbol{r}_1, \boldsymbol{r}_2$ と時刻 t_1, t_2 における準単色光のスカラー波動場の相関関数

$$\Gamma(\boldsymbol{r}_1, t_1; \boldsymbol{r}_2, t_2) = \langle E^*(\boldsymbol{r}_1, t_1) E(\boldsymbol{r}_2, t_2) \rangle \quad (13)$$

をコヒーレンス関数とよぶ. 時空間変数 $(\boldsymbol{r}_1, t_1)$ または $(\boldsymbol{r}_2, t_2)$ の一方を固定すれば,変数を固定された波動場は定数とみなせるので,他方の時空間変数に対してコヒーレンス関数は次式のような波動方程式に従う.

$$\begin{cases} \dfrac{1}{c^2}\dfrac{\partial^2 \Gamma(\boldsymbol{r}_1, t_1; \boldsymbol{r}_2, t_2)}{\partial t_1^2} = \nabla_1^2 \Gamma(\boldsymbol{r}_1, t_1; \boldsymbol{r}_2, t_2) \\ \dfrac{1}{c^2}\dfrac{\partial^2 \Gamma(\boldsymbol{r}_1, t_1; \boldsymbol{r}_2, t_2)}{\partial t_2^2} = \nabla_2^2 \Gamma(\boldsymbol{r}_1, t_1; \boldsymbol{r}_2, t_2) \end{cases} \quad (14)$$

これは,コヒーレンス関数 Γ が波動として E と類似に振舞うことを意味している.

一方,これらの2つの光波を重ね合わせたときの平均光強度は

$$I = \langle |E(\boldsymbol{r}_1, t_1) + E(\boldsymbol{r}_2, t_2)|^2 \rangle$$
$$= I_1 + I_2 + \Gamma(\boldsymbol{r}_1, t_1; \boldsymbol{r}_2, t_2) + \Gamma^*(\boldsymbol{r}_1, t_1; \boldsymbol{r}_2, t_2) \quad (15)$$

となる. ここで各光波の平均光強度を $I_1 = \Gamma(\boldsymbol{r}_1, t_1; \boldsymbol{r}_1, t_1)$, $I_2 = \Gamma(\boldsymbol{r}_2, t_2; \boldsymbol{r}_2, t_2)$ と置いた. 複素コヒーレンス度を

$$\gamma(\boldsymbol{r}_1, t_1; \boldsymbol{r}_2, t_2) = \Gamma(\boldsymbol{r}_1, t_1; \boldsymbol{r}_2, t_2) / \sqrt{I_1 I_2}$$
$$= |\gamma| \exp(i\phi_\gamma) \quad (16)$$

で定義すると,$0 \leq |\gamma(\boldsymbol{r}_1, t_1; \boldsymbol{r}_2, t_2)| \leq 1$ となる. $|\gamma|=1$ のときに2光波は互いにコヒーレント,$|\gamma|=0$ のときにインコヒーレント,その中間のときに部分的コヒーレントとよぶ. 式(15)の平均光強度は

$$I = (I_1 + I_2)\left\{1 + \frac{2\sqrt{I_1 I_2}}{I_1 + I_2}\Re[\gamma(\boldsymbol{r}_1, t_1; \boldsymbol{r}_2, t_2)]\right\}$$
$$= (I_1 + I_2)\left\{1 + \frac{2\sqrt{I_1 I_2}}{I_1 + I_2}|\gamma|\cos\phi_\gamma\right\} \quad (17)$$

となる. ここで $\Re$ は実部を表し,この項が2光波の干渉現象を表現している. 2光波の位相差 ϕ_γ の値により平均光強度が変化

E. 統計光学

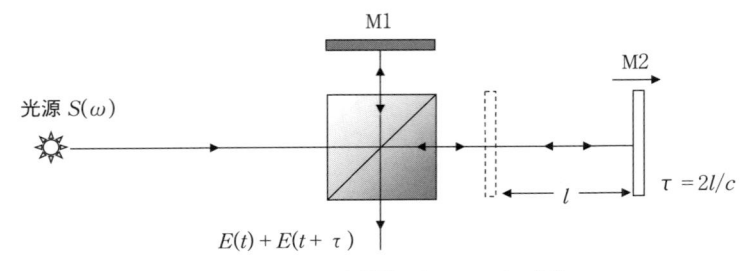

図1 Michelson 干渉計によるフーリエ分光

して干渉縞を形成する．干渉縞の可視度（コントラスト）は

$$V = \frac{I_{\max} - I_{\min}}{I_{\max} + I_{\min}} = \frac{2\sqrt{I_1 I_2}}{I_1 + I_2}|\gamma| \quad (18)$$

で定義され，$I_1 = I_2$ のとき $V = |\gamma|$ となり，さらに $|\gamma| = 1$ のときに最大値 $V = 1$ をとる．

(2) 時間コヒーレンスと空間コヒーレンス 同じ位置 $r_1 = r_2 = r$ で時差 $\tau = t_2 - t_1$ をともなって観測される光波のコヒーレンス関数

$$\Gamma(r, t; r, t+\tau) = \langle E^*(r, t)E(r, t+\tau)\rangle \quad (19)$$

を時間コヒーレンス関数という．一方，同じ時刻 $t_1 = t_2 = t$ に異なる位置 $r_1 \neq r_2$ で観測される光波のコヒーレンス関数

$$\Gamma(r_1, t; r_2, t) = \langle E^*(r_1, t)E(r_2, t)\rangle \quad (20)$$

を空間コヒーレンス関数という．光波の時間的な揺らぎの統計的性質が時間差 τ だけで決まり，時刻 t によらない場合には，時間的定常性をもつといい，t への依存性を取り除いて

$$\Gamma(\tau) = \langle E^*(t)E(t+\tau)\rangle \quad (r_2 - r_1 = 0) \quad (21)$$

$$\Gamma(r_1, r_2) = \langle E^*(r_1)E(r_2)\rangle \quad (\tau = 0) \quad (22)$$

のように表記する．空間コヒーレンスを表す $\Gamma(r_1, r_2)$ を相互強度とよぶ．さらに，実験との対応づけができるように確率過程の時間的エルゴード性[1,2]を仮定して，アンサンブル平均を時間平均に置き換える．

(3) 時間コヒーレンスとフーリエ分光法[1] 時間コヒーレンス関数を計測して光源の分光スペクトルを求める方法をフーリエ分光法という．分光スペクトルの複素振幅が $\tilde{E}(\omega)$ の光源からの光波

$$E(t) = \int_{-\infty}^{\infty} \tilde{E}(\omega)\exp(i\omega t)\mathrm{d}\omega \quad (23)$$

を図1のように Michelson 干渉計に導き，干渉計の腕の長さの差を利用して時間遅延 τ を与えて干渉させることにより生じる干渉縞（インターフェログラムとよぶ）は

$$I(\tau) = \langle |E(t) + E(t+\tau)|^2\rangle$$
$$= 2\Gamma(0) + \Gamma(\tau) + \Gamma^*(\tau) \quad (24)$$

となる．式(23)により時間コヒーレンス関数は

$$\Gamma(\tau) = \int_{-\infty}^{\infty}\int_{-\infty}^{\infty} \langle \tilde{E}^*(\omega)\tilde{E}(\omega')\rangle$$
$$\times \exp\{i[(\omega'-\omega)t + \omega'\tau]\}\mathrm{d}\omega\mathrm{d}\omega'$$
$$= \int_{-\infty}^{\infty} S(\omega)\exp(i\omega\tau)\mathrm{d}\omega \quad (25)$$

で与えられる（Wiener-Khinchin の定

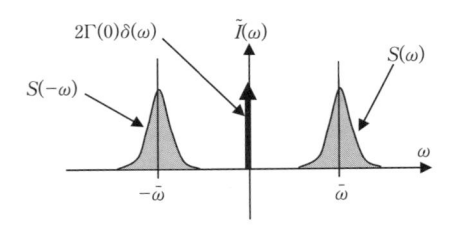

図2 光源の分光スペクトル

理[23]).ここで,$S(\omega)$は分光スペクトル強度であり,スペクトル揺らぎの統計的独立性$\langle \tilde{E}^*(\omega)\tilde{E}(\omega')\rangle = S(\omega)\delta(\omega'-\omega)$の性質[23]を用いた.式(23)のインターフェログラムをフーリエ変換すると

$$\tilde{I}(\omega) = \frac{1}{2\pi}\int_{-\infty}^{\infty} I(\tau)\exp(-i\omega\tau)d\tau$$
$$= 2\Gamma(0)\delta(\omega) + S(\omega) + S(-\omega)$$
(26)

となる.分光スペクトルは中心周波数ωの周辺に有限な広がりをもつので図2のように3項を分離して取り出すことができる.

(4) 空間コヒーレンスの伝播(van Cittert-Zernikeの定理[1-3]) 図3に示すような準単色光源と一般的な線形光学系を考える.光源面上のr_S点から観測面上のr点に伝播する光波のインパルス応答を$h(r, r_S)$とすると,光源面の波動場$E(r_S)$により観測面上に生成される波動場は

$$E(r) = \int h(r, r_S)E(r_S)dr_S \quad (27)$$

で与えられる(積分範囲は光源面全体).観測面上2点r_1, r_2の波動場の空間コヒーレンスを表す相互強度は式(27)を式(22)に代入することにより

$\Gamma(r_1, r_2)$
$= \iint h^*(r_1, r_S)h(r_2, r_S')\times\langle E^*(r_S)E(r_S')\rangle dr_S dr_S'$
$= \iint h^*(r_1, r_S)h(r_2, r_S')\Gamma(r_S, r_S')dr_S dr_S'$
(28)

となり,光源の相互強度$\Gamma(r_S, r_S')$とインパルス応答$h(r, r_S)$によって決まる.インコヒーレント光源の場合には光波が相関をもたないので$\Gamma(r_S, r_S') = \kappa S(r_S)\delta(r_S - r_S')$となる.ここで,$S(r_S)$は光源の光強度,$\delta(r_S - r_S')$はデルタ関数,$\kappa \approx \bar{\lambda}^2$は長さの次元をもつ定数である[1].したがって式(28)は

$$\Gamma(r_1, r_2) = \kappa\int h^*(r_1, r_S)h(r_2, r_S)S(r_S)dr_S$$
(29)

となる.観測面上の$r_1 = r_2 = r$点の強度は

$$I(r) = \Gamma(r, r) = \kappa\int |h(r, r_S)|^2 S(r_S)dr_S$$
(30)

となるので,インコヒーレント光では,強度に対して$|h(r, r_S)|^2$をインパルス応答とする線形システムの関係が成立する.

図3の伝播媒質が自由空間の場合にはインパルス応答は球面波

$$h(r, r_S) = \frac{\exp(i\bar{k}|r-r_S|)}{i\bar{\lambda}|r-r_S|} \quad (31)$$

となる($\bar{\lambda}$は準単色光の平均波長).これを式(29)に代入し$\kappa \approx \bar{\lambda}^2$を用いると

$\Gamma(r_1, r_2) = \int S(r_S)$
$\times \dfrac{\exp[i\bar{k}(|r_2-r_S|-|r_1-r_S|)]}{|r_2-r_S||r_1-r_S|}dr_S$
(32)

となる.インコヒーレント光源の強度分布と自由空間の回折場の空間コヒーレンスの関係を与える式(32)をvan Cittert-Zernikeの定理という.

(5) Michelsonの恒星干渉計[1,2] 恒星のような遠方の光源に対しては光源上の座標r_Sの代わりに観測面の原点から光源を見込む角度の方向余弦$\alpha \approx r_S/z$を用いて光源の強度分布を$S(\alpha)$で表す.遠方の点光源に対するインパルス応答は平面波となり,観測面の原点での位相を基準にとると

$$h(r, \alpha) \approx \frac{\exp(i\bar{k}\alpha\cdot r)}{i\bar{\lambda}z} \quad (33)$$

となる.式(33)を式(29)に代入し微小

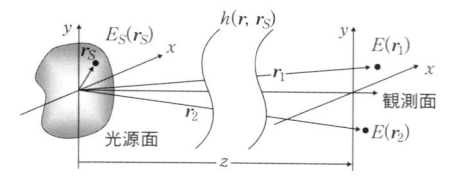

図3 光波伝播と線形システム

面積と微小立体角の関係 $dr_S \approx z^2 d\alpha$ を用いると

$$\Gamma(r_1, r_2) = \int S(\alpha) \exp[i k \alpha \cdot (r_2 - r_1)] d\alpha$$

となる．したがって，相互強度は観測点の座標差 $\Delta r = r_2 - r_1$ だけに依存し，光源の強度の角度分布 $S(\alpha)$ のフーリエ変換

$$\Gamma(\Delta r) = \int S(\alpha) \exp[i k \alpha \cdot \Delta r] d\alpha \quad (34)$$

で与えられる．視直径が α_0 で，強度が一様な円盤状の星を仮定すると，式 (34) は

$$\Gamma(|\Delta r|) = I_0 \frac{2 J_1(\pi \alpha_0 |\Delta r|/\bar{\lambda})}{\pi \alpha_0 |\Delta r|/\bar{\lambda}} \quad (35)$$

となる（J_1 は1次の第1種ベッセル関数，$I_0 = \Gamma(0)$）．$|\Delta r|$ を0から増加させていったとき J_1 が最初にゼロとなるのが $J_1(3.831) = 0$ で，そのときの観測点間の距離を $|\Delta r_0|$ とすると

$$\alpha_0 = \frac{1.22 \bar{\lambda}}{|\Delta r_0|} \quad (36)$$

となり，最初に干渉縞コントラストの失われる観測点間距離から星の視直径が求まる．

図4に Michelson 恒星干渉計の模式図を示す．観測面上の座標差が Δr の位置で恒星からの光波 $E(r_1)$，$E(r_2)$ を可動鏡 M1 と M2 で受け，望遠鏡で重ね合わせて干渉させる．Michelson は $|\Delta r|$ を増加させていって，光軸上に生じる干渉縞のコントラストが最初にゼロになる距離 $|\Delta r_0|$ を検出して式 (36) から星の視直径を決定した．

c. 高次のコヒーレンスと強度干渉計[1]

前述のコヒーレンス関数は光波動場の2次の相関関数として定義された．光波動場が複素ガウス過程に従うときには強度相関関数のような高次の相関関数を2次の相関関数で表現することができる．たとえば，$E_1 = E(r_1, t_1)$，$E_2 = E(r_2, t_2)$ と置くと，瞬時強度 $\hat{I} = |E|^2$ の相関関数は

$$\langle \hat{I}_1 \hat{I}_2 \rangle = \langle |E_1|^2 |E_2|^2 \rangle = \langle E_1^* E_1 E_2^* E_2 \rangle$$
$$= \langle E_1^* E_1 \rangle \langle E_2^* E_2 \rangle + \langle E_1^* E_2 \rangle \langle E_1 E_2^* \rangle$$
$$= \Gamma_{11} \Gamma_{22} + |\Gamma_{12}|^2 = I_1 I_2 + |\Gamma_{12}|^2 \quad (37)$$

のように，波動場の2次相関関数であるコヒーレンス関数で表される．したがって，瞬時強度の平均値からの揺らぎ $\Delta I = \hat{I} - I$ の相関関数（共分散関数という）は

$$\langle \Delta I_1 \Delta I_2 \rangle = \langle \hat{I}_1 \hat{I}_2 \rangle - I_1 I_2 = |\Gamma_{12}|^2 \quad (38)$$

となり，これより

$$|\gamma_{12}|^2 = \frac{|\Gamma_{12}|^2}{I_1 I_2} = \frac{\Delta I_1 \Delta I_2}{I_1 I_2} \quad (39)$$

となる．式 (38) と (39) は，強度相関関数からはコヒーレンス関数の位相情報は得られないが，コヒーレンス関数の絶対値の情報が得られることを示しており，これが Hanbury-Brown と Twiss による強度干渉計の原理の基礎となっている．

図5に強度干渉計の模式図を示す．光源からの光波を異なる位置の2つの光検出器

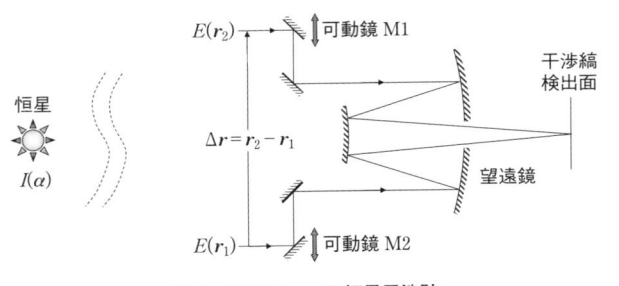

図4 Michelson の恒星干渉計

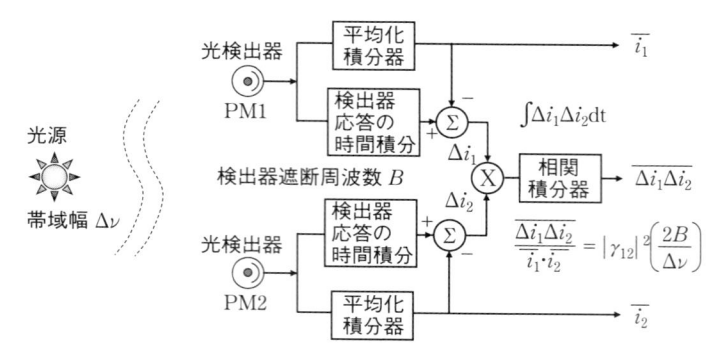

図5 Hanbury-Brown Twiss 強度干渉計

PM1 と PM2 で検出する．平均化積分器を通して得られる平均バイアス光電流 ($\bar{i_1}, \bar{i_2}$) を求め，それを光検出器の有限時間応答で積分された検出電流から差し引いた差分電流（強度揺らぎ）($\Delta i_1, \Delta i_2$) を各検出器について求める．それを掛算器と相関積分器にかけて相互相関関数 $\overline{\Delta i_1 \Delta i_2}$ を求める．これらの計測値を用いて式（39）の原理に従い

$$|\gamma_{12}|^2 = \frac{\overline{\Delta i_1 \Delta i_2}}{\bar{i_1}\bar{i_2}} \times \frac{\Delta\nu}{2B} \quad (40)$$

により複素コヒーレンス度の絶対値の2乗を求める[1]．ここで $\Delta\nu$ は光源スペクトルの帯域幅，B は検出器応答の遮断周波数であり，$\Delta\nu/(2B)$ は検出器の応答の遅さによる干渉効果の減少を補正するための項である．$\tau=t_2-t_1=0$ とし $\Delta r=r_2-r_1$ を変化させて空間コヒーレンスを検出する天体観測強度干渉計と，$\Delta r=0$ とし τ を変化させて時間コヒーレンスを検出する分光計測強度干渉計がある．

d. レーザースペックルの統計的性質[1,5]

レーザー光のような高いコヒーレンスをもつ光がスリガラスや粗面で散乱されたときに生じるランダムな斑点状の強度分布をスペックルパターンという．これまで述べてきた準単色光の統計光学では波動場が時間的に変動し，その時間揺らぎの時間依存性（時間コヒーレンス）や空間依存性（空間コヒーレンス）が興味の対象であった．

一方，静止物体からの散乱により生じるスペックルは時間変動のない空間的にランダムパターンである．したがって統計の対象となるのは時間的に凍結されたスペックルの空間分布の揺らぎ，つまり空間的確率過程となる．空間的エルゴード性が成立してアンサンブル平均を空間平均に置き換えることができる場合には，これまでの熱輻射光に対してアンサンブル平均を時間平均で置き換えてきたのと同様な取り扱いをすることができる[1,5]．

スペックルの波動場は互いに独立でランダムな多くの散乱光の重ね合わせにより生成されるので，中心極限定理により円形複素ガウス確率過程に従う．その結果，振幅 $|E|$ の空間統計の確率密度関数は式（2）の Rayleigh 分布に従い，位相は $(-\pi, \pi)$ の範囲に一様分布する．そしてスペックルの強度は式（3）の指数分布に従う．同様に，アンサンブル平均を空間平均で置き換えることにより，スペックル波動場の相関関数に対しても空間コヒーレンス関数の van Cittert-Zernike の定理と同じ形式の式（32）や式（34）が成立する．また，複素ガウス過程にしたがうことより，スペックルパターンの強度分布の相関関数は式（37）に対応して

$$\langle \hat{I}_1 \hat{I}_2 \rangle = I_1 I_2 + |\Gamma_{12}|^2 = I_0^2 + |\Gamma(\Delta r)|^2 \tag{41}$$

となる．ここで空間的定常性の仮定から，$I_1 = I_2 = I_0$，$\Gamma_{12} = \Gamma(\Delta r)$ と置いた．同様に，スペックル強度分布の空間平均共分散は式 (38) に対応して

$$\langle \Delta I_1 \Delta I_2 \rangle = \langle \hat{I}_1 \hat{I}_2 \rangle - I_1 I_2 = |\Gamma_{12}|^2 = |\Gamma(\Delta r)|^2 \tag{42}$$

となる．たとえば，一様強度のコヒーレント光で照明された粗面上の円盤状散乱領域を観測点から見込む角度の視直径を α_0 とすると，式 (35) と同様にスペックルの強度分布の相関関数と共分散はそれぞれ

$$\langle \hat{I}_1 \hat{I}_2 \rangle = I_0^2 \left[1 + \left| \frac{2J_1(\pi \alpha_0 |\Delta r|/\lambda)}{\pi \alpha_0 |\Delta r|/\lambda} \right|^2 \right] \tag{43}$$

$$\langle \Delta I_1 \Delta I_2 \rangle^2 = I_0^2 \left| \frac{2J_1(\pi \alpha_0 |\Delta r|/\lambda)}{\pi \alpha_0 |\Delta r|/\lambda} \right|^2 \tag{44}$$

となる．スペックル強度分布の相関距離 $|\Delta r_0|$ を J_1 の最初のゼロ点で評価すると式 (36) より，

$$|\Delta r_0| = \frac{1.22\lambda}{\alpha_0} \tag{45}$$

となる．これより，スペックルパターンの平均サイズは観測点からの見込角 α_0 の開口による回折場のエアリーディスクのサイズに対応し，波長に比例し，粗面上の散乱スポットを見込む角度に反比例することがわかる．

以上は古典統計光学の標準的な項目の概略を述べたものであるが，最近の統計光学では揺らぎをもつベクトル光波を対象としたコヒーレンス理論と偏光理論の統一の研究が進んでいる．そのような新しい話題については文献[3]が詳しい．また，スペックルについての最近の研究については文献[5]が参考になる． ［武田光夫］

■参考文献

1) J. W. Goodman（武田光夫訳）：統計光学，丸善 (1992)．
2) L. Mandel and E. Wolf : Optical Coherence and Quantum Optics, Cambridge University Press (1995)．
3) E. Wolf（白井智宏訳）：光のコヒーレンスと偏光理論，京都大学学術出版会 (2009)．
4) E. L. O'Neil : Introduction to Statistical Optics : Addison-Wesley Publishing (1963)．
5) J. W. Goodman : Speckle Phenomena in Optics : Theory and Applications, Roberts and Company Publisher (2007)．

II

製造技術

● 設計
● 加工・製造
● 検査
● 材料
● 素子
● 画像処理と信号処理

1　　　　　　　　　　　　　　［設計］

近軸光学

　結像光学系を考える場合，焦点距離，結像倍率といった光学系の基本量を定める理論が必要である．このために用いられるのが，近軸理論とよばれる理論である．近軸理論は光学系の基準となる軸（回転対称系では回転対称軸がとられ光軸とよばれる）のまわりの光束の発散，収束の度合いを軸のまわりの微小光束を無限小まで近づけて理想結像条件を求める極限理論であり，微分と同様に厳密理論である．

a．薄肉レンズと光学系の構造

　薄肉レンズは真空中に置かれた厚み0の光線を曲げる力をもった仮想的レンズのことである．近軸理論体系においては，実際の光学系を構成するすべての屈折面，反射面は $\phi=(N'-N)/r$ の屈折力（パワー）をもつ薄肉レンズが，間隔 $e'\equiv d'/N'$（換算面間隔とよばれる）を隔てて真空中に並んでいる光学系と等価であるということを示すことができる．ここで N, N' は屈折面の前後の屈折率，r は面の曲率半径，d' は次の面までの間隔である．

　反射面の場合は $N'=-N$ と置くことで，屈折面と同等の扱いができる．そのため，すべての光学系を薄肉レンズの集合体として取り扱うことができる．そうした理由で，光学系の構成面を予めすべて扱いやすい薄肉レンズに置き換えて近軸解析することが通常である．また，レンズ系全体としては，薄肉レンズ1枚1枚が，直前の面の薄肉レンズの像面を自分が結像させる物体面として受け取り，面のもつパワーで結像作用を施し，次の面の薄肉レンズに像を引き渡すという構造をとっているために，近軸解析においては，薄肉レンズによる「屈折」作用と，次の面に引き渡す「転移」作用の2つの作用を追跡のプロセスとして扱えばよいことになる．

b．薄肉レンズによる「屈折」作用

　薄肉レンズによる「屈折」作用は薄肉レンズによる結像の式

$$\frac{1}{s'}=\frac{1}{s}+\phi$$

で表すことができる．ϕ は薄肉レンズのパワー，その逆数を薄肉レンズの焦点距離とよぶ．

　しかしながら，実際の光学系での複数面の薄肉レンズによる結像の受け渡しは，上記結像の式を使った解析では線形変換でなく複雑になるので，図1において定義される微小光束の各面での通過高さ h と換算傾角 α（空間の屈折率 N と近軸光線の傾き u の積 $\alpha\equiv Nu$ で定義される．ここでの傾きは $u\equiv h/s$，$u'\equiv h/s'$ で与えられる量である）の2変数を使って，光学系の構成面ごとに追跡することが行われる．

　この表現形式を使えば，第 ν 面（薄肉単レンズ）での屈折は

$$\begin{pmatrix}h'_\nu\\\alpha'_\nu\end{pmatrix}=\begin{pmatrix}1&0\\\phi_\nu&1\end{pmatrix}\begin{pmatrix}h_\nu\\\alpha_\nu\end{pmatrix}$$

のように線形変換の形に書ける．

c．次の面への「転送」作用

　一方，ν 面から次の $\nu+1$ 面への面間隔 d'_ν にともなう転送では，近軸追跡の関係式は次のように書ける．

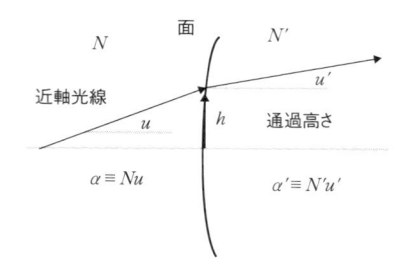

図1　通過高さ h と換算傾角 α

1. 近軸光学

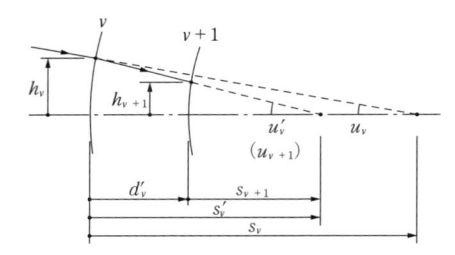

図2 近軸関係の次の面への「転送」

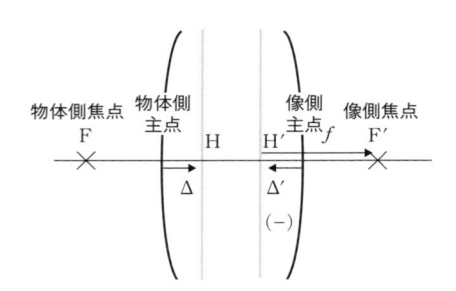

図3 主点と焦点と焦点位置

$$\begin{pmatrix} h_{\nu+1} \\ \alpha_{\nu+1} \end{pmatrix} = \begin{pmatrix} 1 & -e'_\nu \\ 0 & 1 \end{pmatrix} \begin{pmatrix} h'_\nu \\ \alpha'_\nu \end{pmatrix}$$

ただしここで，換算面間隔 e'_ν は $e'_\nu \equiv d'_\nu/N'_\nu$ で定義される量である．この表現式でも，わかるように，転送による変換も線形変換として表現できる．

d．光学系全を通しての近軸関係の追跡

光学系全体では第1面の屈折面での屈折，第1面から第2面への転送，…，最終面（第 k 面）での屈折と，屈折と転送の効果を屈折の式，転送の式を逐次繰り返して次のように書ける．

$$\begin{pmatrix} h'_k \\ \alpha'_k \end{pmatrix} = \begin{pmatrix} A & B \\ C & D \end{pmatrix} \begin{pmatrix} h_1 \\ \alpha_1 \end{pmatrix}$$

ここで，

$$\begin{pmatrix} A & B \\ C & D \end{pmatrix} \equiv \begin{pmatrix} 1 & 0 \\ \phi_k & 1 \end{pmatrix} \begin{pmatrix} 1 & -e'_{k-1} \\ 0 & 1 \end{pmatrix} \cdots$$
$$\cdots \begin{pmatrix} 1 & 0 \\ \phi_2 & 1 \end{pmatrix} \begin{pmatrix} 1 & -e'_1 \\ 0 & 1 \end{pmatrix} \begin{pmatrix} 1 & 0 \\ \phi_1 & 1 \end{pmatrix}$$

はガウス行列とよばれ，全系の近軸特性はこのマトリックスの4成分に集約される．

e．主点と光学系全体を通しての近軸関係

ここで，図3に示すように，全系の光学系に，主点とよばれる横倍率（次項f.を参照）が+1倍の結像をする共役点（結像において，物点と像点の関係となる1組の点）H, H' を導入し，入射空間側から見たレンズ位置は H として物体距離 s をとり，射出空間から見たレンズ位置を H' としてここから像点までの距離を s' ととることにする．そして像側焦点 F' を物体側に平行光を入射させたときの結像位置，焦点距離 f を H' と像側焦点 F' との距離，その逆数をレンズのパワー ϕ_{total} ということで定義すれば，この光学系の結像の式は単一薄肉レンズのときと全く同様に，

$$\frac{1}{s'} = \frac{1}{s} + \phi_{\text{total}}$$

と書くことができる．そして物体側の焦点 F についても，物体側主点から $-f$ の点として定義すれば，その点に物点を置けば射出空間では平行光が出て行くことになる．そのときの，光学系全系のパワーは

$$\phi_{\text{total}} = C$$

焦点距離 f は

$$f = \frac{1}{C}$$

と求められる．そして，それと同時に入射側主点位置は第1面から測って

$$\Delta = \frac{1-D}{C}$$

の位置，射出側主点位置は最終面（第 k 面）から測って

$$\Delta' = \frac{A-1}{C}$$

の位置であると計算される．

このように，主点という概念を導入すれ

ば，複数の面から構成される通常の光学系も，「レンズの位置」が入射側と射出側でHとH'とに分かれるようになるだけで，あとはすべて単一の薄肉レンズと同様に扱うことができるということになる．これは近軸理論から得られる重要な結論である．

f. 横倍率，縦倍率，角倍率

物体面上にある物体の大きさをy，その像面での大きさをy'としたとき，$\beta \equiv y'/y$を横倍率（単に結像の倍率とよぶことも多い）とよぶ．横倍率は正確には微分量として，$\beta \equiv dy'/dy$で定義されるものであるが，近軸理論の場合，像高は理想像高を指すので，両者の値は一致するので，$\beta = y'/y$として表現することも多い．この横倍率は近軸理論での物体距離s，像距離s'，近軸追跡値の換算傾角の入射値α，射出値α'とは，

$$\beta = \frac{y'}{y} = \frac{s'}{s} = \frac{\alpha}{\alpha'}$$

の関係にある．

一方，光軸方向に物体がdxだけ動いたとき，像面が光軸方向にdx'移動するとする．そのとき，$\alpha \equiv dx'/dx$を縦倍率とよぶ．縦倍率と横倍率の間には

$$\alpha = \beta^2$$

の関係がある．縦倍率がいつも正の値をとるということは，物点と像点は光軸方向には同方向に動くということを意味している．

最後に，軸上の共役点を通る光線が光軸となす角を物体側でu，像側でu'とすると

$$\gamma \equiv \frac{u'}{u}$$

（正確には微分量$\gamma \equiv du'/du$として定義）を角倍率とよぶ．また，角倍率が$+1$となる共役点を節点（物体側節点，像側節点）とよぶ．節点は，物体側，像側の空間が同じ媒質である場合，主点と同一点になることを示すことができる．なお，主点，焦点，節点をあわせて光学系の主要点ということがある．物体側，像側の焦点は互いに共役ではないが，物体側，像側の主点，節点は互いに共役な点である．

g. Helmholtz-Lagrangeの不変量

横倍率のところでも述べたように，横倍率は近軸追跡値の換算傾角の入射値$\alpha \equiv Nu$，射出値$\alpha' \equiv N'u'$とは，

$$\beta = \frac{y'}{y} = \frac{\alpha}{\alpha'} = \frac{Nu}{N'u'}$$

の関係がある．この関係から，

$$N'u'y' = Nuy$$

が導かれる．この光学系の前後で変わらない関係量をHelmholtz-Lagrangeの不変量とよぶ．このHelmholtz-Lagrangeの不変量は，Snellの法則に対応するAbbeの不変量

$$N'\left(\frac{1}{r} - \frac{1}{s'}\right) = N\left(\frac{1}{r} - \frac{1}{s}\right)$$

が1回の「屈折」の前後でしか成り立たないのに対して，「屈折」でも「転送」のどちらのプロセスでも成り立ち，したがって光学系全体で入射空間から射出空間まですべての空間で成り立つ不変量である．そのため，収差論を使って結像を議論する際など，射出側の結像特性を入射側の特性に結びつけるのに使われる重要な関係式である．

［荒木敬介］

■参考文献
1) 松居吉哉：結像光学入門，啓学出版（第4刷より日本オプトメカトロニクス協会刊）(1988).
2) 早水良定：光機器の光学 I, 日本オプトメカトロニクス協会 (1989).

2 ［設計］

絞りとその作用

　光学系を設計するにあたっては，結像に関係する光線が通過する光軸まわりの領域をきちんと限定し，それらの光線が良好な結像をするように光学系を決める必要がある．このように，光学系の光軸を中心に光線の通過領域を制限する目的で，光学系に設けられるものを「絞り」という．絞りは軸上から見て最も光線束の立体角を制限している開口絞りと，物体面あるいは像面近傍で，視界を遮り，結像する物体の大きさを制限する視野絞りに大別される．

a．視野絞りと窓

　物体面や像面，中間結像面近傍に置かれ，視野を遮り，結像にあずかる物体の大きさを制限する絞りを視野絞りとよぶ．視野絞りにより，視野の範囲をくっきりした枠で区切った形にすることができる．視野絞りを物体空間および像空間から見た共役像をそれぞれ，入射窓，射出窓とよぶ．入射窓と射出窓は全体の光学系に対して互いに共役な位置にある．

b．開口絞りと瞳

　レンズ近傍に置かれ，軸上から見て最も光線束の立体角を制限している絞りを開口絞りという．

　開口絞りを図1のようにそれより前側の光学系で結像した像を入射瞳，開口絞りの後ろ側の光学系で結像した像を射出瞳とよぶ．入射瞳と射出瞳は全体の光学系に対して互いに共役な位置にある．

　開口絞りの中心を通る光線を主光線とよぶ．主光線は入射瞳，射出瞳の中心を通る．

c．テレセントリック結像

　開口絞りを像側焦点に置いた場合，入射瞳は無限遠の位置にでき，すべての画角での主光線が物体空間で光軸と平行になる．逆に，開口絞りを物体側焦点に置いた場合は，射出瞳は無限遠の位置にでき，すべての画角での主光線が像空間で光軸と平行になる．このように入射瞳または射出瞳が無限遠にあり，主光線が光軸に平行になる結像をテレセントリック結像とよぶ．各倍率が負であるアフォーカル系による有限距離物体の結像は物体側でも像側でも主光線が光軸に平行になる両側テレセントリックの結像系を実現できる．テレセントリック結像では，物体面または像面の移動に対して，

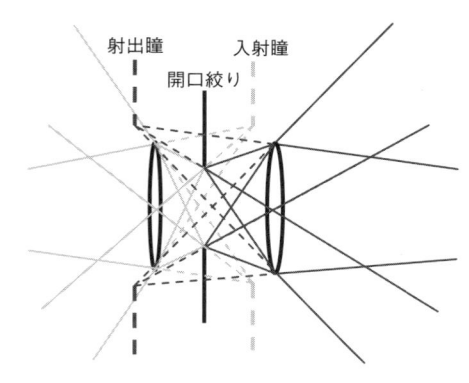

図1　開口絞りと入射瞳，射出瞳

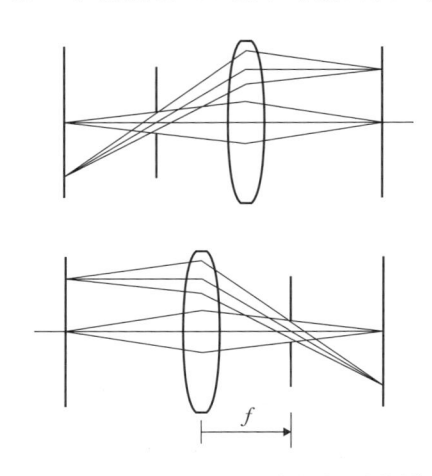

図2　テレセントリック光学系（像側，物体側）

それに伴う像の大きさの変化がないという特徴がある．

d． Fナンバーと開口数 NA

開口絞りの径が決まると入射瞳の最大径が決まる．光学系のFナンバーは光学系の焦点距離fと無限遠の物点に対する入射瞳の直径Dの比

$$F = \frac{f}{D}$$

で定義される．このFナンバーは光学系の明るさの指標として広く用いられている．物体距離が有限の場合，焦点距離fの代わりに像点距離s'を使った有効Fナンバー

$$F_{eff} = \frac{s'}{D} = \frac{(1-\beta)f}{D}$$

（ただしβは結像倍率）が実効的明るさの指標になる量である．

一方，開口数 NA（numerical aperture）は物体側，像側で

物体側 NA：$(NA)_{obj} \equiv N\sin u$
像側 NA：$(NA)_{img} \equiv N'\sin u'$

で定義される量である．物体空間，像空間が空気中にあるときには像側 NA と有効Fナンバーには $(NA)_{img} = 1/(2F_{eff})$ なる関係がある．

e． 焦点深度と被写界深度

焦点のあった像面を光軸方向に移動すると，点像は次第にボケていくが，光軸方向にボケの許容できる移動範囲を焦点深度という．また，焦点のあった状態から物体面が光軸方向に移動するとき，所定の像面において許容できるボケ量の範囲で物体が移動できる移動距離は被写界深度とよばれる．焦点深度と被写界深度は，検出の限界のボケの大きさε（許容錯乱円）によって決まる．焦点深度は後ピントの状態と前ピントの状態との位置との差として

$$a'_2 - a'_1 = \frac{2f\varepsilon F s'}{f^2 - \varepsilon^2 F^2} \approx \frac{2\varepsilon F s'}{f} = 2\varepsilon F_{eff}$$

として与えられる．ここでFはFナンバー，fは焦点距離，s'は像点距離である．

一方，被写界深度は

$$a_2 - a_1 = \frac{2f^2 s(f+s)\varepsilon F}{f^4 - (f+s)^2 \varepsilon^2 F^2} \approx \frac{2f^2 s^2 \varepsilon F}{f^4 - s^2 \varepsilon^2 F^2}$$

のように書ける．

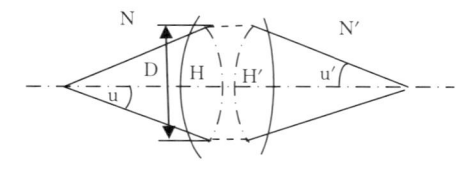

図3 Fナンバーと開口数との関係

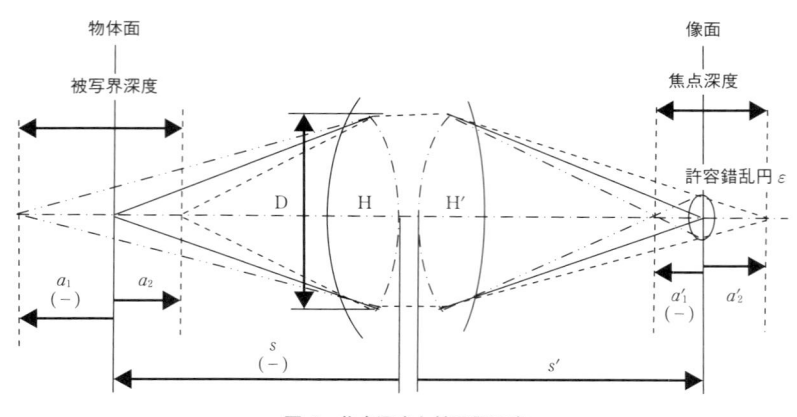

図4 焦点深度と被写界深度

以上のように，レンズを明るくする（Fナンバーを小さくする）と焦点深度や被写界深度は浅くなり，逆に暗くすれば深くなる．このようにレンズの絞りを調節することにより，被写界深度をコントロールすることができる．さらに，レンズから被写体までの距離 s を $|s|=f^2/(\varepsilon F)\equiv s_h$ に選べば（この s_h は過焦点距離とよばれる），後側被写界深度 a_1 は $-\infty$，前側被写界深度は $a_2\approx f/(2\varepsilon F)=s_h/2$ となる．この過焦点距離にピントを合わせると，$-\infty$ から $-s_h/2$ までが焦点深度内に入ることとなり都合がよい．常にこの状態にあわせた撮影をパンフォーカス撮影とよんでいる．

f. 周辺光量比とコサイン4乗則，開口効率

物体の輝度を B，レンズの透過率を τ，像空間の開口数を $(NA)_{img}$ としたとき，像面の光軸上での照度は

$$E_0 = \pi\tau B(NA)^2_{img} = \frac{\pi\tau B}{4F^2_{eff}}$$

と書ける．F_{eff} はレンズの有効Fナンバーである．このように，像面上での明るさはFナンバーの2乗に反比例する．

一方，レンズの軸外での像面照度 E は，軸上に比して次のように表現されるのが一般的である．

$$E = k(\omega)f_1(\omega)f_2(\omega)E_0$$

ここで，いずれも半画角 ω に依存する3つのファクター $k(\omega)$, $f_1(\omega)$, $f_2(\omega)$ をそれぞれの起因する現象に応じて，開口効率ファクター，コサイン4乗ファクター，歪曲起因ファクターとよぶ．このうち，メインのファクターの $f_1(\omega)$ はレンズの光束がすべて絞り板で制限されて入射瞳の面積が軸上と軸外で同じで（$k=1$）あり，しかも結像に歪曲収差がない投影（中心射影：$y'=f\tan\omega$）の場合（$f_2=1$）の基本的な画角依存のファクターであり，物体が無限遠の場合は $f_1(\omega)=\cos^4\omega$ となるので，コサイン4乗ファクターとよばれる．しかし，投影が魚眼レンズのように周辺で樽型歪みをもつ場合，歪曲の影響で，周辺の照度低下を抑えることができる．このファクターが歪曲起因ファクター $f_2(\omega)$ で，たとえば周辺で歪曲が大きい正射影 $y'=f\sin\omega$ の場合は，$f_2(\omega)=1/\cos^4\omega$ となるので，周辺での画角依存の照度低下を完全に抑えることができる．

最後に開口効率ファクター k は，図5にあるように軸外での光束が絞り板以外のレンズ枠などで制限され，軸外で見た入射瞳の面積が軸上で見た入射瞳の面積に比べて小さくなる現象（口径食：vignettingとよばれる）から来るファクターである．k の値は軸上で見た入射瞳の面積に対しての軸外で見た入射瞳の面積と軸上で見た入射瞳の面積の比がとられる．　　　　　［荒木敬介］

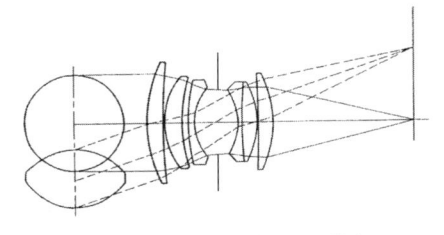

図5　光学系に口径食がある場合

■参考文献
1) 松居吉哉：結像光学入門，啓学出版（第4刷より日本オプトメカトロニクス協会刊）(1988).
2) 高橋友刀：レンズ設計　収差係数から自動設計まで，東海大学出版会 (1994).
3) 早水良定：光機器の光学Ⅱ，日本オプトメカトロニクス協会 (1989).

3 ［設計］

収　差

近軸論では理想結像の条件が定められるが，実際の光学系を通ってきた光線は，瞳径が大きくなった場合や画角が大きくなった場合には理想結像の条件からのずれを生じる．この理想結像からのずれを収差といい，収差を扱う理論体系を収差論とよぶ[1,2]．回転対称な光学系場合，単色収差としての主要な項は3次の収差の項で，瞳径と画角の依存性の違いにより，球面収差，コマ収差，非点収差，像面湾曲，歪曲収差の5収差に区別され，これらはSeidelの5収差とよばれる．

a. Seidelの5収差

(1) 球面収差　球面収差は図1の光線の経路の図に示すように瞳径に応じて，光軸方向の交点がずれていく収差で画角には依存しない．そのため，像面上でのスポットダイアグラムは回転対称にぼけて，同図の下側の図のような回転対称な形状になる．

(2) コマ収差と正弦条件　像面上でのスポットダイアグラムが，彗星が尾を引いたような形状となる収差をコマ収差とよぶ（図2）．この大きさは，図のように画角に比例して大きくなるが，尾が内側に向くか外側に向くかで内向性コマ，外向性コマと区別される．

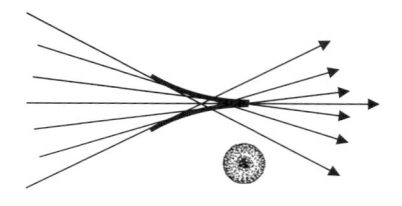

図1　球面収差

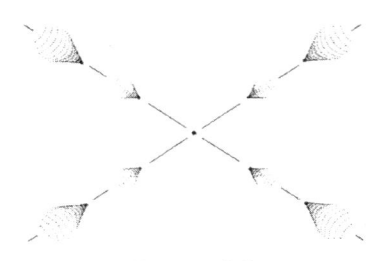

図2　コマ収差

コマ収差が除かれるための条件式はドイツの研究者Abbeにより近軸領域外の光線と光軸のなす角 u（入射側），u'（射出側）と横倍率 β の関係として解析的に求められ，次のような式にまとめられた．

$$\beta = \frac{\sin u}{\sin u'} \tag{1}$$

この条件式をAbbeの正弦条件とよぶ．

(3) 像面湾曲と非点収差　像面湾曲は像面が画角の2次に比例して湾曲する収差で，瞳径に対しては，1次に比例して変化する．このとき，メリディオナル（meridional）光線群（光軸と物点を含む面（メリディオナル面）内に含まれる光線群）の作る像面の湾曲と，サジタル（sagittal）光線群（主光線を含みメリディオナル面に直交する面（サジタル面）内に含まれる光線群）の作る像面の湾曲が異なれば，非点収差も発生する．この場合，図3に示すように，光軸方向にデフォーカスしてスポットをとっても，2つの方向で結像位置が異なるため，完全に点になる位置は存在せず，メリディ

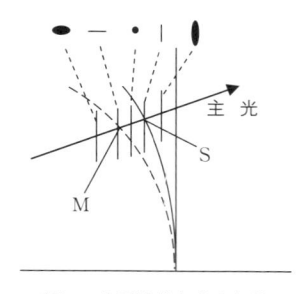

図3　像面湾曲と非点収差

オナル光線群の結像位置 M ではメリディオナル方向に垂直な直線，サジタル光線群の結像位置 S ではサジタル方向に垂直な直線となり，2 つの方向の結像位置が分離してしまう．

(4) 歪曲収差　最後に，歪曲収差は画角にのみ依存する収差で，点は点に結像し，像の鮮鋭度には関係しないが，全体の像が歪んでしまう収差である．図 4 に示すように，その歪み方が周辺で縮む歪曲を樽型，周辺が伸びる歪曲を糸巻き型とよぶ．

(5) Seidel の 5 収差の横収差展開式
以上の 5 種類の 3 次収差は，収差論によれば像面上の横収差展開式として，各面でも系全体としても

$$\Delta Y = -\frac{1}{2}\bigl[\,\mathrm{I}\,(NA)^3\cos\phi$$
$$+\mathrm{II}\,\overline{Y}_k'(NA)^2(2+\cos 2\phi)$$
$$+(2\,\mathrm{III}+\mathrm{IV})\overline{Y}_k'^2(NA)\cos\phi + \mathrm{V}\,\overline{Y}_k'^3\bigr]$$

$$\Delta Z = -\frac{1}{2}\bigl[\,\mathrm{I}\,(NA)^3\sin\phi \qquad (2)$$
$$+\mathrm{II}\,\overline{Y}_k'(NA)^2\sin 2\phi$$
$$+\mathrm{IV}\,\overline{Y}_k'^2(NA)\sin\phi\bigr]$$

のように書き下すことができる．この表現では，座標系は光軸が x 軸にとられており，ϕ は y 軸から z 軸方向に測った方位角である．この式で，$\overline{Y}_k'$ は理想像高で画角に比例する量として収差展開の変数として用いられており，また，NA は瞳径に比例する量の変数である．なおこの NA は，最大径では開口数（numerical aperture）に対応する量となる．この式（2）の表記は，従来から用いられている瞳径と画角の展開とは正規化の仕方が異なっているため，みかけ上異なったように見える．しかし，この表現の方が，正規化の尺度単位が像側の空間にとられているために，画面サイズが同じで焦点距離が異なる光学系にも共通に用いることができるというメリットがある[4]．展開係数の I，II，III，IV，V はおのおの球面収差係数，コマ収差係数，非点収差係数，サジタル像面湾曲係数，歪曲収差係数であり，全系の係数は各面の寄与の係数の和として計算できることが証明されている．この事実は，各面でこれらの収差係数を計算すれば，全系の収差量に対して各面がどのように寄与しているかを見積もることができることを意味しており，これら収差係数は光学機器のレンズ設計において重要な設計指針として活用されている．

b．色収差

なお，収差には，上記単色収差以外に，波長によって結像特性が異なる色収差という現象もある．色収差は，図 5 の上の図に示すように波長によって光軸方向の結像位置が異なる軸上色収差と，下の図に示すような波長によって像の大きさが異なる倍率色収差に大別できる．前者は瞳径の 1 次に，後者は画角の 1 次に比例する収差であり，像面での横収差展開式としては，

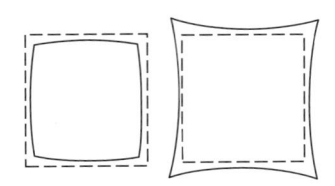

図 4　歪曲収差

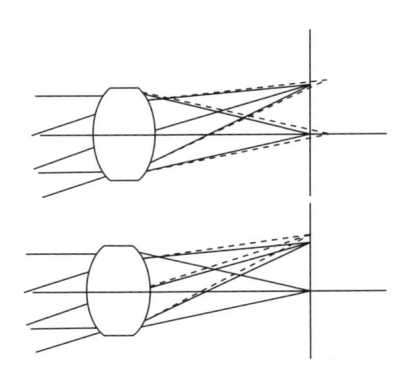

図 5　軸上色収差と倍率色収差

$$\Delta Y = -\left(\mathrm{L}(NA)\cos\phi + \mathrm{T}\overline{Y}_k'\right)$$
$$\Delta Z = -\left(\mathrm{L}(NA)\sin\phi\right)$$
(3)

のように書き下すことができる．展開係数のL，Tはおのおの軸上色収差係数，倍率色収差係数であり，単色のSeidel収差同様，全系の係数は各面の寄与の係数の和として計算できる[2]．このため，これら収差係数も光学機器のレンズ設計において重要な設計指針として活用されている．

c．波面収差

点光源からの光は均質媒質中では球面波として広がる．この球面波の球面上の点はすべて位相が揃っている．一般に光波の等位相の面が作る面を波面とよぶ．また，光線は波面に垂直な直線として表すことができる．たくさんの光学面を通ってきた波面は球面からずれる．波面収差とは，物体平面上の1つの物点から射出した波面が，光学系を通過した後，像空間で理想像点を中心に考えた仮想的な参照球面に対してもっている位相のずれ量に対応する量として定義される[3]．より具体的には，下の図6において，A'P'$_0$は理想像点O'を中心とする参照球面，A'P'はA'点で参照球面に接する実際の波面を表すものとしたとき，P'$_0$P'M'はP'を通る光線で，波面A'P'に直交する．このとき，参照球面上のP'$_0$と実際の波面上のP'の間の幾何光学的距離P'$_0$P'にその空間の屈折率N'をかけた光路長Wで定義される量が波面収差である．

波面収差は通常，参照球面上の点の(y', z')座標の極座標表示(ρ', ϕ)の関数$W(\rho', \phi)$として表される．

なお，波面収差と前節で記載した収差論で議論される横収差で表される光線収差とは，以下の関係で結びついている[3]．

$$\Delta y = -\frac{R'}{N'}\left(\cos\phi\frac{\partial W}{\partial \rho'} - \frac{\sin\phi}{\rho'}\frac{\partial W}{\partial \phi}\right)$$
$$\Delta z = -\frac{R'}{N'}\left(\sin\phi\frac{\partial W}{\partial \rho'} + \frac{\cos\phi}{\rho'}\frac{\partial W}{\partial \phi}\right)$$
(4)

ここでR'は参照球面の曲率半径，N'は像空間の屈折率を表す．

波面収差の瞳座標での展開の場合，回転対称な光学系の場合のように開口が円形のときには，円形開口に対する直交多項式である以下に与えるZernike多項式$Z_{nm}(\rho, \phi)$を使った展開

$$W(\rho, \phi) = \sum_{n=0}^{} \sum_{m=-n}^{n} A_{nm} Z_{nm}(\rho, \phi) \quad (5)$$

(ただしρは最大値が1に規格化された瞳径$\rho \equiv \rho'/\rho'_{\max}$，$A_{nm}$は一般には画角や偏心量に依存する展開係数)

が波面測定結果の表現式として使われることが多い[4]．これは多項式に直交性があるためにフィッティングの係数がフィッティングの項数によらず決定でき，取扱いが容易なことによる．　　　　　　　[荒木敬介]

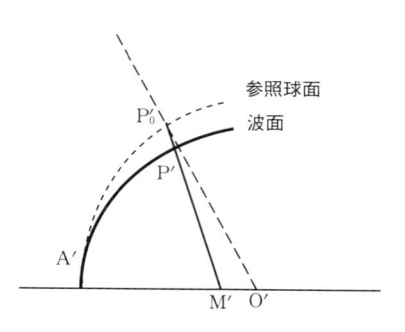

図6　波面収差の定義

■参考文献

1) 松居吉哉：結像光学入門，啓学出版（第4刷より日本オプトメカトロニクス協会刊）(1988)．
2) 松居吉哉：収差論，日本オプトメカトロニクス協会 (1989)．
3) 早水良定：光機器の光学Ⅱ，日本オプトメカトロニクス協会 (1989)．
4) M. Born and E. Wolf：Principles of Optics, 7th ed., Cambridge University Press (1999)．

4

フーリエ光学

[設計]

a. フーリエ光学

物体から像への結像は，図1に示すように，物体上の各点が点像分布に従って結像する．ここでは簡単のため1次元物体を考え，結像倍率を等倍とする．像強度分布 $I(x)$ は物体強度分布 $I_0(x)$ と点像強度分布 $\mathrm{PSF}(x)$ のコンボリューションで表される．

$$I(x) = \int dx_0 I_0(x_0) \mathrm{PSF}(x-x_0) \quad (1)$$

ここで，点像強度分布が物体座標によらないこと（アイソプラナチック，シフトインバリアントなどという）を仮定している．実際の光学系で広範囲の像強度分布を考えれば，この仮定は成り立っていないが，カメラレンズや顕微鏡対物レンズなどでは，点像強度分布自身の大きさの程度であれば，ほぼ厳密にアイソプラナチックとなっているので，問題ない．

式(1)の関係をフーリエ変換すると，フーリエ変換のコンボリューションの定理より，次式の表現を得ることができる．

$$\tilde{I}(\nu) = \tilde{I}_0(\nu) \cdot \widetilde{\mathrm{PSF}}(\nu) \quad (2)$$

ここで，波記号~はフーリエ変換を意味し，以下のように表される．

$$\tilde{I}(\nu) = \int dx I(x) \exp[-i2\pi x\nu]$$
$$\tilde{I}_0(\nu) = \int dx I_0(x) \exp[-i2\pi x\nu] \quad (3)$$
$$\widetilde{\mathrm{PSF}}(\nu) = \int dx \mathrm{PSF}(x) \exp[-i2\pi x\nu]$$

式(2)のような関係は様々な理工学の分野で見られ，点像分布のフーリエ成分は線形フィルターの役割を果たしているという．このような観点から結像を議論するのが，フーリエ光学である[1-4]．

b. コヒーレント結像

式(1)は物体の各点からの光が互いに干渉しないことを仮定している．カメラレンズなどでは，そのように考えてよいであろうが，顕微鏡のように，光源によって照明された場合には，照明条件によって物体上の2点からの光の干渉を考えなくてはいけない．光の干渉状況によって，結像の性質が変わってくる．

完全に干渉するような場合をコヒーレント結像（コヒーレント照明下の結像）というが，そのときには強度分布ではなく，物体の振幅透過率分布 $U_0(x_0)$ と点像振幅分布 $\mathrm{ASF}(x)$ で考えることになる．特に光軸に平行な平面波で照明した場合には，物体面上の各点は同位相で照明されるので，式(1)，(2)に対応して，

$$U(x) = \int dx_0 U_0(x_0) \mathrm{ASF}(x-x_0) \quad (4)$$
$$\tilde{U}(\nu) = \tilde{U}_0(\nu) \cdot \widetilde{\mathrm{ASF}}(\nu) \quad (5)$$

となる．

コヒーレントの場合には，フーリエ変換した後の線形フィルター式(5)の物理的意味が，非常に明確である．物体振幅透過率のフーリエ変換を考え，恣意的にパラメータを $\nu = \sin\theta/\lambda$ と変換すると

$$\tilde{U}(\nu) = \int dx_0 U_0(x_0) \exp[-i2\pi\nu x_0]$$
$$= \int dx_0 U_0(x_0) \exp\left[-i\frac{2\pi\sin\theta x_0}{\lambda}\right] \quad (6)$$

となる．フーリエ変換の直接的な意味から，

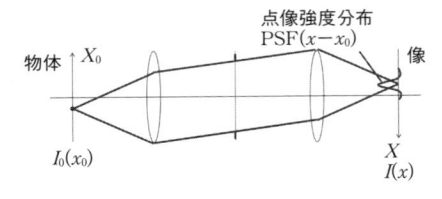

図1 点像強度分布と物体強度分布のコンボリューションによる結像

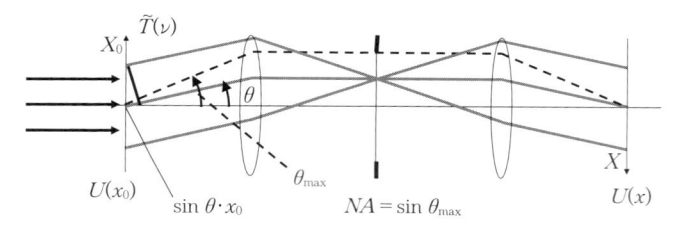

図2　平面波の伝搬

式(6)は物体振幅透過率の $\exp[i2\pi\nu x_0]$ の成分を表している．一方，図2において，点 x_0 で回折されて x 方向余弦が $\sin\theta$ である方向に進む光の位相は点 $x_0=0$ からの光に対して $2\pi\sin\theta\cdot x_0/\lambda$ 進むので，式(6)は物体面上のすべての点からの回折によって作られる，方向余弦が $\sin\theta$ の方向に進む平面波の大きさを示している．

像空間でも平面波として伝わり，x 座標の向きを逆にしてあるので，$2\pi\sin\theta\cdot x/\lambda$ だけ位相が遅れ，

$$\exp\left[i\frac{2\pi\sin\theta\cdot x}{\lambda}\right]=\exp[i2\pi\nu x] \quad (7)$$

という平面波として，像面上の振幅分布の形成に寄与する．

このときにレンズの波面収差を考える．アイソプラナチックであると考えているので，点像それ自体の広がり程度の中では波面収差が不変である．それゆえ，波面収差によって，各平面波全体に一様に位相の遅進が生じる．$W(\nu)$ を波面収差とすると，

$$G(\nu)=\exp\left[i\frac{2\pi}{\lambda}W(\nu)\right] \quad (8)$$

で定義される瞳関数 $G(\nu)$ が乗じられ，

$$\tilde{U}(\nu)=\tilde{U}_0(\nu)\cdot G(\nu) \quad (9)$$

となる．式(5)と式(9)を比べると，ASFのフーリエ変換が瞳関数 G になっていることがわかる．$\widetilde{\mathrm{ASF}}(\nu)=G(\nu)$ を $\widetilde{\mathrm{ASF}}(0)$ で正規化したものをATF (amplitude transfer function) とよぶ．

収差がないとすると，瞳関数は

$$NA=\sin\theta_{\max}>\sin\theta=\lambda\nu \quad (10)$$

のときに1で，その外では0となる（物体空間，像媒質の屈折率を考慮すると $NA=n\cdot\sin\theta_{\max}>n\cdot\sin\theta=\lambda\nu$）．$\nu_c=NA/\lambda$ をカットオフ周波数（遮断周波数）とよぶ．収差のないとき，線形フィルターの特性は図3のように表される．

c. 正弦条件

結像を理解する上で非常に重要な概念である正弦条件について述べる．図4は光軸に平行な平面波で物体を照明している場合を示している．等倍結像では正弦条件の意義がはっきり見えないので，ここでは非等倍結像を考える．物体として等間隔に開口のある回折格子を考えてみると，0次光，±1次光，±2次光，…が発生する．これらは，レンズを通過して像面上に平面波として到達する（像面上で平面波とみなせる

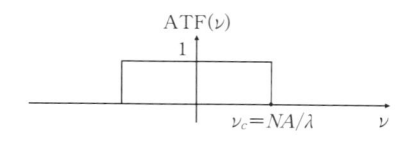

図3　コヒーレント結像のATF

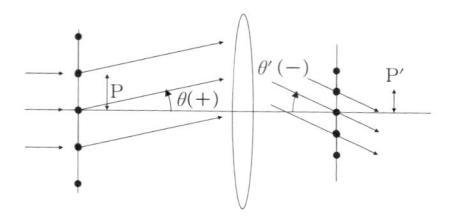

図4　正弦条件の説明図

ためには Fresnel ナンバーが大きいということが要求されるのであるが[4]，ほとんどの光学系でこれは満足されている．さらに，強度分布で考えるときには，1つ1つの波面が平面波でなくても2つの波面の干渉が平面波間の干渉と同じとみなせればよく，もっと緩い条件となる[5]．これらの干渉として像が作られると考えることができる．

物体の周期を P_0，0次光と1次光で作られる像の周期を P とすると，次式が成り立つことがわかる．

$$P_0|\sin\theta_0|=\lambda,\quad P|\sin\theta|=\lambda \quad (11)$$

よって結像倍率は

$$\frac{P}{P_0}=\left|\frac{\sin\theta_0}{\sin\theta}\right| \quad (12)$$

となる．鮮鋭な像ができるためには，ピッチ P によらず結像倍率が等しくなくてはならない．すなわち，近軸倍率 β_0 に等しく，符号を考慮して，

$$\beta_0=\frac{\sin\theta_0}{\sin\theta} \quad (13)$$

が，光軸上物点からのすべての光線について成り立つことが要求される．これをAbbeの正弦条件という．Abbeの正弦条件は球面収差がないときに，光軸近傍の像点が鮮鋭に結像するための条件，すなわち光軸像のアイソプラナチック条件である．球面収差があるときにも，平面波の干渉で像ができると考えれば，全く同様に考えることができる[3,4]．また，軸外についても同様の関係を考えることができる[4]．

d． インコヒーレント結像

物体の各点からの光が干渉しないときには，点像強度分布で考えるので，式（2）で表される．点像強度分布は点像振幅分布によって次式で表される．

$$\text{PSF}(x)=\text{ASF}(x)\cdot\text{ASF}^*(x) \quad (14)$$

フーリエ変換のコンボリューションの定理より，

$$\widetilde{\text{PSF}}(\nu)=\widetilde{\text{ASF}}(\nu)\otimes\widetilde{\text{ASF}^*}(\nu) \quad (15)$$

となる．$\otimes$ はコンボリューションを，肩の

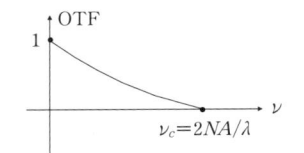

図5 インコヒーレント結像のOTF

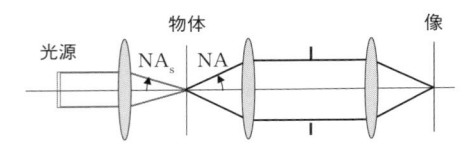

図6 有限な大きさの光源による照明

*は複素共役を表す．$\widetilde{\text{PSF}}(\nu)$ を $\widetilde{\text{PSF}}(0)$ で正規化したものを，OTF（optical transfer function）とよぶ．カットオフ周波数は $\nu_c=2NA/\lambda$ となる．2次元の円形瞳を考え，収差のないときのOTFの特性を $\nu>0$ の範囲について図5に示す．

e． 部分的コヒーレント結像

点光源で物体を照明すれば，物体上の任意の2点はいつも同じ位相差で照明されている．それゆえ物体上の2点からの光はコヒーレントである．光源の位置が変わると，2点からの光の位相差が変わる．ここで，図6に示すような，大きさが有限で，光源上の異なる点からの光は干渉しない光源を考えることにする．この場合，照明された物体上の2点から出てくる光はコヒーレントでもなく，インコヒーレントでもない．このような照明を，部分的コヒーレント照明といい，この照明下の結像を部分的コヒーレント結像という．

照明による2点からの光の干渉性は，相互強度 K によって表される[1-4]．

$$K(x_1,x_2)=\int S(\nu_s)\exp\left[-i\frac{2\pi}{\lambda}(x_1-x_2)\nu_s\right]d\nu_s \quad (18)$$

ここで，$S(\nu_s)$ は光源強度分布で，物体空間での光線の方向余弦 ν_s の関数である．式

(18) は,相互強度が光源強度分布のフーリエ変換で表されること示しているが,これを van Cittert-Zernike の定理という.相互強度を $\sqrt{K(x_1, x_1) K(x_2, x_2)}$ で正規化したものを複素コヒーレンス度とよぶ.物体の振幅透過率を $T(x)$ とすると,像強度分布は次式で表される.

$$I(x) = \int dx_1 \int dx_2 T(x_1) T^*(x_2) \cdot \text{ASF}(x-x_1) \text{ASF}^*(x-x_2) K(x_1, x_2) \quad (19)$$

と表される.

ASF のフーリエ変換が G であることと,式 (18) の関係を用いて,式 (19) は次のように変形できる.

$$I(x) = \iint d\nu_1 d\nu_2 R(\nu_1, \nu_2) \tilde{T}(\nu_1) \tilde{T}^*(\nu_2) \cdot \exp[i 2\pi x (\nu_1 - \nu_2)] \quad (20)$$

ここで,$\tilde{T}(\nu_1)$ は $T(x)$ のフーリエ変換で,R は相互透過係数とよばれ,

$$R(\nu_1, \nu_2) = \int d\nu_s S(\lambda \nu_s) G(\lambda(\nu_1 + \nu_s)) \cdot G^*(\lambda(\nu_2 + \nu_s)) \quad (21)$$

と定義される.

結像の状況を見通しよく把握するために,直接光 (0 次光) が強く,回折光は弱く,回折光間の干渉を無視できるような場合を考える.これを弱回折近似という.このときには,

$$I(x) = \int d\nu \text{Real} \{ R(\nu, 0) \tilde{T}(\nu) \tilde{T}^*(0) \cdot \exp[i 2\pi x \nu] \} \quad (22)$$

と表される.基本的な利得は R で表される.$R(\nu, 0)/R(0, 0)$ を部分的コヒーレント OTF とよぶ (多少異なる定義もある).

輝度一様な円形光源のときに,物体面での照明の開口数 NA_s を結像光学系の開口数 NA で割ったものを σ とし,無収差の場合について部分的コヒーレント OTF を $\nu > 0$ の範囲について示すと,図 7 のようになる.σ が小さいと高コントラスト,大きいと高解像となる.しかし,あくまで弱回折近似の仮定の下での議論であり,半導体露光装置に用いられる位相シフトマスクなどには適用できない[4]).

フーリエ光学の理論は完成していると考えてよいであろう.しかし,半導体リソグラフィーや顕微鏡の分野では,計算の効率化や解像力向上を見通しよく行うために,結像理論の改良が続けられている.また,ここでは電磁場をスカラー波として扱っているが,高 NA の結像においてはベクトル的な扱いが必要となる[4]).　　　　[渋谷眞人]

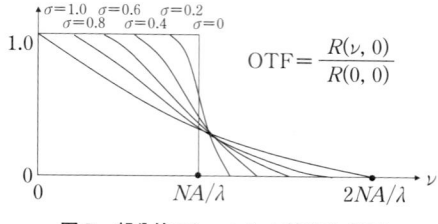

図7　部分的コヒーレント結像のOTF

$$\text{OTF} = \frac{R(\nu, 0)}{R(0, 0)}$$

■参考文献
1) M. Born and E.Wolf : Principles of Optics, 7th ed., Cambridge University Press (1999), section 9-5, 10-5.
2) 小瀬輝次:フーリエ結像論,共立出版 (1979), pp. 25-73, pp. 74-86.
3) 鶴田匡夫:応用光学 I,(1990) 培風館,pp. 144-146, pp. 237-292.
4) 渋谷眞人,大木裕史:回折と結像の光学,朝倉書店,(2005), pp. 25-88, pp. 112-143.
5) T. Namikawa and M. Shibuya : OPTIK, **96**-2 (1994), 93-99.

5 性能評価法

[設計]

設計されたレンズは製作する前に性能評価をシミュレーションで行う必要がある．評価する項目は解像力やボケなど点像に関するものと，像の歪み，像面の照度分布，ゴースト，そして誤差感度など製造収率にかかわるものがある．

a．点像の評価

レンズの結像性能の評価法の1つとして直接，波面収差を評価する方法がある．光線追跡により射出瞳面 (ξ, η) 上でレンズ作用後の波面収差の分布 $W(\xi, \eta)$ を求める．レーザー用の光学系などスポットを形成する光学系では光軸上の像について波面収差を求め，次式で定義される RMS（root mean square）W_{RMS} が代表値として用いられる．

$$\langle W \rangle \equiv \frac{\iint_{\mathrm{Pexit}} W(\xi, \eta) \mathrm{d}\xi \mathrm{d}\eta}{\iint_{\mathrm{Pexit}} \mathrm{d}\xi \mathrm{d}\eta} \quad (1)$$

$$W_{\mathrm{RMS}} = \sqrt{\langle W^2 \rangle - \langle W \rangle^2}$$

ここで積分範囲 Pexit は射出瞳を意味する．波面収差の RMS は通常，波長 λ を単位にして 0.07λ のように表される．

波面収差分布が得られていると次式から像面 (x', y') 上で点像強度分布関数 PSF が求められる．

$$\mathrm{PSF}(x', y') = \left| \int_{-\infty}^{\infty} \int_{-\infty}^{\infty} G(\xi, \eta) \right.$$
$$\left. \cdot \exp\left[i\frac{k}{f}(\xi x' + \eta y')\right] \mathrm{d}\xi \mathrm{d}\eta \right|^2 \quad (2)$$

ここで，f は光学系の焦点距離で，k は波数 $2\pi/\lambda$ であり，$G(\xi, \eta)$ は瞳関数とよばれ以下で定義される．

$$G(\xi, \eta) = \exp[ikW(\xi, \eta)] \quad (\xi, \eta) \text{が射出瞳内}$$
$$= 0 \quad (\xi, \eta) \text{が射出瞳外} \quad (3)$$

すなわち PSF は瞳関数のフーリエ変換の絶対値の2乗である．

PSF は波面収差により変化する．点像中心強度 $\mathrm{PSF}(0, 0)$ と無収差の点像中心強度の比は，ストレール比とよばれる．

$$\mathrm{PSF}(0, 0) = \left| \int_{-\infty}^{\infty} \int_{-\infty}^{\infty} G(\xi, \eta) \mathrm{d}\xi \mathrm{d}\eta \right|^2$$
$$= \left| \iint_{\mathrm{Pexit}} \exp[ikW(\xi, \eta)] \mathrm{d}\xi \mathrm{d}\eta \right|^2$$

ストレール比

$$= \frac{\left| \iint_{\mathrm{Pexit}} \exp[ikW(\xi, \eta)] \mathrm{d}\xi \mathrm{d}\eta \right|^2}{\left| \iint_{\mathrm{Pexit}} \mathrm{d}\xi \mathrm{d}\eta \right|^2}$$
$$\cong 1 - k^2 [\langle W^2 \rangle - \langle W \rangle^2]$$
$$\cong 1 - \left(\frac{2\pi}{\lambda}\right)^2 W_{\mathrm{RMS}}^2 \quad (4)$$

ここで，$kW(\xi, \eta)$ は小さいとして，分子の指数関数を展開して2次の項まで残した．波面収差が大きくなるとストレール比は減少するが，Marechal は 0.8 以上なら十分よいと判断した．これを Marechal のクライテリオンという．この条件は，

$$W_{\mathrm{RMS}} \leq \frac{\lambda}{14} = 0.07\lambda \quad (5)$$

と変形され，光ディスク用ピックアップ光学系の性能の目安となっている．

b．OTF

(1) 単色 OTF カメラなど画像を形成する光学系では点像そのものより，点像の集まりでできた像に対する解像力という評価法の方がわかりやすい．解像力の概念に近く，その基礎を与える評価方法に

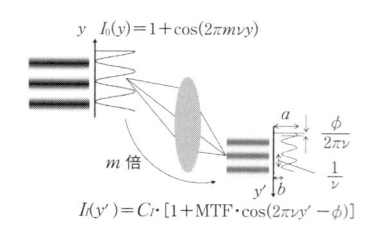

図1 MTF

OTF (optical transfer function) あるいは MTF (modulation transfer function) がある．物体がインコヒーレント照明されていて，PSFが観察している小領域で同一とみなせる（アイソプラナチック）とき，図1に示すような濃淡の正弦波チャートの像の解析を行うことができる．

物体側の正弦波は像側での周波数 ν を用いて表した．ここで m は光学系の倍率である．理想結像では正弦波の像の強度分布は，

$$I_{Ideal}(y') = C_{Ideal} \cdot [1 + \cos(2\pi\nu y')] \quad (6)$$

となるべきところ，光学系の収差と回折の影響を受ける．アイソプラナチックのとき定数MTF，ϕ を定義でき，像の強度分布は以下のように表される．C_{Ideal} と C_I はそれぞれ定数である．

$$I_I(y') = C_I \cdot [1 + \text{MTF} \cdot \cos(2\pi\nu y' - \phi)] \quad (7)$$

MTFは図中のピーク強度 a, b と以下の関係がある．

$$\text{MTF} = \frac{a-b}{a+b} \quad (8)$$

右辺はコントラストであり，理想像のコントラストは1となることから，MTFはコントラスト伝達関数とよばれ，空間周波数 ν の関数である．

収差による像のシフト量 ϕ を取り込んで以下のように $\text{OTF}(\nu)$ が定義される．

$$\text{OTF}(\nu) = \text{MTF}(\nu) \exp[i\phi(\nu)] \quad (9)$$

前節に見るようにOTFはPSFのフーリエ変換である．

(2) 白色光OTF （1）は単色光についての解析であった．カメラなどの光学系では，被写体はいろいろな波長の光が混じった多色光であり単色収差の他にさらに色収差の影響をうける．倍率色収差などコントラストだけでは評価しきれない面もあるが，統合した評価量として白色光OTFが使用されている．白色光OTFは各波長 λ_i で式（9）の $\text{OTF}_{\lambda_i}(\nu)$ を求め，波長のウエイト W_{λ_i} を用いて，加重平均して求められる．

$$\text{WOTF}(\nu) = \frac{\sum_i W_{\lambda_i} \text{OTF}_{\lambda_i}(\nu)}{\sum_i W_{\lambda_i}} \quad (10)$$

$$\text{WMTF} = |WOTF|$$

解像力は人間の主観的評価であるが，空間周波数 ν の正弦波チャートに対し，そのコントラスト $\text{MTF}(\nu)$ が解像可否の閾値（0.1～0.2）と一致したとき，空間周波数 ν ［本/mm］を解像力と考えることができる．

c．スポットダイアグラム

カメラの光学系では奥行のある物体の像を形成するので，ピントのあっていないボケ像の評価が必要になる．明るい輝点のボケは強度も強く広がっても目立つ．収差に非対称性がある場合や光線群が集中して包絡面を形成する場合，その断面には火線とよばれる明るい帯のあるボケ像となる．火線を有する光線束とそのスポットダイアグラムを図2に示す．

d．歪み

歪曲収差が残存する場合，解像力は十分でも像が歪む．図3は矩形チャート像による歪みの評価例である．歪みの指標として

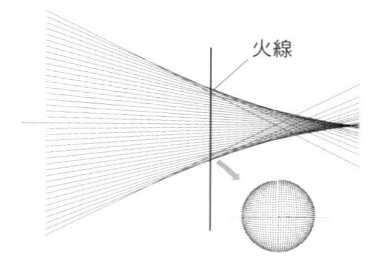

図2 ボケ像のスポットダイアグラム

TVディストーションがあるが，図中の Δh と h を用いて，以下のように定義される．

$$\text{TV ディストーション} = \frac{\Delta h}{h} \times 100 \, (\%) \tag{10}$$

e．像の照度分布と CRA

光線追跡により像の照度分布が評価できるが，CMOS など撮像素子を用いる場合は各撮像素子に設けられた光取り込み用のマイクロレンズアレイを考慮する必要がある．撮影レンズの小型化，薄型化によりセンサーへの入射角が大きくなり，専用センサーも作られるようになった．このセンサーは図4のように個々の画素のマイクロレンズをシフトさせ，取り込む光束を傾斜させ，センサーの入射瞳がレンズ射出瞳に近くなるように構成されている．

撮影レンズの射出瞳はセンサー入射瞳に内包されるとよく，瞳が合わないと取り込まれる光量は減少する．これを調べるために各光束の主光線の傾角を評価する．図5にCRAの評価例を示す．破線はセンサー光学系（マイクロレンズアレイ）の主光線の傾角である．

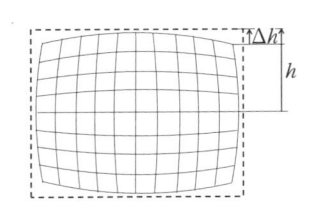

図3　歪み

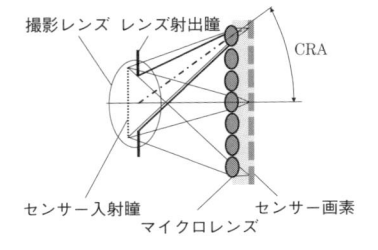

図4　瞳位置と CRA

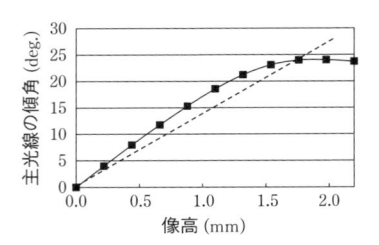

図5　CRA（Chief Ray Angle）

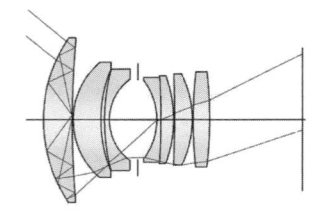

図6　ゴーストの光線経路

f．ゴースト

屈折面では光線の一部は反射され，図6のように想定していない経路で像面に達する場合がある．これがゴーストである．

ゴーストを防ぐために設計時にはいろいろな入射角と反射面の組合せでゴーストの光線経路および強度の評価を行い，反射防止コートの変更など処置が必要である．

g．誤差感度，製造収率評価

レンズは小型化など突き詰めると製造誤差感度が大きくなり，製造時のばらつきにつながる．したがって誤差感度は性能の1面と捉える必要がある．誤差感度の評価や公差設定のため曲率半径の誤差や偏心など加工誤差分布を与え，モンテカルロ法による製造収率評価が行われる．よい設計は加工技術力を最大限に活用したものである．

［森　伸芳］

■参考文献
1) 渋谷眞人，大木裕史：回折と結像の光学，朝倉書店（2005）．
2) W. J. Smith：Modern Optical Engineering, 3rd ed., McGraw-Hill, (2000).

6 [設計]

レンズ設計

　レンズ設計のスタートはレンズ仕様を決めることである．表1に主な仕様項目を示す．

　次に，仕様を満足する可能性があるレンズ構成を選択する．選択手法は，データベース，経験，収差論の適用など様々である．これに適切な比例縮小・拡大などを施してスタートデータとする．

　自動設計を使い，曲率半径，間隔，屈折率などをパラメータとして変化させ，レンズ仕様が満足できるようにする．

　仕様が満足できない場合，レンズ構成を変えて繰り返す．それでも満足できなければ，仕様見直しも考えなければならない．

　レンズの用途によって，仕様や設計上の留意点，評価方法などが異なる．以下に，レンズの用途別に設計の要点をまとめる．

a．撮影レンズ

　近年の撮影レンズは，CCDやCMOSなどの固体撮像素子上に像を結像させる．画素サイズは小さくても1μm程度であるので，光線収差を補正，波動光学的MTFで評価する方法が一般的である．

表1　主な仕様項目

光学性能	焦点距離，倍率，Fナンバー，NA，像高，視野数，画角，バックフォーカス，作動距離，射出瞳位置，物像間距離，解像力，MTF，フレア，ゴースト，偏心性能，周辺光量，分光透過率など
機構性能	全長，外径，重量，フランジバック，同焦点，フォーカス機能，ズーミング機能など
環境条件	動作環境，保存環境，信頼性など
コスト	製造公差，製造コストなど

　(1)　**撮像素子にかかわる仕様**　光を効率よく利用するためにマイクロレンズアレイ搭載の撮像素子が多い．その場合，撮影レンズとマイクロレンズアレイの入射瞳位置を概ね一致させる必要がある．ずれが大きいと周辺部で光量低下が発生する．

　さらに，エリアジングによるモアレを抑制するローパスフィルター，不要な赤外線をカットするフィルターなど，バックフォーカス中の挿入部品を決める必要がある．

　(2)　**単焦点レンズの構成**　広角レンズの場合，急角度で入射した光束を緩やかな角度に変換する，バックフォーカスを長くするという点から，絞りの前側を凹屈折力，後側を凸屈折力で構成する．逆に，望遠レンズの場合，レンズ全長を短くするために，絞りの前側を凸屈折力，後側を凹屈折力で構成する（図1）．

　(3)　**ズームレンズの構成**　ズームレンズも単焦点レンズの構成を踏襲する．広角端は広角レンズの凹凸構成に近いレンズ群配置にし，望遠端で望遠レンズの凸凹構成に近づくように各レンズ群を移動させる．

　広角ズームレンズの場合，凹凸2群ズーム構成を基本とし，ズーム倍率の拡大とともに，凹凸凸3群ズーム，凹凸凹凸4群ズーム構成を選択する．広角高倍ズームレンズの場合，凸凹凸凸4群ズームを基本にして，防振レンズ群を加えた5群構成にする（図2）．望遠ズームレンズの場合，凸凹凸凹4群ズーム構成を基本に選択する．

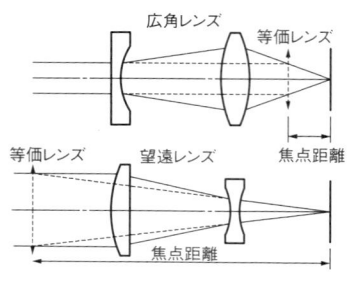

図1　単焦点レンズの屈折力配置

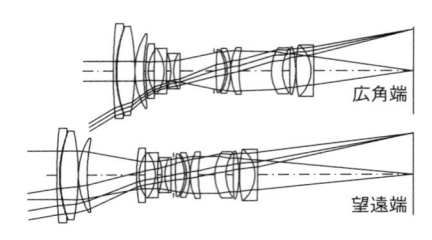

図2 広角高倍率ズームの構成例（特公平 8-20600）

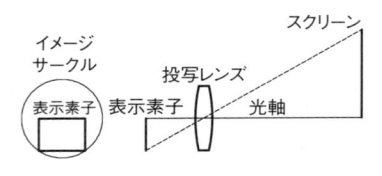

図3 イメージサークル

(4) **収差補正** ズーム位置，フォーカス位置によってレンズ位置が異なるため，それぞれにレンズポジションを割り当てる．レンズポジションは，ズームレンズでは数十ポジションにもなる．自動設計でパラメータを最適化し，これらレンズポジションすべての結像性能をバランスさせてレンズ仕様を満足するようにする．

b．投写レンズ

投写レンズは画像表示素子上に表示された画像をスクリーンに拡大投写する．表示素子の画素サイズは 5 μm 程度であり，撮影レンズと同様に，光線収差を補正し，波動光学的 MTF で評価する．

設計過程は撮影レンズと同様であるが，いくつか特有の留意点がある．

(1) **表示素子シフト** 投写画面を見やすくするために，投写画面を投写レンズ光軸よりも上にもっていく方がよい．そのため，図3に示すように表示素子をシフトさせて使用する．表示素子サイズよりもイメージサークル径がかなり大きくなる．

(2) **収差補正** 投写レンズは物体も像面も平面であるので，像面湾曲と歪曲収差を極力補正する必要がある．

さらに，投写レンズは暗いバックに明るい像を結像させるため，フレアが画質に大きく影響する．したがって，コントラスト重視の収差補正を行い，フレア成分を極力除去する必要がある．

c．顕微鏡対物レンズ

(1) **無限遠補正光学系** 近年，顕微鏡光学系では，システムの拡張性を重視して無限遠補正光学系が採用されている．無限遠補正光学系では対物レンズから射出した平行光束は，結像レンズによって中間像を結ぶ．この中間像を接眼レンズで拡大するのが顕微鏡光学系の基本構成である．

(2) **中間像の収差補正と結像レンズ** 中間像の結像倍率は，結像レンズと対物レンズの焦点距離の比で表される．この関係から結像レンズの焦点距離は，極低倍や大NAの対物レンズの設計難易度に影響を及ぼすために顕微鏡メーカーによって様々で 160 mm～200 mm 程度に設定されている．結像レンズの焦点距離は，短い方が同じ倍率の対物レンズの焦点距離が短くなるために軸上色収差が補正しやすいと考えられる．また，対物レンズと結像レンズを各々独立して収差補正して組み合わせると，対物レンズと結像レンズの間隔を大きく変化させても結像性能の劣化が少ない．

(3) **対物レンズの同焦点** 対物レンズを取り替えてもピント位置がずれないようにするために標本面から対物レンズの胴付位置までの距離（同焦点距離）をすべての倍率の対物レンズで一定にしている．この値は，対物レンズの大きさや結像性能に大きく影響するため 45 mm，60 mm などの標準規格化（JIS B7132-2）された値を採用する．同焦点距離は，長い方が作動距離の確保や像面の平坦性をよく補正しやすいと考えられる．

(4) **生物用と工業用の対物レンズ** 顕微鏡の照明方法は，透過照明の生物用と反射照明の工業用に大きく二分される．生

物用対物レンズは，厚さ0.17 mmのカバーガラスを標本に被せることを前提として設計される．標本と対物レンズの間が空気の場合，NAが0.8を超えるほとんどの対物レンズは，カバーガラスの厚さ誤差によって球面収差の増大が無視できないために鏡筒内部の空気間隔を変えて球面収差を低減する補正環が設けられている．油浸対物レンズの場合は，カバーガラスと浸液の屈折率差は小さく厚さ誤差の影響はほとんどないが，浸液が水の場合は，屈折率差が無視できずに補正環が必要になる．工業用対物レンズでは，特殊用途を除いてカバーガラスを使用しない．落射型の反射照明では，対物レンズを通して標本を照明する際にレンズ面の反射光がなるべく像面に到達しないように各レンズ面への入射角度をコントロールしてフレアやゴーストの発生を抑えて高コントラストの像が得られるように設計する必要がある．

(5) **対物レンズの種類** 球面収差とコマ収差が補正されたレンズはアプラナートとよばれ，さらに色収差の補正状態によって対物レンズは，F′線とC′線で色消しされたアクロマート，e線とF′線およびC′線で色消しされたアポクロマート，これらの中間の色収差に位置付けされるセミアポクロマートなどに分類される（JIS B7158-2）．これらの対物レンズの基本構成は同じであるが，色消し範囲が広いほど接合レンズや蛍石などの異常分散ガラスの枚数が増加する．さらに色収差に加えて像面湾曲も補正されたプランアクロマートやプランアポクロマートなどがある．焦点距離の短い高倍レンズほどペッツバール和が増大して像面湾曲が悪化しやすいため，強い負の屈折面を設けてペッツバール和を小さくする．乾燥系の対物レンズでは最も物体側のレンズ面を屈折力の大きい凹面とすることで比較的容易に像面湾曲を補正できるが，液浸系の対物レンズでは乾燥系と同じような十

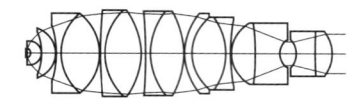

図4 生物顕微鏡用水浸対物レンズ

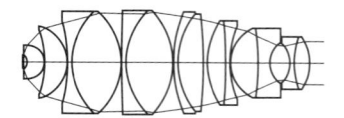

図5 全反射蛍光顕微鏡用対物レンズ

分に強い負の屈折面を作れない．このため像側のレンズ群にも強い負の屈折面が必要となりレンズ枚数も増加する．図4は，先玉を埋め込みレンズとし，後群に向かい合う強い負の屈折面をもつレンズを配置して効果的に像面湾曲を補正した水浸対物レンズの構成図である．その他，蛍光観察や偏光観察などのアプリケーションに対応して高透過率で自家蛍光や歪の少ない硝子材料を選択する必要がある．最近の生物顕微鏡では全反射や2光子励起などの新しい蛍光観察法が使われるようになり，散乱が小さく細胞へのダメージも少ない励起光の長波長化が進んでいる．顕微鏡に使用される波長は，可視から近紫外や近赤外を含む広帯域になり，対物レンズの透過率や色収差の補正範囲も広帯域化が必要となっている．図5は，NA1.49で軸上色収差が良好に補正された全反射蛍光顕微鏡用対物レンズの構成図である．　　　　[関根　淳・山口弘太郎]

■参考文献
1) 早水良定：光学技術コンタクト，**23**-7（1985）．
2) 長野主税：光学技術コンタクト，**31**-12（1993）．
3) Y. Shimizu and H. Takenaka：*Microscope Objective Design*, In Advances in Optical and Electron Microscopy, vol. 14, Academic Press, 1994.
4) 特許第4496524号．
5) 特許第4692698号．
6) 特開2006-113486．

7 [設計]

自動設計法

レンズ設計作業における収差補正は，それぞれの収差を目標とする値に近づけるために，形状変更と収差計算を繰り返し行う作業が必要となる．この反復作業に数理計画に基づいた最適化手法を適用したのが「レンズ自動設計」である．

以降ではまずレンズ設計問題を定量的に取り扱うための定式化を行い，適用する最適化手法を制約条件がない場合と制約条件がある場合とに分けて解説し，最後に大域的最適化手法に関する最近の動向について簡単に触れる．

a. レンズ設計問題の定式化

レンズ面の曲率半径や面間隔，さらに屈折率や分散などのレンズ系の構成要素をn個の要素からなる変数ベクトルXで表す．

$$X = [X_1, X_2, \cdots, X_n]^T \qquad (1)$$

一方，光線収差量やスポットダイヤグラム，MTFなどの光学特性を評価する量をm個の要素からなる評価関数ベクトル$F(X)$で定義する．

$$F(X) = [F_1(X), F_2(X), \cdots, F_m(X)]^T \qquad (2)$$

式（2）の$F(X)$は一般に

$$F(X)_i = w_i \{ f_i(X) - f_{i,tar} \}, i = 1, 2, \cdots, m \qquad (3)$$

として扱われる．上付き文字Tはベクトルないし行列の転置，$f_i(X)$，$f_{i,tar}$はそれぞれ評価関数の実際の値とその目標値，w_iは各評価関数にかかる重みを表す．多くの場合，$F(X)$はXの非線形関数となる．さらに，レンズ肉厚，コバ厚等レンズ系が満たすべき物理的制約，あるいはレンズ全長，バックフォーカスといった仕様上の制約関数を下式で表す．

$$C_i(X) = 0, i \in E \qquad (4)$$
$$C_i(X) \leq 0, i \in I \qquad (5)$$

E, Iは各々等式，不等式制約関数からなる集合とする．ここで各評価関数の二乗和でメリット関数$\varphi(X)$を構成する．

$$\varphi(X) = \frac{1}{2} F^T(X) F(X) \qquad (6)$$

レンズ設計問題における収差補正は，この$\varphi(X)$を式（4）（5）の制約の元で最小化する非線形の最小二乗問題として定式化される．

b. 制約条件がない場合の最適化手法

レンズ設計の分野では前述の非線形の最小二乗問題に対し，減衰最小二乗法（damped least squares 法：DLS法）が適用されてきた．この手法は非線形計画法におけるLevenberg-Marquardt法[1,2]をレンズ自動設計に適用したものであり，現在でも最も一般的に使用されている．

DLS法を解説するにあたり，まず制約がない場合でのNewton法を用いた一般的な非線形計画問題から考える．メリット関数をテイラー展開し2次の項までで打ち切った以下の2次モデルを導入する．

$$\varphi(X+d) \cong \varphi(d)$$
$$= \varphi(X) + g^T d + \frac{1}{2} d^T G d \qquad (7)$$

g, GはX地点におけるφのグラディエントベクトルおよびヘッセ行列である．

$$g = [\partial \varphi / \partial X_1, \partial \varphi / \partial X_2, \cdots, \partial \varphi / \partial X_n]^T \qquad (8)$$
$$G = [\partial^2 \varphi / \partial X_i \partial X_j] \qquad (9)$$

こうした2次モデルに対する非線形最適化問題に対し，Newton法では式（7）をdで微分し，局所最小解に対する1次の必要条件$\nabla \varphi(d) = 0$から

$$Gd = -g \qquad (10)$$

を満たす探索方向dを求め，反復法により最適解を求める．今2次モデルを用いたが，1次モデル$\varphi(d) = \varphi(X) + g^T d$を局所的に最小化する方向として探索方向に$d = -g$を採用する方法が最急降下法である．また式（10）のヘッセ行列Gを適当な近似行列を用いて推定する手法に準Newton法

があるが詳細は省略する．

最小二乗問題の性質から J を $F(X)$ のヤコビ行列とすると式(8)(9)は下式となる．

$$g = J^\mathrm{T} F(X) \qquad (11)$$

$$G = J^\mathrm{T} J + \sum_{i=1}^{m} F_i(X) \nabla^2 F_i(X) \qquad (12)$$

こうした非線形の最小二乗問題に対し Newton 法を若干変更し直線探索を組み入れたのが Gauss-Newton 法である．$F(X)$ を線形近似 $F(X+d) \cong F(X) + Jd$ するとメリット関数は

$$\varphi(X+d) \cong \varphi(d) = \frac{1}{2} F(X+d)^\mathrm{T} F(X+d)$$
$$= \frac{1}{2}\{F(X)^\mathrm{T} F(X) + 2d^\mathrm{T} J^\mathrm{T} F(X) + d^\mathrm{T} J^\mathrm{T} J d\}$$
$$\qquad (13)$$

となり，前述と同様 $\nabla \varphi(d) = 0$ より探索方向 d を算出し次のように解を求める．

$$J_k^\mathrm{T} J_k d_k = -J_k^\mathrm{T} F_k \qquad (14)$$
$$X_{k+1} = X_k + \alpha_k d_k,\ \alpha_k > 0 \qquad (15)$$

α_k はステップサイズであり，d_k 方向で目的関数を最小にする α_k を選ぶ直線探索法を用いて定める．Gauss-Newton 法は計算コストの高いヘッセ行列を $G \cong J^\mathrm{T} J$ で近似した手法であり，$F(X)$ が線形に近い場合や残差が小さい場合に効率よく収束する．この Gauss-Newton 法での直線探索を信頼領域法的アプローチで置き換えた手法が Levenberg-Marquardt 法であり，レンズ設計の分野では DLS 法とよばれる．

信頼領域法では式(13)に対し $\Delta > 0$ を信頼領域半径とする次の部分問題を考える．

Minimize $\varphi(d) = F(X+d)^\mathrm{T} F(X+d)$ (16)
subject to $\|d\|^2 \leqq \Delta$ (17)

この部分問題に対し以下の Lagrange 関数（詳しくは後述する）を導入する．

$$L(d, \rho) = \varphi(d) + \rho(\|d\|^2 - \Delta) \qquad (18)$$

Lagrange 関数に対する最適性の 1 次の必要条件から下式を得て，

$$\nabla_d L = J^\mathrm{T} Jd + J^\mathrm{T} F(X) + \rho d = 0 \qquad (19)$$
$$\rho \geqq 0 \qquad (20)$$

DLS 法では次のように解を求める．

$$(J_k^\mathrm{T} J_k + \rho I)d = -J_k^\mathrm{T} F_k,\ \rho \geqq 0 \qquad (21)$$
$$X_{k+1} = X_k + d_k \qquad (22)$$

I は単位行列であり，ρ はダンピングファクタとよばれ，探索方向とステップサイズの両方に影響する．DLS 法での探索方向は，ρ が小さい場合には Gauss-Newton 方向，大きくなると最急降下方向に近づき，最急降下法と Gauss-Newton 法との折衷になっている．また J がランク落ちした場合に Gauss-Newton 法での係数行列 $J_k^\mathrm{T} J_k$ は必ずしも正定とならないが，DLS 法では ρ を適当に選定することで正定性を保持し，降下方向となる探索方向 d を必ず算出できる利点がある．さらにヤコビ行列の各列のノルムが著しく異なる場合には I の代わりに $J^\mathrm{T} J$ の対角要素からなる行列を使用したスケール変換を行い，変数間のスケールの問題を緩和できる．

無制約問題に対する別のアプローチとして共役勾配法を利用した方法が Grey[3] や Cornwell ら[4] によって検討され，有効性が報告されているが詳細は文献に譲る．

c. 制約条件がある場合の最適化手法

レンズ設計では製造や要求仕様上の制約が幾つも課される．こうした制約条件の扱いとして現在広く用いられているのは，Spencer[5] によりレンズ自動設計へ適用された Lagrange 未定乗数法である．この手法は数理計画法での逐次2次計画法 (sequential quadratic programming: SQP) に基づく手法であると解釈できる．

以降 Lagrange 未定乗数法の概略を述べるが，その前に制約条件がある場合の最適性の 1 次の必要条件について触れておく．まず次の関数を定義する．

$$L(X, \lambda) = \varphi(X) + \lambda^\mathrm{T} C(X) \qquad (23)$$

L は Lagrange 関数，ベクトル λ は Lagrange 乗数とよばれる．$\varphi(X)$，$C(X)$ はそれぞれ最小化する目的関数と制約関数である．また実行可能な X に対し，下式を満たす制約を Active な制約とよぶ．

$$A(X) = E \cup \{i \in I | C_i(X) = 0\} \quad (24)$$

Lagrange 関数に関し X^* を局所最小解とした場合，X^* で Active な制約 $C_i(X^*)$ が線形で $\nabla C_i(X^*)$ が1次独立ならば λ^* が存在し，最適性の1次の必要条件（KKT：Karush-Kuhn-Tucker 条件）として以下が成立する．

$$\nabla_X L(X^*, \lambda^*) = \nabla_X \varphi(X^*) + \sum_{i \in A(X^*)} \lambda_i^* \nabla C_i(X^*) = 0 \quad (25)$$

$$\nabla_\lambda L(X^*, \lambda^*) = C_i(X^*) = 0, \ i \in E \quad (26)$$
$$\nabla_\lambda L(X^*, \lambda^*) = C_i(X^*) \leq 0, \ i \in I \quad (27)$$
$$\lambda_i^* \geq 0, \ i \in I \quad (28)$$
$$\lambda_i^* C_i(X^*) = 0, \ i \in E \cup I \quad (29)$$

SQP では，等式制約下での非線形の最小化問題に対し，各反復で次の2次計画問題

$$\text{Minimize} \ \frac{1}{2} d^T \nabla_{XX}^2 L_k d + g_k^T d \quad (30)$$

$$\text{subject to} \ C(X_k) + B_k d = 0 \quad (31)$$

を構成し，KKT 条件から以下の方程式を解いて探索方向 d_k を算出する．B は $C(X)$ を線形近似した場合のヤコビ行列である．

$$\begin{bmatrix} \nabla_{XX}^2 L_k & B_k^T \\ B_k & 0 \end{bmatrix} \begin{bmatrix} d_k \\ \lambda_{k+1} \end{bmatrix} = - \begin{bmatrix} g_k \\ C(X_k) \end{bmatrix} \quad (32)$$

通常の SQP では $\nabla_{XX}^2 L_k$ を準 Newton 法に基づいて近似し，直線探索法を組み合わせて反復計算を実行する．

一方 Spencer の手法では Lagrange 未定乗数法を用いて式（21）と（31）の連立方程式を同時に解くとしている．

$$(J_k^T J_k + \rho I) d_k + B_k^T \lambda = - J_k^T F_k \quad (33)$$
$$B_k d_k = - C(X_k) \quad (34)$$

この手法は式（32）に対し，最小二乗問題の性質を用いてヘッセ行列 $\nabla_{XX}^2 L_k$ を Levenberg-Marquardt の修正で置き換えることに相当している．

不等式制約に関しては，KKT 条件から局所最小解で目的関数と制約関数の勾配が釣り合っていることや，Active な不等式に対する Lagrange 乗数が正になることを利用し，必要な不等式制約を等式制約化して扱う有効制約法[6]（active set method）を用いて式（32）に組み入れられる．

d．大域的最適化手法

これまでに述べた手法は出発点近傍の局所的な最適解を検出する手法であった．しかし実際の設計では所望の光学特性を満足する解を検出するため，出発点の変更やメリット関数の変更などの試行錯誤を幾度も繰り返すことが必要となる．

これに対し，変数空間のより広い範囲から複数の最適解を検出する大域的最適化に関する試みが数多く報告されている．Simulated Annealing 法や遺伝的アルゴリズムを適用したもの，最近では遺伝的プログラミング[7]や群知能の一種である粒子群最適化[8]の適用など，多くの確率論的手法が適用されている．また決定論的手法では，モース指数を利用してメリット関数の鞍点を辿る Saddle Point 法[9]や Escape 関数を使用して局所解からの脱出を図る手法[10]などもあり，今後も計算機能力の進展とともに様々な大域的な解探索への取り組みが期待できる．

［三井恒明］

■参考文献

1) K. A. Levenberg：*Q. J. Appl. Math.*, **2** (1944), 164-168.
2) D.W. Marquardt：*J. Soc. Ind. Appl. Math.*, **11** (1963), 431-441.
3) D. S. Grey：*J. Opt. Soc. Am.*, **53** (1963), 672-676, 677-680.
4) L. W. Cornwell et al.：*J. Opt. Soc. Am.*, **63** (1973), 576-581.
5) G. H. Spencer：*Appl. Opt.*, **2** (1963), 1257-1264.
6) J. Nocedal, S. J. Wright：*Numerical Optimization*, Springer (2008), p. 529.
7) J. R. Koza et al.：GECCO, (2005).
8) Q. Hua et al.：*Opt Commun*, **248** (2011), 2763-2766.
9) F. Bociort et al.：*Proc. SPIE*, **5523** (2004), 174-184.
10) M. Isshiki et al.：*Opt. Rev.*, **2** (1995), 47-51.

8 非球面光学系

[設計]

非球面の使用はレンズの収差補正に効果があることは古くから知られていたが,球面に比べて製造が難しいため,球面光学系が光学系の設計の中心であった.しかし,最近はその製造技術が飛躍的に進歩して,光学設計においても従来に比して簡単に非球面を用いることができるようになった.また,非球面は,製造誤差の評価においても重要である.以下では設計,評価の際に重要な構成面の非球面の表現方法について述べる.

a. 回転対称非球面の表現方法

(1) 2次曲面ベースの非球面(従来型) 光学設計で多用される回転対称非球面設計においては,回転対称非球面は光軸に垂直な面内座標 $\rho \equiv \sqrt{y^2+z^2}$ の関数として,

$$x = \frac{c\rho^2}{1+\sqrt{1-(1+k)c^2\rho^2}} + \sum_{m=0}^{M} A_{2m+4}\rho^{2m+4}$$

の式で表されることが多い[1].この式で,第1項は回転対称2次曲面の厳密式で c は面頂点での曲率($r \equiv 1/c$ は面頂点での曲率半径)を表し,k は円錐定数($k=0$ が球面,$k=-1$ が放物面,$k<-1$ では双曲面,$-1<k<0$,$0<k$ では楕円面となる)を表す.

第2項は2次曲面からのずれを表すべき級数項である.べき級数項は,通常4次から始められることが多い.これは,第1項で $k=-1$ とすることで,べき級数の2次の項を表すことができるためである.

こうしたべき級数表現式のメリットは,べき級数の次数と光線収差の次数が,面形状の2次→近軸量を決定,面形状4次→3次以上の収差に影響,面形状の6次の係数→5次以上の収差に影響,…といったように収差の次数ときちんと対応がとれることである.

なお,最近はこのべき級数項を奇数次まで拡張しようとする動きもある[2].この場合,H の1乗項が入れば,面頂点で尖った円錐面が表現できるし,次数を面頂点で尖らない3以上の奇数に限っても,設計の自由度を上げることができると考えられるためである.

(2) Forbes非球面 上記表現のように,非球面をべき級数で表す方法では,デメリットとしては高次の非球面項まで入れれば隣り合う非球面項の符号が逆になることが多く,係数の絶対値だけがやたら大きくなって形状が必要以上にうねってしまう,

$Q_0^{\mathrm{con}}(x)=1, \quad Q_1^{\mathrm{con}}(x)=-(5-6x), \quad Q_2^{\mathrm{con}}(x)=15-14x(3-2x),$
$Q_3^{\mathrm{con}}(x)=-\{35-12x[14-x(21-10x)]\},$
$Q_4^{\mathrm{con}}(x)=70-3x\{168-5x[84-11x(8-3x)]\},$
$Q_5^{\mathrm{con}}(x)=-[126-x(1260-11x\{420-x[720-13x(45-14x)]\})].$

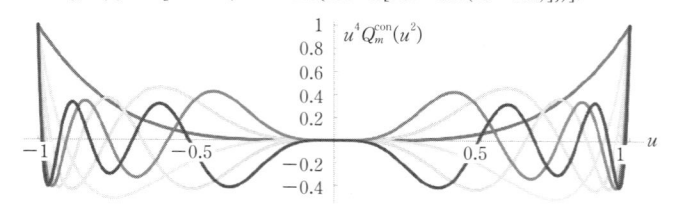

図1 Forbesの非球面(Q^{con} タイプ)

そしてうねりを抑えようとすればするほど表現項数が増えて，形状が一義的な係数列として決め難いという点が挙げられている．こうした欠点を克服するアプローチとして，QED Technology 社の Forbes 博士が，回転対称な非球面を表す新しい方式を提案した[3]．提案された非球面タイプは2タイプで，1つは Q^{con} 面（強い非球面）とよばれるもの，もう1タイプは Q^{bfs} 面（軽い非球面）とよばれる．

Q^{con} 面（強い非球面）のタイプは

$$x = \frac{c\rho^2}{1+\sqrt{1-(1+k)c^2\rho^2}} + u^4 \sum_{m=0}^{M} a_m Q_m^{con}(u^2)$$

で表される表現で，多項式の変数 u は

$$u \equiv \frac{\rho}{\rho_{max}}$$

で与えられる規格化された径の座標である．この展開多項式は具体的には図1のように書ける．

この多項式展開の特徴は，円錐曲面からのずれを，基底の式に Yacobi の多項式をベースとした直交多項式を用い，規格化された単位円内で各項が互いに干渉しないように設定したことにある．このため，この展開式を用いると m が大きくなるとともに一般には係数の絶対値が小さくなっていくので，求められる非球面量に対して表現に必要な項数がおのずと定まることになり，従来のように必要以上に面がうねりを生じないので，設計における収束性を重んじる際には都合がよい表現である．

もう1つの非球面タイプ Q^{bfs} 面（軽い非球面）の方は，計測での形状フィットを念頭において考案された非球面タイプである．そのため，ベース面は2次曲面ではなく，ベストフィットの球面で，最終的な非球面形状は

$$x = \frac{c_{bfs} H^2}{1+\sqrt{1-c_{bfs}^2 H^2}}$$
$$+ \frac{u^2(1-u^2)}{\sqrt{1-c_{bfs}^2 H_{max}^2 u^2}} \sum_{m=0}^{M} a_m Q_m^{bfs}(u^2)$$

で与えられる．なおこの Q_m^{bfs} の展開多項式は具体的には図2のように書ける．この表現での特徴は，面頂点と最周辺部でサグ量が0となるように，ベストフィット球面を選んでいるために，このベストフィット球面からのずれは面頂点と最周辺部では0となると同時に小さく抑えられる．それと同時に，多項式は面のスロープのベストフィット球面からのずれを係数の2乗の値と比較することで容易に見積もれる形にとられているために，干渉計測との対応がとりやすいところに特徴がある．

b．非対称非球面の表現方法

(1) 2次曲面ベースの非球面表現　シリンドリカル面など，直交する2方向で曲

$Q_0^{bfs}(x) = 1$,　$Q_1^{bfs}(x) = \frac{1}{\sqrt{19}}(13-16x)$,　$Q_2^{bfs}(x) = \sqrt{\frac{2}{95}}[29-4x(25-19x)]$,
$Q_3^{bfs}(x) = \sqrt{\frac{2}{2545}}\{207-4x[315-x(577-320x)]\}$,
$Q_4^{bfs}(x) = \frac{1}{3\sqrt{131831}}(7737-16x\{4653-2x[7381-8x(1168-509x)]\})$,
$Q_5^{bfs}(x) = \frac{1}{3\sqrt{6632213}}[66657-32x(28338-x\{135325-8x[35884-x(34661-12432x)]\})]$

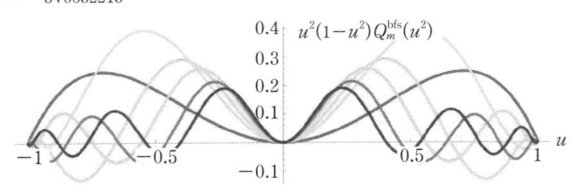

図2　Forbes の非球面（Q^{bfs} タイプ）

率の異なる面を並べたアナモルフィックな光学系，自由曲面を使った非軸対象の光学系で用いられる非球面は回転対称非球面の自然拡張として，次の形の非球面形状の表現式が使われることが多い．

$$x = \frac{c_{yy}y^2 + 2c_{yz}yz + c_{zz}z^2}{1+\sqrt{1-c_0(c_{yy}y^2 + 2c_{yz}yz + c_{zz}z^2)}} + \sum_{m,n \geq 0}^{m+n \leq M} A_{mn}y^m z^n$$

この式の第2項は一般的な自由曲面を表す多項式項であるが，多項式では無限の項を用いないと厳密な2次曲面は表現できないので，そのために導入されているのが第1項である．この項は2面対称軸を面頂点での法線方向に一致させた一般的なアナモルフィック2次曲面を表現しており，

$$c_0 = (1+k)c,\ c_{yz} = 0,\ c_{yy} = c_{zz} = c$$

と置ける場合には，従来の回転対称な2次曲面に一致する．しかし，この式は軸外しの2次曲面のように，面頂点での面法線が2面対称軸にはなっていないような一般的2次曲面を表すことができない．そのため，式aのようなより一般的な軸外しの非対称2次曲面が提案されている[4]．

式aで，a, bは図3に示すように，断面の2次曲線の2つの焦点と面頂点との距離，ωは面頂点と焦点を結ぶ線が面頂点での法線となす角度である．また，pは2つの焦点を結ぶ主軸に対するz軸方向の形状を規定するパラメータで，0のときシリンドリカル面，1のときは主軸に垂直な断面が円となる軸外しの回転対称面，負の値のときは主軸に垂直な断面が双曲面，正の値のときは主軸に垂直な断面が楕円となる．

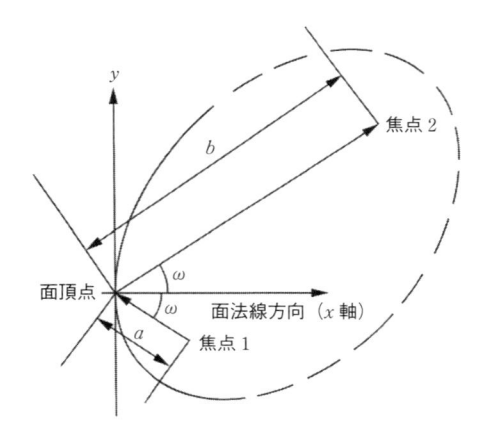

図3 軸外し2次曲面

(2) トーリック面としての非球面表現 子線の断面形状を母線に垂直な面として面頂点を母線に沿って動かすことによって得られるトーリック面は，アナモルフィックな非球面のなかで，製造技術がかなり確立しており，レーザービームプリンター（LBP）の$f\theta$レンズなどの面形状の表現として用いられている．母線が円弧以外の場合は，explicitな面形状の式では書けないので媒介変数を用いた表現になるが，母線が円弧の場合はexplicitな面形状の式として次のように書ける．

$$x(y,z) = R\left(1 - \sqrt{\left(1 - \frac{s(z)}{R}\right)^2 - \frac{y^2}{R^2}}\right)$$

ここでRは母線の円弧の曲率半径，$s(z)$は子線の形状を規定する式である．

(3) Zernike多項式を使った非球面表現 設計値は回転対称な面であっても，製造時に出てくる面形状誤差は回転対称とは限らない．そのため，そうした面形状誤

式a

$$x = \frac{\left(\frac{1}{a}+\frac{1}{b}\right)(\cos^2\omega \cdot y^2 + pz^2)}{2\cos\omega\left[1 + \frac{1}{2}\left(\frac{1}{a}-\frac{1}{b}\right)\sin\omega \cdot y + \sqrt{1+\left(\frac{1}{a}-\frac{1}{b}\right)\sin\omega \cdot y - \frac{y^2}{ab} - \left\{\frac{1}{ab} + \frac{1}{4}\tan^2\omega\left(\frac{1}{a}+\frac{1}{b}\right)^2\right\}pz^2}\right]}$$

差を表す回転非対称の非球面によく用いられているのが Zernike 多項式を用いた表現方法である[5]．Zernike 多項式はもともと波面収差を円形開口に対する直交多項式の展開式として表現するのに用いられていた多項式だが，最近は非対称非球面の面形状を規定するのに転用する例も多く見受けられる．使われる Zernike 多項式は，添字の番号のとりかた，規格化の流儀の違いによって，大きく「標準タイプ」（Zernike が提唱したタイプ）の表現，「フリンジタイプ」（Fringe というソフトウエアで使われていたため，広く広まったタイプ）の表現に分かれるが，本質的には同じものである．参考に，以下に両タイプの極座標表現式を示す．

（標準タイプの表現）

$$W(x, y) = W(\rho\sin\theta, \rho\cos\theta) = W(\rho, \theta)$$

$$= \sum_{n=0}^{k}\sum_{m=0}^{n} A_{nm} \cdot R_n^{n-2m}(\rho)$$

$$\cdot \begin{cases} \cos|n-2m|\theta & : n-2m \geq 0 \\ \sin|n-2m|\theta & : n-2m < 0 \end{cases}$$

$$R_n^{n-2m}(\rho) = \sum_{s=0}^{m}(-1)^s \frac{(n-s)!\,\rho^{n-2s}}{s!(m-s)!(n-m-s)!}$$

（フリンジタイプの表現）

$$W(x, y) = W(\rho\sin\theta, \rho\cos\theta) = W(\rho, \theta)$$

$$= \sum_{n=0}^{k}\sum_{m=-n}^{n} B_{nm} \cdot R_n^m(\rho)$$

$$\cdot \begin{cases} \cos|m|\theta & : m \geq 0 \\ \sin|m|\theta & : m < 0 \end{cases}$$

$$R_n^{\pm m}(\rho) = \sum_{s=0}^{\frac{n-m}{2}}(-1)^s$$

$$\cdot \frac{(n-s)!\,\rho^{n-2s}}{s!\left(\dfrac{n+m}{2}-s\right)!\left(\dfrac{n-m}{2}-s\right)!}$$

［荒木敬介］

■参考文献
1) G. H. Spencer and M. V. R. Murty：*J. Opt. Soc. Am.*, **52**-6 (1962), 672.
2) 谷川剛基ら：光学, **36**-11 (2007), 646.
3) G. Forbes：*OPTICS EXPRESS*, **15**-8 (2007), 5218-5226.
4) 荒木敬介：特開平 9-5650.
5) M. Born and E. Wolf：Principles of Optics, 7th ed., Cambridge University Press (1999).

9 [設計]

非共軸光学系

従来，光軸という回転対称軸上に曲率中心をもつ屈折面を複数面並べた構成の共軸屈折光学系が広く用いられてきた．共軸光学系には，構成面が反射面を含む光学系も存在する．こうした反射面を使う光学系は，色収差が出ないなど，設計上では大きなメリットがあるが，反射面で光路が折り返され，軸上の光束がけられて使えないというデメリットのため，その利用は望遠鏡の光学系など一部の用途に限られてきた．

しかし，自動設計技術の向上に伴い，反射面を用いながらも，物体中心と瞳中心を通る基準の光線がけられない構成とした光学系の設計が出てきている．こうした光学系では，物体中心と瞳中心を通る光線が折れ曲がった経路をとり，この光路に対して構成面が非対称な配置となるため，非共軸光学系とよばれる．

a. 非共軸光学系の表現法

非共軸光学系の表現方法としては，大きく以下の2つの表現形式に区別される．

① 偏心光学系としての表現： 共軸光学系の面を回転非対称化するとともに，表現の原点や座標軸を偏心させて光学配置を表現する方法．従来の共軸光学系に，「偏心」という考え方を付け加えるだけで光学系が表現できるため広く用いられているが，この考え方では，基準軸光線を固定した設計や，光学系の近軸量や収差解析が行いにくいという欠点をもつ．

② Off-Axial 光学系としての表現[1]： 共軸光学系のレンズデータ（R：面形状，D：面間隔，N：硝材情報）を拡張し，さらに（A：基準軸光線の折れ曲がり情報）を加えて表現する方法で，図1に示すように光学系の概念自体が拡張されているところに特徴がある．この表現方法では，面形状の表現式の原点が常に基準軸光線の光路として定義される「基準軸」上に置かれ，しかもその軸に沿った理論が構築されているために，基準軸光線を固定した設計や，光学系の近軸量や収差解析が行いやすいという特徴がある．

b. 非共軸光学系の近軸量と収差解析
(1) Off-Axial 光学系の近軸解析

非共軸光学系の近軸量や収差解析について，Off-Axial 光学系の考え方を使って簡単に紹介する．

Off-Axial 光学系とは，図2に示すように折れ曲がった「基準軸」に沿って

$$x(y, z) = C_{20}y^2 + 2C_{11}yz + C_{02}z^2$$
$$+ D_{30}y^3 + 3D_{21}y^2z + 3D_{12}yz^2 + D_{03}z^3$$
$$+ E_{40}y^4 + 4E_{31}y^3z + 6E_{22}y^2z^2 + 4E_{13}yz^3 + E_{04}z^4 + \cdots$$

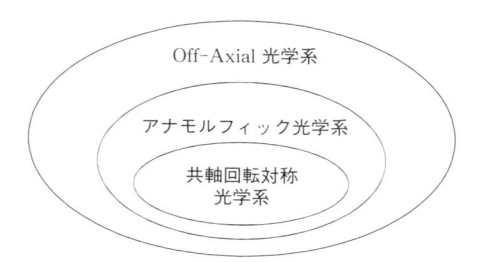

図1 光学系の包含関係

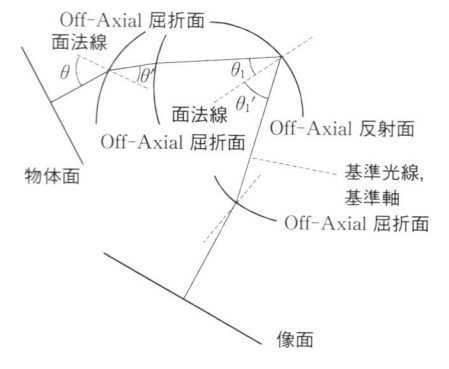

図2 Off-Axial 光学系の考え方

で定義される2次の項から始まる自由曲面が配列されていて，レンズデータがRDNAデータ（R：面形状データ，D：面間隔データ，N：硝材データ，A：基準軸の曲がり方を規定する角度データ）で与えられる光学系である[1,2]．

Off-Axial光学系の基準軸に沿った近軸解析においては，「光線基本4元ベクトル」と名づけた下記式に示される4元ベクトルの導入が有効である．

$$I = \begin{pmatrix} h_y \\ h_z \\ \alpha_y \\ \alpha_z \end{pmatrix}$$

ここでhは光線の入射高さ，αは換算傾角を表すが，この傾角成分は正接成分として記述されるものである．この新概念のベクトルに対し，射出側の4元ベクトルI'を入射側の4元ベクトルIで級数展開することを考える．その数学的表現はテンソルを使った表現を用いれば次式のように表すことができる．

$$I'_i = G_{ij}I_j + H_{ij_1j_2}I_{j_1}I_{j_2} + M_{ij_1j_2j_3}I_{j_1}I_{j_2}I_{j_3} + \cdots$$

この展開表現において，近軸特性はガウス行列G_{ij}に集約的に表現される．

1つのOff-Axial曲面での屈折に対しガウス行列G_fは面形状の曲率に関連するデータC_{20}, C_{11}, C_{02}と境界両サイドの屈折率N, N'および面法線と基準軸とのなす角の方向余弦$\cos\theta$, $\cos\theta'$を使って次のように書けることが証明できる[3]．

$$G_f = \begin{pmatrix} \dfrac{\cos\theta'}{\cos\theta} & 0 & 0 & 0 \\ 0 & 1 & 0 & 0 \\ 2N^*C_{20} & 2N^*\cos\theta C_{11} & \dfrac{\cos\theta}{\cos\theta'} & 0 \\ 2N^*\cos\theta' C_{11} & 2N^*\cos\theta'\cos\theta C_{02} & 0 & 1 \end{pmatrix}$$

ただし $N^* = \dfrac{N'\cos\theta' - N\cos\theta}{\cos\theta'\cos\theta}$

同様に，次の面への転送に対してのガウス行列G_tは共軸光学系と同様の以下の形式で表される．

$$G_t = \begin{pmatrix} 1 & 0 & -e' & 0 \\ 0 & 1 & 0 & -e' \\ 0 & 0 & 1 & 0 \\ 0 & 0 & 0 & 1 \end{pmatrix}$$

ここで，e'は次の面への換算面間隔で基準軸に沿った間隔を空間の屈折率で割ったものである．

光学系全系のガウス行列は各要素に対するこれらの屈折と転送の繰り返し積として次のように表される．

$$G = G_{kf}G_{(k-1)t}G_{(k-1)f}\cdots\cdots G_{2t}G_{2f}G_{1t}G_{1f}$$

ここで，この近軸特性を表すガウス行列Gは系のRDNAデータを使って表せる．また，すべてのAデータを0とすれば共軸系の表現になることを示すことができるが，このことはOff-Axial光学系を共軸光学系の拡張概念として位置づけることの合理性を示すものであるということができる．

(2) Off-Axial光学系の収差解析

Off-Axial光学系の収差論的解析に対しては，「光線通過点4元ベクトル」と名づけた別の4元ベクトルの表現が有効である[3,4]．

$$p \equiv \begin{pmatrix} b\cos\varsigma \\ b\sin\varsigma \\ r\cos\eta \\ r\sin\eta \end{pmatrix}$$

この4元ベクトルp'は，上2成分が物体面内での正規化された光線通過点座標，下2成分が入射瞳面内での正規化された光線通過点座標で表されている．I'の場合と同様に，この射出側の光線通過点4元ベクトルp'は，入射側の4元ベクトルpを使って以下のようにべき級数展開ができる．

$$p'_i = T_{ij}p_j + U_{ij_1j_2}p_{j_1}p_{j_2} + V_{ij_1j_2j_3}p_{j_1}p_{j_2}p_{j_3} + \cdots$$

ここで入射側の4元ベクトルを引き去ったものが最終的なテンソル表示を用いた収差展開の表現である．

$$p'_i - p_i = (T_{ij} - \delta_{ij})p_j + U_{ij_1j_2}p_{j_1}p_{j_2} + V_{ij_1j_2j_3}p_{j_1}p_{j_2}p_{j_3} + \cdots$$

この表現において，$T_{ij} - \delta_{ij}$（ただし δ_{ij} はクロネッカーのデルタ）は 1 次の収差係数（1 次収差には，軸上非点収差や正方形が平行四辺形に歪む歪曲が含まれる），$U_{ij_1j_2}$ は 2 次の収差係数（2 次収差には軸上コマ収差や像面の傾き，台形歪みなどの回転非対称な歪曲が含まれる），$V_{ij_1j_2j_3}$ は 3 次の収差係数（3 次収差には共軸回転対称系で存在する Zeidel の 5 収差以外にも回転非対称な収差も存在する）を表している．

このように，非共軸光学系の収差は 1 次と偶数次の収差をも含む複雑なものとなるが，こうした収差解析の詳細はこの理論の原著論文を参照されたい[2-4]．

c．非共軸光学設計の設計例

自由曲面を使った非共軸光学系の設計例として，図 3 に示されるような光学系を挙げることができる．この光学系では反射面 5 枚を使い，中間結像をもつ前絞りの撮像光学系となっている．

次に Off-Axial 光学系を使ったズームレンズの設計例を図 4 に示す[5]．このレンズにおいては，ズームレンズを構成する各群の基準軸が入口部分と出口部分で平行にな

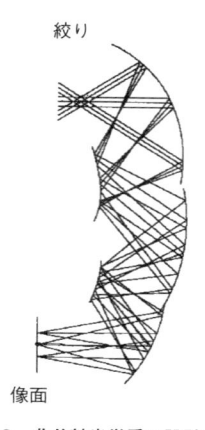

図 3 非共軸光学系の設計例

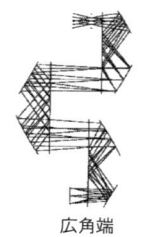

図 4 Off-Axial 系ズームレンズの設計例

るように基準軸配置が固定された設計となっているため，各群の間隔を変えることでズームレンズが実現できる．

d．非共軸光学系の今後

非共軸光学系は従来の共軸光学系に対して，新たな光学系の可能性を秘めている．その可能性を広げている特徴点としては

① 光路をけらない反射光学系が構成可
② 上記理由で色収差補正がやりやすい
③ 光学系の配置の自由度が高い
④ 複数面を一体化したユニットが可能
⑤ 面表現パラメーターの自由度が多い

などが挙げられる．

一方，非共軸光学系が普及するにあたっての障害は，

① 高い面精度への要求
② 対称性の低い面を使うので，面加工，面評価に高い技術力が必要
③ 上記に伴うコストアップ

といった課題もかかえている．こうした課題を解決するような技術開発に注力することが今後重要である． ［荒木敬介］

■参考文献
1) 荒木敬介：光学，**29**（2000），156．
2) K. Araki：*Opt. Rev.*, **7**（2000），221．
3) K. Araki：*Opt. Rev.*, **7**（2000），326．
4) 荒木敬介：Off-Axial 光学系の近軸・収差論的解析，学位論文（東京大学）（2002）．
5) 荒木敬介：光学，**38**（2008），334．

10 [設計]

分布屈折率光学系

　通常のレンズに使われるガラスは均一（屈折率一定）であるが，ガラスの屈折率を場所の関数として変化させることにより，屈折率勾配によるレンズ作用を得ることができる．このようなレンズを分布屈折率レンズもしくはGRIN（Gradient Index）レンズという．

　分布屈折率レンズに関する研究は，古くは1854年のMaxwellのフィッシュアイや1905年のWoodによるゼラチンを用いた実験などが有名である．近年における発展は，1968年の日本板硝子（株）と日本電気（株）の共同によるセルフォックレンズの開発[1]に端を発している．分布屈折率レンズの理論的研究は，1970年代初めのSandsによる収差論的研究[2]によって進展し，その後Mooreらによる設計，製作，測定にわたる研究により総合的なものとして進歩した．特に，Atkinsonらとの共同により示されたレンズ設計例[3]は，ラジアル型分布屈折率レンズを用いて結像光学系のレンズ構成枚数を従来の3分の1に削減する革新的なものであった．

　分布屈折率レンズを用いた実用光学系としては，光通信用のファイバー結合レンズとして普及した日本板硝子（株）のセルフォックや極細硬性内視鏡用リレーレンズ[4]，スキャナー用レンズアレー[5]などがあり，分布屈折率の特性を活かして用いられている．

a．屈折率分布表現

　分布屈折率レンズも，通常光軸に対して回転対称であり，主な屈折率分布は図1(A)に示すように光軸方向に屈折率分布をもつアキシャル型と，図1(B)に示すよ

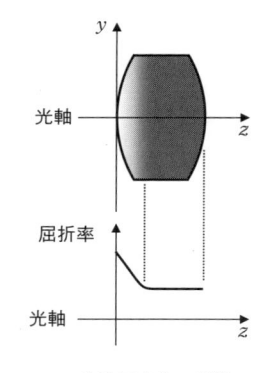

(A) アキシャル型

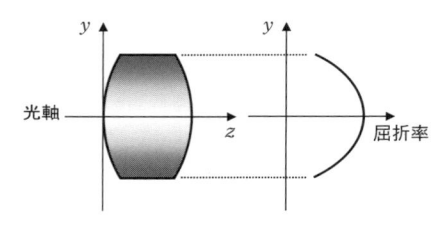

(B) ラジアル型

図1　屈折率分布の主な2タイプ

うに光軸と垂直方向に屈折率分布をもつラジアル型がある．

　アキシャル型分布屈折率レンズの屈折率分布は，光軸方向の距離zの関数で与えられ，その屈折率分布$n_{a\lambda}(z)$は，以下の式で表される．

$$n_{a\lambda}(z) = N_{00\lambda} + N_{01\lambda}z + N_{02\lambda}z^2 + \cdots \quad (1)$$

ここで，$N_{0j\lambda}$（$j=0, 1, 2, \cdots$）は波長λにおける屈折率分布係数である．

　ラジアル型の屈折率分布は，光軸から垂直方向の距離rの偶関数で与えられ，その屈折率分布$n_{r\lambda}(r)$は，以下の式で表される．

$$n_{r\lambda}(r) = N_{00\lambda} + N_{10\lambda}r^2 + N_{20\lambda}r^4 + \cdots \quad (2)$$

ここで，$N_{i0\lambda}$（$i=0, 1, 2, \cdots$）は波長λにおける屈折率分布係数である．

　分布屈折率レンズの屈折率分布の一般型としては，λを省略して，次のような多項

式で表すことができる．

$$n(z, r) = N_0(z) + N_1(z)r^2 + N_2(z)r^4 + \cdots \quad (3)$$

$$N_i(z) = N_{i0} + N_{i1}z + N_{i2}z^2 + \cdots \quad (4)$$

ここで，N_{ij} は屈折率分布係数である．

b．近軸特性

分布屈折率媒質中における近軸光線高 $y(z) \equiv y'$ および近軸光線角度 $u(z) \equiv u'$ は，一般的に次式によって決定される．

$$u(z) = \frac{dy(z)}{dz} \quad (5)$$

$$2N_1(z)y(z) = \frac{d}{dz}[N_0(z)u(z)] \quad (6)$$

ここで，$u(z)$ の符号は第1象限の角度を正とする通常の幾何学に従う．

アキシャル型分布屈折率媒質の近軸光線追跡式は，式(5)，(6)に式(1)を適用し，次式となる．

$$\begin{pmatrix} y' \\ N_0'u' \end{pmatrix} = \begin{pmatrix} 1 & \int_0^z \frac{ds}{N_0(s)} \\ 0 & 1 \end{pmatrix} \begin{pmatrix} y \\ N_0 u \end{pmatrix} \quad (7)$$

ここで，$u = u(0)$，$y = y(0)$ である．式(7)から，アキシャル型媒質中では，光線角度が $N_0'u' = N_0 u$ で与えられ，近軸光線の角度は屈折率の変化分しか変化しないことがわかる．

ラジアル型媒質の近軸光線追跡式は，同様に計算され，$N_{10} < 0$ のとき次式で与えられる．

$$\begin{pmatrix} y' \\ N_{00}u' \end{pmatrix} = \begin{pmatrix} \cos gz & \frac{\sin gz}{N_{00}g} \\ \frac{2N_{10}\sin gz}{g} & \cos gz \end{pmatrix} \begin{pmatrix} y \\ N_{00}u \end{pmatrix} \quad (8)$$

$$g^2 = \left| \frac{2N_{10}}{N_{00}} \right| \quad (9)$$

式(8)から，ラジアル型媒質中では，光線高 y' が周期 $2\pi/g$ の三角関数で表され，近軸光線は正弦波状に蛇行しながら進むことがわかる．$N_{10} > 0$ のときは，式(8)で三角関数の部分が双曲線関数となる．

また，ラジアル型分布屈折率レンズの屈折率分布を表す別の表現として，セルフォックでよく用いられる次の表現もある．

$$\begin{aligned} n_r^2(r) &= n_0^2[1-(gr)^2 + h_4(gr)^4 + h_6(gr)^6 + \cdots] \end{aligned} \quad (10)$$

ここで，n_0 は光軸上の屈折率，g および h_i ($i = 4, 6, \cdots$) は屈折率分布を表す係数である．

分布屈折率レンズは通常の光学系にはない新たな自由度をもつことから，収差補正上も多くの有利な特性[6]をもつ．

c．アキシャル型分布屈折率レンズの特性

アキシャル型では，媒質自体に屈折力はなく，レンズ単体の屈折力は薄肉レンズの場合，面の屈折力のみで決まる．また，収差係数[6]から予測されるように，収差補正効果は非球面レンズに類似しており，非球面でほぼ置き換えることができる．

d．ラジアル型分布屈折率レンズの特性

(1) 両平面の場合　ラジアル型は，媒質自体が屈折力をもつところに特徴がある．そのため，両平面ラジアル型分布屈折率レンズ（Wood レンズ）でも屈折力をもち，その媒質の屈折力 ϕ_m はレンズ厚が比較的小さいとき次式で与えられる．

$$\phi_m \simeq -2N_{10}t_m \quad (11)$$

ここで，t_m は媒質の厚みである．

媒質の屈折力の近軸量は N_{10} で決まるので，屈折率変化はこの寄与が支配的となる．したがって，屈折率分布形状は略放物的に

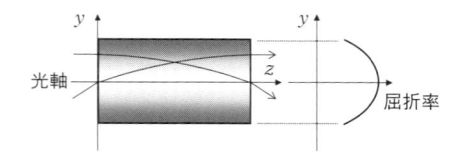

図2　両平面ラジアル型分布屈折率レンズ
（1/4 ピッチ）

なることが多い．N_{20} 以上の高次の項は高次の収差補正に寄与する．

両平面ラジアル型分布屈折率レンズの光線の蛇行周期を1ピッチとよび，長さ1ピッチのレンズでは，端面の像が2回結像してもう一方の端面に正立する．レンズアレーでは，1ピッチに近い状態で用いられることが多い．硬性内視鏡用リレーレンズの場合は，さらに何度もリレーして用いる．図2に，1/4ピッチの場合の様子を示す．N_{20} 以上の高次の項を0とすると屈折率分布は放物関数となるが，そのままでは球面収差は若干アンダーとなる．このとき，N_{20} 項に若干のプラス成分を加えることでそれを補正できる．

(2) 面に曲率がついている場合　面での屈折力 ϕ_s はベース屈折率 N_{00} の均質レンズと等しい．ラジアル型レンズ単体のトータルの屈折力 ϕ_r は，レンズ厚が小さい仮定の下で次式のように面の屈折力と媒質の屈折力の和で与えられる．

$$\phi_r \simeq \phi_s + \phi_m \quad (12)$$

媒質が屈折力をもつことから，ラジアル型の屈折率分布は近軸色収差にも影響を及ぼす．ラジアル型分布屈折率レンズのAbbe 数は，光軸上および媒質に対して各々以下のように定義される．

$$V_{00} = \frac{N_{00d} - 1}{N_{00F} - N_{00C}} \quad (13)$$

$$V_{10} = \frac{N_{10d}}{N_{10F} - N_{10C}} \quad (14)$$

ここで，N_{i0d}, N_{i0C}, N_{i0F} はそれぞれdライン，Cライン，Fラインに対する屈折率分布係数 N_{i0} である．

このとき，薄肉系の近軸軸上色収差 PAC は，次式によって与えられる．

$$PAC = K\left(\frac{\phi_s}{V_{00}} + \frac{\phi_m}{V_{10}}\right) \quad (15)$$

ここで，K は近軸光線高と最終面以降の近軸光線角度に依存する係数を示す．このようにラジアル型では V_{10} の値を変化させ近軸色収差をコントロールすることが可能となる．色収差補正上は，大きな V_{10} 値が好ましいが，材料特性から通常はこれを大きくすることは難しい．最近では，プラスチックでも V_{10} 値の大きな低分散なラジアル型レンズ[5] が実用化されている．

また，ペッツバール和に対する効果も特徴的である．ラジアル型分布屈折率レンズのペッツバール和 PTZ は近似的に次式で与えられる．

$$PTZ = \frac{\phi_s}{N_{00}} + \frac{\phi_m}{N_{00}^2} \quad (16)$$

式 (16) から，面の屈折力 ϕ_s と媒質の屈折力 ϕ_m の配分を変えることでペッツバール和のコントロールが可能であり，同一の屈折力に対して媒質で発生するペッツバール和の方が面でのものより小さいことがわかる．ラジアル型分布屈折率レンズの収差補正能力は強力で多様だが，色収差とペッツバール和の両方をコントロールできるところに大きな特徴がある．　　［槌田博文］

■参考文献
1) T. Uchida *et al.*：*J. Quantum Electron.*, **QE-6** (1970), 606-612.
2) P. J. Sands：*J. Opt. Soc. Am.*, **60** (1970), 1436-1443.
3) L. G. Atkinson *et al.*：*Appl. Opt.*, **21** (1982), 993-998.
4) D. Kindred：*Laser Focus World Feb.*, **1997** (1997), 185-186.
5) 入江菊枝：*O plus E*, **33** (2011), 477-482.
6) 槌田博文ら：光学, **22** (1993), 95-100.

11 ［設計］

非結像用光学系

　非結像用光学系とは光学系のうち結像しないものという意であり，集光光学系，照明光学系，導光光学系など広範囲の光学系を含む．主な設計目標はエネルギー輸送効率，集光比，出射光の輝度分布などである．結像系と同様，初期解の設定ののち光線追跡を用いたシミュレーションで最適化を行うのが一般的である．本項では，非結像系に共通の基本定理と初期解の設定に有用な指針を述べる．

a．基本定理
(1) エタンデュ，輝度不変の法則
ある微小面積 dA から輝度 L で θ 方向に出射する光束 $d\phi$ は，

$$d\phi = \frac{L}{n^2}n^2 dA\cos\theta d\Omega = L^* dU \quad (1)$$

と書き表すことができる（図1）．ここで，

$$L^* = \frac{L}{n^2} \quad :標準輝度 \quad (2)$$

$$dU = n^2 dA\cos\theta d\Omega \quad :エタンデュ \quad (3)$$

とよび，それぞれ光束が損失のない光学系を通過する際，光線に沿って保存される量である．熱平衡状態で一様な媒質中におかれた微小面積 dA_s, dA_t を考える（図2）．それぞれの輝度は

$$L_s = \frac{d\phi_s}{\cos\theta_s dA_s d\Omega_s} = \frac{d\phi_s}{\cos\theta_s dA_s}\frac{r^2}{\cos\theta_t dA_t} \quad (4)$$

$$L_t = \frac{d\phi_t}{\cos\theta_t dA_t d\Omega_t} = \frac{d\phi_t}{\cos\theta_t dA_t}\frac{r^2}{\cos\theta_s dA_s} \quad (5)$$

となる．光路内で損失がないとすると，エネルギー保存則から $d\phi_s = d\phi_t$ が成り立つため $L_s = L_t$ となり，輝度は保存する．光束が屈折率差のある境界を透過する場合，屈折

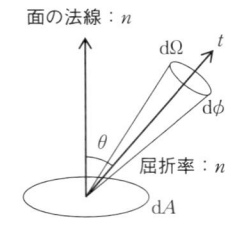

図1 微小面積 dA から射出する光束 $d\phi$

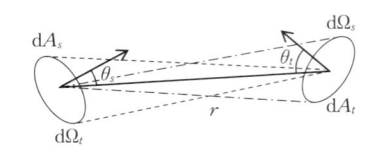

図2 標準輝度とエタンデュの保存

率境界で Snell の法則 $n_1\sin\theta_1 = n_2\sin\theta_2$ が成り立つため，標準輝度 L^* が保存し，式(1)よりエタンデュ dU も保存する．

(2) 集光比，最大集光　図3のような集光光学系を考える．開口内の光の面積分布が均一の場合，開口全体から放射される光のエタンデュは，

$$U_{2D} = \int_a \int_0^\theta n\cos\theta d\theta da = na\sin\theta \quad (6)$$

$$U_{3D} = \int_A \int_0^{2\pi}\int_0^\theta n^2\cos\theta d\Omega dA = \pi n^2 A\sin^2\theta \quad (7)$$

となる．光学系による損失がない場合，入射開口と出射開口間でエタンデュは保存される．光学系の集光比 C は，入射開口と出射開口の面積比で表され，

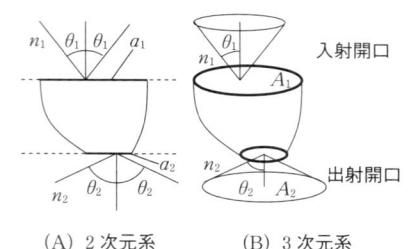

図3 集光比
(A) 2次元系　(B) 3次元系

$$C_{2D} = \frac{a_1}{a_2} = \frac{n_2}{n_1} \frac{\sin\theta_2}{\sin\theta_1} \tag{8}$$

$$C_{3D} = \frac{A_1}{A_2} = \frac{n_2^2}{n_1^2} \frac{\sin^2\theta_2}{\sin^2\theta_1} \tag{9}$$

となり，$\theta_2 = \pi/2$ のとき最大値 $C_{\max}$ をとる．

$$C_{2D\_max} = \frac{a_1}{a_{2\min}} = \frac{n_2}{n_1 \sin\theta_1} \tag{10}$$

$$C_{3D\_max} = \frac{A_1}{A_{2\min}} = \frac{n_2^2}{n_1^2 \sin^2\theta_1} \tag{11}$$

b．設計手法

(1) エッジレイ原理 光源の端から出射した光線（エッジレイ）を光学系の出射開口の端に集光させることにより，光源の内部から出射した光線をすべて出射開口の内部に到達させることができる．この性質をエッジレイ原理とよぶ．代表的な設計例に複合放物面集光器（compound parabolic concentrator：CPC）がある．無限遠方にある面積無限大の光源からの出射光を集光する反射光学系を考える．入射開口 CD に入射する光の角度の最大値を θ とすると，エッジレイは入射開口に対し θ で入射する光線となる．エッジレイを出射開口の端点 A，端点 B に集光させる反射面は，点 A を焦点とし線分 BC に平行な軸をもつ放物面，点 B を焦点とし線分 AD に平行な軸をもつ放物面となる．光学系による損失がない場合，CPC により 2 次元系での理想最大集光比が得られる（図 4）．

(2) フローライン法 微小領域 dA を通過する光束 dϕ は，標準輝度 L^* の角度依存性がない場合，式 (12) で表される．

$$\mathrm{d}\phi = L^* \mathrm{d}A \int n^2 \cos\theta \mathrm{d}\Omega = L^* \mathrm{d}A \int \mathrm{d}U \tag{12}$$

$$\boldsymbol{J}\cdot\boldsymbol{n} = \frac{\mathrm{d}\phi}{L^* \mathrm{d}A} \tag{13}$$

このとき，$\boldsymbol{J}$ をベクトルフラックスとよび，光束が通過するある位置でのエネルギーの進行方向を示す．ベクトルフラックスの接線をつなげたものをフローラインとよぶ．フローラインを横切る光束の総和はゼロであり，2 本のフローライン間でエタンデュが保存する．この性質を利用した光学系に，双曲面集光器（hyperbolic concentrator：HC）がある[2]（図 5）．ランバート線光源 AB がある点 P に作るベクトルフラックス $\boldsymbol{J}$ の方向はエッジレイ r_A，r_B のなす角の二等分線と等しく，フローラインは，点 A，点 B を焦点とする双曲線群となる．光源の中心軸に対称な 1 対のフローラインを選び内面を反射鏡とする．双曲線の一方の焦点から出射した光線は他方の焦点に集光するため，反射鏡と光源の交点 A′B′ 間から出射し双曲線上で反射した光線は，AB 内部の点から出射し一対の漸近線のなす角 2θ 内に出射する光線と同等の場を形成する．つまり，前述の反射鏡は，入射開口 AB に角度 2θ で入射した光を A′B′ に集光する光

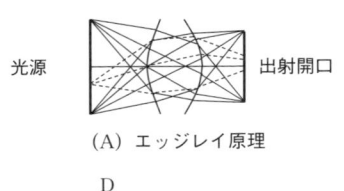

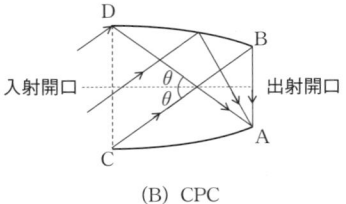

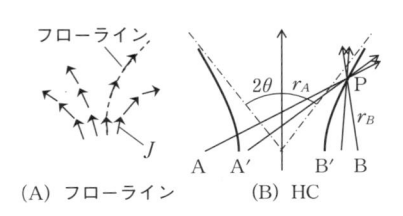

(A) エッジレイ原理

(B) CPC

図 4 エッジレイ原理

(A) フローライン   (B) HC

図 5 フローラインと HC

学系となる．

(3) テーラードエッジレイ法 前述のエッジレイ法を基礎に，出射光の配光分布を制御する手法をテーラードエッジレイ法とよぶ（図6）．2次元反射系の場合，点光源からの出射角を ϕ，光学系からの出射角を θ とした場合，反射鏡の形状 $r(\theta)$ は式（14）〜（16）を満たす．

$$\frac{dr}{rd\phi} = \tan(\alpha(\theta)) \quad (14)$$

$$\alpha = \frac{\phi - \theta}{2} \quad (15)$$

$$r = r_0 \exp\left(\int \tan\alpha(\phi)d\phi\right) \quad (16)$$

光源に長さがある場合，θ 方向に出射する光束の幅 $p(\theta)$ を導入する．$p(\theta)$ は光源からの直接光と反射鏡での反射光の和で表される．ここから，与えられた光源の配光分布を所望の配光分布に変換する反射鏡の形状 $r(\theta)$ が求められる．

$$r(\theta) = \frac{p(\theta)}{\sin(2\alpha(\theta))} \quad (17)$$

光源が曲面の場合も同様の手法が適用可能であり，照明器具の反射鏡，集光器の設計に有用である[1]．

(4) SMS法 SMS法（simultaneous multiple surface method）は，与えられた2組の入射波面 – 出射波面対に基づき，光学系に含まれる2枚の光学面を構成する点の座標を順次求める手法である[1]．図7に基本手順を示す．初期条件として，光学系への入射波面 W_{i1}，W_{i2}，出射波面

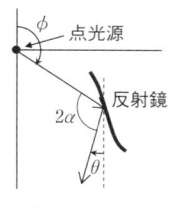

図6 テーラードエッジレイ法
(A) 点光源　(B) 線光源

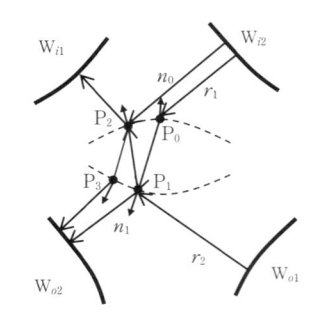

図7 SMS法

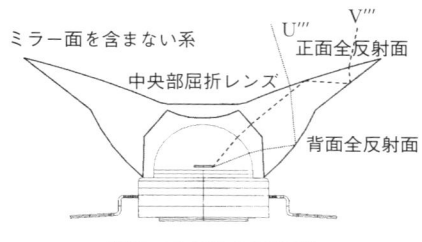

図8 SMS法の設計例[3]

W_{o1}，W_{o2}，各領域での屈折率，各波面間の光路長，第1面上の点 P_0 の座標を定める．次に，W_{i2} から出射し点 P_0 を経由し波面 W_{o2} に達する光線 r_1 について，光路長より，r_1 の光路上に第2面上の点 P_1 を求める．さらに，W_{o1} から出射し点 P_1 を経由して W_{i1} まで達する光線 r_2 について，同様に第1面上の点 P_2 を求める．この手順を繰り返し，光学面全体の形状を定める．図8はコリメート光学系の設計例である[3]．全反射面と透過面を用い，光源から出射した光線が光学系から所定角度で出射するという条件でSMS法を適用している．

［直井由紀］

■参考文献
1) J. Chaves：Introduction to Nonimaging Optics, 1st ed., Taylor & Francis Group (2008).
2) R. Winston et al.：Nonimaging Optics, Elsevier Academic Press (2005).
3) F. Muñoz et al.：*Opt. Eng.*, **43** (2004), 1522-1530.

12 ［設計］

ガウスビーム光学系

ガウスビーム（あるいはガウスモード）は Helmholtz 方程式のデカルト座標系における最低次の近軸解として与えられ，一般的なレーザー共振器から発振する空間固有モードとして広く用いられている[1]．真空中を伝播するガウスビームは

$$E(r, z) \propto \frac{E_0}{\omega(z)} \exp\left(-ikz - kr^2\left(\frac{1}{R(z)} - i\frac{\lambda}{\pi\omega^2(z)}\right) + i\eta(z)\right)$$

と記述され，$r(=\sqrt{x^2+y^2})$ は光軸からの距離，$R(z)$，$\omega(z)$ は空間座標 z におけるガウスビームの曲率半径，ビームサイズに相当する．$\eta(z)$ は波面の向きを示す位相でグイ位相とよばれていて，$\tan^{-1}(\lambda z/\pi\omega_0^2)$ で与えられる．また，k は波数，λ は波長である．空間伝播するガウスビームは複素曲率半径 $q(z)$

$$\frac{1}{q(z)} = \frac{1}{R(z)} - i\frac{\lambda}{\pi\omega^2(z)}$$

を定義することで，球面波と同様に ABCD 光線伝播行列を用いて空間伝播を計算できる．ここでは ABCD 行列の詳細は割愛するが，ガウスビームの空間伝播における特徴を一言で述べると最小ビーム半径 ω_0 とビーム広がり半角 θ_0 の積が保存し，

$$\omega_0 \theta_0 = \frac{\lambda}{\pi}$$

で記述できることである．また，ガウスビーム径が最小ビーム径の $\sqrt{2}$ 倍（実質的に広がらない）の範囲（共焦点距離とよぶ．また，その半分は Rayleigh 長とよんでいる）が以下の式で定義できる．

$$l_c = 2\frac{\pi\omega_0^2}{\lambda}$$

これは焦点深度に相当する．したがって，ガウスビームにおける最小ビーム径は平面波同様，θ_0 を決めるレンズの NA と波長 λ で自動的に決まる．

Helmholtz 方程式の近軸高次解は x 軸，y 軸に対応する 2 つの量子数 l，m で与えられるエルミート・ガウス関数となり，エルミート・ガウスモードとよばれ

$$E_{l,m}(x, y, z) \propto \frac{E_0}{\omega(z)} H_m\left(\frac{\sqrt{2}\,x}{\omega(z)}\right)$$
$$\cdot H_n\left(\frac{\sqrt{2}\,y}{\omega(z)}\right) \exp\left(-ikz - k\frac{x^2+y^2}{q(z)}\right.$$
$$\left. + i(l+m+1)\eta(z)\right)$$

と記述できる．ここで，H_m，H_n はエルミート多項式である．

純粋なエルミート・ガウスモードの場合，その波長を x，y 軸に対して解の次数倍（m，n 倍）すると，ガウスビーム同様そのまま ABCD 光線伝播行列を使って空間伝播が計算できる．すなわち，エルミート・ガウスモードの最小ビーム半径 Ω とビーム広がり半角 Θ の積は

$$\Omega\Theta = \frac{M^2 \lambda}{\pi}$$

で与えられる．ここで M^2 はエム 2 乗因子とよばれ，一般にモード次数に相当する[2]．複数のエルミート・ガウスモードがインコヒーレントに重なり合っている光に対しても，この M^2 は等価的に定義することができ，その場合には M^2 はビーム品質あるいは空間コヒーレンスを意味する．

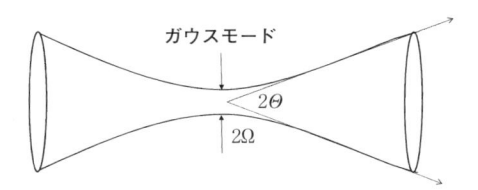

図1　レーザーモードのビーム広がりとビームウエイストの相互変換

グレーデッドインデックスファイバー（GIファイバー）のように光軸の断面内に沿って二次関数的な屈折率分布を有する媒質を伝播する場合，固有解の振幅分布は同じエルミート・ガウス関数になる[3]．

ここまで，暗黙の了解としてビームサイズ $\omega(z)$ は x, y 方向によらず同じであると仮定してきたが，Helmholtz方程式は変数分離形の偏微分方程式であるため，x, y 方向に対して個別にモードサイズを定義しても構わない．x, y 方向に対してビームサイズを $\omega_x(z)$, $\omega_y(z)$ と定義すると，ガウスビームの式は

$$E(x,y,z) \propto \frac{E_0}{\sqrt{\omega_x(z)\omega_y(z)}}\exp\Bigl(-ikz$$
$$-kx^2\Bigl(\frac{1}{R_x(z)}-i\frac{\lambda}{\pi\omega_x^2(z)}\Bigr)$$
$$-ky^2\Bigl(\frac{1}{R_y(z)}-i\frac{\lambda}{\pi\omega_y^2(z)}\Bigr)\Bigr)$$

のように書け，楕円ガウスビームとよぶ（グイ位相は省略してある）．楕円ガウスビームでは，複素曲率半径は x, y 方向で独立に定義してABCD行列を適用すれば空間伝播が計算できる．これはガウスビームがシリンドリカルレンズなどの非点収差を有する光学系を通過した場合に相当する．

Helmholtz方程式の近軸解には，エルミート・ガウスモードの他にラゲール・ガウスモードがある．ラゲール・ガウスモードは円筒座標系における固有解であり，

$$u(r,\phi,z) \propto \frac{\omega_0}{\omega(z)}\Bigl(\frac{\sqrt{2}\,r}{\omega(z)}\Bigr)^{|l|}L_p^{|l|}\Bigl(\frac{2r^2}{\omega^2(z)}\Bigr)$$
$$\exp\Bigl(-ikz-\frac{r^2}{\omega^2(z)}-ik\frac{r^2}{R(z)}+il\phi$$
$$+i(2p+|l|+1)\eta(z)\Bigr)$$

で与えられる[4]．ここで，$L_p^{|l|}(x)$ はラゲール陪多項式，ϕ は光軸に対して周回方向の回転角座標である．p, l の2つの量子数のうち l が光軸に対して周回角に対する周期的境界条件から現れる量子数である．$p=l=0$ の場合は，エルミート・ガウスモードと同じくガウスモードになる．$l\neq 0$ の場合には，等位相面が一波長伝播するごとに $2l\pi$ だけ回転する．そのため，ポインティングベクトルと光の伝播方向が平行でなくなり，ビーム断面内にその一部が光放射圧として現れる．時間平均した周回方向に沿ったポインティングベクトルの空間分布 $\langle S\rangle_\phi$ は

$$\langle S\rangle_\phi \propto \frac{l|u|^2}{r}$$

で与えられる．このポインティングベクトルと動径の積を空間積分すると1光子当たり $l\hbar$ の角運動量が定義できる．これがラゲール・ガウスモードの特徴の1つ軌道角運動量である．光の軌道角運動量はL. Allenによって1992年に提唱された．古くから知られているように円偏光はスピン角

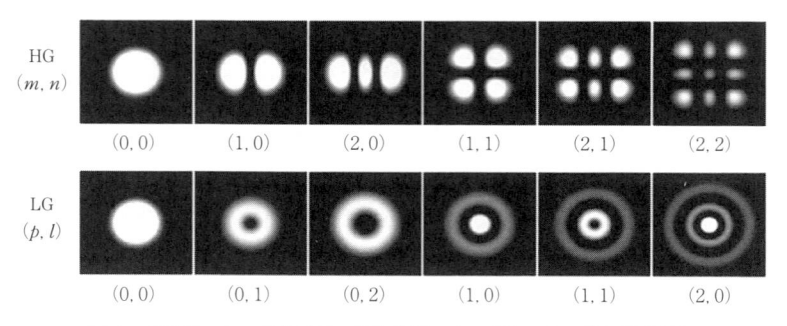

| HG (m,n) | (0,0) | (1,0) | (2,0) | (1,1) | (2,1) | (2,2) |
| LG (p,l) | (0,0) | (0,1) | (0,2) | (1,0) | (1,1) | (2,0) |

図2　エルミート・ガウスモードとラゲール・ガウスモードの相互変換

運動量をもつことから，円偏光ラゲール・ガウスモードは軌道角運動量とスピン角運動量を示す．すなわち，1光子当たり $(l+s)\hbar$ の角運動量が定義できる．$l+s$ を電子系の角運動量との類似性から全角運動量ともよぶ．電子ではスピン角運動量が $\pm 1/2$ であるのに対し，光子のスピン角運動量は ± 1 となるので注意が必要である．

ラゲール・ガウスモードが物質に照射されると，物質は軌道角運動量を受け取り，力学的に光軸を中心に公転運動を行う．この性質を利用した光ピンセット[5]やレーザーアブレーション[6,7]などが提案されている．また，$l \neq 0$ であるラゲール・ガウスモードは光軸上で位相特異点となるためドーナツ型の空間強度分布（光軸上で強度分布がゼロになる）を有する．このドーナツ型の強度分布を用いた超解像顕微鏡やプラズマ閉じ込めなども提案されている．さらには，空間多重光通信，量子光学などでも注目を集めている．理想的なラゲール・ガウスモードの M^2 は l となり，エルミート・ガウスモード同様，ABCD行列を用いて空間伝播を計算することができる．

エルミート・ガウスモードとラゲール・ガウスモードの間には本質的な違いはなく，固有解を定義する座標系がデカルト座標系か円筒座標系かの違いだけである．したがって，エルミート・ガウスモードからラゲール・ガウスモードへの変換，もしくはその逆変換は簡単にできる．一般に変換に際して $m-n=l$, $p=\min(m,n)$ が成り立つ．シリンドリカルレンズペアやファイバー[8]を使った方法，さらには，ホログラム[9]を使った方法など，様々な方法がある．

この他，円筒座標系における変数分離解としてベッセルモードが定義できる．

$$u(r,\phi,z) \propto J_l(k_\perp r)\exp(-ik_z z + il\phi)$$
$$k = \sqrt{k_z^2 + k_\perp^2}$$

$l \neq 0$ である高次ベッセルモードも同じく軌道角運動量と位相特異点を有する．これら位相特異点を有する光波を総称して光渦という．さて，ベッセルモードは変数分離形なので強度分布の広がりが光の進行方向座標 z によらない．すなわち，回折しない光，非回折光ともよばれる．0次のベッセルモードはアキシコンレンズや輪帯開口などを用いることで簡単に発生できる．非回折であることを利用したビアホール加工などが提案されている．

［尾松孝茂］

■参考文献
1) A. E. Siegman：Lasers, University Science Books (1986).
2) A. E. Siegman：*Proc. SPIE*, **1224** (1996), 2.
3) A. Yariv and P. Yeh：Photonics：Optical Electronics in Modern Communication, The Oxford Series in Electrical and Computer Engineering (2006).
4) L. Allen *et al.*：*Phys. Rev. A*, **45** (1992), 8185.
5) N. B. Simpson *et al.*：*J. Mod. Opt.*, **43** (1996), 2485-2491.
6) K. Toyoda *et al.*：*Nano Lett.*, **12** (2012), 3645.
7) T. Omatsu *et al.*：*Opt. Express*, **18** (2010), 17967.
8) D. McGloin *et al.*：*Appl. Opt.*, **37** (1998), 469.
9) Y. Tanaka *et al.*：*Opt. Express*, **17** (2009), 14362.
10) J. Arlt *et al.*：*J. Mod. Opt.*, **45** (1998), 1231.

13 ［設計］

光学薄膜の設計

現代においてはほとんどの光学素子の表面に光学薄膜が施されている．光学薄膜は干渉現象を利用し，所望の光学特性が得られるよう屈折率の異なる層を光のコヒーレント長より小さな厚みで精密に制御した積層構造でなっている．現在では高難度な要求に対し数百層という設計で応える時代であるが，特性を評価する計算理論についてはほぼ確立されている．一方，設計，最適化技術については光学の発展とともに生じる新たな応用に応えるべく研究が続いている．

a. 光学薄膜の計算[1]

光学薄膜の特性計算に一般的に利用されている方法として，ここでは特性行列法について記載する．計算には媒質および薄膜を構成する材料の複素屈折率と各層の厚みについての情報が必要である．複素屈折率 N は屈折率 n，減衰係数 k として以下のように表現され，光学定数ともよばれる．

$$N = n - ik \quad (1)$$

なお，この値には波長依存性があり，分散とよばれる．

ここで図1のような屈折率 N_0 の媒質から光学素子に θ_0 の角度で入射する場合の多層膜系を考える．

光学薄膜の計算では媒質中の電界ベクトル E と磁界ベクトル H の大きさの関係を表した光学アドミッタンス Y という概念を使用すると簡便に表現でき，電磁界ベクトルは以下のように結びつけられる．

$$H = YE \quad (Y = \mathbf{Y}N) \quad (2)$$

$\mathbf{Y}$：真空のアドミッタンス（2.6544×10^{-3} Simens）

光が角度をもって面に入射する場合には

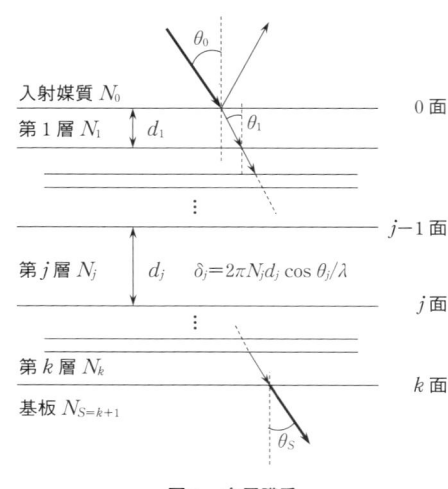

図1　多層膜系

s，p それぞれの偏光成分について計算する必要があり，y を入射角度で修正した修正光学アドミッタンスとして以下のように定義される．

$$y_j = \begin{cases} Y\cos\theta & \text{（s偏光）} \\ \dfrac{Y}{\cos\theta} & \text{（p偏光）} \end{cases} \quad (3)$$

このとき各層における光線の入出射角度 θ は Snell の法則により決定される．

$$N_0 \sin\theta_0 = \cdots = N_j \sin\theta_j = \cdots = N_s \sin\theta_s \quad (4)$$

全層数が k 層である多層膜の j 番目の層と $j-1$ 番目の層との界面を考える．境界に対する電磁界の接線成分（境界面に平行な成分）は境界を横切るときに連続，すなわち界面の上下で接線成分は等しいという境界条件を適用する．修正光学アドミッタンス y_j を用い一般化すると式（5）のように行列を用いて表現でき，この行列 M_j を j 層の特性行列とよぶ．

$$\begin{bmatrix} E_{j-1} \\ H_{j-1} \end{bmatrix} = \begin{bmatrix} \cos\delta_j & \dfrac{1}{y_j}i\sin\delta_j \\ iy_j\sin\delta_j & \cos\delta_j \end{bmatrix} \begin{bmatrix} E_j \\ H_j \end{bmatrix} = M_j \begin{bmatrix} E_j \\ H_j \end{bmatrix} \quad (5)$$

ここで δ_j は位相膜厚で式（6）で表される．

$$\delta_j = \frac{2\pi N_j d_j \cos\theta_j}{\lambda} \quad (6)$$

この関係を多層膜全体に適用すると，入射媒質中と基板中の電磁界の接線成分は式(7)のように多層膜系の特性行列で結びつけられる．

$$\begin{bmatrix} E_0 \\ H_0 \end{bmatrix} = \prod_{j=1}^{k} \begin{bmatrix} \cos\delta_j & \frac{1}{y_j}i\sin\delta_j \\ iy_j\sin\delta_j & \cos\delta_j \end{bmatrix} \begin{bmatrix} E_s \\ H_s \end{bmatrix} \quad (7)$$

薄膜系の総合特性行列は次の式で表される．

$$\begin{bmatrix} B \\ C \end{bmatrix} = \prod_{j=1}^{k} \begin{bmatrix} \cos\delta_j & \frac{1}{y_j}i\sin\delta_j \\ iy_j\sin\delta_j & \cos\delta_j \end{bmatrix} \begin{bmatrix} 1 \\ y_s \end{bmatrix} \quad (8)$$

この関係から多層膜系の総合アドミッタンスを y とすると，

$$y = \frac{C}{B} \quad (9)$$

で与えられるアドミッタンス y をもつ単一面と考えることができる．Fresnel の振幅反射係数 ρ，振幅透過係数 τ は単一界面と同様の扱いができ，次のように定められる．

$$\rho = \frac{y_0 - y}{y_0 + y} = \frac{By_0 - C}{By_0 + C} \quad (10)$$

$$\tau = \frac{2y_0}{y_0 B + C} \quad (11)$$

また，我々が普段直接計測するエネルギー反射率 R，エネルギー透過率 T は次のように表される．

$$R = |\rho|^2 = \left[\frac{y_0 B - C}{y_0 B + C}\right]\left[\frac{y_0 B - C}{y_0 B + C}\right]^* \quad (12)$$

$$T = \frac{Y_1 \cos\theta_1}{Y_0 \cos\theta_0}|\tau|^2 = \frac{4y_0 \mathrm{Re}(y_s)}{(y_0 B + C)(y_0 B + C)^*} \quad (13)$$

吸収 A についてはエネルギー保存則により，

$$A = 1 - T - R \quad (14)$$

となる．

b． 光学薄膜の設計[1]

光学薄膜の設計は，媒質，基板，使用波長，が与えられた中で所望の光学特性を実現するように膜材料を選定し，多層膜構成を決定する．多くの場合で複雑な膜構成が必要になるため，解析的に設計を進めることは困難であり，一般的には所望の光学特性に近い基本的な多層膜構成を与え，計算機を用いて目標性能に近づくように膜厚を最適化することを繰り返して実用解を決定する．

しかし，膜厚のみを修正する手法を用いた最適化法では，設計者が選択した初期構成への依存度が高く，最適な解に到達するためには多くの試行錯誤を要する．この問題を解決したのがニードル法（needle method）とよばれる手法である[2]．この方法ではある膜構成に対し，ニードル層とよばれる異なる屈折率の極薄層を最も効果的な場所を探しながら挿入し，続いて膜厚の最適化を行う作業を繰り返す．この手法では単層膜から自動的に多層膜を合成，修正，最適化することができるので，系の環境と使用膜材料および目標性能を指定することで，高度で複雑な設計を自動で行うことができる．

c． 主な光学薄膜の種類と設計[1]

光学系において頻繁に用いられる光学薄膜の概要を以下に説明する．薄膜設計においては屈折率 n と機械的膜厚 d をかけあわせた nd を光学膜厚とよび，設計中心波長 λ_c に相対する大きさとして表現される．今後この表現を使用して解説する．

(1) 反射防止膜

(i) 単層反射防止膜： 光学薄膜の基礎ともいうべき基本的な反射防止膜である．設計波長を λ_c，媒質，基板，薄膜の屈折率を n_0, n_s, n_f，膜厚 d_f をとし，光学膜厚と屈折率の関係が以下の場合に，λ_c でゼロ反射が得られる．

$$n_f d_f = \frac{2m-1}{4}\lambda_c \quad (m=1, 2\cdots)$$

$$n_f^2 = n_0 n_s$$

しかし，屈折率の低い材料の選択肢は少なく，ガラスに対しては通常 MgF_2（$n=$

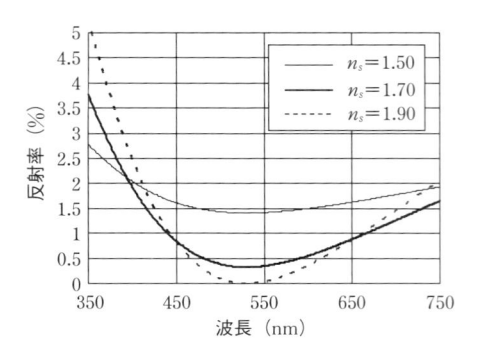

図2　単層反射防止膜の反射率の基板屈折率依存性
$n_0=1.0$　$n_1=1.38$　$\lambda_c=530$ nm

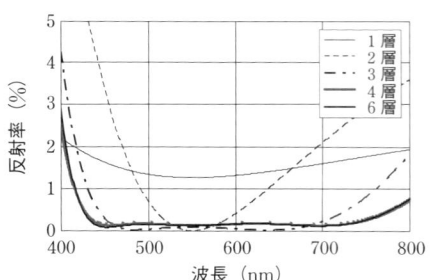

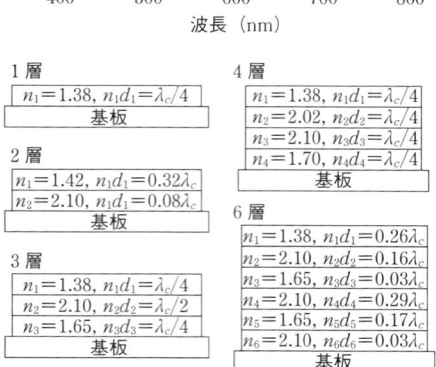

1層
$n_1=1.38$, $n_1d_1=\lambda_c/4$
基板

2層
$n_1=1.42$, $n_1d_1=0.32\lambda_c$
$n_2=2.10$, $n_1d_1=0.08\lambda_c$
基板

3層
$n_1=1.38$, $n_1d_1=\lambda_c/4$
$n_2=2.10$, $n_2d_2=\lambda_c/2$
$n_3=1.65$, $n_3d_3=\lambda_c/4$
基板

4層
$n_1=1.38$, $n_1d_1=\lambda_c/4$
$n_2=2.02$, $n_2d_2=\lambda_c/4$
$n_3=2.10$, $n_3d_3=\lambda_c/4$
$n_4=1.70$, $n_4d_4=\lambda_c/4$
基板

6層
$n_1=1.38$, $n_1d_1=0.26\lambda_c$
$n_2=2.10$, $n_2d_2=0.16\lambda_c$
$n_3=1.65$, $n_3d_3=0.03\lambda_c$
$n_4=2.10$, $n_4d_4=0.29\lambda_c$
$n_5=1.65$, $n_5d_5=0.17\lambda_c$
$n_6=2.10$, $n_6d_6=0.03\lambda_c$
基板

図3　代表的な反射防止膜の設計と特性
$n_0=1.0$, $n_s=1.52$, $\lambda_c=550$ nm

1.38) が用いられ，反射防止効果はガラスの屈折率により異なる（図2）．

(ii) 2層反射防止膜：屈折率の不整合により単層膜ではゼロ反射が達成できない場合に高屈折および低屈折率材料を用いた2層反射防止膜で目標を達成することができる（図3）．反射率は低い一方，反射防止帯域は狭いのでレーザー用の素子に多く用いられている．

(iii) 広帯域反射防止膜：可視光領域全域のような広帯域での反射防止が必要な場合，単層や2層反射防止膜では性能が十分でない．このような広帯域反射防止を実現するために従来は $\lambda/2$, $\lambda/4$ の光学膜厚を用いた3層，4層の設計が考案されてきた（図3）．しかし現実には薄膜として使用できる材料は限られており，入手できない中間屈折率層の実現に問題が生じる．その場合，中間屈折率層を高低二種の屈折率層の組合せで代替可能とする等価理論を利用して対応することができる．例として4層膜設計と同等の特性を，入手可能な3種の材料による6層構成で実現できることを図3に示した．

(2) 誘電体ミラー　高低二種の屈折率材料を $\lambda_c/4$ の膜厚で繰返し積層することにより，100%近い高反射率を得ることができる．光学薄膜の一般的な記述法として，Hは高屈折率 n_H，Lは低屈折率 n_L の $\lambda_c/4$ 膜厚，Pを繰返し周期として表すと，誘電体ミラーの場合は「基板/(HL)^{P}H/空気」

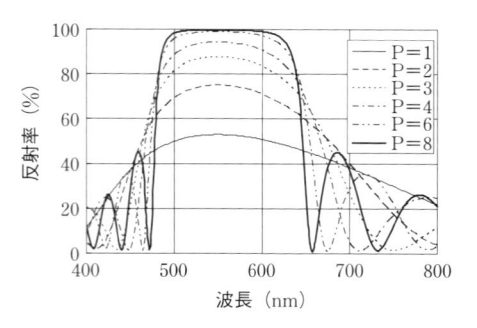

図4　誘電体高反射ミラーの繰返し周期と特性変化
基板/(HL)^{P}H/空気
$n_0=1.0$, $n_s=1.52$, $\lambda_c=550$ nm
H：($n_H=2.10$, $n_Hd_H=\lambda_c/4$)
L：($n_L=1.42$, $n_Ld_L=\lambda_c/4$)

が基本設計である（図4）．また，n_H/n_L の比を大きくすると少ない層数で反射率を上げることができ，かつ高反射帯域を拡大することができる（図5）．

(3) カットフィルター　誘電体ミラーと同様の高低の繰返し積層で，反射帯域と同時にリップルを抑えた透過帯域を作り出すことが可能である．基本構成である「基板/(L/2 H L/2)^P/空気」では反射帯の短波長側に，「基板/(H/2 L H/2)^P/空気」

では長波長側に透過帯が現れる．単純な基本構成ではリップルの抑制は十分でないが，周期構成の基板側と媒質側に整合層を挿入することで改善される．この構成において，カット特性のシャープさは繰返し周期数 P により調整できる（図6）．

(4) 干渉フィルター　2枚の高反射ミラーをエアギャップで対向させた共振器構成の狭帯域透過フィルターであるファブリーペローエタロンを薄膜化したものが干渉フィルターである．基本構成はミラーの間に $\lambda/2$ の整数倍の厚みをもつ誘電体層（スペーサー）を挟んだものであり，基本設計は次のようなものになる．

　　基板/(HL)^P/2H/(LH)^P/空気　または
　　基板/(LH)^P/2L/(HL)^P/空気

このような共振器1つの構成をシングルキャビティ構成とよぶ．透過帯域の半値幅はミラー部の繰返し周期Pで調整でき，また矩形に近い透過特性が必要な場合はキャビティ数の追加により，帯域の立ち上がりを鋭くできる（図7）．

誘電体構成の干渉フィルターは透過率が高い一方，構成しているミラーの反射帯域の制限で阻止帯域を広く確保することはで

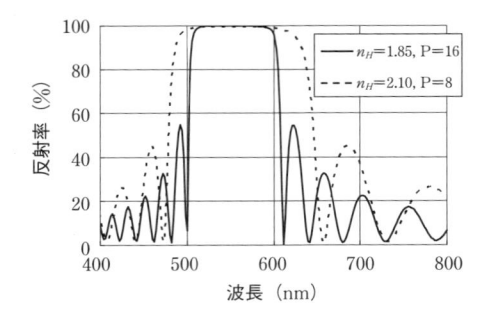

図5　誘電体高反射ミラーの屈折率と特性変化
基板/(HL)^{P}H/空気
$n_0 = 1.0$,　$n_s = 1.52$,　$\lambda_c = 550$ nm
H : ($n_H = 2.10$ or 1.85,　$n_H d_H = \lambda_c/4$)
L : ($n_L = 1.42$,　$n_L d_L = \lambda_c/4$)

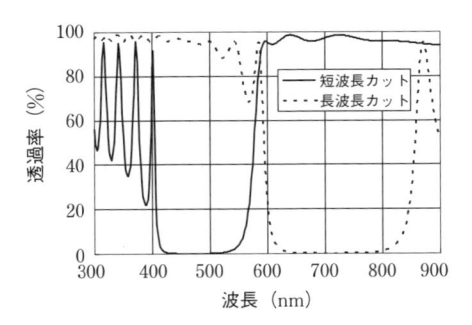

図6　カットフィルターの基本特性
短波長カットフィルター：
　基板/(H/2 L H/2)^8/空気　($\lambda_c = 480$ nm)
長波長カットフィルター：
　基板/(L/2 H L/2)^8/空気　($\lambda_c = 700$ nm)
　　　　$n_0 = 1.0$,　$n_s = 1.52$
　　H : ($n_H = 2.30$,　$n_H d_H = \lambda_c/4$)
　　L : ($n_L = 1.42$,　$n_L d_L = \lambda_c/4$)

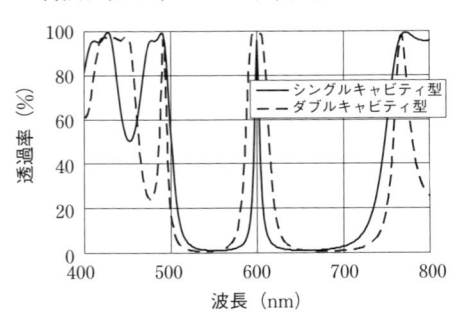

図7　干渉フィルターの基本特性
シングルキャビティ型：
　基板/(HL)^{4}2H(LH)^4/空気
ダブルキャビティ型：
　基板/(HL)^{2}2H(LH)^2(HL)^{2}2H(LH)^2/空気
　　　$n_0 = 1.0$,　$n_s = 1.52$,　$\lambda_c = 600$ nm
　　H : ($n_H = 2.30$,　$n_H d_H = \lambda_c/4$)
　　L : ($n_L = 1.42$,　$n_L d_L = \lambda_c/4$)

きない．帯域が必要な場合は他のカットフィルターの併用や，透過率は低いが阻止帯域の広い金属ミラー構成の干渉フィルターが候補となる．

(5) **ビームスプリッター**　光線を所定の比率で分割，結合させるための素子で，プレート型と接合を伴うプリズム型があり，帯域や偏光の取り扱いなどでさらに多くの種類に分かれる．

(i) ビームスプリッター：適当な比率で光を反射と透過に分離するもので，典型的には誘電体多層ミラーの「基板/(HL)^{P}H/空気」の基本構成から周期数Pを調整する，最終のH層を抜く，膜厚を微妙に変更したりするなどの工夫でその比率を変化させる（図8）．

帯域拡大の必要があれば任意膜厚の多層膜を利用した設計を使用する．

(ii) 偏光ビームスプリッター：誘電体多層膜で発生する偏光成分による特性の分離を積極的に利用し，s，p偏光を分離する．プリズム斜面に膜を形成し，その面を接着することで誘電体ミラーやカットフィルターを挟んだ構成が利用できる．

この構成において，多層膜中で界面への入射角がBrewster角度に一致するように各屈折率や入射角度を一致させるとs偏光

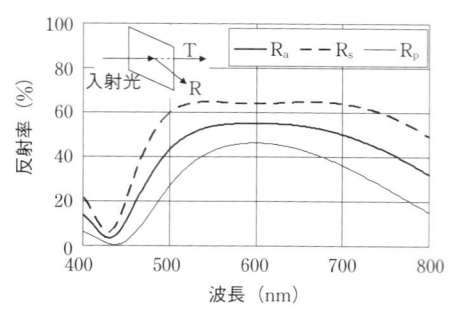

図8 プレートタイプのビームスプリッターの特性例
基板/(1.15H 1.06L)^4/空気
$n_0=1.0$,　$n_s=1.52$,　$\lambda_c=600$ nm,　45° 入射
H：($n_H=2.10$,　$n_H d_H=\lambda_c/4$)
L：($n_L=1.42$,　$n_L d_L=\lambda_c/4$)

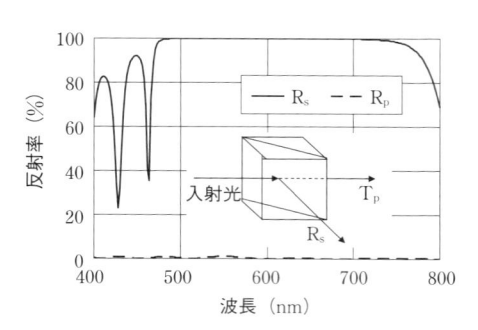

図9 プリズム型偏光ビームスプリッターの特性例
基板/(0.9L 1.2H 0.9L)^7/基板
$n_0=1.0$,　$n_s=1.67$,　$\lambda_c=600$ nm,　45° 入射
H：($n_H=2.10$,　$n_H d_H=\lambda_c/4$)
L：($n_L=1.42$,　$n_L d_L=\lambda_c/4$)

のみの反射が上がり，p偏光は無反射という特性を実現できる（図9）．

接着剤を使用できない場合はプレート型を用いるが，入射角度を大きくしても偏光分離可能な帯域は狭いものとなる．

(iii) 非偏光ビームスプリッター：誘電体多層膜による非偏光ビームスプリッターは設計上の難度が高い．3物質を用いた設計が考案されているが，特定の入射角度と波長でのみ機能するような狭い性能となっている．

(6) **金属膜**　金属は膜強度が弱く，腐食しやすいという弱点はあるが，波長や入射角度に対し広く平坦な特性が得られるなどの特徴を生かして利用されている．

(i) 金属ミラー：光学薄膜で利用され

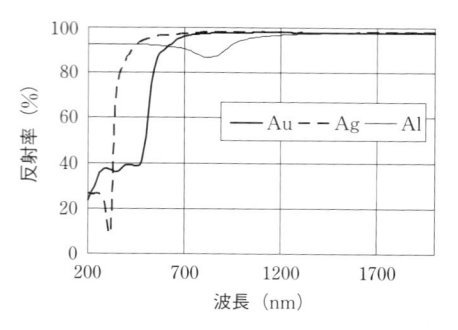

図10 各種金属膜の反射率

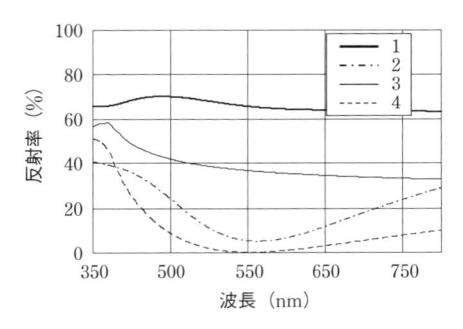

図11 CrやSiに対する反射防止膜の例
膜構成
1：Cr/空気
2：Cr/Cr$_2$O$_3$/空気
3：Si/空気
4：Si/H/空気（n_H = 2.00）

る代表的な金属の反射率を図10に示す．金（Au）は赤外域で高反射をもつ．銀（Ag）は可視域から赤外まで反射率が高く利用価値が高いが，大気中のガスにより硫化して反射率が低下してしまうため，保護膜を塗布して裏面鏡として使用されることが多い．アルミニウム（Al）は深紫外から赤外まで反射率が高く，耐環境性も比較的良好なので最も多く利用されている．これら金属膜は機械的，化学的耐久性を増すために誘電体保護膜を併用して使用される．

(ii) ビームスプリッター，NDフィルター： 金属膜を利用すると広帯域で平坦な特性をもつビームスプリッターを実現できる．吸収をもつ金属膜では光の入射方向（表裏）で反射率が異なることに注意が必要である．

光量を減衰させるND（neutral density）フィルターには波長に対し比較的平坦な特性をもつCrやインコネルが用いられ，所望の透過率に合わせて金属膜の厚みを調整して設計される．

(iii) 金属面用反射防止膜： 太陽電池の効率向上のためのSi表面の反射防止や光学系の目盛に用いられるCr膜への反射防止など，金属面に対しても反射防止が要求される．この場合も誘電体層を利用して反射防止を実現することが可能である（図11）．

［新坂俊輔］

■参考文献
1) H. A. Macleod：Thin-Film Optical Filters, 2nd ed., Adam Hilger (1986). 小倉繁太郎ら訳：光学薄膜，日刊工業新聞社 (1989).
2) Sh. A. Furman and A. V. Tikhonravov：Basics of Optics of Multilayer Systems, Editions frontiers (1992), pp. 123-140.

14 [加工・製造]

ガラス・結晶材料の加工

a. ガラスの加工

(1) 加工工程 ガラスの加工工程は，ブランクから高能率に目標形状に近づける粗研削工程，形状誤差と研削クラックを低減する精研削工程，表面粗さを仕上げる研磨工程，外径精度を仕上げる心取り工程からなる（図1）．また，各工程間での洗浄工程がある．ブランクは丸棒からの円柱状の切りだし材やプレス品が用いられる．研削研磨は球面レンズと非球面レンズで加工法が異なるため，以下ではそれぞれの加工法の特徴について述べる．

(2) 球面レンズ加工

① 粗研削： カーブジェネレータとよばれる研削機でカップ型の砥石を用いて加工される．図2のようにカップ砥石の回転軸とレンズ回転軸の角度 θ を設定することで任意のレンズ曲率を創成することができる．砥石砥粒はダイヤモンド，ボンドはメタルボンドが使用され，加工面は一般的には白濁している．

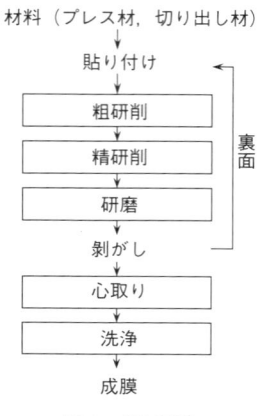

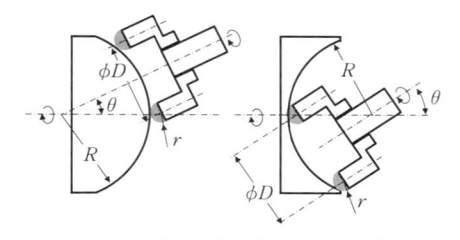

$R = D/(2\sin\theta) \pm r$ [凸：−，凹：＋]

図2 カーブジェネレータの加工原理

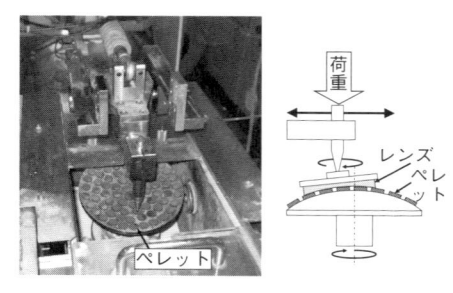

図3 ペレットを用いた精研削

② 精研削： 図3のようにレンズ形状の凹凸逆形状の砥石を定圧で押し当て，砥石形状を転写して形状精度を向上させる．砥石は加工面がすべて砥石の総型砥石や $\phi 10$ mm 程度の砥石（ペレット）を敷きつめて貼り付けたものを用いる．加工後の表面は無数の細かいスクラッチや研削クラックと塑性流動面が混在した半光沢面である．

③ 研磨： 精研削で残存したスクラッチや研削クラックを完全に除去し，欠陥のない平滑面に仕上げる．図4のようにポリウレタンやピッチなどの樹脂を表面に貼り付けた研磨工具を定圧で押し当て，酸化セリウムや酸化ジルコニウムなどの研磨砥粒を希釈した研磨液をかけ流したりレンズを浸漬させて研磨する．形状精度は研磨工具形状精度，接触面の圧力分布，レンズと研磨工具の相対速度，研磨工具の揺動条件（揺動距離，速度）などに依存する．干渉計などの形状計測結果を基に上記条件を変更して目標形状精度を達成する．

図1 加工工程

(A) 研磨工具

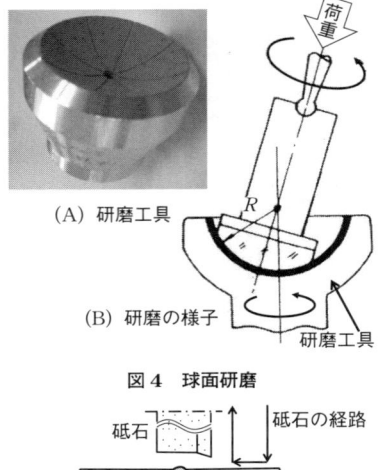

(B) 研磨の様子

図4 球面研磨

図5 心取り加工

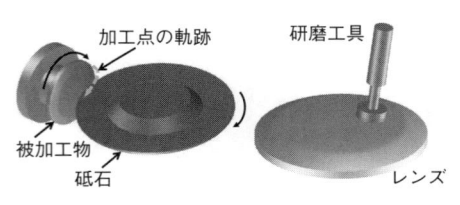

図6 非球面研削

図7 非球面研磨

の軌跡をレンズ表面に転写することで非球面形状を創成する．装置の移動精度がレンズ形状精度に影響するため高額な高精度研削機が用いられる．砥石がレンズに面で接触して除去する球面研削に比べ，加工作用部が点であることから加工時間が長くなることや，砥石摩耗が大きくなるため形状精度を維持しにくいことが課題となる．

② 非球面研磨： 非球面はレンズ表面の位置に従って曲率半径が変化するため，研磨工具の大きさに制約が生じる．このため，通常は図7のようなレンズ径より小径な研磨工具で研磨される．また，研磨工具形状を転写する球面研磨とは異なり，非球面の形状データに基づき，レンズ形状を設計形状に修正研磨することが非球面研磨の特徴である．この修正研磨は滞留時間制御法[1]で行われる．これは，一定速度で自転するなど，単位時間の研磨量が一定な小径研磨工具を，除去量が多い位置では滞留時間を多くし，除去量が少ない位置では滞留時間を小さくすることで形状を修正する方法であり，レンズ面上で小径研磨工具を変速走査して実現する．

④ 心取り： 両面のそれぞれの球心を結ぶ線を光軸とよび，光軸とレンズ外周の中心を一致させる加工．図5のように加工面の両面から同軸度の保証された円筒（ベル）で挟み込んでいくと光軸と円筒の同軸度が一致するようにレンズが滑って移動し，やがて円筒で挟み込まれて固定される．円筒を回転させながら円筒からはみ出たレンズ外周部を砥石で研削除去することで，光軸とレンズ外周の中心を一致させる．

⑤ 洗浄： 研磨後，心取り後のレンズ表面には研磨残留物や加工油が付着している．レンズが少量の場合はエーテルなどの溶剤を専用の紙に染み込ませて手で拭く．レンズが大量の場合は自動洗浄機用の洗浄篭にセットし，溶剤や純水が入った複数の超音波洗浄槽を通し，最後に乾燥する．

(3) 非球面レンズ加工

① 非球面研削： 図6に示すように，レンズと円盤状の砥石の相対運動による加工点

③ 物理化学的な非球面加工： EUV光を用いた露光装置で使われる高精度な非球面ミラーは，非球面研磨だけでは必要な形状精度が得られない．このため，イオンビームスパッタを用いたIBF（ion beam figuring）法が開発された[2]．これは，ミラー面に照射されるIB電流を高精度に制御することで滞留時間制御の精度を高めた加工法であり（図8），0.2 nm RMSと，極めて高

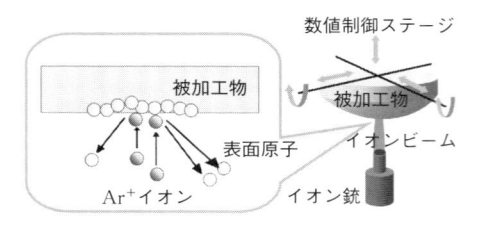

図8 IBFの加工原理

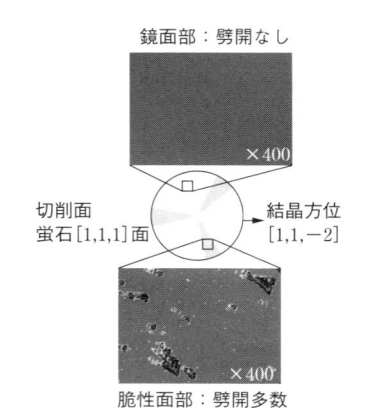

図9 蛍石の切削面

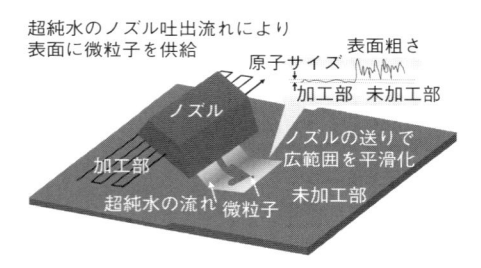

図10 EEM

い形状精度を達成している．

b．結晶材料の加工

結晶材料はガラスでは透過できない波長の光を扱うことができる．しかし，結晶材料はガラスと違い，結晶方位の影響で劈（へき）開などの欠陥が生じやすい，硬い，などの加工の難しさがある．以下に結晶材料加工の特徴を述べる．

(1) 切削 シリコン，蛍石，ゲルマニウムなどはダイヤモンドバイトによる1 μm以下の微小切り込みの切削で延性面を得られる．しかし劈開しやすい結晶方位に切削力が発生すると図9のような結晶構造に起因した欠陥が結晶方位に沿って発生しやすく，レンズ全面で無欠陥な鏡面を得ることは難しい．

(2) 研削 ガラスと異なり結晶材料はプレス加工できないため，切り出し材から研削で形状を創成する．鏡面に近づける仕上げ研削ではレジンボンドのダイヤモンド砥石が用いられるが，微細な砥粒を使用すると目詰まりが問題となることがある．鋳鉄ボンドの表層を電解することで目詰まり防止のドレッシングをインプロセスで行うELID（electrolytic in-process dressing）研削[3]により5 μm以下の微細な砥粒でも安定した鏡面加工が可能になる[4]．

(3) 研磨 結晶材料もガラスと同様な研磨が行われる．研磨砥粒は，結晶材料によって，酸化アルミニウムや酸化ケイ素のコロイド水溶液，または，ダイヤモンドパウダーなど，酸化セリウム以外も用いられる．

SOR（synchrotron orbital radiation）光用の高精度な斜入射鏡はSi単結晶製であるが，図10に示される酸化ケイ素微粒子を用いたEEM（elastic emission machining）[5]とよばれる流体研磨法が使われている．

　　　　　　　　　　　　　　[中川英則・安藤　学]

■参考文献
1) 根岸真人ら：精密工学会誌，**62**（1996），408．
2) 安藤　学ら：砥粒加工学会誌，**53**（2009），352．
3) 大森　整：精密工学会誌，**70**（2004），757-760．
4) 中川英則ら：精密工学会大会学術講演会講演論文集，**2**（2002），360．
5) K. Yamauchi et al.：REVIEW OF SCIENTIFIC INSTRUMENTS，**73**（2002），4028．

15 モールド

[加工・製造]

モールドによる加工法は，その生産性の高さから，光学レンズ素子の製造法として，広く用いられている．ここでは，プラスチックレンズ成形加工，ガラスモールドレンズ成形加工，ハイブリッドレンズ成形加工のそれぞれについて，その代表的な加工法の概要と，ポイントとなる技術をいくつか紹介する．

a. プラスチックレンズ成形加工

(1) プロセスの概要　プラスチックレンズのほとんどは，熱可塑性樹脂を用いた射出成形法で成形される．図1に示すように，射出成形機の可塑化シリンダー部で溶融された樹脂が，閉じられた金型内に流し込まれる．金型は，溶融樹脂が固化する程度の一定の温度に制御されており，金型内の樹脂が固化された後，金型が開き，突き出し機構により成形品が金型外に取り出される．

レンズ面を構成する金型コアの光学面の仕上げ加工には，単結晶ダイヤモンド工具と超精密旋盤による超精密切削加工法が用いられる．コアの母材となる鋼材の上に，100 μm程度の無電解ニッケルメッキENP (electroless nickel plating) を施した後，ENP部を切削し，仕上げ加工を行う．

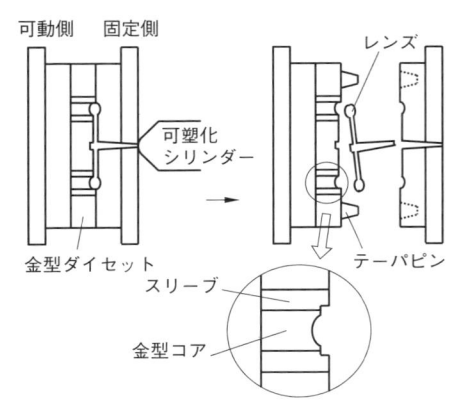

(2) 光学面の軸合わせ　高精度レンズを成形する上で最も重要な技術の1つに，レンズ両面の光学面の軸を正確に合わせることが挙げられる．レンズを形成する2つの光学面は，図1に示す金型の固定側と可動側に設けられており，金型は成形機の型締め機構により開閉される．繰り返し開閉されても，金型を閉じた時にレンズ両面の軸が毎回同じ位置に戻るようにする必要がある．そのために，成形機の型締め機構，金型ダイセット，金型コア部それぞれへ，繰り返し位置再現性を高めるための工夫が施される．成形機の型締め機構については，可動プラテン（開閉部）の摺動部にリニアガイドを設けることなど，金型ダイセットについては，図1に示す位置決めのためのテーパピンやテーパブロックの材質やテーパ角度を最適化することなど，金型コア部については，同じく図1に示す金型コアとスリーブとのガタつきを極力小さくすることなどが行われる．近年では，サブミクロンの同軸度が求められる高精度レンズもある．

(3) 微細形状転写　プラスチックレンズには，図2に示すような回折レンズなど，サブμmから数μm程度の微細形状を付与したものもある[1]．成形時に金型内へ射出される溶融樹脂は，金型内表面で急激に冷却され樹脂表面の粘度が上昇するため，図3に示すように，金型コアの微細形状部に充填および転写しきれない場合があり，これは，レンズとしての所望の光学機能が満たせないことを意味する．微細形状部の転写を十分に行うため，溶融樹脂を金型内へ射出する前に金型温度を樹脂が固化しない程度の温度まで昇温させ，その後射出す

図1　プラスチックレンズ成形加工

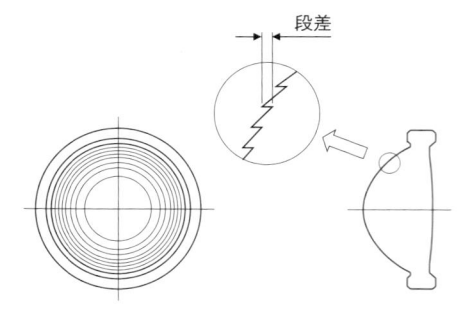

図2 回折レンズ

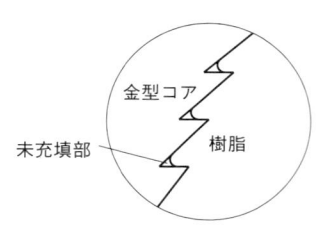

図3 微細形状部への樹脂の充填

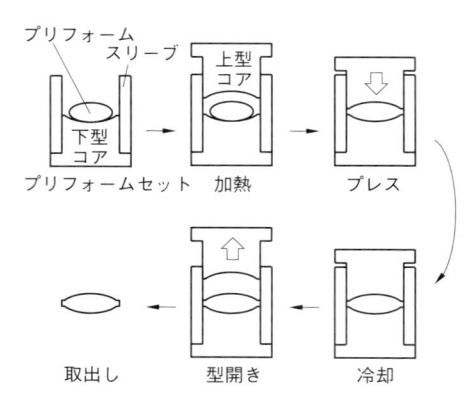

図4 ガラスモールドレンズ成形加工

ることで，金型コアの微細形状部における溶融樹脂の急激な冷却および樹脂粘度の上昇を避け，微細部への十分な充填を可能にし，さらにその後，金型内の溶融樹脂が固化する温度まで金型温度を降温させてから成形品を取り出す，ヒートサイクル成形法などとよばれる方法が用いられることもある．

b．ガラスモールドレンズ成形加工

（1）プロセスの概要　ガラスモールドレンズのほとんどは，プレス法で成形される．図4に示すように，上型コア，下型コア，スリーブからなる金型内にプリフォームがセットされ，これをランプ加熱や電気ヒーター加熱により，ガラスが変形する温度まで昇温させる．この加熱は，金型の酸化を防ぐため窒素雰囲気下などで行われる．その後，上下のコアによりプレスされ，冷却，取出しが行われる．これらの加熱，プレス，冷却などの工程ごとにステージが設けられ，このステージ間を金型が順次移動していく方法と，金型が移動することなく，成形の全工程を同一ステージで行う方法がある．取り出されたレンズに対し，内部歪（屈折率分布）を緩和させるためのアニール工程や，光学面の軸とレンズ外周の軸を合わせるための芯取り工程が必要に応じ行われる．

（2）プリフォームの選択　図5に示すように，プリフォームの形状には様々なものがあり，溶融ガラスを直接成形して得られるもの，球面レンズと同じように研磨して得られるものがある．プリフォームの形状は，完成レンズ形状に近いことが望ましいが，成形の歩留まりを左右する場合もあるので，慎重に選択する必要がある．プリフォームを金型内にセットする際，金型の中心軸上に正確にプリフォームを置くことが，歩留まり向上に寄与することもある．

（3）金型コアの長寿命化　ガラスモールド成形加工において最も重要な技術の1つに，金型コアの長寿命化が挙げられる．連続成形時に溶融ガラスが金型コアに融着してしまうと，新たなコアへの交換が必要になり，ほとんどの場合，このことが金型コアの寿命を決めている．この金型コアへの融着を防ぐため，機械加工で所望のコア形状を仕上げ加工した後，金型コア表面へ

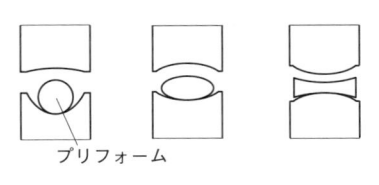

図5 プリフォーム形状

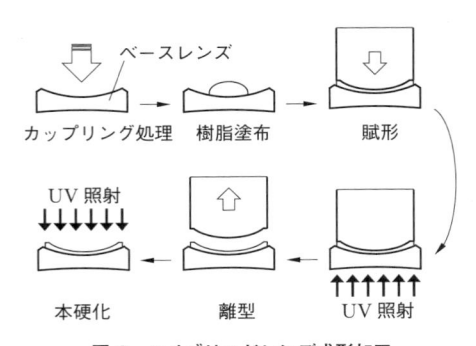

図6 ハイブリッドレンズ成形加工

保護膜を施す．保護膜としては，貴金属合金や，DLC (diamond like carbon) が知られている．また，金型コアの材料には超硬合金や炭化ケイ素や用いられ，超精密研削加工法にてコア形状の仕上げ加工が行われるが，金型コアの形状によっては，この材料の脆さゆえ，成形時に一部が欠けてしまい寿命となることもあるので，このことも材料の選択時に考慮する必要がある．

c．ハイブリッドレンズ成形加工

(1) プロセスの概要　ハイブリッドレンズとは，球面ガラスレンズ上に樹脂層を形成した複合レンズのことである．図6に示すように，ベースレンズと樹脂層の密着性を増すため，ベースレンズ面にカップリング処理をした後，ベースレンズに紫外線硬化樹脂を定量塗布する．金型コアは，この樹脂を押し広げながら所望の位置まで下降する．下降後の樹脂の厚さは，数十μmから数百μm程度である．樹脂を押し広げる際，エア（泡）を巻き込みやすいため，注意が必要である．また，連続成形時に個々のベースレンズの厚みにバラツキがあったとしても，出来上がる樹脂層の厚みが一定になるような工夫を施すことも，安定成形のために必要となる．金型コアの下降後，ベースレンズ側から紫外線を照射し，樹脂を仮硬化させる．照射は転写後の樹脂層の形状を安定化させるため，光学面に均一に行う．仮硬化後，金型コアから離型させるが，金型コアと樹脂の密着性が高く離型が困難な場合は，金型コアに離型性を向上させるためのコーティングを行うこともある．離型されたレンズは，別工程で本硬化のための紫外線照射が行われる．

以上の説明では，ベースレンズに樹脂を塗布する方法を示したが，金型コアを下にセットし，金型コアに樹脂を塗布する方法もあり，これらによって，様々なレンズ形状に対応している．

(2) 金型コアの補正加工　ハイブリッドレンズに限らず，プラスチックレンズであれ，ガラスモールドレンズであれ，成形に用いられる金型コアは，成形時のレンズの収縮量を見込んで光学面が仕上げ加工されるが，ハイブリッドレンズの場合は，用いる紫外線硬化樹脂の硬化収縮率が数%と大きいため，収縮量の見込みが実際のものと異なる場合がある．ハイブリッドレンズ用の金型コアは，プラスチックレンズ用のものと同様に，鋼材の上の無電解ニッケルメッキを超精密旋盤により切削加工することで得られるが，収縮量の見込みが実際と異なった場合は，成形されたレンズ形状と金型コアの形状を比較し，硬化収縮後の形状が所望のものになるよう，収縮量の見込みを変更し，再度光学面の仕上げ加工を行う．

［服部洋幸］

■参考文献
1) 服部洋幸：光デバイス精密加工ハンドブック（非球面レンズ素子：プラスチック），オプトロニクス社 (2003), p.337.

16 [加工・製造] インプリント

インプリント法とは，凹凸パターンを形成したモールドを樹脂やガラスの表面に転写する技術であり，いわゆる射出成形法やモールドプレス法とは区別される[1]．インプリント法は，Si ウェハ表面への微細レジストパターンの形成プロセスとして注目されているが，その一方で，微細構造を活用した光学素子などの製造プロセスとしても期待されている．既に，光の波長よりも大きな周期の樹脂製の回折格子などは，射出成形で製造されている．一方，波長レベルあるいはそれ以下の微細構造の形成は，モールドの作製が困難であるため，実用化に至った例は少ない．一般の光学樹脂は，光硬化性と熱可塑性に大別され，それらの特性に応じて光インプリント法および熱インプリント法のいずれかが用いられる．本項では，ガラスへの熱インプリントも含めて，光学応用を目指した微細構造形成技術について述べる．

a. 光インプリント法

樹脂の硬化に用いる光の波長が紫外線であるため，UV インプリントともよばれる．モールドには紫外線を透過する石英ガラスが用いられ，その表面への微細構造はリソグラフィーとドライエッチングで形成する．樹脂の粘性にもよるが，転写圧力は 1 MPa 以下であり，実験室レベルでもある程度の大きさのナノパターンを得ることができる．この時，重要となるのはモールド表面の離型処理である．フルオロカーボン系液体にモールドを浸漬し，その後，室温で乾燥させることで離型性が増す．シリカモールドから PDMS（ポリジメチルシロキサン）への転写によるレプリカモールドの作製も可能であり，それを用いて粘性の低い UV 硬化樹脂への微細構造の形成ができる．

b. 熱インプリント法

モールドへの高い充填率を確保できる光インプリント法に比べ，熱インプリント法の場合，モールドとの融着や変質・分解が起こりやすく，アスペクト比の大きな構造の転写は困難である．熱インプリントに使われる汎用的な樹脂は，ポリメチルメタクリレート（PMMA）である．モールドにはシリコン，シリカガラス，無電解 Ni メッキ膜（モールド基材は Si やステンレスなど）が使われる．PMMA のガラス転移点（～120℃）よりも高い温度に加熱し，10 MPa 程度の圧力でモールドを押しつけることによって微細パターンを得る．この際にも，モールド表面の離型処理が重要であるが，UV インプリントに比べると樹脂の粘性が高いため，高アスペクト比の構造を転写することが困難であり，また，離型膜の寿命も短い．

一方，ガラスへの微細構造のインプリントには，樹脂よりも 300℃以上高い温度が必要となり，例えばランプ加熱方式のガラスレンズ成形機が使用できる．図1は，ガラスインプリント装置の成形室の写真と成形プロセスである．数百℃に加熱されたガラスへの微細構造の精密転写に用いる成形機には，プレス圧力の正確な制御と上下モールドの高い平行度が要求される．モールド表面の酸化を防止するために成形室内を窒素置換し，ガラスとモールドを所定の温

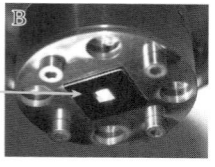

図1 ガラスインプリントに用いることができる高温成形機の加圧軸（A）とモールド装着部（B）

度に加熱した後に、モールドとガラスの間にガスが残留しないように真空中でプレスする。一般的なレンズ成形とは異なり、一定時間の加圧プレス後、比較的高い温度域(好ましくはガラス転移点以上)で離型することで、モールドとの熱膨張率差によるガラスの破壊を回避する。高温での離型は、ガラスの粘弾性的な挙動による変形によって、モールド形状の忠実な転写ができない可能性があるため、ガラスの高温物性(特に粘弾性係数の温度依存性)を考慮する必要がある。しかしながら、樹脂よりも300℃以上高い温度域での物性評価は困難であり、また、それらの物性値から形状転写性を予測するための十分な知見が不足しているのが現状である。

ガラスインプリントのモールドには、高いプレス力と温度およびガラス成分との化学反応に対する耐久性に優れたタングステンカーバイド(WC)やシリコンカーバイド(SiC)が使用可能である。成形温度やプレス圧力などは、ガラスレンズの製造に使われているモールド法と類似している[2]。試験的なガラス成形には、図2(A)に示すようなグラッシーカーボン(GC)モールドが使われるが、脆性破壊しやすく、生産に使うには限界がある。最近では、数百℃の成形温度でも十分な強度を有する炭化ケイ素(SiC)モールドが使われ始めた。CVD法で製造されるSiCは均質性、強度、耐熱性に優れており、GCと同様に半導体プロセスを使った微細加工が可能である。図2(B)は、メタルマスクとしてタングステンシリサイド(WSi)膜、反応性ガスとしてフルオロカーボン系ガス(たとえばCHF_3)を用いたドライエッチング後のSiCモールドの表面写真である。

ガラスインプリントモールドにも離型処理が必要であるが、数百℃の温度域で成形するため、樹脂インプリントとは異なった材料が使われる。これまでに、酸化クロム(Cr_2O_3)、白金(Pt)、イリジウム(Ir)、レニウム(Re)などの貴金属、窒化アルミニウム(AlN)、窒化ホウ素(BN)、窒化チタニウム(TiN)、ダイヤモンドライクカーボン(DLC)などが特許出願されているが、材料の選択だけでなく、多層膜化とその成膜プロセスが重要であり、それらの情報の入手は困難である。

c. 成形体の表面形状と光学特性

インプリント法で作製できる代表的な構造として、光学薄膜よりも優れた反射防止機能を発現するMoth Eyeがある。この構造は1980年頃から知られており[3]、入射する光の波長よりも小さな周期で2次元配列させた錐形を光学素子の表面に形成することで、みかけ上、表面から基板まで実効的な屈折率が徐々に変化しているとみなせる。このような構造は、垂直入射だけでなく斜め入射の光でも、広い波長帯域で反射を抑える効果があり、構造性複屈折も少ない。

熱インプリント法を用いた樹脂表面へのMoth Eyeの形成は、量産化に有望な研究事例として知られている[4]。干渉露光法で作製した周期250 nmのレジストパターンを原盤としてNi電鋳モールドを作製し、熱インプリントによってPMMAなどの樹脂表面の反射率が0.1 %(構造なしのフラット面では約5 %)まで低下することが実証された。また、陽極酸化法でアルミニウムロールの表面にサブ波長周期のホールアレーを形成し、そのパターンを樹脂に連続的に転写するロールインプリント法も開発

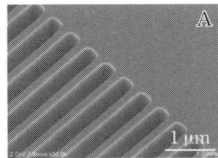

図2 ドライエッチング法で作製した周期構造モールド: (A) グラッシーカーボン、(B) 炭化ケイ素

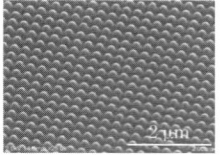

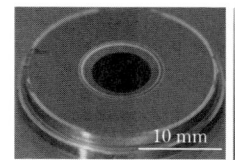

モールド表面　　　　レンズ表面

図3 反射防止レンズモールド（左）と、それを用いて成形したガラスレンズ（右）：上段はそれらの中央部の電子顕微鏡写真

SiC モールド　　　　ガラスレンズ

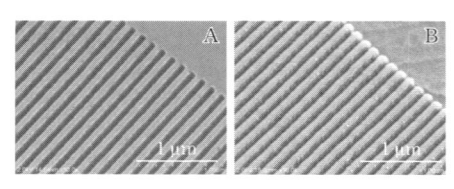

図5 周期 150 nm の1次元パターンモールド（A）と、インプリントされたリン酸塩ガラス（B）

されている.

　最近，ガラスレンズ表面への Moth Eye のインプリント技術も構築された．高精度に研磨された SiC レンズモールドの表面に，電子線描画法とドライエッチング法で2次元の逆円錐アレー（周期 250 nm）を形成し，そのパターンをレンズの両面に転写すると同時に，所望の形状のレンズを成形できる．図3は，モールドと光学ガラスレンズの外観写真および Moth Eye 構造の電子顕微鏡写真である[5]．また，図4には構造の有無による反射率の違いを示す．用いられたガラスの屈折率（n_D）が約 1.61 であることから，光学鏡面の片面の反射率は5％以上であるが，Moth Eye の形成によって低いところでは 0.2％以下になっている．このような低い反射率は，光学多層膜では実現が困難な入射角度 40°付近まで維持でき，高開口数のレンズへの応用が期待される．

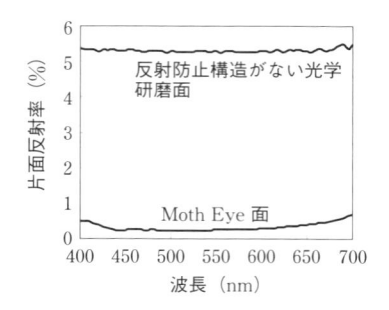

　樹脂の場合と同様に，ガラスへの更なる微細パターンのインプリントも進められている．図5は，周期 150 nm の1次元パターンモールドと，インプリントされた光学ガラスである．光の波長よりも小さな周期のこのような構造は，ワイヤーグリッドや構造性複屈折波長板としての応用が期待される．　　　　　　　　　　　　　［西井準治］

図4 リン酸塩ガラス（屈折率 $n_D=1.61$）に SiC モールドを用いてインプリントした Moth Eye 構造，および光学研磨面の反射率スペクトル

■参考文献
1) S. Y. Chou *et al.*：*Appl. Phys. Lett.*, **67**（1995），3114-3116.
2) 特開昭 47-11277，ガラスレンズの成型方法およびその装置.
3) S. J. Wilson *et al.*：*Opt. Acta.*, **29**（1982），993-1009.
4) 前納良昭：光技術コンタクト，**43**（2005），38-50.
5) T. Tamura *et al.*：*Appl. Phys. Express*, **3**（2010），112501-1/3.

[加工・製造]

17 レーザープロセシング

レーザープロセシングは，① 加工速度が速い，② 自由度に富みマスクレスで局所加工が可能（その結果加工工程数を低減可能），③ 多くの場合化学薬品や雰囲気ガスを必要としない，あるいはその使用量を削減できるグリーンプロセス，④ 短波長，短パルスレーザーを用いた場合は波長オーダーあるいはそれ以下の高品質微細加工が可能，といった特長を有している．またエッチング，薄膜堆積，改質，微粒子生成など多様なプロセスに対応することができる．これらの特長を活かし，レーザープロセシングは多様な分野で応用されており，光学素子の作製や光学薄膜の形成にも広く利用されている．

a. レーザーアブレーション

レーザーアブレーションとは，物質に強度の強いレーザー光を照射することにより，物質を構成する種が分子，ラジカル，クラスター，液滴，およびそれらのイオンなどの形態で爆発的に放出させる現象である．アブレーションが生じた領域は物質が放出されるため，加工痕が形成される．したがってレーザーアブレーションの重要な応用の1つは固体材料のエッチング加工やマイクロマシーニングである．特に短波長・短パルスのレーザーを用いると，熱影響を排除した高品質なエッチング加工が実現される．アブレーションで高品質加工を行うためにはレーザー光が加工対象材料に対して強い吸収をもつ必要があり，そのために短波長レーザーが用いられる．また熱的影響をできるだけ排除するためには，できるだけ短いパルスのレーザーが適している．図1に，紫外域に透明なフッ素形ポリマー（CYTOP）に F_2 レーザー（波長 157 nm）アブレーションにより，マイクロレンズを作製した例を示す[1]．曲率半径は 600 μm であり，KrF エキシマレーザー光（波長 248 nm）を 1.5 mm 程度の焦点距離で集光することが可能である．石英ガラスの加工にも F_2 レーザーが利用される．

b. レーザー背面湿式加工法

上述のように石英ガラスなどの透明材料を微細加工するには，F_2 レーザーを用いる必要があるが，加工対象材料に対して透明な波長のレーザーで加工できる技術としてレーザー背面湿式加工法（laser backside wet etching：LIBWE）が開発された[2]．図2に，LIBWE法の概略図を示す．LIBWE法では，ナノ秒紫外レーザーにより石英ガラスが加工できる．紫外光に強い吸収を有する溶液（たとえば色素溶液）を，石英ガラスの裏面に接触させた状態で

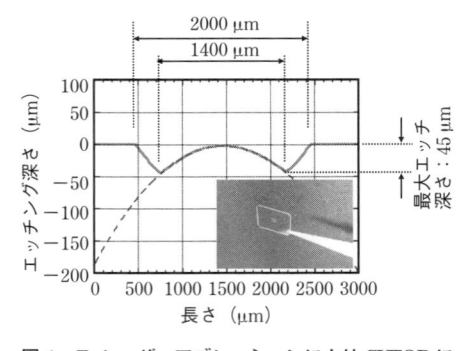

図1 F_2 レーザーアブレーションにより CYTOP に作製されたマイクロレンズの断面形状

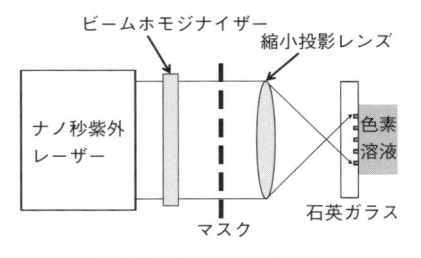

図2 LIBWE 法の概略図

紫外レーザーを石英ガラス表面側から照射すると，レーザー光は石英ガラスを透過し，溶液によって吸収される．その結果溶液のアブレーションが生じ，それにより発生した高温・高圧状態によって間接的に石英ガラス裏面を微細加工することができる．LIBWE 法の 1 つの特長は，エッチング深さがレーザーフルエンス[*1]に比例することである（一般的にレーザーアブレーションではエッチング深さはフルエンスの対数に比例する）．したがって加工する深さの制御が容易であり，この特長を利用して，グレートーンマスクにより図 3 に示すマイクロレンズアレイが石英ガラス中に作製された．作製された構造は，Nd:YAG レーザーの 4 次高調波（266 nm）用ビームホモジナイザーとして機能する[3]．

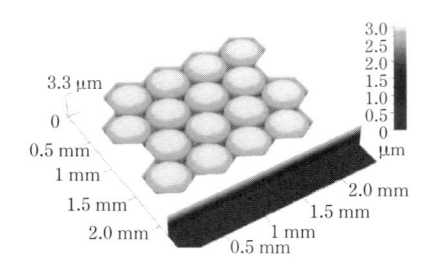

図 3　石英ガラス基板に LIBWE 法により作製されたマイクロレンズアレイ

c．パルスレーザー堆積法

パルスレーザーアブレーションによって飛散した物質を，別の基板上に堆積する成膜方法を，パルスレーザー堆積法（pulsed laser deposition：PLD）という[4]．PLD 法を用いた薄膜形成装置の概略図を図 4 に示す．高真空チャンバー中に薄膜を堆積するための基板と，原材料となる固体ターゲットを対向するように配置する．真空チャンバー外よりパルスレーザー光を石英ガラス窓を通して，ターゲット表面に集光照射する．その結果ターゲットのアブレーションにより生成された原子，分子，イオン，クラスターを基板上に堆積させる．アブレーションを行うレーザーは，通常エキシマレーザーや Q スイッチ Nd:YAG レーザーの高調波が用いられる．PLD の特長として

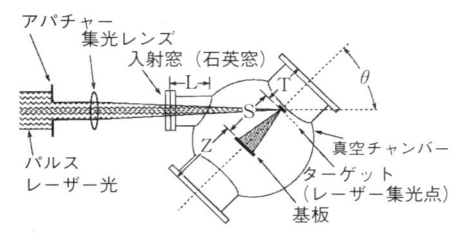

図 4　PLD 法による薄膜形成装置の概略図

は，チャンバー中に成膜種を生成するための熱源がないために堆積膜中への不純物の混入が少ない，ターゲットの選択により多様な成膜が可能，装置がシンプル，アブレーションされた種は高エネルギーを有しておりそのエネルギーが高品質な結晶成長を促進するといったことが挙げられる．さらに雰囲気ガス中（酸素，窒素，他）での成膜も可能であり，酸化物，窒化物も容易に成膜できる．前述のように PLD は多様な成膜が可能なため，光学材料成膜への適用もなされており，GaN，ZnO，HgCdTe，YAG などの薄膜成長が試みられている．

d．ナノ微粒子生成

PLD ではバックグラウンドガスの圧力など，成膜条件を調整すると，ナノ微粒子を生成することも可能である．PLD において，Al_2O_3 薄膜の形成と Cu ナノ微粒子生成を交互に行うことにより，Al_2O_3 薄膜中に Cu ナノ微粒子を埋め込むことができる[5]．このような材料は 3 次の非線形感受率を有し，大容量通信において，高速スイ

[*1] レーザーフルエンスとは 1 パルスのエネルギー密度であり，パルスレーザー照射において 1 パルスあたりのエネルギー（パルスエネルギー）を照射面積で割ることにより求められる．通常単位は mJ/cm^2 あるいは J/cm^2 が用いられる．パルスレーザー加工においては，最も重要なパラメーターの 1 つである．

ッチング,信号再生,高速多重・分離など
への応用が期待される.

なお Au などの微粒子生成を行う場合,今日では PLD 的手法ではなく,水などの溶液中にターゲットを保持しアブレーションにより生成する手法が主流となっている（液中アブレーション）[6]．

e. 超短パルスレーザー内部改質・加工

超短パルスレーザー（フェムト秒レーザーならびにピコ秒レーザー）は超短パルスであるために尖頭強度がきわめて高く,ガラスなどの透明材料であっても非線形多光子吸収により強い吸収を生じさせることができる．さらに透明材料内部に適切な強度でフェムト秒レーザー光を集光すると,集光点近傍のみで多光子吸収を誘起することができる[7]．その結果固体内部の改質・加工が可能となる．最もよく知られた内部改質はガラスの屈折率制御であり,レーザー光を集光照射した領域において屈折率を 10^{-4} ～ 10^{-2} 増加することができる．集光したレーザー光をガラス内部で走査することにより,光導波路,光結合・分波器,Bragg グレーティング,回折型レンズ,導波路レーザーなどの3次元光学デバイスが作製されている．一方内部改質後フッ酸を用いてエッチングを行うと改質領域を選択的に除去でき,ガラス内部に3次元マイクロ中空構造を構築することができる．これによりガラス内部に,ミラーやレンズを埋め込むことに成功している[8]．　　　　　［杉岡幸次］

■参考文献

1) K. Obata et al. : *J. Laser Micro/Nanoengin.*, **1** (2006), 28-32.
2) J. Wang et al. : *Appl. Phys.*, **A68**, 111 (1999), 111-113.
3) G. Kopitkovas et al. : *J. Photochem. Photobiol.*, **A166** (2004), 135-140.
4) D. B. Chrisey and G. K. Hubler : Pulsed Laser Deposition of Thin Films, John Wile & Sons (1994).
5) R. del Coso et al. : *J. Appl. Phys.*, **95** (2004), 2775-2762.
6) T. Tsuji et al. : *Appl. Surf. Sci.*, **243** (2005), 214-219.
7) K. M. Davis et al. : *Opt. Lett.*, **21** (1996), 1729-1731.
8) Z. Wang et al. : *Appl. Phys.*, **A89** (2007), 951-955.

18 [加工・製造]

分布屈折率

レンズや光ファイバーを構成する透明材料は通常均一な屈折率を有しており，その物質内に入射した光は直進する．それに対し，物質内に屈折率の連続的な分布（分布屈折率）をもたせた場合，物質に入射した光は屈折率が高い部分に向かって曲げられるという特性を有するようになる．この性質が重要であり，各種光学材料への適用が行われている．

a. レンズの収差補正のための分布屈折率

分布屈折率の最も基本的な活用は，レンズ材料の各種収差の補正である．収差補正用に屈折率分布を形成したレンズを屈折率分布型（GRIN）レンズと呼称されている．GRIN レンズは一般に結像レンズに用いられているため，通常円筒状（円盤状）の形状を有している．GRIN レンズには，主にアキシャル型（図1）とラジアル型（図2）がある[1]．アキシャル型 GRIN レンズは，レンズの光軸方向に屈折率分布をもち，屈折率分布 $Na(z)$ は次式で表される．

$$Na(z) = N_{00} + N_{01}z_1 + \cdots \quad (1)$$

ここで，z_j は光軸方向の距離，N_{0j} は屈折率分布係数である．このアキシャル型 GRIN レンズは，面に曲率をつけることにより，非球面と同等の収差補正効果を生む[2]．

一方，ラジアル型 GRIN レンズは，光軸に垂直な方向に屈折率分布をもち，屈折率分布 $Nr(r)$ は次式で表される．

$$Nr(r) = N_{00} + N_{10}r^2 + N_{20}r^4 + \cdots \quad (2)$$

ここで，r は光軸から垂直方向の距離，N_{i0} は屈折率分布係数である．ラジアル型 GRIN レンズは，媒質自体が屈折力をもつことに最大の特徴があり，ペッツバール和

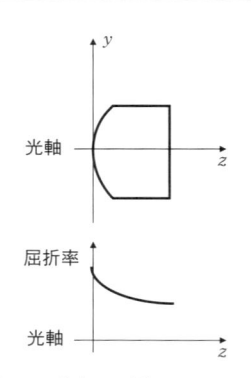

図1 アキシャル型 GRIN レンズ

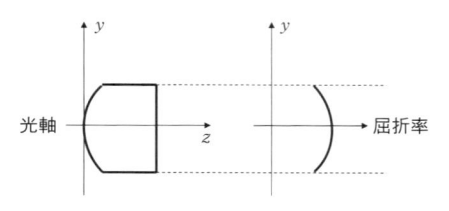

図2 ラジアル型 GRIN レンズ

と色収差が補正できるなど大きな収差補正能力をもつ[3]．

b. ロッドレンズ

(1) ロッドレンズの屈折率分布 ラジアル型 GRIN レンズはそれ自体をレンズ（ロッドレンズ）として用いることが可能である．ロッドレンズの屈折率分布 $Nr(r)$ を表す表現として，よく用いられるのは次の表現である．

$$n^2(r) = n^2(0)[1 - (gr)^2 + h_4(gr)^4 + h_6(gr)^6 + \cdots] \quad (3)$$

ここで，$n(0)$ は光軸上屈折率，g および h は屈折率分布を表す係数である[4]．

ロッドレンズの直径は 0.2～4 mm である．

(2) ロッドレンズアレイとしての活用 ロッドレンズアレイの結像に関して図3を用いて解説する．ロッドレンズに入射した光は，サインカーブのように蛇行し

```
        P
    (3/4)P
  (1/2)P
(1/4)P
```

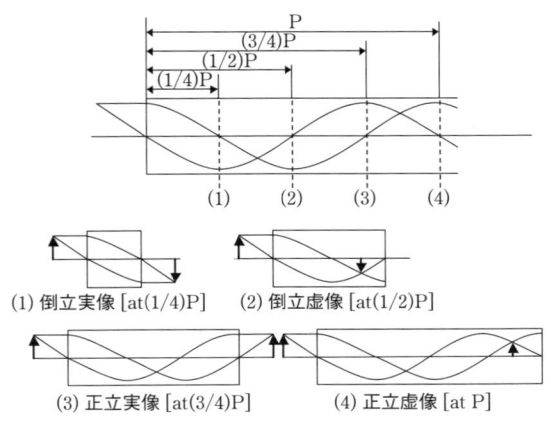

(1) 倒立実像 [at(1/4)P]　(2) 倒立虚像 [at(1/2)P]

(3) 正立実像 [at(3/4)P]　(4) 正立虚像 [at P]

図3　ロッドレンズのイメージ伝送の原理

て進行し，ロッドレンズはその蛇行周期の約3/4の長さに切断すると，正立等倍像を結像する．この特性により，レンズを並べると隣のレンズの像ときちんと重なり合うことから，並べた分だけの幅広の像の結像が可能となる（図4）[5]．ロッドレンズを並べて側板ではさんで接着したものが，ロッドレンズアレイである．このレンズアレイを適用したラインセンサーは，従来の縮小型センサーに比べて非常にシンプルでコンパクトなものとなっている．ファクシミリ，スキャナ，多機能プリンター，複写機などの読み取りレンズやLEDプリンターの光学系に適用されている[6]．

(3)　単レンズとしての活用[3]

また，ロッドレンズは光の蛇行周期の1/4ピッチの長さでは拡散光，平行光を集光したり，拡散光を平行光にコリメーションするという機能を発現する．この機能を利用して，シングルモード光ファイバー通信におけるカップリングレンズ，コリメーションレンズとして用いられている．また，一部光ディスクのピックアップレンズとしても活用されてきた．

(4)　ガラス製ロッドレンズの製造方法　屈折率を大きくする1価金属成分（M_2O）を多く含む直径数十mmのガラス製ロッドを加熱延伸することにより，直径数mmのガラス製ロッドレンズの母材ロッドは作製される．屈折率分布の形成は，この母材ロッドを高温の溶融塩に浸漬させる「イオン交換」処理によって行われる．母材ロッドの表面ではガラス中のM^+と溶融塩中の1価イオン（Na^+，K^+など）が相互に交換される．（図5）イオン交換によりロッドの表面ではM^+の濃度が小さくなり，濃度勾配が発生する．濃度分布が放物線状となったところでロッドを溶融塩から引き上げて徐冷すると，屈折率分布がそのまま固定される[7]．屈折率分布形成までの時間は数十時間と長い．

(5)　プラスチックロッドレンズの製造方法　モノマーとポリマーを均一混合溶

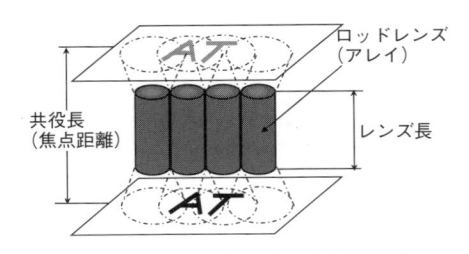

図4　ロッドレンズアレイの結像の模式図

共役長（焦点距離）
ロッドレンズ（アレイ）
レンズ長

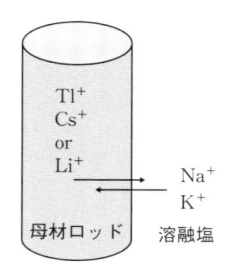

図5 イオン交換処理のイメージ図

解した屈折率の異なる複数種の原液を同芯円状に多層複合紡糸した後に，層間でのモノマーの拡散を起こし，モノマー種の分布を形成した後に重合硬化を行い，その結果組成分布を有するレンズを得るというものである（図6）[8]．液体モノマーの拡散を利用しているので，屈折率分布形成までの時間は約10秒と非常に短時間となっている．中心部にメタクル酸ベンジル，メタクリル酸フェニルといった高屈折率のモノマーを，外周部に低屈折率のフッ素化アルキルメタクリレートを有する原液を用いることにより，従来のプラスチックレンズとは異なりガラス製レンズと同等の屈折率差が実現で

きる．また，各原液の組成，吐出量比，温度など制御因子が多く存在し，レンズ製造時に精密な屈折率分布の制御が可能であり，レンズ性能の均質化にも成功し，イメージセンサーへの組み込みが非常に簡便になった．

d．光ファイバー

光ファイバーは一般的に屈折率の高いコア材と屈折率の低いクラッド材との二層構造からなり，その屈折率の差によりコア‒クラッド界面での全反射を利用して光が伝送される（SI型光ファイバー）．コア径を極端に小さくし，伝送するモードを極端に少なくし基本モードのみ伝送するようにしたものがシングルモード光ファイバーである．一方，ある程度大きなコア径を有する光ファイバーはマルチモードの通信となる．このため図7(A)に示すように入射光は入射角度により出射端面までの進行距離が異なり，パルス波形で入射した光でも角度の大きい光は伝播遅延が生じ，出射端面ではブロードな信号となってしまう．このために，高速の信号パルスを伝送した場合波形が重なり信号の分離ができなくなり，伝送

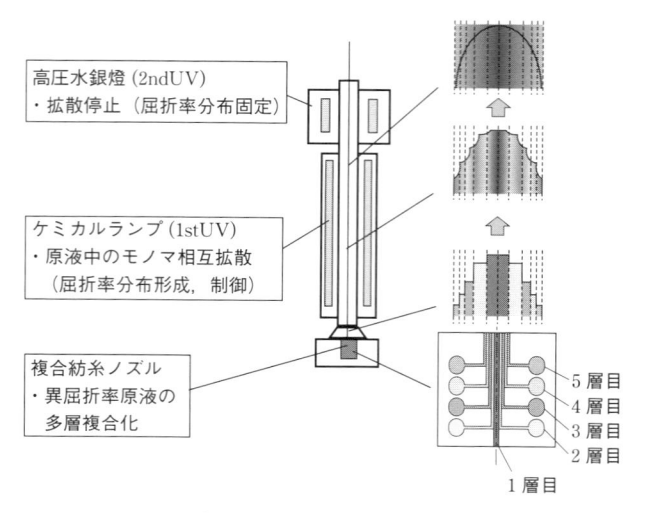

図6 プラスチックロッドレンズの製造方法

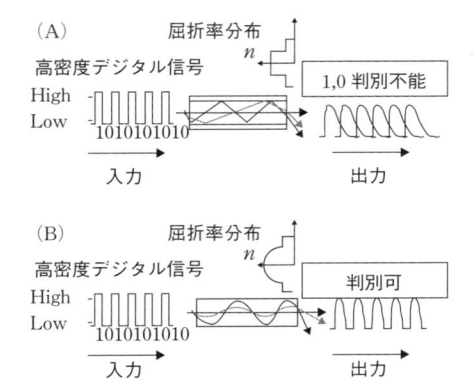

図7 光ファイバーの光伝送のイメージ図
(A) SI型光ファイバー，(B) GI型光ファイバー

できる帯域が狭くなる．

それに対しコアにロッドレンズと同様の中心軸ほど高くなるような屈折率分布を有しているのがGI型光ファイバーである．媒質中の光の進行速度は屈折率に反比例するため，光は屈折率が低い媒質中ほど速く進行する．伝搬される光の中で入射角の大きなものまた周辺部分より入射したものほど，低い屈折率を有する媒質中を進む時間が多くなり，入射角度が小さく中心に入射した光ほど高い屈折率の媒質中を進む時間が多くなる．そのため，端面から入射した光はSI型光ファイバーと異なり，出射端面で伝搬時間の遅延は起きにくくなるために，高速のパルスを伝送しても，波形は重ならず信号の分離ができるために，伝送できる帯域が広くなる（図7(B)）[9]．

e．まとめ

ロッドレンズアレイは，大半の家庭用ファクシミリに搭載されており，全世界のかなりの人々が用いている材料である．また，1本のアレイ中には数百本のレンズが用いられていることもあり，ロッドレンズは最も多く用いられている光学部品である．このように，我々は知らぬ間に分布屈折率の恩恵を受けている．

さらにここに紹介したもの以外に，多数の半球状のレンズが平板に埋め込まれたような形の平板マイクロレンズアレイ[10]などが製品化されている．また，屈折率分布型球レンズ[11]，屈折率分布型光導波路[12]などの研究が進められている． ［魚津吉弘］

■参考文献
1) 槌田博文，山本公明：光学，**22**（1993），95-100.
2) D. T. Moore：*J. Opt. Soc. Am.*, **67**（1977），1137-1143.
3) D. S. Kindred *et al.*：*Appl. Opt.*, **29**（1990），4036-4041.
4) I. Kitano：*Appl. Opt.*, **29**（1990），3992-3997.
5) 赤沢 旭，遠山 実：日化協月報，**37**（1984），23-32.
6) M. Kawazu and Y. Ogura：*Appl. Opt.*, **19**（1980），1105-1112.
7) T. Miyazawa *et al.*：*Appl. Opt.*, **19**（1980），1113-1116.
8) Y. Uozu and K. Horie：*Appl. Opt.*, **42**（2003），6342-6348.
9) POFコンソーシアム：プラスチック光ファイバー，共立出版（1997），p.66.
10) M. Oikawa and K. Iga：*Appl. Opt.*, **21**（1982），1052-1056.
11) Y. Koike *et al.*：*Appl. Opt.*, **33**（1994），3394-3400.
12) T. Ishigure and Y. Takeyoshi：*Opt. Express*, **15**（2007），5843-5850.

19　接　着　［加工・製造］

　様々な光学部品を設計上要求される位置に正確に配置すること，またその他の目的のため，光学機器の製造工程においては，「接合」や「接着」とよばれる作業が行われる．光学機器の製造工程では，ガラスとガラス，ガラスと金属，ガラスとプラスチックなど，多種多様な材料同士の組み合わせによる接合・接着があるが，レンズやプリズムに代表されるような光学素子の製造工程においては，特に，ガラス材料同士の接合が重要となる．光線が通過する光学面同士の接合には，接着剤を用いる方法と接着剤を用いない方法とに大別できる．接着剤を用いる方法とは，光学用接着剤を用いて光学部品を結合させる方法であり，広く一般的に行われている．古くは天然樹脂であるカナダバルサムが多用されていたことから，慣例的に接合工程のことをバルサム工程ともよぶ．一方，接着剤を用いない方法としては，① 精密に研磨加工された光学的な鏡面同士を密着させることによって光学部品を結合する方法（オプティカルコンタクト），② 接合界面に熱・振動・圧力・電圧などの物理的な作用を加えることによって光学部品を結合する方法（融着・圧着・他），などが挙げられる．ここでは，光学用接着剤を用いる方法と上記の①について説明する．

a．接合の目的[1)]

　接合作業の主な目的としては，① 色消しレンズ（ダブレットレンズ）の表面反射による光量損失の防止，およびフレアやゴーストの防止，② 複雑な形状の光学素子の合成，光路合致や分割およびレンズやプリズム加工の簡易化，③ 光学薄膜やフィルム類，金属パターン面や目盛面などの表面保護，④ 金組や製品の組立・調整作業などの簡易化，などが挙げられる．上記の①および②の具体例を図1および図2に示す．①に関しては，光学面の間隔をガラスの屈折率に近い接着剤で充填することによって，それぞれの界面での反射損失を大幅に低減できるという利点がある．また②は，通常の加工法では形状創成が極めて困難であり，光学面の接合工程により製造が簡易化される代表例である．④については，接着剤を用いた接合工程は，一般的に機械的には不安定な要素が存在する処理工程となるが，被接合材料がガラス素材という脆性材料であるため，ネジやピンなどで強固に締結した場合に割れや破損が生じやすいということもあって，接着剤による接合が多用され

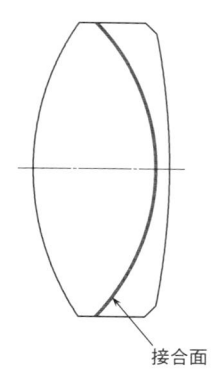

図1　色消しレンズの例

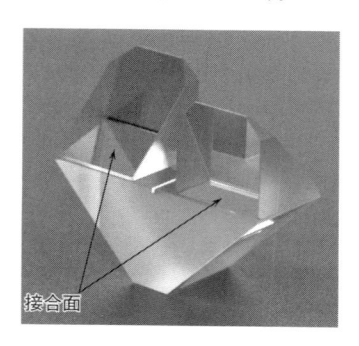

図2　接合Porroプリズムの外観

る．また光学調整上の観点からも，バルサム工程は光学素子の組立作業において，現在でも広く行われている．

b． 光学用接着剤に求められる条件[2]

光学用接着剤は光学材料としても使用されることから，一般の接着剤とは異なる条件も必要となる．主な項目を列記すると，① 無色透明で吸収散乱のないこと，② 蛍光性のないこと，③ ガラスの屈折率に近似していること，④ 中性でガラスに対して腐食などの化学作用を起こさないこと，⑤ 紫外線などに対して安定しており，着色などの経年変化がないこと，⑥ 硬化が均一で，かつ硬化時の体積収縮率が小さく，ガラスに対して面形状変化を起こさせないこと，⑦ 作業性（泡出しや芯出し）がよいこと，また硬化速度が調節できること，⑧ 接着力が強く，若干弾性を有し，また外力に応じて順応できること，⑨ 耐熱・耐寒・耐溶剤・耐湿・耐油性などに優れていること，⑩ 必要な場合には剥離可能であること，などである．この他，人体はもちろんのこと，近年では環境への影響度も重要となる．これらすべての条件を満足する接着剤は存在しないため，目的に応じて最適なものを選択する必要がある．

c． 接着剤の種類

近年，光学用接着剤は多くの種類が市販されているため，個々の製品については言及できないが，大別すると，① バルサム，② エポキシ樹脂系接着剤，③ アクリル樹脂系接着剤，④ ポリエステル樹脂系接着剤，⑤ シリコン樹脂系接着剤，⑥ 紫外線硬化型接着剤，が代表的なものである．現在ではこれらの中でも主に，エポキシ樹脂系接着剤と紫外線硬化型接着剤が広く一般的に使用されている．バルサムは，マツ科の植物から産出される天然樹脂を精製したもので，カナダ産のものが有名であったことから，カナダバルサムともよばれている．しかし，品質のよいエポキシ樹脂系光学用接着剤が開発されてからは，ほとんど使用されなくなっている．ただし，硬化の際にレンズの面形状変化が少ないことや剥離および再接合が可能であるという利点も有している．エポキシ樹脂系接着剤は，常温硬化型で低粘度であるために泡出しなどの作業性がよく，また接着力も強いという特徴がある．ポットライフは通常約30分程度で，接合後に研磨や芯取りといった機械加工も可能である．逆に，接合後の剥離が困難であることや体積収縮率が大きいため，面形状の変化が発生しやすいという弱点もある．シリコン樹脂系接着剤は，接着力が弱い反面，硬化後の弾性係数が低いことから，光学面の接合よりもむしろ鏡枠との固定用に使用されるケースが多い．一方，短波長側の透過率が良好であることや硬化収縮率が小さいといった特徴もある．紫外線硬化型接着剤は，他の接着剤に比べて硬化時間が非常に短いことが大きな特徴である．作業性が良好で自動化も容易なことから，小型部品や量産品の接合，また，光ファイバーを含む光通信用光学部品の接続にも多用されている．表1に代表的な光学用接着剤の主な特性の一覧を示す．

d． 接合の作業工程と留意点[3]

エポキシ樹脂系接着剤を用いた場合の主な作業工程を図3に示す．この中で，泡出しや芯出し・角度出しといった作業が光学部品の接合作業に特有なものとなる．泡出しは，接着剤に含まれる気泡を接合面の外に排除し，さらに接着剤層の厚みを適正かつ均一に調整する作業である．芯出し・角度出しは，個々のレンズの光軸を合致させる，またはプリズム面同士の角度を調整するといった作業であり，高度な技能と熟練が要求される場合もある．芯出しには芯出し顕微鏡，また角度出しにはオートコリメーターといった測定機器が使用される．作業が可能な接着剤の粘度は，一般的には3〜6 Pa·sの範囲とされており，芯出し作

表1 代表的な光学用接着剤の主な特性

項目	エポキシ樹脂系接着剤	紫外線硬化型接着剤
屈折率 (n_d)	1.54～1.57	1.53～1.56
硬化条件および性状	常温硬化型2液性	紫外線硬化型1液性
硬化収縮率	2～5%	3～6%
比重	1.16	1.38
分光透過率	可視域ではほとんど吸収なし	可視域ではほとんど吸収なし
耐寒耐熱性	－50℃～＋100℃の温度範囲で良好	－30℃～＋70℃の温度範囲で良好
耐溶剤性	ほとんどの有機溶剤に不溶	ほとんどの有機溶剤に不溶
耐油性	ほとんどの潤滑油に不溶	ほとんどの潤滑油に不溶
耐振耐衝撃性	強い	強い
接合歪み	やや発生する	やや発生する
剥離および再接合	困難	やや困難
接合後の加工	可能	可能

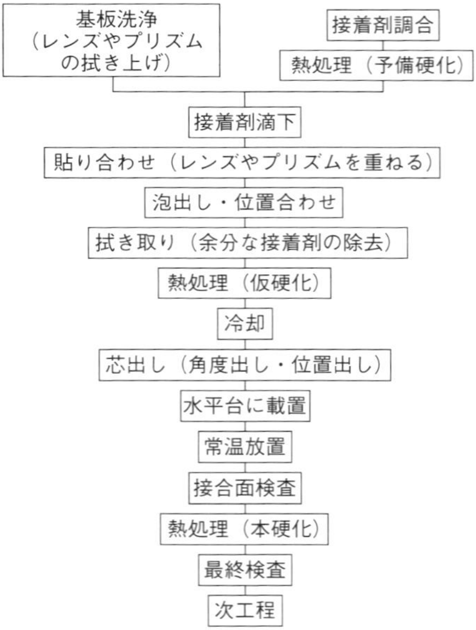

図3 エポキシ樹脂系接着剤での主な作業工程

(作業工程：基板洗浄(レンズやプリズムの拭き上げ)／接着剤調合→熱処理(予備硬化)／接着剤滴下／貼り合わせ(レンズやプリズムを重ねる)／泡出し・位置合わせ／拭き取り(余分な接着剤の除去)／熱処理(仮硬化)／冷却／芯出し(角度出し・位置出し)／水平台に載置／常温放置／接合面検査／熱処理(本硬化)／最終検査／次工程)

業を容易にするために加熱による予備硬化が行われる．

接合工程において，光学性能上大きく影響を与える問題となるのは接合歪みの発生である．エポキシ樹脂の硬化反応は，常温では完全に進行することはなく，基本的には約80℃の加熱処理が必要となる．エポキシ樹脂の硬化時の体積収縮率は，通常2～5%程度（配合条件によっては0.5%以下）とされているが，最終的な本硬化も含め，硬化を促進するための加熱処理によって体積収縮率は大きくなる傾向がある．結果的には，接合歪みの発生によって，面形状の変化が大きくなってしまう．これを完全に防ぐことは困難であるが，急速な加熱硬化を避けることや常温硬化の選択など，個々の状況に応じた温度条件や加熱スケジュールの最適化が重要となる．また，予備硬化が進行し，高粘度となった状態での芯出し調整も接合歪みが残留する要因となるため，配慮が必要である．紫外線硬化型接着剤の場合も同様であり，接合歪みが問題となるような場合には，紫外線の照射量や均一性を制御し，やはり急激な硬化を避けるなどの配慮が重要である．

e． オプティカルコンタクト

(1) 特徴および短所　オプティカルコンタクトは光学密着または光学的接着ともよばれ，高精度な研磨面を高清浄な状態とし，接合面同士を押しつけると，直接接触から強い密着状態が生じる現象である．主に平面同士の接合に適用される．この接合方法の必要性としては，① 光学面同士の空気間隔の寸法精度が厳密に要求される場合，② 接着剤の光学的厚みや複屈折が問題となる場合，③ 接着剤による光の吸収が問題となる場合，④ 接着剤の経時変化やその

他の物性が問題となる場合，などが挙げられる．上記の①の例としてはファブリペロー・エタロンや色分解プリズムなどのエアギャップ，②の例としては$\lambda/4$板や$\lambda/2$板といった各種の波長板光学素子が代表的なものである．③は，特に紫外線波長領域で使用される光学部品の場合において，接着剤による透過率低下が無視できないような場合である．深紫外域での偏光ビームスプリッター（PBSキューブプリズム）やプリズム型偏光子などが製品化されている[4]．

上記の項目はこの接合方法の長所にもつながる訳であるが，その一方で短所としては，①密着（接合）力が弱い，②接合作業時の位置決めや光学調整が困難，③接合品質が作業環境や接合面の清浄度に非常に敏感，などである．上記の①では接合後の各工程における衝撃的な外力や成膜工程での基板加熱に耐えられない場合があること，また水没環境下においては徐々に剥離が進行してしまう場合もある．②は，オプティカルコンタクトという現象そのものに係わるものであり，接合されると同時に位置的には完全に固定されてしまうため，接着剤使用時のような芯出しや角度出しといった微調整は不可能となる．オプティカルコンタクトは，接着剤の物性上，その使用が許容されない場合の接合方法として非常に有用ではあるが，上記のような短所のために，その適用範囲はかなり限定されたものとなっている．

(2) **接合メカニズム**　オプティカルコンタクトの接合メカニズムとしては，一般的には「接合表面上に吸着した水のOH基が分子間力（van der Waals力）による静電的な結合や水素結合によって，密着層の間に残存する水分のOH基と結合したり，また相手側の接合表面上に吸着しているOH基と直接結合して接着力を生じる」と考えられている[5]．近年，半導体用Siウェハにも常温直接接合技術が取り入れられているが，原理的には同様のものと考えることができる．そのため，接着力を向上させるには，①接合表面の表面粗さを小さくすること，②接合表面の清浄度をよくすること，が特に重要となる．最近では，プラズマ洗浄などの表面処理技術も進歩してきており，これらを併用することによって，より強固な接合状態を得ることができる．ただし，オプティカルコンタクトにおいても，接合後変形は避けられない問題であり，工程上の工夫と配慮が必要となる．

[村上敏貴]

■参考文献
1) 荻野賢一：光学技術コンタクト，**5**-3（1967），20-24.
2) 永田宏二：光技術コンタクト，**34**-7（1996），355-361.
3) 三浦　武：光学素子加工技術'93・I-6（表面処理・接合），日本オプトメカトロニクス協会（1993），p. 58.
4) 木村信二：光技術コンタクト，**48**-8（2010），362-367.
5) 鶴田匡夫：光の鉛筆，新技術コミュニケーションズ（1985），p. 353.

20 [加工・製造]

製 膜 法

　光学部品は基材に光学薄膜をコートすることにより，光学性能もしくは機能を高めることができる．光学薄膜は光学薄膜材料を基材表面に移送，薄膜化することにより形成する．光学薄膜の製（成）膜方法はそれぞれの特徴により得られる膜質（光学的，構造的特性）が異なる．光学薄膜の製造では目的とする薄膜の性能に対し最適な成膜方法を選択し，成膜条件を調整することが重要である．

a．成膜方法

　光学薄膜の製造方法には乾式成膜と湿式成膜がある．乾式成膜は気相成膜ともいう．気相成膜には物理気相成長法（physical vapor deposition：PVD）と化学気相成長法（chemical vapor deposition：CVD）に大別できる．物理気相成長は薄膜材料を気化し，基板上に移送，堆積させ薄膜を形成する方法の総称である．今日では膜の品質，制御性の高さから光学薄膜の製造方法として物理気相成長が主流になっている．物理気相成長の代表的な成膜方法は，真空蒸着法，イオンプレーティング法，スパッタ法などがある．化学気相成長法は基板表面近傍に導入した原料ガスから化学反応により薄膜を形成する成膜方法の総称である．湿式成膜は液相成膜ともいう．液相成膜の代表的な光学薄膜の成膜方法としてゾル・ゲル法がある．

(1) 真空蒸着法　PVDの一種．最も古くから用いられている成膜技術であり，現在も広い分野で用いられている．主な装置構成を図1に示す．真空蒸着法は蒸発源の種類により分類することができる．① 抵抗加熱法：タングステン，タンタル，モリ

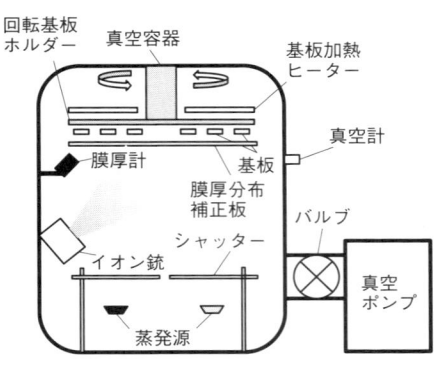

図1　蒸着装置概要図

ブデンなどの高融点金属からなるボート形状もしくはワイヤ状の抵抗体（図2）に薄膜材料を入れ，通電し加熱，気化させる．抵抗加熱法は構造がシンプルで制御も容易である．しかし抵抗加熱法は薄膜材料の充填量が少ないため大量生産，大面積基板の加工には適さない．また加熱できる温度は抵抗体の溶解温度以下と比較的低いため，成膜できる材料が限られている．② 誘導加熱法：薄膜材料を入れたるつぼを電磁誘導で加熱し材料を気化させる．誘導加熱法は材料に投入できる熱量が大きいことから材料の充填量が多く，大面積基板への成膜に適している．また，高速成膜にも適していることから特にアルミニウムの成膜に用いられている．③ 電子ビーム（electron beam：EB）法：フィラメントで発生させた熱電子を電磁場により加速，偏向させ，材料に照射して加熱する．EB法では加熱体（ボート，るつぼなど）がないため，高融点材料の成膜に適している．また溶融した材料とるつぼが接しないため反応性の高い薄膜材料の成膜にも適している．しかしEB法を化合物材料に使用する場合はEB照射による材料の分解が生じ，膜の組成比が材料と異なり，光学特性が設計と異なる場合があるので注意が必要である．

(2) イオンプレーティング法　PVD

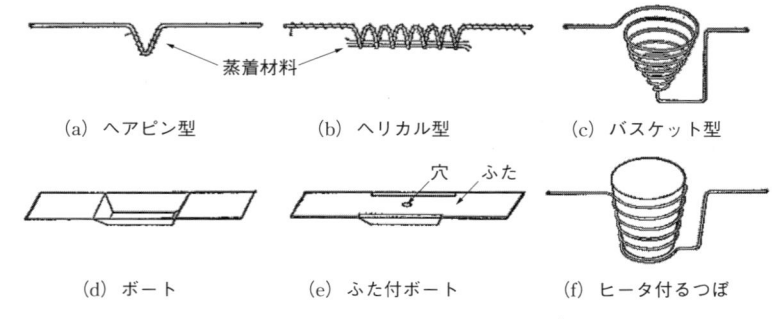

(a) ヘアピン型　(b) ヘリカル型　(c) バスケット型
(d) ボート　(e) ふた付ボート　(f) ヒータ付るつぼ

図2　抵抗加熱フィラメントとボート[1]

の一種．真空蒸着と同様，薄膜材料を蒸発させ，蒸発した粒子に電荷を付与する．基板もしくは基板ホルダーには電圧を印加し，電界により蒸着粒子を加速し，基板に堆積させる．基板上に到達した蒸着粒子は高い運動エネルギーにより激しくマイグレーションし，高密度の膜を形成する．また蒸着粒子を電界により誘引するため，膜のカバレッジを向上する効果もある．しかし，基板に電圧を印加するには基板が導電体の必要がある．また基板ホルダーに電圧を印加する場合は基板表面の電界を均一に制御する必要があり，装置として複雑な構造となる．イオンプレーティングは広義では蒸着の一種であるが形成される膜質はスパッタに近く，蒸着とは区別されることもある．

(3) スパッタ法　PVDの一種．真空容器中のターゲット（光学薄膜材料をディスク状に固めたもの）にイオンを加速，衝突させてターゲット表面近傍の分子，原子を弾き飛ばし，対向する基板上に薄膜を堆積させる．スパッタ法は材料を加熱気化する必要がないため，高融点材料の成膜に適している．また蒸発温度の異なる物質を混ぜ合わせた混合ターゲットを用いた混合膜の成膜も可能である．スパッタ法はスパッタされた粒子の運動エネルギーが高く，基板上で激しくマイグレーションし，高い充填密度の膜を形成する．しかし高エネルギーのイオン，粒子がターゲット，基板（膜）に衝突することにより分子が分解し，光学吸収が増加する場合があるため注意が必要である．また，スパッタイオンが膜中に混入，あるいはイオンがターゲット以外をスパッタすることにより膜中に不純物を混入させるため，膜の純度が低くなる傾向がある．スパッタ法はターゲットにイオンを衝突させる方法で分類することができる．

① マグネトロンスパッタ法：図3に示すように，ターゲットの背面に配置した磁石により，プラズマ中の電子にサイクロトロン運動を起こさせ，効率よくプラズマを生成，安定化する方法である．ターゲットに印加する電圧が直流（direct current：DC）電圧をDCマグネトロンスパッタ，高周波（radio frequency：rf）電圧をrfマグネト

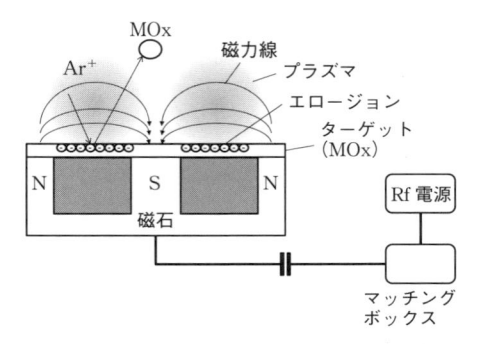

図3　rfマグネトロンスパッタ装置のカソード構造

ロンスパッタという．DCマグネトロンスパッタ法は導体ターゲットに適している．また印加する電圧を直接制御できるため高い成膜レートを得ることができる．rfマグネトロンスパッタ法は誘電体ターゲットに適している．しかしイオンの加速電圧はセルフバイアスで発生する電圧のため低く，成膜レートはDCマグネトロンスパッタより遅い．② イオンビームスパッタ法：イオン銃内で発生させたイオンを引き出し電極（グリッド）により加速し，ターゲット上に収束させてスパッタする．ターゲットは保持されているのみで特別な機構は不要であり装置はシンプルである．しかしターゲットが誘電体の場合，イオン照射による正の帯電が生じ，安定したスパッタを持続することができない．このような場合はターゲット表面の正電荷を中和するためにニュートラライザーを併用する必要がある．

(4) **CVD法** 基板近傍に導入した材料ガスに化学反応を起こす方法により熱CVD，光CVD，プラズマCVDと分類される．CVD法に用いられる材料ガスは危険なガスが多く取り扱いにも注意が必要である．設備としては成膜装置以外に排ガス処理設備が必要となる場合が多く，設備が大掛かりになる．また，膜中に未反応材料ガスが取り込まれる場合も多く純度の高い光学薄膜を形成するには課題が多い技術である．

半導体の製造としては材料ガスの開発は多方面で行われているが，光学薄膜用材料の開発は少なく，半導体でも使用されるSiO_2，Al_2O_3，Ta_2O_5，TiO_2などと金属膜と限られている．

(5) **ゾル・ゲル法（Sol-Gel）** 最も古くから用いられている成膜技術である．基板に対し，大きな真空装置を必要としないため大面積基板への成膜に適している．また，近年注目されている技術として，膜の屈折率を低く制御し，広帯域低反射率の反射防止膜の作成に用いられている．しかし膜中に媒質が残留する可能性があり，低吸収の膜を得にくい課題もある．湿式成膜は膜物質の前駆体を溶媒に分散した液もしくは膜物質の微粒子を媒質に分散したゾル（コロイド）を基板上に塗布し，媒質を除去することによりゲル化する．さらに加熱処理などを行い重合反応と微粒子間の結合を強め薄膜化する．ゾル・ゲル法で成膜できる光学薄膜にはAl_2O_3，HfO_2，In_2O_3，Ta_2O_5，SiO_2，MgF_2，などがある[2]．ゾルを基板に塗布する方法として，ディップ法，スプレー法，スピンコート法，などがある．

b．膜質の調整方法

光学薄膜は成膜方法，成膜条件により得られる膜の特性（膜質）は大きく異なる．真空蒸着法は，原理がシンプルで扱いやすい成膜方法ではあるが，堆積できる膜の充填密度が低く，膜の表面粗さが大きいという欠点がある．スパッタ法は膜の充填密度が高く，表面粗さが比較的小さい反面，膜の内部応力が高い，材料と膜の組成比がずれる，膜中に不純物が多い，などの欠点がある．

膜の屈折率は膜の充填密度と相関があり，密度が低くなると屈折率は低くなる．膜の充填密度は薄膜の成長過程と関係がある．図4は薄膜の成長モデルであり，① 基板上に飛来した粒子が基板に付着し，②③ 表面マイグレーションにより核形成，④⑤ 成長

残留ガス分子　蒸着粒子　脱離

① 衝突　② 表面マイグレーション　③ 核形成

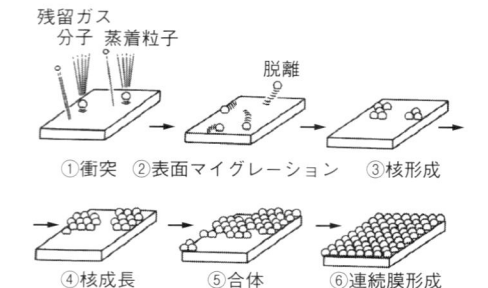

④ 核成長　⑤ 合体　⑥ 連続膜形成

図4 薄膜の成長モデル[3]

を経て，⑥薄膜化する．このとき飛来粒子が基板上で十分な運動エネルギーをもっていない場合，表面マイグレーションが不十分になり核成長時に隙間が生じ，膜の充填密度が低下する．また膜の付着力も低下する．飛来粒子の運動エネルギーが低い成膜方法では，屈折率を高めるために補助的な方法（基板加熱，イオンプロセスなど）を用いて運動エネルギーを高める工夫がとられている．

（1）基板加熱法　最も容易な方法であり，基板を直接もしくは間接的に加熱することにより基板上に到達した蒸着粒子のマイグレーションを促進する．膜構造と成膜時の基板温度の関係は図5に示すモデルで考えられており，膜の充填密度を高めるためには基板温度の高温化が有効である．しかし，熱による変形，変質の影響を受けやすい基板材料（有機材料など），形状には適さない．

（2）イオンアシスト法　成膜中の基板にイオン（不活性ガス，主にAr）ビームを照射し，イオンの衝突エネルギーにより基板上に到達した蒸着粒子のマイグレーションを促進する．イオンビームの照射による基板温度の上昇は数十℃程度と低く，基材への影響は小さいため，一般的な光学部品には適している．しかしイオンビーム照射による基板もしくは膜の組成比がずれ，吸収の原因になる場合がある．組成比のずれを補正するため反応性ガスを導入する場合がある．

（3）反応性成膜　成膜方法により所望の膜組成が得難い場合がある．一般に誘電体膜（金属酸化物，金属フッ化物）では酸素，フッ素が欠損する．欠損を補うために基板近傍に酸素系ガスもしくはフッ素系ガスを導入する．基板表面を活性化するために加熱もしくはイオンアシストなどを行う．

反応性をより積極的に用いる方法として反応性スパッタ法がある．誘電体のスパッタ成膜は成膜速度が遅いため，ターゲット材料に成膜速度の速い金属を用い基板上で導入ガスと反応し，誘電体薄膜を形成する．近年開発普及してきたメタモードは反応性スパッタの一種であり，比較的新しい技術である．通常の反応性スパッタはスパッタと反応を同時に行うが，メタモードでは基板上へのスパッタ成膜と膜に酸素プラズマを照射する酸化を交互に切り替えて行う．このことにより成膜，反応（酸化）それぞれを独立に制御することができ，成膜条件の自由度を高くすることができる．

究極の成膜方法として分子線エピタキシー（molecular beam epitaxy：MBE）法がある．化合物半導体の製造方法として開発された真空蒸着技術であり，超高真空中にて基板を高温（薄膜材料の溶融温度の半分程度）に保ち，材料を低い蒸発レートで分子層状に成膜する．生産性が低く，光学薄膜の形成には適していない方法ではあるが，高品質の薄膜を形成する成膜技術の方向性を示唆している．　　　　　［友藤哲也］

■参考文献
1) 権藤靖夫：薄膜，共立出版（1992），p. 17.
2) 山根正之：ゾルゲル法の技術的課題とその対策，アイピーシー（1990），p. 256.
3) 山田 公：イオンビームによる薄膜設計，共立出版（1991），p. 2.
4) M. Ohring：The Materials Science of Thin Films, Academic Press（1992），p. 227.

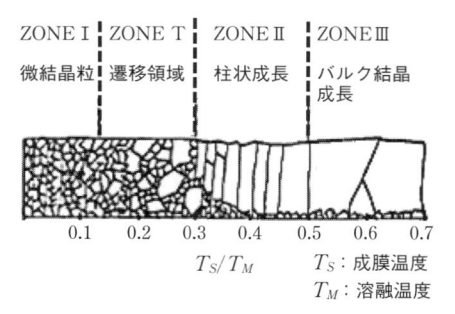

図5　成膜温度と膜の構造[4]

21 [検査]

基礎定数の測定

a. 焦点距離の測定[1)]

(1) 焦点距離の定義 日本工業規格(JIS)の「光学用語」(Z8120:2001)において，焦点距離は「光学系の像主点から像焦点までの距離」と定義されている．また写真レンズの焦点距離は，JIS B7094:1997において「レンズの光軸と小さい角θをなす方向にある無限遠物点のレンズによってつくられた像点が，光軸からy'の距離にあるとき，レンズの焦点距離fは，

$$f = -\lim_{\theta \to 0} \frac{y'}{\tan\theta} \quad (1)$$

で表す」と，物体と像の大きさに基づいて定義されている．

(2) 焦点距離の測定方法 JIS B7094:1997では写真レンズの焦点距離の測定方法として，焦点距離比較方法，遠方の物体による方法，ノーダルスライド方法，外挿方法が規定されている．

(i) 焦点距離比較方法： 図1に示すように，既知の焦点距離f_0をもつコリメーターレンズの焦点面に既知の大きさyの物体を置き，コリメーターレンズに正対した被験レンズによる像の大きさy'を測定する．被験レンズの焦点距離fは，

$$f = f_0 \times \frac{y'}{y} \quad (2)$$

により求められる．

焦点距離比較方法は，倍率法ともよばれる．

(ii) 遠方の物体による方法： 被験レンズの焦点距離の公称値または設計値の1000倍以上の距離にある物体を選ぶ．被験レンズを通してその物体の像を結ばせて，像の一端を光軸に一致させた状態で像の大きさy'を測定する．ここで，被験レンズの位置から物体を見込む角θは既知であって，被験レンズの最大画角の1/10以下でなければならない．被験レンズの焦点距離fは，

$$f = \frac{y'}{\tan\theta} \quad (3)$$

により求められる．

遠方の物体による方法は，被験レンズの焦点距離が非常に長い場合に有効な測定法である．

(iii) ノーダルスライド方法： ノーダルスライド方法は，レンズが空気中にある場合にはレンズの主点と節点が一致することを利用した測定法である．後述するノーダルスライドとよばれる台（光軸方向への移動および光軸と直交する軸を中心とした回転が可能）を有する光学ベンチを使って，図2に示すように，コリメーターレンズと正対して，被験レンズをノーダルスライドに取り付ける．コリメーターレンズの焦点面に置いた標線の被験レンズによる像が明

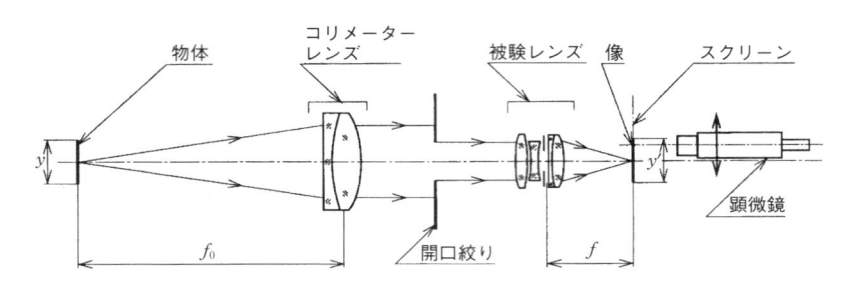

図1 焦点距離比較方法[1)]

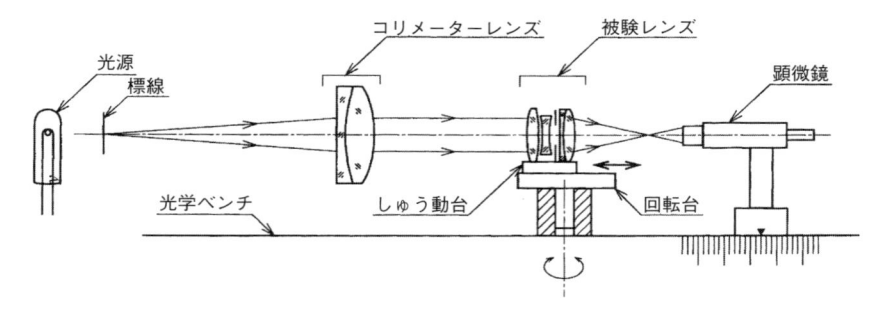

図2 ノーダルスライド方法[1]

瞭に見えるように顕微鏡の位置を調節しながらノーダルスライドを光軸に沿って前後に移動させ，ノーダルスライドをわずかに回転しても標線の像が横移動しなくなる被験レンズの位置を見つけ出す．標線の像が横移動しなければ，被験レンズの節点がノーダルスライドの回転軸に一致した状態であり，顕微鏡により被験レンズの焦点の位置を観察していることになる．このときの顕微鏡の位置 s を読み取る．次に，被験レンズを外して，標線を彫刻した標板の彫刻面を顕微鏡側に向けてノーダルスライドに取り付け，標線の像を顕微鏡で観察しながらノーダルスライドをわずかに回転しても標線の像が横移動しなくなる標板の光軸方向の位置を見つけ出す．標線の像が横移動しなければ，ノーダルスライドの回転軸の位置，すなわち被験レンズの節点（空気中なので主点と一致する）の位置を顕微鏡で観察していることになる．このときの顕微鏡の位置 s_0 を読み取る．被験レンズの焦点距離 f は，顕微鏡の位置の差 $(s-s_0)$ から求められる．

国内の光学機器メーカーでは，焦点距離比較方法やノーダルスライド方法がよく用いられる．

(iv) 外挿方法： 図3に示すように，被験レンズの焦点面に目盛板を置き，物体側節点を中心に回転できる十字線付き望遠鏡を用いて目盛板を観測する．被験レンズの焦点距離 f は，式 (1) の像高 y' に相当するいくつかの目盛の長さ l とそれに対応する角 θ の測定値から次式によって計算し，外挿法によって $\theta \to 0$ のときの値を定める．

$$f = \frac{l}{\tan\theta} \quad (4)$$

外挿方法は JIS B7094：1997 の焦点距離の定義に従った測定法であり，原理的にはどのようなレンズにも使える．ただし，外

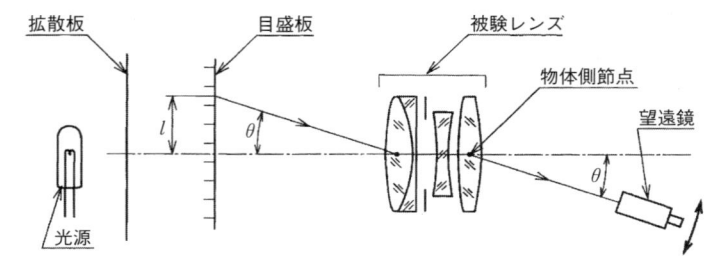

図3 外挿方法[1]

挿法の極限のとり方によっては焦点距離の数値が変わる可能性がある.

(3) 関連定数の測定　被験レンズの焦点面の位置を表すものとして，バックフォーカス（バックフォーカルディスタンス）やフランジバック（フランジ焦点距離）を用いることがある．バックフォーカスは，JIS Z8120：2001において，「レンズの最終屈折面の頂点から像焦点までの距離」と定義されている．一方，フランジバックは「レンズの取付け基準面から焦点面までの距離」と定義されており，バックフォーカスとは異なる．

被験レンズのバックフォーカスは，前述したノーダルスライド方法を用いて測定することができる．

ノーダルスライド方法において，被験レンズの焦点の位置を観察した後（顕微鏡の位置 s を読み取った後）に，被験レンズは外さずに，被験レンズの最終面に焦点が合うように顕微鏡の位置を調整し，このときの顕微鏡の位置 s_1 を読み取る．顕微鏡の位置の差 $(s-s_1)$ が被験レンズのバックフォーカスである．

(4) 光学ベンチ　光学系を構成するレンズ，光源，スクリーンなどの光学要素を保持するためのホルダーを取り付けた種々のスライドが，固定した支持台の上を光学系の光軸方向に移動可能とした台を光学ベンチ（optical bench）という．支持台にはスライドの移動量を測るための目盛りがついている．光学ベンチは，オプティカルベンチ，光学台などともよばれる．

レンズの基礎定数である主点や焦点の位置あるいは焦点距離などの幾何光学的諸量の測定に使われる光学ベンチの一例として，ASKANIA社製の光学ベンチを図4に示す．

この光学ベンチには，光源，標線（チャート），コリメーターレンズ，被験レンズ保持台，観察光学系（顕微鏡）などが配置

図4　光学ベンチ（ASKANIA社製）

図5　ノーダルスライド（ASKANIA社製）

されている．被験レンズ保持台はノーダルスライド（nodal slide）とよばれ，コリメーターレンズの光軸と直交する軸を中心に回転可能な機構と，光軸方向に移動可能な機構を有している．図4の光学ベンチに搭載されているノーダルスライドを図5に示す．

b．有効口径の測定[2]

(1) 有効口径の定義　JIS B7095：1997において，写真レンズの有効口径は「レンズの光軸上の無限遠物点から出て，与えられた絞り目盛に相当する開口をもつレンズを通過すべき平行光線束の，光軸に垂直な断面積と等しい面積をもつ円の直径」と定義されている．

(2) 有効口径の測定方法　JIS B7095：1997では写真レンズの有効口径の測定方法として，入射瞳の直径を直接測定する方法，テレセントリック投影光学系による方法，焦点面上のピンホールによる方

法が規定されている．

(i) 入射瞳の直径を直接測定する方法：
被験レンズは，拡散面光源と顕微鏡との間に，被験レンズの像側を拡散面光源に向けて，顕微鏡の光軸に平行となるように配置する．みかけ上最も小さい開口部の縁に，顕微鏡の焦点を合わせ，顕微鏡の移動量を測定することによって，入射瞳の直径を求める．被験レンズの開口（絞りまたはレンズの縁）の形が円形の場合には，入射瞳の直径が有効口径 d であり，円形でない場合には，入射瞳と同じ面積をもつ円の直径を有効口径 d とする．

(ii) テレセントリック投影光学系による方法：被験レンズは，図6に示すように，拡散面光源とテレセントリック投影光学系（投影レンズ，テレセントリック絞りおよびスクリーンからなる）の間に，被験レンズの像側を拡散面光源に向けて，光軸が投影光学系の光軸に平行となるように配置する．被験レンズを光軸方向に移動して，被験レンズの入射瞳の全周の像がスクリーン上で最も鮮明になる位置で開口像の面積 S' を測定する．また被験レンズの代わりに大きさが既知の物体を設置し，スクリーン上での大きさを測定して投影光学系の投影倍率 M を求める．被験レンズの有効口径 d は，次式によって表す．

$$d = \frac{2}{M}\sqrt{\frac{S'}{\pi}} = \frac{1.13}{M}\sqrt{S'} \quad (5)$$

(iii) 焦点面上のピンホールによる方法：図7に示すように，被験レンズの像

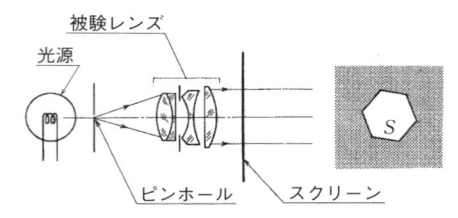

図7 焦点面上のピンホールによる方法[2)]

側の焦点にピンホールを置き，その背面から照明して，ピンホールを通った光線が被験レンズの開口を満たすようにする．そして被験レンズの物体側に，なるべく被験レンズに近づけてその光軸に対して垂直にスクリーンを置き，被験レンズを通った平行光線束を投影して，スクリーン上での平行光線束の断面積 S を測定する．被験レンズの有効口径 d は，次式によって求める．

$$d = 2\sqrt{\frac{S}{\pi}} = 1.13\sqrt{S} \quad (6)$$

(3) 関連定数の測定 JIS B7095：1997 において，Fナンバーは「レンズの焦点距離と有効口径との比」であり，口径比は「Fナンバーの逆数」であると定義されている．

Fナンバーは，被験レンズの焦点距離 f と有効口径 d を測定することにより，次式によって求める．

$$F = \frac{f}{d} \quad (7)$$

また口径比は，Fナンバーを用いて，

$$1 : F$$

と表す． ［山崎和秀］

■参考文献

1) JIS B7094：1997「写真レンズ―焦点距離の測定方法」
2) JIS B7095：1997「写真レンズ―有効口径，Fナンバ及び口径比の測定方法」

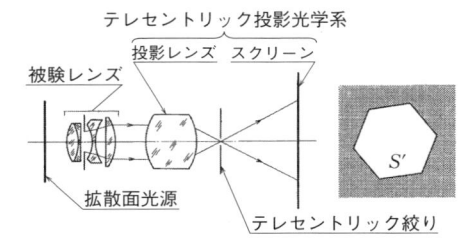

図6 テレセントリック投影光学系による方法[2)]

22 [検査]

波面収差，面形状の測定

a. 光学検査発展の歴史

1858年，フーコーは光学系の焦点位置近傍にナイフエッジを挿入し，像側から観察すると，光学系の収差の特徴を反映した明暗パターンが観測されることを発見した．これがナイフエッジ法，またはフーコーテストとよばれるものである（図1）．

この方法は後にシュリーレン法（Toepler，1864）などに発展し，実用的な最初の光学検査手法として知られるようになった．1923年には，イタリアの物理学者Ronchi（ロンキー）が鏡の曲率中心の近くに格子を置いたときに格子の像が格子そのものに重なって，鏡の収差を反映したモアレパターンが観測できることを発見した．これがRonchiテストとよばれるもので，その後，ガリレオ望遠鏡（Ronchi, 1923）や天体望遠鏡（Anderson and Poster, 1929）の製作に応用された．これらの計測手法発展の歴史的背景や技術の詳細については，文献[1]を参照されたい．

b. 波面収差の表現

レンズの波面収差を定量的に記述するには，位相差顕微鏡の発明で知られているFrits Zernikeが導入したZernike多項式が用いられる．Zernike多項式は，円形領域に対して直交する多項式であり，(r, θ)極座標系で表すことができる．有名なのは数学的対称性を重視したStandard Zernike Polynominals[2] であるが，ここでは産業界で普及し事実上の業界標準であるFringe Zernike Polynomialsを紹介する．

n を $n \geq 0$ の整数，m を $|m| \leq n$ の整数として，

$$Q_n^m(r) = \sum_{s=0}^{n-|m|} (-1)^s \frac{(2n-|m|-s)!}{s!(n-s)!(n-|m|-s)!} r^{2(n-|m|-s)}$$

を定義する．このとき多項式の第 l 項は，

$$Z_l(r, \theta) = Z_n^m(r, \theta)$$
$$= \begin{cases} Q_n^m(r) r^{|m|} \cos(|m|\theta) & (m \geq 0) \\ Q_n^m(r) r^{|m|} \sin(|m|\theta) & (m < 0) \end{cases}$$

ただし，

$$l = \begin{cases} (n+1)^2 - 2|m| & (m \geq 0) \\ (n+1)^2 - 2|m| + 1 & (m < 0) \end{cases}$$

m は径方向の次数（radial order），n は周方向の周波数（azimuthal frequency）である．たとえば，$l=5, n=2, m=2$ のとき，$Z_5 = r^2 \cos(2\theta)$ となり，これは非点収差を表す（図2A）．また，$l=7, n=2, m=1$ のとき，$Z_7 = (3r^2-2)r \cos(\theta)$ となり，これはコマ収差を表す（図2B）．第9項の球面収差（図2C）と併せて収差図を示す．

c. シアリング干渉法

シアリング干渉はその名のとおり被検波自体を横ずらし（Shear）させ干渉縞を得て，位相を復元する手法である．シアする方向により①Lateral shearing，②Radial

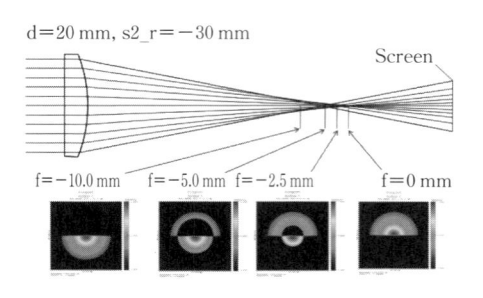

d=20 mm, s2_r=－30 mm
Screen
f=－10.0 mm f=－5.0 mm f=－2.5 mm f=0 mm

図1 ナイフエッジ法

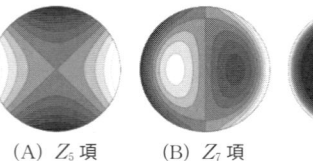

(A) Z_5 項　　(B) Z_7 項　　(C) Z_9 項

図2 Zernike収差図

shearing, ③ Rotational shearing に分類されるが，ここでは実用的に重要なラテラルシア法について述べる．横ずらしによって得られた波面は微分波面であり，元波面を復元するには，① 得られた位相をシア方向に積分処理する，② 前述の Zernike 多項式を (x, y) 座標系で表現し，x, y 方向に多項式を微分して得られる微分 Zernike 関数を使って微分波面を直接フィッティングし，元波面の収差成分を直接求める，などの方法を用いる．横ずらしの手法としては，平行平板の表裏面で反射させ，平板の傾きを調整することによりずらす方法や回折格子を用いる方法などがある．特に後者は屈折光学系が利用できない極紫外光学系の波面計測には有効である[3]．図3に例を示す．

ピンホールから射出した球面波は，被検光学系（極紫外域では反射光学系）を通過し，被検光学系の収差情報をもって後方に設置した回折格子で0次光と±1次光に分割される．コントラストのよい干渉縞を得るには±1次光を干渉させるのがよいので，被検光学系の像面に次数選択窓を設置して±1次光のみを透過させ干渉縞を得る．また像面から λ/d^2（d は格子ピッチ）ずらした位置に2次元格子を配置すれば Talbot 干渉計[4,5]が構成され，非点収差を高精度に測定することが可能となる．本事例では，極紫外線用反射光学系の波面収差に関し，0.1 nm の計測精度を得たことが報告されている[6]．

d．波面センサー

1900年，ポツダムの反射鏡をテストするために発明された Hartmann 法は，その後，1971年 Shack により改良が加えられ，近年の微細加工技術の発展に伴い簡易な波面センサーとして急速に普及が拡大している（図4）．

Hartmann 法との差異は，ホールアレイの代わりにマイクロレンズアレイを設置したことである．各レンズに入射した波面は，その法線方向に焦点を結ぶ．各スポットのセンサー上の横ずれ量は各レンズ入射波面の傾きに比例する．つまりセンサースポット位置情報は各レンズへの入射波面の傾き情報が得られる．マイクロレンズの導入により，光の利用効率は格段に向上し，スポット分離が容易となり，ダイナミックレンジが大幅に拡大した．市販品の代表的な仕様として，分解能 0.01λ，計測範囲として 1000λ が得られている．この他，レンズアレイの代わりに位相シフトマスクを用いるシアリングセンサー[7]も登場し，空間分解能の向上とさらなるダイナミックレンジの拡大が期待されている．

e．Fizeau 干渉計と面形状の測定

レンズの面形状を測定する代表的な干渉計に Fizeau 干渉計がある．図5に Fizeau 干渉計の構成を示す．Fizeau 干渉計の特徴は被検面に至る光路の途中に参照面を配置する点で，被検面で反射した被検光は参照面で反射した参照光と撮像面上に干渉縞を

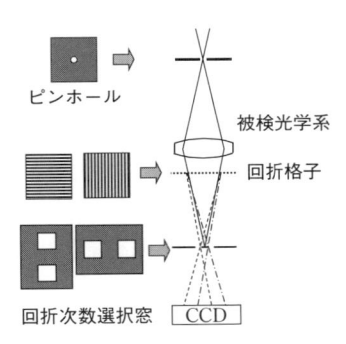

図3　シアリング干渉計

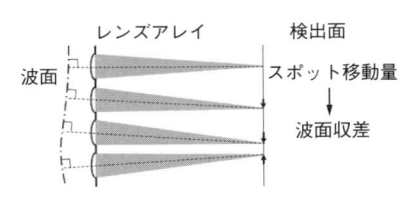

図4　Shack-Hartmann センサー

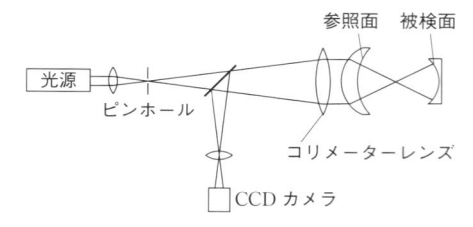

図5　Fizeau 干渉計

形成する．したがって，面形状の計測精度は参照面の加工精度に依存して決まる．この参照面を有する基準レンズは TS レンズ (transmission sphere) とよばれ，参照面の面精度は，通常 $\lambda/10$ から $\lambda/20$ (peak to valley) 程度である．

この Fizeau 干渉計で計測できるのは，球面もしくは平面に限定されるが，近年，被検面を光軸方向に走査することにより，非球面レンズの形状を計測する測定機が市販された．

図6はその干渉縞ゾーンスキャン法[8,9]とよばれる干渉計の構成を示す．ゾーンスキャン法では，曲率半径の絶対値を校正するために最初に被検面をキャッツアイとよばれる TS レンズの焦点位置に駆動する．測定光が被検面中心で反射し，干渉縞がワンカラーになる位置がキャッツアイ位置である．その位置から被検面の近軸曲率半径 R1 の位置まで移動する．そのとき撮像面では中心部に計測可能な干渉縞が観察される．本事例の被検面は，周辺に行くに従い曲率半径が緩くなっているので，サンプルをキャッツアイ位置から R2 だけ駆動したときに，被検面の中間ゾーンで輪帯状の干渉縞が観察される．R1 位置から R2 位置に駆動する際，中心部分の干渉縞は常に観察されるため，この干渉縞の位相を基準にして外側にずれていく干渉縞の相対位相をトラッキングすることが可能になっている．

非球面の光学的な計測法としては，この他，非球面からの反射光を前述の

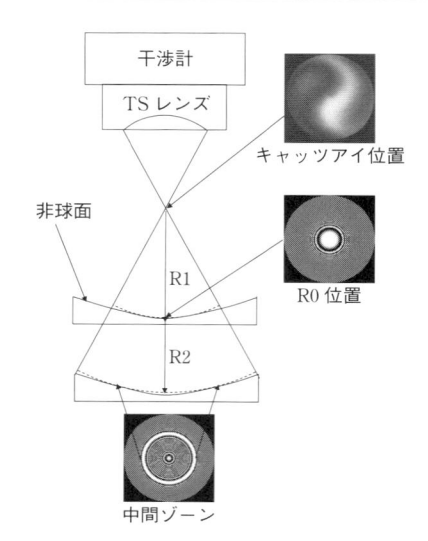

図6　干渉縞ゾーンスキャン法

Hartmann センサーなどで受光し非球面形状を復元する測定機が登場している．しかしながら非球面レンズの傾斜角はさらに拡大する方向にあり，レンズを傾斜させながら計測領域を径方向に分割し，形状をつなぎ合わせて復元するスティッチング技術と組み合わせ，さらに計測自由度を拡大することが期待されている．　　　［長谷川雅宣］

■参考文献
1) D. Malacara：Optical Shop Testing, 3rd ed., Wiley-Interscience (2007).
2) M. Born and E. Wolf：Principle of Optics, Cambridge University Press (1997).
3) 長谷川雅宣, 杉崎克己：光学, **34**-3 (2005), 145.
4) 横関俊介：光学, **9**-5 (1980), 275.
5) M. Takeda and S. Kobayashi：Appl. Opt., **23** (1984), 1760.
6) K. Sugisaki and M. Hasegawa：FRINGE2005 (W. Osten ed.), Springer (2005), p. 252.
7) J. Primot and N. Guerineau：Appl. Opt., **39** (2000), 5715.
8) 大西邦一ら：光学, **11**-5 (1982), 471.
9) M. F. Kuechel：Optical Fabrication and Testing 2006 (OSA), OTFuB5.

23 屈折率の計測

[検査]

媒質の屈折率 n は真空中の光速 c と媒質中の光速 v との比（$n=c/v$）として定義されるが，光学材料の屈折率は空気に対する相対屈折率として示すことが多い．屈折率 n_1，n_2 の媒質の境界面で光が屈折するとき，入射角 i と屈折角 r との間には Snell の法則が成立し，相対屈折率 n_{12} は式（1）で示される．

$$n_{12} = \frac{n_2}{n_1} = \frac{\sin i}{\sin r} \quad (1)$$

屈折率は光の波長の関数であり，波長によって異なった値を示す．光学材料，光学機器用レンズの特性を記述する際に用いられる代表的な波長を表1に示す．

表1 屈折率測定基準波長

スペクトル線	元素	波長（nm）
i 線	Hg	365.01
h 線	Hg	404.66
g 線	Hg	435.83
F′線	Cd	479.99
F 線	H	486.13
e 線	Hg	546.07
d 線	He	587.56
C′線	Cd	643.85
C 線	H	656.27
r 線	He	706.52
t 線	Hg	1013.98

屈折率の計測は，光の特質を利用した測定原理に基づき，様々な方法が用いられている．代表的な測定方法について説明する．

a. 全反射の臨界角を用いて測定する方法

異なる屈折率の物質の境界面において，図1に示すように高屈折率媒質（n_1）から臨界角（critical angle）以上の角度で入射した光は全反射する．逆に低屈折率側（n_2）

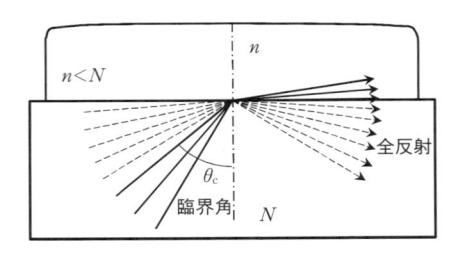

図1 全反射と臨界角

から境界面に沿って入射した光は臨界角 θ_c の外側には入らない．

臨界角 θ_c は2つの媒質の屈折率の差によって決定される．したがって高屈折率側の媒質の屈折率（n_1）が既知であれば臨界角 θ_c を測定することにより未知の媒質の屈折率（n_2）を求めることができる．

$$n = N \sin \theta_c \quad (2)$$

臨界角を用いた測定では液体，固体，結晶さらには不透明な試料においても測定が可能であり，試料の加工なども比較的容易である．10^{-4} の精度で測定可能である．

Abbe 屈折計，Pülflich 屈折計，結晶軸方向ごとに臨界角を求める Abbe 結晶屈折計，レーザー光を用い入射角を変化させながら反射した光の強度を計測するプリズムカップリング法などが知られている．

（1） Pülflich 屈折計 図2のように屈折率既知の基準プリズム上に面 a と面 b のなす角度を90°に加工した試料を接触液を介して密着させる．測定波長のスペクト

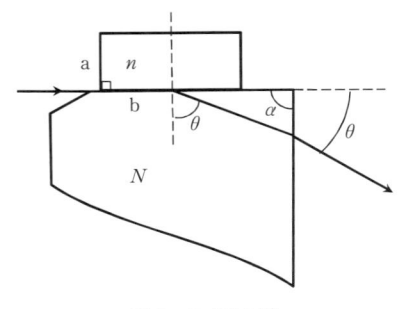

図2 Pülflich 法

ル線を面 a の方向から入射させ，全反射の臨界角 θ_c により出射した光の明暗の境界線の位置の角度偏角 θ を計測する．
屈折率は式 (3) により求められる．α を 90°にとれば式 (4) により求められる．

$$n = \sin\alpha(N^2 - \sin^2\theta)^{1/2} - \cos\alpha\sin\theta \quad (3)$$

$$n = (N^2 - \sin^2\theta)^{1/2} \quad (4)$$

b． 偏角を測定する方法

屈折率の異なる物質の境界面を光が透過すると，屈折の法則に従い光線方向が変化する．光線の角度を直接測定することにより屈折率を測定する方法である．10^{-5} あるいは 10^{-6} までの測定が可能である．

(1) 最小偏角法 最小偏角（minimum angle of deviation）法は種々の波長のスペクトル線を用いて精度の高い測定が可能である．屈折率が一様である媒質においては，偏角 θ は左右対称のときに最小になる（図3）．

2つの面を高精度に平面研磨したプリズム状の資料を用い，面 AB，面 AC ごとに望遠鏡でオートコリメーション像が得られる位置での角度を測定し，頂角 α を得る．次に測定波長のスペクトル線を試料に入射し，試料を回転させ屈折光の偏角が最小となる位置を望遠鏡で見出し，その位置の角度を読み取る．さらに試料をコリメーターの光軸に対象となる位置に回転させ，前記と同様にして偏角が最小となる位置の角度を読み取る．最小偏角では入射角 i_1 と射出角 i_2 は等しくなる．両者の角度差の 1/2 を試料の最小偏角 θ とし，式 (5) により屈折率を算出する．

$$n = \frac{\sin\dfrac{\alpha + \theta}{2}}{\sin\dfrac{\alpha}{2}} \quad (5)$$

試料の頂角 α は臨界角の制約により $\alpha \leq 2\sin^{-1}n^{-1}$ に限定される．また媒質の屈折率に応じ測定誤差が最小となる最適角が存在する．

屈折率の温度係数を考慮し，高精度測定を行う場合は温度の制御が必要である．また気圧や湿度などの測定環境も測定結果に影響を及ぼす．

(2) 任意偏角法 分光計を用いて屈折率を測定する方法には前述の最小偏角法のほかに任意偏角法がある．図4に模式図を示す．頂角 α を測定する方法は最小偏角法と同様であるが，任意の入射角 i を与えたときに生じた出射角 i_2 を測定し式 (6) により屈折率を求める方法である．

$$n = \left[\frac{\sin^2 i + \sin^2 i_2 + 2\sin i \sin i_2 \cos\alpha}{\sin^2\alpha}\right] \quad (6)$$

(3) V ブロック法 屈折率が値付けられたガラス材料をプリズム状に研磨加工し，図4のように 90°に組み上げた基準プリズム（V ブロック）を用いる．

計測する材料を 90°に研削または研磨し，被測定資料に近似した屈折率を有する接触

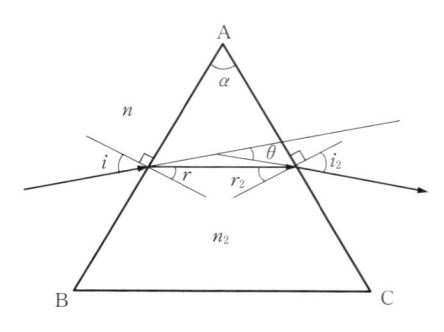

図3 最小偏角法

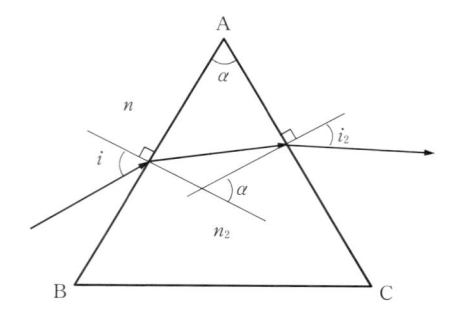

図4 任意偏角法

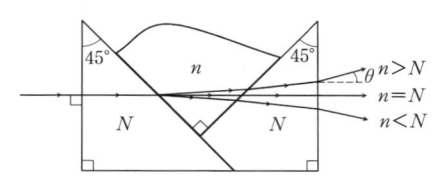

図5 Vブロック法

液を介してセットする．測定しようとするスペクトル線の光をコリメーターから入射面に対して垂直に通過させる．入射光線と射出光線とのなす偏角 θ を望遠鏡で計測し式 (7) により屈折率を求める．

$$n = \{N^2 + \sin\theta(N^2 - \sin 2\theta)^{1/2}\}^{1/2} \quad (7)$$

この方式による測定では比較的短時間で試料を調整でき，測定も短時間に行える利点がある．試料の屈折率に近い屈折率を有するVブロックを使用し，偏角を小さくすることおよび試料の90°加工精度と接触液の屈折率調整精度によって精度を高めることができる．また出射光の像の鮮明さも測定精度に影響するので研磨面の表面粗さを小さくすることが望ましい．この方式による屈折率測定では 10^{-5} の精度が得られる．

c．干渉法（Rayleigh 干渉計，Mach-Zender 干渉計）

光路長（屈折率 n × 媒質の厚さ d）を測定し，屈折率 n を求める．二光線束干渉屈折計を用い，基準物質と試料を通過した光の干渉縞の移動量から屈折率を求めるものである．固体，液体のみならず特に気体試料に対して高精度屈折率測定（$10^{-6} \sim 10^{-8}$）が可能である．

d．反射率を測定する方法（Fresnel 反射法など）

反射率の測定から複素屈折率（$n = n + ik$）を求めるもので，赤外域や紫外域の波長における屈折率の測定が可能である（k は消衰係数）．測定精度は $10^{-2} \sim 10^{-3}$ である．

e．偏光解析法（エリプソメトリーなど）

偏光状態が既知の光を入射させ，試料表面で反射させると相互作用で直線偏光から楕円偏光に変化する．この偏光状態の変化を測定することにより屈折率を求める方法である．薄膜の屈折率測定に用いられる．

f．その他の方法

(1) Duc de Chaulnes 法 焦点距離測定機能を備えた光学顕微鏡を用い，厚さ d の平衡平板サンプルを通したときとの焦点距離の差 D により屈折率を求める．$10^{-2} \sim 10^{-3}$ の精度を有する．

$$N = \frac{d}{d-D} \quad (8)$$

［立和名一雄］

■参考文献

1) 桑原五郎ら：光学技術，共立出版 (1987), pp. 305-330.
2) 田幸敏治ら：光学的測定ハンドブック，朝倉書店 (1981), pp. 256-264, pp. 472-488.
3) 久保田広ら：光学技術ハンドブック，朝倉書店 (1979), pp. 270-275.

24 [検査]

透過率・反射率の計測

本項では〔107. 分光機器〕で述べる分光測定機器の,透過率・反射率の計測に適用する方法について述べる.

物体表面あるいは媒質に入射した光は,その一部が反射・吸収され,残りが透過する[1]. 透過光・反射光は直進する成分と,物体表面の状態に応じて拡散する成分とに分けられる(図1).

紫外可視光の吸収の場合,スペクトルは分子軌道の基底状態から励起状態への遷移に伴う分子固有の吸収バンドを示す. 吸光度と物質の濃度の間の比例関係,すなわちBeerの法則を利用した物質の定量法が吸光光度法であり,ほとんどの場合溶液試料に適用する. 一方,紫外可視分光法を固体や粉体に適用し,透過あるいは反射スペクトルを求める測定法も広く行われている.

ここでいう拡散とは,反射や透過での光の散乱を指す. 粗い表面から反射した光線は反射の法則に従わず,様々な方向に散乱する(拡散反射). 同様に,ある種の材質を透過した光線は屈折の法則に従わず,媒質中で散乱する(拡散透過). このような拡散光を分光機器によって測定するには積分球を用いる.

a. 積分球

積分球(integrating sphere)の内壁には,硫酸バリウムのように白色で反射率が高くかつ拡散性に富む材料を塗布する. 積分球の内部に導かれた光は球の内壁に当たり拡散反射を次々と繰り返す. 球内で光はかき混ぜられ,もともと観察する方向によって明るさの異なっていた光であっても,ほぼ均一な明るさになる. この明るさは光源の全光量に比例する. 図2は,積分球を用いた全光線透過,拡散透過,正透過の3種の測定法の模式図である.

b. 透過測定

固体試料のうち,透明な板状の試料や比較的薄いフィルム状の試料の場合は,分光光度計に固体試料を保持する付属装置を使用して透過(transmission)率または吸光度を直接測定する. 光学フィルターなど,光学材料の分光透過特性の測定は材料開発から品質管理に至るまで,極めて幅広く行われている. 紫外可視光の透過スペクトルを利用した光学材料評価には,光学薄膜の膜厚,バンドギャップあるいはヘーズ値測

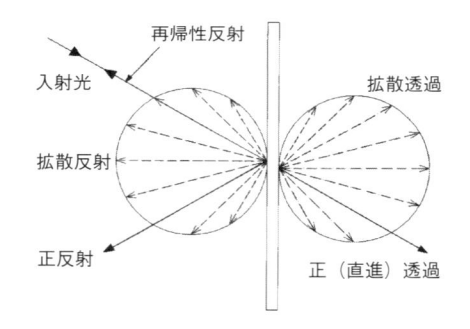

図1 光の透過・反射

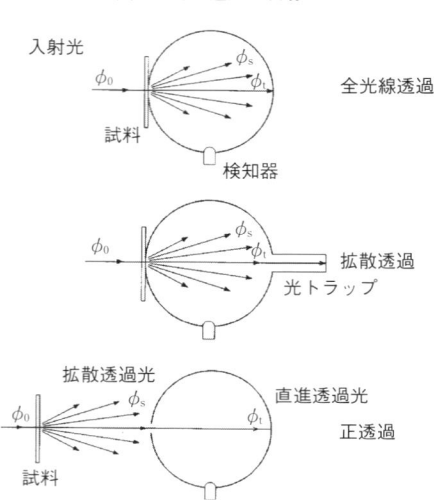

図2 積分球による透過光測定

定など様々な例がある．光学薄膜の膜厚は透過（反射）スペクトル上に現れる干渉縞の波長間隔から算出する．半導体バンドギャップは，基板上に形成した半導体の透過スペクトル上の吸収端を利用して求めることができる．表面が平滑でない試料や濁りのある試料の場合には積分球を用い拡散透過光と全透過光の比によってヘーズ値を算出する．

c．正反射測定

正反射（specular reflection）光は入射角と等しい角度で反射され，その測定には通常アルミニウムを蒸着した鏡など，高い反射率をもつ標準反射体を用いた相対反射の測定によって行われる．強い吸収をもつ試料で薄膜や薄切片が調製できない場合には，透過測定に代わり正反射測定を行うことがある．

物体色の計測は，可視光による反射スペクトル利用の代表例である．色彩の計測には，反射スペクトルを測定し，色座標を計算する．反射スペクトルを物性研究の手段として見た場合には，正反射スペクトルからKramers-Kronig 変換（KK 変換）によって屈折率 n と消衰係数 k を求めることができる[2]．消衰係数 k の波長依存性からは，吸収スペクトルに対応するデータが得られる．正反射スペクトルは，屈折率の異常分散により吸収極大付近のスペクトル形状が微分形を示すことが知られている．KK 変換はこれを通常の吸収スペクトルに変換するために利用され，有機結晶の吸収バンドの測定などに用いられる．特に異方性をもつ結晶の場合，入射光の偏光と結晶軸を平行にした場合と直交させた場合の差異を解析する場合に有効である．KK 変換は波長 0 nm から無限大までの積分を含む変換であるが，実用的には測定波長範囲内での積分となる．したがって測定波長範囲の両端で同程度の反射率を示す正反射スペクトルの場合，良好な結果が得られるが，大きく異なる場合は適用不可である[3]．正反射測定法はダイクロイックミラーや波長分離プリズムなどの反射型フィルターの評価，光干渉を利用した膜厚測定といった物性測定にも広く用いられる．

d．拡散反射測定

粉体や混濁体からの散乱反射光を測定する手法の1つに拡散反射法がある．拡散反射（diffuse reflection）光は入射した光が層の内部に侵入し，多重散乱，反射，吸収を繰り返して戻ってきた成分であり，物質の吸収情報を含んでいる．拡散反射スペクトルから，Kubelka-Munk 変換（KM 変換）の式によって，吸収スペクトルに相当するスペクトルを求めることができる．KM 変換では，粉末の吸収係数および拡散係数から拡散反射率を求める．反射測定は通常，積分球装置を用い硫酸バリウムやスペクトラロンなどの標準白板を基準として相対反射率を測定する．試料に対する入射角を垂直とすれば，拡散反射測定となり，5～8° 程度の入射角とすれば拡散反射と正反射を合わせた測定となる．拡散反射法は物体の色彩測定，バンドギャップなど物性測定にも用いられる．

e．絶対反射測定
(1) 絶対反射率測定法　　図3にV-W

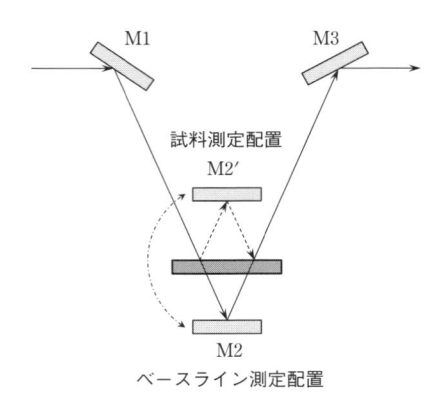

図3　絶対反射率測定法（V-W 法）

法として知られる絶対反射（absolute reflection）率測定法の模式図を示す．試料がない状態の光と試料が反射する光の強度を光学的に等価な系で測定し，その比から反射率を絶対値で求める．この方法では，試料のあり・なしの状態で異なる光学配置を，1つの反射鏡（M2）の移動によって補償する．光の入射角は原則として固定である．

(2) 入射角可変の絶対反射率測定法

積分球と検知器を可動式にし，対照光用に光ファイバーを用いたダブルビーム光学系を構成する．試料位置を回転中心として，検出器までの光学的配置を同一とすることで，試料の着脱なしに透過率と反射率を測ることができる．試料への入射角は試料ステージを回転して設定する．入射角 θ で測定光を試料に入射，その反射光を $\theta-2\theta$ 位置として検出器に導入する．入射角 θ に対して検出角が 2θ となるよう，試料ステージと検出器ユニット（集光鏡と積分球）を同期作動させる．こうして絶対反射スペクトルを，角度可変しながら求めることができる．正反射率・正透過率の入射角度依存性，屈折率計算，拡散反射率の角度依存性測定，ウェハの面分析など，様々な目的に応用可能である．

f．その他の反射測定法

減衰全反射スペクトル（attenuated total reflection：ATR）法は，全反射界面でのエバネッセント効果により，極めて薄い界面層の吸光情報が全反射光に乗ることを利用した吸光分光法の一種である．これら反射スペクトルの測定は，吸収の大きい試料や薄膜試料など，通常の吸光分光法の適用が困難な試料の表面分析に用いられる．ATR法は，拡散反射法とともに特に赤外分光で広く活用されている．

［長谷川勝二・森島綾子］

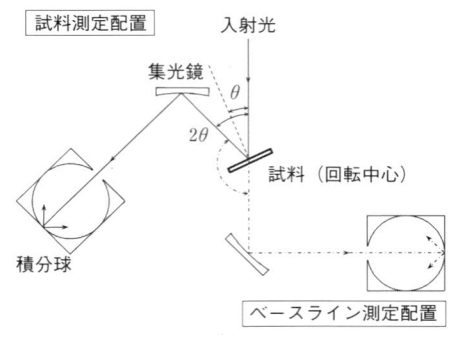

図4 入射角可変の絶対反射率測定法

■参考文献
1) J. M. Palmer：The Measurement of Transmission, Absorption, Emission and Reflection, Handbook of Optics, 2nd ed., Part II, McGraw-Hill（1994）．
2) 南 茂夫：最新光学技術ハンドブック，朝倉書店（2002）pp. 861-876．
3) 真砂 央：色材と高分子のための最新機器分析法—分析と物性評価，ソフトサイエンス社（2007）pp. 76-84．

25 [検査]

解像力・OTFの測定

ここでは，結像光学系の性能を記述する際に一般的に用いられる指標，すなわち，解像力とOTFの測定方法について述べる．

a. 解像力の測定

(1) 言葉の定義 混同されて使われることの多い，分解能，解像力，解像度の定義を明確にする．

(i) 分解能: 2点もしくは，2線を見分けることが可能な2点（線）間の距離．または，角度で表す．

(ii) 解像力: 解像力試験用チャートの像のうちで見分けられる黒白一対の最小幅［mm］の逆数．分解能とはほぼ逆数の関係にあるが，測定条件や判定基準が異なるため，厳密には逆数ではない．

(iii) 解像度: 単位長さ当たり描画可能な点密度．表示や測定に用いた大きさを単位長さとすることが多い．例として，プリンタの場合，1 inch 当たりの点数 (dpi) で表し，TVディスプレイの場合，画面の高さ（たて寸法）に含まれ見分けることができる黒と白のしまの総本数（TV本）で表す．

(2) 測定手法の種類 解像力はレンズや撮像素子などの性能を表す量の1つであり，比較的簡便な装置構成で測定できるため，検査から評価まで広く用いられている．しかし，測定に使うチャートのコントラストや形，照明方法，数値化手法などにより測定結果が変化するため，測定条件を規格統一する必要がある（デジタルカメラではISO 12233, CIPA DC-003で規定）．

軸外における解像力は，最低2方位（接線方位と放射線方位）を計測する必要がある．CCDなど矩形画素を用いて計測した場合は，放射線方位に対し±45°方向を加えた4方位を計測する．

また，黒白線のコントラストのみを測定条件とすると，偽解像により，限界解像力を見誤ることに注意する．これを避けるためには，たとえば，チャートの空間周波数が連続的に変化する楔形の試験チャートを用い，低周波数側から順に追って行き，線本数に変化があった空間周波数を限界解像力とするといった測定を行う．

(i) 光学ベンチを用いた解像力測定: 無限遠物体での結像光学系の解像力測定に用いる．図1のように，コリメーターの焦点面にチャートを置き，被験レンズの焦点面にできる像を2次元撮像素子で取得するか，すりガラスと収差が無視できる顕微鏡対物を用いて観察する．軸外を計測する場合は，被験レンズの入射瞳もしくは物側主点を中心とし，被験レンズから下流を回転させ像強度分布を取得する．撮像系の視野が足りない場合は，像面内に像高分移動する．顕微鏡対物での観察を行う場合は，チャートとコリメーターを回転した方が観察しやすい．

コリメーター光軸と被験レンズの光軸がなす角をθとし，コリメーターの焦点距離f_c，被験レンズの焦点距離f_t，限界解像力を与えるチャートのピッチp［mm］を用いて，像面上での解像力は式 (1) と書け

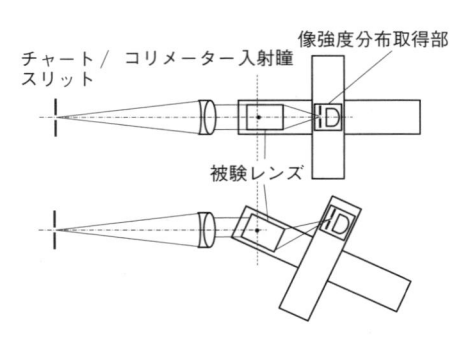

図1 光学ベンチを用いた計測機模式図
（上：軸上配置，下：軸外配置）

る.ここで,Tは接線方位解像力,Rは放射線方位解像力を表す.

$$T = \frac{f_c}{f_t} \cdot \frac{\cos\theta}{p}$$
$$R = \frac{f_c}{f_t} \cdot \frac{\cos 2\theta}{p} \quad (1)$$

(ⅱ) 投影による解像力測定: 主に,拡大投影系の光学性能評価に用いる.焦点面に置かれた投影解像力試験チャートを照明し,スクリーンに投影されたチャート像を目視観察し測定する.チャート照明時には,被験レンズの開口数と同等か,より明るいコンデンサーレンズなどを用いて,被験レンズの瞳を均一に照明することに留意する.

写真用レンズなど縮小光学系でも,像側にチャートを配置する逆投影配置の構成で用いる.倍率換算なく像側で空間周波数を規定できる,目視検査しやすい,官能評価として優れているという利点から,検査段階で使用されることが多い.

(ⅲ) 撮像による解像力測定: 図2,3にあるような撮影解像力試験用チャートを用いて,被験レンズにより結像した像を撮像素子で撮影し評価する測定方法である.被験レンズの解像力を,撮像素子の影響から切り離し測定するためには,撮像素子が被験レンズの解像力の倍以上の解像力を有している必要がある.また,必要であれば,撮像素子の強度応答特性を別途取得しておき,撮像された濃度と光学強度を換算する.拡大撮影の場合は,解像力を与えるチャート上のピッチpを解像力とし,縮小撮影の場合は,撮影倍率Mをピッチに乗算した値Mpの逆数を解像力とする.

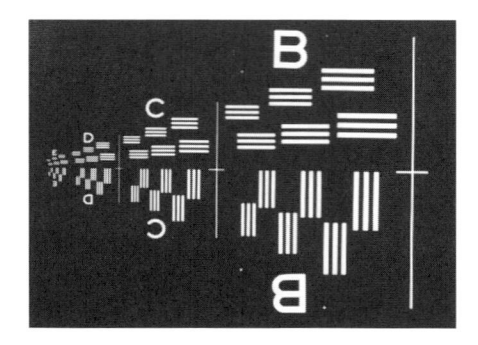

図2 撮影解像力試験用チャート

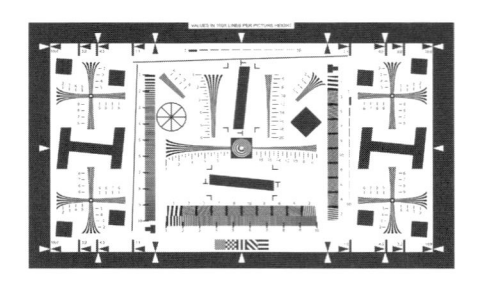

図3 ISO 12233 解像力試験チャート

b. OTFの測定

(1) **OTFの概要** レンズの空間周波数特性(optical transfer function:OTF)は一般に複素関数で,その絶対値をMTF(modulation transfer function),位相をPTF(phase transfer function)という.OTFは,① インコヒーレントな照明下で,② 光学系が強度に対し線形な結像関係を満たし,③ 物像点間のアイソプラナティズム(PSFが像面の場所によらず一定)が満足されているという条件のもと,被験レンズの瞳の複素振幅透過率分布(瞳関数)の自己相関で定義される.また,点像強度分布のフーリエ変換でもある.

先に述べた解像力は,MTFがある閾値より低下する直前の空間周波数に相当すると考えることができる.人間の視覚を通した解像力を与えるMTF閾値は,統計的に10〜15%程度といわれている.

(2) **測定法の分類** 大まかな分類を図4に示す.本書では,強度分布取得手段に従来から用いられているスリットでの走査を主として記載したが,ラインセンサー,エリアセンサーの画素応答の均質化,画素ピッチの精細化により,スリット走査と大差ないデータ取得が可能となっており,最

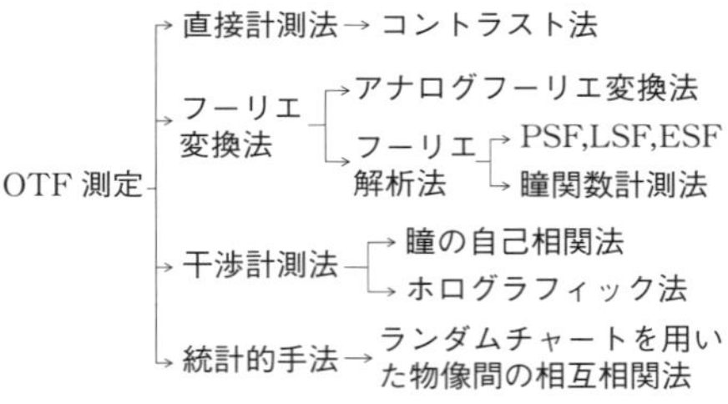

```
OTF測定 ─┬─ 直接計測法 → コントラスト法
        ├─ フーリエ変換法 ─┬─ アナログフーリエ変換法
        │                  ├─ フーリエ解析法 ─┬─ PSF, LSF, ESF
        │                                     └─ 瞳関数計測法
        ├─ 干渉計測法 ─┬─ 瞳の自己相関法
        │              └─ ホログラフィック法
        └─ 統計的手法 ── ランダムチャートを用いた物体像間の相互相関法
```

図4　OTF計測法の種類

近ではスリット走査から，これらのセンサーによる一括取得に置き換わってきている．

また，白色光を用いた計測と，白色MTFを計測する場合には，単色光計測を複数波長で行い，式(2)に従って波長積分する方法とに分かれる．

$$\mathrm{OTF}_W(u,v) = \frac{\sum W_\lambda \cdot \mathrm{OTF}_\lambda(u,v)}{\sum W_\lambda} \quad (2)$$

ここで，単色OTF_λに対する重みをW_λ，x方向の空間周波数をu，y方向の空間周波数をvとする．

ただし，式(2)が成り立つためには，倍率色収差が無視できる程度の波長サンプリングが必要である．波長サンプリングが十分でない場合は，計測波長間の倍率色収差を補間して，実効的な波長数を増加させる必要がある．

(i) コントラスト法： 被験レンズで正弦波格子の像を作り，像面上で受光スリットを走査し，像の強度分布を得る．正弦波像の1周期内の最大強度と，最小強度から次式に従いコントラストを求める．

$$C = \frac{I_{\max} - I_{\min}}{I_{\max} + I_{\min}} \quad (3)$$

物体側には正弦波格子を用いるのが理想であるが，格子製作の難しさから，矩形波格子を用いることが多い．矩形波では基本周波数の他，奇数倍波の高周波成分も含まれているため，①フィルターをかけ基本周波数の応答のみを取り出す手法や，②複数周波数のコントラストを取得した後，コルトマンの補正式を適用し，矩形波応答から正弦波応答への変換を行う手法がとられる．また，一般にコントラスト法ではPTFは測定できない．

(ii) 自己相関法： 基本構成はラテラルシアリング干渉計となる．可干渉性から光源は単色光や白色光から分光フィルターにより切り出した準単色光を用いる（回折格子を用いたラテラルシアリング干渉計では白色光を用いることもできる[2]）．焦点位置に置かれた点光源からの光を被験レンズで平行光束とし，Mach-Zender干渉計などに導く．干渉計内で二分された光束をそれぞれ逆方向に中心がLだけ離れるように横ずらしし，再び干渉させ，その干渉強度を測定する．さらに，干渉計間の位相差を連続的に変え交流成分からMTFを求める[3]．近軸像点と射出瞳の距離をRとしたとき，ある空間周波数νに対する横ずらし量Lは式(4)の関係となる．

$$\nu = \frac{L}{\lambda R} \quad (4)$$

ここで注意したいのは，波長が分母に入っていることである．つまり，波長を切り替えた多波長計測や，波長幅の広い可干渉光源を用いた計測を行う場合には，回折格子のような波長に比例して横ずらし量を変化させる光学素子が必要となる．

(iii) フーリエ変換法： 近年のOTF測定機のほとんどは，本方法を採用している．点像拡がり関数（PSF），線像拡がり関数（LSF），エッジ像拡がり関数（ESF）のいずれかを取得し，フーリエ変換によりMTFを算出する．LSFとPSF，ESFは以下の式で関係付けられる．

$$\mathrm{LSF}(x) = \int_{-\infty}^{+\infty} \mathrm{PSF}(x,y)\,\mathrm{d}y = \frac{\mathrm{d}}{\mathrm{d}x}\mathrm{ESF}(x) \quad (5)$$

また，LSFのフーリエ変換は次式のとおり，PSFの1方向のフーリエ変換と一致する[5]．

$$\widetilde{\mathrm{LSF}}(x)$$
$$= \int \mathrm{LSF}(x)\exp(-i2\pi\nu_x x)\mathrm{d}x$$
$$= \iint_{-\infty}^{\infty} \mathrm{PSF}(x, y)\exp(-i2\pi\nu_x x)\mathrm{d}x\mathrm{d}y$$
$$= \widetilde{\mathrm{PSF}}(\nu_x, 0) = \mathrm{OTF}(\nu_x, 0)$$
(6)

　PSF計測は任意方向のMTFが算出できるが，準点光源の作成や光量確保の難しさ，LSF計測より微弱な信号を取得する必要があることから，実際の装置に採用されることはほとんどなく，LSFを計測することが一般的である．一方，ESFは微分操作というノイズに弱い操作が入るものの，スリットより作成が容易，高周波成分の利得があるといった利点があり，ESF計測を採用する装置が増えてきている．

　(ⅳ) 瞳関数計測法：　瞳の透過率分布 $A(\xi, \eta)$ と波面収差 $W(\xi, \eta)$ を計測することで，瞳関数 $G(\xi, \eta)$ を求める．求めた瞳関数の自己相関からOTFを得る．

$$G(\xi, \eta) = A(\xi, \eta) \cdot \exp(-ikW(\xi, \eta))$$
(7)

波面を用いることで，システムに残存する収差を較正することが可能となり，被験レンズ単独の光学応答特性が求まるという利点がある．被験レンズの透過波面は干渉計測やHartmann計測などを用いて取得し，瞳の透過率分布は被験レンズの射出瞳と共役な像の強度分布から得る．システムが大がかりになること，計算コストや計測時間がかかることから，OTF計測のみに本方式を採用している例はない．

(3) OTF計測の実際　LSF計測では，図1の配置をとり，幅を無視できる程度に狭めたスリット像を受光スリットで走査し，強度分布を取得する．

　走査のピッチを Δx とし，幅 L の範囲を測定したとすると，標本化定理により，得られる空間周波数特性は $1/L$ に相当する周波数間隔で，最高周波数 $u_{\max} = 1/2\Delta x$ までとなる．この $u_{\max}$ をNyquist周波数という．被験レンズの空間周波数帯域が $u_{\max}$ を超えている場合には，折り返し誤差が発生する．被験レンズのF値を F，計測波長を λ とすると，被験レンズの遮断周波数 u_c は式(8)で与えられる．つまり，折り返し誤差のない測定を行うためには $\Delta x \leq \lambda F/2$ が必要となる．たとえば，$F=4$, $\lambda=0.5$ μm とすると，$\Delta x < 1$ μm という微小な送りで走査する必要がある．しかし，カメラ用レンズのように残存収差が大きい場合，被験レンズがローパスとして働くため，実際には，これほど高精細な走査は必要ない場合が多い．

$$u_c = \frac{1}{\lambda F}$$
(8)

　また，無限の空間で定義される式(6)を有限幅 L で取得したデータで計算するため，打ち切り誤差が発生する．有限範囲の測定は，線像と幅 L の矩形マスクの積と考えられ，スペクトル空間では，L を無限としたときのOTFと幅 L の矩形マスクのスペクトルとの合成積となる．したがって，L が小さい程，低周波での誤差は大きくなる．ただし，L を無暗に拡げるとノイズの影響による誤差が増大するため，システムによって最適な L が存在する[6]．［伊藤　啓］

■参考文献
1) M. Born and E. Wolf：Principles of Optics, 7th ed., Cambridge University Press (1999).
2) J. C. Wyat：*App. Opt.*, **14**-7 (1975), 1613-1615.
3) 鶴田匡夫：応用光学Ⅱ, 培風館 (1990).
4) C. Williams and O. Becklund：Introduction to the Optical Transfer Function, SPIE Press (1989).
5) 渋谷眞人, 大木裕史：回折と結像の光学, 朝倉書店 (2005).
6) 小瀬輝次, 武田光夫：生産研究, **25**-9 (1973), 373-379.

26 光学ガラス　[材料]

　光学ガラスは，光学設計上の様々な要求を満足させるための光学特性を有する極度に均質で透明なガラスといえる．光学ガラスの主な用途はカメラなどの光学系であるが，1枚のレンズで作る像は，収差に起因する欠陥が現れるため，通常は複数のレンズを組み合わせて収差を除去し，欠陥の少ない像を得ている．また，収差を精密に除去するにはレンズ枚数が増えていくため，レンズの透過率が高いことも必要となる．本項では，光学ガラスの諸特性について概説する．

a. 屈折率と分散

　三角プリズムに白色光を通したときに各波長の色に分離される現象を光の分散とよんでいるが，光学ガラスの種類によって光の分散特性は変化する．図1に，Fraunhoferのd線（波長 587.6 nm）に対する同程度の屈折率 n_d を有し，異なる分散特性をもつ2種類の光学ガラスの分散曲線を示す．一見してわかるとおり，ガラスAと比較してガラスBの分散特性が高くなっている．これを数値で表現するために，光学ガラスではAbbe数 ν_d を使用している（式(1)）．

$$\nu_d = (n_d - 1)/(n_F - n_C) \quad (1)$$

n_F，n_C はそれぞれF線（波長 486.1 nm），C線（波長 656.3 nm）に対する屈折率である．$n_F - n_C$ は部分分散とよばれ，分散を規定する値であるが，ν_d はその逆数となっており，高分散になると ν_d は小さくなる．

　ところでF線の色は青緑であり，C線の色は赤であるが，カメラなどの光学系で色収差を補正する場合には，青（g線：波長 435.8 nm）まで含めた補正が必要である[1]．その場合の特性値として光学ガラスでは，部分分散比 $\theta_{g,F}$ を使用している（式(2)）．

$$\theta_{g,F} = \frac{n_g - n_F}{n_F - n_C} \quad (2)$$

光学ガラスの種類は多いが，光の屈折率と分散特性の関係は，図2および図3に示すマップとして表すのが一般的である[2]．

b. 透過率

　光学ガラスの大きな特徴の1つに，可視

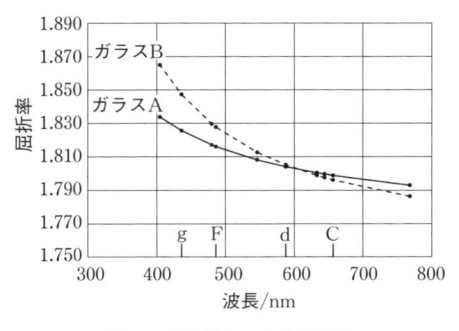

図1　光学ガラスの分散曲線

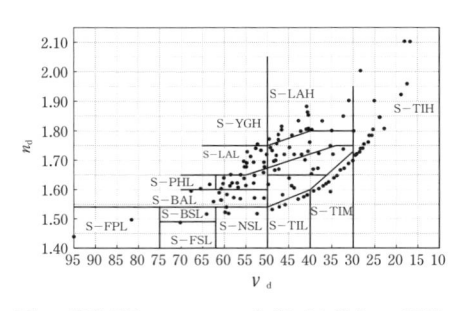

図2　光学ガラス n_d–ν_d マップ（株式会社オハラ提供）

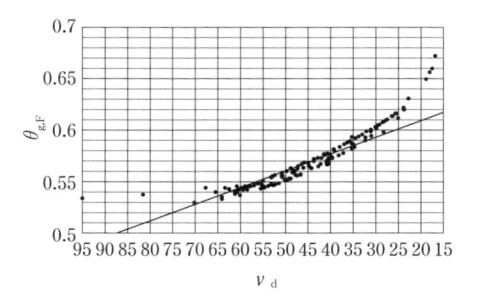

図3　光学ガラス $\theta_{g,F}$–ν_d マップ（株式会社オハラ提供）

波長領域において透過率がよいことが挙げられる．図4にオハラ社の代表的な光学ガラスであるS-TIH53とS-BSL7の内部透過率曲線を示す．可視波長領域を400～700 nmと考えると，S-BSL7は吸収がなく無色透明であるが，S-TIH53は400～500 nmの青色領域にかけて吸収があることがわかる．その補色として，実際のガラス材料は黄色味を帯びている．

光学ガラスの種類によって透過率が変化する原因は，ガラス組成にある．S-TIH53の場合，酸化チタンを多量に含有しているが，チタンの吸収が近紫外領域にあるために，可視波長領域の短波長側で透過率が悪化している[3]．

また，透過率は微量成分によっても影響を受ける．鉄などの遷移金属成分は微量であっても透過率に与える影響が大きいため，原料段階での微量成分量や工程での汚染対策は重要である．光学ガラスの熔解には白金坩堝を使用する場合があるが，白金成分がガラス中に溶け込んで透過率に影響を及ぼす場合があるため，ガラスの熔解温度条件などにも注意が必要である．

c．ガラス組成

図2に示したように，光学ガラスは多様な屈折率 n_d と Abbe 数 ν_d を有するが，これらの多様性はガラス組成に起因している．図5に，ある光学ガラスにおいて酸化ランタン成分から各成分に置換した場合の屈折率 n_d と Abbe 数 ν_d の変化を示す．すなわち，各成分の n_d，ν_d の位置関係を表したものになる．ガラス製造において熔融されたガラスを結晶化することなくガラス化するには，ガラス組成の観点では，SiO_2 や B_2O_3 などの網目形成酸化物とよばれる成分を含むことが必須となる．しかしながら，これら成分だけでは n_d と ν_d に多様性を出すことはできず，たとえば図5に示すような各種成分が必要となってくる．光学ガラスの硝種系で特徴的な成分をまとめたものが表1である．

このように，基本となる組成に対してその他の成分を導入して n_d，ν_d，透過率，ガラスの安定性などを調整することで，ガラス組成が決定される．

d．化学的耐久性，機械的特性

光学ガラスはレンズなどの光学部品の素材であるが，光学部品などの形あるものに

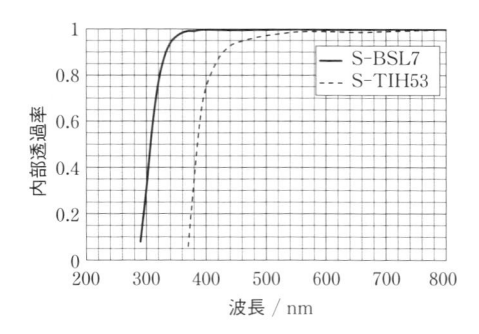

図4　光学ガラスの内部透過率曲線

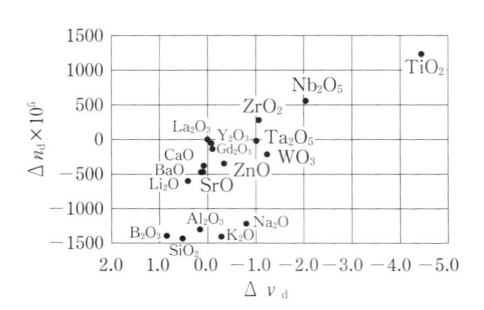

図5　酸化ランタンから各成分に3wt %置換した場合の n_d と ν_d の変化量

表1　光学ガラスを構成する主要成分

硝種系	網目形成酸化物	主要成分
BSL	SiO_2，B_2O_3	
LAH	B_2O_3	La_2O_3
TIH	SiO_2	TiO_2
NPH	P_2O_5	Nb_2O_5
FPL	P_2O_5	F

具現化するには，研磨などの加工工程が必要である．この加工性を考慮するときに化学的耐久性や機械的特性が指標となる．

表2に，複数のガラス組成系で代表的な硝種について，化学的耐久性と機械的強度をまとめた．ガラスの研磨加工や洗浄において，研磨キズや潜傷などの不具合が発生する場合があるが，表2にまとめた各種特性が目安となる．一般に，摩耗度が高く，耐酸性のクラスが大きい硝種は加工難易度が高くなる．

e. 熱的特性

光学ガラスを熱間で加工する場合に指標となるのが，ガラスの特性温度である．ガラスは温度変化とともに粘性が連続的に変化するという特徴をもっており，粘性で特性温度を規定することができる（表3）.

光学ガラスの熱間加工について代表的なものを列挙し，特性温度との関係をまとめると次のようになる．光学ガラス原料を熔融した後，所定形状に成形する場合，おおよそ $\log \eta = 0 \sim 3$ が作業領域となる．板状などに成形されたガラスを切断し，再加熱して押型成形品にリヒートプレス成形する場合には，軟化点を目安としてプレス温度が調整される．成形されたガラスの歪抜きおよび屈折率の調整にはアニールが必要となるが，歪点と徐冷点または転移点の間まで再加熱後，一定時間保持されて一定の速度で冷却される．また，非球面レンズなどをプレス成形して作製する技術であるガラスモールド成形を実施する場合には，おおよそ屈伏点と軟化点の間の温度でプレス成形される．以上のように，熱的な加工を施す場合には各種特性温度が重要な指標となる．

[上原　進]

■参考文献
1) 近藤文雄：レンズの設計技法，光学工業技術協会 (1978), pp. 57-69.
2) オハラ 光学ガラスカタログ (2010).
3) 山根正之ら：ガラス工学ハンドブック，朝倉書店 (1999), p. 531.

表2　種々のガラス組成系における代表的な硝種の化学的耐久性と機械的特性

硝種	粉末法耐水性 RW(p)	粉末法耐酸性 RA(p)	摩耗度 Aa	ヌープ硬さ Hk
S-BSL7	2	1	94	570
S-FSL5	3	4	111	520
S-BAL42	1	2	117	570
S-PHM52	2	5	434	390
S-FPL51	1	4	449	350
S-TIH53	1	1	170	520
S-LAL14	1	5	81	660
S-LAH66	1	4	65	700
S-NPH2	1	1	224	450

表3　ガラスの特性温度とその特徴

特性温度	備考	粘度の対数表示 (dPa·s)
軟化点 SP	・粘度が $10^{7.65}$ dPa·s に相当する温度	7.65
屈伏点 At	・熱膨張測定において，試料にかかる荷重により変形が始まる温度	11〜12
徐冷点 AP	・ガラスの内部歪が15分間で実質的に除去される温度 ・徐冷域における上限温度に相当 ・粘度が 10^{13} dPa·s に相当する温度	13
転移点 Tg	・ガラスが剛性状態から粘弾性状態に移る温度域	13〜14
歪点 StP	・ガラスの粘性流動が事実上起こり得ない温度 ・徐冷域における下限温度に相当 ・粘度が $10^{14.5}$ dPa·s に相当する温度	14.5

27 [材料]

結　晶

a．レーザー結晶

レーザー媒質結晶として，Nd を添加したイットリウム・アルミニウム・ガーネット（$Y_3Al_5O_{12}$，YAG）が広く利用されている．連続あるいは Q スイッチ発振，モード同期発振などが行われており，波長は 1064 nm が一般的である．高出力レーザーは切断，溶接，穴あけなどの材料加工分野で応用されている．YAG よりも利得が大きく，高繰り返しのナノ秒・ピコ秒パルスの発振特性に優れた Nd 添加イットリウム・バナデート（Nd:YVO$_4$）も普及している．発振波長は YAG と同じ 1064 nm が一般的である．Nd 系固体レーザーを基本波光源として，後述の非線形光学結晶によって発生する 2 倍波（532 nm）の緑色光源，3 倍波（355 nm）の紫外光源も実用化している．4 倍波（266 nm），5 倍波（213 nm）の産業利用は本格的に動き出したところである．波長 0.9，1.3 μm の発振線を利用し，その 2 倍波としてそれぞれ青色，赤色を発生させて光の 3 原色を実現する試みも盛んである．一方，最近では InGaAs 系量子井戸半導体レーザーを光励起によって発振させる光励起半導体レーザー（optically pumped semiconductor laser：OPSL）も登場している．半導体プロセスによって発振波長が任意に設計できるため，波長変換結晶と組み合わせて連続波の近紫外から近赤外までの幅広い波長範囲で光源が実現している．

超短パルスレーザーの発振材料として，Ti を添加したサファイア（Al_2O_3）が知られている．レーザーの中心波長は 800 nm 近傍である．当初は赤外の波長可変レーザー材料として開発されてきたが，現在は超短パルスレーザーの代表的な結晶となっている．2011 年には，外部コンプレッサを用いてパルス幅 12 fs 以下を実現する光源が製品化している．Yb 系レーザーは半導体レーザーを励起源として超短パルスを発生できる利点があるため，産業応用に向けて Yb:YAG や Yb:YVO$_4$ の結晶開発が盛んである．中心波長 1030 nm 近傍のピコ秒・サブピコ秒光源が多いが，2010 年にはカーレンズモード同期 Yb:YAG レーザー（中心波長 1062 nm）によるパルス幅 35 fs が実現している．その他，Yb 添加結晶として KGW（KGd(WO$_4$)$_2$）とその希土類置換材料も開発されている．これら固体媒質のレーザー結晶は，融液から引き上げるチョクラルスキー（Czochralski：CZ）法で製造している場合が多い．

b．非線形光学結晶

(1)　KDP（KH$_2$PO$_4$）　水溶液中で大型結晶が成長できるため，ビーム径の大きな Q スイッチ Nd:YAG レーザーの 2，3，4 倍波の波長変換素子として使われている．また，Pockels 効果（1 次の電気光学効果）を使った Q スイッチ素子や変調素子としても利用されている．レーザー核融合では大口径（40～50 cm 角断面）の光学素子が必要となっており，世界中で超大型結晶の高速育成技術の開発が進められている．

(2)　KTP（KTiOPO$_4$）　非線形光学定数が大きく，Nd:YAG レーザーの 2 倍波発生，光パラメトリック発振（OPO）による赤外光発生などに用いられる．緑色光発生時に生じるグレイトラックなどの光損傷が出力を制限するため，フラックス成長や水熱合成法など，様々な育成法や成長条件による高レーザー損傷耐性結晶の開発が進められている．可視光波長変換を行う擬似位相整合（quasi-phase matching：QPM）素子として，電界印加によって周期分極反転を形成した PP-KTP（periodically poled

KTP) も開発されている．現在，産業用途の緑色光源にはバルク KTP，あるいは後述の PPLN, LBO が一般的に用いられている．

(3) LN (LiNbO$_3$)　　LN は QPM の素子開発が最も進んでいる材料である．周期電極による電界印加法を用いて作製された周期分極反転素子 PPLN（periodically poled LN）では，通常の複屈折位相整合では利用できない大きな非線形成分を使った高効率変換が広い波長域で可能になる．フォトリフラクティブ損傷（光誘起屈折変化）がデバイス開発の大きな障害となっていたが，MgO の添加によって損傷耐性が大幅に向上し，信頼性の高い MgO:PPLN が実現している．QPM 素子は緑色，青色光の発生の他，差周波発生，OPO を使った光通信帯域の赤外光，中赤外の 2～10 μm 光，テラヘルツ波の発生も盛んに行われている．一致溶融組成から CZ 法で成長させる CLN（congruent LN）が一般的であるが，不定比欠陥を制御した化学量論比結晶 SLN（stoichiometric LN）も開発されている．

(4) β-BBO (β-BaB$_2$O$_4$)　　層状構造をもつため屈折率の異方性が強く，複屈折が大きいことから 2 倍波発生（SHG）限界波長は 205 nm と短い．非線形光学定数はホウ酸系結晶の中で比較的大きい．Nd:YAG レーザーの 4 倍，5 倍波発生が可能であるが高出力パルス光源には適していないため，連続波の紫外光源などに用いられている．薄い素子を必要とする超短パルスの波長変換特性が優れており，可視，紫外光のフェムト秒パルス発生に利用されている．非線形光学活性な β 相は低温相であるため，相転移温度以下で成長させるフラックス法を用いた CZ 法育成が一般的である．一方で，融液から直接 β 相結晶を成長させる技術も開発され，フラックス成分の Na 不純物を含まない高純度結晶も登場している．

(5) LBO (LiB$_3$O$_5$)　　波長 160 nm まで透明であるが，複屈折が小さいために SHG の限界波長は 277 nm と長くなる．Nd:YAG レーザーの 2 倍波，3 倍波に適しており，多くの産業用レーザーに搭載されている．特に，2 倍波素子は約 150 ℃に加熱すると非臨界位相整合という特殊な条件を実現でき，効率，ビーム品質の点で優れている．非線形光学定数は KTP, PPLN に比べて小さいが，レーザー損傷耐性に優れていることから利用が広がっている．低粘性の Mo 系フラックス，大容量溶液の攪拌技術が開発された結果，結晶の大型化が急速に進み，大口径の波長変換素子が作製されている．2012 年には中国で重量 3.87 kg の結晶が製造され，断面 15 cm 角，厚さ 1.5 cm の波長変換素子が実現している．

(6) CLBO (CsLiB$_6$O$_{10}$)　　CLBO は波長 180 nm まで透明で，複屈折が LBO よりも大きいことから Nd:YAG レーザーの 4 倍波，5 倍波の波長変換が可能になる．非線形光学定数は BBO よりも小さいが，短波長紫外光発生時に実効非線形光学定数が大きくなり，角度・温度の許容幅が広く，ウォークオフ角が小さいため，高出力パルス紫外光波長変換で優れた特性を示す．4 倍波では平均出力 42 W（7 kHz パルス動作），5 倍波では 10.2 W（10 kHz）の紫外光発生が報告されている．また，和周波発生を利用する 193 nm 光発生素子も実用化している．潮解性によって結晶が劣化しやすいが，加工・研磨技術や素子の取り扱い条件などが確立した結果，産業用の紫外光源で広く使われるようになっている．結晶はセルフフラックスを用いた TSSG 法による育成が一般的である．

(7) KBBF (KBe$_2$BO$_3$F$_2$)　　吸収端が 155 nm と短波長であり，大きな複屈折をもつため Nd:YAG レーザーの 6 倍波（波長 177 nm）の発生が可能となる．2010 年には，平均出力 120 mW（10 kHz）の発生

が報告されている．一方，強い劈開性を示す層状構造であるため育成が困難で，フラックス成長では数 mm 厚の薄板状結晶が最大のものとなっている．as-grown 結晶をプリズムで挟み込んだ波長変換素子が開発され，上記の紫外光発生が可能になっている．水熱合成法では厚さ 8 mm の結晶が得られるが，双晶欠陥を有する点で課題が残っている．アルカリ金属を置換した結晶も開発されているが，KBBF も含めてまだ育成条件の探索が続いている状況にある．

(8) 中赤外・テラヘルツ波発生用非線形光学結晶 差周波発生，光整流効果などを用いて，非線形光学結晶による中赤外，テラヘルツ波発生の研究が盛んになっている．上述の LN に加え，無機材料では GaP，ZGP（$ZnGeP_2$）などの結晶が用いられている．最近では，ウェハ接合技術，エピタキシャル成長技術などを使った QPM 素子も登場している．低分子有機結晶では，DAST（4-N, N-dimethylamino-4-N'-methyl-4-stilbazolium tosylate）が巨大な超分子分極率のスチルバゾリウムカチオンを有し，光波とテラヘルツ波で位相整合，速度整合するため広く研究されている．as-grown の平板状結晶をそのまま素子として使うが，1.1 THz の強い共鳴吸収によってこの近傍の周波数帯が分光に利用できない制約がある．

c．その他の光学結晶

電気光学（electro-optic：EO）結晶として，上述の KDP は Q スイッチ素子などのレーザーの光学部品として使われており，LN は光通信用の位相変調器として光導波路素子が実用化している．LN 変調器は広帯域の特性が得られるほかに，波長依存性が小さい，波長チャープが小さいなどの特徴を有しており，高ビットレート，波長多重伝送，長距離伝送に適している．Kerr 効果（2 次の電気光学効果）を利用する EO 結晶として立方晶の KTN（$KTa_{1-x}Nb_xO_3$）も開発されており，変調器や高速可変集光レンズなどが作られている．また，音響光学（acousto-optic：AO）効果を用いた Q スイッチ素子には，水晶，TeO_2 などの結晶が用いられている．

光学結晶の複屈折を利用し，偏光子やプリズムなどの光学素子が実用化している．方解石（$CaCO_3$），ルチル（TiO_2）が代表的な結晶材料であるが，最近はレーザー結晶である YVO_4，非線形光学結晶の LN なども普及し始めている．一般に，複屈折を有する結晶はレンズ材や窓材への応用に適さない．蛍石（CaF_2）は半導体フォトリソグラフィで用いる ArF エキシマレーザー波長に対して吸収損失が小さいため，固有複屈折，応力複屈折などを補正などによって解消し，露光機のレンズ材として広く用いられるようになっている．CZ 法による直径 12 インチを超える大型結晶が製造されている．

本項目では紙面の制約から個々の文献を省略しており，詳しくは邦文誌のレーザー研究，OPTRONICS などで組まれている特集号を参照いただきたい．非線形光学結晶のデータは文献[1,2]にまとめられている他，AS-Photonics 社の Arlee Smith が開発した SNLO ソフト[3]を用いて調べることができる．　　　　　　　　［吉村政志・森　勇介］

■参考文献

1) V. G. Dmitriev *et al*.：Handbook of Nonlinear Optical Crystals 3rd ed., Springer (1999).
2) D. N. Nikogosyan：Nonlinear Optical Crystals —A Complete Survey—, Springer (2005).
3) http://www.as-photonics.com/SNLO/

28 [材料]

赤外光学材料

ここでは主に波長 3〜15 µm 程度の赤外線領域でレンズ（光学部品）として使用される光学材料について述べる．

a．アプリケーション

赤外領域で用いられるアプリケーションとしては FTIR など赤外での物質特有の吸収を利用した評価・分析が古くから広く行われている．最近は赤外線センサーの性能向上，価格低下が進み，軍事用途が多かった赤外カメラについても防犯，事故防止あるいは非接触かつリアルタイムで温度計測が可能な点を利用した品質管理，医療診断などの民生用途への適用が広がりつつある．波長 5〜7 µm の領域は大気中での吸収が大きいため 3〜5 µm（〜1000 K に相当），7〜14 µm（〜300 K に相当）帯でよく用いられている．また，9〜10 µm 帯の CO_2 ガスレーザーによるレーザー加工は数十 mm 厚までの金属板切断，溶接あるいは数十 µm の微細穴あけ加工など，幅広い加工が可能となり鉄鋼，自動車，電子部品などの種々の産業で実用化されている（図1）．

b．光学材料

上記のアプリケーションに対して光学部品用材料としては透過率，屈折率，熱伝導率，熱膨張係数などの物性と価格などを考慮して適当なものが選択され，用いられている．カタログなどからのデータを元に表1にこの波長域で用いられる主な赤外光学材料とその代表的な特性値を，図2に透過特性の目安を示す．以下，これらの中で代表的なものの特徴の概略を述べる．

(1) ZnSe（セレン化亜鉛），ZnS（硫化亜鉛） 光学用 ZnSe は CVD（chemical vapor deposition）法で製造される．特に CO_2 レーザー（9〜10 µm 帯）での吸収係数が非常に小さく，屈折率の均一性も高いものが大面積で得られる．潮解性がなく，工場など比較的使用環境が悪い所でも使えることから金属や樹脂などの切断，溶接，穴あけに用いられるレーザー加工用光学部品材料として最も広く用いられている材料である．一方，幅広い波長域で透過性がよいため赤外カメラにも用いられている．また可視域も透過することから目に見えない CO_2 レーザー光のアライメント用に赤色レーザーを利用でき，可視と赤外を同じ光学系で使えるメリットもある．ZnS（硫化亜鉛）も ZnSe と同様 CVD 法で製造されるが，吸収係数が ZnSe よりも若干大きいため高パワーでのレーザー加工用としては使用が困難だが，赤外カメラ用の窓材などには広く用いられている．また最近では CVD 法ではなく ZnS 粉末を原料にしたモールド成形による焼結法でのレンズも開発されている．透過特性等光学特性も CVD 法の ZnS と遜色なく，モールド成形により短時間，低コストでの製造が可能であり民生用途向けに種々の赤外カメラ用途への使用が広がりつつある．また，ZnS は熱間静水圧プレス（hot isostatic pressing：HIP）処理などの高温・高圧処理を追加することにより 0.4 µm 近傍からの可視域でも透過性が得られ，可視〜赤外用の窓材として用いられている．

(2) GaAs（ガリウムヒ素） 高速 IC に広く用いられているⅢ-Ⅴ族化合物半導体

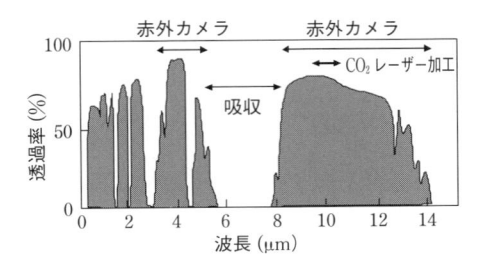

図1 大気中の透過率

表 1 主な赤外光学材料の概略特性

光学材料	透過領域 (μm)	密度 (g/cm^3)	吸収係数 (10.6 μm)	屈折率 (10.6 μm)	熱伝導率 (W/mK)	線膨張係数 (10^{-6}/K)	ヤング率 (GPa)	破壊応力 (MPa)	dn/dt (10^{-6}/K)	Abbe 数* (8-12 μm)	スープ硬度 (kg/mm^2)	赤色光透過性	吸湿性
Ge	1.8~23	5.33	1.2×10^{-2}	4.02	58	5.7	100	93	400	835	700	無	無
Si	1.2~15	2.33	—	3.42	163	4.2	131	125	160	—	1100	無	無
GaAs	1~18	5.37	8.0×10^{-3}	3.3	48	5.7	83	138	150	—	750	有	無
ZnSe	0.5~21	5.27	5.0×10^{-4}	2.4	18	7.1	67	55	61	58	110	有	無
ZnS	1~14	4.09	2.0×10^{-2}	2.2	16.8	6.8	75	103	40	23	220	無	無
NaCl	0.2~18	2.2	1.3×10^{-3}	1.49	1.2	44	40	4	−0.6	—	18	有	有
KCl	0.2~24	1.99	7.0×10^{-5}	1.47	6.5	36	30	5	−5	—	—	有	有
KBr	0.2~30	2.7	4.2×10^{-4}	1.54	4.8	42	27	3.5	−3.6	—	7	有	有
カルコゲナイドガラス	1~20	4~5	—	~2.5	0.2~0.3	10~20	~20	~17	50~70	~120	100~170	無	無
ダイヤモンド	0.25~100	3.52	0.1	2.38	>1000	1	1200	—	10	—	10000	有	無
CaF$_2$	0.15~10	3.18	—	1.3	9.7	19	76	34	−11	—	160	有	無
KRS-5	0.6~40	7.37	—	2.37	0.5	58	16	5	−240	—	40	有	無

* Abbe 数は、$(n_a-1)/n_8-n_{12}$ より算出。ここで n_8：8 μm での屈折率、n_{12}：12 μm での屈折率、n_a：n_8 と n_{12} の平均。

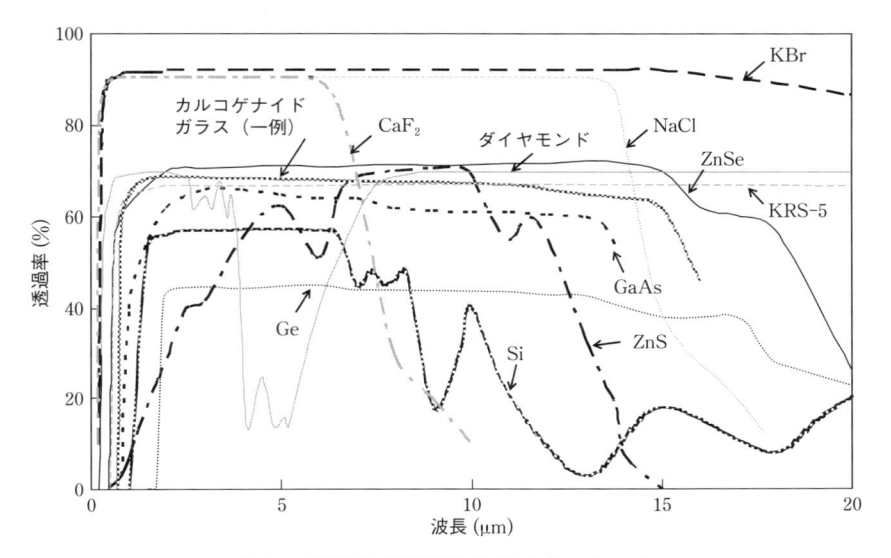

図2 各種光学材料の透過率（厚み 2 ～ 8 mm）

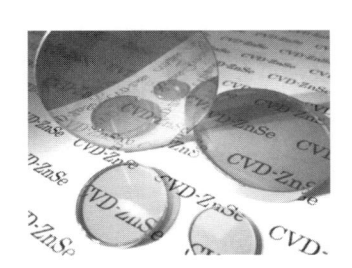

図3 ZnSe 光学部品［口絵 1］

GaAs は赤外透過性がよく光学材料としても用いられている．ZnSe と比較して吸収係数が若干大きいが屈折率が赤外領域で3程度と ZnSe と Ge の中間的な値をもっていることが特長であり，中パワー程度の CO_2 レーザー加工用光学部品や FTIR 評価用窓材料として用いられている．

(3) Si（シリコン），Ge（ゲルマニウム） 赤外光学部品用の Si, Ge は，引き上げ法で作成する単結晶が多く用いられる．IC などの半導体や太陽電池に広く用いられている Si は波長 9 μm 近傍で吸収があり透過率が落ちるが，熱伝導が高く比較的低価格であることから 9 μm 近傍を除いた波長域で光学部品としてよく用いられている．高い熱伝導性と軽量であることから表面に反射膜をコーティングして CO_2 レーザー加工用の可動ミラーとしても用いられている．

Ge の最大の特長は赤外域での屈折率が 4 程度と通常用いられる赤外光学材料で最も高く，屈折率の波長依存性が小さいため光学設計に対して有利なことである．また単結晶であることから品質のバラツキが小さい．硬くキズもつきにくく，屋外などでも使いやすいため赤外カメラ用レンズ材料として最も広く用いられる材料である．しかし屈折率の温度依存性が他材料に比べやや大きく，また 100 ℃以上になると透過率が急激に低下してくるため使用環境には注意が必要である．CO_2 ガスレーザー加工用途においても，吸収係数が ZnSe ほど小さくないため kW 級の高パワー用途には不向きだが，数百 W までの低パワー用途ではかなり用いられている．

(4) カルコゲナイドガラス カルコゲナイドガラスとはカルコゲン元素 S, Se, Te と Ge, Ga, As, Sb などで構成される

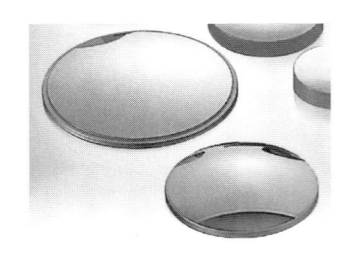

図4 Ge 光学部品

ガラスである．組成の1/3程度にGeを使用しているものが多い．必要な光学特性（透過率，透過帯域，屈折率，屈折率の温度・波長依存性）や機械特性（硬度），熱特性（熱膨張係数，モールド成形での成形特性向上）を得るために，3種あるいはそれ以上の元素の組み合わせで種々の組成のものが開発されて実用化されており，代表的なものでは1〜20 μmにおいてZnSe，ZnS，Ge同等あるいはそれ以上の透過率のものが得られている．線膨張係数が大きく，熱伝導率が小さいため，これらの材料より熱衝撃に弱い．大部分のカルコゲナイドガラスは融点が数百度以下であり，モールド成形でのレンズ製作が可能である．モールド成形による大量一括生産で製造コスト低減が可能であり，低価格な赤外レンズとして実用化も進展しつつある．

(5) **NaCl（塩化ナトリウム），KCl（塩化カリウム），KBr（臭化カリウム）** これらのアルカリハライドは，可視から20 μm以上の広帯域にわたる赤外域で高い透過性を有し，吸収係数も非常に小さい材料である．屈折率は1.5前後である．しかし吸湿性があり，柔らかく，防水のためのコートあるいは乾燥・真空雰囲気など，使用・保管環境には充分注意が必要とされる．FTIRなど評価用窓材として広く用いられている．

(6) **ダイヤモンド** ダイヤモンドは2〜7 μmの領域を除き紫外から遠赤外域まで広範囲で高い透過率を有する材料である．屈折率は赤外領域で2.3〜2.4程度とZnSeとほぼ同等である．最近ではCVD法で大面積のものが成長できるようになり，実際に光学部品として実用化されている．特長として熱伝導率が1000〜2000 W/mKと他の材料と比較して非常に大きく，吸収係数は0.1 cm^{-1}程度とやや大きいが効率的に冷却できることから数kW以上のハイパワーCO$_2$レーザー加工においても使用できるとされている．また硬くキズが付きにくく化学的にも安定であることも利点である．しかし硬く安定な反面，加工が難しく製造コストの低減が課題である．

以上(1)〜(6)以外にも，UV域から10 μm程度までの赤外域で透過性のよい材料としてCaF$_2$（フッ化カルシウム）やBaF$_2$（フッ化バリウム）がある．KRS-5（臭沃化タリウム），KRS-6（臭塩化タリウム）は数十μmまでの広範囲で透過性が得られる利点があるが，柔らかく変形しやすい点に注意を要する．

c．コーティング

赤外光学材料について述べたが，実際の光学部品として使用する際には，反射防止や所望の透過率を得るためにコーティング膜が必要となる場合が多い．赤外カメラでは広い波長帯域での透過性が必要であり，CO$_2$レーザー加工ではレーザー波長（あるいはガイド光の波長との2波長）での透過性が必要となる．赤外域の反射防止膜材料としてはフッ化物などが多く用いられている．使用環境からのキズ防止を目的に最表面に例えばDLC（Diamond-Like-Carbon）のような硬質膜をコーティングして用いられることもある．これらコーティング膜については光学材料との密着性，温度・湿度に対する耐環境性，入射レーザー光に対する強度特性などの仕様を満足しなければならない．特にレーザー加工用途ではハイパワーのレーザーが入射するため膜自体の吸収も極力小さいものにする必要がある．

［栗巣賢一・今村秀明］

29 [材料]

フルオレン系光学材料

プラスチックは短時間で複雑な形状が形成可能であること，また，成形品は軽量であることから，光学分野においてもガラスに代わって使用されることが増えている．スマートフォンに代表される光学レンズや，液晶や有機ELのパネルに用いられる各種光学フィルムなど，デジタル機器の市場成長に伴い，光学プラスチックの需要が拡大している．

これらの用途では，高画素化，高精細化，小型軽量化などが求められるが，最終製品の著しい価格低下を受け，原料の低価格化，製造時の歩留まり向上が求められるほか，部品点数低減や工数削減のために個々の部品に複数の機能をもたせるような形状複雑化も進んでいる．

これらの結果として，光学プラスチック材料へは，高屈折率，低複屈折などの特性面に加え，易加工性，形状安定性などのハンドリング性も要求されるようになっている．高屈折率と低複屈折や，高強度と易加工性などは，一般に相反する性質であり，両者の特性を満たすプラスチックの実用化は難しいとされてきた．

本項では，高屈折率と低複屈折を両立する材料として，フルオレンの各種プラスチック材料への展開について述べる．

a．一般的な光学用プラスチックの特徴

代表的な光学用プラスチックとしてはアクリル樹脂（PMMA）やポリカーボネート樹脂（PC）などが挙げられる（図1）．

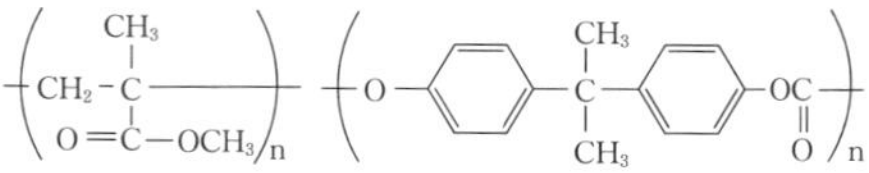

PMMAは透明性に優れ，複屈折も小さいことから光学レンズやディスプレイ用材料として用いられているが，熱変形温度が低く，屈折率も高くないものが多い．その

図1　PMMAやPCのモノマー構造例

ため，ランダム共重合法による耐熱性の改善などが進められている．

一方PCは屈折率が大きく，衝撃強度も大きいことからDVDなどのメディアディスクや自動車のヘッドライトカバーなどに用いられているが，分子中の分極率異方性が大きいことから複屈折が発生しやすく，使用範囲が限られてしまう課題がある．そのため，ビスフェノールAとは異なる分子骨格を導入することによる光学特性の改善などが進められている．

また，環状ポリオレフィンを骨格に含むシクロオレフィンポリマー（COP）やシクロオレフィンコポリマー（COC）などは，透明性・光学特性に優れる樹脂としてフィルム用途などに展開されている．

b．光学特性向上のための設計

プラスチックの屈折率を高くするためには，高分子内の電子密度を局所的に高め，分極率の大きな構造をとることが有効である．たとえば，

① ハロゲン（臭素など：フッ素は除く）
② カルボニル基（C＝O二重結合）
③ 芳香環（ベンゼン環など）
④ 硫黄
⑤ 無機フィラー

の導入が考えられるが，各種環境規制対応や成形品の透明性向上を考慮すると，ベンゼン環などの芳香族やカルボニル基を高い体積分率で用いる設計が好ましい．

しかしながら，一般に分極率の大きい構造を用いると構造単位中の異方性も大きくなることから，屈折率が高い材料は固有複屈折も大きくなる傾向にある．

c．フルオレン誘導体

フルオレンは五員環を含む3つの芳香環

をもつ多環芳香族化合物であり，このフルオレンに官能基を付与することにより，カルド（ちょうつがい）構造（図2）とよばれる骨格を有する各種フルオレン誘導体を合成することができる[1]．

フルオレンは，多環芳香族で高屈折率材料でありながら，フルオレン環とアリール基が立体的に位置するため，光学的異方性の打ち消しあいの効果により，低複屈折も両立した材料となる．

d．フルオレン系熱可塑性樹脂

フルオレンを骨格に含む樹脂のうち OKP® は熱可塑性樹脂であり，高屈折率と低複屈折を両立する材料として，撮像レンズ材料や，光学デバイス用途に利用されている．

一般に，固有複屈折が小さくても射出成形時にひずみが生じるとそれに起因してレタデーションが大きくなるが，流動性が高い樹脂はひずみを小さくできることから，光学特性を維持しつつ，複雑な形状や厚さの薄い部品の加工が可能になる．

表1に，OKP® の各種グレードの物性一覧を示す．射出成形用光学材料としては，これらのように，光学特性に加えて，耐熱性や流動性（成形性）を考慮して選定することが好ましい．

e．フルオレン系熱硬化性樹脂

主な熱硬化性樹脂として，グリシジル基を末端に有するエポキシ樹脂が挙げられる．

一般的にエポキシ樹脂は，フェノールなどの硬化剤と触媒を加え，加熱することにより硬化して成形体を得ることができるが，分子中にフルオレン骨格を導入することにより，高屈折率，高耐熱性などを付与することが可能である．

図3に，代表的なフルオレン系エポキシ樹脂の分子構造式を示す．フルオレンに各種フェノール類としてフェノール，フェノキシエタノール，o-クレゾール，2-ナフトールを選定し，それぞれエピクロルヒド

表1 OKP®の主要物性

項目	単位，条件	量産グレード		
		OKP4	OKP6	OKP4HT
物理特性				
ガラス転移温度	℃	121	134	142
荷重たわみ温度	℃，1.80 MPa	106	116	123
光学特性				
全光線透過率	%	90	90	89
屈折率	—	1.607	1.620	1.632
Abbe 数	—	27	25	23
複屈折	OGC 法	<5	27	55
成形特性				
メルトフローレート	g/10 min (230℃, 2.16 kg)	13	5	3
	g/10 min (280℃, 2.16 kg)	>130	74	50

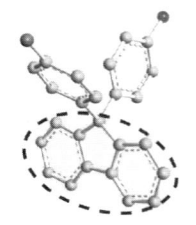

図2 カルド構造
主鎖に対して，歪みやねじれを吸収するちょうつがい機能を有する．

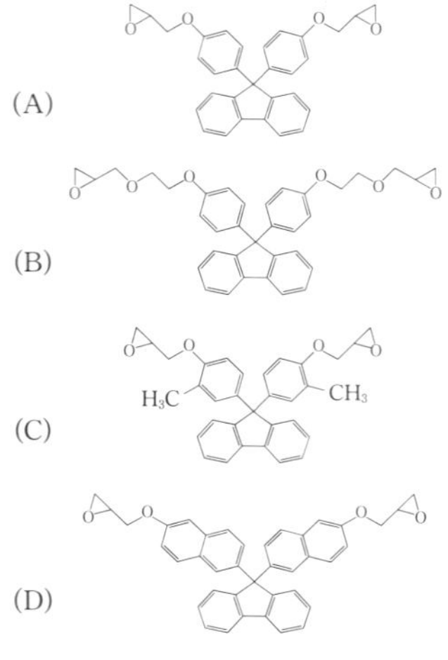

図3 代表的なフルオレン系エポキシ樹脂

リンを反応させて得られたフルオレン系エポキシ樹脂である．フルオレン骨格1個につき，2個のグリシジル基を有する $n=0$ 体を記載した[2]．

(A)～(D) のフルオレン系エポキシ樹脂の主要物性を表2に示す．屈折率については，高沸点溶媒に溶解した濃度の異なる溶液から外挿法により求めた．

いずれも，屈折率が高く，耐熱性に優れる熱硬化樹脂であることがわかる．

表2 フルオレン系エポキシ樹脂の主要物性

エポキシ樹脂		A	B	C	D
項目	単位，条件				
外観		結晶性固体	粘稠固体	結晶性固体	粉末
エポキシ当量	g/eq	231	292	266	311
屈折率		1.64	1.62	1.64	1.70
5％重量減少温度	℃	349	370	329	382
溶融粘度	mPa·s, 180℃	53	24	217	3,200

f．UV硬化型樹脂

主なUV硬化性樹脂として，(メタ)アクリル基を末端に有する(メタ)アクリレートが挙げられる．

一般的に(メタ)アクリレートは，ラジカル重合開始剤などの反応開始剤を加え，UV照射することにより，短時間でほとんど熱履歴を与えずに硬化して成形体を得ることができるが，分子中にフルオレン骨格を導入することにより，高屈折率，高耐熱性などを付与することが可能である．

フルオレン系アクリレートの各種グレードにおける主要物性を表3に示す．

アクリレートの場合は，溶液に配合してコーティングやフィルム成形用途に用いることができるため，屈折率などの光学物性だけでなく，樹脂の粘度に起因するハンドリング性や，鉛筆硬度や耐傷付き性などに代表される膜強度が重要な特性となる．昨今，タッチパネル市場の拡大に伴い，高強度かつ傷つきにくい柔軟性・靭性を有する材料が求められている．

以上，光学材料においては，求める光学物性に加え，流動性や耐熱性，粘度など，工業的量産時も含めた材料選定が必要である．

[長嶋太一]

■参考文献
1) M.Yamada et al.：Kinki Chemical Society 5, (1998),14.
2) 中村美香ら：成形加工'10 P-12 (2010).

表3 フルオレン系アクリレートの主要物性

	特長		高屈折・高耐熱	高屈折・低粘度	高屈折・低粘度	高屈折
	項目	単位，条件	EA-0200	EA-F5003	EA-F5503	EA-F5510
硬化前	屈折率	n_D^{25}	1.616	1.581	1.591	1.598
	粘度	mPa·s (25℃)	>100,000	2,000-3,000	2,500-3,500	10,000-15,000
	色相	APHA	<100	<50	<50	<50
	体積収縮率	%	0.5	3.5	4	—
硬化後	屈折率	n_D^{25}	1.626	1.607	1.614	1.616
	透過率	%（400 nm）※	85.3	85.4	85.6	85.1
	ガラス転移温度	℃（DMA測定）	179	113	127	141
	吸水率	%	0.08	0.09	0.11	—

※膜厚約 100 μm

30 液晶 [材料]

a. 液晶の種類と物性

通常物質には気体,液体,固体(結晶)の3つの状態があるといわれる.しかし,ある種の物質では液体と固体の間にそれらの中間的な性質をもつ状態が出現する.これが液晶状態である.一般に温度を上昇させると固体が溶けて液晶になり,ついには液体(等方相)になる.異方性を示す必要から一般に液晶相を示す分子は棒状や円板状のような異方的な形状をしている.

まず,棒状の分子を例にとりいくつかの液晶相を説明する.図1(A)に示すように,最も液体に近いネマチック液晶状態では,分子の重心位置はランダムであるが,その長軸を平均的にある方向(ダイレクター,配向ベクトルとよぶ)に向けている.すなわち,液体の流動性と結晶の異方性を兼ね備えた構造をしている.位置の秩序はなくても,分子配列の長距離秩序(配向秩序)によって異方性がもたらされる.

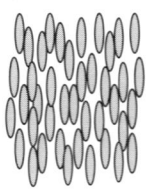

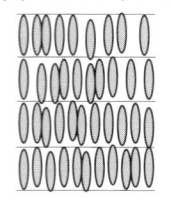

層構造をもつスメクチック相はネマチック液晶より固体状態に近いといえる.スメクチック相にもいろいろあるが,図1にそのいくつかを示す.分子が層法線方向を向いているスメクチックA相,ある方向に傾いたスメクチックC相,傾く方向が1層ごとに変化するスメクチックC_A相である.

系にキラル分子を導入すると一般に巨視的ならせん構造が発生する.1つの例が図2に示したコレステリック相である.ネマチック相にキラル分子を導入することによって発生し,キラリティが強いと等方相とネマチック相の間にブルー相とよばれる3次元秩序をもつ相が現れることもある.スメクチックC相やスメクチックC_A相にキラリティを導入すると,傾く方向の方位角が層法線方向に沿って連続的に変化するキラルスメクチックC相やキラルスメクチックC_A相のらせん構造が発生する.スメクチックA相の場合にはこのようならせん構造はあり得ないが,キラリティが強いと層自身が不連続に捩れ,層に平行な方向にらせん軸をもつツイストグレインバウンダリー(TGB)相とよばれるらせん構造が発生する.

棒状分子のダイレクターが分子の長軸の平均的な方向であるのに対して,円板状分子のダイレクターは面法線方向の平均的な方向である.図3のディスコチックネマチック液晶は棒状分子のネマチック相に対応するものである.一方,棒状分子のスメクチック相が1次元結晶であるのに対して,2次元結晶であるディスコチックカラムナー相が存在する.すなわち,円板が積み重なって円柱を形成し,円柱断面は2次元の

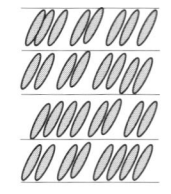

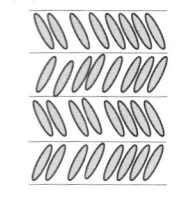

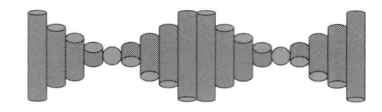

図1 ネマチック,スメクチック液晶の分子配列構造

(A) ネマチック (B) スメクチックA
(C) スメクチックC (D) スメクチックC_A

図2 コレステリック液晶のらせん構造

(A) ディスコチック　　(B) ディスコチック
　　ネマチック相　　　　カラムナー相

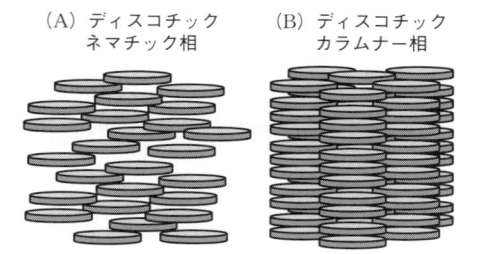

図3　円板状分子の作る液晶相の分子配列構造

図5　代表的な液晶分子の配列構造，
　　　水平配向と垂直配向

長距離秩序をもつ．一方，円柱に沿った分子位置には長距離の位置の秩序は存在しない．

ディスプレイに使われている液晶は一般に棒状低分子であるが，高分子の中にも液晶性を示すものが多数存在する．高分子液晶は大きく，主鎖型と側鎖型に分類される．図4に示すように，いずれも液晶性の基（メソゲン基）がそれぞれ主鎖，側鎖に導入されており，それらが長距離の配向秩序をもつ．

b. 液晶の応用

液晶は長距離秩序をもつが，自身でその方向を決めることはできない．液晶の配列方向を決めているのは界面である．したがって，液晶の応用に界面による液晶の配列制御は非常に重要である．すべての液晶を界面で十分制御できるとは限らないが，多くの応用に使われるネマチック液晶の配列制御には多くの確立した技術が存在する．

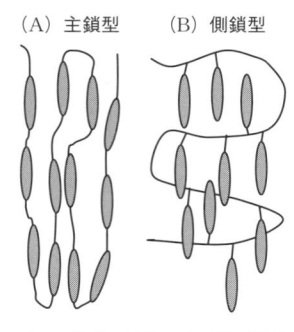

(A) 主鎖型　　(B) 側鎖型

図4　高分子液晶の分子配列構造

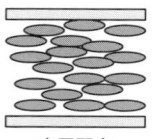

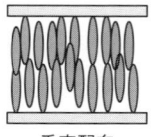

ネマチック液晶の配列には大きく分けて図5に示すような水平配向と垂直配向がある．いずれもポリイミドなどの高分子膜（配向膜）を塗布することによって得られる．水平配向の場合には高分子膜塗布の後，面内異方性を付与する必要がある．一般には布で配向膜を一方向にこするラビングという手法が用いられる．偏光した紫外光を斜め方向から照射する光配向法も実用化されている．ディスプレイなどへの応用の際，後述するように電場による分子の配向変化を用いるが，分子が起き上がる方向を規定するために，配向を完全な水平から一方向に少し浮かせる（プレチルト）技術も重要である．プレチルトの大きさを規制するような配向膜も開発されている．垂直配向膜には通常，側鎖型のポリイミド膜が用いられる．界面から法線方向につきだした側鎖によって液晶分子が基板と垂直方向に配列する．

液晶ディスプレイの明暗表示は，バックライト光の透過率を，電場印加による分子配列変化で制御することによって実現される．これには直交偏光板の間に液晶セルをはさむことによって行う．液晶の配向変化のためには誘電異方性を用いる．液晶と電場の誘電相互作用の異方性のために，印加電場方向に対して液晶が長軸を平行にする場合（正の誘電異方性）と垂直にする場合（負の誘電異方性）がある．モードによって液晶材料を使い分ける必要がある．

現在，用いられている基本的な液晶ディスプレイのモードには中小型用のツイステッドネマチック（TN）型，大型用のイン

プレーンスイッチング（IPS）型，垂直配向（VA）型がある．TN 型は上下基板間に 90°の配向変化をもたせた構造を用いる．偏光が入射すると偏光はセル内部を通過するときにその偏光を 90°回転させる．直交偏光板を用いているため，このとき，明視野が得られる．誘電異方性が正の液晶に電場を印加すると液晶分子は垂直配向に移行するので異方性や偏光の回転が消失し暗視野となる．IPS 型は図 6 のように水平配向基板片面に櫛歯電極を有するセルに誘電異方性が正の液晶を導入する．このときのラビング方向は電極方向に対して 45°方向である．この方向は直交偏光板の一方と平行なので，電場を印加していないときは暗視野が得られる．電場を印加すると電場方向に分子が面内で回転し，液晶の複屈折性により明視野が得られる．もう 1 つの VA 型には負の誘電異方性をもつ液晶材料を用いる．図 7 に示すように，電場無印加時には垂直配向ゆえ，異方性がなく，暗視野が得られる．電場を印加すると分子が傾き異方性が発生し明視野が得られる．上基板の電極に切れ目があるのは電場の印加方向を垂直からわずかにずらすことによって分子の回転方向を規定するためである．図の例では左右の画素で回転方向を逆向きにすることで視野角特性を改善しようという狙いがある．

これまですでに実用化されている液晶の

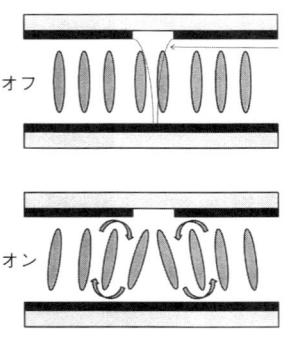

図 7　VA 型液晶表示の原理

応用として感熱素子がある．コレステリック液晶はその周期が可視域にあるものが多く，Bragg 反射によってらせん周期と同じ波長（正確にはらせん周期の屈折率倍）で，らせんと同じ掌性をもつ円偏光を反射する（選択反射）．周期は温度によって変化することを利用し，温度の変化を反射光の変化で感知しようというものである．同じ原理を用いて現在研究がすすめられているのがコレステリック液晶を用いた色素レーザーである．液晶に色素を添加し外部から光励起することでセル内部から発光が生じる．もし，この発光波長が選択反射領域に存在すると発光はコレステリック液晶中に閉じ込められ，強励起によって発振に至る．温度や電場など様々な外場によって発振波長が制御できるという利点を生かした応用に向けて研究がすすめられている．

このほかにも様々な液晶の応用が試みられている．電場で焦点距離制御可能な液晶レンズ，電場による変調可能な位相板，ネマチック相直上の等方相を用いた低電圧駆動可能なカーシャッターなどばかりではなく，液晶フィルムを溶液中に浸し，溶液に含まれている脂質や生体分子などが液晶膜に吸着し液晶の配向変化を起こすことを利用したセンサーなど，将来の液晶の応用に向けて多くの研究がなされている．

図 6　IPS 型液晶表示の原理

［竹添秀男］

31 微粒子

[材料]

物質が粒子状に細分化されると固まり（バルク）のときとは異なる挙動を示し，粒子サイズによる物性の違いも見られる．ミクロンサイズの粒子ではバルクの性質が維持されており，比表面積の増大によってその物質の通常の性質を効率よく引き出すことを意図した応用がなされる．光学材料への応用例としては，液晶ディスプレイに使用される光拡散板・光拡散フィルム・反射防止フィルムなどに配合される光拡散粒子を挙げることができる．これは入射光が微粒子により散乱・拡散されることによって機能を発揮する．

ナノサイズの粒子の場合は，可視光線の散乱が減少するため，配合された材料の可視光透過性を維持しながら粒子由来の光吸収・反射機能を材料に付与することが可能であり，赤外線や紫外線の遮蔽材料に応用されている．また，ナノ粒子では表面に存在する原子の割合が増大することにより，融点の低下，表面プラズモン吸収，バンドギャップの変化などのバルクには見られないナノ粒子特有の物性が見られ，その応用検討も活発に行われている．

裏返しの性質として，微粒子は表面活性が高く，凝集性・付着性が大きいことが取り扱いを困難にしており，製造・応用において単粒子として安定的に分散させる技術が重要となる．

a．無機微粒子の製法

代表的な製法について概説する．詳細については成書を参照されたい[1]．

(1) ブレークダウン法 固体に機械的にエネルギーを与えて細分化する方法である．様々な形式があるが光学材料への応用に多く用いられるサブミクロンサイズ以下の粒子を得るためには，湿式の媒体攪拌ミルが適している．これはシリンダー中に粉砕メディア（アルミナビーズ，ジルコニアビーズなど）と原料および溶媒を入れて攪拌を行い，メディアの衝突時に間に挟まれた物質が微粒子化される方式である．粉砕によって新たに生成した高活性の表面が溶媒によって覆われ，再凝集が抑制されることが湿式が好適な理由である．

(2) ビルドアップ法

(i) 気相法：

① 化学気相析出法（CVD）：揮発性の原料化合物を熱分解させる，あるいは蒸気と他の気体を反応させることによる化学反応を利用した微粒子合成法である．気相中で核発生と粒子成長を生じさせて微粒子を得るが，微粒子化に適した反応温度は物質ごとに異なるため，用いる熱源の違いにより電気炉法，化学炎法，プラズマ法などの中から選択される．化学炎法により得られるフュームドシリカが代表的な物として挙げられる．

② 物理気相析出法（PVD）：原材料を蒸発させ，生成した気体を冷却して凝縮させることによる微粒子化方法である．蒸発熱源によって，抵抗加熱法，誘導加熱法，プラズマ法，電子ビーム法，レーザー加熱法などが挙げられる．結晶性がよい粒子を得やすい特徴がある．

(ii) 液相法： 温和な条件下での製造が可能で量産に適した方法であり，また粒子径や粒子形状の制御を行いやすい特徴がある．合成法としては，①共沈法：易溶解性の金属塩溶液に難溶解性金属塩を生じさせる沈殿剤を加える方法，②均一沈殿法：溶液中の金属イオンを pH 変化や沈殿剤溶液の添加によって沈殿させる方法，③水熱反応法：高温高圧の水を用いて大気圧下では進行しにくい反応を加速し金属酸化物粒子や新たな化合物粒子を得る方法，④ゾルゲ

ル法:金属アルコキシドの加水分解・縮合により微粒子を得る方法などが挙げられる.ゾルゲル法は無機物をナノサイズで有機物と複合させる有機無機ハイブリッド材料の合成も可能であり機能材料分野を中心に広く研究されている.

b. 有機微粒子の製造方法

ミクロンサイズ以下の有機微粒子を得る方法として,モノマーを重合反応させてポリマー微粉体とする手法(ビルドアップ的手法)について概説する.詳細については成書を参照されたい[2]).

(1) 懸濁重合法 メタクリル酸メチルなどのモノマーに油溶性重合開始剤を溶解した後に,分散安定剤を含有する水中に懸濁させてモノマー液滴を作製し,加熱による重合反応を行いポリマー粒子を得る方法である.懸濁条件の選択により,数ミリレベルから数ミクロンレベルまでの粒子径コントロールが可能であるが,粒度分布の狭い粒子を得ることは困難である.モノマーに溶解あるいは分散する物質を粒子中に含有させることが容易であり,応用例としては電子写真用トナーの製造が挙げられる.

(2) 乳化重合法 乳化剤を用いてモノマーを水中に乳化させ,水溶性重合開始剤の添加と加熱によってポリマー粒子を得る方法である.一般的に数百 nm の比較的粒子径の揃った粒子の水分散体が得られるが,数十 nm レベルの粒子の合成を可能としている系もある.単粒子の乾燥粉体として取り出すことは乾燥工程における凝集の問題からかなり困難であり,水分散体のままで応用されることが多い.

(3) ソープフリー乳化重合法 乳化重合法と類似するが,乳化剤を使用しない点が同法と異なる.イオン性基を有する開始剤の使用,または極性官能基を有するモノマーを使用して粒子表面に電荷を与えて,静電反発により凝集を防ぐことで乳化剤なしでの粒子合成を可能としている.サブミクロンサイズの単分散粒子が得られ,乳化剤が存在しないクリーンな粒子表面となることが特徴である.

(4) 分散重合法 モノマーを溶解し生成したポリマーを溶解しない媒体中でポリマー合成を行うことにより,析出したポリマーが核を形成し,その後に成長して粒子が得られる方法である.ミクロンオーダーの単分散な粒子が得られるが,核を安定化させる分散安定剤の選定と媒体の選定が難しく,本法の適用が困難なモノマーもある.

c. 微粒子の表面改質

微粒子は各種の分散媒(マトリックス樹脂,バインダー樹脂など)に分散して複合材料として用いられることが多いが,微粒子の分散媒に対する濡れ性(なじみ)が悪いと微粒子が凝集を起こして期待した物性が得られない.このような場合には,表面改質による濡れ性改善が必要となる.微粒子表面を媒体となじみのよい物質で覆う方法として,有機物であるが無機物とも反応するシランカップリング剤による処理がよく用いられる.これはシランカップリング剤の加水分解により生じたシラノール基と,無機物表面に存在する水酸基が縮合反応し,無機物表面に有機物層が導入される方法であり,導入された有機物層を起点としてさらにポリマーを成長させることも行われる.また表面処理を行う微粒子を有機化合物とともに粉砕装置に投入し,粉砕によって生じた活性表面にメカノケミカル反応によって有機物層を形成する方法もある.その他対象とする微粒子によって多様な方法が提案されており,詳細については成書を参照されたい[3]).

d. 微粒子の光学分野への応用

(1) 光拡散・散乱 LED 照明器具や,液晶ディスプレイ用バックライトにおいては,点光源・線光源を面光源に変換するための拡散板が必要となる.「少ない光源

数で均一な面光源を得るための光拡散性」と「ディスプレイの明るさを確保するための光透過性」を高い次元でバランスさせる必要があり，拡散板の形状設計とともに，光拡散剤として配合される粒子の選定も重要である．ディスプレイ用の光拡散粒子としては，樹脂への良好な分散性，粒子径の精密な調整，屈折率のコントロールが求められるため，物性の合わせこみが容易である有機ポリマー粒子，シリコーン粒子がよく用いられる．

(2) 反射防止・防眩　各種レンズやディスプレイ表面には，反射防止処理が施されることが多いが，広帯域の反射防止を行うには異なる屈折率の層を積層する必要があり，PVDやCVDを用いての成膜が行われる．高性能な反射防止膜を得るためにナノ粒子を空隙を含む形で積層させて超低屈折率層を形成する検討も行われている[4]．ディスプレイ表面においては微粒子をバインダーに混合して塗布することにより凹凸を形成する防眩処理もよく用いられる．凹凸により外光を乱反射させて映り込みを防ぐことができるが，画像の鮮明さと防眩性を両立する必要性から粒子には粒子径および屈折率の緻密なコントロールが要求される．また，外観に悪影響を与える大粒子の混入が許されないことから精密な分級技術も必要となる．

(3) コンポジット材料　光学材料として樹脂を用いる場合，ガラスに比べて軽量で耐衝撃性が大きく成形性に優れており低コストという利点がある一方，屈折率が高いものが得られにくく，耐熱性が悪いという欠点がある．樹脂に芳香環，硫黄原子，フッ素を除くハロゲン原子を導入することによる高屈折率樹脂が開発されているが，樹脂の基本的性質を維持しつつ高屈折率化する手法として高屈折率の無機ナノ粒子を樹脂に分散させることも行われている．無機ナノ粒子は樹脂となじみが悪く樹脂中で凝集を起こすために表面処理が行われるが，さらなる性能向上を求めて，ナノ粒子合成段階からの表面設計[5]や，樹脂中での粒子合成による耐熱性材料も開発されている[6]．

(4) 粒子集合体・コロイド結晶　ナノ粒子を規則正しく並べることにより得られるコロイド結晶は光の干渉・回折により構造色を発現し，またフォトニックバンドギャップ形成により特異的な挙動を示すことから注目されている．パターニングプロセスについては様々な提案が行われているが[7]，微粒子の積層による周期構造の構築においては粒子径が精密に揃っていることが必要とされる．また粒子の自己組織化を応用する場合には粒子表面の電荷や吸着物質などのコントロールも重要となる．

［村上洋平］

■参考文献
1) 柳田博明ら：微粒子工学大系，フジ・テクノシステム（2001）．
2) 室井宗一ら：超微粒子ポリマーの応用技術，シーエムシー（1991）．
3) 粉体工学会編：粉砕・分級と表面改質，エヌジーティー（2001）．
4) たとえば，特開 2004-302113
5) たとえば，特開 2008-44835
6) たとえば，特開 2008-1841
7) 超微細パターニング技術，サイエンス＆テクノロジー（2006）．

32 ——————————————————[材料]

光学薄膜材料

　光学薄膜に用いられる材料の種類は非常に多く，膜の構成・機能および部品の使用環境や成膜方法によって適当なものを組み合わせて使う．光学薄膜を実際に製作する場合，所望の光学定数の他に薄膜の使用目的により要請される各材料の性質を十分に把握し，考慮を払わなければならない．光学薄膜材料として考慮すべき物性の情報は，
・光学定数（屈折率の実数部と虚部）および波長特性（分散）
・蒸発温度，蒸発方法などの成膜条件
・耐熱性や耐湿性，耐化学薬品性
・薄膜時の内部応力や密着性，硬度
・材料の純度や形状や安全性などの使用の容易さと価格

などがある．表1～3に各種材料の光学定数および物性情報を示す．表中の各種の値や情報は，成膜方法や条件などで大きく変動することがあるので，重要な項目については設計・製造段階で確認する必要がある[1-4]．

a. 酸化物材料（表1）

　酸化物材料は，一般的に高硬度で化学的にも安定な材料が多く，赤外域から紫外域までの広い波長範囲で透明であり，様々な屈折率の材料が存在する．そのため用途は多種多様にわたる．

　低屈折率膜材料として最もよく使われるのは，SiO_2 である．SiO_2 は，190 nm から 9 μm の広範囲で透過性が高く，膜応力が圧縮応力を示すため TiO_2 や ZrO_2 などの引張応力の高屈折率材料と組み合わせて多層膜を形成する．

　高屈折率膜材料としては，TiO_2，Nb_2O_5，Ta_2O_5，ZrO_2，HfO_2 などがあるが，TiO_2 は屈折率は高いが，いろいろな結晶形態が存在するため，膜の屈折率が安定しにくい．また 400 nm 以下の紫外域では吸収があるため使用できない．一方，Nb_2O_5，Ta_2O_5 は，TiO_2 より屈折率は低いが，TiO_2 に比

表1　酸化物材料

膜物質	屈折率 (550 nm 近辺)	使用波長域 (μm)	膜硬度	機械的，化学的性質など
SiO_2	1.45～1.46	0.2～9	硬	圧縮応力
Si_2O_3	1.55	0.4～9	硬	引張応力
Al_2O_3	1.63	0.2～7	硬	
MgO	1.74	0.2～8	硬	
Gd_2O_3	1.8	0.32～15	硬	
Y_2O_3	1.87	0.3～12	硬	
Sc_2O_3	1.89	0.35～13		
La_2O_3	1.9	0.3～		
Pr_6O_{11}	1.92～2.05	0.4～		
ZrO_2	2.05	0.34～12	硬	負の不均質
SiO	2.0 (0.7 μ)	0.7～9	硬	引張応力
HfO_2	1.95	0.22～12		
Ta_2O_5	2.1	0.35～10		
ZnO	2.1	0.4～		
Nd_2O_3	2.15	0.4～	硬	
Nb_2O_5	2.2	0.38～8		
CeO_2	2.2	0.4～12		
TiO_2	2.3～2.55	0.4～3	硬	引張応力

ベイオンプロセスによる吸収や散乱が少ないため，干渉フィルターなど波長シフトの要求が厳しい膜などに使用されることが多い．ZrO_2 や HfO_2 は，紫外域から遠赤外域まで使用できるため，多種多様な多層膜材料用として使用されているが，膜の不均質が起こりやすく，成膜時の基板温度，真空度の管理やイオンビームアシスト法，スパッタ法で膜の屈折率の安定化を図る必要がある．

中間屈折率膜材料として使用できる材料は少ない．代表的なのは Al_2O_3 であり，反射防止膜や偏光ビームスプリッターや広入射角度対応の膜などに多く利用されている．設計的に必要とする中間屈折率の膜材料がない場合は，2種類以上の膜材料を組み合せることにより実現する方法をとる[4-6]．

- 対称3層膜（等価膜）による等価屈折率を用いる設計手法．
- あらかじめ2種類以上からできている混合材料を用いる．
- 2種類以上の材料の多源同時成膜で，各材料の蒸着速度を制御して得る方法．

b．フッ化物材料（表2）

フッ化物材料は，真空紫外波長域から赤外領域と幅広く使用できる材料が多いが，屈折率の範囲は狭く，膜強度や耐環境性が低い材料が多いので使用時には注意が必要である．MgF_2 は，光学薄膜全般に使用される低屈折率膜材料で酸化物材料との組合せで様々な光学部品に適用される．またリソグラフィーなど 200 nm 以下の真空紫外波長域では，吸収が少ない酸化物材料がほとんどないため MgF_2 の他に LaF_3 や GdF_3 などの材料を使用した多層膜が使用される．

c．半導体・金属材料（表3）

前述以外の化合物や Si や Ge などの半導体材料は，赤外領域の透過率が高いため赤外領域の材料として使用される．また Mo や Si は，軟X線領域でのミラー膜材料として使用され幅広く利用されている．図1に代表的な軟X線用ミラーの反射率特性を示した[7]．

金属材料は，高い反射率をもつためミラーへの利用が最も適している．図2に代表的な金属の反射率波長特性を示した[8]．

金（Au）は，特に赤外域で高い反射率をもつため赤外用ミラーとしての用途が多い．しかしながら膜が軟らかいこと，また材料が高価であることが難点である．銀（Ag）は赤外から可視にかけて高い反射率をもつが，空気中で硫化銀を形成し黒化して性能が低下することから，封着して裏面鏡に用いられることが多い．アルミニウム（Al）は赤外から紫外までの広い波長のミラーとして利用できる．金属アルミニウム

表2　フッ化物材料

膜物質	屈折率 (550 nm 近辺)	使用波長域 (μm)	膜硬度	機械的，化学的性質など
NaF	1.29〜1.30	0.2〜	軟	水溶性
LiF	1.3	0.11〜7	軟	潮解性
CaF_2	1.23〜1.46	0.15〜12	硬	低引張応力
Na_3AlF_6	1.32〜1.35	0.2〜14	軟	低引張応力
AlF_3	1.38	0.2〜	軟	低引張応力
MgF_2	1.38〜1.40	0.11〜4	硬	引張応力
YF_3	1.55	0.2〜14		
NdF_3	1.61	0.25〜	硬	
CeF_3	1.63	0.3〜5	硬	引張応力
LaF_3	1.65	0.2〜2	硬	
GdF_3	1.68 (200 nm)	0.2〜3		

表3 半導体・金属材料

膜物質	屈折率 (550 nm 近辺)	使用波長域 (μm)	膜硬度	機械的, 化学的性質など
ZnS	2.3	0.4〜14	軟	圧縮応力
ZnTe	2.8	0.7〜20	軟	
Sb_2S_3	3.2	0.5〜10	軟	
Si	3.4 (3 μm)	1.0〜9	硬	
Ge	4.4 (2 μm)	2.0〜23	硬	
Au	0.382-i2.295	0.8〜	軟	
Ag	0.055-i3.32	0.4〜	軟	大気中で腐食
Al	0.76-i5.72	0.1〜	軟	自然酸化
Cu	0.88-i2.42	0.8〜		
Cr	2.48-i2.30	0.4〜0.8		

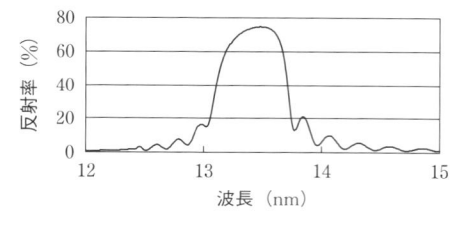

図1 軟X線ミラーの反射率特性（直入射）
膜構成：Mo(27.6Å)/Si(41.4Å) 50 組

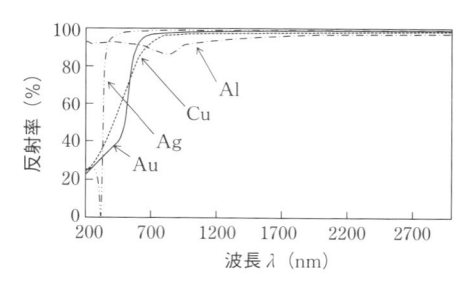

図2 金属ミラーの反射率
金（Au），銀（Ag），銅（Cu），アルミニウム（Al）

は空気中で自然酸化膜を形成するので SiO_2 などの酸化物誘電体層を保護膜として採用することで性能劣化を防ぐことが多い．

その他に金属材料を利用した光学薄膜には，金属ハーフミラー，ビームスプリッター，金属-誘電体干渉フィルターなどがある．

d．材料と膜構造

真空蒸着では，スパッタ法などに比べて粒子のエネルギーが低いため，粒塊・柱状構造を呈しやすい．柱状構造は真空蒸着による光学薄膜の微細構造として最も一般的に観察できる構造であり，水の吸脱着現象による光学特性のシフトなどの原因となる．様々な材料の薄膜の微細構造を調べると，常に柱状構造をとるとは限らず，粒塊状の構造や粒子状の構造などの形態をとることはよく知られている[9-11]．代表的な材料につ

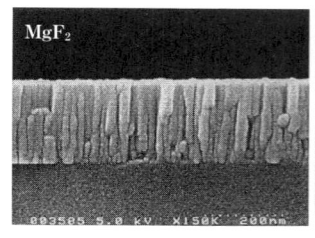

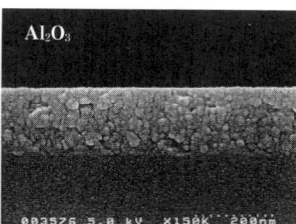

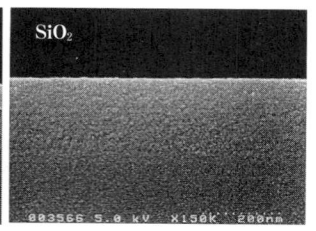

図3 真空蒸着による各種光学薄膜の微細構造

いて微細構造をSEM観察した結果を図3に示した．この写真から，MgF_2では典型的な柱状構造が観察できるが，Al_2O_3では柱状構造というよりも粒塊状構造が顕著である．さらにSiO_2は明瞭な構造が観察しにくく，微細な粒子状構造をとっている．この真空蒸着膜の粒塊状・柱状構造を緻密で微細な粒子状構造にするには，薄膜形成時の表面運動を促進するためのエネルギーを別に供給する必要がある．一般的には，基板加熱温度を上げるほかにイオンビームアシスト法，イオンプレーティング法，スパッタ法などのイオン成膜技術がある．

e．膜不均質

蒸着膜の屈折率が膜厚方向に変化しているとき，これを不均質膜とよぶ．膜の成長に伴って柱状構造が細くなる場合には，空隙が増大することで屈折率が膜厚方向に低下，負方向に変化し（たとえばZrO_2膜），その逆の場合は増大，正方向に変化する（たとえばZnS膜）．屈折率の均一性は，イオンアシスト成膜などの各種のエネルギーを増加させる方法を利用すると改善できる他，ZrO_2はTiO_2などの材料を混合することでアモルファスな膜にして不均質を抑制するなどの手法がとられる．

f．膜応力

基板上に作製した薄膜には応力が発生する．この応力には引張応力（tensile stress）と圧縮応力（compressive stress）の2種類がある．基板面精度や膜の耐久性，密着性が問題となる場合，応力は重要な要素となる．薄膜の応力は基板と膜との線膨張率の差に基づく熱応力と，膜の構造や成長機構に起因する真応力の2つの成分からなる．膜応力は膜材料と成膜方法によって決まるので，膜材料を選定する際には，その特性を理解して使用する必要がある．

[津田剛志]

■参考文献

1) H. K. Pulker：*Appl. Opt.*, **18**-12 (1979), 1969-1977.
2) E. Ritter：*Appl. Opt.*, **15**-10 (1976), 2318-2327.
3) 工藤恵栄：基礎物性図表，共立出版 (1972).
4) N. Kaiser and H. K. Pulker：Optical Interference Coating, Springer (2003).
5) A. Herpin：*Comptes Rendus Academies des Sciences*, **225** (1947), 182-183.
6) L. I. Epstein：*J. Opt. Soc. Am.*, **42** (1952), 806-810.
7) T. Tomofuji：第51回応用物理学関係連合学術講演会．Krガスを用いたIBSによるEUV用多層膜高反射率ミラー (2004).
8) G. Hass：*J. Opt. Soc. Am.*, **45** (1955), 945-952.
9) H. K. Pulker：Coatings on Glass, Elsevier (1984).
10) B. A. Movchan and A. V. Demichinsin：*Physics of Metal and Metallurgy*, **28** (1969), 653-660.
11) J. A. Thornton：*J. Vac. Sci. Technol.*, **11** (1974), 660-670.

33 ［材料］

光学フィルム

　光には，透過，反射，屈折，回折，散乱，干渉などの様々な現象が見られる．このような光学特性を利用し，構造設計された機能性薄膜を光学フィルムとよぶことができる．ここでは，近年，急成長し身近になったスマートフォンやタブレットに代表される液晶ディスプレイ（LCD）を構成する光学フィルムを中心に解説する．

a．偏光板関連フィルム（偏光フィルム，保護フィルム，輝度向上フィルム）

　ヨウ素や染料を吸着させたポリビニルアルコール（PVA）などを延伸配向することにより作製されたフィルムは光の吸収異方性をもち，透過した光は直線偏光となる．このような偏光フィルムは光学的に等方性のTAC（三酢酸セルロース）などの保護フィルムを両面に貼り合わされた状態で使用される．ここで，偏光フィルムの主材料であるPVAの約8割はクラレ製であり，保護フィルムは富士フイルムとコニカミノルタの2社でほぼ市場を占めている．また偏光板メーカーは日東電工，住友化学の2社で市場の約5割強を占めている．近年，国内家電メーカーのLCD事業が海外メーカーに押され，苦しい状況にあるが，偏光フィルムはほぼ国内メーカー品であり，LCDは日本メーカーの高い技術力により成り立っているといえる．

　偏光板の偏光度（P）は2枚の偏光板を平行に配置したときの透過率を$T_{//}$，2枚の偏光板を直交させたときの透過率を$T_{\perp}$と定義すると，$P=(T_{//}-T_{\perp})/(T_{//}+T_{\perp})$と表され，偏光度を高くするためには$T_{\perp}$を0に近づけることが重要である．またPVA/ヨウ素系の偏光板が広く用いられているが，吸収型偏光板である性質上，偏光板1枚の最大透過率は50％である．現行で透過率は約44％まで向上してきているが，偏光板表面での反射損失（4％）を考慮すると，実際の最大透過率は46％であり，限界に近い性能に達している．大面積で均一に作製できる反面，光の利用率の低さが欠点である．偏光度と透過率の向上はLCDのコントラストと輝度を向上する上で重要である．

　バックライト光の利用率を向上させる部材として，輝度向上フィルムと反射型偏光板が挙げられる．輝度向上フィルムとしては，複屈折の異方性積層体から構成されるものやコレステリック液晶の円偏光二色性を利用したものが実用化されている．また近年，ナノインプリント技術により，樹脂フィルムをベースとしたワイヤグリッド偏光板が開発された（旭化成イーマテリアルズ）．金属ナノワイヤによる高い偏光分離能のため，可視光から赤外光まで幅広い波長域で使用することができる．

　次に輝度向上フィルムであり反射型偏光板として機能する例として，コレステリック液晶の利用方法について説明する．

　コレステリック液晶はネマチック液晶の分子配列に捩じれが生じた液晶で，らせん構造を形成している．コレステリック液晶に光が入射すると，らせんの周期に応じた波長で，かつらせんの巻き方向と同一である円偏光を選択的に反射する．一方らせんの巻き方向と逆の円偏光は透過するため，円偏光スプリッターとしての機能をもつ．ここで透過した円偏光1/4波長板と組み合わせることで直線偏光に変換できるとともに，反射円偏光は鏡などで再度反射させコレステリック液晶に再入射させると，鏡反射により円偏光の巻き方向が逆になるため，これも直線偏光に変換できることになる．このようにして，従来の吸収型の偏光板と比較して光を2倍効率よく直線偏光に変換

でき，省エネルギー部材として期待できる．ここで重要になる技術はコレステリック液晶の選択反射幅や波長域を制御することである．たとえば，コレステリック液晶のらせん周期に勾配を生じさせることや，液晶組成物の複屈折を高くすることなどにより選択反射幅を拡大させる．または波長域の異なるコレステリック液晶フィルムを積層することにより，広い可視光領域で反射特性をもたせることが求められる．他にコレステリック液晶自体の利用方法としては，選択反射幅や波長域を適宜設定することにより，反射型カラーフィルターとして用いることができる．また左右のコレステリック液晶フィルムを積層することにより効率のよい光学フィルターとしての応用が考えられる．

b． 光学補償フィルム（位相差フィルム，視野角改善フィルム）

LCDに用いられている液晶の光学異方性は，たとえば，光漏れによるコントラスト低下や色調の視野角依存性などの画質上の問題を生じさせる．この問題は液晶の複屈折，すなわち位相差に視野角依存性があることによって生ずる．したがって，発生した位相差を解消することができる適当な光学異方性をもつフィルム（位相差フィルム）を付け加えること，すなわち光学補償によりこの問題を改善することができる．

位相差は $2\pi/\lambda \times \Delta n \times d$ で表される．ここで，λ は波長，Δn は複屈折，d は膜厚である．大きな Δn を有する材料を用いることにより，必要な位相差を生じさせるための d が小さくなるため，位相差フィルムを薄肉化することができる．

適当に設計された位相差フィルムは視野角改善フィルムとして応用され，以下が代表的な例として挙げられる．

① キラルネマチック液晶性を示すポリエステル（JX日鉱日石エネルギー）
② ディスコチック液晶性モノマーの重合により得られるポリマー（富士フイルム）
③ シクロオレフィンポリマー（日本ゼオン）

ここで，③は可視光領域に吸収がないため無色透明（光線透過率92％）であり，ガラス代替の透明材料としても応用できる．

さらに位相差フィルムは直線偏光の振動方向を任意の角度だけ回転させる旋光子として応用することができ，1/4波長板や1/2波長板として，偏光の制御に用いられる．1/4波長板とは，レターデーション（$\Delta n \times d$）が $\lambda/4$，つまり位相差が $\pi/2$ となる位相差板であり，直線偏光を円偏光に変換することができる．また1/2波長板とは，レターデーション（$\Delta n \times d$）が $\lambda/2$，つまり位相差が π となる位相差板であり，光軸のまわりに θ 度回転させることにより，入射させる直線偏光の振動面を 2θ 度回転させた直線偏光へ変換することができる．

c． 反射防止フィルム

コントラストはディスプレイの表面反射に影響され，明るい環境ほど低下する．そのため反射光を抑えることが重要となる．またこの技術により同時に外光による映り込みを防ぐことができる．単純には，偏光フィルム表面に高屈折率層と低屈折率層を適当な膜厚で交互に製膜することにより低反射化することができる．このような多層化した膜では，膜表面の反射光と膜内で光の位相がずれた反射光を干渉させることによって反射光を打ち消している．フラットパネルディスプレイ向けとしては，大日本印刷製が多く使用されている．

また反射防止構造（モスアイ（Moth Eye））として円錐配列が光の反射を抑制することができる．平均屈折率が上部から下部にかけて徐々に変化していくため，反射が発生するための屈折率差のある境界面が存在しない．光の干渉現象を利用しないた

め，サブ波長構造による反射防止の効果は広い波長範囲で，しかも大きな入射角度の範囲で機能する（三菱レイヨン製モスアイフィルム）．他に数百 nm サイズのナノ凹凸構造を利用した反射防止フィルムとして，旭化成イーマテリアルズのビスクリアが使用されている．

こうした反射防止フィルムの用途は LCD に限定されず，特に太陽電池において，有用である．パネル表面での反射を抑え，セル中への太陽光の取り込み率を上げ，結果として発電効率を高める上で重要である．

d. 光拡散フィルム

バックライトの光を均一な面光源にすると同時に導光板のドットを隠すために，光拡散フィルムが使用されている．また LCD 用途に限らず，光拡散フィルムは照明などの光源からの光を拡散させるために多く使用され，スクリーンとしても実用化されている．

光を拡散させる方法として，フィルム表面に屈折表面をもつ小さなプリズム（透明なガラスビーズやプラスチックビーズなど）を密に敷き詰め，その表面での屈折によって，光を拡散させることが挙げられる．

表面での屈折による光拡散に対して，粒子を高分子薄膜中に分散させることによっても実現することができる．通常，数 μm から数十 μm の粒径をもつ高分子微粒子を数％から数十％の範囲でマトリクスとなる高分子フィルム中に分散させる．この光拡散体へ入射した光はフィルム中に分散された粒子の粒径とその濃度に依存してある頻度で粒子に衝突し，その度に散乱する．この場合，粒径は可視光の波長に比べて十分大きいため，この散乱は Mie 散乱として取り扱うことができる．Mie の理論において，散乱強度や散乱角などに影響を与える因子は光の波長，マトリクスと粒子の屈折率，粒径である．可視光領域で散乱光強度の波長依存性が小さく（つまり色むらが少なく），適当な角度範囲で散乱する条件を選択することにより，粒子分散系において，光拡散フィルムを得ることができる．また透明性を失わない範囲で，適切なマトリクスや散乱粒子，粒子添加量，膜厚などを制御することにより，透過型透明スクリーン用のフィルムを作製することが可能である．

e. 透明導電フィルム

LCD は液晶の電場応答性に基づく原理で作動するため，電極は必須部材である．しかも液晶表示を損なわないためには透明であることが要求される．現行の透明電極の基板には主にガラスが用いられている．近年では，薄型やフレキシブル用途への対応のため，プラスチックを基板とする透明導電フィルムの需要が高まっている．基板上の導電層には，電気伝導度が高く，可視光領域の透過率が高いことが要求され，現行では酸化インジウムスズ（ITO）が使用されている．しかしながら，ITO の原料であるインジウムが希少金属であること，スパッタリングなどの真空工程により作製するため低生産性で低コスト化が困難であること，曲げ耐性が低いことなどの理由により，ITO 代替材料が求められている．最近では Cambrios 社（米）の銀ナノワイヤを利用して，東レフィルム加工や日立化成工業が ITO 代替の透明導電フィルムを開発している．ITO 代替の透明導電部材は LCD 以外に太陽電池関連や電子ペーパー用途でも開発が求められ，市場は大きい．

［渡辺順次・坂尻浩一］

34 レンズ [素子]

光学系を構成する基本的な光学素子は，レンズ，ミラー，プリズムである．その中でもレンズは最も基本的な素子といえる．どんなに複雑な光学機器でも，分解して考えれば，これらの基本的な光学素子と本節以降に掲載される種々の光学素子とを必要に応じて組み合わせたものとみなせる．

a．レンズ，レンズ系

JIS Z8120[1)]によれば，レンズ (lens) は「二つの面をもつ透明な媒質又はその組合せで作られ，光線の入射表面，射出表面，又は媒質中における屈折作用を利用して，物点からの光線束を収束又は発散させる作用を持つもの」とある．所定の仕様と性能を達成するためのレンズの集まりをレンズ系 (lens system) とよぶが，レンズ系は単レンズ1枚の場合（たとえば眼鏡レンズ）もあれば，多くのレンズから構成される場合（たとえば半導体製造装置用投影レンズ）もあり，実に様々である．今，あるレンズ系で結像関係（ある物体に対し像ができている）が成り立っている場合を考える．レンズ系には，主要点とよばれる3種類の点（焦点，主点，節点）が必ず存在する．これらは物体側と像側に，それぞれ存在し，計6個となる．幾何光学では主要点を元に光学系の性質を解析する．近軸領域では前述の主要点のいずれかを基準にし，結像の定量的関係（物体と像の位置関係，倍率関係など）を精密に算出できる．円形の瞳を有する理想レンズ系（収差がないとみなせるレベルまで除去された系）は，波動光学的な計算によってレンズ系のもつ分解能などが明らかにされている．入射瞳直径を D，焦点距離を f とした場合，レンズ系の

Fナンバーを F とすると，$F = f/D$ である．そして，無限遠物点から波長 λ の光が瞳に一様な振幅で入射した場合，このレンズ系の像面での点像強度分布の拡がりは無収差でも回折拡がりをもち，その第1暗環の直径 ϕ は以下のように書ける．

$$\phi = 2.44 F\lambda$$

さらには，2つの同じ強さの点像強度分布が近接し，一方のピークともう一方の第1暗環が一致した場合，ピーク間の距離 d は，$d = \phi/2$ であり，この d を分解能とよび，像面上で分離して識別できる最短距離を示している．ただし，実際の光学系では残存する収差で結像性能が劣化する場合がある．

b．単レンズ

JIS Z8120[1)]によれば，単レンズ (single lens) は「二つの面の屈折作用を利用するレンズ」とある．単レンズはレンズ系を構成する最小限の要素であるが，単レンズのみでも十分に必要な仕様と性能を満たしたレンズ系を構成する場合がある．典型的な例はルーペや眼鏡レンズである．眼鏡レンズは，両側が球面の単純なものから累進焦点レンズのように，球面から外れた非球面（一般に自由曲面）となっているものまである．図1にルーペ ($8\,\mathrm{m}^{-1}$) の例を示す．

他の例としてDVDピックアップレンズがある．これはDVDの信号読出しに使われるレンズであり，光源は単色レーザー光（波長は通常650 nm）で，NA（開口数）は通常0.6と比較的大きい．このような仕様に対し，非球面を利用して略無収差を達

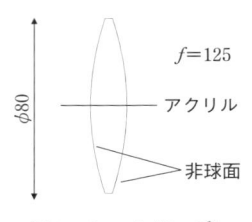

図1 ルーペ ($8\,\mathrm{m}^{-1}$)

成している高性能レンズである．

c．複合レンズ

JIS Z8120[1] によれば，複合レンズ (compound lens) は「2 個以上の単レンズを組み合わせたレンズ」とある．複合レンズとは，複数の単レンズを組み合わせて，所定の仕様と性能を達成したレンズである．身近な例では望遠鏡や双眼鏡の対物レンズが挙げられる．図 2 に貼り合わせ式ダブレットレンズの例を，図 3 に分離式ダブレットレンズの例を示す．一般には，凸レンズをクラウン系ガラス，凹レンズをフリント系ガラスで作り，球面収差，コマ収差などを補正するとともに色消しを達成している．小型の望遠鏡や双眼鏡の場合には貼り合わせ式が多く用いられ，大型になると接合が難しくなるため分離式とすることが多い．

複合レンズの中で最も枚数が多く複雑な構成をしているのは半導体製造装置用投影レンズである．図 4 に液浸型ステッパーの例[2] を示す．レンズ系の全長は約 1.2 m にも達し，結像倍率は $-1/4$ 倍，使用波長は高解像のために 193 nm と短波長化し，NA（開口数）は，1.04 にも達しながらも略無収差レンズとなっている．

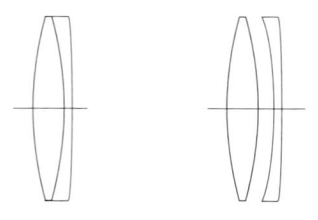

図 2　貼り合わせ式　　図 3　分離式

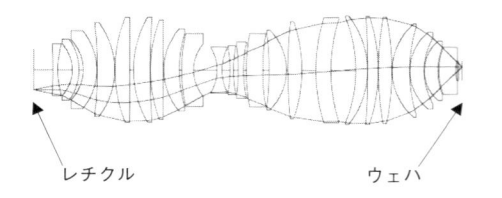

図 4　ステッパー用投影レンズ

d．非球面レンズ

JIS Z8120[1] によれば，非球面レンズ (aspherical lens) は「少なくとも一面が，球面（平面を含む．）以外の屈折面を持つレンズ」とある．光学設計上，非球面レンズは高仕様化や高性能化はもとより，レンズ枚数削減や小型軽量化も可能など，利点は大きく，現代の光学機器には欠かせない．最近では低コスト化が進み，ほとんどのデジタルカメラや携帯電話用カメラのレンズ系に組み込まれている．図 5 にすべてのレンズ面が非球面で構成された携帯電話用撮影レンズの設計例[3] を示す．非球面レンズ製造法は以下がある．

① 創生式（直接，研削や研磨で作る）
② プラスチック成形方式（射出成形，熱重合，紫外線硬化など）
③ ガラスモールド方式（ガラスを融点以上に熱し，金型に倣った形状を作る）
④ ハイブリッド方式（一般に球面レンズの表面に薄い樹脂層で非球面を作る）

① は，昔から使われている，いわば手作り方式でコスト高だが，この方式でしか作れない高付加価値のレンズには採用され続けると思われる．現在では，金型技術，成形技術，測定技術の高精度化のイノベーション（コストダウン技術も含む）により ②～④ の方式が発達し，非球面レンズの低コスト化が達成でき，デジタルカメラなどの多くの製品に採用されており，今後も大いに発展が続くと期待される．

e．グリンレンズ

媒質内で屈折率の分布（勾配）があると，光は直進せず曲げられる．蜃気楼や逃げ水は空気中で温度差などにより屈折率の分布が生じ光の進路が曲げられて起きる現象である．その進路は光学における Fermat の原理から決まる．このように媒質内に屈折率の分布を有し光の進路を曲げる作用をもつレンズを屈折率分布レンズ (graded index lens) といい，グリンレン

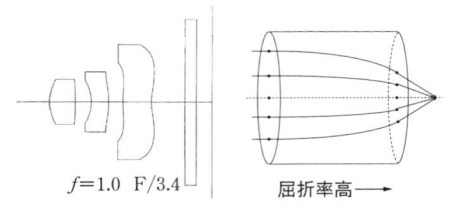

図5 携帯電話用レンズ　$f=1.0$　F/3.4

図6 グリンレンズ

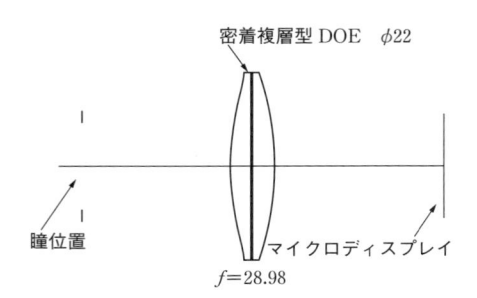

図7 回折レンズ
密着複層型 DOE　$\phi 22$
瞳位置
マイクロディスプレイ
$f=28.98$

ズ（GRIN lens）という．光軸方向に屈折率が変化するものをアキシャル型グリンレンズ（axial GRIN lens），光軸と垂直方向に変化するものをラジアル型グリンレンズ（radial GRIN lens）という．図6に，アキシャル型グリンレンズの例を模式的に示す．円柱状だが凸レンズのような集光・結像作用がある．屈折率分布レンズが初めて実用化されたのは1968年に発表（日本板硝子，日本電気）されたセルフォックレンズ（selfoc lens）[4]である．これは，イオン交換法を利用し円柱状のガラスに光軸（円柱の中心軸）から放射方向に，変化量が概ね光軸からの距離の2乗となる屈折率分布（周辺ほど屈折率が低い．光は媒質内を正弦波状に進む）を巧みに作り出したものである．

f. 回折レンズ

光学系に屈折だけでなく回折を付加すると，高性能化，複合機能化，超色消し，枚数削減などが可能となる．回折現象を利用した光学素子を DOE（diffractive optical element）といい，最近，その応用が広がっている．回折レンズ（diffractive lens）とは，このような回折光学素子を有するレンズである．

まず，回折面（表面に微細な回折格子の構造を有する面）の分散特性について述べる．回折面は局所的に見れば回折格子と同じで，長波長の光ほど大きく曲がるので負分散で，Abbe数は-3.45となる．ガラスの Abbe 数（約15〜90程度）に比べこれは異常値である．また，2次分散もガラスと大きく異なり，これらの性質を利用し優れた色収差補正やレンズ枚数削減が可能となる．空気界面に微細なレリーフ状の回折格子構造をもつ素子は，通常，「単層型」とよばれる．ブレーズ波長以外では回折効率が大きく低下しノイズ光が増える欠点があったが，最近，複数の回折格子を重ね，広波長域で回折効率を100％近くとし，ノイズ光を減じる技術が開発された．この応用例として図7のヘッドマウントディスプレイ用接眼レンズ[5]を説明する．レンズの中央部に所定の分散関係を満たす2種類の異なる薄い樹脂を密着させ，その界面に微細なレリーフ状の回折格子を形成している（この構造を，密着複層型 DOE とよぶ）．この DOE を応用して，レンズ両面の非球面の効果と合わせ球面レンズ3枚分と略同等性能を達成した接眼レンズが単レンズの構成で得られ製品化された．回折レンズは，今後，写真レンズをはじめとして様々な光学機器への応用が期待されている．

[鈴木憲三郎]

■参考文献
1) JIS Z 8120-1986「光学用語」, pp. 17, 65.
2) 特開 2004-205698
3) 特開 2008-309810
4) T. Uchida et al.: IEEE J. Quant. Electro., QE-5, 6 (1969), 331.
5) 大槻，鈴木，中村：2009 日本光学会　第34回光学シンポジウム予稿集　講演番号22「ヘッドマウントディスプレイ　メディアポート　UP の開発」．

35 ──────── [素子]

ミ ラ ー

　近年の光学装置分野では，利用波長の広帯域化が進み，ミラーの利用範囲が広がっている．宇宙天体用の$\phi 1$ m を超える大口径のものから，光スイッチなどに用いるMEMS（micro electro mechanical systems）ミラーのような微細なものまで，種類も用途も幅広く用いられている．

　ミラーの最大の利点は，波長依存がなく，色収差が発生しないことである．これは，単に光束を偏向させるにも，結像させる場合でも非常に有用な特徴となる[1]．

a. 面形状

　光学系に用いられるミラーには，大きく分けて平面ミラー，球面ミラー，非球面ミラーがある．さらに，表面ミラーと裏面ミラーがあるが，光学系で用いられる高性能なミラーは，表面ミラーが一般的である．

　平面ミラーは，ガルバノミラーや回転多面ミラーのように光束の角度を振るためや，装置内の光束の偏向などに用いられる．また，3枚組み合わせて，コーナーキューブやDoveプリズムと同様の効果をもつイメージローテーターを構成するなど用途は幅広い．

　球面ミラーは，加工が比較的容易で高性能な面精度を達成でき，安価に製作が可能である．干渉計の参照ミラーや折返しミラー，レーザー共振器などにも用いられる．結像系としては球面収差が発生するので，単独で用いられることは少なく，補正用のレンズやミラー，他の非球面ミラーと組み合わせて構成されることが多い．球面ミラー2枚で構成されるSchwarzschild光学系は，EUV，軟X線領域などで用いられている．

　非球面ミラー形状は，次式で表される[2]．

$$Z = \frac{cy^2}{1+\sqrt{1-(\kappa+1)c^2 y^2}} + A_1 y^4 + A_2 y^6 + A_3 y^8 + A_4 y^{10} \quad (1)$$

ここで，Zは光軸に直交する面からの変位量，yは光軸からの高さ，$c=1/r$は曲率半径の逆数，$A_1 \sim A_4$は非球面の係数，κは円錐定数である．$A_1 \sim A_4$がすべて0の場合は，回転対称2次曲面であり，κの値で以下のように分類される．

　$\kappa < -1$　　　双曲面
　$\kappa = -1$　　　放物面
　$-1 < \kappa < 0$　（長軸回りの）楕円
　$\kappa = 0$　　　　球面
　$\kappa > 0$　　　　（短軸回りの）楕円

それぞれのミラーは図1に示すような収束，発散の効果を光束にもたらす．

　放物ミラーは平行光束を1点に無収差で集光することができるので，平行光束を作る場合や平行光束を集光させる場合に便利である．双曲ミラーは，一方の焦点から出た光線はミラー面で反射後，もう一方の焦点から射出したのと同じ光路を辿り，楕円ミラーは，一方の焦点から出た光束がもう一方の焦点に無収差で集光する性質をもつ．

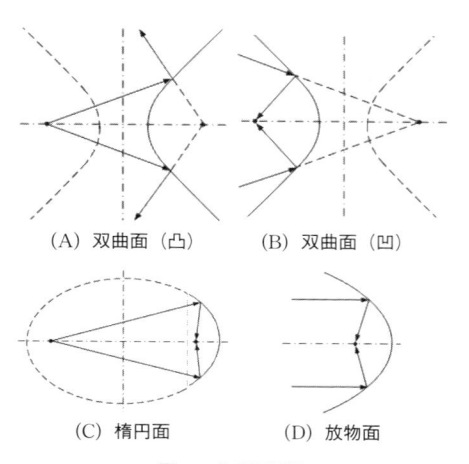

(A) 双曲面（凸）　　(B) 双曲面（凹）

(C) 楕円面　　(D) 放物面

図1　非球面形状

また，凸面ミラーと凹面ミラーがあるが，いくつかの組合せによって望遠鏡などの反射光学系を構成することができる．代表的なものとしては，楕円＋放物の Cassegrain 光学系，双曲＋双曲の Ritchey-Chrétien 光学系などがある．ただし，非球面ミラーの焦点から外れた点に対する光束は，発生する収差が大きいため，比較的像の平坦性のよい Ritchey-Chrétien 光学系においても，レンズを用いた屈折光学系に比べると，画角（像エリア）を大きくとることは困難である．NASA の 3 枚鏡として知られる望遠鏡は，Cassegrain 系をベースにもう 1 枚非球面ミラーを加えることで，像面平坦性を保ちつつ，広画角で良好な結像を達成している[3]．

裏面ミラーは蒸着面が外気から保護されるため耐久性に優れるという利点がある．日常生活で用いられるミラーは大抵は裏面ミラーである．さらに特殊な例として，反射と屈折の両方の機能をもつ裏面ミラー（mangin mirror）がある（図 2）．R1 面が曲率をもち屈折レンズとして働くため，1 枚で反射と屈折の効果をもち，球面だけで球面収差の補正が可能である．コンパクトな光学系が構成できるので，反射望遠レンズで多く用いられている．

b．ミラーによる結像[4]

図 3 において，点 C を球心とすると，幾何学の法則から，

$$\frac{MC}{MT} = \frac{CM'}{M'T} \quad (2)$$

である．図では変数の正負を（ ）内に記

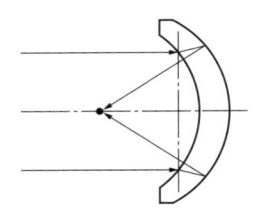

図 2　裏面ミラー（**mangin mirror**）

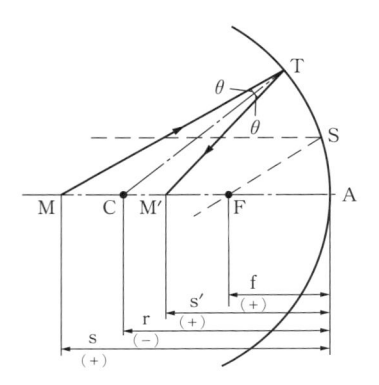

図 3　**ミラーによる結像**

す．近軸領域では，$MT \approx s$，$M'T \approx s'$ なので，

$$MC = s + r \quad (3a)$$
$$CM' = -(s' + r) \quad (3b)$$

とすると，これらの関係から，

$$\frac{1}{s} + \frac{1}{s'} = -\frac{2}{r} \quad (4)$$

が成り立つ．この式が，ミラー公式（mirror formula）である．

無限遠（すなわち $s' \to \infty$）に結像するときの光軸上の物点のミラー中心 A からの距離を第 1 焦点距離 f，無限遠の物体（すなわち $s \to \infty$）が結像する光軸上の像点のミラー中心 A からの距離を第 2 焦点距離 f' とすると，

$$\frac{1}{f} + \frac{1}{\infty} = -\frac{2}{r} \text{ より，} f = -\frac{r}{2} \quad (5a)$$

$$\frac{1}{\infty} + \frac{1}{f'} = -\frac{2}{r} \text{ より，} f' = -\frac{r}{2} \quad (5b)$$

である．第 1 焦点距離と第 2 焦点距離は同一になり，絶対値がミラー曲率半径の 1/2 になる．符号は凹面（$r<0$）の場合に正，凸面（$r>0$）の場合に負である．

c．加 工

反射光学系の光学性能を決める要因に面精度と面粗さがある．面精度はその 2 倍で波面収差に効く．面粗さは散乱に影響するが，その量は波長に依存し，悪化すると反

射率の低下，フレア増加につながる．特にX線などの短波長領域では散乱が増加するので，面粗さを抑えることが重要となる．

加工の際の面形状の測定は，平面，球面は比較的容易であるが，非球面を高精度で測定するためには専用のヌルレンズや干渉装置を用意する必要がある．

ミラーは軽量化が可能なため，レンズ部材に比べると光学系を軽くできる利点がある．これは特に大口径のミラーを用いる場合に有効である．高精度に加工し，面精度を保つためには表面の厚さをあまり薄くすることはできないが，内部を削って軽量化を図る．環境条件，要求面精度などによって必要な表面厚は異なるが，全体の質量の70～80％以上の軽量化が可能である．さらに，大口径ミラーでは，重力変形の影響なども無視できず，保持方法も考慮しなければならない．

近年の高性能ミラーの面精度，面粗さに対する要求はますます高くなってきており，加工技術，計測技術との並行した開発が必要となっている．

d．材料

材料の内部品質は基本的なミラー性能には影響しないが，光学系の全体性能には影響を及ぼす場合がある．また，面精度や面粗さの高精度化は加工技術によるが，材料によって難易度は異なるため，材料の選定は重要である．

表面に反射コートを施した場合，材料と蒸着物質との線膨張率差によりクラックなどの問題が生じる場合があり，薄い平面ミラーなどでは，蒸着物質の応力により面全体が変形する場合もある．高エネルギーが照射されるような場合や，温度変動が大きい場合などは，材料の耐久性とともに温度変化によるミラー面の変化に留意する必要がある．たとえば，宇宙天体用の大口径ミラーでは，低膨張材を用いるのが一般的である．振動，衝撃に対する強度が要求される場合は，SiC，Beなども用いられる．これらは軽量で強度が高いが，線膨張係数が大きいので注意が必要である．さらにBeは毒性をもつので加工時に注意が必要になる．その他，装置全体の熱設計を考慮するためには，材料の熱伝導率も重要である．

e．コート

一般的には表面にコートを施して使用する．ミラーの特徴の1つは色収差のないことであるが，コートの材質によって波長ごとの反射率が異なるため，反射率には波長特性が生じる．さらに反射位相も波長特性をもつ．コートは，可視域ではAlが一般的であるが，赤外域にはAuも用いられる．Agは広波長範囲での高反射率が達成できる．金属コートは酸化などで劣化しやすいため，SiO_2やMgF_2などの保護コートが付けられる．また，誘電体多層膜は，高性能で耐久性が高いため，波長選択に用いるダイクロイックミラーや高出力レーザーを用いる光学系内のミラーなどにも用いられる．膜総数が多くなると膜厚制御や大口径への成膜などの課題がある．また，誘電体ミラーには偏光特性があり，入射角度に応じてp偏光とs偏光の反射率が異なる点にも留意すべきである． ［浪川敏之］

■参考文献
1) E. Hecht（尾崎義治，朝倉利光訳）：光学Ⅰ—基礎と幾何光学—，丸善（2002），pp. 266-281.
2) D. Malacara：Optical Shop Testing, 2nd ed., John Wiley & Sons（1992），pp. 743-753.
3) 吉田正太郎：天文アマチュアのための望遠鏡光学・反射編，誠文堂新光社（1988）．
4) F. Jenkins and H. White：Fundamentals of Optics 4th ed., McGRAW-Hill（1981），pp. 102-104.

36 [素子] プリズム

JIS Z8120「光学用語」[1]によれば,「平行でない平面を二つ以上もつ透明体. 分散プリズム, 偏角プリズム, 偏光プリズムなどがある」と定義されている. 研磨された平面での光の屈折作用や反射作用を利用することで, 光軸の偏向や変位, 像の回転や反転, 分光, 光束の整形や分割を行うことを目的として使用される. 単体または複数のプリズムの組合せによって様々な作用を行うことが可能である. 以下, 屈折, 分散, 反射, 分割とプリズムの主な作用別に概要を説明する.

a. 屈折プリズム

プリズムの屈折作用を利用して, 主に光線の偏向を行う. 入射する光線は各々の面で図1のように屈折する. プリズムの屈折作用による入射光線と射出光線のなす角度 θ を偏角といい, 式(1)で表される.

$$\theta = I_1 + I_2' - \alpha \quad (1)$$

(1) 最小偏角 偏角は光線の入射角と出射角が等しいときに最小となり, これを最小偏角という. 最小偏角 θ_{min} と頂角 α, 屈折率 n の関係は式(2)で表される.

$$n = \frac{\sin\frac{\alpha+\theta_{min}}{2}}{\sin\frac{\alpha}{2}} \quad (2)$$

最小偏角では光線の非点収差が小さい, 後述のプリズム倍率が等しいなどの利点に加え, 分光器で最小偏角を測定することでプリズム素材の屈折率を求めることができる.

(2) プリズム倍率 屈折プリズムに入射した平行光束は, 偏向と同時にプリズム主断面方向の光束の幅も変化する.(図2)このときの入射光束および射出光束の幅をそれぞれ H_1, H_2 としたとき, H_2/H_1 の値をプリズム倍率 M といい, 式(3)で表される.

$$M = \frac{H_2}{H_1} = \frac{\cos I_1'}{\cos I_1} \cdot \frac{\cos I_2'}{\cos I_2} \quad (3)$$

最小偏角では $I_1 = I_2$, $I_1' = I_2'$ となるためプリズムの倍率 $M=1$ となる.

(3) ウェッジプリズム 互いに傾斜した面をもつ頂角の小さい楔形のプリズム. 頂角が小さい場合は $\sin\theta = \theta$ と近似できるため, 図3のような形状では偏角の式が $\theta = \alpha(n-1)$ と簡単化できる. 2つのウェッジプリズムを組み合わせて, 光軸を中心として回転させることで任意の方向と角度で

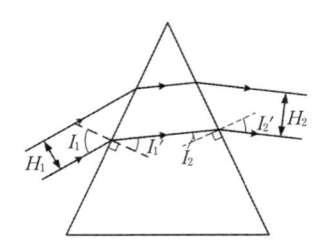

図2 プリズム倍率

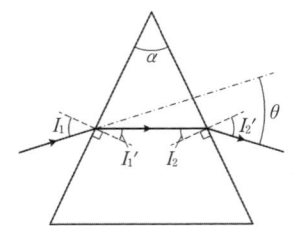

図1 屈折プリズム

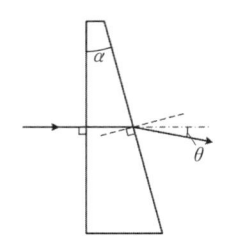

図3 ウェッジプリズム

光軸を偏向できる．図4のように互いを逆方向に回転させることで光軸を同一平面上に振ることもできる．

(4) アナモルフィックプリズム　プリズムによる倍率変化を利用して，半導体レーザーなどの光束の広がりが水平・垂直方向で異なる光束の断面形状を整形する．図5は2つの屈折プリズムを使用して，楕円から円形に光束の形状を変更した例である．

b.　分散プリズム

プリズムの屈折作用による色の分散を利用して，様々な波長の混ざった光線の分光を行う．色の分散の効果は光学部材の分散とプリズム頂角によって決まり，図6のように波長ごとに偏角が異なる．このときの色分散の分解能 R はプリズム基底長を b,屈折率を波長で微分した値を $dn/d\lambda$ とすると，式 (4)[2) で表される．

$$R = b \cdot \frac{dn}{d\lambda} \tag{4}$$

c.　反射プリズム

プリズム内部から空気との境界面に入射する光線は，反射面に対する入射角が臨界角 I_c よりも大きくなると，図7のように反射率が100 %の全反射を起こす．このとき臨界角 I_c は式 (5) で表される．

$$\sin(I_c) = \frac{1}{n} \tag{5}$$

反射部材にプリズムが使用される最大の利点は，この全反射が得られることである．したがって反射プリズムの形状はできるだけ全反射が得られるように決定することが望ましい．その他にも，反射面を精度よく配置することが比較的容易であること，変形の少なさや研磨のしやすさから高い面精度が安定して得られるなどの利点があるが，重量が重くなる，硝材中の長い光路長による光の吸収の影響や，光学部材の高い均一性が必要となるなどの欠点もあるため，これらを考慮した設計が必要となる．

以下，反射プリズムの代表的な例を示す．

(1) 直角プリズム　基本的な反射プリズムで光線の偏向を行う．直角二等辺三角形の形状が多く用いられる．図8はそれぞれ1回反射，2回反射で用いた例である．

(2) Dove プリズム　主断面形状が梯形のプリズムで上下方向で像が反転する．（図9）2つを直交させて配置すると光軸シ

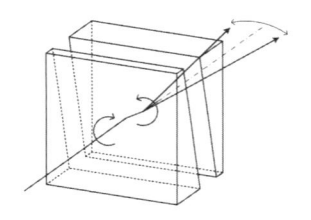

図4　2つのウェッジプリズムによる光軸の偏向

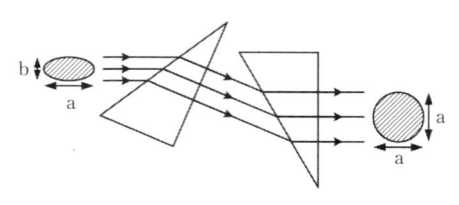

図5　アナモルフィックプリズム

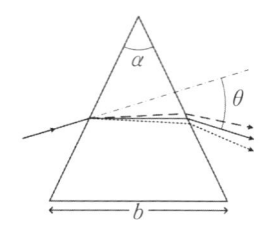

図6　分散プリズム

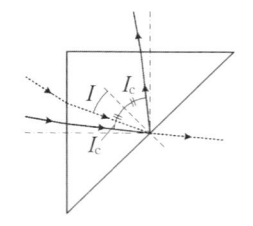

図7　プリズムの全反射

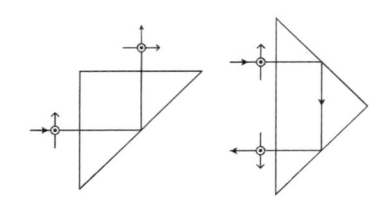

図8 直角プリズム

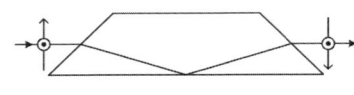

図9 Dove プリズム

フトのない正立プリズムとなる．

　(3)　**イメージローテーター**　　光軸を中心に θ 回転させると，像が同一方向に 2θ 回転するプリズム．図10のDoveプリズムを用いた例の他には，Abbeプリズム（図16参照），Pechanプリズム（図17参照）などが使用される．屈折面による非点収差と色収差の発生を防ぐため，平行光束中で使用されることが望ましい．

　(4)　**Porro プリズム**　　双眼鏡など多くの光学機器で使用されている，直角プリズムを2個ないし3個使用した正立プリズム．組合せ方によってⅠ型（図11）とⅡ型（図12）があるが，応用例も多数存在する．

　(5)　**ペンタプリズム**　　主断面形状が五角形をした2回反射の反射プリズム．図13のように入射面と射出面のなす角度が直角のものが一般的．全反射条件を満たさない反射面には反射膜（高反射アルミ膜，銀蒸着膜，誘電体多層膜など）が必要となる．光軸の偏角がプリズムの回転によらず90°で一定となることが大きな特徴．

　(6)　**コーナーキューブ**　　立方体を対角線上で切り取った形状をした反射プリズム．図14のように，プリズム内で3回反射することで入射光線と射出光線が平行となる再帰性反射をする．精度の低いものは自転車の反射板，高精度のものは測量機での測距などで使用される．

　(7)　**屋根型プリズム**　　一般にはルーフプリズム，もしくはドイツ語のダハ（屋根の意）からダハプリズムともよばれる．図15～図18に主な例を示す．光束にダハ面を含むことから，解像度の劣化や二重像を防ぐために，ダハ面の直角誤差を極力小さくする必要がある．ダハ面の直角誤差が充分小さくても，稜線に垂直な方向で像の解像力の低下が起こることがある．これはもともと位相が等しい光束が，稜線を挟み対称な位置を異なる光路で2回反射することで，互いの偏光状態が異なり回折像が劣化することが原因である．回折像の劣化は金属膜や誘電体多層膜などをダハ面に蒸着することで改善できるため，近年の高精度

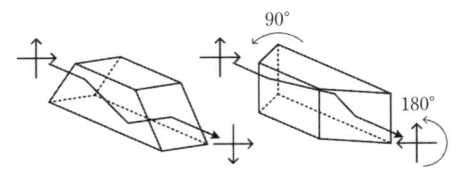

図10　(Dove プリズムを用いた) イメージローテーターの例

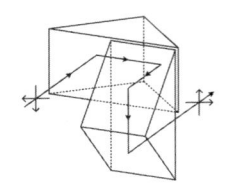

図11　Porro プリズムⅠ型

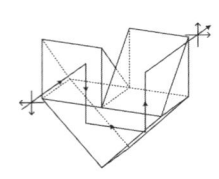

図12　Porro プリズムⅡ型

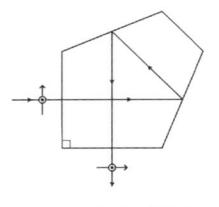

図13　ペンタプリズム

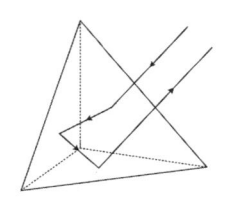

図14　コーナーキューブ

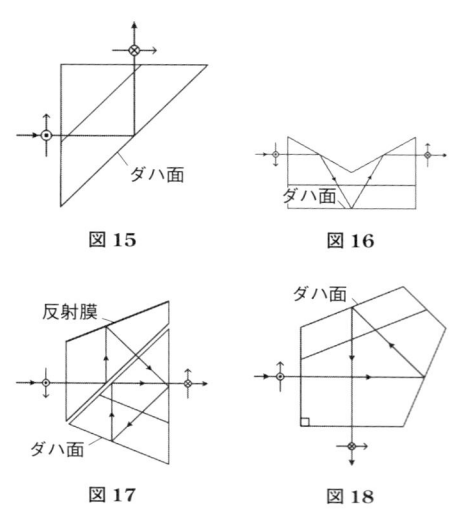

図15　Amiciプリズム：　基本的なダハプリズムの1つ．直角プリズムの斜面をダハ面とすることで，2回反射による像の反転と光軸の90°偏向を同時に行う．／図16　Abbeプリズム：　ダハ面を含む4回反射により光軸シフトのない正立プリズムとなる．双眼鏡などの観察光学系で使用される．／図17　Schmidt-Pechanプリズム：　ダハ面をもつSchmidtプリズムと偏角プリズムから構成される正立プリズム系で，双眼鏡などの観察光学系に広く使用される．単にPechanプリズムともよぶ．形状と配置を考慮することで光軸シフトをなくすことができるが，偏角プリズムには全反射条件を満たさない反射面があるため，反射膜（高反射アルミ膜，銀蒸着膜，誘電体多層膜など）が必要となる．／図18　ペンタダハプリズム：　ペンタプリズムの反射面の一面をダハ面とした正立プリズム．カメラのファインダーに広く用いられている．

が要求される光学系では誘電体多層膜による位相差補正膜が蒸着される．

d．分割プリズム

複数のプリズムの組み合わせによって光束を分割するプリズム．半透反射膜による光量分割を行うビームスプリッター（図19）や，波長選択性を持つ透過膜を用いるダイクロイックプリズム（図20），光の偏光特性をもつ多層膜を用いることで入射した光線を偏光成分に応じて別々に取り出す偏光ビームスプリッター（PBS）（図21）などがある．　　　　　　　　［矢成光弘］

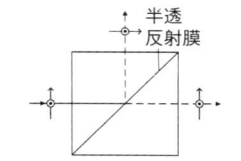

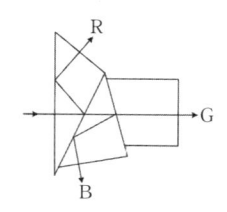

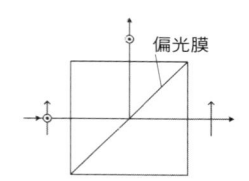

■参考文献
1) JIS Z 8120：2001：「光学用語」p.53.
2) 吉田正太郎：光学機器大全，誠文堂新光社 (2000), p.260.

37 ［素子］

フィルター

　フィルターとは一般にはある条件を満たすものだけを通過させる機能をもつ素子のことである．光の場合は，かつては特定の波長の光だけを透過させる素子をフィルターとよぶのが一般的であり，われわれが目にする光学フィルターのほとんどはこのタイプであった．しかし近年ではデジタルカメラの登場で，撮像素子上に作られる画像の空間周波数の高周波成分をカットする，いわゆるローパスフィルターも広く使われるようになった．その意味で，光学フィルターの意味する範囲はかつてより広がっているといえる．言葉としては時間周波数に対して空間周波数なので，一見対をなす概念のようにも見えるが，フィルターに関しては前者は波動としての光の振動周波数を意味するのに対し，後者は光の波数ではなく画像の空間周波数という意味であり，対にはなっていない．

　本項では光学フィルターを，その機能で波長フィルター，偏光フィルター，強度フィルター，空間周波数フィルターに分類し，それぞれについて解説する．

a．波長フィルター

(1) 波長選択の原理による分類　波長フィルターは，特定の波長の光のみを透過させる素子である．波長選択の原理には，誘電体薄膜による干渉を用いたもの，ガラスやゼラチンなどに金属や半導体の微粒子あるいはコロイド，染料などを分散させた，吸収を用いたもの，波長板と偏光子の組合せによる複屈折を用いたもの，などがある．

　干渉によるフィルターでは，光の波長と同程度の厚さの透明な誘電体薄膜を単層，あるいは多層に積層し，界面での反射光の

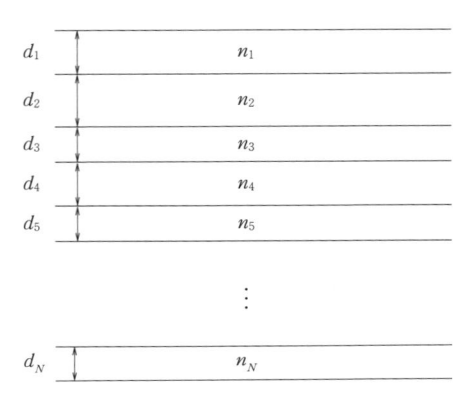

図1　誘電体多層膜の模式図
第 i 層の厚さを d_i，屈折率を n_i とし，このような層が透明基板上に N 層積層されたものである．各層の境界面からの反射光の干渉により，特定の波長域の光だけを透過させる．

干渉を用いて，所望の反射率，透過率のスペクトルを得る（図1）．界面での光の振幅の複素反射率は，Fresnelの式に従い，隣接する媒質の屈折率の関係で決まる．すべての面からの反射光を，多重反射も含めて考慮することで，反射率，透過率は計算できる．界面での複素反射率は光の入射角と偏光に依存するので，干渉を用いたフィルターを使用する際には，透過率の入射角依存性，偏光依存性に注意する必要がある．

　吸収によるフィルターには，使用する母材によって，色ガラスフィルターやゼラチンフィルターとよばれるものがある．色ガラスフィルターはガラス中に分散された金属や半導体の微粒子あるいはコロイドの吸収を用いて透過波長を制御する．光の波長よりも小さな微粒子の吸収スペクトルは，分散された物質のバルク状態での吸収率とは異なり，吸収波長は粒子サイズにも依存する．

　複屈折を用いた波長フィルターの代表例はリオフィルター（Lyot filter，あるいはLyot-Öhman filter）とショルツフィルター（Šolc filter）である．リオフィルター

は，厚さが $d, 2d, 4d, 8d, \cdots$ という系列の波長板を順番に並べる．この波長板の列のすべての間隙に波長板の主軸に対して 45°方向の偏光子を置く．列の最初と最後は偏光子とする．こうすると，進相軸と遅相軸の位相差がちょうど波長の整数倍になる波長のみが透過率が最大となる．ショルツフィルターの場合は，同じ厚さの波長板を数枚，主軸を交互に傾けながら並べ，この列の最初と最後に偏光子を置く．どちらのフィルターも，比較的入射角依存性の小さい，非常に狭い透過波長幅をもつフィルターとなる．

透過率が最大となる波長が周期的に現れること，狭い透過波長幅が実現可能であること，入射角度依存性が比較的小さいことが特徴である．

(2) 透過波長域，波長幅による分類と名称 波長フィルターは，透過する波長域と波長幅によって，以下のようによばれることがある．特定波長以上のみを透過させるものをハイパスフィルター，あるいはローカットフィルターとよぶ．逆に特定波長以下のみを透過させるものがローパスフィルター，あるいはハイカットフィルターである．可視光を基準に考えると，前者の代表が赤外線カットフィルター，後者の代表が紫外線カットフィルターである．赤外線カットフィルターはコールドフィルターという名前でよばれることもある．

特定の範囲の波長域のみを透過させるものはバンドパスフィルターとよばれる．透過波長の幅は，狭い方では数 nm から，広い方では 100 nm 以上になるレーザーの特定の波長のみ透過させる用途で用いられることも多い．また第二高調波発生などの波長変換の際に，入力波のみ，あるいは変換後の波長のみ取り出す用途でも使われる．

幅広い波長域にわたって透過率がアナログ的に変化するフィルターもある．スペクトル補正フィルターがその代表例である．特定の光源のスペクトル分布を別の分布に変換する目的で使用される場合，受光素子の感度スペクトルを補正する目的で使用される場合がある．銀塩感光材料を使った写真では，曇天，晴天の日陰，早朝，薄暮，白熱電球照明下，蛍光灯照明下などのように，照明光のスペクトルが晴天時と異なる場合に，その補正のためにスペクトル補正フィルターが使われる．

b. 偏光フィルター

特定の偏光を透過させる素子は偏光フィルターとよばれる．一般の光学素子の場合には偏光子あるいは検光子とよばれ，写真撮影などの場合には偏光フィルターとよばれることが多いが，これらは基本的に同じ機能をもつ素子である．水面やガラス面からの斜め反射光は特定の偏光成分（s偏光）が強いので，これをカットする用途で使われる．また青空からの反射も偏光しているので，偏光フィルターを用いて空の青をより鮮やかに撮影するということも行われる．カメラ用の偏光フィルターでは，オートフォーカス（AF）一眼レフカメラの普及に伴い，AF用光学ユニットへの反射鏡の反射率を一定にする目的で，偏光子の直後に 1/4 波長板を貼り付け，フィルター透過後の偏光を円偏光にするものが一般的となった．これには円偏光フィルターという，誤解をよびやすい名称がつけられているが，入射光のうち透過するのは特定の直線偏光成分のみであり，透過後に直線偏光が円偏光に変換されている．

c. NDフィルター

光の強度を減衰させる目的で使われるフィルターは ND（neutral density）フィルターとよばれる．幅広いスペクトルにわたって同一の透過率が得られる，という意味で ND という呼称が使われているが，どの程度の波長無依存性であるかは製品によって様々である．

光の透過率の制御の原理としては，金属

薄膜による吸収を用いたもの，誘電体多層膜による反射を用いたものなどがある．

d．空間周波数フィルター（ローパスフィルター）

デジタルカメラなど，空間的に離散的な画素をもつ素子でアナログ画像をデジタル化する場合に，高い空間周波数成分をカットする必要が生じる．このために使われるのが低い空間周波数成分のみを透過させるローパスフィルターである．今，正方画素配置の撮像素子を考え，画素ピッチをpとする．この撮像素子で$(2p)^{-1}$以上の高い空間周波数の縞模様の画像を取り込むと，デジタル化された画像には実際よりも粗いピッチの縞が現れる．この現象はエイリアシング（aliasing）とよばれ，現れる縞はモアレ縞とよばれる．縞画像の空間周波数をfとし，$(2p)^{-1}<f<p^{-1}$とすると，デジタイズされた画像には，空間周波数$(p^{-1}-f)$のモアレが現れる．このため，画像から$(2p)^{-1}$以上の空間周波数成分を取り除くために空間周波数のローパスフィルターが使われる．

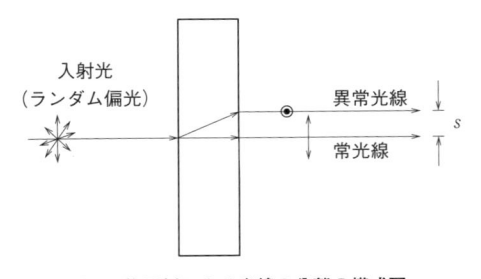

図2 複屈折による光線の分離の模式図
図に示したのは常光線の偏光方向が紙面内方向の場合で，使用する結晶の方位によっては紙面内方向の偏光が異常光線になる場合もある．図中のsは光線の横ずれ量である．

デジタルカメラで一般的に使われているローパスフィルターは，水晶やニオブ酸リチウムなど複屈折をもつ結晶の薄板を用いている．図2に示すように，ランダム偏光した入射光は複屈折により直交する2つの偏光成分に分離される．結晶内では片方の直線偏光成分（常光線）は直進し，もう一方の直線偏光成分（異常光線）は斜めに進む．この結果，画像は2つに分離し，ボケる．このときの光線の横ずれ量をsとすると，正弦波状の強度分布をもつ単一空間周波数fの画像の場合，$f=1/2s$の関係を満たすと，横ずれした2つの画像の白黒が反転し，像のコントラストがゼロになる．元の像のコントラストに対して，横ずれした2つの画像が重ね合わされた像のコントラストは，

$$\left|\cos\frac{fs}{2}\right|$$

となる．この式からわかるように，このフィルターは正確にはローパスにはなっていない．縞画像の空間周波数が$1/2s$を超えると，再びコントラストが0から増加するからである．このため，完全なエイリアシングの防止にはならない．デジタルカメラの場合は，レンズの結像性能で像の空間周波数特性が決まり，これとローパスフィルターによるコントラスト低下との兼ね合いでエイリアシングを低減する．

縦横2方向とも縞をぼかしたい場合には，複屈折板の直後に1/4波長板を重ねて，直交する直線偏光をそれぞれ円偏光に変換したのち，方位を90°回転させた複屈折板をもう1つ重ねて光を透過させればよい．

［志村　努］

38 回折格子 [素子]

　回折格子は格子状周期パターンによる回折現象を利用して用いる光学素子である．

　最も単純な回折格子は，平行スリットが等間隔で配列した構造をもつ．図1において隣り合う開口に入射した平行光線は干渉し光路長の差（AC－DB）が波長の整数倍を満足する場合に強め合い，複数の方向に分岐する回折光となる．

　回折格子は，1つの光を複数の方向に分岐する分岐素子や，プリズムより大きな分散を与える分散素子として広く使われている．また同心円状に格子を配置し平板レンズ素子としても利用される．

a. 回折格子の歴史

　回折格子は，1785年にアメリカのDavid Rittenhouseが2本の平行なねじに髪の毛を張り透過型回折格子を作ったのが始まりとされている．その後，ドイツのJoseph von Fraunhoferが回折格子を製作して発光体の輝線と暗線を測定し1820年代に発表した．1880年代になってアメリカのHenry Augustus Rowlandにより高精度の回折格子の製造装置ルーリングエンジン（ruling engine）が開発され精度の高い回折格子が得られるようになった．ガラス基板の上にアルミニウムをメッキしたものにダイヤモンドカッターで1本ずつ刻線することにより直線状の格子を作る．カッターの送り量を調節することで等間隔で高密度の格子を製作でき，またカッターの刃先形状により溝の断面形状を変え，鋸歯状の断面を有するブレーズド格子の製作ができる．

　レーザーが開発されてからは，溝間隔，面精度に優れるホログラフィック回折格子も用いられるようになり，現在の工業製品としての回折格子はホログラフィー，電子線描画，フォトリソグラフィーの技術を用いて量産されることが多い．

b. Fresnel ゾーンプレート

　中心点を囲んで同心円状に透過，不透過の輪帯を交互に配列し，その中心から数えてL番目の輪帯の切り替え半径h_Lを式（1）のようにLと1次回折光の焦点距離f_1と波長λの積の平方根になるようにするとレンズ作用をもつ回折素子，Fresnel ゾーンプレート（Fresnel zone plate）となる．m次回折光の焦点距離f_mは式（2）となるが，偶数次回折光は透過輪帯内で相殺されるため回折次数mが0と±奇数次の焦点のみができる．

$$h_L = \sqrt{f_1 \lambda L + \frac{\lambda^2 L^2}{4}} \quad (1)$$
$$\fallingdotseq \sqrt{f_1 \lambda L}$$

$$f_m = \frac{f_1}{m} \quad (2)$$

　入射光の50％が透過しないため回折効率は0次光が25％，±1次光では10.1％と低い．効率を上げるために不透過輪帯部

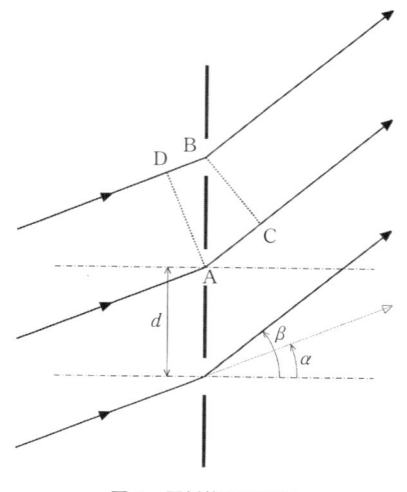

図1　回折格子の原理

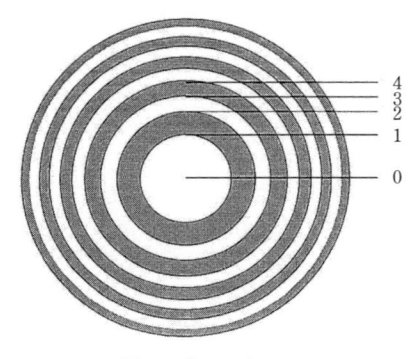

図2 ゾーンプレート

分を吸収がなく位相が π だけ異なるようにしたものを位相ゾーンプレートとよび，±1次光の回折効率は 40.5 % に上昇する．

c． グレーティング方程式

図1のように，入射光と回折格子法線とのなす角（入射角）を α，回折光と回折格子法線とのなす角（回折角）を β とすると，以下の関係式（グレーティング方程式）が成り立つ．

$$\sin\alpha - \sin\beta = \frac{m\lambda}{d} \quad (3)$$

あるいは，

$$\sin\alpha - \sin\beta = Nm\lambda \quad (4)$$

d：格子定数（開口の間隔＝格子周期）
N：1 mm 当たりのスリット数（溝本数）
　　（＝回折格子周期の逆数）
m：回折次数（$m=0$，±1，±2，…）
λ：波長

d． 波長幅と回折光

波長 λ の光が回折格子に入射すると，m

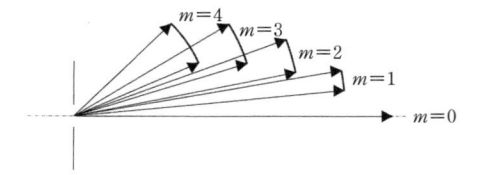

図3 波長 400 nm から 700 nm の光束の回折角範囲（入射角度 $\alpha=0$，$d=4\,\mu\mathrm{m}$）

の値により複数の角度に回折する．表1に格子定数 $d=4\,\mu\mathrm{m}$（1 mm 当たり 250 スリット）の回折格子に垂直に光が入射した場合の m 次回折光の回折角度を示す．

さらに，図3に表1の条件で 400 nm から 700 nm までの連続した波長が入射する場合の回折角範囲を示す．

回折格子を分光に用いる場合，広い波長帯域の光が回折格子に同時に入射すると，隣り合う次数のスペクトルの射出方向が一部重なり合う現象が起こる．m 次光で波長 λ_1 から λ_2 までの光（$\lambda_1<\lambda_2$）を使用する場合にスペクトルの重なりが発生しない条件は式（5）となる．格子ピッチ，入射角によらず1次回折光を利用する場合が最も広い波長幅でオーバーラップなしに利用できる．

$$\lambda_2 - \lambda_1 \leq \frac{\lambda_1}{m} \quad (5)$$

たとえば，+1次回折光で 400 nm から長波長域側を使用する場合は，800 nm で 400 nm の2次回折光と重なり合う．また，+2次回折光を使用する場合は，600 nm で 400 nm の3次回折光と重なり合う．

e． 分散

異なった波長が回折格子に入射したときの，回折角 β の変化，角分散 $d\beta/d\lambda$ は，入射角 α を一定として式（4）を λ で微分して式（6）で与えられる．

$$\frac{d\beta}{d\lambda} = -\frac{Nm}{\cos\beta} \quad (6)$$

屈折材料の分散との比較では，等価

表1 回折角度

波長 (nm)	β (deg)				
	$m=0$	1	2	3	4
400	0.0	5.7	11.5	17.5	23.6
500	0.0	7.2	14.5	22.0	30.0
600	0.0	8.6	17.5	26.7	36.9
700	0.0	10.1	20.5	31.7	44.4

入射角度 $\alpha=0$，$d=4\,\mu\mathrm{m}$

Abbe数 $\nu_\mathrm{d}\mathrm{dif}$ が，λ を添え字で示される Fraunhofer 線の波長として

$$\nu_\mathrm{d}\mathrm{dif} = \frac{\lambda_\mathrm{F} - \lambda_\mathrm{C}}{\lambda_\mathrm{d}} = -3.45 \quad (7)$$

$$\nu_\mathrm{e}\mathrm{dif} = \frac{\lambda_\mathrm{F'} - \lambda_\mathrm{C'}}{\lambda_\mathrm{e}} = -3.50 \quad (8)$$

であり，可視光用硝材の最も分散の大きなものと比較しても回折格子は約5倍の分散をもっている．

f．回折格子形状

回折格子の形態上の分類として，透過型／反射型の分類と，振幅型／位相型の分類がある．入射光の一部を透過し，残りを通さないことで回折現象を起こすものが振幅型回折格子，周期的な位相変化を与えて回折現象をコントロールするものが位相型回折格子である．位相型はさらに表面の凹凸によって位相分布をもたせる表面レリーフ格子と基板中の周期的三次元屈折率分布によって位相分布をもたせる透過型体積位相格子に分類できる．

表面レリーフ型格子には，使用目的，作製法により図4に示すような種々の格子形状パターンがあり，名称が用いられている．バイナリー格子は二値あるいは量子化されたマルチレベルの構造高さをもった格子である．

g．ブレーズ

表面レリーフ型回折格子から特定の波長，次数の回折光を効率よく取り出すための手法をブレーズ化とよび，最大の効率にする波長をブレーズ波長という．

一周期内の構造を幾何光学的な光線の進行方向が回折光の進行方向に一致する形状にすることで高効率が得られる．

反射型回折格子の場合，図5のように，波長 λ の光が角度 α で入射し角度 β で回折する．グレーティング方程式は前出の式（4）のとおりである［再掲］．

$$\sin\alpha - \sin\beta = Nm\lambda \quad (4)$$

ここで溝の斜面に対して，入射光と m 次の回折光が鏡面反射の関係にあるとき，m 次の回折光にエネルギーの大部分が集中する．このときの溝の傾きをブレーズ角 θ_B とよび，

$$\theta_B = \frac{\alpha - \beta}{2} \quad (9)$$

となる．ブレーズ波長 λ_B は式（9）を式（4）に代入して得られる．

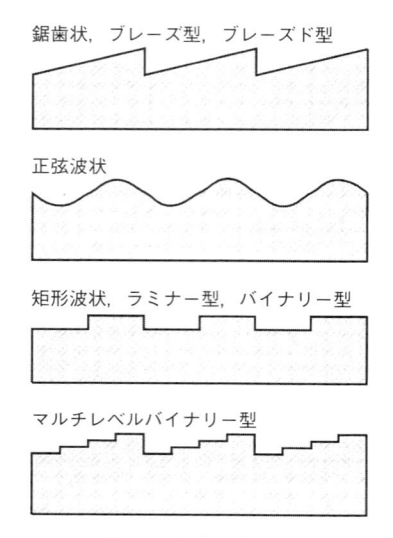

図4　回折格子溝形状

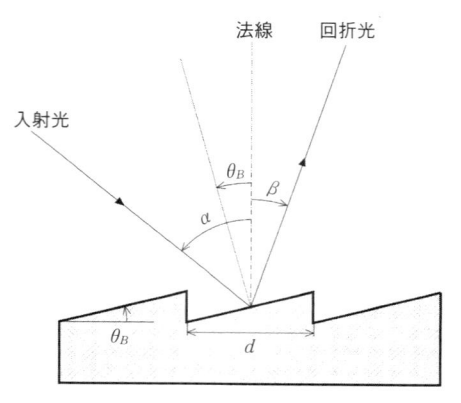

図5　反射型回折格子

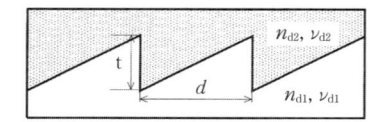

図6 積層回折格子

$$\lambda_B = \frac{2}{Nm}\sin\theta_B\cos(\alpha-\theta_B) \quad (10)$$

ブレーズ波長が光線入射角度の関数となるため，広い波長幅に対し単独の回折格子で高効率を得ることはできない．

h． 広帯域でのブレーズ化

屈折素材で回折作用と同等の分散特性をもつものがあれば広い波長帯域でブレーズ化が達成できる．1つの材料でこの条件を満足することはできないが，2種以上のAbbe数が異なる屈折材料を組み合わせ，等価Abbe数を回折によるものと等しくすると，広帯域で高効率を得られる．可視光用途であれば2つの材料が屈折率，Abbe数を $(n_{d1}, \nu_{d1})(n_{d2}, \nu_{d2})$ として，式(11)を満足する場合は，式(12)で求められる溝深さ t をもつ鋸歯形状を積層した形（図6）で広帯域ブレーズ化ができる．

$$\nu = \frac{n_{d1}-n_{d2}}{\dfrac{n_{d1}-1}{\nu_{d1}}-\dfrac{n_{d2}-1}{\nu_{d2}}} = -3.45\,(=\nu_d\mathrm{dif}) \quad (11)$$

$$t = \frac{\lambda_d}{n_{d1}-n_{d2}} \quad (12)$$

任意の2材料では式(11)は満足しないため，2つの回折格子を非常に狭い空気間隔や，第3の材料を挟んで積層化する方法をとることもある．どちらの手法にしても広帯域化積層構造は溝深さ t が深くなり，格子間隔を短くできないためイメージング用途の色収差補正用回折レンズなど，格子密度の低い応用に使われている．

[丸山晃一]

■参考文献

1) M. Born and E. Wolf : Principles of Optics, Pergamon Press (1970), pp. 401-414.
2) J. L. Soret : *Annalen der Physik.*, **232**-9 (1875), 99-113.
3) R. W. Wood : *Philos. Mag.*, **45** (1898), 511-522.
4) R. Kingslake : Optical System Design, Academic Press (1983), pp. 306-313.
5) 石井哲也：回折光学素子（特開平9-127321，特開平9-127322）
6) 小尾邦寿ら：第59回応用物理学会学術講演会講演予稿集 (1998)，p. 873.
7) 辻内順平ら：最新 光学技術ハンドブック，朝倉書店 (2002)．
8) 辻内順平：光学概論II，朝倉書店 (1979)，pp. 83-111.
9) 南 茂夫，合志陽一：分光技術ハンドブック，朝倉書店 (1990)，pp. 304-307.

39 [素子]

レーザー

レーザー (laser) とは,誘導放出を介してコヒーレント(可干渉性)に光を増幅する装置を指す.1958年,C. H. Towns と A. L. Schawlow によって理論的なレーザーの可能性が指摘され,1960年,T. H. Maiman がルビーレーザーを初めて発振させた[1].翌年,1961年,P. A. Franken らによってルビーレーザーの第二高調波発生が観測され非線形光学が幕を開ける[2].その後,半導体レーザー,Nd:YAG レーザー,炭酸ガスレーザー,色素レーザーなどの主要なレーザーが60年代初頭に登場した.現在,レーザーは半導体レーザー励起固体レーザー,ファイバーレーザーへと進化するとともに疑似位相整合素子を用いた非線形光学波長変換によってレーザー発振波長は軟X線領域からテラヘルツ波帯にまで拡大し,アト秒物理学やテラフォトニクスなどの新しい光科学が開拓されるに至っている.また,レーザー発振する材料も結晶やガラスだけではなく,セラミックやポリマーなど多様化を極めている.

レーザーは,基本的には,反転分布を作り出す励起源,誘導放出を起こすレーザー素子,光を閉じ込める共振器の3つの構成からなる[3].

熱平衡状態では,基底状態にいるイオン(あるいは原子,分子)の数に比べ励起状態にいるイオン数は圧倒的に少ない.この場合,イオンを含む系に光子が入射しても増幅は起こらず,吸収されてしまう.これに対して,反転分布とは,外部からエネルギーを入力することでイオンを励起状態に励起して,高いエネルギー準位にいるイオン数が低いエネルギー準位にいるイオン数を上回る状態にすることをいう.このような系に準位間のエネルギー差に相当する波長(あるいは周波数)を有する光子が入射すると上準位から下準位への遷移に伴い光子が放出され光子数が増える.これを誘導放出とよぶ.

レーザー素子から発生した自然放出光は誘導放出を受けて増幅されながら共振器内を周回する.共振器は光にとって境界条件となり,光の波長は特定の固有モード(縦モード)に収束する.したがって,共振器は周回する光が回折などの損失を受けずに多重往復できるよう設計されている(安定共振器).レーザーの励起法は気体レーザーにおける放電励起,半導体レーザーにおける電流注入励起,固体レーザーやファイバーレーザーのような光励起に大別される.さらに,レーザーは主にレーザー素子の種類,あるいは,形状の違いで細分化されることになる.

また,従来,レーザー下準位と基底状態のエネルギー差が熱的エネルギー $k_B T$ に比べ,十分大きいか否かで3準位レーザーと4準位レーザーに分類していた(図1).しかしながら,Yb^{3+} 系レーザーをはじめとするレーザー下準位が基底状態と同じで限りなく3準位系に近いレーザーがすでに実用になっていたり,逆に,880 nm 帯半導体レーザーの高出力化に伴い,Nd^{3+} イオンをレーザー上準位へ直接励起(励起準位とレーザー準位が同じである3準位系)できる

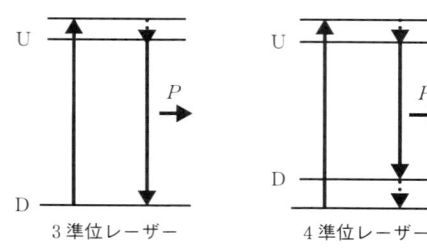

図1 レーザーの分類

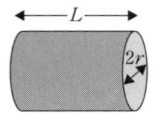

図2 レーザーの形態

ようになり，最近では，この分類はより細分化されている．

現在，主流の実用レーザー装置をレーザー素子の種類と形状の違い（図2）に基づき，半導体レーザー励起固体レーザー，ファイバーレーザー，半導体レーザーと分類して概説する．

a．半導体レーザー励起固体レーザー

Nd^{3+}イオンやYb^{3+}イオンをはじめとする希土類イオンを添加した結晶を希土類イオンの吸収帯に対応する発振波長を有する半導体レーザーで励起し，レーザー発振させるものである（図3）．一般に，半導体レーザーは電力-光変換効率が高い反面，高出力化に伴いスペクトル品質やビーム品質が低下する．そこで，固体レーザーの励起光源に用いることで，高出力でありながら単色性，ビーム品質が良好なコヒーレント光へと変換できる．

実用化されているレーザーとしては，808 nm 帯あるいは880 nm 帯半導体レーザーで励起できる$Nd:YVO_4$[4]，$Nd:YAG$，940 nm 帯あるいは970 nm 帯半導体レーザーで励起できる$Yb:YAG$などがある．これらのレーザーは主に1 μm 帯でレーザー発振する．この他にも可視域で発振するPr^{3+}イオン，2 μm で発振するTm^{3+}イオン，2.9 μm で発振するEr^{3+}イオンを添加したレーザー結晶が研究されている．希土類イオンを添加するホスト結晶の種類は$Y_3Al_5O_{12}$（YAG），YVO_4，$GdVO_4$，$LiYF_4$（YLF），$KGd(WO_4)_2$（KGW），$KY(WO_4)_2$（KYW）など無数にある．用途に応じて使い分けられるが，パワースケーリングの観点から考えると熱伝導率の高い YAG，YVO_4を用いる場合が多い．

レーザーにおけるパワースケーリングを制限するのは，レーザー結晶中に現れる発熱である．固体レーザーの場合，励起光子エネルギーとレーザー光子エネルギーの差（量子欠損）が主な発熱の要因である．この他，励起上準位吸収やアップコンバージョン遷移，交差緩和などの非輻射遷移がレーザー結晶中の発熱をもたらす[5]．レーザー結晶からの放熱を可能な限り効率よく放熱するために，放熱表面積/励起体積を大きくする工夫としてレーザー結晶を極限まで薄くするディスク型固体レーザーが提案されている．ディスク型 Yb:YAG レーザーですでに CW で1 kW，モードロックで100 W を超えるレーザー発振が実現されている[6]．

b．ファイバーレーザー

放熱表面積/励起体積を大きくするもう1つの手法にレーザー媒質の直径を極限まで小さくしたファイバーレーザーがある．Yb^{3+}イオン，Er^{3+}イオン，Tm^{3+}イオンなどを添加したファイバーがすでに市販されていて，それぞれ100 W を超える高出力化

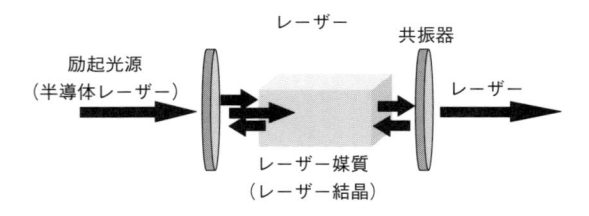

図3 半導体レーザー励起固体レーザー

に成功している．特に Yb ファイバーレーザーの高出力化は目覚ましく，単一ファイバーで連続波（continuous-wave：CW）2 kW を超える[7]．ファイバーレーザーの成功の要因はダブルクラッド構造にある．すなわち，集光度の低い高出力半導体レーザーが効率よくファイバークラッドへ結合できるようにクラッド層の外側に低屈折率層を設けたことである．また，コア部を導波するレーザー光とクラッド部を導波する励起光が効率よく結合するようにクラッド層の形状は完全な円形ではない D 型や多角形型などが提案されている．一般にパルス動作が弱点といわれているが，ラージモードエリアファイバーやフォトニック結晶ファイバー[8] などを用いることで mJ レベルの高エネルギーパルスもすでに報告されている．

c．セラミックレーザー[9]

従来，固体レーザー材料には単結晶が用いられてきた．これに対して，焼結を主体とする製法で製造された多結晶体（セラミックス）を用いるものがセラミックレーザーであり 1993 年にレーザー発振が確認された．セラミックス中の多数の散乱中心（気孔や粒界相）を極限まで減らすことで，同一組成の単結晶と比べ分光特性やレーザー発振特性に全く差のないセラミックスが実現されている．このため，単結晶では難しい希土類イオンの高濃度化，レーザー素子の大型化，希土類イオンの共添加などが可能になり，レーザーの高出力化や高機能化に向いている．Nd:YAG，Nd,Cr:YAG，Yb:YAG などがすでに実用化されている．

d．半導体レーザー

他のレーザー素子が光や放電によるエネルギー供給を介して反転分布を形成するのに対して，半導体レーザーでは，陽極陰極間に電圧印加することで電子注入することで反転分布を形成する．活性層とよばれる PN 接合域（量子井戸構造が用いられることが多い）に注入された電子と正孔が再結合するときにバンドギャップに相当するエネルギーを有する光子が放出される．へき開した素子側面が光共振器となり，レーザー発振に至る．GaAs 系，InP 系，GaN 系など材料の組成に応じてバンドギャップが任意に設計できるため，可視から赤外域でほぼ全域レーザー発振が可能である．従来，発振が難しいといわれていた緑色域の半導体レーザーも半極性窒化ガリウム基板を用いることで実現した[10]．これでディスプレイに必要な RBG の三原色すべてが半導体レーザーで発振できた．

アレイ化することで高出力化も容易であり，最も高出力化に向いている 808-970 nm 帯では，シングルアレイで 100 W を超えるものも市販されている．

この他，レーザー光が半導体基板と垂直に出射する面発光レーザー（vertical cavity surface emitting laser：VCSEL）や光励起型外部共振器型垂直面発光レーザー（optically pumped VECSEL）も高出力化してきている．

e．短パルスレーザー

レーザーは動作条件の違いで，CW レーザーとパルスレーザー，さらにパルスレーザーは Q スイッチレーザー，モードロックレーザーに分けられる．高出力 CW レーザーや Q スイッチレーザーは加工を中心とする産業用が主であるのに対し，モードロックレーザーは，分光学を中心とする理科学での研究が主流であり，現在におけるアト秒光科学などの最先端光科学を支えている．

Q スイッチレーザーは音響光学素子や電気光学素子（最近では過飽和吸収素子）を用いて共振器内の損失を一時的に大きくしてレーザー発振を抑制し，レーザー上準位に励起されたイオン数を増大させる．その後，レーザー共振器の損失を減らすことでレーザー上準位に蓄積されたイオンの誘導放出を一気に起こさせて大きなエネルギーを有する光パルスを生み出す．パルス幅は

ナノ秒からサブマイクロ秒であり，パルスの繰返し時間はレーザーに用いるイオンの上準位寿命でおおよそ決まる．これに対して，モードロックレーザーは共振器内に多数の縦モードを発生させて，その縦モード間の位相同期によって発振スペクトルのフーリエ変換に相当するパルス列を発生する．したがって，パルス幅はレーザー素子の利得幅（どれだけの数の縦モードが発振するか）でおおよそ決まる．また，パルスの繰返し時間は共振器を光子が往復する時間と一致する．

Nd^{3+}:YAGレーザーなど1 μmレーザーの第二高調波で励起できるチタンサファイアレーザーは，モードロックレーザーの代表である．0.7 μmから1 μmに至る非常に広い利得帯域を有することから1986年に発振が報告されるや，色素レーザーに代わる分光用レーザーとしての地位についた．また，非線形屈折率を介して起こるカーレンズモードロック法が発明されてレーザーパルス幅が一気にフェムト秒領域に突入した．モード同期を安定化させる半導体過飽和ミラーや共振器内部分散を補償するチャープミラー，さらにファイバーモードロックレーザーが開発され，多光子吸収あるいは第二高調波顕微鏡などの非線形顕微鏡やレーザーアブレーション加工などの新しいレーザー応用がモードロックレーザーを中心に進んでいる．また，モードロックレーザーのパルス内の電場位相（carrier envelop phase：CEP）を制御する技術も登場し，光コムなどの新しい光技術が誕生した． ［尾松孝茂］

■参考文献
1) T. H. Maiman：*Nature*, **187** (1960), 493-494.
2) P. A. Franken *et al.*：*Phys. Rev. Lett.*, **7** (1961), 118.
3) A. E. Siegman：Lasers, University Science Books (1986).
4) W. Koechner：Solid-State Laser Engineering, Springer Series in Optical Sciences (1999).
5) J. L. Blows *et al.*：*Photon. Tech. Lett.*, **10** (1998), 1727.
6) C. Stewen *et al.*：*IEEE J. Sel. Top. Quant. Electron.*, **6** (2000), 650.
7) Y. Jeong *et al.*：*Opt. Express*, **12** (2004), 6088.
8) J. Limpert *et al.*：*Opt. Express*, **11** (2003), 818.
9) J. Lu *et al.*：*Appl. Phys. Lett.*, **78** (2001), 3586.
10) Y. Enya *et al.*：*Appl. Phys. Express*, **2** (2009), 082101.

40 ─────────────────────────[素子]

光　　源

　光源 (light source) は，照明，表示，光記録，光通信，計測，加工などにおけるキーデバイスであり，紫外，可視，赤外の広いスペクトル領域にわたって，様々な方式，材料が用いられる．

　発光の過程で分類すると，白熱電球に代表される熱放射（黒体放射），蛍光灯や白色 LED のフォトルミネッセンス (PL)，ブラウン管のカソードルミネッセンス (CL)，電界励起や電流注入によるエレクトロルミネッセンス (EL) などがある．

　ここではスペクトル領域で分けて，紫外光源，可視光源，赤外光源の概略を述べる．

a．紫外光源

　紫外光源は，殺菌・洗浄，光触媒，半導体露光装置，硬化接着，光造形などに用いられる．従来より，熱放射型の電球や放電ランプが用いられてきたが，近年では紫外域の発光ダイオード (LED) も実用化されている．

　エキシマレーザーは紫外のコヒーレント光源で，半導体露光装置に用いられている．表1にエキシマレーザーの種類と発振波長を示す．

　波長変換も紫外コヒーレント光を得る手段であり，基本波の第二高調波 (SHG) ～第五高調波や2段の SHG などが利用される．基本波としては Nd:YAG ($1.06\,\mu m$) などの高出力固体レーザーや半導体レーザーが用いられる（非線形光学結晶については〔27. 結晶〕を参照）．

　紫外のインコヒーレント光源としては，水銀ランプ，重水素ランプ，エキシマランプなどがある．エキシマランプは放電ガスのエキシマ発光を利用するもので，誘電体バリア放電型と RF 放電型がある．用いる放電ガスと発光中心波長との関係は表1と同様であり，Ar (126 nm)，Kr (146 nm)，Xe (172 nm)，KrCl (222 nm)，XeCl (308 nm) などのエキシマランプが実用化されている．

　半導体では，InGaN，GaN を発光層とする 360～390 nm 領域の LED が実用化されている．深紫外領域では，研究開発レベルで，GaAlN を用いた 210～290 nm の LED が報告されている．また六方晶窒化ホウ素 (hBN) やダイヤモンドを用いた深紫外 LED も開発されている．

b．可視光源

　可視光源には，各種レーザー，LED，有機/無機 EL などがある．レーザーと LED については別項に解説されているので，ここでは有機/無機 EL 素子について簡単に述べる．

　有機 EL（エレクトロルミネッセンス）素子の基本構造は図1に示したように，電

表1　エキシマレーザーの発振波長

	発振波長 (nm)
XeF	351.1 他
XeCl	308
XeBr	281.8
KrF	248.5
KrCl	221.1
ArF	193.2
ArCl	175
F_2	157

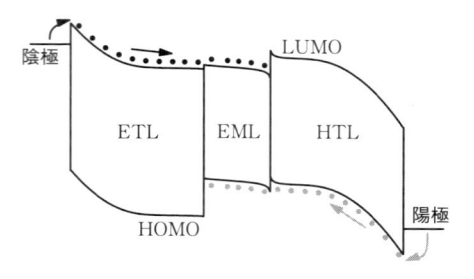

図1　有機 EL の構造と原理

子輸送層（ETL），正孔輸送層（HTL），発光層（EML）からなる．陰極および陽極からのキャリア注入を容易にするため，ETLおよびHTLの外側に電子注入層（EIL）および正孔注入層（HIL）を設ける場合もある．半導体のLEDと同様の構造であることから有機LED（OLED）ともよばれる（海外ではこちらのよび方の方が一般的）．有機分子の最低非占有分子軌道（LUMO）と最高占有分子軌道（HOMO）の準位を介してキャリアが輸送される．ただし，伝導機構などはLEDと必ずしも同じではない．表2にLEDと有機ELの比較を示す．なお，有機ELでも結晶の場合はバンド伝導であり，またLEDと同様に不純物添加により導電型を制御したデバイスもある．

有機ELの電流注入では，励起一重項と励起三重項が1：3の割合で生成される．励起一重項からの蛍光はスピン許容遷移であるのに対し，励起三重項からのりん光はスピン禁制遷移であるため，通常の蛍光材料では，最大でも25％の内部量子効率しか得られない．これに対してりん光材料は，Irなどの遷移金属錯体を添加してスピン禁制を許容化し，励起三重項も発光に寄与させるようにした材料である．表3に有機ELの材料例を示す．

無機EL素子の基本構造は，発光層の蛍光体を絶縁層で挟んだ構造（図2）で，駆動方法は基本的には交流駆動である．高電界によりカソード（陰極）側の界面から放出された電子を加速し，生成されたホット

表2 LEDと有機EL（OLED）との比較

	LED	有機EL
伝導構造	バンド （伝導帯，価電子帯）	分子軌道 （LUMO, HOMO）
伝導機構	バンド伝導	ホッピング伝導
導電型制御	不純物添加 （フェルミ準位）	仕事関数準位
特　長	半導体プロセス 高効率 高信頼	R2R 大面積 フレキシブル

表3 有機ELの材料例

	発光色	材料
低分子 蛍光材料	青	ペリレン
	緑	キナクリドン
	黄	ルブレン
	赤	DCM1
りん光材料	青	FIrpic
	緑	Ir(ppy)$_3$
	赤	Ir(piq)$_3$
高分子材料	黄	PPV
	橙	MEH-PPV
	赤	P3AT
	青	RO-PPP
	青	PDAF
	青	PVCz

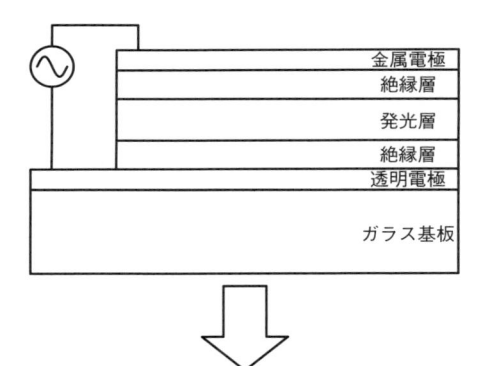

図2 無機EL素子の構造

エレクトロンで発光中心を励起する．電子はその後アノード（陽極）側界面に捕獲されるため，交流駆動でカソード/アノードを反転させて上記過程を繰り返す．発光層が多結晶薄膜蛍光体からなる構造を薄膜型EL，蛍光体粉末を分散させた構造を分散型ELと分類する場合もある．表4に無機ELの材料例を示す．蛍光体は母体結晶：発光中心の形で記載してある．

c．赤外光源

赤外光源は，赤外（フーリエ）分光，ガス分析，リモートセンシング，光通信（光ファイバー通信，TVリモコン）などの光源として用いられる．レーザー，LEDについては別項で解説されているので，ここで

表4 無機ELの材料例

	発光色	蛍光体
硫化物	青	$BaAl_2S_4$:Eu
	青緑	SrS:Ce
	緑	ZnS:Tb
	橙	ZnS:Mn
酸化物	黄	Y_2O_3:Mn
	緑	Ga_2O_3:Mn
	赤	Y_2O_3:Eu
	黄	Y_2GeO_5:Mn
	赤	Ga_2O_3:Eu
	緑	Zn_2SiO_4:Mn
窒化物	赤	GaN:Eu
	青	GaN:Tm
	緑	GaN:Er

はそれ以外の光源を概説する．

　黒体放射光源としてタングステン電球やハロゲン電球も赤外光源として用いることができるが，近赤外〜中赤外にピークをもつようにした1100 K 〜 1500 Kの温度の黒体放射光源としてSiC光源がある．これはグローバーあるいはシリコニットとよばれている．

　コヒーレント光源では，サブバンド間遷移を利用した量子カスケードレーザー（QCL）がある．QCLは中赤外からテラヘルツ（THz）領域までの波長に対する設計が可能である．量子井戸を構成する材料としては，GaAs/GaAlAs，InGaAs/InAlAs，InGaAs/AlSbAs，InAs/AlSbなどの他，5元のInGaAlSbAs材料や窒素を添加したInSbAsNも開発されている．

　QCLは注入電流（電圧）や温度により発振波長を連続的に変えられることも特徴であり，これを利用した波長可変レーザー吸収分光法（tunable laser absorption spectroscopy：TLAS）が開発されている．

　なおテラヘルツ光源としては，非線形光学結晶を用いた差周波発生（DFG）も利用されている．

[波多腰玄一]

■参考文献
1) 小林洋志監修，中西洋一郎，波多腰玄一編著：発光と受光の物理と応用（日本学術振興会光電相互変換第125委員会編）培風館（2008）．
2) 辻内順平編：最新光学技術ハンドブック，朝倉書店（2002）．
3) 南茂夫，合志陽一編：分光技術ハンドブック，朝倉書店（1992）．
4) 照明学会編：照明ハンドブック（第2版），オーム社（2003）．

41

発光ダイオード

[素子]

半導体材料を用いた発光素子には，半導体レーザーとここで述べる発光ダイオード（light emitting diode：LED）とがあり，p型およびn型の半導体が接するpn接合が発光領域の基本構造である．半導体レーザーが注入キャリアの誘導放出再結合による光増幅を利用しているのに対し，LEDは自然放出再結合による発光を利用する．pn接合からなる発光部の構造として，p型，n型が同じ材料からなるホモ接合，組成などが異なる2種類の材料からなるシングルヘテロ（SH）構造，および発光層となる活性層とそれを挟むn型およびp型のクラッド層とで構成されるダブルヘテロ（DH）構造があり，いずれもLEDに適用できる．現在ではホモ接合，SH構造は使われておらず，DH構造が基本であり，また実用化されているLEDのほとんどは活性層に量子井戸構造を用いている．

図1にLEDの構造例を示す．LEDの動作状態において，電子はnクラッド層側か

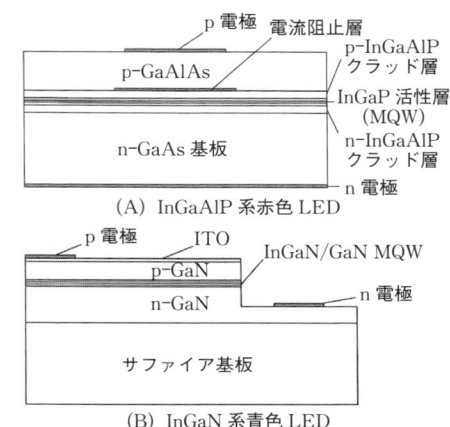

(A) InGaAlP系赤色LED

(B) InGaN系青色LED

図1 LEDの構造例

ら，正孔はpクラッド層側から，活性層にそれぞれ注入される．電子と正孔の両方のキャリアが存在する領域（活性層）では，キャリアの再結合が起こり，そのうちの発光再結合によって光が放出される．

LEDは用いる半導体材料により，紫外，可視，赤外の波長域での発光が可能である．表1にLEDに用いられている化合物半導体材料と発光波長を示す．この表中の「主波長」は可視光LEDに対して用いられる用語で，特定の無彩色刺激と加法混色することによってそのLEDの色刺激に等色す

表1 LED材料と特性例

波長帯	材料	ピーク波長 (nm)	主波長 (nm)	スペクトル半値幅 (nm)	動作電圧 (V)
紫外	InGaN	360～390		10～15	3.5～3.6
青～緑	InGaN	420～525	460～535	20～35	2.9～3.5
青	SiC	～470	～480	～70	～3
緑	GaP	555～570	558～572	30～40	1.9～2.2
黄～赤	GaAsP	580～660	590～640	30～40	1.7～2.2
赤	GaP	695～700	～650	30～40	1.9～2.1
緑～赤	InGaAlP	562～650	558～635	10～20	1.8～2.2
赤	GaAlAs	650～660	640～650	15～30	1.7～1.9
近赤外	GaAlAs	760～950		20～50	1.3～1.8
近赤外	InGaAsP	1050～1550		100～150	0.8～1.5
中赤外	InGaSbAs	1600～2400		100～250	0.5～1.5
中赤外	InSbAsP	2800～4600		300～1000	0.2～0.8

るような単色光刺激の波長を表す（図2参照）．市販LEDの技術資料ではピーク波長ではなく，この主波長または色度座標が記載されていることが多い．

図2に可視光LEDおよびLED照明用の白色LEDの色度の例を示す．白色LEDの構成はいろいろあるが，たとえば青色LEDで黄色の蛍光体を励起して，白色を合成している．用いる蛍光体や，青色と蛍光体発光との比率により相関色温度が変わる．ここで相関色温度とは，色度座標上で最も近い黒体軌跡（黒体放射スペクトルの色度座標点を結んだ軌跡，図2参照）の温度をいう．

LEDの効率を支配する様々な要因を図3に示す．ここで I_{sp}, I_{nr}, $I_{overflow}$ はそれぞれ，発光再結合，非発光再結合，オーバーフローに対応する電流である．一般に，LEDの効率 η_{wp}（ウォールプラグ（wall-plug）効率：入力電力 IV に対する光出力 P_{out} の比）は次式で与えられる．

$$\eta_{wp} = \frac{P_{out}}{IV} = \eta_v \eta_i \eta_{extr} \tag{1}$$

ここで，η_v, η_i, η_{extr} はそれぞれ電圧効率，

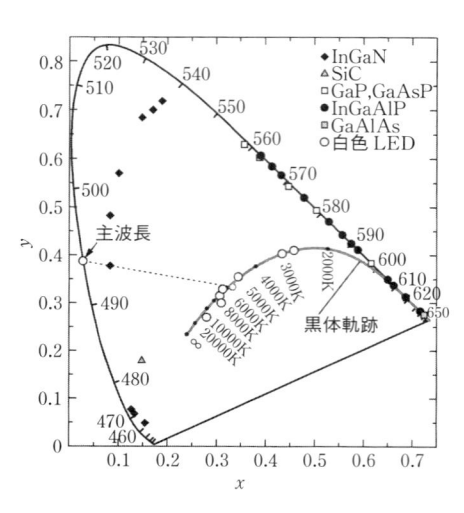

図2 可視光LED，白色LEDの色度

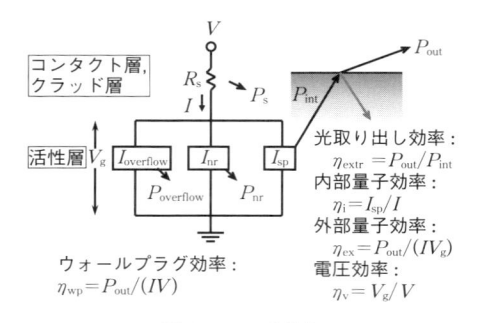

図3 LEDの効率

光取り出し効率：
$\eta_{extr} = P_{out}/P_{int}$
内部量子効率：
$\eta_i = I_{sp}/I$
外部量子効率：
$\eta_{ex} = P_{out}/(IV_g)$
電圧効率：
$\eta_v = V_g/V$
ウォールプラグ効率：
$\eta_{wp} = P_{out}/(IV)$

内部量子効率，光取り出し効率で，図3中に示されている．η_i, η_{ex}, η_{extr} はどれも1を越えないが，電圧効率については，$\eta_v \leq 1$は必ずしも成立しない．電圧 V にはコンタクト層，クラッド層の抵抗および電極／コンタクト層の接触抵抗による電圧降下が含まれる．直列抵抗 R_s が大きいと，$\eta_v \leq 1$ となるが，低電流駆動の場合で R_s が十分小さいと，η_v が1を越えることがあり得る．これは環境温度によるエネルギー kT の寄与により，$V = V_g + R_s I$ が成立しないからである．ただしその場合でも，$\eta_v \eta_i$ の積は1を越えない．

内部量子効率 η_i は図3から

$$\eta_i = \frac{I_{sp}}{I_{sp} + I_{nr} + I_{overflow}} \tag{2}$$

と表すことができる．このうちの $I_{overflow}$ は，活性層で再結合せずにオーバーフローする電流で，一般には層構造に依存する．少なくともデバイス設計では $I_{overflow}$ をなくす層構造設計が必要である．そうすると残りは I_{sp} と I_{nr} になるので，η_i を大きくするには，非発光再結合の割合をできる限り小さくする必要がある．式（2）の I_{sp} に対応する自然放出再結合確率 R_{sp} は，キャリア密度の2乗にほぼ比例する．これに対して I_{nr} に対応する非発光再結合確率 R_{nr} は，キャリア密度の1次式に比例するショックレー・リード・ホール型の非発光再結合 R_{SRH} と，3乗に比例するオージェ再結合 R_{Aug} と

がある．一般にオージェ再結合はバンドギャップの大きい可視光LEDではほとんど無視できるとされてきた．その場合には上述のキャリア密度依存性からわかるように，キャリア密度が大きくなるとR_{SRH}に比べてR_{sp}が大きくなり，η_iを増大させることができる．LEDは通常動作電流を定格値に決めて使用するので，その場合は同じ電流で電流密度を大きくする構造とすればよい．

上に述べた理由から，一般に可視光LEDでは電流密度を上げる程，内部量子効率を増大させることができる．ところが，InGaN系LEDでは，これに反して，電流密度の高い領域でη_iが低下する「効率のドループ現象」が観測される．バンドギャップの大きい材料では無視できるとされていたオージェ再結合，ピエゾ分極などに起因するオーバーフロー，Inの不均一分布に起因したキャリアの局在，正孔の低注入効率，などが要因として考えられている．

式(1)中の光取り出し効率η_{extr}はLEDの効率に大きく影響する．これは，一般に半導体の屈折率が高いため，そのままでは全反射の臨界角θ_cで決まる「エスケープ円錐」内の光しか空気中へ取り出すことができないからである．

図4に示したように，平板構造（各界面が平行）の場合は，θ_cは発光層の屈折率と空気の屈折率（=1）のみで決まり，間にある層構造には依存しない．すなわち，

$$\theta_c = \sin^{-1}\left(\frac{n_0}{n_1}\right) \quad (3)$$

一般に半導体の屈折率n_1は素子外部の屈折率n_0に比べて大きいため，全反射臨界角θ_cの値は小さい．この全反射による光取り出し効率η_cは次式で与えられる．

$$\eta_c = 1 - \cos\theta_c \approx \frac{n_0^2}{2n_1^2} \quad (4)$$

たとえばInGaAlP系材料で，活性層屈折率を$n_1 = 3.5$とし，外部を空気（$n_0 = 1$）とすると，式(4)で与えられるη_cは約0.04と

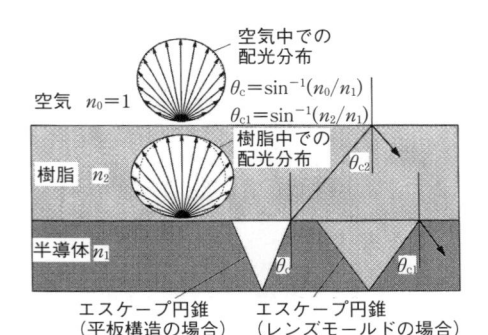

図4　LEDからの光取り出し

なる．すなわち，たとえ内部量子効率が1で，かつ裏面反射率を1としても，外に取り出される光は最大4％ということになり，この項の寄与は極めて大きい．GaN系青色LEDでは屈折率が2.5程度と低いため，η_cは約0.08と倍の値になり，光取り出しの点では有利である．一般に半導体材料の屈折率はバンドギャップが大きいほど，すなわち短波長になるほど小さくなる傾向にある．砲弾型とよばれているLEDパッケージでは素子がレンズ形状の樹脂でモールドされており，この場合には素子から樹脂中に出射された光は，レンズ形状によりほぼすべてが空気中へ出射されるので，臨界角は半導体と樹脂との屈折率で決まる値まで増大する（図4参照）．この場合の効率は式(4)に比べて2〜2.5倍向上する．

上述の全反射による効率制限を回避するため，素子自体の形状加工や表面テクスチャ構造などの各種施策が開発されている．

［波多腰玄一］

■参考文献
1) 小林洋志監修，中西洋一郎，波多腰玄一編著：発光と受光の物理と応用（日本学術振興会光電相互変換第125委員会編）培風館（2008）．
2) 一ノ瀬昇，中西洋一郎編著：次世代照明のための白色LED材料，日刊工業新聞社（2010）．
3) E. F. Schubert：Light-emitting Diodes, 2nd ed., Cambridge University Press (2006).

42   [素子]

光検出器

　一口に光検出器といっても，測定対象とする光は，真空紫外光からテラヘルツ光までとしても，波長域にして実に4桁の広範囲にわたり，また，光検出に利用する物理過程も，外部光電効果，内部光電効果，光エネルギーを熱に変換する熱効果と多様である（表1）．以下では，可視光とその近傍の波長域で使われる光検出器として光電子増倍管，フォトダイオード，アバランシェフォトダイオードを取り上げ，主にノイズ特性について説明を加える．その他の特性については，メーカーが提供している資料を参照されたい．また，近年，単一光子の検出が可能な半導体フォトカウンティング素子の使用が広まっている．これらについても最後に簡単に紹介する．

a．光電子増倍管[1]

　光電子増倍管は，入射窓を有する真空管内に封入された光電面，集束電極，多段の二次電子増倍電極（ダイノード）をもつ電子増倍部，および陽極から構成される．入射窓を透過した光子が光電面に入射すると，外部光電効果により光電面から真空中に光電子が放出される．光電変換過程は，光電面に入射した光子1個が量子効率 η の確率で光電子1個を放出し，$1-\eta$ の確率で光子を放出しない確率過程である．光電面に単位時間に入射する光子の個数が平均 n_p のポアソン分布に従うとすると，入射光子の信号対雑音比（SNR_p，ここでは，平均と分散の平方根との比）と光電子数の信号対雑音比 $SNR_{p.e.}$ との関係は，式（1）で与えられる．

$$SNR_{p.e.} = \frac{\eta n_p}{\sqrt{\eta n_p}} = \sqrt{\eta}\sqrt{n_p} = \sqrt{\eta}\,SNR_p$$

(1)

$\eta \leq 1$ であるので，この式より，光電変換過程は信号対雑音比を劣化させることがわかる．量子効率は波長の関数であり，低ノイズでの光検出のためには測定する波長域に適した光電面を選択する必要がある．

　光電子は，光電面と電子増倍部の間の電界により加速・収束されて第一ダイノードに入射する．電子増倍部での多段の二次電子増倍過程を経て陽極から出力される電子数は，ダイノードの段数や電子増倍部への印加電圧に依存するが，最大で $10^6 \sim 10^7$ に達する．i 段目のダイノードでの二次電子増倍過程が平均 δ_i，分散 σ_i^2 の確率過程であるとすると，K 段の電子増倍部全体での増倍率 m_K と増倍率の分散 $\sigma_{m_K}^2$ は以下の式で与えられる[2]．

表1　光検出器の種類

動作原理		検出器	内部増倍	特徴
外部光電効果		光電管	—	優れた温度安定性，大受光面積，高速応答
		光電子増倍管	◎	高増倍率・低ノイズ・広帯域増倍
内部光電効果	光起電力効果	フォトダイオード	—	低ノイズ，優れた直線性
		アバランシェフォトダイオード（APD）	○	高感度，高速応答
		ガイガーモードAPD	◎	単一光子検出，高速応答
		SiPM（MPPC）	◎	光子数分解，高速応答
	光導電効果	光導電素子	—	材料により，紫外〜中赤外の様々な波長域に感度をもつ
熱効果		ボロメータ，焦電素子など	—	測定波長範囲が広い

$$m_K = \delta_1 \delta_2 \cdots \delta_K \quad (2)$$

$$\sigma_{m_K}^2 = m_K^2 \left(\frac{\sigma_1^2}{\delta_1^2} + \frac{\sigma_2^2}{\delta_1 \delta_2^2} + \cdots + \frac{\sigma_K^2}{\delta_1 \delta_2 \cdots \delta_{K-1} \delta_K^2} \right) \quad (3)$$

陽極から得られる電子数の平均 n_e と分散 σ_e^2 は，光電変換過程と電子増倍過程のカスケード過程の平均，分散として以下の式で表される．

$$n_e = \eta n_p m_K \quad (4)$$

$$\begin{aligned}
\sigma_e^2 &= \eta n_p m_K^2 \\
&\quad + \eta n_p m_K^2 \left(\frac{\sigma_1^2}{\delta_1^2} + \frac{\sigma_2^2}{\delta_1 \delta_2^2} + \cdots + \frac{\sigma_K^2}{\delta_1 \delta_2 \cdots \delta_{K-1} \delta_K^2} \right) \\
&= \eta n_p m_K^2 \left(1 + \frac{\sigma_1^2}{\delta_1^2} + \frac{\sigma_2^2}{\delta_1 \delta_2^2} + \cdots + \frac{\sigma_K^2}{\delta_1 \delta_2 \cdots \delta_{K-1} \delta_K^2} \right)
\end{aligned} \quad (5)$$

これより，陽極から出力される電子数の信号対雑音比 SNR_e は，二次電子放出過程がポアソン分布に従うと仮定して，

$$\begin{aligned}
\mathrm{SNR}_e &= \frac{n_e}{\sigma_e} \\
&= \frac{\eta n_p m_K}{m_K \sqrt{\eta n_p \left(1 + \frac{\sigma_1^2}{\delta_1^2} + \frac{\sigma_2^2}{\delta_1 \delta_2^2} + \cdots + \frac{\sigma_K^2}{\delta_1 \delta_2 \cdots \delta_{K-1} \delta_K^2} \right)}} \\
&= \sqrt{\eta n_p} \left(1 + \frac{\delta_1}{\delta_1^2} + \frac{\delta_2}{\delta_1 \delta_2^2} + \cdots + \frac{\delta_K}{\delta_1 \delta_2 \cdots \delta_{K-1} \delta_K^2} \right)^{-1/2}
\end{aligned} \quad (6)$$

と表される．さらに $\delta_1 = \delta_2 = \cdots = \delta_K = \delta$ とすれば式（6）は次式のように簡略化される．

$$\mathrm{SNR}_e \approx \sqrt{\eta n_p} \left(\frac{\delta}{\delta - 1} \right)^{-1/2} = \left(\frac{\delta}{\delta - 1} \right)^{-1/2} \mathrm{SNR}_{\mathrm{p.e.}} \quad (7)$$

仮に $K=10$, $\delta=4$ とすれば，増倍率としては 10^6 と高い値を得ながら，増倍過程における信号対雑音比の劣化はわずかに 0.87 倍である．これにより，光電子増倍管の特徴の1つである低ノイズでありながら高い増倍率が得られる特性を確認できる．

b. 半導体光検出器[3]

(1) フォトダイオード フォトダイオードは，Si や InGaAs などの半導体の pn 接合を用いた光検出器である．pn 接合部に光が照射されると内部光電効果により電子と正孔（キャリア）が対となって発生し，電子は n 層側へ，正孔は p 層側へドリフトして電流として取り出される．フォトダイオードへの入射光の強度を N (photon/s), 量子効率を η とすると，光入射による出力電流（光電流）I_L は，$I_\mathrm{L} = e\eta N$ となる．ここで e は電荷素量である．Δt (s) の間に発生するキャリア数はポアソン分布に従うことから，I_L の揺らぎ成分であるノイズ電流 i_n は式（8）で与えられる．

$$i_\mathrm{n} = \frac{e\sqrt{\eta N \Delta t}}{\Delta t} = \sqrt{\frac{eI_\mathrm{L}}{\Delta t}} \quad (8)$$

$B = 1/(2\Delta t)$ を雑音帯域幅とすれば，式（8）は

$$i_\mathrm{n} = \sqrt{2eI_\mathrm{L}B} \quad (9)$$

と表される．これはショットノイズの表式であり，光電流に伴うショットノイズが入射光子数の揺らぎに起因していることがわかる．なお，フォトダイオードのノイズ電流成分には，この他にも暗電流（光入射がない場合にも出力される電流）に伴うショットノイズとフォトダイオードの等価回路に現れる並列抵抗で近似される抵抗体の熱雑音電流とがあり，フォトダイオードで検出可能な最小の入射光強度を求める場合には，それらについて考慮する必要がある．

(2) アバランシェフォトダイオード
光照射によって生成された電子・正孔対を素子内部で増倍する機能をもたせたフォトダイオードが，アバランシェフォトダイオード（APD）である．APD の pn 接合に数十 V から 100 V 以上の逆電圧を印加すると，光照射によって生成された電子，正孔は電界によって加速され，結晶格子を構成する原子と衝突し新たな電子・正孔対を生成する．この過程が繰り返されることで，

電子・正孔対の数は雪崩（アバランシェ）的に増倍される．増倍率は逆電圧とともに大きくなり，逆電圧がある電圧（降伏電圧）に達すると増倍率は急激に増大する．降伏電圧は温度に依存するため，高い増倍率で使用する場合には，逆電圧の制御，あるいは素子温度の制御が必要となる．アバランシェ増倍は確率過程であり，増倍された電子・正孔対の数は統計的な揺らぎを伴うことから，APD のショットノイズは次式で表される．

$$i_n = \sqrt{2e(I_L + I_{dg})BM^2F + 2eI_{ds}B} \quad (10)$$

ここで，I_{dg} と I_{ds} は，それぞれ増倍にかかる暗電流成分，増倍にかからない暗電流成分であり，M が増倍率である．また，過剰雑音係数とよばれる F は近似的に $F = M^X$ とも表され（X：過剰雑音指数），アバランシェ増倍に伴う過剰雑音を与える．過剰雑音係数の大きさは，APD の種類，増倍率，入射光の波長に依存し，シリコン APD の場合は，2～10 程度の値をとる．このように APD では増倍にノイズが伴い増倍率を大きくすると過剰雑音も大きくなるが，増倍により信号を大きくできることは，負荷抵抗の熱雑音や増幅器雑音が支配的な測定系で微弱な光を測定する場合には信号対雑音比の改善に有効である．

(3) ガイガーモード APD 　 APD に降伏電圧よりも大きな逆電圧を印加すると増倍率は非常に大きくなり，単一光子の入射からでも検出可能な電流パルスが得られる．APD のこのような動作は，放射線検出器のガイガー管の動作に似ていることからガイガー（Geiger）モードとよばれる．ガイガーモード APD では，光子を検出すると一旦逆電圧を降伏電圧以下にして増倍率を下げる（クエンチング）必要がある．再び降伏電圧以上の動作電圧に戻るには数十 ns 程度を要し，その間に入射した光子は検出されない．そのため，数 ns ～数十 ns 程度の短時間の間に複数個の光子が入射する場合には，光子の数え落としが発生する．

(4) SiPM, MPPC 　 近年になって使用が広まっている新しいタイプの半導体フォトンカウンティング素子が，SiPM (silicon photomultiplier)，あるいは MPPC (multi-pixel photon counter) とよばれる光検出器である．SiPM (MPPC) は，ガイガーモードで動作する数十～100 μm 角の APD ピクセルに高抵抗（クエンチング抵抗）を直列接続し，100 から数千の APD ピクセルとクエンチング抵抗の組合せが二次元的に並列接続された構造をしている．素子の入射面が多数個の APD ピクセルに分割されているために，複数個の光子が同時に入射した場合であっても，個々の APD ピクセルに入射する光子は高々 1 個となりうる．また，各 APD ピクセルが並列接続されているために，光子を検出した APD ピクセルからの電流パルスは足し合わされ，波高値が入射光子数に比例した出力パルスが得られる．このような動作をすることから，SiPM (MPPC) は単独のガイガーモード APD とは異なり，光子数分解，あるいは光電子増倍管のようなアナログ的な測定が可能であり，シンチレータと組み合わせた放射線計測分野への適用が広まりつつある． 　　　　　　　　　　[大須賀慎二]

■参考文献

1) 浜松ホトニクス（株）編集委員会：光電子増倍管　その基礎と応用 第 3a 版 (2007).
2) R. W. Engstrom : Photomultiplier Handbook, RCA Corporation (1980).
3) 浜松ホトニクス「光半導体素子ハンドブック」制作委員会（編）：光半導体ハンドブック (2013).

43 [素子]

固体撮像素子

デジタルスチルカメラの普及とともに，CCD イメージセンサーや CMOS イメージセンサーに代表される固体撮像素子の市場が拡大してきた．カメラは，携帯電話に搭載されるようになり，市場はさらに拡大すると予想されている．CMOS イメージセンサーは，CCD イメージセンサーと比べ，CMOS LSI の製造技術をもつメーカーが作りやすく，多くの会社が固体撮像素子ビジネスに参入している．固体撮像素子に要求される特性は複雑化しているが，どのようなアプリケーションにおいても，光を効率よく受光しなければならず，画素の光学的設計行為は非常に重要となっている．

a. 画素サイズおよび画素数

画素が小さいほど，単位面積当たりの画素数が増え，高精細な写真や動画が撮れるため，画素サイズの縮小が常に要求されてきた．2013 年現在，固体撮像素子の最小画素ピッチは $2\,\mu m$ 以下であり，可視光の波長と大きく変わらないサイズにまで微細化されている．画素サイズ縮小は，単位画素当たりに照射される光エネルギーを減少させ，信号量を小さくしてしまう．よって，受光効率を改善する画素開発が常に行われている．画素数は，画素サイズと光学サイズとよばれる画素を配置する領域によって決定される．光学サイズは，表 1 に示すように，複数の規格がある．デジタル一眼レフカメラでは，35 mm 判や APS-C サイズのように，大きな光学サイズが用いられる一方，携帯電話用カメラでは 1/4 型のように，小さい光学サイズが用いられる．1/4 型の光学サイズ内に，画素を $1.12\,\mu m$ ピッチで配置すると約 800 万画素にもなり，携帯電話用カメラとはいえ，画素数は非常に多くなっている．

表 1 光学サイズの種類

名称	大きさ（mm）	面積比較
35 mm 判	36×24	
APS-C	23.6×15.8	
1/2.3 型	6.2×4.6	
1/3 型	4.8×3.6	
1/4 型	3.6×2.7	

b. 光電変換

CCD イメージセンサーや CMOS イメージセンサーの製造に使われるシリコン単結晶基板は，結晶格子の周期性によって，価電子帯と伝導体の 2 つにエネルギー準位が別れ，禁制帯とよばれる電子の存在しないエネルギー帯を生む（図 1）．シリコンの単結晶は，室温で 1.1 eV の禁制帯をもち，禁制帯幅を超えるエネルギーをもった光子が照射されると，価電子帯から伝導体へ，電子を励起させることができる．この現象を光電変換とよんでいる．人間が感知できる可視光の光子は，1.1 eV 以上のエネルギーをもち，電子を励起させられる．伝導帯へ

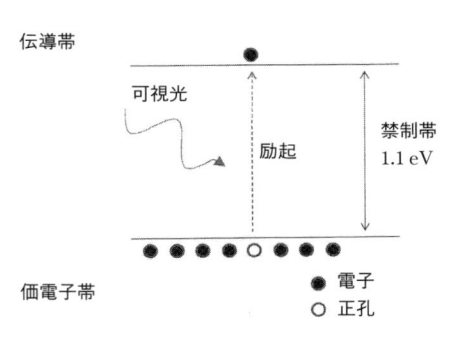

図 1 シリコン単結晶の禁制帯および光電変換

励起された電子は，移動させて信号として検出することができる．

c．フォトダイオード

フォトダイオードは，光電変換により光を電子に変える素子で，リンやヒ素のようなn型不純物，ホウ素のようなp型不純物をシリコン基板に注入して生成する．光信号を蓄積するタイミングでは，フォトダイオードに隣接されたトランジスタによって，逆バイアスの電圧が印加され，光電変換した電子は，その場に保持される．たくさんの光信号を溜めるために，フォトダイオードに保持できる電子の総量を大きくする必要がある．フォトダイオードは，少量の光も逃さずに信号に変えることも重要であり，開口率とよばれる画素中に占めるフォトダイオードの割合を大きくすることも要求される．

d．マイクロレンズ

マイクロレンズは，画素上に配置された小さなレンズであり，光をフォトダイオードに効果的に集めることができる（図2）．特に画素サイズが小さい場合，混色とよばれる隣接する画素への信号漏れを抑えたり，受光効率を向上させたりする効果が期待できる．マイクロレンズは幾何光学的設計を行えるような寸法ではなく，波動光学的設計を行っており，形状最適化により受光効率を改善している[1]．

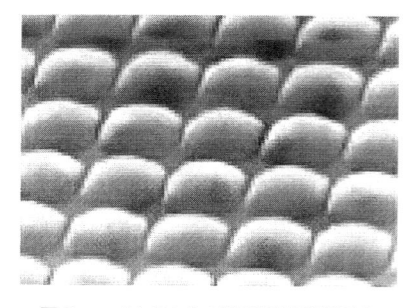

図2　マイクロレンズの電子顕微鏡写真

e．CCDイメージセンサーの構造と特徴

CCDイメージセンサーには，いくつか種類があるが，本書ではFrame Transfer (FT)-CCD，デジタルスチルカメラに多く用いられるInterline Transfer (IT)-CCDについて説明する．

(1) FT-CCD　FT-CCDは，図3左のような構造をとる．光電変換し，電子を高速に垂直転送する領域，遮光されている蓄積領域，電子を水平転送させる領域，電子を電圧へ変換し出力する領域から構成されている．フォトダイオードは垂直転送レジスタとしての機能も兼ねている．構造が比較的簡単で，開口率は高いが，転送中に受光される信号がスミアとよばれる輝線状のノイズを生む（図4）．

(2) IT-CCD　IT-CCDは，FT-CCDと異なり，フォトダイオードと電荷転送するレジスタが独立している（図3右）．レジスタは遮光されているため，垂直転送時に発生するスミアを小さくできる特徴をもつ．IT-CCDはFT-CCDのような蓄積領域がなく，チップサイズが小さくなる利点があるが，画素構造が複雑になったり，開口率が小さくなったりするデメリットがある．

f．CMOSイメージセンサーの構造と特徴

CMOSイメージセンサーの画素は，フォトダイオード，電子の読み出し・電子量に対応した電圧値への変換・画素の選択・画素信号のリセットの役割をもつ複数のトランジスタから構成されている．トランジスタの存在は，開口率の悪化を招く．トランジスタを繋ぐ配線は，図5左にあるように，光の伝搬を妨げる．トランジスタを小さくし，配線を細くすると，これら問題が解決するため，先端CMOS LSI用の微細加工プロセスが転用されている[2]．裏面照射型とよばれる構造は，配線がフォトダイオード上になく，受光効率が大幅に改善する（図5右）．製造方法は，通常のCMOS

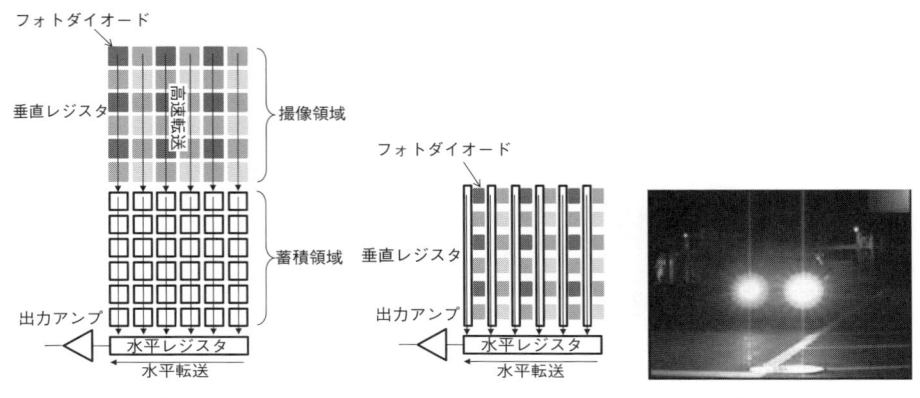

図3 CCDイメージセンサー
左：FT-CCD，右：IT-CCD

図4 スミア

イメージセンサーより煩雑で，トランジスタとフォトダイオード形成後に，基板を反転して薄膜化し，その上にマイクロレンズを形成する．数μmにまで薄膜化するため，それを支持する基板が必要となる[3]．

g. 近年の開発動向

(1) **高機能化** 画素の出力データから画像データを作るには信号処理が必要であり，固体撮像素子とは別に半導体チップが必要となる．近年，高度な信号処理回路と画素を同一チップ内にレイアウトした固体撮像素子が生産されている．CMOS LSIの高性能化によって，複雑な信号処理を高速に行えるようになり，固体撮像素子は，カメラシステムをオンチップ化した高機能なデバイスに発展している．

(2) **グローバルシャッター** CMOSイメージセンサーは，駆動線により，水平方向一行の画素を選択し，信号を読み出すため，行ごとに読み出すタイミングが異なる．したがって，高速に動く被写体は，歪んで撮像される．全画素を同じタイミングで読み出すグローバルシャッター機能をもたせるために，読み出した信号を一旦保持するキャパシタをもつ画素構造が提案されている[4]．図6に扇風機を撮像した写真を示すが，グローバルシャッターを使うと，羽や羽に書かれた文字に歪が生じていない．

(3) **小型化** 各種携帯端末にカメラ機能が付くことが普通になり，固体撮像素

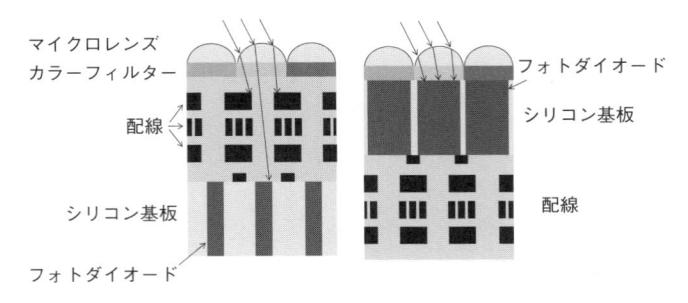

図5 CMOSイメージセンサーの画素構造
左：従来型，右：裏面照射型

図 6　グローバルシャッターの効果
左：グローバルシャッター無，右：グローバルシャッター有

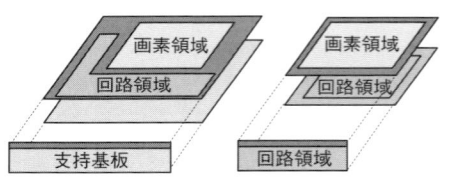

図 7　裏面照射型 CMOS センサー（左）と積層型 CMOS イメージセンサー（右）

子の小型化が強く要求されており，画素部と回路部を重ねて配線し実装する 3 次元積層技術の開発が進められている（図 7）．固体撮像素子の画素と回路に要求される製造技術は異なるため，それぞれに合った技術を用いて製造すると，小型化だけでなく，高性能化にも繋がる．レンズモジュールの小型化も合わせて行われており，カメラレンズと固体撮像素子の距離は小さくなる傾向にあり，個体撮像素子の周辺部にある画素には，光が大きく傾いて入射される．画素は光を得難くなるが，マイクロレンズを画素中央から偏心させて配置し，受光効率を向上させている．このように，カメラレンズまで含めた統合的な光学設計行為が，小型化に貢献している．　　　　　［菊地晃司］

■参考文献
1) F. Hirigoyen：International Image Sensor Workshop 2009.
2) H. Watanabe：IEDM Tech. Dig. (2011), 8.3.1-8.3.4.
3) S. Iwabuchi：ISSCC Dig. Tech. Papers (2006), 236-237.
4) M. Sakakibara：ISSCC Dig. Tech. Papers (2012), 380-382.

44 [素子]

光ファイバーと光導波路

電気の配線で用いられるケーブルまたはプリント板に対して，光の配線では光ファイバーと光導波路が用いられる．いずれも光が屈折率の高い部分に集中することを利用して，光が閉じ込められるコアとその周囲のクラッドからなる．

a. 導波モード

幾何光学の考え方では，コアに入射した光は全反射を繰り返してファイバー中を伝搬する．臨界角以下の光線はすべてコア内を伝搬できる．しかし，波動光学の観点で考えると，光線は臨界角以下であっても，ある量子化された一定の角度でしか伝搬できない．これが導波モード（共振器内の縦モードに対して横モードとよばれる）の概念である．

いま平板導波路（スラブ導波路とよばれる）内を図1のように光波が伝搬していくモデルを考える．伝搬方向をzとし，x方向のみに屈折率分布がある．導波路幅$2a$，コアとクラッドの屈折率をそれぞれn_1，n_2，光の波数をk_0とする．角度θでA点に入射した光波は2回の全反射を繰り返してBまで進むとき，x方向で見ると1往復に相当する．x方向へ1往復した際の位相変化量$\delta\phi$は，全反射による2回のグースヘンシェン（Goos-Hänchen）シフトΦ_G

を考慮して，$\delta\phi = 4n_1 k_0 a \sin\theta - 2\Phi_G$となる．この位相変化量が$2\pi$の整数倍のとき，$x$方向に定在波ができ，コア内に光波が閉じ込められる．TE波に対するグースヘンシェンシフト$\Phi_{TE} = 2\tan^{-1}\sqrt{(2\Delta/\sin^2\theta)-1}$を代入して次の式が成り立つ．

$$2n_1 k_0 a \sin\theta - 2\tan^{-1}\sqrt{\frac{2\Delta}{\sin^2\theta}-1}$$
$$= N\pi \quad (N:整数) \qquad (1)$$

ここでΔは比屈折率差である．導波光学の分野では，電界が伝搬方向に垂直な偏波モードをTE波（s波に対応），磁界が伝搬方向に垂直な偏波モードをTM波（p波に対応）とよぶ．

式(1)より，整数Nに対応する離散的な角度θ_Nで伝搬する光線（N次のモード）しか導波路内では許されないことになる．この離散的に許される一定の光波を導波モードとよぶ．導波路の構造パラメータ（導波路幅$2a$，屈折率n_1，比屈折率差Δ）と光の波長λが与えられれば，Nに対応する光線の伝搬角θ_Nが求められる．またz方向の伝搬定数βは

$$\beta = n_1 k_0 \cos\theta_N \qquad (2)$$

この式からモードごとの伝搬定数も求められる．

式(1)の方程式は解析的に解くことはできないし，また個々のパラメータを含んでいるため見通しが悪い．ここで次式に定義する2つのパラメータ，正規化周波数vと正規化伝搬定数bを導入する．

$$v \equiv k_0 a\sqrt{n_1^2 - n_2^2} = n_1 k_0 a\sqrt{2\Delta} \qquad (3)$$

$$b \equiv \frac{\beta^2 - \beta_2^2}{\beta_1^2 - \beta_2^2} = \frac{n_{eff}^2 - n_2^2}{n_1^2 - n_2^2} \qquad (4)$$

β_1，β_2は各々コア，クラッド内の媒体中での平面波の伝搬定数に相当し，$\beta_1 = n_1 k_0$，$\beta_2 = n_2 k_0$である．したがってβ/k_0は導波モードに対応する実効屈折率n_{eff}である．2つ

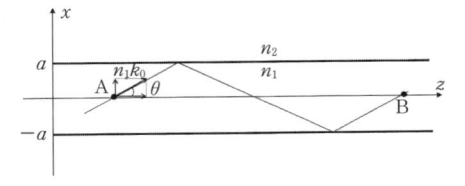

図1 スラブ導波路中の光伝搬

のパラメータ v, b を用いて式（1）を書きかえると

$$v\sqrt{1-b} = \frac{N\pi}{2} + \tan^{-1}\left(\sqrt{\frac{b}{1-b}}\right) \quad (5)$$

という見通しのよい式が得られる．これは分散方程式とよばれ，導波路構造と光の波長で決まる正規化周波数 v に対する伝搬定数 b の依存性を示している．

b．単一モードと多モード

この式をグラフに描くと図2のようになる．$0 < v < \pi/2$ の領域では，$N=0$ に対応するモード（最低次のモード）しか存在しない．すなわち，$v < \pi/2$ がスラブ導波路に対する単一モード条件となる（光ファイバーの単一モード条件は $v < 2.4$）．これからわかるように，単一モードであるためにはコア径と屈折率差を小さくしなければならない．図2における各モードの固有値 b の曲線は分散曲線とよばれる．v は光の周波数に比例しているから，分散曲線は伝搬定数の光の周波数に対する依存性，すなわち分散（dispersion）を示していることになる．図からわかるように，v の増加とともに導波路に存在するモードの数が増えていく．光ファイバーの場合，十分に大きな v に対してモードの数 N は次のように近似できる．

$$N = \frac{8}{\pi^2}v^2 = \left(\frac{8}{\lambda}n_1 a\right)^2 \Delta$$

すなわち，モード数 N はコア径の二乗と比屈折率差に比例する．

多モードファイバーはまたその屈折率分布の形状から階段屈折率（step-index）型ファイバーと分布屈折率（graded-index）型ファイバーに分類できる．

ファイバー中では，光パルスの伝搬速度（群速度）は連続光の位相速度とは異なり，$v_g = (\partial \beta / \partial \omega)^{-1}$ で与えられる．図2からわかるように，モードごとに伝搬定数が異なるのでモードごとにこの群速度も異なる．

c．光ファイバーの種類

光ファイバーは表1に示すように，単一モードファイバーと多モードファイバーとに大別される．単一モードファイバーはコア径が $10\,\mu\text{m}$ 以下であり，屈折率差も1％以下と小さい．伝搬モードが1つしか存在しないので，モードごとの伝搬速度の違いによるパルス広がり（モード分散）が生じず，高速の信号を送ることができる．しかし，ギガビット/秒以上の高速信号になると単一モードでもパルスのもつ帯域が広くなるため，群速度の波長依存性が無視できなくなる．この群速度分散は通常の石英系単一モードファイバーでは $1.3\,\mu\text{m}$ で0となるが，損失が最も小さくなる波長帯は $1.55\,\mu\text{m}$ である．長距離にわたって信号を送ろうとすると光パルスの波形が拡がらず（群速度分散小），かつ減衰しない（損失小）ことの両方が満たされねばならない．そこで $1.55\,\mu\text{m}$ 帯で分散が0となるような分散シフトファイバーが開発されている．

単一モードファイバーの基本モードは，コアが真円で応力がかかっていなければ偏波状態を保持して伝搬する．実際はそのような状態はありえないので，（わずかに伝搬定数の異なる）2つの直交した偏波モードが存在し，伝搬とともに互いに変換される．すなわち偏波が保存されない．そこで，ファイバー内に人為的にひずみをつくり，伝搬において偏波が保持されるような偏波保持ファイバーが開発されている．

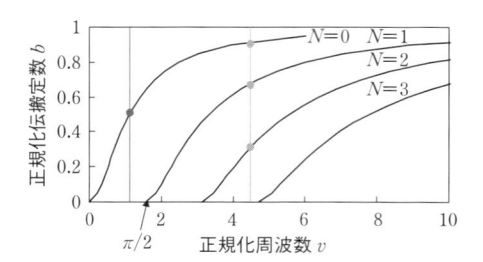

図2　スラブ導波路における TE 波の分散曲線
（$n_1 = 1.45$, $n_2 = 1.38$）

表1 モードから見た光ファイバーの種類と構造

ファイバーの種類		屈折率分布		材料と特徴
単一モード			コア径 10 μm 以下 クラッド径〜 125 μm Δ<1 %	材料：石英 分散：小 損失：小 NA：小
多モード	階段屈折率		コア径 50 〜数百 μm Δ = 数%	材料：石英, 多成分ガラス, プラスチック モード分散：大 NA：大
	分布屈折率		コア径 50 〜数百 μm Δ = 数%	材料：多成分ガラス, プラスチック 分散：小 NA：大

　フォトニック結晶ファイバーとして一般的な構造は空孔が周期的にコアの周囲に空けられたもので，ホーリー（Holey）ファイバーとよばれている．非常に小さな曲率半径までファイバーを曲げても損失が小さいなどの特性のため，宅内光配線コードなどへ適用が期待されている．空孔の周期構造を変えることによって，広帯域にわたって単一モード性を有する，あるいは非線形性を小さくできる，逆に超高非線形性の出現など，際立った種々の特性をもつファイバーが開発されている．

　一方，階段屈折率型多モードファイバーでは，モードが多数存在してモード分散が生じ高速の信号を送ることができない．しかしコア径，屈折率差とも大きいために光源との結合，ファイバー同士の接続が容易である．分布屈折率型多モードファイバーは，多モードファイバーの結合の利点をもったまま，高速の信号を伝送できる構造であるが，精密に屈折率分布を制御しなければならないので製造が難しい．

　光導波路は基板上に屈折率の高いコア部を設け，ここに光を導波させて光を配線する目的に用いる．様々な配線パターンを作ることにより光を分岐，合流したり，さらにはスイッチや変調器といった機能を実現することができる．広義には，光ファイバーも光導波路の1つに含められる．導波路材料として，損失の低い石英系が一般的であるが，導波路型変調器などには電気光学効果をもつニオブ酸リチウム（LN）や有機材料が用いられる．また，半導体レーザーやフォトダイオードなどとの光集積回路には InP 系化合物半導体が用いられてきたが，最近は電子回路との集積性のよさから，Si 導波路の研究が盛んである．　　［黒川隆志］

■参考文献

1) 黒川隆志：光機能デバイス，共立出版（2004）.
2) 末松安晴, 伊賀健一：光ファイバ通信入門（改訂4版），オーム社（2006）.

45 [素子]

偏光素子

偏光を利用するためには，入射光を所望の偏光状態へと変換する偏光素子が必要である．特に，非偏光である自然光，部分偏光，完全偏光でも円偏光や楕円偏光から直線偏光を作り出すためには，偏光子（polarizer）が用いられる．一般的に，図1に示すように，偏光素子を2枚組み合わせた偏光計が用いられる．このとき，同じ偏光子ではあるが，前側の偏光素子を偏光子，後側を検光子と称して区別する．図中の偏光子の中の矢印は，透過軸を表す．検光子の透過軸を角度 ϕ 回転させると Malus の法則にしたがって光強度が正弦状に変化する．透過軸が平行な場合を平行ニコル，90°回転して消光したときを直交ニコルという．偏光子の性能の評価は，消光比や偏光度が用いられる．

消光比 R は，偏光子を ϕ 回転させて最大の透過率を T_{max}，その直交方向に回転させたときの最小の透過率を T_{min} としたとき，

$$R = \frac{T_{min}}{T_{max}} \quad (1)$$

で定義される．

理想的な偏光子では，透過率 T_{min} は 0 と

表1 偏光素子の分類

名称	備考
二色性偏光子	二色性ポリマー（polaroid） 二色性ガラス（polarcore）
複屈折性偏光子	Nicol プリズム Glan-Thompson プリズム Wollaston プリズム
反射型偏光子	Brewster 角
多層膜偏光子	偏光ビームスプリッタ

なるので消光比 R は 0 となる．

また，出射光の偏光状態は Stokes パラメータ $s_0 \sim s_3$ で評価することができる．偏光度 p は，

$$p = \frac{\sqrt{s_1 + s_2 + s_3}}{s_0} \quad (2)$$

で定義される．

理想的な偏光からの透過光は，完全偏光となり，p が 1 となる．逆に，非偏光は，p が 0 である．

実用的な偏光子は，表1に示すように，① 二色性（複屈折）を利用したもの，② 複屈折性を利用したもの，③ Fresnel 反射特性を利用したもの，および，④ 多層膜特性を利用したもの，に分類することができる．

以下に，各光学素子について述べる．

a．二色性偏光子

図2に示すように，非偏光が偏光子を透過するとき直交する2つの偏光成分のうち一方向が吸収され，他方が透過することで出射光は直線偏光となる．この性質を二色性，または偏光方向において吸収率が異な

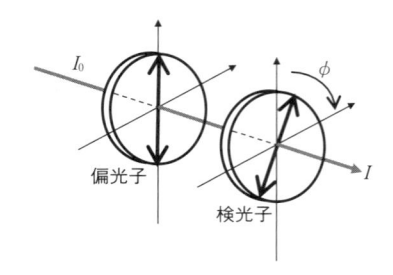

図1 2枚の偏光子による偏光計

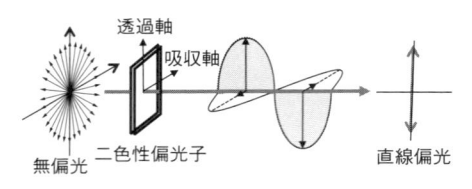

図2 二色性偏光子の働き

ることから複吸収という．光が透過する方向を透過軸，吸収する方向を吸収軸という．この性質を利用すると非偏光や円偏光から直線偏光を作り出すことができる．二色性偏光子は，ポリビニルアルコール（PVA）などの高分子の薄膜にヨウ素，メチレンブルーなど二色性をもつ染料で含浸させ，一方向へ延伸すると分子鎖はその方向に配向され異方性を示す．さらに，これをトリアセチルセルロース（TAC）フィルムで挟み込んだものである．ポラロイド（商品名）とよばれる薄いフィルム状の偏光子がよく知られている．光学素子として利用する場合には，ガラス板などに貼り付けて利用する．大口径のものが容易に得られる利点があるが，透過率ならびに偏光度は他の偏光素子と比較すると劣る．一般の液晶や有機ディスプレイの偏光子として用いられる．

ポラロイド偏光子と同様の原理の偏光素子として，二色性ガラス偏光子がある．ポーラコア（商品名）とよばれる機能性ガラス偏光子である．ハロゲン化銀粒子をガラス内に形成し，それを還元して伸長された微粒子状の銀を析出させることによって生じる異方性によって二色性が生じる．この金属粒子の大きさによって，偏光度や波長依存性が決定される．波長帯域は，赤色から近赤外が主であるが，紫外線まで可能である．1枚ガラスのため比較的自由な形状を得やすく，熱的耐性，薬品耐性に優れている．

近年のナノテクノロジー技術の向上により，細い金属ワイヤーを格子状に並べたワイヤーグリッド偏光素子が作製されている．ワイヤーはアルミニウム，銅などが用いられ，ホログラフィックやリソグラフィで作製することで格子状に並べられる．ワイヤーに平行方向に振動する光波は，反射し，垂直に振動する方向は透過する軸となる．当初，マイクロ波やラジオ波用として用いられていたが，65 nm以下の構造をもつものは近赤外から可視光に利用可能である．さらに，フィルム状のワイヤーグリッド偏光子も報告されている．

b．複屈折性偏光子

方解石や水晶などの複屈折性の結晶に自然光を入射させると，その光は直交する2つの直線偏光成分に分かれて伝搬する．一方の偏光を遮光して，他方のみを取り出せば直線偏光を得ることができる．図3に示すように，複屈折プリズムによって入射光が偏光ごとに分離することを考える．出射端では臨界角で全反射する方向と，偏光プリズムの2つの屈折率の間に選択された接着の屈折率透過する．図3（A）に示すようにNicolプリズム，図3（B）のGlan-

(A) Nicol プリズム

(B) Glan-Thompson プリズム

(C) Wollaston プリズム

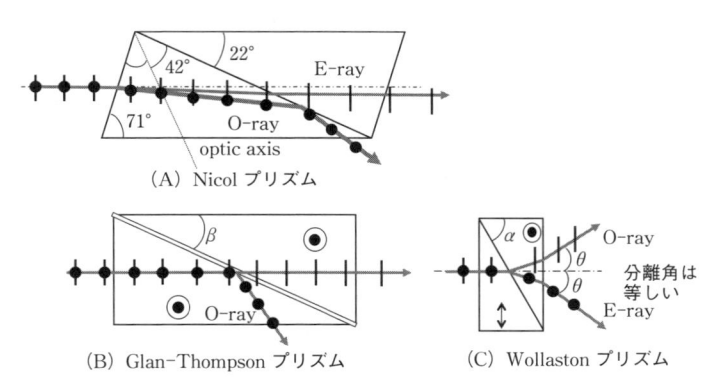

図3 複屈折性を用いた偏光子

Thompsonプリズムがある．

Nicolプリズムは図3（A）に示すように，偏光プリズムを接着したものである．常光線は接合面で全反射するので，外側枠の黒色塗料で吸収される．Nicolプリズムは入射光と透過光が平行ではあるが一直線上にないため，プリズムを回転させると透過光が振れてしまう．Glan-Thompsonプリズムは，図3（B）のように作られており，透過の光軸が変わることはない．このため，最もよく使われている偏光子である．消光比は10^{-6}に達するほどよいため，広く一般的な偏光計測に用いられている．

一方，直交する2つの直線偏光のいずれをも取り出す偏光分離型として，図3（C）のWollastonプリズムがある．偏光計測では，見かけることが少ないが，干渉計測などで時々使われる素子である．

c．反射型偏光子と偏光ビームスプリッタ

図4に示すように，透明な等方媒質の表面に入射する光は，入射面に垂直な振動面をもつ偏光成分（s成分）と平行に振動する成分（p成分）の反射率が異なるために，

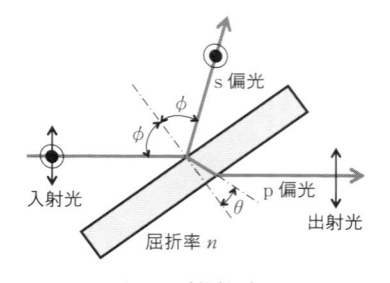

図4 反射型偏光子

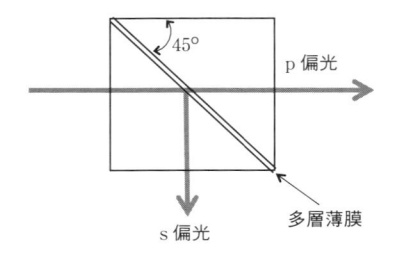

図5 偏光ビームスプリッタ

反射光あるいは透過光は偏光される．特に，入射角がその媒質のBrewster角ϕ，つまり空気中の屈折率を1，媒体の屈折率をnとしたとき$\phi = \tan^{-1}(n)$，のときにp成分の反射率が0になる反射型の偏光子となる．

実用的に反射型偏光子は，反射率が低いため効率が悪い．そのため，Brewster角を満足するように配置した多数の平行平板または多層膜を利用する．図5は，偏光ビームスプリッタである．これは直角三角プリズムの張り合わせ面である45°でp成分の反射率が0になるように屈折率の高い膜と低い膜を交互に重ねることによって透過方向と90°反射偏光成分とに分離できる素子である． ［大谷幸利］

■参考文献
1) P. S. Theocaris and E. E. Gdoutos : Matrix Theory of Photoelasticity, Springer (1979).
2) E. Collett : Polarized light, Marcel Dekker (1993).
3) 高崎 宏：結晶光学，森北出版 (1975), pp. 137-163.
4) W. A. シャークリフ：偏光とその応用，共立出版 (1965).

46 [素子]

変調素子

　光変調は一般に光通信で使われることが多く，高速の時間信号を光波に乗せて効率よく伝送することをいう．搬送波となる光波の振幅，位相や周波数を信号で変化させて変調する．図1に示すように，変調器に入射した搬送光 $\cos\omega_0 t$ は時間信号 $f(t)$ によって振幅変調され，変調光 $f(t)\cos\omega_0 t$ が生成される．このとき信号スペクトルは搬送光の角周波数 ω_0 のまわりに移動する．信号の最大角周波数に対して，光の周波数は極めて高いから，広帯域な信号で変調できる．現代の通信ではほとんどの場合，デジタル信号によって変調される．光波の振幅，位相，周波数をデジタル信号によって変調する方式をそれぞれ，ASK（amplitude shift keying），PSK（phase shift keying），FSK（frequency shift keying）とよぶ（図2）．

　半導体レーザーは流す電流の強弱によって強度を直接変調できるが，位相や周波数の直接変調は難しい．また直接変調の場合，寄生容量などのため変調帯域が制限されることや，パルス内で光周波数が変化するチャープとよばれる現象が起きやすい，といった問題がある．光源の外部に設けられる変調素子は，これらの課題を解決でき高品質な変調が行える．

a．高速時間変調器

　LiNbO$_3$ などの強誘電体結晶では，外部から電界を印加するとそれに比例した屈折率の変化が生じる．この電気光学効果を利用して，光波が伝搬する物質に信号に応じた電界を加えることにより変調を行うことができる．この効果は高速の現象なので，10 Gb/s オーダーの時間変調が可能である．高速変調を行うためには，一般に導波路型変調器が用いられる．電気光学結晶に導波路構造を形成することで寸法が小さくなり，駆動電力と静電容量を低減でき高速に駆動できる．また光ファイバーとの結合も容易となる．

　図3に導波路型位相変調器の構成を示す．位相変調器の電極長を l，屈折率を n とする．間隔 d の電極に変調電圧 $V(t)$ を印加したとき，変調器を伝搬した光は

$$E_\text{out} = E_\text{in}\exp\left[i\left\{\omega_0 t - \phi_0 + \left(\frac{\pi n_e^3 r_{33} l}{\lambda d}\right)V(t)\right\}\right]$$

となり位相が変調される．変調の大きさは結晶の電極の長さ l に比例し，電極間隔 d に反比例する．変調信号として電圧 $V = V_m$

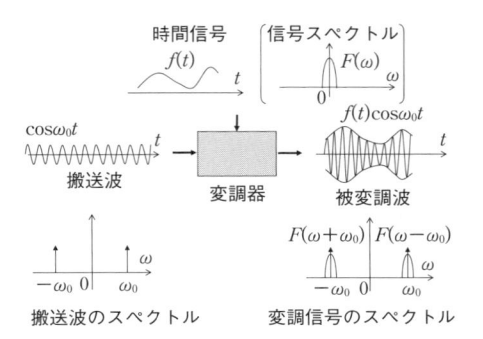

図1　時間変調の概念

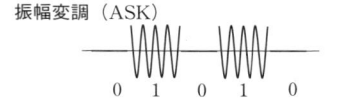

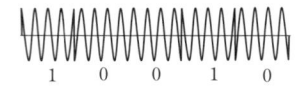

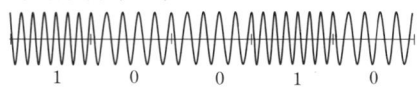

図2　デジタル変調

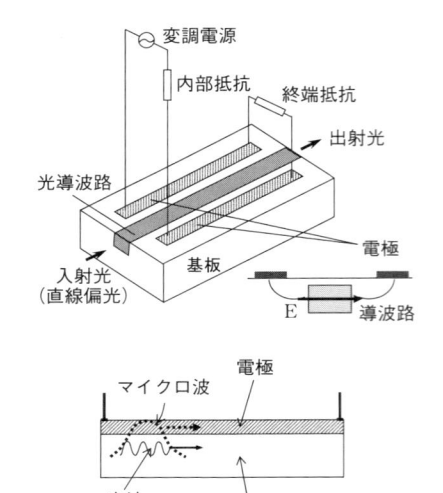

図3 導波路型位相変調器の構造

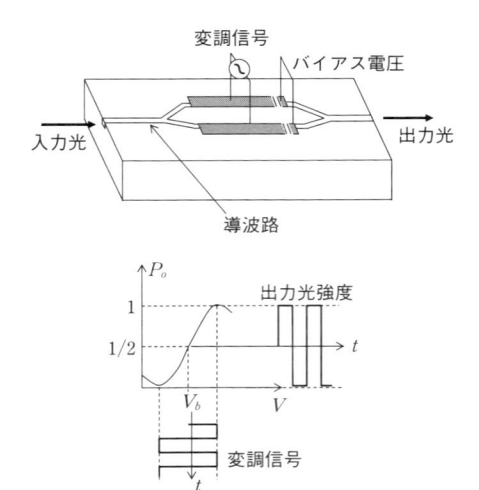

図4 導波路型強度変調器の構造

$\cos\omega_m t$ を印加すると，変調信号光の瞬間周波数は次式のようになり，ω_0 の前後に正弦的に変化する．

$$\omega_s = \frac{d}{dt}\left[\omega_0 t - \phi_0 + \left(\frac{\pi n_e^3 r_{33} l}{\lambda d}\right) V_m \cos\omega_m t\right]$$

$$= \omega_0 - \left(\frac{\pi n_e^3 r_{33} l}{\lambda d}\right)\omega_m V_m \sin\omega_m t$$

変調器自体が静電容量とみなせるので，変調帯域は CR 時定数によって制限される．そこで広帯域化のために進行波型の電極構成が用いられる．これは図3に示すように，電極の入口側から変調信号を入力し，出口側で終端することによってマイクロ波を進行波の形で印加する方法である．光が結晶中を進むとき，マイクロ波も電極上を一緒に同方向に進む．両者の速度をできるだけ近づけてやれば，光の感じる電圧は変調器内を伝搬しているあいだほとんど変わらないので，変調帯域が拡がる．

導波路型強度変調器では，図4に示す干渉型が最もよく用いられている．Mach-Zehnder（MZ）干渉計のアーム部の導波路を伝搬する光波の位相を変えて干渉させることにより強度変調を行う．2つの分岐光路の位相差 $\Delta\phi$ は，変調電圧 $V(t)$ に比例するから，規格化した干渉出力は，次のように表される．

$$P_o = \frac{1}{2}\left[1 - \cos\left[\frac{\pi}{V_\pi}\left(V(t) - V_b + \frac{V_\pi}{2}\right)\right]\right]$$

印加電圧は高周波の変調信号に，1/2 ピーク点を動作点とするためと素子ごとのばらつきによるゼロ点シフトを補償するために，直流電圧 V_b を重畳する．

半導体結晶では，外部から電界を印加するとそれに比例した吸収係数の変化が生じる電気光学効果が起こる．すなわち吸収端が電界によって長波長側にわずかに移動する．この効果を利用した強度変調器は，半導体レーザーと集積でき高速動作，低電圧駆動が可能となる．

b．周波数シフタ

角周波数 ω_0 のレーザー光を正弦波変調信号 $(1 + \phi\cos\omega_m t)$ で振幅変調すると，変調波は，

$(1 + \phi\cos\omega_m t)\cos\omega_0 t =$

$\cos\omega_0 t + \dfrac{\phi}{2}\{\cos(\omega_0 + \omega_m)t + \cos(\omega_0 - \omega_m)t\}$

と表せる．したがって，角周波数がそれぞれ ω_0 の 0 次光，$\omega_0+\omega_m$ の +1 次光，$\omega_0-\omega_m$ の -1 次光が発生する．そこで，たとえば +1 次光だけを取り出せば，ω_m だけ高周波側にシフトした光が得られる．

古くからよく使われている周波数シフタは音響光学効果を利用したものである．透明媒質中を（超）音波が伝播するとき，媒質中に引き起こされる弾性歪みや圧力の変化に伴って密度的な疎密が生じ，屈折率が動的に変化する．これが音響光学効果である．音波の周波数を上げていくと，Bragg 回折が生じ片側の 1 次回折光だけが強くなっていく．Bragg 条件から，光の波長 λ，音波の波長 λ_s に対して，回折角 θ は次式で与えられる．

$$2n\lambda_s \sin\theta = \lambda$$

これは Doppler シフトによる式と等価である．音波の進行方向が入射光に近づくようなとき，回折光の周波数は音波の周波数分だけ増加する．逆に音波が入射波から遠ざかるようなときには，回折光の周波数は音波の周波数分だけ減少する．音響光学効果を用いた周波数シフタのシフト幅は一般に数十 MHz 〜数百 MHz である．

一方，電気光学効果による位相変調器の構成を工夫した単側波帯変調器は，数十 GHz まで光を周波数シフトできる．搬送波と変調信号の位相が $\pi/2$ シフトした 2 つの被変調光を重ね合わせることによって，搬送波の片側だけにサイドバンドが生じる．これは搬送波の周波数が変調周波数だけシフトしたことになる．

c. 空間変調器

空間変調とは均一な強度と位相分布をもつ光ビームに，2 次元的な強度あるいは位相分布（すなわち画像）を乗せることである．$z=0$ にある x 方向に正弦波状の透過率分布

$$t(x) = \frac{1}{2}(1+\cos Kx)$$

をもつ画像に平面波が入射する場合を考える（図 5）．このとき十分に遠方（$z=z$）での光の振幅分布は

$$u_z(x) = \frac{1}{2}\left[e^{ikz} + \frac{1}{2}e^{i(Kx+\sqrt{k^2-K^2}z)} + \frac{1}{2}e^{i(-Kx+\sqrt{k^2-K^2}z)}\right]$$

となり，光は 3 つの角度の方向に回折する．これを空間（角）周波数スペクトル上で考えると，$k_x=0$，$k_x=+K$，$k_x=-K$ の 3 つのスペクトル成分が生じている．すなわち，画像の空間周波数だけ入射光の空間周波数はシフトしており，時間変調に対応している．

空間領域で光を変調する素子を空間光変調器（spatial light modulator：SLM）とよんでいる．空間光変調器の材料には液晶が最もよく使われている．液晶の応答速度はミリ秒程度と遅いが，低電圧で動作し面型デバイスを作ることに適しているという特徴がある．空間光変調器には，変調信号が電気の場合と光の場合の 2 種類がある．電気アドレス形は時系列の画像信号によっ

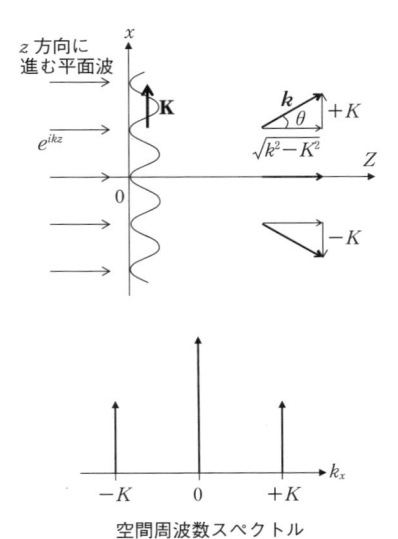

図 5 空間変調の概念

て光を空間的に変調する（非発光形のディスプレイに相当する）．最近よく使われている電気アドレス型空間光変調器として，LCOS（liquid crystal on silicon）とよばれる反射型の液晶表示パネルがある．図6にLCOSの構成を示す．従来のガラス基板液晶がバックライトの光を透過させて表示しているのに対し，LCOSはシリコン基板の上に液晶が搭載され光を反射させて表示させる．配線部やスイッチング素子を反射層の下に作るため，画素ピッチを4μm程度まで小さくできる．そのため解像度と輝度が高く，高性能プロジェクターやリアプロジェクションTVなどに利用されている．

　光信号によって均一な光ビームを変調する光アドレス型空間変調器は，各画素に光変調信号が同時に入力されかつ並列に変調される．そのため，原理的には極めて高速の変調が可能となるので，光情報処理のキイデバイスとして一時期活発に研究された．光アドレス型の構造は図7に示すように，（画像がのった）書き込み光が入力するアドレス部と，読み出し光を空間的に変調する変調部からなる．アドレス部は光導電膜な

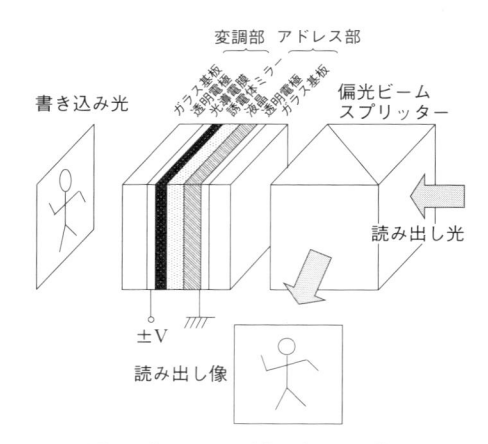

図7　光アドレス型空間変調器の構成

どからなり，光信号を電圧の空間分布に変換する．変調部は液晶のように電圧によって光の位相や偏光状態を変えるものが用いられる．光アドレス型空間変調器のもつ主要な機能は，インコヒーレント光からコヒーレント光への変換，画像光の増幅，波長変換などである．また，空間分解能が高ければ，可変の空間フィルターあるいは実時間ホログラムとして用いることができる．

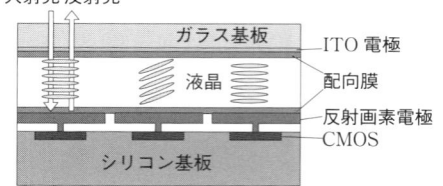

[黒川隆志]

図6　LCOSの構造

■参考文献
1) 黒川隆志：光機能デバイス，共立出版（2004）．
2) 齋藤富士郎：超高速光デバイス，共立出版（1998）．
3) T. Kurokawa *et al.*: *Opt. Quantum Electron.*, **24**（1992），1151-1163．

[画像処理と信号処理]

47 画像とサンプリング定理

デジタルカメラとパーソナルコンピュータの急激な発達と普及に伴い，画像のデジタル化はごく普通に行われるようになった．今ではむしろデジタル化されていない画像の方が珍しいくらいである．本項では，アナログ画像のデジタル化のプロセスと，サンプリングに伴う諸問題に関して解説する．画像のサンプリングは (x, y) の2変数の関数に対して行うが，よく知られた1次元の時系列信号に対するサンプリングの理論[1]をそのまま次元に拡張して理解することができる[2]．

a. 画像のサンプリングとサンプリング定理

撮像素子（CCD あるいは CMOS など）による光学像のデジタル化を考える．光学像はある平面上に作られた光の強度分布である．画像のデジタル化ではこの光強度分布は空間的に離散化され，さらに取り込まれた強度の値が離散化される．たとえば図1に示すような正方格子配列の撮像素子で取り込まれた画像は，デジタル化されると実数の2次元配列データとなる．ただし強度データなので値は負にはならない．

今，光学像が x-y 平面内に作られており，その光強度分布が単位面積当たりの光エネルギーで $U(x, y)$ と表されるとする．この像を，間隔 d の正方格子点上に並んだ，面積無限小の画素（図1で $a \to 0$ の極限をとった場合）でサンプリングすることを考える．このことは m, n を整数として，

$$U_{mn} = U(md, nd) \tag{1}$$

で定義される配列 U_{mn} を求めるということに他ならない．

これを少し違った形で表現してみる．まず間隔 d の正方格子上に並んだ2次元のデルタ関数の配列を表す，

$$S(x, y) = \sum_{m=-\infty}^{\infty} \sum_{n=-\infty}^{\infty} \delta(x-md)\delta(y-nd) \tag{2}$$

という関数を定義する．$\delta(x)$ はデルタ関数である．関数 $S(x, y)$ を用いると，サンプルされた画像は，

$$U_S(x, y) = S(x, y) U(x, y) \tag{3}$$

という，格子点 $(x, y) = (md, nd)$ のみで値をもつ関数を使って表現できる．これから画像を表す配列データは，

$$U_{mn} = \int_{-\infty}^{\infty} U_S(x, y) \mathrm{d}x\mathrm{d}y \tag{4}$$

と求められる．

ここで関数 $U_S(x, y)$ の空間周波数スペクトルを考える．

$$U_S(x, y) = \int_{-\infty}^{\infty} U_S^{(f)}(f_x, f_y) \exp(i2\pi[f_x x + f_y y]) \mathrm{d}x\mathrm{d}y \tag{5}$$

と表したときの $U_S^{(f)}(f_x, f_y)$ を $U_S(x, y)$ のスペクトルと定義すると，フーリエ変換の性質により[3]，

$$U_S^{(f)}(f_x, f_y) = \int_{-\infty}^{\infty} U_S(x, y) \exp(-i2\pi[f_x x + f_y y]) \mathrm{d}x\mathrm{d}y \tag{6}$$

となることが知られている．式 (5), (6) と同様に $S(x, y)$ と $U(x, y)$ のスペクトル $S^{(f)}(f_x, f_y)$, $U^{(f)}(f_x, f_y)$ も求めることができ

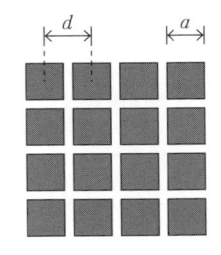

図1 撮像素子のモデル

る. 式(3)の定義により $U_S(x, y)$ は $S(x, y)$ と $U(x, y)$ の積なので, そのフーリエ変換は各要素のフーリエ変換のたたみ込み積分となり, サンプルされた画像のスペクトルは,

$$U_S^{(f)}(f_x, f_y)$$
$$= \int_{-\infty}^{\infty} S^{(f)}(f'_x, f'_y) U^{(f)}(f_x - f'_x, f_y - f'_y) df'_x df'_y$$
(7)

となる. 式(2)とデルタ関数のフーリエ変換に関する知識[1]を用いると,

$$S^{(f)}(f_x, f_y)$$
$$= \left\{ \sum_{m=-\infty}^{\infty} \left[\frac{1}{d} \delta\left(f_x - \frac{m}{d}\right) \right] \right\} \left\{ \sum_{n=-\infty}^{\infty} \left[\frac{1}{d} \delta\left(f_y - \frac{n}{d}\right) \right] \right\}$$
(8)

となるので, 式(8)を(7)に代入して積分を実行すると,

$$U_S^{(f)}(f_x, f_y)$$
$$= \frac{1}{d^2} \sum_{m=-\infty}^{\infty} \sum_{n=-\infty}^{\infty} U^{(f)}\left(f_x - \frac{m}{d}, f_y - \frac{n}{d}\right)$$
(9)

となる. 式(9)の意味するところは, サンプルされた画像データのスペクトルは, 空間周波数空間上で, 間隔 $1/d$ の正方格子点上に周期的に関数 $U^{(f)}(f_x, f_y)$ が繰り返し配列したものになる, ということである.

ここで式(9)の, サンプルされた画像のスペクトルの中から単独の $U^{(f)}(f_x, f_y)$ を取り出すことができればフーリエ逆変換により元の画像 $U(x, y)$ が再現できる. そのための条件は,

$$\left(|f_x| \leq \frac{1}{2d}\right) \cap \left(|f_y| \leq \frac{1}{2d}\right) \quad (10)$$

という正方形の領域(∩は論理和を表す)の外で,

$$U^{(f)}(f_x, f_y) = 0 \quad (11)$$

となることである. そうすれば単に式(10)の領域で $U_S^{(f)}(f_x, f_y)$ を切り出すことにより, 単独の $U^{(f)}(f_x, f_y)$ が求められ, b項に示すようにフーリエ逆変換により元の画像が完全に回復できる. 式(10), (11)の条件が満たされていないと, 隣り合う格子点に属する $U^{(f)}(f_x, f_y)$ の裾が重なり合ってしまい, 単独の $U^{(f)}(f_x, f_y)$ を切り出すことができなくなってしまう.

式(10), (11)の条件を別の表現で表すと, 元の画像に含まれる x 方向あるいは y 方向の空間周波数成分の最高値が $1/2d$ を超えない, ということになる. この許される最高の空間周波数 $f_N = 1/2d$ を Nyquist 周波数, あるいはカットオフ周波数という.

逆に, まず画像ありきで, サンプル間隔が可変できるような場合を考えると, その画像に含まれる x 軸方向あるいは y 軸方向の最高の空間周波数を $f_{\max}$ とすると, この画像を正しくサンプルするためには, 格子点の間隔を $1/2f_{\max}$ より小さく設定する必要がある, ということになる. 正弦波の場合1周期に2個以上のサンプル点が必要ということである.

以上で少し注意すべきことは2次元画像の場合, 空間周波数は2次元ベクトルとなるため, 許される最高空間周波数の絶対値は方向に依存するということである. 正方格子の場合は空間周波数の絶対値の最大値は $45°$ 方向の $\sqrt{2} f_{\max}$ となる. 結局は式(10)の正方形の内側にスペクトルが収まればよいということになる.

b. サンプルされた画像データを用いた元画像の回復

上記の(10), (11)の条件が満足されている場合, 矩形関数,

$$R_a(x - md) = \begin{cases} 1 & |x| \leq a \\ 0 & |x| > a \end{cases} \quad (12)$$

を用いて, サンプル後の画像のスペクトルからサンプル前の連続画像のスペクトルを求めることができる. すなわち, 式(9)より,

$$U^{(f)}(f_x, f_y) = U_S^{(f)}(f_x, f_y) R_{1/2d}(f_x) R_{1/2d}(f_y)$$
(13)

となる. サンプル前の画像のスペクトル

$U^{(f)}(f_x, f_y)$ のフーリエ逆変換で元画像が求められるので，右辺のフーリエ逆変換を計算すると，積のフーリエ変換がたたみ込み積分になること，矩形関数のフーリエ変換が sinc 関数になること[3] を使って，

$$U(x, y) = \frac{1}{d^2} \int_{-\infty}^{\infty} U_S(x', y') \left(\frac{[\sin(\pi[x-x']/d)]}{\pi[x-x']/d} \cdot \frac{[\sin(\pi[y-y']/d)]}{\pi[y-y']/d} \right) dx' dy'$$

(14)

という式が導かれる．さらに式 (3) の $U_S(x, y)$ の定義，および式 (1) から，

$$U(x, y) = \frac{1}{d^2} \sum_{m=-\infty}^{\infty} \sum_{n=-\infty}^{\infty} U_{mn} \left(\frac{[\sin(\pi[x-md]/d)]}{\pi[x-md]/d} \cdot \frac{[\sin(\pi[y-nd]/d)]}{\pi[y-nd]/d} \right)$$

(15)

となる．つまり 2 次元の各格子点 $(x, y) = (md, nd)$ を中心とする sinc 関数をサンプルされたデータ U_{mn} で重みづけして和をとることにより元の画像データ $U(x, y)$ が得られる，ということになる．

これはある意味驚くべき結果である．というのも格子点以外の任意の点 (x, y) でも元の画像情報が「完全に」再現される，ということになるからである．一度失われたかに見えたサンプル点以外の位置での画像情報が回復される．ただし本当に「完全に」再現するには無限個のサンプル格子点が必要であるという点には注意が必要である．

c．エイリアシング

サンプル点間隔と対象画像のもつ最高空間周波数の関係が式 (10)，(11) を満たしていない場合，周波数空間で隣の格子点に属するスペクトルの裾がはみ出して，偽の信号を作る．これをエイリアシング

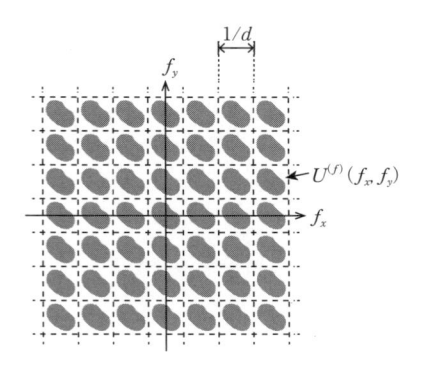

図 2　空間周波数空間でのスペクトル分布

(aliasing) とよぶ．偽の信号はサンプル格子と画像の作るモアレ縞といってもよい．1 次元で考えると，隣の格子点を中心とするスペクトルのうち $f > f_N$ の成分は，図 2 からわかるように原点を中心とした本来のスペクトルの $(2f_N - f)$ の位置に現れるので，実空間では差周波の粗い縞模様となる．周期的な画像をサンプルしたときにこの縞は特に目立つ．

デジタルカメラでは，レンズの解像力が撮像素子の f_N を上回っていると，エイリアシングが発生する．そのため，複屈折による 2 重像を利用したローパスフィルターを撮像素子の前において，空間周波数の制限を行うのが一般的である．ただし矩形関数的な理想的ローパスフィルターの実現は極めて難しく，像のもつ高周波成分もなだらかに低下するのが普通である．エイリアシングの除去と高周波成分の維持は事実上二律背反の関係になっている．

d．正方格子以外のサンプル点で画像をサンプルする場合

長方形格子の場合は簡単である．サンプル間隔が x 方向と y 方向で異なるので，それぞれ d_x，d_y として区別すれば上記の議論がそのまま適用できる．

実用化されている撮像素子としては，正方格子を 45° 回転したものもあるが，これ

も座標系の回転で上記の理論が適用できる．

六方格子型の撮像素子は実用化例はないが，この場合は解析は難しい．ただしカットオフ周波数の算出は容易に行える．固体物理学における Brillouin ゾーン[4] と同様の考え方をすればよい．

ランダム格子の場合はさらに難しい．近年全画素は正方格子配列だが RGB の画素配置が正方格子ではなく，周期性も一定ではない撮像素子が現れた．このような画素配列の場合の格子点間の情報の復元の理論は確立されていない．

e． **有限の大きさの画素で画像をサンプルする場合**

以上は面積無限小の画素で画像をサンプルする理想的な場合の話だったが，実際の撮像素子は各画素が面積をもっており，記録されるデータ U_{mn} はその面積内の光強度を積分したものになる．このことを考慮した議論は以下のようになる．式（12）の矩形関数 $R(x)$ を用いると，周期 d で配列した一辺 a の正方形の画素をもつ撮像素子でサンプルした画像は，

$$U_{mn} = \int_{-\infty}^{\infty} U(x,y) R_a(x-md) R_a(y-nd) \mathrm{d}x \mathrm{d}y \quad (16)$$

となる．ここで，U_{mn} を連続変数に変換した関数，

$$U_a(x,y) = \int_{-\infty}^{\infty} U(x',y') R_a(x'-x) R_a(y'-y) \mathrm{d}x' \mathrm{d}y' \quad (17)$$

を定義すると，

$$U_{mn} = \int_{-\infty}^{\infty} S(x,y) U_a(x,y) \mathrm{d}x \mathrm{d}y \quad (18)$$

となる．これは式（4）と同じ形をしており，ここから先は，$U(x,y)$ を $U_a(x,y)$ に置き換えれば d 項と全く同じ議論が展開できる．

ここで式（17）を眺めると，たたみ込み積分の形になっているので，周波数空間では，$U_a(x,y)$ のスペクトルは $U(x,y)$ のスペクトルと，$[R_a(x) R_a(y)]$ のスペクトルの積になる．$[R_a(x) R_a(y)]$ のフーリエ変換は，

$$U(f_x, f_y) = a^2 \frac{\sin(\pi a f_x)}{\pi a f_x} \frac{\sin(\pi a f_y)}{\pi a f_y} \quad (19)$$

となる．この関数の最初のゼロ点は $f_x = 1/a$ であり，a の最大値は画素間隔 d なので，最初のゼロ点の最小値は $1/d = 2f_N$，すなわち Nyquist 周波数の 2 倍となる．画素サイズ a が小さいほど高周波の低下が小さくなるが，受光できる光のパワーが小さくなり，感度とノイズの面では不利になる．

　　　　　　　　　　　　　　　　　［志村　努］

■参考文献

1) 岩田 彰：ディジタル信号処理，コロナ社（1995）．
2) J. W. Goodman：Introduction to Fourier Optics, 3rd ed., Roberts & Company, Englewood（2005）．
3) 森口繁一ら：岩波数学公式 I．，岩波書店（1987）．
4) C. Kittel：Introduction to Solid State Physics, 8th ed., John Wiley & Sons（2005）．

[画像処理と信号処理]

48 デジタルカメラ画像処理

　デジタルスチルカメラ（DSC）は図1のように，撮像光学系（レンズと赤外カットフィルターとOLPF），イメージセンサー（各画素にマイクロレンズとカラーフィルターと受光部），デジタル画像処理部そしてカメラ背面のモニタで構成される.

a. 撮像光学系[1)]

　デジタルスチルカメラ（DSC）は従来の銀塩カメラのフィルムをイメージセンサーに置き換えたものである. DSCの画像処理は，イメージセンサーの直接出力をRAWデータファイルとして保存しこれをPCに取り込んで現像ソフトで処理する形式と，カメラ内のハードウェアでデジタル画像処理を行う形式とに分けられる. 後者の場合，画像はJPEG圧縮画像として出力されることが多い.

　銀塩カメラでは結像や露光に関する光学要素は，撮影レンズと絞りとシャッターだけであったが，デジタルカメラではさらに光学ローパスフィルター（OLPF），赤外カットフィルター，イメージセンサーのオンチップマイクロレンズなどが加わる.

(1) 光学ローパスフィルター（OLPF）
光学ローパスフィルターは，イメージセンサー画素配列によるサンプリング効果で生じる折り返しノイズ（エイリアシング）の影響を軽減するために光路中に挿入される. これによって偽色の発生を軽減することができるが，同時に画像の解像感を損なうという欠点もある.

　画素ピッチが細かいほど，光の回折による点像分布関数の広がりによるローパスフィルター効果が，相対的に大きくなるので，画素ピッチの細かいイメージセンサーを使う場合は光学ローパスフィルターが省かれる場合も多い.

(2) 赤外カットフィルター（IR cut filter）　イメージセンサーの感度は赤外まで広がっており，入射光から赤外光成分を除去するために赤外カットフィルターが挿入される. 画素ごとに設けられたオンチップカラーフィルター分光特性と赤外カットフィルター分光特性との合成で各色成分の波長感度分布特性が決まる.

(3) オンチップマイクロレンズ　画素の中央には受光部（光電変換部）があるが，周辺に読み出し回路があるため，受光部面積は画素面積の数分の一である. そこで光量を稼ぐために画素ごとにオンチップマイクロレンズが設けられる. オンチップマイクロレンズは集光作用をもつと同時に，受光部を撮影レンズ射出瞳面に投影する作用ももつため，像面上で光軸から離れた位置，すなわち像高が高い位置ほど撮影レンズのF値や瞳位置の影響を受ける. これによりDSCではフィルムの場合と同様の周辺減光に加えてマイクロレンズによるシェーディングの問題も生じる.

b. イメージセンサー

　イメージセンサーとしてはCCDやCMOSが用いられ，前者には露光時間（蓄積時間）の同時性が保たれる利点があり，後者にはランダムアクセスが可能という利

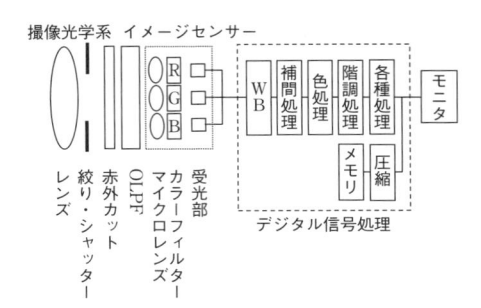

図1　DSCの構成と処理

点がある．近年ではグローバルシャッター機能により同時性を実現するCMOSイメージセンサーも開発されている（〔45．固体撮像素子〕を参照）．

(1) イメージセンサーの種類　DSCには3色のカラーフィルターアレイ（CFA）をもつ単板式が多いが，三板式や単板式ながら1画素3色分解できる方式もある．

　(i)　単板式：　1画素は3色もしくは4色のカラーフィルター中の1色をもつ．各色はモザイク状に配列され，欠けた色を周辺の色から推定して補う必要がある．その処理を補間またはデモザイクとよぶ．補間処理は予測を伴うので，予測を間違うと偽色が発生する．

　(ii)　三板式：　図2（B）のように3色分解プリズムでRGB3色の光に分解した後，それぞれの色光を三板に分けて受光する．プリズムでスペースが取られ大型化するため一眼レフタイプへの適用は難しい．しかし補間が不要で偽色の発生がなく，また三板を光軸方向に相互にシフトして配置することにより軸上色収差を相殺することも可能で，高品質な画像が得られる．

　(iii)　1画素3色分解方式：　Foveon[2]の名で知られる1画素3色分解方式がある．これは光が半導体に入射したときに長波長ほど侵入長が長いという特性を利用したものであり図3（A）の構造をもつ．画素の光電変換部は表面側から順にB，G，Rの成分を中心に抽出する．RGB分光感度特性は図3（B）に示すように単板のRGB感度分布に比べ相互の重なりが大きい．三板式同様に偽色が発生せず解像感が高い．

(2) カラーフィルターアレイ（CFA）配列　単板式イメージセンサーでは3色以上の色フィルターが用いられ，大別して原色フィルターと補色フィルターとに分けられる．原色フィルターと補色フィルターの分光感度特性は，図4のようである．

　補色フィルターを用いたDSCは原色フィルターを用いたDSCに比べて解像感に優れるが色再現に劣るとされる．画素数が増えた現在ではRGB原色フィルターが主流である．

　補色フィルターはYe（黄），Cy（シアン），Mg（マゼンタ），G（緑）の4色で構成さ

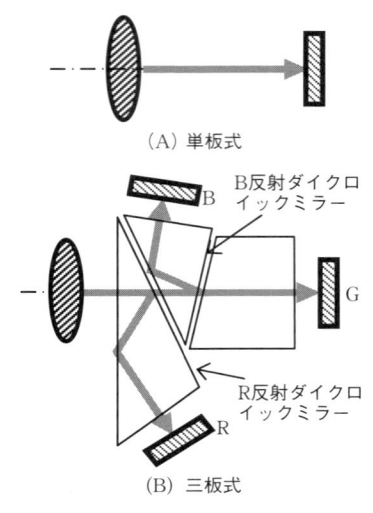

図2　単板式と三板式

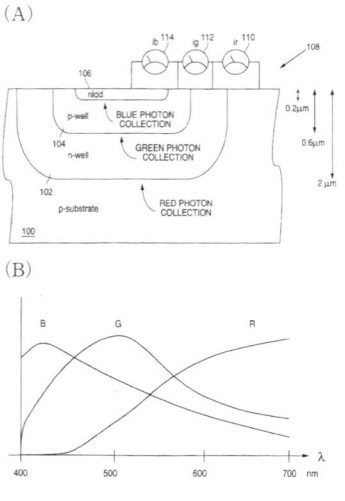

図3　Foveonセンサー

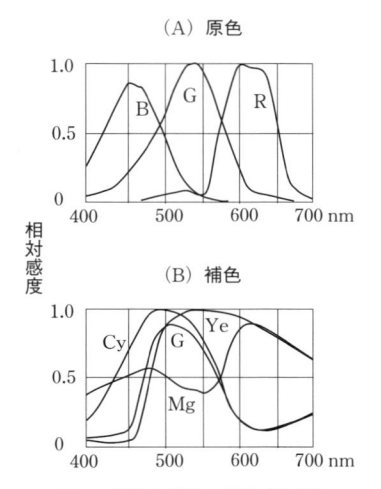

図4 原色と補色の分光感度分布

れる（図5（A））．補色配列では，その配列の2列ごとにペアを交互に組み替えることで，読み出しに同期した単純な加減算による補間演算が可能である．原色配列ではBayer配列[3]（図5（B））が使われることが多い．Bayer配列は画像合成に複雑な補間演算を必要とするため，リアルタイムの処理が必要なビデオでは採用されなかったが，色再現のよい静止画を求めるDSCでは主流となった．これ以外のCFA配列もいろいろ工夫されており，GストライプRB市松配列（図5（C）），4色配列（図5（D）），ハニカム配列（図5（E）），EXR配列（図5（F）），6×6の新配列（図5（G））を以下に示す．

c. **デジタル画像処理**[4,5]

デジタルカメラの画像処理としては，ホワイトバランス（WB），補間（デモザイク），色変換，階調変換，圧縮処理が不可欠で，その他にノイズ除去とエッジ強調や各種の収差補正処理などがあげられる．

（1） ホワイトバランス（WB） ホワイトバランスは人間の色順応に相当する制御で，撮影時の被写体を照明する光源が変化しても，昼光下での見えを再現しようとするものである（完全順応対応）．光源の雰囲気を残すために，順応の程度を弱めることもある（不完全順応対応）．処理としては，G成分に対して，R成分とB成分にそれぞれ適切なゲインを乗ずることが行われる．

（2） 補間（デモザイク） 単板撮像素子では画素当たり1色の情報しか得られないため，残りの2色を近傍の同色を使って予想し補間する．最も単純には図6のようにRGB面に分離し，それぞれの面で欠けた画素の最近接画素平均値で埋める．しかしこの単純な方法ではよい結果が得られないことが多く様々な工夫が行われている．

（3） 色変換 色変換が必要とされる理由の1つは，イメージセンサーのRGB出力値が，センサーの3色の感度分布から

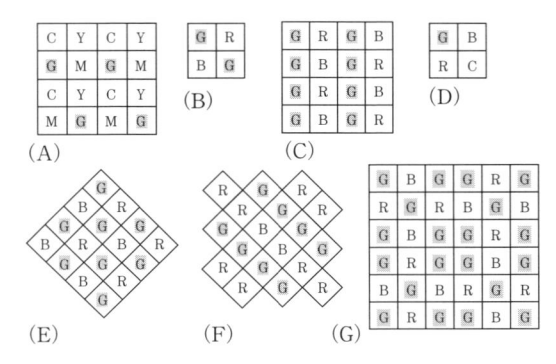

図5 各種のCFA配列

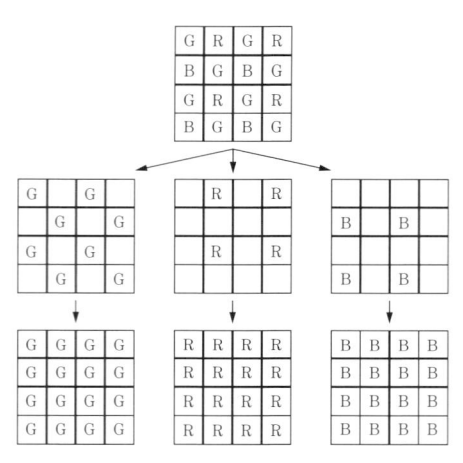

図 6 Bayer 補間

決まる色空間における値（センサー色空間での値）となっているので，これを出力色空間における RGB 値に変換することが必要だからである．出力色空間としては CRT 特性から決められた sRGB 規格に準拠した sRGB 色空間が使用されることが多い．もう 1 つの理由は，写真においては正確な色再現よりも好ましい色再現が求められるからである．最も簡単な色変換としては RGB の値に 3×3 のマトリクスを掛けて新しい RGB 値を求める方法がある．

(4) **階調変換**　階調変換が必要とされる理由は大きく分けて 2 つある．第 1 は出力装置の階調特性との関係で決まることである．CRT モニタの 2.2 乗の入出力特性を相殺するために，被写体の明るさに線形な強度に作られた画像に対して，モニタ階調特性の逆変換に相当する 1/2.2 乗の階調特性が与えられる．この 1/2.2 乗特性はデータ圧縮の効果も有する．出力装置については，かつて表示装置として広く使われていた CRT モニタの特性に合わせて sRGB 規格が作られた．LCD モニタも（本来 CRT 特性とは異なるが）内部処理を行うことでこの規格に準じた入出力特性となっている．

第 2 は写真の表現ともかかわるものである．撮影対象のダイナミックレンジが広いのに対して出力装置のダイナミックレンジは狭い場合に，ダイナミックレンジの圧縮として階調変換を行う．これには高輝度部の急激な飽和を避けるためのニー特性の付加や，表面反射対策としての暗部黒締や，表現上の意図を含めた階調カーブの変形などが含まれ，いわゆる S 字特性として写真風の仕上がりを与える．

(5) **各種の画像処理（ノイズ除去，エッジ強調，各種の収差補正など）**　画像処理としては，さらにノイズ除去，エッジ強調（輪郭強調）そして各種の収差補正が加えられる場合がある．特に高 ISO 感度では信号の S/N が劣化するため，ノイズ除去の必要性が高まる．ノイズ除去ではその平滑化フィルター効果で微細構造が失われる傾向がある．鮮鋭感の減少を少なくして色ノイズを視覚特性も考慮して効果的に除去する方法として，輝度成分にはノイズ除去を弱くして色差成分には強くかける方法がある．鮮鋭感を高めるためにエッジ強調のフィルターをかけることが行われるが，その効果を強くするとオーバーシュートの縁取りが現れる．最適な強度は画像の観賞条件を念頭に置いて決定する必要がある．撮影レンズによって生じる各種の収差の補正としてシェーディング（周辺光量低下）補正，歪曲収差補正（樽型や糸巻型の歪の補正），倍率色収差補正（RGB 各色の像ずれの補正）などが行われる．　　　［歌川　健］

■参考文献
1) 青野康廣：日本写真学会誌, **73**-3 (2010), 176-179.
2) R. B. Merrill, Foveon, Inc.：USP 5,965,875
3) B. E. Bayer, Eastman Kodak：USP 3,971,065
4) 阪口知弘, 小林直樹：テレビジョン学会誌, **50**-9 (1996), 1218-1221.
5) 乾谷正史：日本画像学会誌, **46**-2 (2007), 136-142.

[画像処理と信号処理]

49 画像復元と超深度

レンズ本来の収差や手ぶれ・ピンぼけなどが原因で画質が低下した劣化像を，もとのシャープな画像にもどすことを画像復元という．コンピューターやイメージセンサーの性能向上と普及のおかげで，デジタル処理による画像復元が身近になった．

劣化の点像分布関数から作成した逆フィルターやWienerフィルターを用いる画像復元がよく知られているが，劣化の仕方が不明なときに劣化像データだけから画像復元するブラインドデコンボリューションも可能である．

また，カメラとコンピューターの融合が一段と進み，レンズを絞らずに被写界深度を拡大できるウェーブフロントコーディングのような新しい機能も実現されている．

a. 点像分布関数

点光源の像の強度分布を点像分布関数 (point spread function: PSF) とよび，電気系のインパルス応答に相当する．インパルス応答の定常性に対応して，PSFの形が画角によらず変化しないシフトインバリアンスを仮定すると，インコヒーレント光の結像では，原画像 $f(x, y)$ と点像分布関数 $h(x, y)$ のコンボリューション

$$g(x, y) = \int_{-\infty}^{\infty}\int_{-\infty}^{\infty} f(x', y')h(x-x', y-y')dx'dy' \quad (1)$$

として劣化像が与えられる．なお，シフトバリアントな一般の場合には，積分中のPSFが $h(x, x'; y, y')$ と書き表される．

式(1)をフーリエ変換した劣化像スペクトルは空間周波数 u, v の関数として

$$G(u, v) = F(u, v)H(u, v) \quad (2)$$

のように，原画像スペクトル $F(u, v)$ とOTF (optical transfer function：光学伝達関数) $H(u, v)$ との積で表される．一般に $H(u, v)$ は複素数値をとり，その絶対値部分をMTF，位相部分をPTFとよぶ．

点光源から出て射出瞳を通過する光波は，瞳の形状を表す $A(\xi, \eta)$ と波面収差 $W(\xi, \eta)$ を次のように結びつけた瞳関数

$$P(\xi, \eta) = A(\xi, \eta)\exp\{iW(\xi, \eta)\} \quad (3)$$

によって書き表せる．

フーリエ光学では，OTFがPSFおよび瞳関数と図1のような関係にある[1]．ここで，瞳座標 (ξ, η) には，波長 λ，射出瞳と像面の距離 R として

$$u = \frac{\xi}{\lambda R}, \quad v = \frac{\eta}{\lambda R} \quad (4)$$

の空間周波数が対応している．

b. Wiener フィルター

劣化像から原画像を復元することは，式(1)のコンボリューションの逆演算であり，デコンボリューションとよばれる．フーリエスペクトルに関する式(2)から

$$F(u, v) = \frac{1}{H(u, v)}G(u, v) \quad (5)$$

となり，劣化像のスペクトル $G(u, v)$ にOTFの逆数を乗算すれば，原画像のスペクトル $F(u, v)$ が求まる．これをさらにフーリエ逆変換して原画像 $f(x, y)$ が復元される．

式(5)の関係をフーリエ逆変換すれば

$$f(x, y) = \int_{-\infty}^{\infty}\int_{-\infty}^{\infty} g(x', y')h'(x-x', y-y')dx'dy' \quad (6)$$

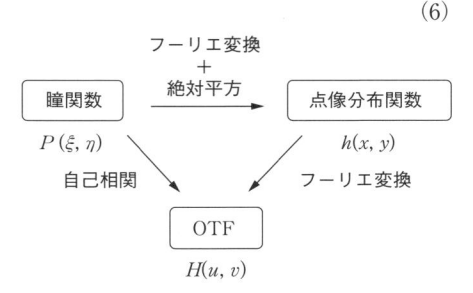

図1 瞳関数とPSFとOTFとの関係

となり,画像復元をコンボリューションの形で実行できる.ここで $h'(x, y)$ は $1/H(u, v)$ のフーリエ逆変換である.

以上のような演算が逆フィルターで,画像復元の基本である.しかし,現実の劣化像にはノイズが含まれており,OTF が小さな値をとる空間周波数において,逆フィルターはノイズを増幅・発散させ,その結果,復元画像の画質低下をもたらす.

原画像と無関係な(統計的に独立な)ノイズが加算される場合には,推定画像と原画像の平均二乗誤差を最小にする Wiener フィルターがよく使われる.その演算は式(5) に対応して

$$F(u,v) = \frac{H^*(u,v)}{|H(u,v)|^2 + |N(u,v)|^2/|F(u,v)|^2} G(u,v) \quad (7)$$

と表される.分母の $|N(u,v)|^2$ は加算ノイズのパワースペクトルであり,原画像のパワースペクトル $|F(u,v)|^2$ とともに不明なことも多い.このような場合には,分母の第2項を正の定数 k^2 で代用し,その大きさを試行錯誤的に求める.$k^2=0$ のときには,式(7) は逆フィルターの式(2) と等しくなる.

このほか,再劣化法や特異値分解に基づいた一般化逆フィルターなどによっても加算ノイズの増幅を低減できる.

また,光子数の少ない画像で重要なフォトンノイズのように,原画像と独立な加算ノイズでない場合には,条件付確率に関するベイズの定理に基づいた Richardson や Lucy の反復アルゴリズム

$$f_i^{n+1} = f_i^n \sum_k \frac{h_{ki} g_k}{\sum_j h_{kj} f_j^n} \quad (8)$$

が有効である.ここでは離散表現した原画像の i 番目の画素値の n 回目の推定 f_i^n から,$n+1$ 回目の推定 f_i^{n+1} を,劣化像の画素値 g_k と点像分布関数 h_{ki} を利用して求める.

c.ブラインドデコンボリューション

逆フィルターや Wiener フィルターなどのデコンボリューションフィルターを作るために,点像分布関数(PSF)を知る必要がある.

しかし現実には,劣化の PSF が不明な場合も多い.このようなときに劣化像から原画像を推定することをブラインドデコンボリューションまたはブラインド復元という.

原画像,PSF,劣化像の三者は式(2)の関係で結ばれており,3 つのうち 2 つが既知ならば,残りの1つが求められる.また,一般に劣化の仕方は多様であるから,PSF が未知な場合に原画像のみから劣化像を推定するのが不可能なことは容易にわかる.

これと同様に,劣化像のみから原画像を復元する逆のプロセスも不可能に見える.しかしながら,正しく標本化された劣化像データから原画像と PSF の両方を推定することは「ほとんどすべての場合に可能」なことが,ゼロシートの概念に基づいて以下のように説明できる.ここで「ほとんどすべて」は確率的に 100% を意味する.

標本化画像の z 変換の零点は,4 次元空間内の曲面(ゼロシート)を形成し,式(2) がゼロとなる条件から,劣化像のゼロシートは原画像のゼロシートと PSF のゼロシートを合わせたものになり,それを原画像のゼロシートと PSF のゼロシートに正しく分離できれば,定数係数を除いてデコンボリューションが実行できたことになる.その前提条件として原画像と PSF のゼロシートがそれぞれ1枚ずつであることが必要となる.そして,ほとんどすべての標本化画像のゼロシートが1枚であることは,ほとんどすべての2変数べき級数が因数分解できない事実によって保証されている.

画素数の増加とともにゼロシートの形は複雑になり,ノイズの存在と相まってゼロ

シートの分離は困難になるため，実際にブラインドデコンボリューションを実行するときは，シミュレーティドアニーリングなど，反復型の最適化アルゴリズムを用いることが多い．位相回復のための Gerchberg-Saxton 法やその一般化である HIO 法を発展させたフーリエ反復アルゴリズムなどもよく知られている．

d．コンピューテーショナルフォトグラフィー

顔認識，手ぶれ・歪曲の補正など，デジタルカメラの高機能化が進むなかで，従来のカメラではあまり利用されてこなかったライトフィールド（光線の場）の情報を積極的に記録して新しい機能を実現するコンピューテーショナルフォトグラフィーの分野が注目されている．光源から出発し，物体を経由してイメージセンサーに向かう多数の光線の位置・方向・波長・時間の情報を総合的に記録しておき，再生時に適切な光線を選んで所望の画像をデジタル再構成する．

再生時に画面の任意の位置にピントを合わせられるライトフィールドカメラをはじめ，照明方向や色などの条件を自由に変えた画像を生成するコンピューテーショナルイルミネーションなどがある．X線の結像に用いられる符号化開口法もコンピューテーショナルフォトグラフィーに含まれる．

e．ウェーブフロントコーディング

ウェーブフロントコーディング（wavefront coding）は，開口を通過する光量を減らさずに，波面の符号化によって被写界深度を大幅に拡大する技術である．その原理を図2に示す．まず特殊な波面収差を与えて光学系の結像特性を変化させ，劣化した中間画像を得る．劣化がデフォーカスによらず金太郎飴のように並んだ中間画像になれば，1種類のデジタルフィルターで画像復元を行い，ボケのない最終画像を得ることができる．ウェーブフロントコーディ

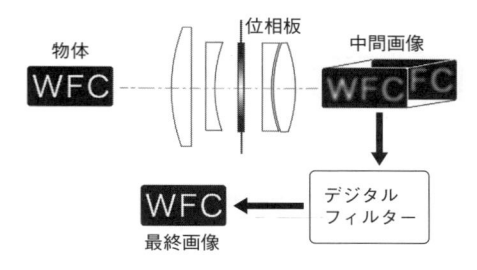

図2 ウェーブフロントコーディングの原理

ングによる深度拡大は，オートフォーカス機構を省くことによるカメラの小型化のほか，高NA顕微鏡，虹彩認証，QRコードの読み取り，車載カメラなどに応用できる．

Dowski と Cathey は，波面収差が
$$W(\xi, \eta) = a(\xi^3 + \eta^3) \quad (9)$$
となる CPM（cubic phase mask）によってデフォーカスによらない中間画像が得られることを，OTFを停留位相法で近似する方法で解析的に示した[2]．図1からわかるように PSF や瞳関数に基づく解析も可能であり，とくに瞳関数によれば CPM の原理をフーリエ光学で簡単に説明できる[3]．

CPM のほかにも，対数関数，指数関数，べき級数，有理関数など，種々の位相分布が提案されている．

通常の軸対称光学系では，従来からのレンズ設計手法との整合性やレンズ組立行程における調整の容易さの観点から，円対称な波面収差が望まれる．円対称位相分布
$$W(r) = ar^4 - br^2 \quad (10)$$
が有効であるが，CPM に比べると深度拡大効果は小さい． ［小松進一］

■参考文献
1) J. W. Goodman：Introduction to Fourier Optics 3rd ed., Roberts & Company (2005), p. 138.
2) E. R. Dowski and W. T. Cathey：*Appl. Opt.*, **34** (1995), 1859-1866.
3) 小松進一：映像情報メディア学会誌, **63** (2009), 279-283.

[画像処理と信号処理]

50

物体認識

　物体認識とは，デジタル画像が表現する実世界シーン中に存在する「物体」をコンピュータに自動的に認識させる技術のことである．物体認識技術の中でも，特に人間の顔画像の認識は既にデジタルカメラやスマートフォンに実装され実用化された技術となっている一方，研究レベルにおいては人間の顔以外の様々な一般的な対象を認識するための手法が研究されている．

　物体認識技術は，2000年前後に提案されたSIFT（scale invariant feature transform）法などの局所パターンの表現手法および認識対象を局所パターンの集合として表現するbag-of-features手法，さらにはサポートベクターマシン（support vector machine：SVM）に代表される機械学習法の発展により，飛躍的な進歩を遂げ，現在もなお日進月歩で発展を続けている．

a. 一般物体認識と特定物体認識

　物体認識の研究は，大きく分けて，画像中の物体のカテゴリを認識する一般物体認識（generic object recogntion）と，画像中の同一物体の高速な検索を行う特定物体認識（specific object recognition）の2通りの研究が行われている．

　一般物体認識は，制約のない実世界シーンの画像に対して，計算機がその中に含まれる物体もしくはシーンの構成要素を「山」「ライオン」「ラーメン」などの一般的な物体カテゴリの名称で認識することで，画像の意味を計算機が自動的に理解する技術であるといえる．一般物体認識は，画像認識の研究において最も困難な課題の1つであるとされ，それは，制約のない画像における「一般的な名称」が表す同一カテゴリの範囲が広く，同一カテゴリに属する対象の見た目の変化が極めて大きいために，① 対象の特徴抽出，② 認識モデルの構築，③ 学習データセットの構築，が困難なためである．特に③は学習に基づく認識問題に共通な課題で，一般物体認識の場合は，厳密に定義することが不可能な「山」「ライオン」などの意味カテゴリを，学習画像データによって外延的に定義するために必要である．実用的な物体認識システムを構築する際には多様な画像を含んだ学習データセットを構築することが不可欠である．

　一方，特定物体認識は，「東京タワー」などの特定のランドマークや「iPhone」などの特定の工業製品のようなまったく同じ形状の物体に対する認識技術である．一般物体認識の困難点「① 対象の特徴抽出」はほぼ同様であるが，「② 認識モデルの構築」の代わりに，大規模な画像データベースに対して高速な検索を行うことが研究課題となっている．「③ 学習データセットの構築」は，同一物体を探すのが目的であるので，特定物体認識では通常は不要である．

　図1に2種類の物体認識についての処理の流れを記す．特定物体認識では，たとえば，多くの時計の写真から特徴量を抽出し，データベースに登録しておいて，画像特徴量の照合によって入力画像と同一の時計がデータベース中に存在するかを調べる．認識対象の画像中の局所パターンとほぼ一致する局所パターンをできるだけ多くもつ画像をデータベース中から検索することによって認識を行うため，物体の位置検出も同時に行うことができる．

　一方，一般物体認識の例では，入力画像が「ライオン」か「トラ」かを判定するために，多数の「ライオン」「トラ」画像を学習画像データとして準備しておき，多次元ベクトルで表現される画像特徴量を抽出し，機械学習手法に基づく分類器の学習を事前に行っておく．そして，未知の入力画

(A) 特定物体認識　　(B) 一般物体認識

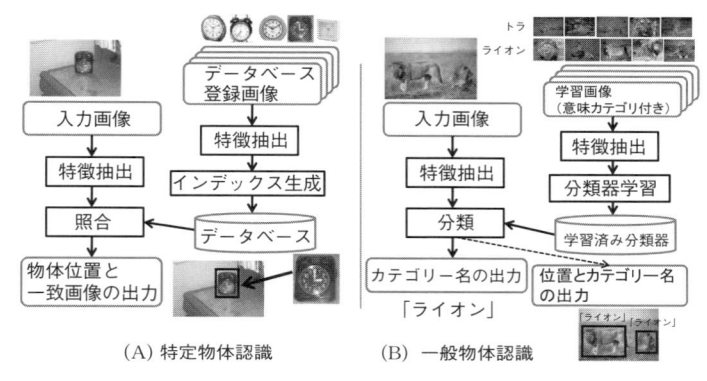

図1　特定物体認識と一般物体認識の違い

像に対して，同様に画像特徴量を抽出した後，学習済み分類器を適用し「ライオン」「トラ」の分類を行う．この際，特定物体認識とは異なり，まったく同じライオンもしくはトラの写真が学習画像になくても，分類器の汎化能力によって分類が可能となる．一般物体認識の場合は，局所パターンの直接の対応でなく，その分布を用いて認識を行うため，位置まで特定する場合はさらに一段難しい問題となる．

図2に現在研究されている一般物体認識の主なタスクを5種類示す．[1] 画像全体のカテゴリー分類が最も標準的なタスクで，複数のカテゴリーラベルを画像に付与する [2] 画像アノテーション，領域分割された画像の各領域に対してカテゴリーラベルを付与する [3] 画像ラベリング，長方形の矩形で画像中の物体の存在位置を検出する [4] カテゴリー物体検出，物体の領域を正確に切り出す [5] カテゴリー領域抽出などのタスクが研究課題として扱われている．

b．物体認識の基礎技術

（1）局所特徴量　現在の物体認識で主流となっている特徴表現手法は，画像全体を認識の手がかりとして用いるのでなく，認識対象の特徴的な局所パターンを多数抽出し，その組合せによって画像を表現する手法である．

[1] 画像全体のカテゴリー分類

[2] 画像アノテーション：複数ラベルの付与

[3] 画像ラベリング：領域分割→分類

[4] カテゴリー物体検出：ウィンドウ検出

[5] カテゴリー領域抽出：認識＋領域分割

図2　一般物体認識（カテゴリ認識）の主要な5種類のタスク

局所パターンの抽出には，元々はステレオ立体復元やパノラマ画像生成に必要な複数画像の対応点検出のために研究されてきた局所特徴抽出手法が利用される．代表的な方法としては，特徴点検出と局所パターン記述手法（特徴ベクトル抽出法）をセットにした SIFT（scale invariant feature transform）法[1] がある．

SIFT法は ① 特徴点とその点の最適スケールの検出, ② 特徴点の周辺パターンの輝度勾配ヒストグラムによる 128 次元ベクトルによる記述, の 2 つの処理を含んだアルゴリズムである. 画像中のエッジやコーナーなどの特徴的な部分が特徴点として自動的に多数検出され, さらにその周辺パターンに基づいてパターンのスケールと主方向が決定され, 回転, スケール変化 (拡大縮小), 明るさ変化に不変な形でその周辺パターンが特徴ベクトルとして記述される. 図3 に示すように, 1 枚の画像で特徴点が抽出されベクトルで記述されると, もう 1 枚の回転, 縮小, 明るさ変化を加えた画像でも, 同じ場所から特徴点が抽出され, その点のベクトルの値もほぼ等しくなる. そうすることにより, SIFT 法で抽出した特徴ベクトルの探索のみで, 異なる画像間の対応点が検出できることになる. また, SIFT 法は濃淡画像の輝度勾配を特徴量としていて, 色情報を一切使っていないため, 色が異なっていても濃淡の変化が似ているなら類似パターンとみなされることも特徴である.

抽出する特徴点の数はパラメータによって制御可能であるが, 通常は多くの対応点の候補が多数あった方が処理結果がより頑健になるので数百から数千個の特徴点を抽出する. そのため, 多数の対応点が得られ, 多少の誤対応や, 部分的な隠れによる対応点の減少が起こっても, ある程度の範囲内なら, 物体の対応をとることが可能となる. 特徴点が 3 次元空間において同じ平面上にあることを仮定して, RANSAC (random sample consensus) 法により誤対応を除去することが一般的に行われる. 以上が特定物体認識の基本原理である.

SIFT 法以外にも局所特徴量は数種類提案されており, SIFT を高速化した SURF 法も広く用いられている. また, SIFT 法での局所領域を輝度勾配ヒストグラムで表現する手法を大きい固定サイズのブロックに適用し, それを画像中で走査することによって物体を発見する histogram-of-oriented-gradient (HOG) 法も SIFT から派生した方法であり, 人物検出などの物体の位置を検出する手法として広く用いられている. 複数の HOG を組み合わせて, 柔軟に物体位置を検出する deformable part model (DPM) 法は現在, 一般的な物体の位置検出に最も有効な手法の 1 つである.

(2) bag-of-features による特徴量表現　SIFT 法に代表される局所特徴量による認識は, 高精度で頑健な特定物体認識を可能とするが, 1 つの画像から数百から数千のもの多数の局所特徴量を抽出すると, 多数の画像に対して特徴点を高速に照合することが困難になる. そこで, ベクトル量子化の手法に基づいて, 多数抽出される局所特徴ベクトルから k-means 法などのクラスタリング手法によって代表ベクトル選び出し, 各局所特徴ベクトルを代表ベクトルである code word に置き換えて, 対応点の検索を行う手法が広く用いられている[2] (図 4). code word は代表的な局所パターンであり, これを視覚的な単語 (visual word) とみなすと, 画像から抽出された局所特徴ベクトルはすべて visual word に変換され, 画像は visual word の集合によって表現されることになる. つまり, 画像はテキストで表現された文章と同じで, 単語の集合として表現されることになる. visual words の考え方を最初に提案した論文[2]では, テキスト検索で用いられる転置

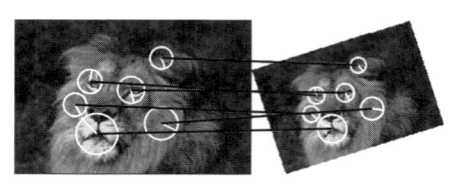

図 3　SIFT 特徴量を使った局所パターンのマッチングの例

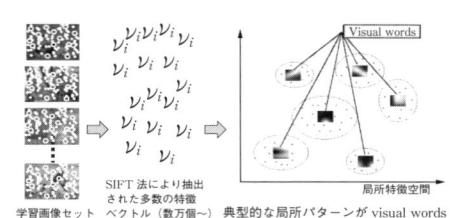

図4　代表局所パターン (visual word) の求め方
認識対象の学習データセットから局所特徴特徴ベクトルを抽出し，クラスタリングでvisual wordsを求める．

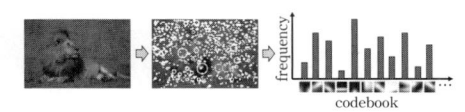

図5　bag-of-features表現の求め方
すべての局所特徴量をvisual wordsに対応させ，ヒストグラムを作成する．

インデックス法をvisual words表現された画像に適用し，テキスト検索手法を応用することで高速な特定物体認識が可能となることを示した．

visual wordsの考え方は最初は特定物体認識を目的として提案されたが，後に一般物体認識でも有効であることが示された．一般物体認識の場合は，1枚の画像を局所特徴のvisual wordsに関するヒストグラムによって表現するbag-of-features表現 (BoF)[3] が用いられる（図5）．

なお，visual wordについては，特定物体認識ではまったく同じ局所パターンだけが1つのvisual wordに割り当てられることが望ましいので，数万から百万程度のサイズが一般的である一方，一般物体認識においては同じカテゴリに属する物体の細かな差異が吸収されることが望ましいので数百から数千程度が一般的である．

visual wordsの数が多いと局所特徴をwordに変換する際に計算コストが掛かるので，特定物体認識の場合はvisual wordsを階層的に求めると同時に，vocabulary treeとよばれるvisual wordsの探索木を生成する階層的 k-means法が一般に利用される．

BoFを生成するために必要なSIFT法などの局所特徴量抽出手法は，特徴点の検出の処理も含んでいるが，第1段階の処理の特徴点検出を用いずに，等間隔の格子点（グリッド）やランダムに選ばれた点を特徴点とする方法も一般物体認識においては広く用いられている．特徴点検出手法では，空や道路の路面のような均一な領域からは特徴点が得られないが，物体カテゴリの認識においては，テクスチャのない均一な局所特徴も重要な情報であるため，画像の内容にかかわらず機械的に特徴点の位置およびスケールを選択する方法がより有効であるとされている．

BoF表現はヒストグラム表現であるため，各局所パターンの位置の情報が完全に捨てられてしまっているが，それを補うために画像を格子状に分割し，それぞれの格子からBoFのベクトルを抽出し1つのベクトルに結合する，空間ピラミッド法 (spatial pyramid) が提案されている．

通常のベクトル量子化では1つの局所特徴は1つのvisual wordにしか対応しないため，量子化誤差が大きくなる傾向がある．そこで，局所特徴を複数のvisual wordsに適応的に重みを割り当てるソフト割り当ての方法も提案されている．代表的な手法にlocality-constrained linear coding (LLC) がある．

(3)　認識モデルの学習　認識モデルの学習は，カテゴリ分類を行う一般物体認識において必要な処理である．事前に正解ラベルが付与された学習データを用意して機械分類手法によってモデルを学習し，学習済モデルを用いて未知の画像の分類を行う．学習時も分類時も入力は，bag-of-features表現されたベクトルなどの多次元ベクトルであり，分類時の出力はカテゴリ

ラベルとなる.

学習モデルとしては,サポートベクターマシン(SVM)が広く用いられている.SVMではマージン最大化とカーネル法による非線形変換によって,2つのクラスを分離する境界面を精度よく求めることができる.非線形カーネルとしてはカイ2乗RBFカーネルが最も精度が高いことが多くの実験から示されている.SVMは2クラス分類の手法であるため,3クラス以上のカテゴリ分類では,認識クラスとそれ以外のクラスを分類するためのSVMをクラス数分だけ学習し,最も出力値が大きいクラスに分類する1-vs-rest法によって分類することが一般的である.

ただし,非線形SVMは学習時に加えて分類時の計算量も学習データの数に依存するため,大量の学習データを用いて大量のクラスの分類を行う場合,分類時の計算量が学習データの数に依存せず高速に計算可能な線形SVMを使うことが一般的になってきている.高速化の代わりに分類精度は劣るので,それをカバーするためにBoFに代わる,線形SVMを用いることを前提とした,次元数の大きな特徴量表現としてFisher Vectorが提案されている.

SVM以外の機械学習法としては,弱識別器を多数組み合わせるAdaBoost法に代表されるboosting法,ランダムサンプリングした学習データで多数の分類木を構築し確率的な分類を行うrandom forest法などが広く用いられている.

また2010年以降には,SVMの登場によって一度下火となったニューラルネットワークを改良し多層化したDeep Neural Networkを用いたDeep Learning法の一般物体認識における有効性が示さた.この方法は,SIFT法のような人間が設計した特徴抽出法を一切用いずに,従来の画像認識手法の各処理段階をすべてニューラルネットに処理させる方式であり,入力は画像の画素集合,出力はクラスラベルとなっている.

(4) データの収集 一般物体認識においては,学習データは特徴表現,分類手法と同程度重要である.学習データが多いほど認識精度は向上する傾向があり,ある程度まとまった量の学習データを収集することは精度の高い認識を実現する上では不可欠である.実際に,手法は単純な類似画像検索であっても,20億枚もの大量のキーワード付きの画像を使うことで,実用的な認識が可能となるという論文も発表されている.

かつては大量の画像を収集すること自体が極めて困難であったが,現在はWebから収集することで容易に学習データセットの構築が可能である.特に,Flickrなどの写真共有のためのソーシャルメディアサイトには,検索キーワードや説明文付きの画像が日々大量にアップロードされており,それをクラウドソーシングサービスを利用してスクリーニングすることで,ほぼ自動的に大量の学習画像データセットが構築可能である.実際に,そのような方法によって,自動的に辞書に載っている2万語以上の名詞について対応する画像をそれぞれ1000枚以上収集し,研究用のデータセットとして公開するImageNetというプロジェクトがある.

[柳井啓司]

■参考文献
1) D. G. Lowe : *International Journal of Computer Vision*, **60**-2 (2004), 91-110.
2) J. Sivic and A. Zisserman : *Proc. of IEEE International Conference on Computer Vision* (2003), 1470-1477.
3) G. Csurka et al. : *Proc. of ECCV Workshop on Statistical Learning in Computer Vision* (2004), 59-74.

51 [画像処理と信号処理]

3次元画像計測

一般に，画像処理・計測・認識が2次元画像の処理，2次元対象の特徴計測・認識を行うのに対し，コンピュータビジョン[1]は，カメラで撮影された2次元画像から，そこに写された3次元世界の情報を計算することを目的としており，主な3次元画像計測法としては，図1に示す方式がある．

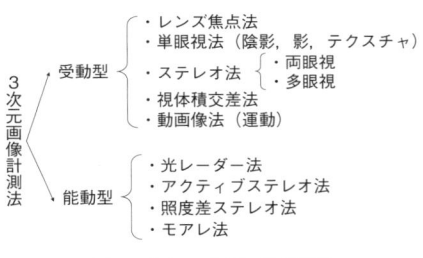

3次元画像計測法
- 受動型
  - レンズ焦点法
  - 単眼視法（陰影，影，テクスチャ）
  - ステレオ法（両眼視，多眼視）
  - 視体積交差法
  - 動画像法（運動）
- 能動型
  - 光レーダー法
  - アクティブステレオ法
  - 照度差ステレオ法
  - モアレ法

図1　主な3次元画像計測法

a．カメラキャリブレーション

通常のカメラは，人間が見て美しく見える画像を撮ることを目的として設計されており，計測装置として用いるには，キャリブレーションが必要となる．

(1) 幾何キャリブレーション　多くの場合，カメラで行われる撮像プロセスは，ピンホールカメラによる透視変換としてモデル化され，白黒の市松模様が描かれた平面といったキャリブレーション用の物体を写した画像を解析して，レンズ歪や焦点距離，画像中の光軸中心の位置を求める内部キャリブレーション（観測画像座標系からカメラ座標系への変換），投影中心の3次元位置，光軸方向を求める外部キャリブレーション（カメラ座標系から世界座標系への変換）によって，ピンホールカメラのもつパラメータが推定される（図2）．

一般に，UXGA（1600×1200画素）のカメラで数m四方の3次元世界を写した場合の精度は，数mmとなり，精密な3次元計測法というよりは，現実世界の対象の3次元形状・運動を容易に計測できる点にコ

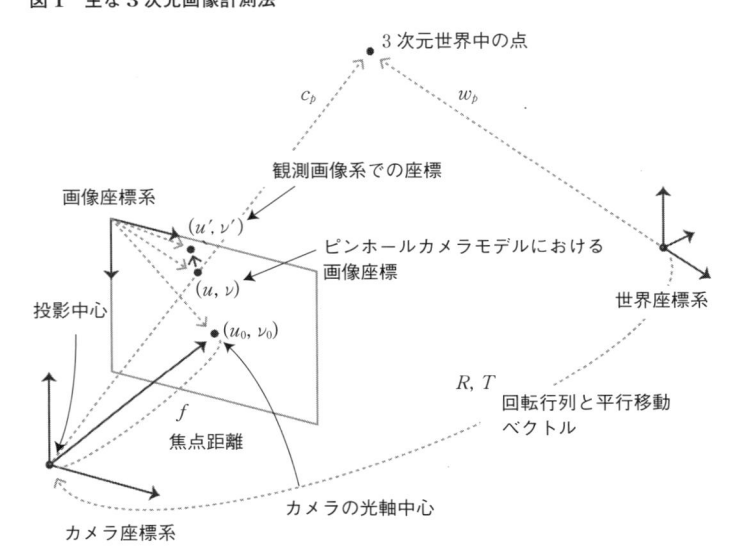

図2　ピンホールカメラの幾何モデル

ンピュータビジョンの有用性がある．

(2) カラーキャリブレーション　通常のカメラでは，表示装置の特性（γ特性）を踏まえて，入射光量から画素値への非線形変換が施されるため，まずこれを補正し，画素値が入射光量と線形関係になるようにしなければならない（γ補正）．

カラーカメラでは，RGBの3チャネルでの感度や増幅ゲインを調整するホワイトバランスが必要であるが，より正確なカラー情報を得るには，カメラのRGBフィルターの分光透過率特性に基づいた物理的カラーキャリブレーションを行う必要がある．

b. 受動型計測法

(1) レンズ焦点法　① カメラのオートフォーカス機構で使われているように，注視画素におけるボケが最小となるフォーカス値を探索し，その値を基に注視画素が表す対象表面までの3次元距離を求めるdepth from focus法と，② 異なったフォーカス値で撮影された複数枚の画像から各画素におけるボケ関数のパラメータを推定することによって3次元距離を推定するdepth from defocus法がある．後者の方法では，画像中のすべての画素の3次元距離の計測やすべての画素でピントが合った完全合焦画像の生成が可能となる．

(2) 単眼視法　1台のカメラで撮影された画像から，3次元物体表面の法線方向を計算する代表的手法してshape from shading法がある．この方法では，完全拡散面の場合，図3（A）の関係が成り立つことを利用して，表面の法線方向 N を計算する．1光源の場合は $L \cdot N = \cos\theta$ の値しか計算できないが，方向が異なった3つ以上の光源を用いる照度差ステレオ法（能動型計測法の1つ）では，N の値を計算することができる．一般の物体表面は鏡面反射特性ももち，その場合には図3（B）のような反射モデルを用いて，鏡面反射軸 R や鏡面反射の鋭さ n および強度 k_s の推定も行う必要が生じ，単眼視では対応できない．

対象の3次元形状を計算するために利用できる画像特徴としては，上記の陰影のほか，テクスチャや影，輪郭形状があるが，いずれも表面の法線方向が得られるだけで，奥行き情報は求められない．

(3) ステレオ法[2]　図4は，ステレオ法による3次元計測の原理を示したもので，一方の画像中の特徴点と同じ対象表面上の点を表す特徴点を他方の画像から求め（対応点探索），

$$l_1 \cos\theta_1 + l_2 \cos\theta_2 = b$$
$$l_1 \sin\theta_1 = l_2 \sin\theta_2 = d$$

から奥行き d が

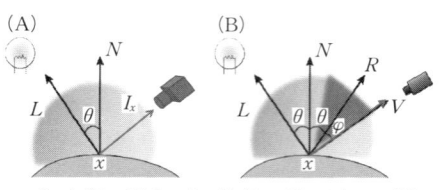

$I_x = k_d(L \cdot N)I_L \quad I_x = \{k_d(L \cdot N) + k_s(R \cdot V)^n\}I_L$

I_x：観測明度　I_L：光源照度　N：表面の法線方向
L：光源方向　k_d, k_s：拡散，鏡面反射率
R：鏡面反射方向　V：観測方向

図3　物体表面における反射モデルの例
（A）拡散反射モデル（Lambertian），（B）鏡面反射モデル（phongモデル）

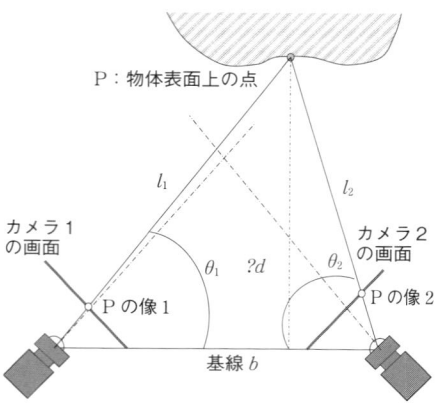

図4　ステレオ法の原理

$$d = \frac{b}{\tan^{-1}\theta_1 + \tan^{-1}\theta_2}$$

と計算できる．光軸方向や基線長 b は外部キャリブレーションによって予め求めておく必要があり，その精度が3次元計測精度を左右する．また，基線長が長いと左右画像における対応点の位置の差（視差）が大きくなり3次元計測精度が向上するが，左右画像における対応点の見え方が大きく変化するため対応点探索が困難となる．

カメラが2台の場合は，3次元計測が可能な範囲や対応点探索の精度が限られるため，最近では多数のカメラを用いた多視点ステレオ法が普及している．その場合には，3次元空間中の点が対象表面上の点か否かを多視点画像を基に判断し3次元計測を行う space carving 法[3]や，物体表面から反射された光線の3次元空間分布を復元する光線空間法[4]が用いられる．

(4) 視体積交差法[2]　画像に写された対象のシルエットを図5左のように3次元空間に逆投影すると，3次元物体を内包する視体積が生成でき，異なった視点から生成された視体積の共通部分を求めることによって対象の大まかな3次元形状が計算できる（図5右）．この視体積交差法は，スタジオなど背景が一様でシルエットが容易に抽出できる場合には，比較的少数のカメラによって安定かつ高速に3次元形状が計算できる（つまり，ステレオ法のような対応点探索が不要である）一方，凹部の形状

$$\mathbf{W} = \begin{bmatrix} x_1^1 & \cdots & x_1^P \\ \vdots & & \vdots \\ x_F^1 & \cdots & x_F^P \\ y_1^1 & \cdots & y_1^P \\ \vdots & & \vdots \\ y_F^1 & \cdots & y_F^P \end{bmatrix} = \begin{bmatrix} e_x^1 \\ \vdots \\ e_x^F \\ e_y^1 \\ \vdots \\ e_y^F \end{bmatrix} \times \begin{bmatrix} \tilde{x}^1 & \cdots & \tilde{x}^P \\ \tilde{y}^1 & \cdots & \tilde{y}^P \\ \tilde{z}^1 & \cdots & \tilde{z}^P \end{bmatrix}$$

観測行列　　　　　運動行列　　　　3次元形状行列
・P 個の特徴点　・F フレームでの　・P 個の特徴点の
・F 枚の画像フレーム　運動ベクトル　　3次元座標

図6　因子分解法の原理

が計算できない，偽の物体（phantom volume）が生成されることがあるという本質的問題があり，高精度な3次元計測のためにはステレオ法との併用が必要となる．

(5) 動画像（shape from motion）法　時刻 $t = t_1$ の画像から対象表面上の特徴点 (x_i^1, y_i^1) が P 個抽出され，それらの点と対応する点を $t = t_2, t_3, \cdots, t_F$ の時刻で観測された $F-1$ 枚の画像から抽出できた場合，得られた特徴点の2次元座標の時系列を図6の式の左辺のような $2F \times P$ の行列 $\mathbf{W}$ として表す．この観測行列は右辺のように，第1項の $2F \times 3$ の運動行列と第2項の $3 \times P$ の3次元形状行列に分解することができ，結果として運動情報と形状情報が同時に計算できる．この方法は，因子分解法（factorization）とよばれ，カメラによる撮像過程が正射影，アフィン変換といった線形写像で表現できる場合には，固有値分解

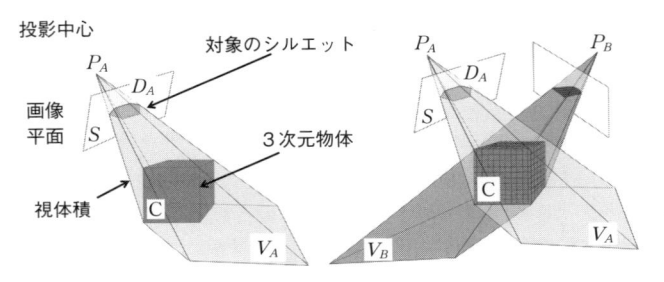

図5　視体積交差法の原理

によって，左辺から右辺への行列分解ができることが知られている．

c． 能動型計測法

(1) 光レーダー法　この方法では，パルス状のレーザー光を発射し，対象表面から反射して来るまでの時間によって3次元距離を計測する．最近では赤外線発光ダイオード，受光素子を2次元配列状に配置し，3次元距離画像を一気に撮影できるTOF（Time of Flight）カメラが商品化されており，屋外，室内での利用が進んでいる．

(2) アクティブステレオ法　図4のステレオシステムの一方のカメラを光源に変え，光源から既知のスリット光や格子パターン光などを対象表面に当て，カメラに写された画像中の光パターンの位置から対象の3次元位置を計測する．スリット光を用いる方法は光切断法とよばれ，画像中には1本のスリット光しか写らないため，容易にスリット光で照らされた対象表面の3次元形状が計算できる反面，表面全体を計測するにはスリット光を走査する必要があり，静止物体しか計測できない．また格子パターン光の場合は，対象表面全体を1枚の画像でカバーできるが，どの格子点が画像のどの位置に写っているかを計算する必要があり，格子の線幅や色を変えて格子点の同定が容易になるように工夫がなされている．最近では，赤外線光パターン投影によってリアルタイムに3次元距離計測ができるセンサーがゲーム用として市販され，運動物体の3次元形状計測が容易に行える．

d． 光源推定[2]

3次元形状が既知の物体によって生じる陰影や影をキャリブレーションされたカメラで撮影し，得られた画像を解析することによって光源の3次元位置，形状を推定することができる．まず，光源は点光源の集合として表し，その存在可能な3次元位置を定め，図7の式を用いて，参照物体上の既知の点の明度 $I(x_i)$ から各点光源の輝度 L_{l_j} を計算する．式の右辺第1項の行列 $\mathbf{K}$ の各要素 K_{ij} は，光源 l_j からの光が点 x_i に届くか否かを表す影マスク $M(x_i, l_j) = 0$ or 1 と，光源 l_j からの減衰光が点 x_i で拡散反射された光強度の積を表している．参照物体を写したビデオ映像の各フレームに対して，上記の計算を行うことによって，風に揺らぐ蝋燭といった動的に変化する光源の3次元形状，運動を推定することができる．

以上述べたすべての3次元画像計測法は，不透明物体を対象とし，物体表面における光の反射モデルを計算の基礎としており，透明，半透明物体の3次元形状計測を行うには，光の屈折，散乱，吸収モデルの導入が必要となり，そのための手法が研究され始めている．　　　　　[松山隆司]

$$\begin{bmatrix} I(x_1) \\ I(x_2) \\ \vdots \\ I(x_{M-1}) \\ I(x_M) \end{bmatrix} = \begin{bmatrix} K_{11} & K_{12} & \cdots & K_{1N-1} & K_{1N} \\ K_{21} & K_{22} & \cdots & K_{2N-1} & K_{2N} \\ \vdots & \vdots & & \vdots & \vdots \\ K_{M-11} & K_{M-12} & \cdots & K_{M-1N-1} & K_{M-1N} \\ K_{M1} & K_{M2} & \cdots & K_{MN-1} & K_{MN} \end{bmatrix} \begin{bmatrix} L_{l_1} \\ L_{l_2} \\ \vdots \\ L_{l_{N-1}} \\ L_{l_N} \end{bmatrix}$$

$$K_{ij} = M(x_i, l_j)(N_{x_i} \cdot L_{x_i, l_j} / r_{x_i, l_j}^2)$$

物体上の点の明度　　反射・影のモデル　　位置が既知の光源の輝度

図7　光源の輝度推定モデル

■参考文献

1) 松山隆司（編著）：コンピュータビジョン：技術評論と将来展望，新技術コミュニケーションズ (1998).
2) T. Matsuyama et al.：3D Video and Its Applications, Springer (2012).
3) K. N. Kutulakos and S. M. Seitz：International Journal of Computer Vision, 38-3 (2000), 199-218.
4) R. C. Bolles et al.：International Journal of Computer Vision, 1 (1987), 7-55.

52 [画像処理と信号処理]

時系列解析

　順序をもつデータで，その順序が特に「時間」を表す場合，これを時系列データとよぶ．時系列解析とは，時系列特有の性質（たとえば自己相関など）に基づき，時系列データの解析を行うことである．時系列データは時間領域で表されたデータであるが，これを周波数領域で表して解析を行うアプローチもある．本項では，時間領域でのモデル化と分析のみを扱い，状態空間モデルによりデータの生成機構を表現し，状態推定により時系列を解析するアプローチを詳しく述べる．その応用として，動画像中の物体追跡について解説する．

a. 時系列の特性値

　データを y と表し，その順序を整数の添え字で表すとき，長さ N の時系列データは

$$y_{1:N} = (y_1, y_2, \cdots, y_N) \tag{1}$$

と表される．この時系列データに対して，代表的な特性値としては，データ全体の代表的な値を表す平均

$$\bar{y} = \frac{1}{N}\sum_{k=1}^{N} y_k \tag{2}$$

平均からのばらつき具合を表す分散

$$\sigma_y^2 = \frac{1}{N}\sum_{k=1}^{N}(y_k - \bar{y})^2 \tag{3}$$

そして，自己共分散

$$C_y(\tau) = \frac{1}{N}\sum_{k=1}^{N-|\tau|}(y_{k+|\tau|} - \bar{y})(y_k - \bar{y}) \tag{4}$$

などがある．自己共分散は，通常は2つの異なるデータに対して計算する共分散を，1つの時系列データをラグ τ だけずらした部分に対して計算したものである．共分散とは，共起性の尺度の1つである．よって自己共分散は，時系列データ自身をずらしたものに対する共起性，すなわち，周期性に関する特性を表すものである．ここで，定義より，$C_y(0) = \sigma_y^2$ であるが，この値で自己共分散を除し，値を ± 1 の範囲に正規化した

$$R_y(\tau) = \frac{C_y(\tau)}{C_y(0)} \tag{5}$$

を自己相関という．

b. 逐次モンテカルロ法

(1) 状態空間モデルと状態推定　時系列データは，時間的に得られる値であり，これを観測とよぶことにする．つまり観測の背後に，対象システムの本質的な量である状態 x が隠れていると考える．状態が時間的に変化し，それに従属して観測が得られるものとする．ただし，状態の変化規則は，確定的な方程式と，確率的な過程とからなるものとする．また観測が得られる過程も，確定的な変換式と，確率的な要素からなるものとする．

　このような問題設定を定式化するのが状態空間モデル

$$\begin{aligned} x_k &\sim f(x|x_{k-1}) \\ y_k &\sim h(y|x_k) \end{aligned} \tag{6}$$

である．状態空間モデルは，状態の時間推移を表すシステムモデル f と，状態所与の下で観測が得られる過程を表す観測モデル h の組で構成される．

　状態空間モデルの表記は，式(6)のような確率分布によるものの他に，代数方程式による表記

$$\begin{aligned} x_k &= f(x_{k-1}, v_k) \\ y_k &= h(x_k, w_k) \end{aligned} \tag{7}$$

もある．ここで，確率変数（確率ベクトル）v_k および w_k は，それぞれシステムノイズおよび観測ノイズとよばれる．

　時刻 k における状態推定とは，時系列データ（すなわち，観測の系列）が与えられた下での状態の事後分布 $p(x_{0:k}|y_{1:k})$ を求めることである．これを，逐次的（すなわち，時刻の順に）に進めるのが，状態の逐次推定

$$p(\boldsymbol{x}_{0:k}|\boldsymbol{y}_{1:k}) = p(\boldsymbol{x}_{0:k-1}|\boldsymbol{y}_{1:k-1}) \frac{f(\boldsymbol{x}_k|\boldsymbol{x}_{k-1})h(\boldsymbol{y}_k|\boldsymbol{x}_k)}{p(\boldsymbol{y}_k|\boldsymbol{y}_{1:k-1})}$$
(8)

と書ける．ただしこれは形式的な解であり，実際の解を求めるアルゴリズムをこの式から導出する必要がある．

式(8)は広義の状態推定である．狭義の状態推定としては，現時刻 k までの時系列データを使うとき，現在の状態を推定するろ波 $p(\boldsymbol{x}_k|\boldsymbol{y}_{1:k})$，未来の状態を推定する予測 $p(\boldsymbol{x}_{k+L}|\boldsymbol{y}_{1:k})$，過去の状態を推定する平滑化 $p(\boldsymbol{x}_{k-L}|\boldsymbol{y}_{1:k})$ がある（ここで L は正の整数である）．

ろ波を逐次的に求める形式的解として，1期先予測

$$p(\boldsymbol{x}_k|\boldsymbol{y}_{1:k-1}) = \int f(\boldsymbol{x}_k|\boldsymbol{x}_{k-1}) p(\boldsymbol{x}_{k-1}|\boldsymbol{y}_{1:k-1}) \mathrm{d}\boldsymbol{x}_{k-1}$$
(9)

を経由してろ波を

$$p(\boldsymbol{x}_k|\boldsymbol{y}_{1:k}) = \frac{h(\boldsymbol{y}_k|\boldsymbol{x}_k) p(\boldsymbol{x}_k|\boldsymbol{y}_{1:k-1})}{p(\boldsymbol{y}_k|\boldsymbol{y}_{1:k-1})}$$
(10)

と更新するものがある．実時間システムの状態推定には，この更新式がよく使われる．

(2) 線形ガウス状態空間モデル 式(7)は一般の状態空間モデルであるが，これを線形式かつガウス分布のみに限定したものが，線形ガウス状態空間モデル

$$\begin{aligned}\boldsymbol{x}_k &= \mathbf{F}\boldsymbol{x}_{k-1} + \mathbf{G}\boldsymbol{v}_k, \quad \boldsymbol{v}_k \sim N(0, \mathbf{Q})\\ \boldsymbol{y}_k &= \mathbf{H}\boldsymbol{x}_k + \boldsymbol{w}_k, \quad \boldsymbol{w}_k \sim N(0, \mathbf{R})\end{aligned}$$
(11)

である．この状態推定は，事後分布が正規分布（ガウス分布）となるので，その平均ベクトルと共分散行列を求めればよい．1期先予測とろ波を，時間を進めながら交互に適用する形で，これを逐次的に行うのが，カルマンフィルターのアルゴリズムである．平滑化についても，1期先予測とろ波の結果を参照しつつ，時刻を遡りながら逐次的に推定を進めるアルゴリズムがある．

(3) 逐次モンテカルロ法 状態空間モデルが一般の場合には，カルマンフィルターのような解析的なアルゴリズムは，特殊な場合を除いて，導出することはできない．よって，何らかの近似的なアルゴリズムにより，状態推定を行うことになる．なかでも，求めるべき事後分布に従う多数の実現値（粒子，パーティクル）により分布を近似し，逐次推定を行うのが逐次モンテカルロ法あるいはパーティクルフィルターとよばれる方法である[1,2]．その中でも，最も簡潔なものが，モンテカルロフィルター[3]，ブートストラップフィルター[4]，SIRフィルターとよばれるもので，以下に説明する．

1時刻前の M 個の実現値（粒子）の集合が所与の下で，現在の時刻 k の実現値の集合を得る手順は，①1期先予測粒子の生成，②重みの計算，③リサンプリングの3つのステップからなる．

1期先予測粒子の生成は，1時刻前の粒子各々について，それをシステムモデルの条件部に代入して得られる確率分布から，1つの実現値を生成する．

$$\tilde{\boldsymbol{x}}_k^{(i)} \sim f(\boldsymbol{x}|\boldsymbol{x}_{k-1}^{(i)}), \quad i = 1, 2, \cdots, M \quad (12)$$

重みの計算は，1期先予測粒子の各々について，尤度を計算する．すなわち，観測を代入した観測モデルに，1期先予測粒子を代入して，観測モデル h の値を計算し，これを重み値 w として保存する．

$$w_k^{(i)} \propto h(\boldsymbol{y}_k|\tilde{\boldsymbol{x}}_k^{(i)}), \quad i = 1, 2, \cdots, M \quad (13)$$

なお，尤度は非負であるから，重みの値も非負である．ここで，重みの値は，正規化する．正規化とは，総和が1になるようにすることで，すなわち

$$\sum_{i=1}^{M} w_k^{(i)} = 1 \quad (14)$$

が成り立つようにすることである．重みの正規化は，未正規化重みの総和をとり，総和で各重みを割ればよい．

リサンプリングは，正規化された重みを確率とみなし，その確率に従う復元抽出を，

M 個の 1 期先予測粒子の集合に対して行う．復元抽出を M 回行い，ろ波の分布を表す M 個の粒子を得る．すなわち，$i=1, 2, \cdots, M$ について，次の通り粒子を生成する

$$x_k^{(i)} \sim \begin{cases} \tilde{x}_k^{(1)}, & \text{確率 } w_k^{(1)} \text{ のとき} \\ \tilde{x}_k^{(2)}, & \text{確率 } w_k^{(2)} \text{ のとき} \\ \vdots & \vdots \\ \tilde{x}_k^{(M)}, & \text{確率 } w_k^{(M)} \text{ のとき} \end{cases} \quad (15)$$

c．動画像中の物体追跡

動画像を観測（時系列データ）とし，画像が撮影しているシーン中の特定の物体を追跡する課題が，動画像中の物体追跡である．画像は 3 次元空間の光を 2 次元に射影したものであり，原理的には 3 次元情報の復元が可能であるが，ここでは簡単化のため，画像面の 2 次元空間中での追跡課題のみを取り上げる．すなわち，状態は，画像面上での追跡対象物体の位置や形状などの情報を表す．

各時刻の観測は，その時刻の画像フレームである．画像は高次元のベクトルであるが，その要素のうち，追跡対象物体に関連する要素は，ごく限られたものである．画像という高次元ベクトルの要素をすべて真面目に扱うのは，無駄が多く，高い実時間性が要求される課題では非現実的である．よって，画像フレームから計算される比較的低次元のベクトル情報を使って，状態推定を進めるのが現実的である．

画像フレームに対し，まず対象物体の検出処理を行い，対象物体の画像面上の位置や大きさなどを得て，これを観測値とする方法がある．検出処理の後に，状態推定による追跡が行われる．この方法では，観測が明示的に与えられるので，状態から計算される観測の予測値と，与えられた観測値との誤差に基づき，観測モデルに従って尤度を計算することになる．

一方，画像フレームに対して検出処理を行わない方法があり，近年の動画像における物体追跡ではこれが主流である．すなわち，状態推定による追跡が先行し，それに従属して検出結果が算出されるという手順である．そこでは，観測モデルの役割は，尤度を計算することである．観測値を明示的に示す必要はなく，尤度が計算される式や手続きを明示すれば十分である．

(1) 検出処理を伴う物体追跡 画像フレームに対し対象物体の検出処理をまず行い，検出結果を観測として状態推定を行う方法として，顔検出器を例にとり説明する．顔検出の結果得られる観測は，画像面上での顔の中心位置 (x, y) と，顔の大きさを表す円の半径 r とする．状態としては，観測と同一の形式で，観測ノイズを含まない値とする．このとき，観測は $y_k = (x_k^o, y_k^o, r_k^o)'$ となり，状態は $x_k = (x_k, y_k, r_k)'$ となる．システムモデルは，状態のランダムウォークを用いる．観測モデルは，状態に観測ノイズを付加したものを用いる．尤度は，観測の予測誤差 $e_k = y_k - x_k$ を，観測ノイズの確率分布に代入し計算する．

(2) 輪郭に着目した物体追跡 動画像中の物体追跡を行う CONDENSATION[5] では，追跡対象物体の典型的な形状が既知のとき，それを画像面上でアフィン変換して適合させる方法をとる．2 次元アフィン変換の行列は，2 次元の同時座標 $(X, Y, 1)'$ に対して，

$$\mathbf{A} = \begin{bmatrix} \cos\theta & -\sin\theta & x \\ \sin\theta & \cos\theta & y \\ 0 & 0 & 1 \end{bmatrix} \begin{bmatrix} s^X & & \\ & s^Y & \\ & & 1 \end{bmatrix} \quad (16)$$

であり，状態はアフィン変換のパラメータを要素にもつ

$$x_k = (x_k, y_k, \theta_k, s_k^X, s_k^Y)' \quad (17)$$

システムモデルは，状態のランダムウォークを用いる．観測モデルは明示的には定義せず，尤度の計算を次のように行う．追跡対象物体の典型的な形状をスプライン関

数で表し，状態に従いアフィン変換して画像上のスプライン曲線を得る．スプライン曲線の制御点を通り，スプライン曲線に垂直な線分を考える．線分の上での輝度勾配からエッヂを検出する．エッヂの位置を，制御点を中心とする正規分布で評価し，尤度を得る．エッヂが検出されたすべての制御点での尤度の積が，全体の尤度となる．

(3) 特定の色をもつ物体の追跡 物体の形状ではなく，色に着目して，動画像中の物体追跡を行う方法がある．物体の様々な形状は，それらを一括して矩形で大雑把に近似し表現する．よって状態は，矩形の左上端点の座標 (x_k, y_k) と，矩形の幅 w_k と高さ h_k から構成される．これらのランダムウォークによりシステムモデルを構成するのが基本形だが，移動物体の位置に関して，より滑らかな変化を想定する場合には，状態は

$$x_k = (x_k, y_k, x_{k-1}, y_{k-1}, w_k, h_k)' \quad (18)$$

と，矩形左上の端点を2時刻分保持する．

システムモデルは，線形ガウス状態空間モデルとなり，その状態遷移行列は

$$F = \begin{bmatrix} 2 & 0 & -1 & 0 & & \\ 0 & 2 & 0 & -1 & & \\ 1 & 0 & 0 & 0 & & \\ 0 & 1 & 0 & 0 & & \\ & & & & 1 & 0 \\ & & & & 0 & 1 \end{bmatrix} \quad (19)$$

となり，システムノイズの係数行列は次式となる

$$G = \begin{bmatrix} 1 & 0 \\ 0 & 1 \\ 0 & 0 \\ 0 & 0 \\ & & 1 & 0 \\ & & 0 & 1 \end{bmatrix} \quad (20)$$

尤度の計算は，追跡対象のもつ特定色に着目して行う．画像フレーム y において，特定色をもつピクセルが，状態 x の表す矩形内に存在する頻度 $p(y, x)$ が高く，かつ，矩形の周囲に存在する頻度 $q(y, x)$ は低い，という基準で，尤度を定義する

$$h(y|x) = p(y, x) \times (1 - q(y, x)) \quad (21)$$

(4) 特定の色比率をもつ物体の追跡

特定の色に限定せず，対象物体のもつ様々な色の出現頻度に基づく追跡方法がある．色の出現頻度は，色空間を適切に分割したヒストグラムにより表す．対象物体の色の出現頻度は予めわかっており，そのヒストグラムを r と表す．状態 x の表す矩形領域の色の出現頻度をヒストグラム $s(y, x)$ で表す．尤度は，

$$h(y|x) \propto \exp\{1 - d(s(y, x), r)\} \quad (22)$$

と計算され，ヒストグラムの照合 d( ) には，たとえば Bhattacharyya 距離

$$d(s, r) = \sum_i \sqrt{s_i, q_i} \quad (23)$$

を用いるとよい．ここで s_i および r_i は，それぞれ，s および r の i 番目の要素である．

(5) 発展的な課題〜複数物体の追跡ほか 3次元情報の復元課題や，シーン中に複数の追跡対象が存在して画像フレームへの出入りがある場合[6]，複数のカメラでシーンを撮影する場合など，様々な発展的な課題があり，研究が進められている．

[生駒哲一]

■参考文献

1) A. Doucet et al. eds：Sequential Monte Carlo Methods in Practice, Springer（2001）．
2) 生駒哲一：数理・計算の統計科学（21世紀の統計科学3），東京大学出版会（2008）．
3) G. Kitagawa：*Journal of Computational and Graphical Statistics*, **5**-1（1996），1-25．
4) N. J. Gordon et al.：*IEE Proceedings-F*, **140**-2（1993），107-113．
5) M. Isard and A. Blake：*International Journal of Computer Vision*, **29**-1（1998），5-28．
6) The Random Set Filtering Website, http://randomsets.eps.hw.ac.uk/index.html

III

光関連技術・応用技術

- ●計測
- ●測光測色
- ●ホログラフィー
- ●生理光学
- ●最新光学技術
- ●医用
- ●光応用技術

53 [計測]

長さ・距離・角度

a. 干渉長さ計測

長さ標準は，メートル原器の製作後，商いなどの基準として古くから取り入れられてきた．そして，産業の発展とともに，ものづくりのための基準や製品の高品質化としても脚光を浴び，長さ測定の高精度化が着実に図られてきた[1]．さらに，科学技術，産業技術のテクノインフラとして重要性が再認識されるとともに，通商における関税障壁の解消の1つとしても標準の重要性が再び議論されるようになった．長さの定義は，1983年から，光が299792458分の1秒間進む距離によって行われている．我が国の計量法においては，長さの特定標準器が「よう素安定化He-Neレーザの波長」となっていたが，2009年から「光周波数コム利用体系」となっている[2]．

(1) レーザー干渉測長機

(i) ホモダイン法： 図1に示すように，通常の二光束型干渉計測法では，干渉縞の移動方向を決定するために，位相が90°だけずれた，2つの干渉縞信号（サイン波とコサイン波）を形成している．図では，Michelson干渉計の光路に，$\lambda/8$の位相板を入れた例を示した．これらの2つの信号の位相関係によって，計数した干渉信号カウント数の加算・減算が実行され，測長が実現される．信号処理においては，正弦波信号のゼロクロシングの位置において矩形波処理を行った後，電気的に微分処理を行い，測長するための計数用パルス信号を作成する．そして，Schmitt回路などを利用して，サイン波とコサイン波とに対応するパルスの加算・減算が行われる．この処理は，光電検出信号のSN比に応じて何回も繰り返すことが可能であり，2の累乗で測長分解能の向上が図られる[3]．特に，デジタル電子回路技術の向上とともに，測長の分解能や高速性が向上してきている．現在では，1 nmの分解能も実現され，また，6 m/s以上の高速測定も可能になっている．

(ii) ヘテロダイン法： 図2に示すように，広く普及している方法はHe-Neレーザーの放電管に磁場を加えてスプリットされる2周波数の発振レーザーが利用されている[3]．この場合，2周波数光の偏光状態が直交しているので，偏光板によって分離が容易であり，広く普及している．この結果，レーザーの利得曲線を利用した波長安定化が容易である他に，数十kHzから数MHzのヘテロダイン干渉が可能である．Michelsonなどの二光束干渉計において，偏光ビームスプリッターなどによってそれぞれの光路に別の周波数のビームを入射させる．それらのビームのコーナーキューブ

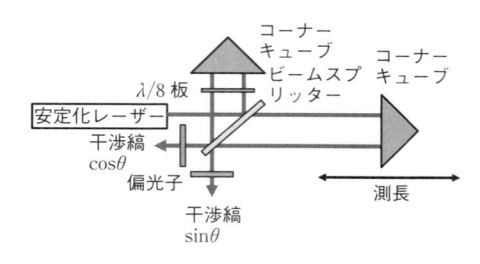

図1 ホモダイン干渉測長計

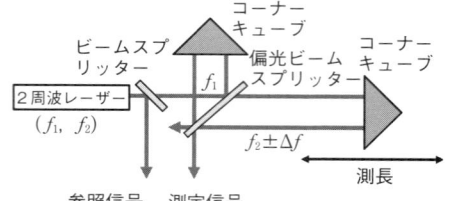

図2 ヘテロダイン干渉測長計

からの反射光に，$\lambda/4$板を入れて偏光状態を90°だけ回転させると，偏光ビームスプリッターからそれぞれのビームの反射光を取り出せる．この時，直線偏光板を通して光電検出すると，目的のビート信号が得られる．このビート信号の位相を精密に測定すると，高分解能に移動（変位）量を測定することが可能である．測長分解能は，光電検出信号のSN比に依存し，1 nmを越える測長分解能を得ることも可能である．

(iii) 光ズーミング法： 通常の干渉計の分解能は，利用した光源の波長に依存する．つまり，干渉計測の分解能は，一般的に目安として使用光源の波長の256分の1といわれている．これを前提にすると，通常のHe-Neレーザー干渉法での測長限界は，1.2 nm付近となる．ピコメートルの分解能を達成するためには，干渉計測法において何らかの工夫が必要である．

高分解能化の方法に，光ズーミング法がある．これは，粗い光目盛りと細かい光目盛りとを干渉計の中で融合化し，粗い光目盛りによる測定の位相を細かい光目盛りに正確に移す（制御する）ことによって，粗い光目盛りによる測長値は縮小されて分解能が数十ピコメートル領域まで格段に向上する．

図3は，レーザーの基本波と第二高調波における空気の分散特性を利用した光ズーミング法である．基本波と第二高調波に対

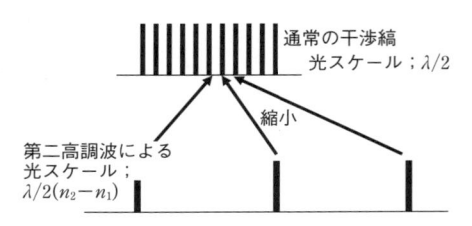

図3　空気屈折率を利用した光ズーミング法の原理

する空気の屈折率は，n_1, n_2と異なるのでそれらの分散特性の違いによって，$\lambda/2(n_2-n_1)$の粗い光目盛を形成することが可能である．この光スケールと通常の光スケールを連結することによって，光ズーミングが実現される[4]．

(iv) 光周波数コムによる測長： 光コムを用いてcw単一波長レーザーと同じように長さ標準を実現するには，両者の周波数スペクトル構造が異なるため，光コムを単色光に変換する方法が考えられる[5]．図4において，周波数領域では，cw単一波長レーザーは単一のスペクトルであるのに対し，光コムの場合は一定の間隔で離散した光周波数群を有している．cwレーザーと同じように長さ標準を実現するには，百万本もある周波数モードの中から光周波数選択のフィルターが必要となる．フィルターの代わりに，光周波数コムに半導体レーザーを位相ロックすることが行われる．

時間領域では，よう素安定化He-Neレーザーが連続発振に対し，光コムはとびと

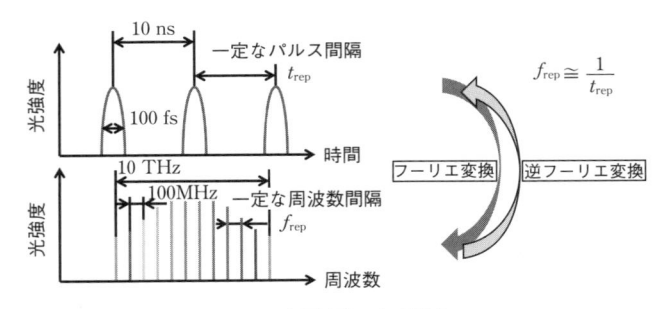

図4　光周波数コムの概念

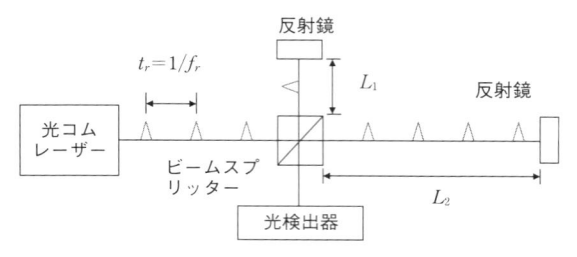

図5 光コムパルス干渉の原理図

びのパルス列を発振する．図5は，光路差の大きな Michelson 干渉計において，ある時刻での光周波数コムの時間的振る舞いを示したものである．これは，光周波数コムによる時間的コヒーレンス干渉の概要を示す．光周波数コムはパルスと連続波の機能を保有しているので，大きな光路差 $2(L_2-L_1)$ の干渉計においても，SN 比のよい干渉縞が形成され，空間における絶対位置測定が可能となる．つまり，光コムは，光コムのパルス幅に応じて，時間的に狭い空間に局在しており，これらが光速度で伝搬している．このために，光コムが重なりあうのは，干渉計の光路差がパルス間隔の伝搬距離の整数場合の場合である．このパルス幅が，光コムの時間的コヒーレンスと関係しており，干渉縞が形成される．したがって，Michelson 干渉計を利用し，ガウシアン型低コヒーレンス干渉縞のエンベロップのピークを精密に測定することによって，空間位置決めをナノメートルオーダの分解能で計測することが可能である[6]．

b．**距離計測**

(1) **光変調による測距**　光の強度を変調器によって変調し，形成された変調光（正弦波の信号）を物体に照射する．物体からの反射光の位相を，元の変調光と比較することによって，変調器から物体までの距離を求めることができる．変調周波数を f，光速度を c，空気の屈折率を n とすると，距離 D は $(m+\phi/2\pi)c/2nf$ によって与えられる（図6）．ここで，ϕ は測定され

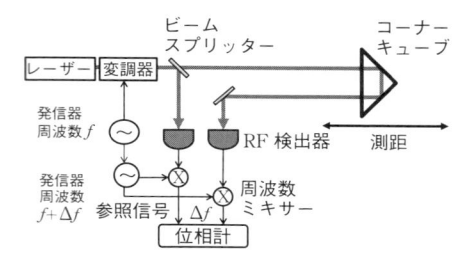

図6 光波距離計

る位相であり，m は正数である．この場合，m を一義的に決定するために，変調周波数 f を変えて，複数の ϕ 値を得て，それらの組合せから測定が行われる[7]．

精密な距離を得るには，f の周波数を高くすることが必要である．一般的なニーズとコストを考慮して，変調周波数は，数 MHz から数百 MHz である．今，f を 150 MHz とすると，変調光の波長は，2 m となるので，変調信号の位相を 1/2000 の精度で測定すると，折り返しを考慮して，0.5 mm の測定精度となる．

(2) **光コムによる測距**　光周波数コムは，前述のように，変調波の利用が有効である．この場合，光コムは，一定周波数間隔に並んだ非常に狭い光周波数群から構成されているので，この光コムのセルフビートを利用すると，強いパワーの RF 発信器を用いなくてよいので，距離計特有の周期誤差の問題がかなり解消される．この結果，ビートダウン後の信号の位相を精密に測定すると，精密な測距が可能となる[8]．

c. 角度計測
(1) オートコリメーターとポリゴン
角度は，一周すると，元に戻るので，ユニークな量である．ポリゴンは，六面体や十二面体の側面に金属蒸着によって反射コートしたものである．また，オートコリメーターは出射光に対して入射光の位置を肉眼や光電センサーによって正確に求めて，角度を正確に求める方法である．

(2) ロータリエンコーダ ロボットなどの角度センサーとして，蒸着目盛り技術の進展とともに，高分解能で精密な角度計測が可能になっている．蒸着目盛りは放射状に形成され，ロータリエンコーダの回転に伴ってパルス信号を発生させ，カウンターで計数される．蒸着目盛りの製作も，高分解能化に加えて絶対角度を決定できるようになっている．

(3) 光ファイバージャイロ 従来，ガス（He-Ne）レーザーをリングの光路の中に取り入れて，ドプラーシフト周波数量を測定していたが，ヘテロダイン周波数がゼロ領域では，光周波数の引き込み現象があるので，一時的に，開発が遅れていたが，各種の光ファイバー技術の進展とともに，研究が進展し，実用的になった[9]．

d. その他
(1) 三角測量法 光学的三角測距の原理は古くから利用されており，各種距離計が開発されている．三角測量法は，光の直進性のみを利用しているので，ユーザーにとって使いやすく，多くの分野で利用されている（図7）．リニアイメージセンサーの素子数が増え，測距の分解能も向上している．基線の長さの安定性や確度が重要であり，各種の工夫が施されている．本方式は低コスト・簡便であることから，多くの分野で，個別的に開発されている．

(2) リニアエンコーダ 蒸着目盛りを光電検出してパルス信号を得て計数する

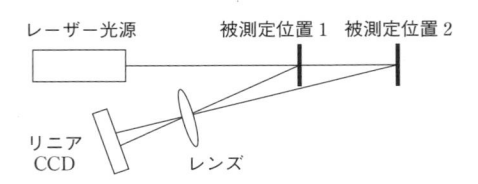

図7 三角測量法による長さ・距離測定法

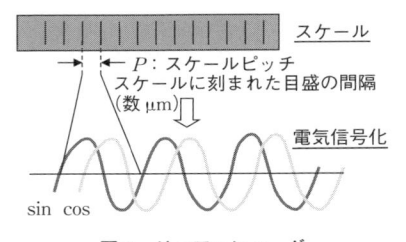

図8 リニアエンコーダ

ことによって，移動量が求められる．ホログラフィー干渉によって，細かい間隔の目盛り線の製作も可能になり，50ピコメートルの分解能も実現されている．さらに，各目盛り線の数を複数にすることによって，絶対位置の測定を可能にしている他に，それらの間隔をランダムにすることによって，測定の信頼性を向上させている[4]．

［松本弘一］

■参考文献
1) 松本弘一：光学, **39** (2010), 114-121.
2) 稲場肇ら：計量標準と計量管理, **59** (2009), 2-8.
3) 松本弘一：光学, **13** (1984), 511-519.
4) H. Matsumoto, K. Minoshima：*Opt. Comunn.*, **132** (1996), 417-420.
5) 美濃島薫ら：応用物理, **76** (2007), 169-173.
6) H. Matsumoto *et al.*：*APPL. PHUS. EXPRESS*, **5** (2012), 046601.
7) 松本弘一：精密機械, **51** (1985), 277-281.
8) K. Minoshima and H. Matsumoto：*Appl. Opt.*, **39** (2000), 5512-5517.
9) K. Hotate and H. Harumoto：*J. Lightwave Technol.*, **15** (1997), 466-473.

54 [計測]

形状の計測

　機械部品などの表面形状計測は，工業製品の製造管理に不可欠の技術である．光学的手法は，対象物に非接触に測定できること，干渉計測技術などを駆使すると高感度の測定ができることなどが特徴である．形状の計測法は，〔53．長さ・距離・角度〕で述べた測長法を用いて物体の各点の位置や高さを一点ごとに計測することで実現できる．これが点計測法あるいはプローブ法とよばれる方法である．一方，干渉縞のような等高線パターンとして形状を面的に測定する面計測法もある．代表的な形状測定法を表1に示す．

a. 走査プローブ点計測法

　対象物に接触する触針を三次元的に走査して物体の立体形状を計測する装置は三次元座標測定器とよばれる．この触針を光学的に実現する方法が光プローブ法である．

b. 鏡面の計測

(1) 干渉計測法[1,2)]　工業計測でよく利用される干渉計として，図1に示すFizeau干渉計がある．対象物に接近した位置に参照半透明鏡を置き，物体からの反射光と半透明反射鏡からの反射光を干渉させ

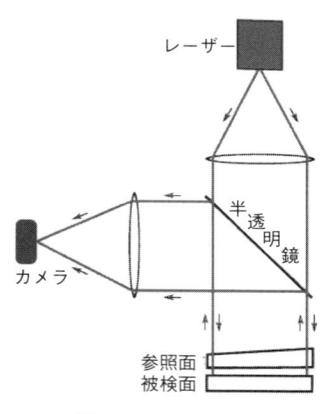

図1　Fizeau 干渉計

る．

　今，適当な基準面からの高さが，$h(x, y)$の鏡面反射物体を考えよう．この物体を，基準面に垂直な平行光で照明し，この反射光を物体光として，干渉計で干渉縞を測定したとしよう．このとき得られる干渉縞の強度分布は，光の波長をλとすれば，

$$I(x, y, \delta) = A + B\cos\left[\frac{2\pi}{\lambda}2h(x, y) + \delta\right] \quad (1)$$

のように書ける．ただし，δは，物体面上にとった基準面からの反射光と参照面からの反射光の位相差である．干渉縞の明縞から明縞または暗縞から暗縞までの間隔に対応する形状差は，反射物体の場合には，$\lambda/2$に等しいことがわかる．典型的な干渉

表1　代表的な面形状計測法

	測定法	対象	特徴	測定対象
点計測法	光プローブ法	粗面，鏡面	高感度，小型	小型部品，表面粗さ
	三角測量法	粗面	大型物体，低感度	工業製品，人体
面計測法	光切断法	粗面	装置簡単，大型物体も可	自動車モデル，工業製品
	干渉法	鏡面	高感度	光学部品
	斜入射干渉法	粗面，鏡面	感度可変	精密加工部品
	モアレ法	粗面	装置簡単，やや低感度	人体，工業製品
	ホログラフィ干渉法	粗面，鏡面	感度可変	小型部品
	ステレオ写真法	粗面	大型物体	大型構造物，地図

縞の例を図2に示す．

(2) 干渉縞解析法 干渉縞データから形状データ $h(x, y)$ を求めるには様々な手法が研究されている．

(i) 位相シフト法： 干渉計の参照面などを移動させることによって式（1）の位相差 δ を変化させて複数枚の干渉縞を取得し，これから形状データ $h(x, y)$ を求める手法である．よく使われる手法は，$\delta = 0, \pi/2, \pi, 3\pi/2$ の4段階の位相シフトされた縞データから，

$$h(x, y) = \frac{\lambda}{2\pi}\tan^{-1}\frac{I(3\pi/2) - I(\pi/2)}{I(0) - I(\pi)} \quad (2)$$

によって形状データを求める．このほか，位相変調誤差の影響を低減するために様々な計算アルゴリズムが工夫されている．

(ii) フーリエ変換法[3]： 参照面を傾けるなどして，空間的に位相変化を与え，干渉縞にキャリア周波数 α を入れた干渉縞

$$I(x, y) = A + B\cos\left[\frac{2\pi}{\lambda}2h(x, y) + 2\pi\alpha x\right] \quad (3)$$

を作る．この縞画像をフーリエ変換すると，空間周波数 $\pm\alpha$ の位置にピークをもつスペクトルが得られる．α を中心とするスペクトル分布をゼロ周波数まで周波数シフトさせこれをフーリエ逆変換すると，キャリア周波数が除かれた干渉縞データの複素振幅分布が得られる．したがってこの複素振幅分布の位相から形状データ $h(x, y)$ が求まる．この方法では，1枚の干渉縞データから形状データを求めることができる．

(3) 格子鏡像法[4] 格子像を被検反射面に投影して適当な位置においたスクリーンに映った格子の変形から被検反射面の形状を計算することができる．変形格子像は式（3）と同様な式で表すことができるので，フーリエ変換法のアルゴリズムで，変形格子像の位相分布が求まり，光学配置や光学系の仕様を知れば被検反射面の形状が

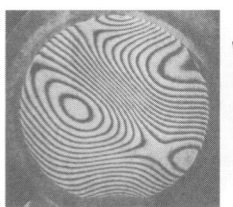

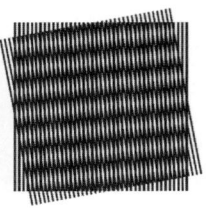

図2 シリコンウェハの干渉縞　図3 2枚の直線格子によるモアレ

求まる．この方法では，比較的大型の鏡面の計測が可能である．

c. 粗面の計測

(1) 光切断法 被測定物体に，スリット光を投影し，物体上にできるスリット像の歪みを測定することで，物体形状を測定することができる．スリット光の投影法を工夫すると，顕微鏡では，μm 程度の測定感度が得られている．レーザー光を走査する方法では，大型の構造物にも光切断法は利用されている．

また，一本のスリット像を投影するのではなく，格子像を投影する方法もある．Ronchi 格子を投影する方法と，二光束干渉縞を投影する方法がある．

(2) モアレ法[5] 格子などの周期的な構造をもつパターンを重ねると，もとの構造よりも粗い構造のパターンが見える．このパターンはモアレ（縞模様に見える場合にはモアレ縞）とよばれる（図3）．立体物体の前に格子パターンを置き，格子を通して物体を見ると，立体物体上に投影され歪んだ格子像ともとの格子が重なって見える．このとき，両者の間にモアレ縞が発生する．格子から投影する光源位置と観測位置が等距離にあるとき，モアレ縞は物体の等高線になることが知られている．このように，モアレを利用して物体の形状を測定する方法をモアレトポグラフィという．

物体の前に格子を置き，物体上にできる格子像をもとに格子の間のモアレ縞を使う

方法を，実体格子法という．これに対して，プロジェクターなどで格子パターンを物体上に投影し，観測面にも同じ格子を置いて物体上にできた変形格子像とこの格子の間でできるモアレ縞を利用する方法が，投影格子法である．投影格子法でも，投影格子と観測用格子は互いに同一面にありそのピッチは等しく，かつ投影光学系と観測光学系の光軸が平行などの条件を満たせば，モアレ縞は物体の等高線となる．図4に投影モアレ法による石膏像の測定例を示す．

格子のピッチをp，格子と投影光学系と観測光学系の節点間距離をa，両光軸間距離をlとすると，n次のモアレ縞の位置は，

$$h_n = \frac{al}{pn} \quad (4)$$

で与えられる．

モアレ縞の解析には，b．(2) 項で述べた方法が応用できる．特に，投影モアレ法において観測用の格子を除くと得られる変形格子像はフーリエ変換法によって解析することができる．

(3) ホログラフィー干渉法　ホログラフィー干渉は，物体の変形や振動を測定する目的で使用されているが，物体の形状を測定することも可能である．

(i) 二波長法[6]：　わずかに波長の異なるレーザー光で二重露光ホログラムを撮影し，これを一方の波長のレーザー光で再生すると，再生像に等高線に対応する干渉縞が現れる．等高線の間隔は，物体照明方向と観測方向のなす角をθとし，再生波長をλ，使用波長差を$\Delta\lambda$とすると，

$$d = \frac{\lambda^2}{2\Delta\lambda \cos(\theta/2)} \quad (5)$$

で与えられる．

(ii) 屈折率変化法[7]：　異なる二波長を使う代わりに，物体周辺の屈折率を変化させて二重露光ホログラムを作っても等価である．物体を垂直照明し垂直方向から観測する場合には，二重露光前後の屈折率変化をΔnとすると，干渉縞は，間隔が

$$d = \frac{\lambda}{2\Delta n} \quad (6)$$

の等高線になる．

(iii) 照明光変化法[6]：　照明光の方向を変えて二重露光ホログラムを作り，これを再生すると，物体表面に等高線に対応する干渉縞が得られる．2つの照明光のなす角をθとすると，縞間隔が

$$d = \frac{\lambda}{2\sin(\theta/2)} \quad (7)$$

に対応する干渉縞が得られる．二重露光法をとらずに，照明方向を変えた2つのホログラムを撮影し，これを重ねて再生してもよい．これをサンドイッチホログラムという[8]．

［谷田貝豊彦］

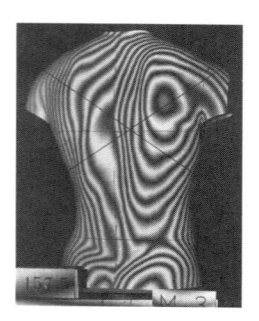

図4　格子投影モアレトポグラフィによる形状測定

■参考文献
1) D. Malacara ed.：Optical Shop Testing, 3rd ed., John Wiley & Sons (2008).
2) 谷田貝豊彦：応用光学光計測入門　第2版，丸善 (2005).
3) M. Takeda et al.：J. Opt. Soc. Amer., **72** (1982), 156.
4) M. C. Knauer et al.：Proc. SPIE, **5457** (2004), 545704.
5) H. Takasaki：Appl. Opt., **9** (1970), 1467.
6) B. P. Hildebrand and K. A. Haines：J. Opt. Soc. Am., **57** (1967), 155-162.
7) N. Shiotake et al.：Jpn. J. Appl. Phys., **7** (1968), 904.
8) N. Abramson：Optik, **30** (1969), 56.

55 ［計測］

変位・振動の計測

物体の変位（変形）や振動を計測することは，工学，医学，歯学，製造業にとって極めて重要な測定項目となっている．特に製造業では，構造物の変形・振動解析は，目標物の基本的な設計思想をも決定するので，実時間で簡便な計測法に対する要求は強い．現在の測定法の主流は，ホトニックセンサー，歪みゲージ，加速度ピックアップおよび静電容量変換素子などから多次元電気信号を処理・解析するものである．しかし，物体変形や振動パターンが複雑になる場合では，このような多点計測では不十分となり，面情報を得るのが不可欠となる．また医学や歯学などの分野では，接触型の素子の質量の影響が無視できず，素子を貼り付けることが不可能となる．このような要求を満たす方法として，干渉法，ホログラフィーやスペックル法などを応用した多くの手法が開発されてきている[1]．

a. 鏡面干渉法

鏡面の変形や振動を測定する場合には，例えば図1に示すようなTwyman-Green干渉計が使われる．干渉縞強度 I は縞のバイアス成分と変調成分をそれぞれ a, b として次のように書ける．

$$I = a + b\cos\theta \tag{1}$$

ここで，位相 θ は，図1の参照面と物体面の形状差を h とすると，$\theta = 4\pi h/\lambda$ と書ける．ここで，λ はレーザー光の波長である．したがって，鏡面物体の変位前後での位相差 $\Delta\theta = \theta_2 - \theta_1$ が測れるとその変位量 d は $d = \lambda\Delta\theta/4\pi$ で求めることができる．位相を高精度で求めるには，たとえば位相シフト法（phase-shifting method）などがよく使われる．図1の参照面に接着されたピエゾ素子（PZT）に高電圧を印加して参照面を平行移動させると，干渉縞の位相を90°ずつ4段階変化させることができる．このとき4枚の干渉縞強度を $I_1 \sim I_4$ とすると，位相 θ は次式で求められる．

$$\theta = \tan^{-1}\left(\frac{I_4 - I_2}{I_1 - I_3}\right) \tag{2}$$

変位前後での位相 θ の差を求めれば，物体全面の変位が高精度で求められる．変位を実時間（real-time）で求めるためには，光学系により位相シフトした干渉縞を複数空間に作り，たとえば4台のCCDカメラなどで一度に撮像し，位相を計算する方法な

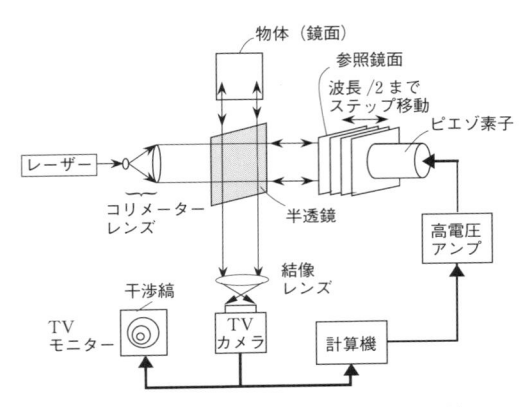

図1　Twyman-Green 干渉計（位相シフト法）

どがある.

位相 θ を測定するもう1つの方法はヘテロダイン (heterodyne) 法である. 物体光と参照光との間に何らかの方法で周波数差を与え, 干渉縞のビート信号を検出・処理する方法である. 周波数差を与えるにはたとえば偏光方向で発光周波数の異なる Zeeman レーザーや, 光の周波数変調ができる超音波素子などが使われる. ヘテロダイン法で得られるビート信号 $B(t)$ は, ω をビート信号の角周波数とすると, 式 (1) の位相 θ を $\theta+\omega t$ としたものと等しくなる. 参照信号として $\cos\omega t$ と $\sin\omega t$ とを用意し, $B(t)$ にそれぞれかけ算して時間積分すると $\cos\theta$ と $\sin\theta$ 成分が求まる. さらにそれらの逆正接を計算することにより位相 θ が高精度に求められる.

鏡面物体の振動測定では, 物体が振幅 a_v, 角速度 ω_v で振動している場合は式 (1) の位相 θ が $\theta+4\pi a_v\cos(\omega_v t)/\lambda$ と変調される. したがって, 振動周期より十分長く時間平均した干渉縞強度 $\bar{I}$ は, $J_0(z)$ を 0 次の第 1 種ベッセル関数とすると, $\bar{I}=a+bJ_0(z)\cos\theta$ となり振動振幅 a_v の関数となる. ここで, $z=4\pi a_v/\lambda$ である. したがって, 縞のコントラストが振動振幅で変調されることになり, 振幅が大きいと縞のコントラストが低下する. これを克服するために位相シフト法を用いると縞の変調成分のみを取り出せて, $|J_0(z)|$ に比例した縞画像を作ることができる. この縞画像から, 振動パターンなどの解析ができる.

b. ホログラフィー干渉法

ホログラフィーは 3 次元物体の記録と再生の手法としてよく知られている. したがって, 変形前後の物体像を 1 枚のホログラムに記録し再生することができるので, 物体変位を干渉縞画像として得ることができる. ホログラフィー干渉計を図 2 に示した. 物体照明光から拡散してくる光を物体光とよび, この物体光とホログラム面上で干渉する光を参照光とよぶ. 光は振幅と位相を情報としてもつので, 複素数で表すのが便利である. そこで, 物体光と参照光をそれぞれ複素数 $\tilde{O}, \tilde{R}$ と表すと, ホログラム面上の干渉縞強度は,

$$I_h=|\tilde{O}+\tilde{R}|^2=|\tilde{O}|^2+|\tilde{R}|^2+\tilde{O}^*\cdot\tilde{R}+\tilde{O}\cdot\tilde{R}^* \quad (3)$$

と書ける. この干渉縞強度を記録したもの (たとえば高解像写真乾板) をホログラムとよぶが, このホログラム I_h を参照光 $\tilde{R}$ で照明すると $I_h\tilde{R}$ の光が発生する. このうち式 (3) の最後の項から物体光に比例した光 $\tilde{O}|\tilde{R}|^2$ が再生される. したがって, 物体変位後も変位前と同じように撮影しホログラムを再生すると, 物体変位前後の光 $\tilde{O}$ と $\tilde{O}'$ を同時に再生させることができる. これら再生された光は, 物体が数波長程度変位し, 主に光の位相成分のみを変化すると考えると, これらを干渉させることができる. この干渉縞強度は,

$$I=|\tilde{O}+\tilde{O}'|^2=|\tilde{O}|^2(1+\cos\theta) \quad (4)$$

と書けて, コントラストが高く変位の等高線を表す干渉縞を物体面上に作ることができる. 物体面を垂直方向から照明し, 垂直方向から観測する場合は, 式 (4) の θ は

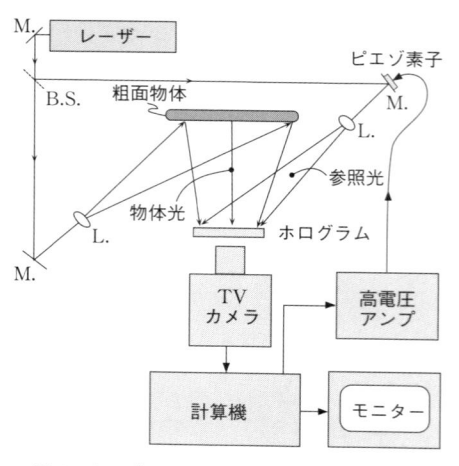

図 2 ホログラフィー干渉計 (位相シフト法)

$4\pi d/\lambda$ と書けて,$\lambda/2$ の変位で1本の干渉縞ができる.この方法は物体変位前後で2回ホログラムを露光するので二重露光法とよばれる.2回露光する方法としては,レーザー光をシャッターで2回露光する方法や,パルス発光するルビーレーザーなどが使われる.パルス光を使うと,一瞬を切り出すことができるので,非定常振動している物体(たとえばエンジンや生体[2])の変位測定などが可能である.

二重露光法ではコントラストの高い干渉縞が得られるが,縞処理法として位相シフト法が使えない.そこで,物体変位前のみにホログラムを記録し,変位後は物体から直接くる光とで干渉縞を作ると,図2に示したピエゾ素子を使って干渉縞の位相をシフトさせることができる.この方法は実時間法とよばれ,90°ずつ位相シフトした干渉縞を使う場合は式(2)を用いて干渉縞の位相が求まるので,全画面での物体変位量が求められる.ホログラフィー干渉縞の位相 θ は物体照明光と観測方向の単位ベクトルをそれぞれ i, o とし,物体変位ベクトルを d とすると,$\theta = 2\pi(i+o) \cdot d/\lambda$ と書ける.ここで,・はベクトルの内積を表す.したがって,照明方向を変えた複数枚の干渉縞から,3次元変位量 d を求めることもできる.引っ張り試験片を左右対称方向から照明して,合計16枚のホログラムから面内変位成分に比例した位相分布を求めた結果を図3(A)に示した.

ホログラフィーを用いた振動測定では,物体が定常振動し,その振動周期より十分長い時間ホログラムを露光すると,再生される物体像は,振動振幅 a_v に比例する変数 $z = 4\pi a_v/\lambda$ を用いて $|\bar{O}|^2 J_0(z)^2$ と書ける.これは,物体再生像に $J_0(z)^2$ の高コントラストの干渉縞ができることを表し,振動振幅や振動パターンの解析ができる.このような撮影法を時間平均法とよぶ.実時間法を用いた時間平均法では,鏡面干渉法と同じ低コントラストの干渉縞となるが,位相シフトを用いると物体面上に $|J_0(z)|$ の高コントラストの縞模様を作ることができ,振動振幅の測定ができる.最近では,写真乾板を用いず,撮像素子面をホログラム面としたデジタルホログラフィー法が盛んに研究されている[3].

c. スペックル干渉法

表面が拡散面である物体にレーザー光を照射すると,レンズの結像面上で拡散光同士の干渉が起こり,物体像はランダムな斑点模様で変調された画像となる.このような斑点模様をスペックルとよんでいる.図1の干渉計の物体と参照面を鏡面から普通の粗面(拡散面)で置き換えた干渉計を図4に示した.これをスペックル干渉計とよぶが,鏡面干渉計と同様な干渉縞が得られるので,粗面干渉計ともよばれる.図4(A)は縞感度が物体面法線方向(視線方向)にあるので面外変位が測定できる.一方,図4(B)では,物体面法線に対称方向から同時に照明しているので,面内変位

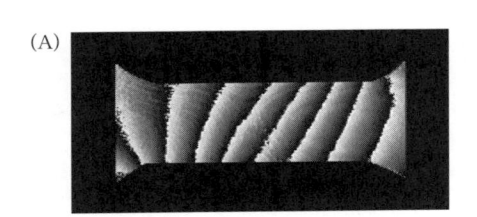

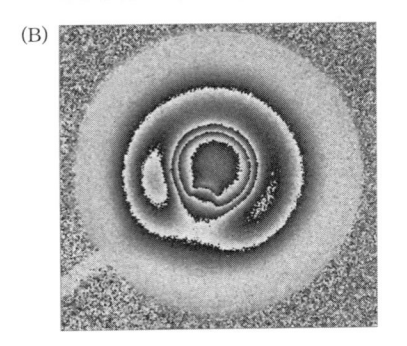

図3 ホログラフィー干渉計(A)とスペックル干渉計(B)(位相シフト法)による解析結果

(A)

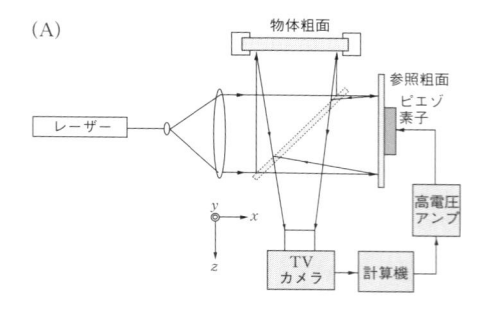

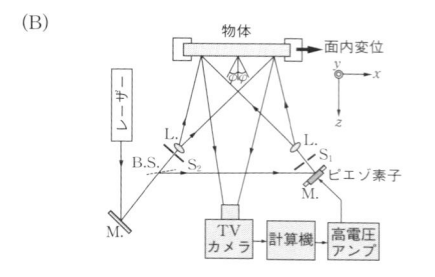

(B)

図4 スペックル干渉計（位相シフト法）による面外変位の測定（A）と面内変位の測定（B）

が測定できる．物体変位前後の2枚のスペックル画像をそれぞれ I_1, I_2 とし，たとえばこの画像を計算機に入力し次の計算をするとスペックル干渉縞 I が得られる．

$$I = \langle (I_1 - I_2)^2 \rangle = \langle I \rangle^2 (1 - \cos\theta) \quad (5)$$

ここで，〈 〉は集合平均を表し実際には空間平均を求めることに対応し，スペックル像の平均強度を $\langle I \rangle$ と表している． θ は図4（A）では， $\theta = 4\pi d_z/\lambda$ となり， z 軸方向の面外変位による干渉縞が現れ，図4（B）では $\theta = 4\pi \sin\varphi d_x/\lambda$ となって， x 軸方向の面内変位に比例した干渉縞が得られる．面内変位がある場合では，物体が面内で変位するので，スペックルの相関係数が小さくなり，縞のコントラストが低下する．もし面内変位量がスペックルサイズより大きくなると，干渉縞が形成されない．変位量を定量的に全画面で解析するために位相シフト法が使われる．図4に示したように，参照面，あるいは片方の照明光の位相をシフ

トして，位相シフトしたスペックル干渉縞を求めることができる．これをたとえば式（2）を使って，変位量に比例した位相分布を求めることができる．位相シフト法によるピエゾ接着面の面外変位に比例した位相分布の例を図3（B）に示した[4]．

スペックル干渉法でも振動振幅を求めることができる．物体振動前と振動後の時間平均したスペックル画像をそれぞれ I_1, I_2 とし，式（5）の計算から得られる画像は $I = \langle I \rangle^2 (1 - J_0(z))^2/2$ となる．これは，振動振幅 a_v に比例する変数 $z = 4\pi a_v/\lambda$ の関数であり，振動振幅や振動パターンが測定できる．

d． スペックル写真法

スペックルパターンは物体表面の微細構造と密接に関係しているので，物体表面が面内で微小動くとスペックルも一緒に変位すると考えられる．物体変位前後で物体像を二重露光すると，わずかに横にずれた2つのスペックル像が写っているので，この写真フィルムにレーザー光を入射しフーリエ面で見ると，Youngの干渉縞が見える．このYoungの干渉縞の間隔が物体の面内変位量に反比例し，Young縞の流れている方向と垂直方向が物体が変位している方向である．最近では，高解像度の撮像素子が開発されているので，変位前後で物体のスペックル像を撮影し，小領域での変位前後の画像の相関関数を計算することにより，物体の横移動量と方向を求めることもできる．

［中楯末三］

■参考文献
1) 中島俊典：光測定ハンドブック，朝倉書店（1994），pp. 703-711.
2) R. Pawluczyk et al.: Appl. Opt., **21** (1982), 759-765.
3) I. Yamaguchi et al.: Opt. Lett., **22** (1997), 1268-1270.
4) 中楯末三：オプトロニクス，**8-11** (1989), 133-137.

56 [計測]

速度・温度・圧力

a. 速度

(1) Doppler 計測法 物体の運動速度を計測するためには，Doppler 計測法が有効である．物体が速度 v で運動している場合，レーザー光がその物体に角度 θ で入射し，後方散乱（反射）されると，レーザー光の周波数 f（波長は λ）は，$\Delta f = 2v\sin\theta/\lambda$ だけシフトするので，入射光と反射光とがビート（うなり）が発生し，そのビート周波数は Δf となる[1]．したがって，ビート周波数 Δf が測定されると，レーザー光の波長が既知であるので，物体の速度 v がわかる．物体の移動方向も知るには，音響光学変調器などにより，干渉計の一方のビームの光周波数を変移させてビート周波数に数十 MHz だけオフセットを与える手法がとられる．

流体（速度が v である）の場合，Mach-Zehnder 型干渉計が有効である．図1に示すように，二光束ビーム（波数ベクトルが k_1 と k_2 とする）径を広げて，角度 2α で交差させると，交差する測定領域にある散乱粒子によって k_3 方向に散乱電場が形成される．f を入射レーザー光の光周波数，r を位置ベクトル，そして，θ を2つの散乱波の位相差とすると，Doppler 周波数は，$\Delta f = (k_2 - k_1)v/2\pi$ となるので，速度 v は，Δf の測定値から精密に求められる．光ファイバーを利用すると，流体の近傍まで入射光を近づけることができる．さらに，変動の大きな流れの場合，入力信号の周波数に比例した電圧を得るために，散乱光の強度相関からパワースペクトルを得てその平均値を利用する方法もある．最近，天体分野において，星の運動速度を計測するために，光周波数コムという新レーザーを用いて，高精度な計測も可能になってきている．

Doppler 計測法の特長は，① レーザー光を散乱する物体なら何でもよい．② 非接触であるので，流れを乱さない．③ レーザー光は細く絞れるので，数 μm と空間分解能が高い．④ 応答速度が速く，瞬間速度が得られる．⑤ 広範囲の測定が可能である．これらの特長を生かして，鉄，非鉄金属，電線，プラスチック，紙，フィルム，糸などの製造工程，車両，船舶などの速度測定に応用されている．さらに，血流，液流などの測定にも応用されている．

(2) 空間フィルター計測法 空間フィルター速度計は，スリット状のマスク（空間フィルター）を通して対象物のパターンを観測し，スリットの間隔に対応した空間パターンを抽出して対象物の移動速度を求めるものである．差動型光検出器をスリット列に配列することによって空間フィルターが構成される（図2）．レンズによって対象物を結像すると，物体の移動によって空間パターンが1スリット移動するごとに，1周期の信号が得られる．この信号の単位時間当たりの移動量すなわち周波数から物体の速度が得られる．ここで，空間フィルターのピッチ（スリット間隔）を p，レンズの倍率を m，そして物体の速度を v とす

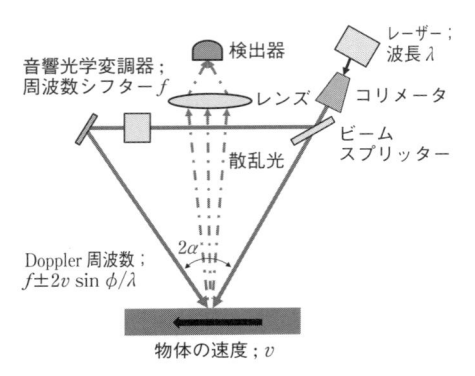

図1 Doppler 型速度計

Doppler 周波数； $f \pm 2v\sin\phi/\lambda$

物体の速度；v

音響光学変調器；周波数シフター f

検出器，レンズ，レーザー；波長 λ，コリメータ，ビームスプリッター，散乱光，2α

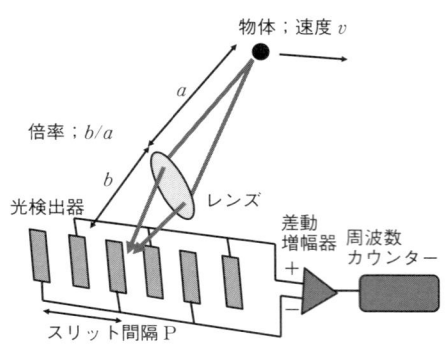

図2　フィルター型速度計

ると，信号の出力周波数 f は，mv/p となる．この場合，m と p は既知であるので，周波数 f を測定すると，v が求められる．

物体から弱い散乱光を利用するので，積分などの対策が必要である．この速度計の特長は，非接触で，低速から高速まで幅広く測定できることである．したがって，応用分野は広く，鉄鋼，非鉄金属などの圧延ライン，製紙の自動化システムなどに，利用される．

(3) 光電式計測法　距離が正確にわかっている2点間を通過する時間を測定すれば，その間を移動した物体の速度を算出できる．二組の送光器と受光器において光スイッチとタイマーで構成され，スタート・ストップ信号のパルス発生器および基準時間パルス発生器とにより形成されるパルス列をカウンターで計測する．光源としては，LED などが利用されている．この方法は，自動車などの走行中の速度測定に利用されている．

b．温度計測

(1) 放射温度計　温度は，人間生活に欠かせない量である．だが，国家標準にトレーサブルな計測の精密化には多くの課題がある．定義に準拠した測定法では，純水の三重点（0℃）を利用でき，高温領域では，金属の融点を利用した方法が有効である．典型的な絶対測定方法としては，放射温度計がある[2]．

すべての物体は，温度を有しているので，表面から電磁波（熱放射エネルギー）を放射し，そのエネルギーは，物体の絶対温度の4乗に比例している．そして，その電磁波の波長分布特性は物体の温度と一定の関係にある．黒体から単位面積・単位時間当たりに放射されるエネルギーは，波長 λ（μm）において W/cm^2·μm で記述される．この分布を，図3に示す．この分布のピーク波長 λ_p（μm）（点線）は，絶対温度 T（K）とは，$\lambda_p \cdot T = 2897.8$ が成り立つ．したがって，λ_p を測定すれば，絶対温度 T がわかる．放射温度計の種類としては，エネルギーを測定するセンサーによって分類される．図からわかるように，λ_p は赤外線領域に位置するので，高感度化や雑音対策が重要である．

① 全放射温度計では，サーモパイル素子，熱電対素子，焦電素子などの熱型センサーを用いて物体からの放射エネルギーをほぼ全波長にわたって検出し，素子からの出力信号（電圧や電流）を測定して，温度に変換する．一般に，低い温度計測に利用される．② 単色放射温度計では，Si 素子，Ge 素子，InGaAs 素子，PbS 素子，PbSe

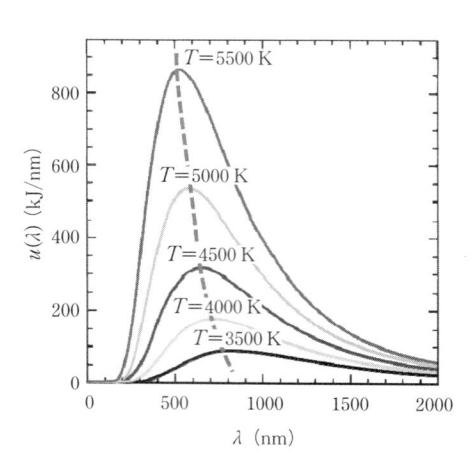

図3　黒体の放射エネルギー

素子などの量子型センサーを用いて物体からの放射エネルギーを波長フィルターによって比較的狭い波長帯で検出し，素子からの出力信号を測定して，温度に変換する．高温から中温の計測に利用される．③ 2色放射温度計では，②の原理と同じであるが，波長が異なる2つフィルターによって2波長でのエネルギーの強さの比を測定して，精密な温度を得る．④ その他では，②の素子とInSb素子やHgCdTe素子を用いて検出するが，冷却や変調によって，検出信号のSN比を向上させる他に，空間的走査や多素子化によって2次元測定が実現されている．

(2) **光ファイバー型温度計** 温度計としては，光ファイバーを利用したものがある．光ファイバーは寸法が長くても，円形に巻くことができるので，場所を広くとらず，多点計測が容易である．屋内外の環境温度センサーとして利用できる[3]．① Raman型温度計としては，光ファイバーにパルス光が入射すると，光ファイバー中でわずかに散乱光（Stokes光とアンチStokes光）を発生させながら進行する．この散乱光は，温度依存性があるので，検出すると，温度がわかる（図4）．② FBG（ファイバーBragg格子）型温度計では，ピッチが数十～数百 μm の回折格子を形成する．このピッチが，温度によって変化すると，Bragg回折によって，反射する光の波長は変化するので，その波長を測定すると，数mmの空間領域の温度がわかる．光ファイバーの材質は石英が多く，温度に対する変化が小さいので，光ファイバーに金などの蒸着を施して，感度をあげることが行われる．

c．圧力計測

光による圧力の計測法は，比較的少ないが，精密計測やリモート計測には重要技術となっている．圧力の測定で圧倒的に多いのが，連通管の原理を利用したものである．マノメーターによる計測の場合，二光束干渉計を用いて液面の段差を測定すると，測定精度が高い．使用される液体としては，水と水銀が多く，これらの表面からの反射光の位相差が干渉法によって測定される．この測定精度は高く，国家標準などとして利用されている[4]．

このように，圧力の計測において光の利用は間接的であるが，光ファイバーセンサーや半導体レーザーの進展により，各種の計測方法が実現されている．この中で，精密化とコンパクト化には光ファイバーの利用が有利である．光ファイバーの先端にマイクロダイアフラム素子を取り付けて，圧力の変化によって素子の寸法が変化する方式が有効である．この場合，光源としてブロードスペクトル光源が用いられ，また，Fizeauの干渉法やFabry-Perot Etalon 干渉法を光学素子として用いることが多い．

［松本弘一］

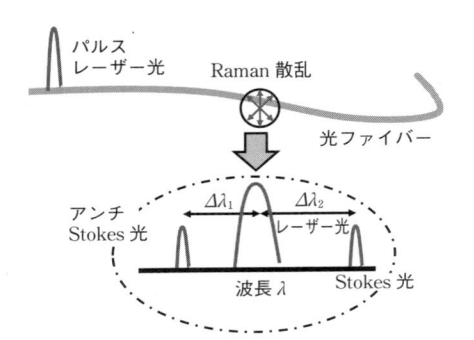

図4 Raman散乱光による温度分布計測

■参考文献
1) 松本弘一，岩崎茂雄：*NIKKEI MECHANICAL*, 1989.2.20, 68-75.
2) 石井淳太郎ら：光アライアンス，**17** (2006), 30-36.
3) K. Y. Song：*Opt. Lett.*, **31** (2006), 2526-2528.
4) 小畠時彦：計測標準と計量管理，**56** (2006), 44-48.

57 [計測] 欠陥検査

半導体デバイスの製造工程であるリソグラフィーにおいて使用されるマスクやウェハの欠陥検査は、製造歩留まりを管理する大変重要な技術である。半導体デバイスの微細化に伴い、より高い検査精度が要求され、かつ工程によっては全ウェハの検査が必要であり、検査時間の短縮化が要求されている。

マスクとは、リソグラフィーによりウェハ上にデバイス回路パターンを転写するための原版であり、リソグラフィーの方法により、レチクル、モールド、テンプレートなど、色々な名前でよばれている。検査対象物となるマスクおよびウェハには、それぞれパターンがない場合とパターンが付いている場合がある。ここではそれぞれの場合について欠陥を検出するために用いられている光学応用技術を中心に説明を行う。

a. パターン無しマスク

ほとんどのマスク基板の材質は石英であり、マスク・ブランクスともよばれている。検査にあたってはリソグラフィーの露光光を遮る欠陥物だけでなく、高さ数 nm の位相を発生させるような欠陥に関しても検出する必要がある。これは近年の微細化要求に伴う位相シフトマスクを使用するための検査として要求されている。そのため、図1のような、レーザー光などを斜入射で照明し欠陥からの散乱光を暗視野検出する従来までの検出方法では不充分で、現在では共焦点光学系に微分干渉計を組み合わせた、位相欠陥に対して高感度な検出方法が適用されている。

一方、波長 13.5 nm を露光光として使用する EUV 露光方法に使用するマスクは反

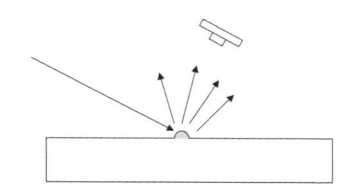

図1 斜入射照明による暗視野検出

射タイプであり、40 ペア層の多層膜の構成により EUV 光の反射率を 70 % 近い値としている。この多層膜に対しては、レーザープラズマからの EUV 光を照明光とし、光学倍率 20 倍の Schwarzschild 光学系を使用した暗視野検出により高さ 2 nm の欠陥を検出している。

b. パターン無しウェハ

ウェハ基板の材質は、多くの場合はシリコンであり、パターン無しマスクの検査の方法と同じく、レーザー光などを斜入射で照明し、シリコン・ウェハ上にある表面欠陥からの散乱光を暗視野検出する方法が使用されてきた。

一方、シリコン・ウェハをデバイスに適応する際には、デバイス作成領域をいかに無欠陥で清浄な状態に保持するかが重要であり、シリコン・ウェハの表面上の異物だけでなく BMD (bulk micro defect) とよばれるような内部の欠陥に関しても検査する必要がある。シリコンは 900 nm 以上の波長で透過率が高くなるので、波長の異なる二波長を照明光として使用することで、波長の長い方の光がシリコン内部まで透過し、シリコンの内部の反射する位置が変わることを利用して、内部の欠陥を検出する方法もある。

また偏光を使用して、内部の欠陥を検出する方法も提案されている。p 偏光や s 偏光に限定した偏光状態の光を照明光として使用すると、検出される反射・散乱光は、表面異物からの反射の場合には偏光を保持せず（=照明の偏光から変わってしまい），

様々な偏光成分となる．一方，内部の欠陥からの反射・散乱光は，偏光方向を保持するため，表面異物と内部欠陥とを区別して検出することができる．

c．パターン付きマスク

マスクにパターンが付いている場合に，その所望パターンと区別して欠陥・異物を検出することは，パターン無しに比較すると，あきらかに技術的に難しくなる．ただしマスクに形成するパターンは材質がクロムなどに限定されていることと，一般的に露光装置の縮小率から，ウェハ上のパターンの4倍の寸法を有するため，ウェハのパターン有に比較すると検出しやすい．しかし，マスク上の欠陥は，ウェハ上のすべてに転写されてしまうので，見落としは致命的な歩留まり低下につながる．そのため，全数全域を検査することが必須である．

パターン付きの場合の検出方法の分類を図2に示す．これはマスクでもウェハでも同様に分類できるが，現状のパターン付きマスクの検査のほとんどは比較法が使用されている．マスクを検査する比較法は，次の2通りに分類できる．

1つは，設計上，マスクに描画したいパターン（設計データ）と，実際に描画されたパターン（Dieとよぶ）との比較である．設計データはCAD（computer aided design）で作成されているため，CADデータ比較法とよばれていたが，昨今では，CADデータをデータベースに保存しているため，Die-to-Database検査とよばれて

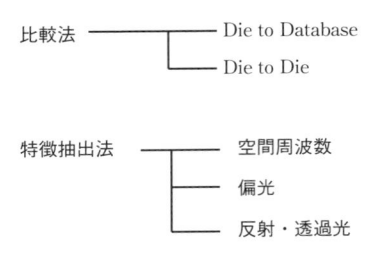

```
比較法 ─────┬── Die to Database
             └── Die to Die

特徴抽出法 ──┬── 空間周波数
             ├── 偏光
             └── 反射・透過光
```

図2　検出方法の分類

いる．

もう1つの方式は，設計データを使用しない方法で，1つのマスクに複数のチップ（＝半導体デバイス）が配置されている場合に限定される．

マスクに形成されているパターンは，リソグラフィーにおいては一度で露光ショットを行われる．この1つのショットに複数の（半導体）チップが含まれており，このチップ間での比較を行って欠陥検査を行うものである．初期の頃は，隣接チップ比較法とよばれていたことがあったが，先のDie-to-Databaseと比較するために，チップのことをDieとよび変え，Die-to-Die検査とよばれている．

Die-to-Database検査は，マスク全面の欠陥を検出できることから主にマスク生産ラインで用いられている．一方，Die-to-Die検査では，設計データを必要としないため，露光工程前の確認などに広く用いられている．この検査により検出したい欠陥のサイズは100 nm以下となっている．そのため照明光として光を使用している装置は少なく，ほとんどが電子ビームを使用している．欠陥・異物に照射した電子ビームにより発生した二次電子を検出しているので，暗視野検出に分類される．

光を使用した検査方法としては，EUVのマスクの欠陥を検査するために開発された方法がある．この方法では波長199 nmを使用する．この199 nm波長の光は，ファイバーレーザー発振波長1064 nmの光と，発振波長488 nmのアルゴンレーザーの倍波の244 nmの光との和周波発生（1/1064＋2/488＝1/199）により連続発振し，50 nmサイズの計測を可能としている．

d．パターン付きウェハ

パターン付きウェハに対する，30年程度前の欠陥検査の方法は，図2に示す特徴抽出法が主流であった．ウェハ上の回路パタ

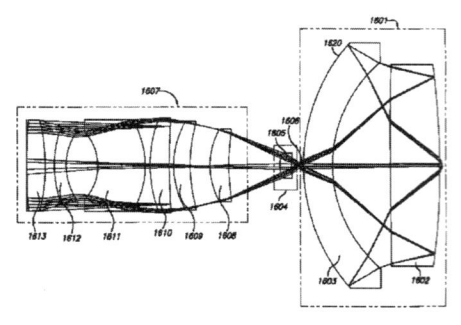

図3 欠陥検出用光学系

ーンの形状が縦横しかなく，欠陥・異物は丸い形状を前提とした，空間フィルター方式や偏光を使用した方式が行われていた．これは光学の特性を「前フィルター」として，膨大な回路パターンの中から，欠陥・異物を抽出していたことであるが，コンピュータの能力が要求に対して追従していなかったともいえる．現在はコンピュータの処理速度の向上により，Die-to-Die 検査が主流である．これは半導体技術の進展の恩恵を受けた結果であるといえる．

ウェハの上に形成するパターンは半導体プロセスで使用する様々な材質からなり，形状も端が丸みを帯びていたりするため，パターン付きマスクの欠陥検出に比較すると検出の難易度が高い．このため，光計測で使用できるあらゆる手段を使用して開発されている技術であるといっても過言ではない．

実際に製品化している技術の内容を詳細に知ることは困難であるので，ここでは特許に記載された内容から使用している技術を推測するとし，米国特許 USP 7639419 を参考に紹介する．

この特許では，欠陥を検出する光学系として，図3に示すカタジオ（反射屈折）光学系を使用する．反射の構成からすると，カセグレンタイプ（図3中，1620が裏面ミラー（Mangin mirror））であり，この光学系で波長190〜510 nm（320 nm 帯域）の収差を補正している．光源としては，レーザー励起式プラズマ光源を使用して，10〜15 nmの寸法の欠陥を検出している．

多くのパターン付きウェハの欠陥検出装置においては，微弱光を感度よく，高速に計測，という矛盾した性能要求を満足させるために，TDI センサーを使用している．TDI は Time Delay Integration の略であり，移動する物体に同期させることで，複数段（検査装置では500段程度）の電荷を蓄積する機能である．この機能により，動きながら1ピクセル分の検出時間は複数段数（たとえば500倍）と等価の光量を得ることができる．

前提として一定速度で一定方向に動いている物体の検出に限り，走行のタイミングと合わせて TDI センサーが蓄積する時間の間，走行方向と直交する方向にずれないような，高精度なウェハステージ制御が必要となる．さらに高速に検出できるため，それに見合う高速な画像処理系も必要となる．

e．まとめ

リソグラフィー工程では，露光装置に対抗するように，検査装置も光学応用技術の限界に挑戦し続けている．高い量産性が要求されるために，優れた光学系だけではなく，TDI や高速ステージを高精度に制御することによって実現されている．

光の限界がいわれ，電子顕微鏡を使った検査装置が増えてきていることは事実である．しかし，量産性を考えたときに光学技術は今後も欠陥検査の主流であり続けるだろう．

［稲　秀樹］

58 ［計測］

光ファイバーセンサー

　すでに光通信用の伝送路として実用化されている光ファイバーは，センサーに用いる場合においても下に示すような特長をもち，従来のセンサーに置き換わる技術，新たな計測分野を開拓する技術として期待され，多様なセンサーが開発されている[1,2]．
　① 曲げやすく柔軟な光の導波が可能．
　② 低損失なので遠隔計測が可能．
　③ 細径・軽量で狭空間での計測が可能．
　④ 電磁誘導の影響を受けない．
　⑤ 火花を出すことがなく安全．
　⑥ 耐絶縁性に優れる．
　⑦ 耐腐食性に優れる．

以上はいずれも，従来の電気的なセンサーに比べて優れた利点であり，光ファイバーを用いることによって，長距離・遠隔計測や狭空間でのセンシング，ならびに，強電磁雑音環境下，可燃ガスや腐食ガス雰囲気中など，特殊環境下におけるセンシングが可能になっている．

　また，光ファイバーセンサーはセンサーシステムにおいて光ファイバーが果たす役割によって，光ファイバーを単に光の伝送路として用いる「光ファイバー伝送路型」と光ファイバー自体にもセンサーの機能をもたせる「光ファイバー機能型」に大別される．さらに，光強度や位相などの光波の検出対象や，単点型や多点型，分布型などのシステムの構成法によって細分される．

a．光ファイバー伝送路型センサー

　本方式のセンサーでは光ファイバーが単に光の伝送路として用いられているものの，センシングに多様な光センサーが用いられており，数多くのセンサーが実用化されている[3]．センサーには，バルク型，導波路型の光学的センサーが主に使用され，実用化されているものとしては，誘電体結晶のPockels効果やKerr効果を利用する電界・電圧センサー，Faraday効果を利用する磁界・電流センサー，エバネッセント波の屈折率などへの依存性を利用する化学・生体センサー，蛍光スペクトルの温度依存性を利用する温度センサーなどがある．

　また，光ファイバーセンサーの範疇には収まらないが，レーザーDoppler速度計，光コヒーレンストモグラフィーなど，各種の光計測システムにおいて，光ファイバーは光の伝送路として利用されている．光センサー以外のシステムにおいても，電気的なセンサー出力を光信号に変換し，1本の光ファイバー線路で長距離・多点計測を実現したもの，さらに，センサー駆動に太陽電池を利用し，光ファイバーによる遠隔給電もあわせて可能にしたセンサーシステムが提案されている．

b．光ファイバー機能型センサー

　本方式のセンサーでは，伝送路として用いられる光ファイバー自身が，外的要因によってその長さや屈折率，散乱強度，伝送損失といった光ファイバーの性状が変化することを利用し，ひずみ，温度，圧力などの他，これらに変換可能な様々な物理・化学量がセンシングの対象になっている．

　光の干渉を利用するセンサーでは，一般に単一モード光ファイバーを用いて干渉計が構成され，光ファイバーの光路長変化を計測する．また，光ファイバーの偏光状態を計測するセンサーもいわば直交偏波モード間の位相差を検出する干渉計であり，この場合は1本の光ファイバーで偏波干渉計を構成することができる．この他，複数のモードが伝搬可能な光ファイバーを用いたモード間干渉型のセンサーが提案されている．

　散乱光を利用する方式では，光ファイバーで生じた散乱を時間領域で直接検出する

ものや，変調光を用いるなどして周波数領域や相関領域で解析を行うものがあり，何れの手法においても散乱部位を特定することによって分布計測を可能にしている．

光ファイバーに機能を付与する方式では，光ファイバーに変換器を装着したり加工を施すなどして光ファイバーの一部にセンサー機能をもたせることで，伝送路型センサーと同様な構成でセンサーが実現されている．特に，センサー素子にファイバーBraggグレーティング（FBG）などの光ファイバー型デバイスを用いたもの，微小屈曲による損失を利用するもの，エバネッセント波の周囲環境への依存性を利用するものなどが実用化されている．

最近では，フォトニック結晶ファイバー（PCF）のように，微細断面構造をもつ光ファイバーや特殊材料からなる光ファイバーなどの開発も活発であり，これらをセンサー素子へ応用したセンサーが広く検討されている．また，光ファイバーの微細加工技術や被覆技術の発展により，センサー用途の独特な構造をもつ光ファイバーが開発されている．

(1) 光波の干渉を利用する方式

(i) 音響センサー：　干渉計の腕として用いる光ファイバーに圧力やひずみが印加されると，光ファイバーの伸縮や光弾性効果による屈折率変化によって，光路長すなわち位相が変化する．また，その効果は長い光ファイバーを用いることで容易に高めることができるので，微弱な音響波や音響放出（AE）波の計測が可能となる[4]．高感度なセンシングにおいては，温度ゆらぎなど擾乱の影響も大きくなるが，音響波やAE波は周波数領域で擾乱と容易に区別することができるため，早い時期から実用化されているセンサーである．長尺光ファイバーを圧力変化に敏感なマンドレルに巻きつける，音響インピーダンスを考慮した高分子材料で光ファイバーを被覆するなどしてさらに高感度化が達成されており，従来の手法によるものに較べ2桁もの感度を上回る水中音響センサーが実現されている他，干渉計における光波の遅延を利用して，時間分割多重化（TDM）やコヒーレンス多重化（CM）による多点型のセンサー構成が実現されている．

(ii) 光ファイバージャイロ：　慣性空間に対してループ状の光ファイバーが回転するとき，互いに逆回りに伝搬した2光波間には，Sagnac効果により回転角速度に比例して位相差が生じる．これを検出する方式の回転センサーを光ファイバージャイロ（FOG）といい，この感度は，光ファイバーループが囲む面積に比例し，コイル状にループの巻き数を増やしてさらに高めることができる[5]．一方，長尺光ファイバーを用いると，光ファイバー中の散乱や非線形光学効果による雑音の影響が大きくなるが，低コヒーレンス光源を用いた低雑音化が実現されており，数百mの光ファイバーコイルを用いたFOGが航空，宇宙，船舶分野で実用化されている．この他，映像機器のスタビライザーや歩行ロボットの姿勢制御などへも応用されている．また，光ファイバーリング共振器の鋭い共振特性によって高感度化を実現するもの，誘導Brillouin散乱を利用した光ファイバーリングレーザー型ジャイロ，PCFによる中空コアファイバーを用いて散乱や非線形光学効果の影響を除去したものなど，新しい方式のFOGの研究がすすめられている．

(iii) 電流センサー：　偏波干渉型のセンサーの中でも，電流センサーの開発がすすんでおりプラントや電力設備などにおいて実用化されている．これらのセンサーでは，電線を中心に光ファイバーが周回するようなコイル状の構成が基本となる．この配置により，電流によって光ファイバーに磁界が加わると，Faraday効果により磁界の光軸成分に比例して円複屈折が誘起され

るので，これに比例する伝搬光波の偏波面の回転角を計測する[6]．実用化にあたっては，出力の線形性を劣化させる曲げなどによって生ずる直線複屈折の影響が鉛ガラス系の光ファイバーを用いることによって低減化されている他，Faraday 回転鏡を利用した反射型構成によって，直線複屈折の相殺効果とコイル構造を必要としない利便性をあわせもつセンサーが実用化されている．

(2) 光波の散乱を利用する方式

(i) Rayleigh 散乱を利用するセンサー：　光時間領域反射測定法（OTDR）を用いると，Fresnel 反射によって光ファイバーの接続点や破断点の位置が計測できる．これを Rayleigh 散乱光に応用すると，光ファイバーの長さ方向に沿って屈曲などによって生じている損失の分布計測が可能となる[7]．これはもともと，光ファイバー通信路の監視用に開発され普及している技術であるが，最近では，地すべり，岩盤の崩落，堤防の崩壊などの監視，パイプラインやフェンスなどにおける異常検知などの用途へ応用がすすめられている．また，光の干渉を利用したコヒーレント光周波数領域反射測定法（COFDR）では，周波数を掃引した高コヒーレントな連続光を使用し，散乱光と参照光の干渉ビート信号から位置情報を周波数領域で得ることができるため，この手法を用いて高精度に分布計測を行う技術の検討がすすめられている．

(ii) Raman 散乱を利用するセンサー：　媒質の分子振動に起因する Raman 散乱では，入射した光の低周波側および高周波側にそれぞれ Stokes 光およびアンチ Stokes 光として散乱光が発生する．主にアンチ Stokes 光が温度に対して敏感に応答するので，これを利用した分布型の温度センサーが実用化されている．散乱強度は Rayleigh 散乱に比べて弱いが，Stokes 光とアンチ Stokes 光の比を OTDR の手法を応用して計測することによって，高精度な温度分布計測が実現されており ROTDR とよばれる[8]．プラントをはじめ道路やトンネルなどにおける温度監視や火災検知などへの実装がすすめられている．

(iii) Brillouin 散乱を利用するセンサー：　媒質の熱的振動に起因する Brillouin 散乱では，散乱光の周波数シフト量から光ファイバーのひずみや温度の計測が可能となる[9]．これを分布計測に応用する手法としては，OTDR と同様に光ファイバーの一端からパルス光を入射し自然 Brillouin 散乱光を観測する BOTDR 技術，ならびに，ポンプ光のパルス光とプローブ光の連続光を互いに対向して光ファイバー入射する構成により，誘導 Brillouin 散乱光を時間領域で解析する BOTDA 技術が確立されており，光ファイバー伝送線路の監視や構造物におけるひずみの分布計測を行う手法として期待されている．また，周波数変調を加えた連続光をポンプ光とプローブ光に使用し，干渉信号の合成によって分布計測を行う BOCDA 技術[10]，同様に変調された連続光による自然 Brillouin 散乱光による BOCDR 技術が開拓されている．これらの技術はいずれも高速および高分解能測定を特長としており，建築構造物における動的ひずみの分布計測，航空・宇宙機の機体材料の飛行時におけるモニタリングなど実用化へ向けて実績が積まれている．

(3) 光ファイバーに機能を付与する方式

(i) FBG を利用したセンサー：　センサー素子に FBG を用いたセンサーの実用化が進んでいる．FBG は光ファイバーのコア中に周期的な屈折率変化を生じさせ，これを Bragg 回折格子として利用することで特定の波長（Bragg 波長）を FBG で反射させる素子である．センサーに応用する際には，ひずみや温度によって FBG における格子間隔や実効屈折率が変化し，その結果 Bragg 波長がシフトすることを利用して

おり，通常は反射光のピーク波長を計測することでセンシングが行われる[11]．加えて，Bragg波長が異なるFBGを用いることによって容易に波長領域で多重化することが可能であり，多点型のセンサーを構成する上で重要な利点となっている．現在では，多点型のFBGセンサーを埋め込むことによって，橋梁やビルなどの建築構造物におけるひずみや応力のモニタリング，複合材料の自己監視機能への応用など，様々な分野で利用がすすんでいる．

(ii) 微小屈曲を利用するセンサー： 光ファイバーにある程度小さい曲率半径で屈曲を加えると，伝搬モードの漏洩により損失が生じる．これを利用し，圧力やひずみによって光ファイバーの一部に微小屈曲を印加するような変換器を用いると，伝送損失を利用したセンシングが可能になる[12]．凹凸のある板の間に光ファイバーを挟む，微小な光ファイバーコイルに変形を加えるといった比較的単純な機構によりセンサーを構成することができるので，音響センサーや温度センサーなど様々なセンサーが提案されている．また，多数の変換器を配置しOTDR技術と組み合わせて多点型センサーを構成することも可能である．

(iii) エバネッセント波を利用するセンサー： 光ファイバーの一部をエッチングや研磨により加工してクラッド層を薄くすると，エバネッセント波によって伝搬光が減衰する．これによる損失の度合いや波長依存性が周囲の屈折率などに敏感に応答することを利用して，液面や液体漏れの検知，気体や液体の濃度の計測といった化学的なセンサーの他，特殊な膜を用いて湿度や抗原を調べる生体センサーなどが提案されている[13]．最近では，金属皮膜を施すことによって，特定の波長でエバネッセント波が表面プラズモンと結合する表面プラズモン共鳴（SPR）を利用した高感度かつ高精度な化学センサーや生体センサーの提案が数多くなされている[14]．　　　　［田中　哲］

■参考文献
1) 大越孝敬ら：光ファイバセンサ，オーム社 (1986), p.5.
2) 村山英晶ら：光ファイバセンサ入門，光防災センシング振興協会 (2012), p.21.
3) D. A. Jackson and J. D. C. Jones：*Opt. Laser Technol.*, **18** (1986), 243-252 (Part 1), 299-307 (Part 2).
4) C. K. Kirkendall and A. Dandridge：*J. Phys. D : Appl. Phys.*, **37** (2004), R197-R216.
5) K. Hotate：*Opt. Rev.*, **4** (1997), A28-A34.
6) Z. P. Wang *et al.*：*Sensors and Actuators, A : Phys.*, **50** (1995), 169-175.
7) M. K. Barnoski and S. M. Jensen：*Appl. Opt.*, **15** (1976), 2112-2115.
8) P. J. Dakin *et al.*：*Electron. Lett.*, **21** (1985), 569-570.
9) X. Bao and L. Chen：*Sensors*, **11** (2011), 4152-4187.
10) K. Song *et al.*：*Opt. Lett.*, **31** (2006), 2526-2528.
11) A. D. Kersey *et al.*：*J. Lightwave Technol.*, **15** (1997), 1442-1463.
12) N. Lagakos *et al.*：*Appl. Opt.*, **26** (1987), 2171-2180.
13) A. M. Vengsarkar *et al.*：*J. Lightwave Technol.*, **14** (1996), 58-65.
14) B. D. Gupta and R. K. Vermain：*J. Sensors*, **2009** (2009), 979761 (12pages).

59 [計測]

偏光計測

光の偏光状態は，直線偏光，楕円偏光と円偏光がある．これらは，すべて完全偏光となる．完全偏光が混在すると，部分偏光となり，さらに偏光が完全にスクランブルすると非偏光となる．この偏光状態を定量化するためには，Stokes パラメータがある．この計測法を Stokes 偏光計という．さらに，測定試料の反射偏光状態を計測することによって，試料の屈折率，吸収率，膜厚の材料特性を求めることができる．これがエリプソメトリーである．さらに，反射偏光状態の逆問題からナノ構造を求めることがスキャットロメトリーである．

ここでは，Stokes 偏光計，チャネルドスペクトル偏光計，スキャットロメトリーについて，以下に述べる．

a．Stokes 偏光計

一般的な，偏光解析器は位相子と検光子の組合せからなる偏光解析で Stokes パラメータ $S_{in}=[s_0\ s_1\ s_2\ s_3]^T$ を求める[1]．具体的には，図1に示すような位相子と検光子の回転を組み合わせて Stokes パラメータを測定する．図1(A)(B)のように，偏光子のみの回転においては，×印に示すように円偏光成分である s_3 成分を検出することができない．図1(C)(D)のように，位相子(具体的には四分の一波長板)を入れることによって円偏光成分が検出できるようになる．

ここでは，図1(C)に示す代表的な回転位相子法について考える．方位 θ の四分の一波長板 $Q(\theta)$，方位 $0°$ の検光子 $A(0°)$ は，

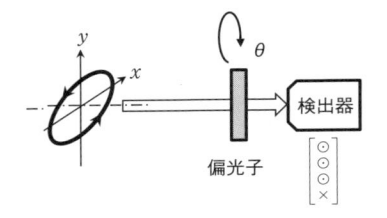

(A) 回転検光子

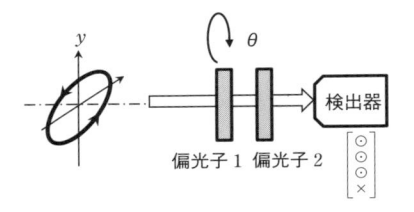

(B) 回転検光子＋固定検光子

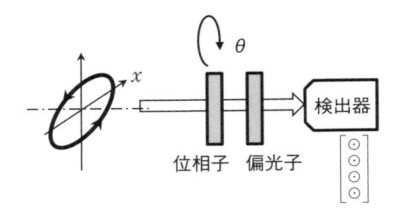

(C) 回転位相子＋固定検光子

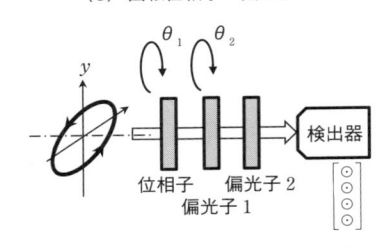

(D) 回転位相子＋回転検光子＋固定検光子

図1 Stokes パラメータ計測のための Stokes 偏光計

$$A(0°)=\frac{1}{2}\begin{bmatrix}1 & 1 & 0 & 0\\ 1 & 1 & 0 & 0\\ 0 & 0 & 0 & 0\\ 0 & 0 & 0 & 0\end{bmatrix} \quad (1)$$

$$Q(\theta) = \begin{bmatrix} 1 & 0 & 0 & 0 \\ 0 & \cos^2 2\theta & \sin 2\theta \cos 2\theta & -\sin 2\theta \\ 0 & \cos 2\theta & \sin^2 2\theta & \cos 2\theta \\ 0 & \sin 2\theta & -\cos 2\theta & 0 \end{bmatrix} \quad (2)$$

と表すことができる.入射光と出射光のStokesパラメータの関係は,順番に偏光要素を掛け合わせることによって求めることができる.

$$S_{\text{out}} = A(0°) Q(\theta) \cdot S_{\text{in}}$$

$$= \begin{bmatrix} 1 & 0 & 0 & 0 \\ 0 & \cos^2 2\theta & \sin 2\theta \cos 2\theta & -\sin 2\theta \\ 0 & \sin 2\theta \cos 2\theta & \sin^2 2\theta & \cos 2\theta \\ 0 & \sin 2\theta & -\cos 2\theta & 0 \end{bmatrix}$$

$$\cdot \frac{1}{2} \begin{bmatrix} 1 & 1 & 0 & 0 \\ 1 & 1 & 0 & 0 \\ 0 & 0 & 0 & 0 \\ 0 & 0 & 0 & 0 \end{bmatrix} \begin{bmatrix} s_0 \\ s_1 \\ s_2 \\ s_3 \end{bmatrix} \quad (3)$$

したがって,波長板をθ回転させたときに検出される光強度Iは,

$$I = s_0'$$
$$= \frac{1}{2}\left[\left(s_0 + \frac{s_1}{2}\right) + \frac{s_1}{2}\cos 4\theta + \frac{s_2}{2}\sin 4\theta - s_3 \sin 2\theta\right] \quad (4)$$

となる.

この光強度Iを波長板の回転角θに対してフーリエ変換すると,周期2θと4θの正弦成分,4θの余弦成分とバイアス成分に分けることができる.各周波数における振幅からスStokesパラメータ$[s_0, s_1, s_2, s_3]^T$が求まる[1]).

この場合は,周波数2θの正弦成分と余弦成分の振幅から$s_0 \sim s_2$までを求めることができる.

近年,ピクセルごとに偏光板の方位を変えた偏光カメラが安価に入手できるようになった.この偏光カメラを用いることによって実時間の偏光計測が可能になる.

図1のStokes偏光計では,位相子の四分の一波長板が波長依存性をもっている.一般に,単色光のStokesパラメータしか求めることができない.そこで,図1(D)のように,波長板と検光子を異なった回転比率で同期させて変調を与えることによって,位相板の波長依存性を考慮したStokes計測法となる[1]).

入射光の偏光状態をStokesパラメータだけでなく,一般に用いられる楕円率$\chi(\lambda)$と楕円主軸$\phi(\lambda)$として,

$$\chi(\lambda) = \frac{1}{2}\tan^{-1}\sqrt{\frac{s_3(\lambda)^2}{s_1(\lambda)^2 + s_2(\lambda)^2}} \quad (5)$$

$$\varphi(\lambda) = \frac{1}{2}\tan^{-1}\left(\frac{s_2(\lambda)}{s_1(\lambda)}\right) \quad (6)$$

と表すことができる.

b. チャネルドスペクトル偏光計

チャネルドスペクトルは,図2に示すように1対の偏光子と検光子の間にサンプルを配置したときに見える波数に対する光強度の明暗である.これをチャネルドスペク

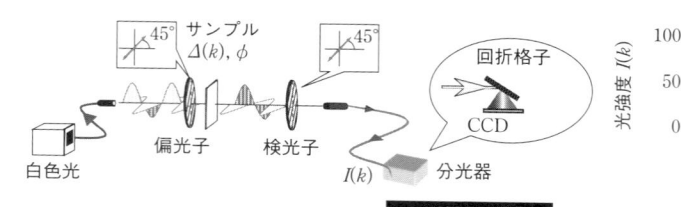

図2 チャネルドスペクトル

トルという[2]．

チャネルドスペクトルは，分光 Stokes 偏光計[3]，分光複屈折偏光計[4]や分光 Müeller 行列偏光計[5]に応用されている．

図3は2重キャリア分光複屈折計測の光学系である[4]．白色光は偏光子1（Glan-Thompson プリズム）と水晶製のリタータ1（δ_1）を透過する．さらに，サンプルを透過した後に，リタータ2（δ_2）と検光子（Glan-Thompson プリズム）を透過することで偏光変調を与えられる．分光器によってチャネルドスペクトルの光強度が検出される．偏光子と検光子の主軸方位はそれぞれ 0° と 45°，そして，第一のリタータ1 は方位 45°，第二のリタータ2 は 0° に設置する．リタータの複屈折位相差をそれぞれ δ_1 および δ_2 とする．

各偏光素子の Stokes パラメータと Müeller 行列の関係から，分光器で検出されるチャネルドスペクトルの光強度 $I(k)$ は

$$S_{\text{out}} = A \cdot R2 \cdot M \cdot R1 \cdot P \cdot S_{\text{in}} \quad (7)$$

$$\begin{bmatrix} s_0' \\ s_1' \\ s_2' \\ s_3' \end{bmatrix} = \frac{1}{2}\begin{bmatrix} 1 & 0 & 1 & 0 \\ 0 & 0 & 0 & 0 \\ 1 & 0 & 1 & 0 \\ 0 & 0 & 0 & 0 \end{bmatrix}$$

$$\cdot \begin{bmatrix} 1 & 0 & 0 & 0 \\ 0 & \cos\delta_2(\lambda) & 0 & -\sin\delta_2(\lambda) \\ 0 & 0 & 1 & 0 \\ 0 & \sin\delta_2(\lambda) & 0 & \cos\delta_2(\lambda) \end{bmatrix}$$

$$\cdot \begin{bmatrix} m_{00} & m_{01} & m_{02} & m_{03} \\ m_{10} & m_{11} & m_{12} & m_{13} \\ m_{20} & m_{21} & m_{22} & m_{23} \\ m_{30} & m_{31} & m_{32} & m_{33} \end{bmatrix}$$

$$\cdot \begin{bmatrix} 1 & 0 & 0 & 0 \\ 0 & 0 & 0 & 0 \\ 0 & 0 & \cos\delta_1(\lambda) & \sin\delta_1(\lambda) \\ 0 & 0 & -\sin\delta_1(\lambda) & \cos\delta_1(\lambda) \end{bmatrix}$$

$$\cdot \frac{1}{2}\begin{bmatrix} 1 & 1 & 0 & 0 \\ 1 & 1 & 0 & 0 \\ 0 & 0 & 0 & 0 \\ 0 & 0 & 0 & 0 \end{bmatrix} \begin{bmatrix} s_0 \\ s_1 \\ s_2 \\ s_3 \end{bmatrix} \quad (8)$$

より，

$$I(k) = s_0'$$
$$= \frac{1}{8}[2m_{00} + 2m_{01}\cos\delta_1(\lambda) 2m_{02}\sin\delta_1(\lambda)$$
$$- (m_{11} - m_{22})\cos\{\delta_1(\lambda) - \delta_2(\lambda)\}$$
$$+ (m_{21} - m_{12})\sin\{\delta_1(\lambda) - \delta_2(\lambda)\}$$
$$- 2m_{10}\cos\{\delta_2(\lambda)\} - 2m_{20}\sin\{\delta_2(\lambda)\}$$
$$+ (m_{22} - m_{11})\cos\{\delta_1(\lambda) + \delta_2(\lambda)\}$$
$$- (m_{12} + m_{21})\sin\{\delta_1(\lambda) + \delta_2(\lambda)\}] \quad (9)$$

となる．

この式を変形すると，

$$I = a_0 + \sqrt{a_1(k)^2 + b_1(k)^2}$$
$$\cdot \cos\left(\delta_1(k) - \tan^{-1}\frac{b_1(k)}{a_1(k)}\right)$$
$$+ \sqrt{a_2(k)^2 + b_2(k)^2}$$
$$\cdot \cos\left(\delta_2(k) - \tan^{-1}\frac{b_2(k)}{a_2(k)}\right) \quad (10)$$

が得られる．

Euler の公式を用いてさらに変形すると，それぞれの Müeller 行列要素から複屈折位相差 $\Delta(k)$ と主軸方位 θ は

$$\Delta(k) = \tan^{-1}\frac{\sqrt{m_{23}(k)^2 + m_{31}(k)^2}}{m_{33}(k)}$$
$$= \tan^{-1}\frac{\sqrt{(b_2(k) - b_1(k))^2 + (b_1(k) + b_2(k))^2}}{a_1(k) - a_2(k)}$$

$$\theta = \frac{1}{2}\tan^{-1}\frac{m_{31}(k)}{m_{23}(k)} = \frac{1}{2}\tan^{-1}\frac{b_1(k) + b_2(k)}{b_2(k) - b_1(k)}$$
$$(19)$$

となる．

c．ナノ構造計測（スキャトロメトリー）

ナノメートルオーダーの加工技術の向上

白色光源　リターダ　リターダ　レンズ
偏光子　試料　検光子　分光器

(A) 光学系

光強度 I
波数 $k=1/\lambda$ [/m]

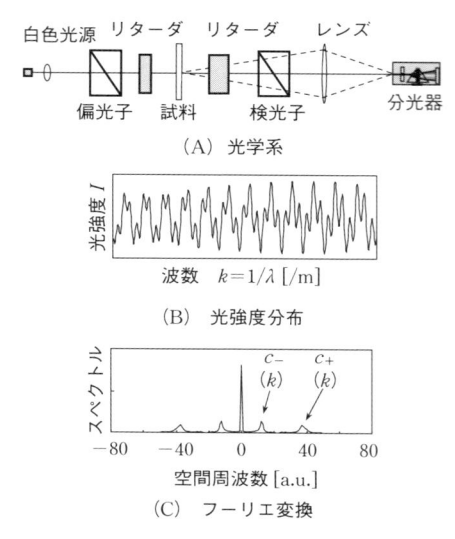

(B) 光強度分布

スペクトル
$C_-(k)$　$C_+(k)$
−80　−40　0　40　80
空間周波数 [a.u.]

(C) フーリエ変換

図3　2重キャリア分光複屈折計測光学系

に伴い，表面形状の微細化が進んでいる．また，表面に波長オーダーの微細構造をもつ新たな光学素子が注目されている．このような波長以下の構造の形状評価は，従来，回折光が発生しないために光での計測が困難であった．しかしながら，ナノ構造による構造性複屈折や二色性および欠陥棟から生じる偏光解消によって発生する偏光状態の変化が知られている．測定値から直接形状を求めることは困難である．しかしながら，実測値とあらかじめ用意しておいたモデルによる数値解析値とパターンフィッティングにより微細構造を計測しようとするものである．図3に示すように，あらかじめ FDTD や RCWA などモデルや数値解析を行ってデータベースを作っておき，これ

と同じ条件で実際に計測した結果と比較を行うことで形状情報を得ることができる．変化を与えるパラメータは，波長，ナノ構造への入射角や方位角のデータが用いられる．

現在まで，モデル化しやすい周期構造の高さや幅などの形状情報や欠陥検出に用いられている．これまでに，回折効率やエリプソパラメータ（λ, ψ）を計測し形状評価[6,7)]，分光 Müeller 行列によるスキャトロメトリーも報告されている[8)]．構造の寸法が小さくなれば形状の変化量も減少し形状の違いを計測することが困難となる．構造の微細化が進むに対応して，分光 Müeller 行列のように，より多くの偏光情報を取得することにより，実際に数十 nm の感度が得られている．

［大谷幸利］

■参考文献

1) D. Goldstain : Polarized Light 3rd ed., CRC Press (2010).
2) J. W. Ellis and L. Glatt : *J. Opt. Soc.* Am, **40** (1950), 141.
3) K. Oka and T. Kato : *Opt. Lett.*, **24**-21 (1999), 1475-1477.
4) T. Wakayama *et al.* : *Optics Communications*, **281**-14 (2008), 3668-3672.
5) H. Nathan *et al.* : *Opt. Lett.*, **32**-15 (2007), 2100-2102.
6) B. K. Minhas *et al.* : *Appl. Opt.*, **37** (1998), 5112.
7) T. Novikova *et al.* : *Opt. Express*, **15**-5 (2007), 2033-2046.
8) Y. Mizutani and Y. Otani : Ellipsometry at the Nanostructure, (L. Maria; Hingerl, Kurt (eds.) Ellipsometry at the scale, 2016) pp.313-324.

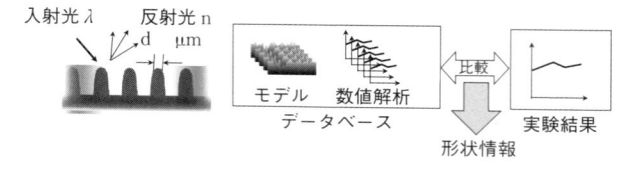

入射光 λ　反射光 n
d μm

モデル　数値解析
データベース　比較　実験結果
形状情報

図4　スキャットロメトリー

[測光測色]

60 測 光

a. 眼の光検出器

(1) 桿体と錐体　人間の眼の網膜には視細胞が2種類あり，それが光検出器として働いている[1]（図1）．1つが桿体（rod）でもう1つが錐体（cone）である．桿体と錐体は分業し，桿体は暗い所で働き，錐体は明るい所で働く．これは外界光の強度の広範囲なダイナミックレンジをカバーするための視覚系の方策の1つである．

人間の視覚系は暗黒状況で30分ほど経過すると完全な暗順応状態となり，桿体のみが働き，錐体は感度を失いまったく機能しなくなる．桿体は超高感度で光子を1個でも吸収すれば反応することができることが知られているが，桿体視は空間的な解像度が悪い．逆に，錐体は感度が悪いが，錐体視は空間的な解像度が勝っている．このように桿体系と錐体系の感度と空間的な解像度はトレードオフの関係になっている．

人間が見ることのできる最小の光強度（$10^{-6}\,\mathrm{cd/m^2}$）と最大の光強度（$10^7\,\mathrm{cd/m^2}$）の幅は10^{13}ほどあり，そのうち，およそ，明るい方の10^5の光強度範囲では錐体のみ（明所視，photopic vision），暗い方の10^5の光強度範囲では桿体のみ（暗所視，scotopic vision）が機能し，中間の10^3の幅の光強度範囲では両者がともに機能している（薄明視，mesopic vision）．

(2) 光検出器の分光感度　桿体と錐体は異なった分光感度をもつ．さらに，桿体は1種類しかないが，錐体にはピークがそれぞれ，長波長，中波長，短波長側にある異なった分光感度をもつL, M, S錐体の3種類の錐体が存在する[2,3]（図2）．この3種類の異なった分光感度をもつ錐体から色覚の基礎信号が作られる．人間の色覚が明るい環境下でしか生ぜず，暗い環境下で色覚がなくなるのは，この桿体系と錐体系の特性の違いのためである．

b. 測光の原理

測光とは，文字通り「光を測る」ことであるが，その場合の"光"とは，単なる電磁波の一種ではなく，人間の視覚にとって見えるか見えないか，どの程度強く見えるか，といった概念を含んだ"電磁波"である．したがって，測光とは人間の視覚に対して光がどの程度効果的に作用するかという要因を含んで定義されなければならない．ここで，光の効果とは，わかりやすくいえ

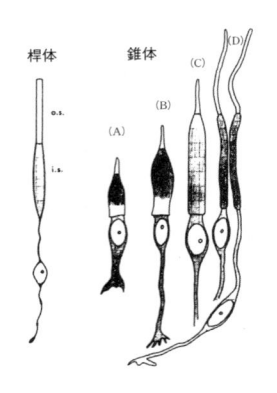

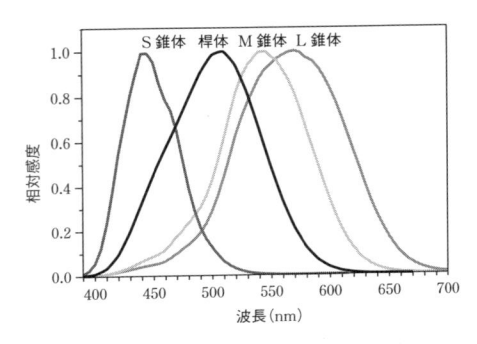

図1　桿体と錐体
錐体は網膜中心窩では細く（D），網膜周辺部に行くにつれて太くなる（C, B, A）.

図2　桿体とL, M, S錐体の分光感度

ば，光が"明るく"見えるか"暗く"見えるかといった"明るさ"になるが，必ずしも明るさだけとは限らない．

人間の視覚系の光検出器である3種の錐体と1種の桿体はそれぞれの分光感度をもっている．視覚系全体としての分光感度はそれらの組合せになる．そのため，視覚系全体の分光感度を決めるためには，明所視あるいは暗所視で人間を被験者として分光感度を測ることが必要である．これまで，光の効果を取り出す判断基準が異なる様々な測定方法（たとえば，閾値法，交照法，直接比較法など）が提案されているが，方法により，結果として得られる分光感度の形状が異なっている．これは分光感度に対する3種の錐体や桿体の寄与が方法により異なってくるためである．

c．比視感度関数

国際照明委員会（CIE）では，主に交照法（flicker photometry）により測定された分光感度を基にして，明所視標準比視感度関数（standard relative luminous efficiency）$V(\lambda)$ を定義した．暗所視比視感度関数 $V'(\lambda)$ も他の方法による結果を用いて定義している[3]（図3）．

$V(\lambda)$ は 555 nm にピークがある形状をし，L錐体とM錐体の分光感度関数の組合せにより決められる．ただし，450 nm より短波長では実験結果に合っていないことが知られている．そのため CIE では 2006 年に"生理学的に妥当な"新しい比視感度関数を提案している[3]．一方，暗所視比視感度は 507 nm にピークがあり，桿体により決まる形状をしている．

d．輝度と照度

輝度（luminance）は光を発する光源面での光の特性であり，照度（illuminance）は光を受ける受光面での光の特性である．したがって，光源と観察方向が決まれば輝度は決まるが，照度は光源，光源から受光面までの距離，受光面の傾きに依存している．輝度が同じ光源でも，観察条件が異なればその光源による照度は異なる．

輝度 L は次式により定義され，放射輝度 $Le(\lambda)$ に標準比視感度関数 $V(\lambda)$ を掛けて測定波長範囲で積分した値となる．

$$L = Km \int_{\lambda} Le(\lambda) V(\lambda) d\lambda$$

$Km = 680 \text{ lm/W}$（最大視感効率）
照度 E も同様に放射照度 $Ee(\lambda)$ から計算される．これらの輝度や照度は明所視でのみ適用される．暗所視では $V(\lambda)$ と Km の代わりに，$V'(\lambda)$ と $K'm$ を用いれば暗所視輝度が求められる．しかし，薄明視では視覚系全体の分光感度に錐体と桿体が同時に寄与するため，まだ標準的な分光感度関数は定義されていない． ［内川惠二］

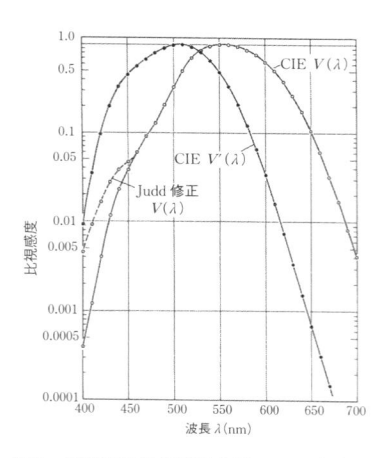

図3 明所視の比視感度関数 CIE $V(\lambda)$ と暗所視の比視感度関数 CIE $V'(\lambda)$

■参考文献
1) 内川惠二：色覚のメカニズム，朝倉書店 (1998).
2) G. Wyszecki and W. S. Stiles : *Color Science: Concepts and Methods, Quantitative Data and Formulae* 2nd ed., John Wiley & Sons (1982).
3) http://www.cvrl.org/

[測光測色]

61 色彩工学（表示系①）
―色覚と観察環境―

光は，その波長の差異により，我々の脳内で様々な色の感覚を生み出す．しかし，色というのは光の物理的な性質だけでは決まらない．色を扱うためには，人間が色をどのように知覚するかを正しく理解する必要がある．ここでは，色覚メカニズムの基礎，そして色の見えに影響を及ぼす照明や色覚特性について解説する．

a. 色の見えと色覚モデル

(1) 単色光とスペクトル Newton (1643-1727)はプリズムを用いて，白色の太陽光が波長成分によって種々の色に分解されることを示した（図1）．このように，光を構成する波長ごとに並べて表示したものをスペクトルとよぶ．人間が見ることのできる光は一般に可視光とよばれ，波長にして380～780 nmの範囲である．単一波長の光は単色光とよばれ，短波長から長波長に向かっておおまかに紫，藍，青，緑，黄，橙，赤に知覚される．

(2) 混色 複数の異なる波長の光を混ぜ合わせると，新たな色が知覚される．これを混色とよぶ．混色には大きく分けて加法混色と減法混色の2種類がある．複数の光を混色する場合は加法混色に該当し，合成された光のスペクトルは混色されたそれぞれの光のスペクトルの総和となる．一方，塗料を混ぜ合わせる場合は減法混色に該当し，いずれかの塗料に吸収されるスペクトルをすべて減算した残余が反射光のスペクトルとなる．

(3) 等色と等色関数 あるスペクトルをもつ光によって知覚される色を，スペクトルの異なる他の光刺激の混色により再現することを等色（color matching）という．等色に用いる光刺激は原刺激とよばれる[1]．ヒトの場合，独立な3種類の原刺激により，任意の色を等色できる．

任意のスペクトルの光を等色するために必要な原刺激の混色比率は等色関数（color matching function）から求めることができる．等色関数とは，単色光を等色するのに必要な原刺激の混色比率を可視光範囲のすべての波長に関して表した関数をいう．等色の原理は，色覚モデルの三色説，表色系の混色系などの基礎となっている．

(4) 三色説 ヒトの眼には分光感度の異なる3種類の光受容体が存在し，その応答比率によって様々な色感覚が生まれるという仮説を三色説という．等色実験の結果に基づく色覚モデルの1つであり，Young (1773-1829)が原型を唱えて，Helmholtz (1821-1894)が具体化した．実際に，ヒトの網膜には三種の異なる分光感度をもつ錐体が存在することが，後の生理学的実験で証明された[2]．

(5) 反対色説 Hering (1834-1918)は1つの色に赤と緑，または，青と黄という感覚が共存することがないという観察結果から，赤と緑，青と黄をそれぞれ反対色とよび，さらに白と黒を加えた，赤/緑，青/黄，白/黒の3種類の反対色対それぞれに対応した情報処理の存在を唱えた．これを反対色説という．色順応や色対比など

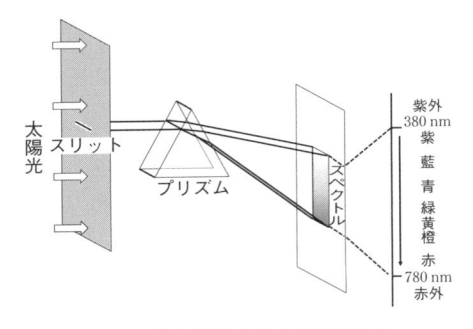

図1 プリズムによる太陽光の分解

は，反対色説に整合した視覚現象といえる．

(6) 段階説 網膜における錐状体の3種類の応答と，その後の神経系における反対色応答からなる，段階的な情報処理を段階説という．心理物理実験や電気生理学的測定の結果に基づいており，色覚モデルとして現在有力視されている仮説である．

b. 色の見えへの観察環境の影響

物体の反射スペクトルと色の見えの関係は観察環境，特に照明環境に依存する．ここでは，色の見えへの観察環境の影響として色順応と色恒常性という色覚特性について述べ，続いて，照明の特性を記述する方法として，色温度と演色性について述べる．

(1) 色恒常性 色の見えはその光のスペクトルからは一意に決まらない．たとえば，白い紙は，太陽光の季節や時間によるスペクトル変化に応じてその反射スペクトルが変化しても，いつも白い紙と知覚される．このように照明光によらず同じ物体が常に同じ色に見える性質を色恒常性という．色恒常性については，シーンの色情報を用いて反射光の物理量と物体表面の色知覚との関係を補正することで，表面自体の反射特性に由来する色を知覚するという情報処理が考えられているが，その方法には諸説ある．観察環境により網膜への入射光と色知覚の関係が変化する視覚特性としては，他に色順応，色対比，色同化などがある．

(2) 色温度と相関色温度 光の色を黒体の絶対温度で表した数字を色温度とよび，単位にはケルビン（K）を用いる．黒体とは，外部からの光を完全に吸収する仮想物体であり，その放射光の波長特性は絶対温度の関数で表される．黒体放射の色温度を色度図（〔62. 色彩工学（表示系②）〕を参照）上に表したものは黒体放射軌跡とよぶ．

太陽光の時間帯や天候によるスペクトル変化を色度図上に表したものを昼光軌跡とよぶが，これは黒体放射軌跡に類似する．またその他の光源の色についても色温度を用いて表すことがある．色度が黒体放射軌跡上から外れる場合は，心理的に近い黒体放射軌跡上の値を，相関色温度（correlated color temperature）として参照する[3]．たとえば，国際照明委員会（CIE）により標準光源と定められている D_{65}，A の相関色温度はそれぞれ 6504 K，2856 K である．

(3) 演色性 照明によって，物体色が自然光の下とまったく異なる色に見える場合がある．ある照明が自然光環境の物体色の見えをどの程度再現するかを表す照明の特性を演色性という．その指標として用いられる演色評価数とは，評価対象の照明と基準光源を標準的な色票にそれぞれ照射したときの色差を，色順応効果を補正して求めたものである．基準光源と色票は日本工業規格（JIS）により定められている．特に，規定の8色票について演色評価数を平均した値は平均演色評価数 Ra とよばれ，照明の評価値として広く使われている．

近年利用が拡大している白色 LED 照明では，RGB3 色の LED を用いた方式と，青色または近紫外 LED と蛍光体を用いた方式が存在する．使用する蛍光体の発光スペクトル拡大により演色性は向上するが，発光効率は悪化する．また，白色 LED 照明のような発光スペクトルに鋭いピークを含む光源において，演色評価数による評価が実際の色の見えの主観評価と必ずしも一致しないことが指摘されているため[4]，CIE では技術委員会 TC1-62 を設置して新しい評価方法を検討している． 〔福田一帆〕

■**参考文献**

1) 内川惠二：色覚のメカニズム，朝倉書店（1998）．
2) P. K. Brown and G. Wald：*Science*, **144**（1964），45-51.
3) 篠田博之，藤枝一郎：色彩工学入門，森北出版（2007），p. 73, 157.
4) 池田光男：色彩工学の基礎，朝倉書店（1980），pp. 72-75.

62 色彩工学(表示系②) ―表色系―

[測光測色]

色というのは我々の脳内で生まれる感覚であり,光の物理的な性質だけでは決まらない.したがって,色を表すためにどのような方法があるのかを正しく理解する必要がある.色を定量的に表す体系のことを,表色系という.表色系は,等色の原理に基づき色光の混合により表す混色系と,色の見え方に基づいて表す顕色系に分類されることが多い[1-3].

a. 混色系

等色の原理に基づくと,任意の光の色は,それを等色するために必要な3種類の原刺激の物理量を直交軸にとることで3次元空間に表すことができる(図1).このときの3種類の原刺激の量を三刺激値とよぶ.また,このような表色系を混色系とよび,色を表す3次元空間を色空間(color space)とよぶ.

混色系の色空間では,原点からのベクトルの長さと方向により刺激の強さと色みの違いを表す.特に色みを表したいときは図1のように色空間の適当な断面における座標を用いてベクトルの方向を表す.この座標は色度座標(chromaticity coordinates),断面を図に表したものは色度図(chromaticity diagram)とそれぞれよばれる.混色系には,用いられる原刺激によって複数の種類が存在する.

(1) CIE RGB 表色系 国際照明委員会(CIE)が1931年に規定した,原刺激を,R 700 nm, G 546.1 nm, B 435.8 nmの単色光とする混色系である.三刺激値の単位は,等エネルギー白色を等色する原刺激の混色比率と規定する.混合比率を輝度比で表すと,$L_R : L_G : L_B = 1 : 4.5907 : 0.0601$ となり,これを明度係数とよぶ.原刺激の等色関数には,WrightおよびGuildの等色実験の結果[4,5]を標準的な観測者の結果と定めて使用している.図2にRGB表色系の等色関数と,色度図を示す.色度図中の実線はスペクトル軌跡であり,単色光の色度を表す.RGB表色系は原刺激が実在する単色光であるため理解しやすいが,欠点として,負の三刺激値が現れること,三刺激値と測光量の関係が直接的でないことが挙げられる.

(2) CIE XYZ 表色系と xy 色度図
負の三刺激値が現れるというRGB表色系の欠点を補うためにCIEが同1931年に規定した,スペクトル軌跡に外接する三角形の頂点それぞれを原刺激とした表色系である.3種類の原刺激はX, Y, Z原刺激とよばれ,それぞれRGB表色系における座標は,$X = (r_X, g_X, b_X) = (1.2750, -0.2778,$

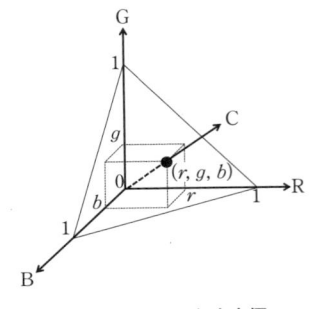

図1 色空間と色度座標

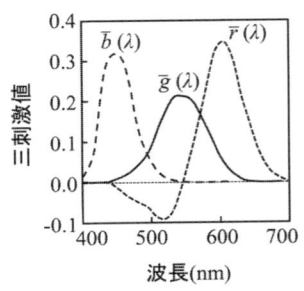

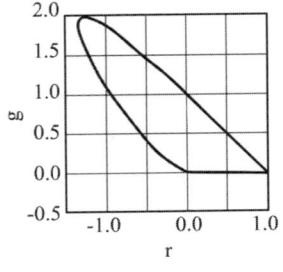

図2 CIE RGB 表色系の等色関数(左)と色度図(右)[1]

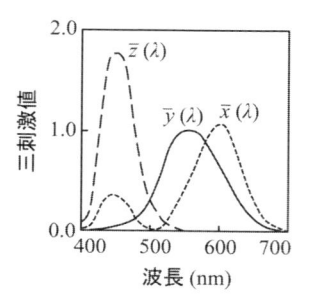

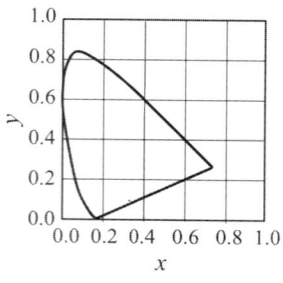

図3 CIE XYZ表色系の等色関数（左）と色度図（右）[1]

0.0028), $Y=(r_Y, g_Y, b_Y)=(-1.7392, 2.7671, -0.0279)$, $Z=(r_Z, g_Z, b_Z)=(-0.7431, 0.1409, 1.6022)$ である.

一般に，XYZ表色系では色を Y, (x, y) で表す．三刺激値 Y は測光値と一致するが，これは Y の等色関数 $y(\lambda)$ が明所視の標準分光視感度効率関数 CIE $V(\lambda)$ と一致するよう規定されているためである．また，(x, y) は $X+Y+Z=1$ の断面における色度座標を表す．XYZ表色系の等色関数，色度図および色度図中におけるスペクトル軌跡を図3に示す．

XYZ表色系は，等色実験における視野サイズによって，2°視野のXYZ表色系と，10°視野の $X_{10}Y_{10}Z_{10}$ 表色系に分けられる．XYZ表色系は広く活用されているが，物理量に比例した尺度のため人間の感覚量に比例していないという問題がある．たとえば，MacAdam は被験者の等色点の標準偏差から，等輝度の xy 色度図上において色弁別閾値に相当する色度範囲を求めたが，図4に示すように，その範囲は均等ではない[6]．また，原刺激 XYZ の定め方から人間の色覚特性を表すには適していないという指摘もあり，視覚研究者の間では後述の生理学的色空間も広く使われている．

（3）均等色度図 xy 色度図の欠点を補うため，等輝度面において色度図上の等距離が知覚的に等しい差となり xy 色度図とも変換可能な色度図が提案された．CIE

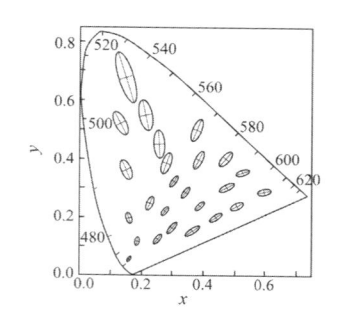

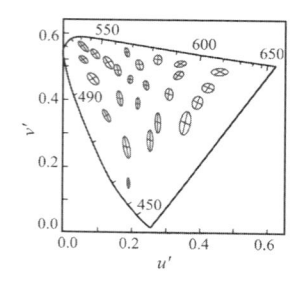

図4 （上）xy 色度図における MacAdam の楕円．各色光に対して等色実験結果の標準偏差10倍の値を示す．
（下）$u'v'$ 色度図における MacAdam の楕円．[1]

は MacAdam が提案した色度図を CIE 1960 UCS 色度図と定め，後にさらに均等性を増した Eastwood（1975）提案による色度図を CIE 1976 UCS 色度図と定めた．それぞれ uv 色度図，$u'v'$ 色度図ともよばれ，色度座標を (u, v), (u', v') で表す．

（4）均等色空間と色差 均等色度図に，明度に対する均等性を追加した表色系を均等色空間という．現在は，CIE が1976年に規定した CIE1976 $L^*a^*b^*$ (CIELAB) 色空間と CIE1976 $L^*u^*v^*$ (CIELUV) 色空間が用いられている．L^* は明度を表し CIE1976 明度とよばれる．また，u^*, v^* および a^*, b^* は色相と彩度からなる色知覚に対応し，色座標とよばれる．CIELAB 色空間において，各値は平均昼光に近い環境に順応したときへの適用を前提として，

以下のように定義されている.
CIE1976 明度 L^*

$$L^* = 116\ (Y/Y_n)^{1/3} - 16,$$
$$Y/Y_n > 0.008856$$
$$L^* = 903.25\ (Y/Y_n)^{1/3},$$
$$Y/Y_n \leq 0.008856$$

CIELAB 色座標(a^*, b^*)
$$a^* = 500\{(X/X_n)^{1/3} - (Y/Y_n)^{1/3}\}$$
$$b^* = 200\{(Y/Y_n)^{1/3} - (Z/Z_n)^{1/3}\}$$

ここで,X,Y,ZとX_n,Y_n,Z_nはそれぞれ対象物と標準白色面の三刺激値である.測定環境における標準白色面を基準とすることで,照明光による色の見えへの影響を考慮した表色系となっており,標準白色面には完全拡散面を用いることが多い.

均等色空間における2つの色刺激間のユークリッド距離は,心理物理的な色の見えの差を表し,色差とよばれる.CIELAB色空間における色差 ΔE^*_{ab} は次式で表せる.

$$\Delta E^*_{ab} = \{(\Delta L^*)^2 + (\Delta a^*)^2 + (\Delta b^*)^2\}^{1/2}$$

CIE は,さらに広い環境へ応用できる色の見えモデルとして 2002 年に CIECAM02 を規定した.CIECAM02 は,CIE1931 XYZ との変換が可能であり,不完全順応を含めた種々の観察条件に適用可能,入出力関数が最大値をもつ,色相,明度,明るさ,飽和度,クロマ,カラフルネスを定量化できるという特徴をもつ.

(5) 生理学的色空間 光刺激に対する各錐体の応答を錐体の分光感度から求め,外側膝状体における反対色メカニズムの輝度,赤/緑,青/黄の3種類の応答に変換して表す色空間を生理学的色空間という.錐体応答の尺度を規定する方法と,反対色応答の軸の定義によって複数の種類が存在する.たとえば,MacLeod & Boynton は,LM 錐体応答の和 $k_L L + k_M M$ が明所視の比視感度係数(luminous efficiency function)$V\lambda$ となるように係数 k_L, k_M を規定し,色を表す3次元を輝度軸 Luminance = $k_L L + k_M M$($= V\lambda$),赤/緑軸 Redness = $k_L L /$ $V\lambda$,青/黄軸 Blueness = $k_S S / V\lambda$ と定義した[7].これは MacLeod-Boynton 表色系または MB 表色系とよばれている.

また,Derrington らは,マカクザルの LGN におけるニューロン応答に基づき,赤/緑軸と青/黄軸をそれぞれ($k_L L - k_M M$,$k_S S - (k_L L + k_M M)$)と定義した.これは DKL 色空間とよばれる[8].これに関して,CIE により視覚生理に基づく基本色度図 CIE2006 physiological model が制定されている[9].

b. 顕色系

顕色系の表色系では,色の見え方に基づいて,色票を主に色相(hue),彩度(saturation),明度(lightness)の感覚量を基準とする3次元空間内に配置する.色相,彩度,明度は,色の3属性とよばれており,色相は色みの種類,明度は色の明るさ,彩度は色の鮮やかさによる分類である.

(1) Munsell 表色系 現在一般に使われる Munsell 表色系は,Albert H. Munsell(1858-1918)考案の Munsell 表色系をもとに,米国光学会(Optical Society of America:OSA)の測色委員会が尺度を修正して CIE 三刺激値との関係を示した修正 Munsell 表色系を指している[9].Munsell 表色系では,図5のように円筒空間において,円筒軸が明度に対応する Munsell バリュー(value),円筒軸からの方位が色相に対応する Munsell ヒュー(hue),円筒軸からの距離が彩度に対応する Munsell クロマ(chroma)をそれぞれ表す.バリューは値が大きいほど明度が高く,黒の0/から白の10/まで1ずつ増加する.クロマは値が大きいほど彩度が高く,無彩色の/0から/10まで2ずつ増加する.ヒューは R, YR, Y, GY, G, BG, B, PB, P, RP の 10 基本色の間をそれぞれ 10 ステップに分割し,たとえば基本色 R を 10R,YR を 10YR,その間を 1YR,…,9YR と表す.Munsell 表色系では,これらの指標を

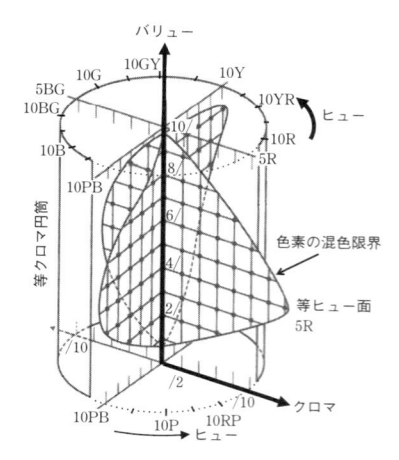

図5　Munsell 色立体[1]

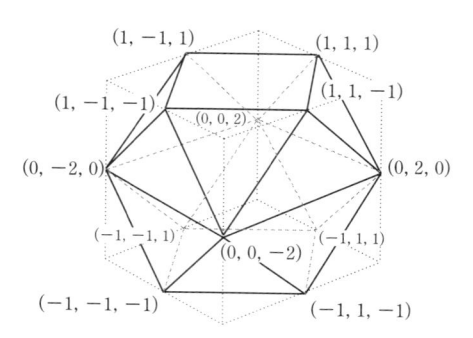

図6　正斜方六面体格子[1]

　ヒュー，バリュー，クロマの順に，4YR6/2 のように表記する．色の見え方に基づくため直感的でわかりやすい一方，色票数が限られているので任意の色を表すためには適していない．

　(2) OSA 表色系と OSA 色票　米国光学会（OSA）の均等色尺度委員会によって 1947 年から 1974 年にかけて作られた，色差がどの方向にも均等な表色系である．OSA 表色系は，図6のような十四面体（正斜方六面体格子）の各頂点に原点 O から等色差の色を配置し，これを複数個結合した色立体で表される．原点 O を通る垂直軸が明度軸となる．この表色系に基づき 1977 年に出版された 558 枚の色票セットが OSA 色票である．色差2間隔の 424 枚と，(0, 0, 0) 付近のさらに細かい間隔の 134 枚から構成される．OSA 色票は座標から色差を計算するのに便利である．

　(3) NCS 表色系　Hering の反対色説に基づいた表色系であり，白 W，黒 S，赤 R，緑 G，黄 Y，青 B の6種類のユニーク色に対する類似度で表される．具体的には，ある色の白み w，黒み s，色み c を w+s+c=100 となるように表し，さらに色み c を c=r+g+b+y で表す．これを 2060-R40Y のように表記するが，最初の4桁は黒み s と色み c を各々2桁で表している．また後半の R40Y の部分は色相に対応し，r=60 %，y=40 % の色を 60R40Y として最初の 60 を省略して表記している．ただし，赤と緑，黄と青は同時に存在しない．同様に反対色説に基づいた顕色系に，Ostwald 表色系がある．

[福田一帆]

■参考文献
1) 矢口博久：視覚情報処理ハンドブック，朝倉書店（2000），pp. 166-175
2) 大田登：色彩工学 第2版，東京電機大学出版局（2001），p. 45.
3) 篠田博之，藤枝一郎：色彩工学入門，森北出版（2007），p. 73, 157.
4) W. D. Wright：*Transactions of the Optical Society*, **30**（1929）.
5) J. Guild：*Philosophical Transactions of the Royal Society of London. Series A, Containing Papers of a Mathematical or Physical Character*, **230**（1932）, 149-187.
6) D. L. MacAdam：J. Opt. Soc. Am, **32**-5（1942），247-273.
7) D. I. A. MacLeod and R. M. Boynton.：*J. Opt. Soc. Am.*, **69**-8（1979），1183-1186.
8) A. M., Derrington., J. Krauskopf and P. Lennie：*J. Physiol. (Lond)*, **357**（1984），241-265.
9) Fundamental chromaticity diagram with physiological axes? Part I, CIE Technical Report 170-171（CIE, 2006）.
10) 内川惠二：視覚情報処理ハンドブック，朝倉書店（2000），pp. 175-182.

[測光測色]

63 色彩工学（印刷系①）—減法混色と色予測—

a. 減法混色

印刷における色再現は各色材の混色による減法混色である．材料による非線形特性から，色光での加法混色と異なり色予測が難しい．減法混色（subtractive mixture）とは色を表現する方法の1つで，シアン（C），マゼンタ（M），イエロー（Y）を三原色として混合によって色彩を表現する方法で，主に印刷物など反射光によって表現するものに用いられ，印刷の三原色とよばれる．図1に減法混色を加法混色と比較して示す．減法混色では色を重ねるごとに暗くなり，3色を混ぜ合わせると黒色になる．

紙上の色材による色再現は，紙と光源の色に影響される．色材はある特定の波長領域に吸収をもち，Cは赤領域に，Mは緑領域，Yは青領域にそれぞれ吸収域をもつ．実際の色材は色材内部での散乱もあり，色予測が難しい．

(1) 減法混色とKubelka-Munk理論[1] 絵の具や塗料などにおける混色では色材の散乱を考慮した減法混色で論じられる．Kubelka-Munk理論は以下の仮定の下で成り立つ．

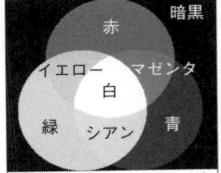

① 各層は等方的で無限に広がっている．
② 層内の光束は完全散乱光束である．

今，図2に示すように2方向の光束を考え，iを膜厚xの下方へ向かう光強度，jを上へ向かう光強度，吸収係数をK，散乱係数をSとする（K, Sともに波長λの関数である）．膜厚がdx増加すると，iは$(S+K)idx-Sjdx$増加し，jは$-(S+K)jdx+Sidx$増加する．したがって，

$$di=(S+K)idx-Sjdx \quad (1)$$
$$dj=-(S+K)jdx+Sidx \quad (2)$$

となる．これを解くと，膜表面における反射率は次式のようになる（式の導出をAppendixに示す）．

$$R_X=\frac{\{(a-b)R_g-1\}e^{bSX}-\{(a+b)R_g-1\}e^{-bSX}}{(R_g-a-b)e^{bSX}-(R_g-a+b)e^{-bSX}} \quad (3)$$

ただし，R_gはベース（$x=0$）における反射率，Xは膜の厚さで，

$$a=\frac{S+K}{S} \quad (4)$$

$$b=\sqrt{a^2-1}=\sqrt{\frac{(S+K)^2}{S^2}-1} \quad (5)$$

である．式(3)は，Kubelka-Munkの式とよばれ，2つの係数（吸収係数Kと散乱係数S）があるため，二定数理論ともよばれる．2つの係数K, Sを波長ごとに求めることにより膜面の分光反射特性を得ることができる．塗料のように膜厚が厚く下地に影響されない場合は，$X=\infty$, $R_g=0$であ

図1 加法混色と減法混色 [口絵2]

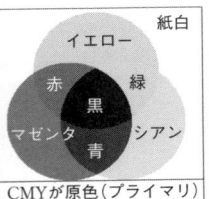

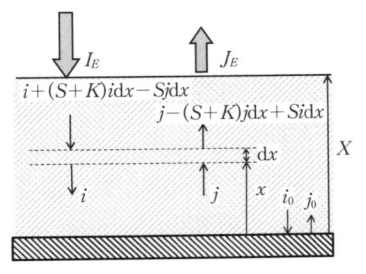

図2 Kubelka-Munkモデル

るので，式 (3) は,

$$R_\infty = \frac{1}{a+b} = 1 + \frac{K}{S} - \sqrt{\frac{K^2}{S^2} + 2\frac{K}{S}} \quad (6)$$

となり,

$$\frac{K}{S} = \frac{(1-R_\infty)^2}{2R_\infty} \quad (7)$$

が得られる．また，式 (3) は，双曲線関数

$$\sinh T = \frac{1}{2}(e^T - e^{-T})$$
$$\cosh T = \frac{1}{2}(e^T + e^{-T}) \quad (8)$$

を用いて,

$$R_x = \frac{1 - R_g(a - b\coth bSx)}{a - R_g + b\coth bSx} \quad (9)$$

と表すこともできる．

(2) 混色時の色予測 実際の色材は複数の原色色材の混色によって作られる．そこで原色色材の吸収係数 K と散乱係数 S を用いて，調色された色材の K と S を推定する必要が生じる．

今，多種類の色材を配合比 m_i で混色したとすると，混色された色材は,

$$K = \sum_i m_i K_i \quad S = \sum_i m_i S_i$$
$$\text{ただし，} \sum_i m_i = 1 \quad (10)$$

$$\frac{K}{S} = \frac{m_1 K_1 + m_2 K_2 + \cdots}{m_1 S_1 + m_2 S_2 + \cdots} \quad (11)$$

となる．これは Duncan の式[2]とよばれ，色材の混色時の色の近似推定が可能となる．

b．減法混色と CMY 変換

印刷物の色は，三原色 C, M, Y の各色材によって，R, G, B の吸収が行われて色再現される．入射光量 I_0，透過光量 I，透過率を T とすると，光学濃度 D は,

$$D = -\log\frac{I}{I_0} = -\log T \quad (12)$$

となる．R, G, B 各色の透過率を T_R, T_G, T_B とすると，赤色の透過濃度 D_R は,

$$D_R = -\log T_R \quad (13)$$

となり，赤の補色フィルターを介した光学濃度となる．同様にして,

$$D_G = -\log T_G, \quad D_B = -\log T_B \quad (14)$$

となる．これに対する C, M, Y 色材の濃度を D_C, D_M, D_Y とすると，各色材の濃度は補色フィルターを介した光学濃度であるから,

$$D_C = D_R, \quad D_M = D_G, \quad D_Y = D_B \quad (15)$$

で与えられる．

(1) Murray-Davies の式[3] 印刷物の色再現は，色材，下地の紙および印刷方式（ハーフトーンの形成法）により異なる．一般にインクの重なった部分は減法混色で，並置した部分では加法混色に混色される．網点印刷ではインク層の厚さは一定で面積が変調され，かつ網点ドットは，スクリーン角を設けている場合はランダムに重なり，加法混色と減法混色が混じった混色を呈する．図 3 に示すように，網点の面積率が a，紙の反射率が β_0，インク領域の反射率が β_S であるとき，全体の反射率 β は,

$$\beta = a\beta_S + (1-a)\beta_0 \quad (16)$$

で表される．ここで，紙の反射率を基準にして β_0 を 1 とし，光学濃度に変換すると,

$$10^{-D} = a \cdot 10^{-D_s} + (1-a)$$
$$D = -\log\{1 - a(1 - 10^{-D_s})\} \quad (17)$$

となり，Murray-Davies の式とよばれる．

式 (15) は光学濃度への変換式で，層構造の色材に適用されるが，面積階調の記録方式では記録の色材が重ならずに並置された場合は，必要な色材の量 C, M, Y は，各色の反射率 R, G, B から,

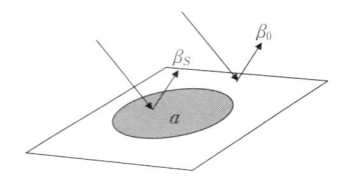

$$C \propto 1 - R$$
$$M \propto 1 - G \quad (18)$$
$$Y \propto 1 - M$$

図 3 網点による光の反射

と表される.

(2) 網点による色再現　C, M, Y 三原色の網点によるカラー印刷を行った場合を考える. 各色の網点はスクリーン角が施され, ランダムに他の色と重なる. C, M, Y の各色の網点の面積率を c, m, y とすると, 図4に示すように紙の上では平均的に各色の網点が以下の8状態で重なる.

① 互いに重ならない領域の面積率
$$\alpha_1 = (1-c)(1-m)(1-y)$$
② C のみの領域の面積率
$$\alpha_2 = c(1-m)(1-y)$$
③ M のみの領域の面積率
$$\alpha_3 = (1-c)m(1-y)$$
④ C と M のみ重なった領域の面積率
$$\alpha_4 = cm(1-y)$$
⑤ Y のみの領域の面積率
$$\alpha_5 = (1-c)(1-m)y$$
⑥ Y と C のみ重なった領域の面積率
$$\alpha_6 = c(1-m)y$$
⑦ Y と M のみ重なった領域の面積率
$$\alpha_7 = (1-c)my$$
⑧ YMC3色が重なった領域の面積率
$$\alpha_8 = cmy$$

ここで各状態の色度 $(X_i, Y_i, Z_i): i = 1 \sim 8$ が測定されていたとして, 平均的に知覚される色度は, 各領域からの反射光の加法混色となる.

$$X = \sum_{i=1}^{8} \alpha_i X_i, \quad Y = \sum_{i=1}^{8} \alpha_i Y_i, \quad Z = \sum_{i=1}^{8} \alpha_i Z_i \quad (19)$$

この式は, Neugebauer の方程式[4]とよばれる. 各領域の色 (X_i, Y_i, Z_i) を (R_i, G_i, B_i) に変換して (R, G, B) として以下の式を得る.

$$R = \sum_{i=1}^{8} \alpha_i R_i, \quad G = \sum_{i=1}^{8} \alpha_i G_i, \quad B = \sum_{i=1}^{8} \alpha_i B_i \quad (20)$$

この式は, c, m, y が与えられたとき, 平均的に見える色の (R, G, B) 値を予測するもので, Murray-Davies の式を発展させたものである. このように, ランダムに配置された網点ドットの平均的重なり率がわかれば, ミクロ的には加法混色で合成された平均的な色が算出できる. この議論は CMYK の4色にも拡張できる.

(3) Yule-Nielsen の式[5]　Neugebauer の方程式により (c, m, y) の値により, 平均的な色再現は予測される. しかし実験値と照らし合わせると実際の再現色は予測値よりも濃度が上がることが多い. その原因としてインクが網点サイズ以上に太ることによって起こるドットゲインの影響や, 網点の縁による光の散乱などによるためである. Yule-Nielsen は, これを現象論的に数式化した.

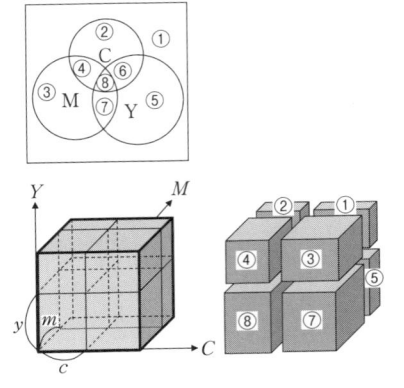

図4　ランダムに配置された網点の平均的な重なり

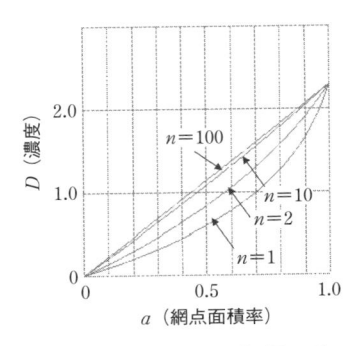

図5　Yule-Nielsen の式 $(D_S = 1)$

$$D = -n\log\{1 - a(1 - 10^{-D_s/n})\} \quad (21)$$

ただし，n は紙，インク，スクリーン線数で決まる定数とすることにより，現実の現象がうまく記述できる．この式では，$n=1$ のとき，Murray-Davies の式に一致し，$n \to \infty$ のとき D が a に比例する．図5に，パラメータ n を変化させたときのグラフを示す．実測値と照らし合わせると，$n \simeq 2$ 位となる．すなわちドットゲインの影響で光がインクの散乱が増していることが説明できる．

Appendix： 式（3）の導出を以下に示す．
式（2）をさらに微分し，

$$\frac{d^2 j}{dx^2} = -(S+K)\frac{dj}{dx} + S\frac{di}{dx}$$

式（1）と（2）を代入して i を消去すると，

$$\frac{d^2 j}{dx^2} - (2SK + K^2)j = 0$$

これから，j は定数 C_1, C_2 を用いて，

$$j = C_1 e^{\sqrt{2KS + K^2} x} + C_2 e^{-\sqrt{2KS + K^2} x}$$

となる．これを式（2）に代入すると，

$$i = C_1 \frac{S + K + \sqrt{2SK + K^2}}{S} e^{\sqrt{2KS+K^2} x}$$
$$+ C_2 \frac{S + K - \sqrt{2SK + K^2}}{S} e^{-\sqrt{2KS+K^2} x}$$

となる．ここで，

$$\frac{S+K}{S} \equiv a$$

$$\frac{\sqrt{2SK + K^2}}{S} = \sqrt{\left(\frac{S+K}{S}\right)^2 - 1} = \sqrt{a^2 - 1} \equiv b$$

とすると，次式が求まる．

$$i = C_1(a+b)e^{bSx} + C_2(a-b)e^{-bSx}$$
$$j = C_1 e^{bSx} + C_2 e^{-bSx}$$

境界条件

境界条件により定数 C_1, C_2 を求める．$x = X$ のとき $i = I_E$ とすると，

$$I_E = C_1(a+b)e^{bSX} + C_2(a-b)e^{-bSX}$$

X における反射率 R_x は，

$$R_x = \frac{j}{i} = \frac{C_1 e^{bSx} + C_2 e^{-bSx}}{C_1(a+b)e^{bSx} + C_2(a-b)e^{-bSx}}$$

$x = 0$ において $R_x = R_g$ であるとすると，

$$R_g = \frac{C_1 + C_2}{C_1(a+b) + C_2(a-b)}$$

ここで，$a^2 - b^2 = 1$ を用いて，

$$C_1 = \frac{(a-b)R_g - 1}{(R_g - a - b)e^{bSX} - (R_g - a + b)e^{-bSX}} I_E$$

$$C_2 = \frac{1 - (a+b)R_g}{(R_g - a - b)e^{bSX} - (R_g - a + b)e^{-bSX}} I_E$$

となる．以上から，

$$i = \frac{(R_g - a - b)e^{bSx} - (R_g - a + b)e^{-bSx}}{(R_g - a - b)e^{bSX} - (R_g - a + b)e^{-bSX}} I_E$$

$$j = \frac{\{(a-b)R_g - 1\}e^{bSx} - \{(a+b)R_g - 1\}e^{-bSx}}{(R_g - a - b)e^{bSX} - (R_g - a + b)e^{-bSX}} I_E$$

となる．x における反射率 R_x は，

$$R_x = \frac{j}{i} = \frac{\{(a-b)R_g - 1\}e^{bSx} - \{(a+b)R_g - 1\}e^{-bSx}}{(R_g - a - b)e^{bSx} - (R_g - a + b)e^{-bSx}}$$

となり，式（3）が求まる．

［河村尚登］

■参考文献
1) V. P. Kubelka and F. Munk：Zeitshrift für technische Physik, (1931), pp. 593-601.
2) D. R. Duncan：*J. Oil and Colour Chemists' Assoc.* (1962), p. 300.
3) A. Murray：*J. Franklin Inst.,* **221** (1936), 721-744.
4) J. A. C. Yule：Principles of Color Reproduction, John Willey & Sons (1967).
5) J. A. C. Yule and W. J. Nielsen：Proc. 3rd Annual Tech. Meeting, Technical Association of the Graphic Arts, (1951), p. 65.

[測光測色]

64

色彩工学（印刷系②）
―印刷における色再現―

a. 印刷物の色再現域

印刷における色再現は，色材，光源色および紙の分光特性により決まる．現状では人間の視覚域の範囲を包含する広い色域を再現する色材はない．図1は印刷系の色再現域を示す．標準色空間であるsRGB色空間の再現域と比較すると，一般に染料系の色材の色再現域は広く，特にシアン系の色再現域が広い．一方，顔料系の色再現域はsRGBの色空間内に包含される．色再現域は染料系の方が広いが，紫外線を含む外光により退色しやすいため，顔料系色材を用いたものが多くなってきている．

以下では色再現のための色処理を中心に解説する．減法混色による色予測については〔63. 色彩工学（印刷系②）〕を参照されたい．

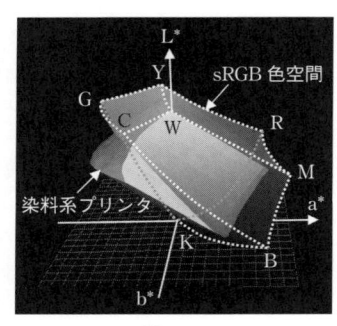

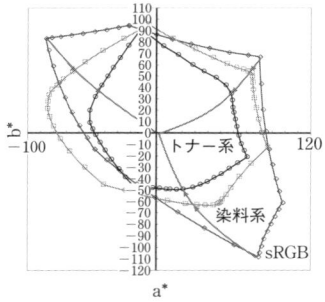

b. 色再現のための色処理

(1) 理想的色材の分光特性 減法混色では，色純度を上げ反射輝度を高めることが重要課題である．理想的な色材の分光特性は，図2に示されるような，各領域を占める矩形状の分布である．この理想色材を「Block dye」と称す．理想色材の分割波長 λ_1, λ_2 は任意性があるが，通常，$\lambda_1 = 500$ nm，$\lambda_2 = 600$ nm をとることが多い．

理想的な色材の分光特性と比べて，実在の色材は図3に示されるように，かなり異なる．
実存の色材は，一般に以下の特性をもつ．
・Y色材は理想色材に近い．
・M色材はB領域に不要吸収がある．
・C色材はB, G領域に不要吸収がある．
このため，色の濁りが生じ，色補正が必須となる．

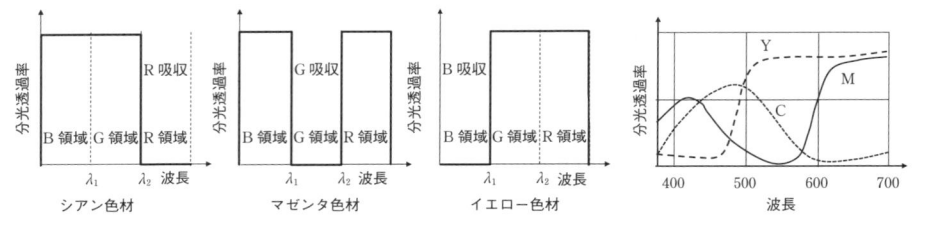

図1　各種プリンタの色再現域（$L^*a^*b^*$色空間）
〔口絵3〕

図2　理想的な色材の分光透過率分布

図3　典型的なインクの分光透過率

(2) カラーマスキング法[1]　マスキングは，色材の不要吸収項を補正する操作である．たとえば，Mインクで記録した場合，B領域の吸収が多すぎるためYインクの使用量を減らしてやる，などの処理を行う必要がある．理想的な色材では，

$$\begin{pmatrix} D_C \\ D_M \\ D_Y \end{pmatrix} = \begin{pmatrix} D_R \\ D_G \\ D_B \end{pmatrix} = \begin{pmatrix} -\log R \\ -\log G \\ -\log B \end{pmatrix} \quad (1)$$

が成立するが，実際の色材では，記録すべき色材の濃度（主濃度）は，他の色材からの寄与があり，

$$D_R = a_{11}D_C + a_{12}D_M + a_{13}D_Y \quad (2)$$

と，線形和（相加則）で記述する．他の色も含めて，

$$\begin{pmatrix} D_R \\ D_G \\ D_B \end{pmatrix} = \begin{pmatrix} a_{11} & a_{12} & a_{13} \\ a_{21} & a_{22} & a_{23} \\ a_{31} & a_{32} & a_{33} \end{pmatrix} \begin{pmatrix} D_C \\ D_M \\ D_Y \end{pmatrix} \quad (3)$$

とする．ここで，係数 a_{ij} は，相加則，比例則が成立するとして，

$$\begin{pmatrix} D_R \\ D_G \\ D_B \end{pmatrix} = \begin{pmatrix} 1 & m_r & y_r \\ c_g & 1 & y_g \\ c_b & m_b & 1 \end{pmatrix} \begin{pmatrix} D_C \\ D_M \\ D_Y \end{pmatrix} \quad (4)$$

と表す．ここで，D_R, D_G, D_B は原稿の（すなわち記録されるべき）R, G, B濃度，D_C, D_M, D_Y は C, M, Y 色材の濃度（主濃度），$m_r, y_r, c_g, y_g, c_b, m_b$ は C, M, Y 色材の R, G, B濃度である．図3からわかるように色材の分光特性より，

$$m_r = y_r = y_g \cong 0 \quad (5)$$

と近似できるので，

$$\begin{pmatrix} D_R \\ D_G \\ D_B \end{pmatrix} = \begin{pmatrix} 1 & 0 & 0 \\ c_g & 1 & 0 \\ c_b & m_b & 1 \end{pmatrix} \begin{pmatrix} D_C \\ D_M \\ D_Y \end{pmatrix} \quad (6)$$

となる．各 C, M, Y の色材量を求めるために逆変換して，

$$\begin{pmatrix} D_C \\ D_M \\ D_Y \end{pmatrix} = \begin{pmatrix} 1 & 0 & 0 \\ -c_g & 1 & 0 \\ (c_g m_b - c_b) & -m_b & 1 \end{pmatrix} \begin{pmatrix} D_R \\ D_G \\ D_B \end{pmatrix}$$

$$(7)$$

となる．この式を用いて，大部分の不要吸収項を補正することができ，色の濁りを解消することができる．実存のインクやトナーなどの色材では，$c_g m_b - c_b \approx -1/8, -m_b \approx -1/4, -c_g \approx -1/6$ 位が最適であるが，さらに色再現を追求していくと式（7）の大雑把な条件だけでは不十分で，0となっている係数が値をもつようになる．最終的には多数のカラーパッチを出力して色差が最小になるように推定する必要がある．

マスキングの名前は写真の印画紙への焼き付け時に，他の色でマスクをして焼き付けしたことに由来する．

(3) 墨入れと下色除去（UCR）　4色記録方式ではC, M, Y色材のほかに黒（墨ともよばれる）の色材（Kと表す）を用いることにより，種々のメリットが生じる．色再現の見地からはC, M, Yの3色あれば十分であり，黒（K）を入れることは自由度が余り，墨版の出力方法に一義性はなく，いろいろな手法が選択できる．古くはスケルトンブラックとよばれる高濃度域での濃度補充による暗部での再現性向上が目的であったが，近年はより積極的に墨版の利用を図り，たとえば100 %墨入れおよび100 %下色除去（under color removal：UCR）も印刷分野で盛んに論じられるようになった．これにより墨版と2色のインクで再現が可能でインクの消費量が減る．しかし，通常の記録では大きいUCR量は色相の不連続性が生じるためあまり用いられない．すなわち，3色で合成した黒と黒インク単独とでは黒の色相・最高濃度などが異なり，またレジずれなどにも弱い．このため，通常 UCR量は50 %以下に抑えられている．

黒（K）の生成は，図4に示されるよう

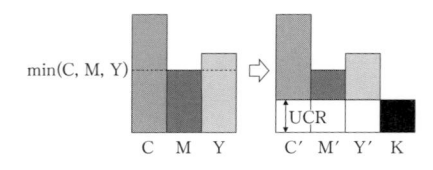

図4 墨入れと UCR

に，3色のインク濃度を C, M, Y とすると，抽出する黒インク濃度 K′ および UCR 後の色インク C′, M′, Y′ は，

$$\left. \begin{array}{l} K = -\alpha \cdot \min(C, M, Y) \\ K' = \beta(K) \\ C' = C - K \\ M' = M - K \\ Y' = Y - K \end{array} \right\} \quad (8)$$

で計算される．ここで，α は UCR 量を表し，通常，0.5位である．$\beta(K)$ は γ 変換を表す．

(4) 高次色補正 マスキング方程式や Neugebauer の方程式は，一般に相加則，比例則が成立するという仮定の下で導き出されているが，実際の系では非線形性が強く，多くの場合この仮定は当てはまらない．そのため，色補正を行うためには高次の項まで含めて行わなければならない．古くは，カラースキャナーで原稿を読み取る際，高次の項まで入れて色補正するマスキング方程式が用いられたが，現在では，実測値に基づくルックアップテーブル (LUT) による補正が主流である．この方法は，補正原理はまったくのブラックボックスで，入力と出力の関係を一義的に決めるだけで済む．

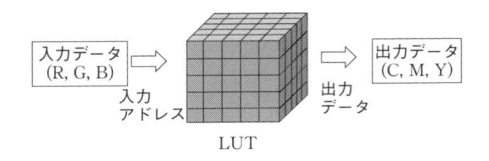

図5 LUT (Look-Up Table) による色補正

機器の色特性を記述し色データ交換を行う仕組みとして，ICC プロファイルとよばれる ICC (International Color Consortium)[2] という団体で国際標準化されたものがある．ICC プロファイルは，プロファイルの情報を記述するヘッダの部分とプロファイルを構成する要素一覧を記述するタグテーブル，内容を記述するタグドエレメントデータから構成されている．

c．印刷色再現とカラーマネジメント[3]

デバイスや色材による色の違いを吸収し同じような色に再現されるようするための処理技術をカラーマネジメント（色管理）とよぶ．古くは印刷・製版の色校正，グラフィックアート，デザインワークなどの色に厳しい特定分野でのみ使われていたが，近年の家庭用プリンタやデジタルカメラ，高精細なディスプレイの普及により様々な分野でカラーマネジメントが利用されるようになった．

(1) 色再現と絵作り カラーマネジメントで色処理を行う場合，目的により色再現を意図的に変える．これをレンダリングインテントとよび，下記の Perceptual, Colorimetric, Saturation の3つがよく用いられ，それぞれのプロファイルが用意されている．

(i) Perceptual（好ましい色再現）：記憶色に基づく色再現．好ましい色再現ともいう．肌の色は健康色に見えるピンク色に，空の色は澄み切ったブルーに……という具合に彩度が高く，より美しく見える色となる．

(ii) Colorimetric（忠実な色再現）：ロゴやコピー原稿のようにオリジナルに忠実な色再現を行うもので，色差→0（できる限り色を正確に保存）を目指す．印刷用プルーフなどに主に用いられる．

(iii) Saturation（彩度重視）：色文字や色ラインに対して色相が明確に分離された色再現が必要となる．ビジネスグラフィ

図6 プロファイルの作成

ックスやプレゼンテーションに用いられる．

(2) プロファイルの作成と利用 プロファイルは，図6に示すように，カラーパッチをプリンタや印刷機で出力し，カラーパッチの各色が目標とするレンダリングインテント色になるようにLUTを作成する．実際に利用する場合は，入力色データを作成したLUTで変換することにより目的とする色再現ができ，絵作りが可能となる．LUTのメモリー容量を少なくするため，通常，色の格子点を粗くとり，補間法を用いることが多い．

(3) カラーマネジメントシステム（CMS）

プリンタのカラーマネジメントは，入力画像データを，いったん機器に依存しない絶対色空間（device independent color-space）に変換し，その後それぞれの出力機器に対応した色空間（device dependent color-space）に戻して画像出力を行う．絶対色空間は各機器とプロファイルを経由して連結するため，PCS（profile connection space）とよばれ，通常，XYZやL*a*b*といった色空間が用いられる．色変換を行うモジュールをCMM（color management module）とよぶ．絶対色空間にいったん変換するメリットは，デバイスに依存しない色空間に直すため，互換性・可搬性が増し，クライアント間でのデータの交換が容易になる．図7はプロファイルを介したCMSのシステムを表す．プロファイルとしてはICCプロファイルが使われることが多い．

一方，コンシューマ用のCMSでは，PCSとして標準色空間に準拠した手法を用いる．sRGBを標準色空間とした場合，多くの入出力機器がsRGB対応であるため，原則的にはプロファイルは不要であるが，メーカ固有の色再現を行うため，あるいは個人の好みに合わせるためにメーカー指定のドライバーで色補正が可能である．

[河村尚登]

■参考文献
1) J. A. C. Yule : Principles of Color Reproduction, John Willey & Sons (1967).
2) http://www.color.org/
3) 河村尚登，小野文孝監修：カラーマネジメント技術，東京電機大出版局 (2008).

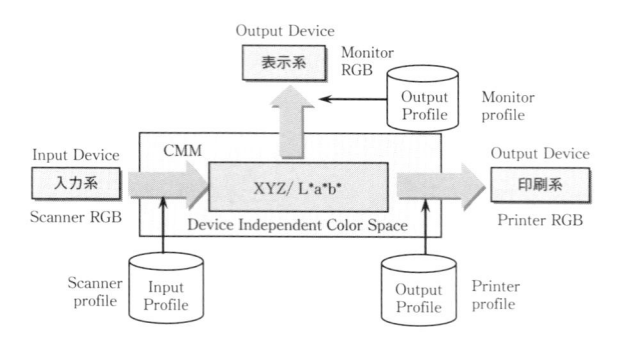

図7 カラーマネジメントシステム（CMS）

65 [ホログラフィー]

ホログラフィー

物体から回折されてくる波面（複素振幅分布）を直接記録と再生する技術がホログラフィーである．物体を可干渉な光（レーザー光）で照明し，物体で反射散乱されてくる光波（物体波）と参照波とよばれる光波（物体波と可干渉である必要がある）の干渉縞を感光材料に記録し，これを参照波で照明すれば，回折波として元の物体波が再生できる．これが，ホログラフィーの原理である．1948 年，D. Gabor によって発明された．Gabor は電子顕微鏡の像改良の研究中にこの原理を見出したが，レーザーという干渉性の優れた光源の発明により，この技術がにわかに脚光をあび，立体像表示，光メモリー，光学素子などへの応用が盛んに研究されるようになった．

ホログラフィーの特徴は，従来の写真法（フォトグラフィー）が像の強度分布を記録するのに対して，物体の複素振幅（強度ばかりでなく位相情報も含む）を記録できることである．ここで記録したものをホログラムという．

a. 複素振幅の記録と再生

ホログラムの記録光学系を図 1（A）に示す．物体がコヒーレント光で照明され，物体から回折された光が記録媒体（写真フィルムなど）を照明しているとする．ここで，物体から回折されて記録面に到達した波面を物体波とよび $A(x, y) = a(x, y)\exp[i\phi(x, y)]$ で表す．ただし，$a(x, y)$ は物体波の振幅分布で $\phi(x, y)$ は位相分布である．通常の写真法では，記録されるものは記録媒体に到達する光波の強度分布であるので，記録媒体に到達する光波の強度分布で

$$I(x, y) = |A(x, y)|^2 = A^2(x, y) \quad (1)$$

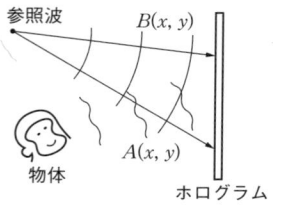

(A) 記録光学系

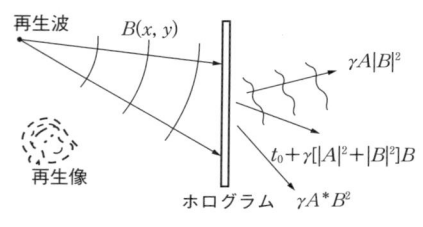

(B) 再生光学系

図 1 ホログラムの記録と再生の光学系

となり，位相分布は記録されない．ここで，物体波に可干渉の光波 $B(x, y)$（参照波という）を重ね合わせると，記録される光波の強度分布は

$$\begin{aligned} l(x, y) &= |A(x, y) + B(x, y)|^2 \\ &= |A(x, y)|^2 + |B(x, y)|^2 \\ &\quad + A(x, y)B^*(x, y) \\ &\quad + A^*(x, y)B(x, y) \end{aligned}$$
(2)

となる．ただし，参照光が記録面に角度 θ で入射する平面波であるとすれば，

$$B(x, y) = b(x, y)\exp(i2\pi\alpha x) \quad (3)$$

と書ける．ただし，$\alpha = \sin(\theta)/\lambda$ である．式(2)の第 1 項と第 2 項はそれぞれ，物体波の強度と参照波の強度でいずれも位相情報は欠落している．第 3 項と第 4 項は干渉の項でそれぞれ

$$\begin{aligned} &A(x, y)B^*(x, y) \\ &= a(x, y)b(x, y)\exp\{i[\phi(x, y) - 2\pi\alpha x]\} \end{aligned}$$
(4)

$$\begin{aligned} &A^*(x, y)B(x, y) \\ &= a(x, y)b(x, y)\exp\{-i[\phi(x, y) - 2\pi\alpha x]\} \end{aligned}$$
(5)

と表され，物体の位相項 $\phi(x, y)$ が残って

いる．式（4）と式（5）は互いに複素共役であり，式（2）の第3項は物体の複素振幅分布を含んでいることに注意せよ．式（4）と式（5）を式（2）に代入すると，

$$I(x,y) = |A(x,y)|^2 + |B(x,y)|^2 + 2a(x,y)b(x,y)\cos[2\pi\alpha x - \phi(x,y)] \quad (6)$$

となる．物体波と参照波が干渉して干渉縞を形成していることがわかる．このように，物体波に参照波を重ね合わせて干渉記録し，物体の位相情報を欠落させずに記録する方法をホログラフィーという．式（6）の干渉縞を記録したものをホログラムという．ホログラムの振幅透過率が，記録した強度分布 $I(x,y)$ に比例し，

$$t(x,y) = t_0 + \gamma I(x,y) \quad (7)$$

と書けるとする．ただし，t_0 と γ は定数．このホログラムに，記録したときに用いた参照波（これを再生波という）を図1（B）に示すようにあてると，ホログラムを透過する波面は，

$$t(x,y)B(x,y)$$
$$= [t_0 + \gamma|A(x,y)|^2 + |B(x,y)|^2]B(x,y)$$
$$+ \gamma A(x,y)|B(x,y)|^2 + \gamma A^*(x,y)B^2(x,y) \quad (8)$$

と表すことができる．この第3項は
$$\gamma A(x,y)|B(x,y)|^2$$
$$= \gamma a(x,y)b(x,y)^2 \exp[i\phi(x,y)] \quad (9)$$

第4項は，
$$\gamma A^*(x,y)B^2(x,y)$$
$$= \gamma a(x,y)b(x,y)^2 \exp[-i\phi(x,y) + i4\pi\alpha x] \quad (10)$$

と書ける．このことから，式（8）の第1項は，照明光と同じ方向にホログラムを突き抜ける光束であり，第2項は式（9）より物体光に比例した振幅をもつ光波であることがわかる．第3項は式（10）より物体波と共役な位相分布をもち 2θ の方向に伝播する光波であることがわかる．ホログラフィーの技術を使うと複素振幅分布を記録して再生することができる．

このように物体波と参照波を異なる方向からホログラム面に入射させてホログラムを作ると，再生する場合に，3つの方向にホログラム透過項が分かれて伝播し，再生像とその共役像が空間的に分離できる．これがオフアクシスホログラフィーである．一方，物体波と参照波を同じ方向で入射させる方法はオンアクシスホログラフィーという．Gaborが最初に提案したのはこの方法である．

b．ホログラフィーの特徴

従来の写真法が像の強度分布を記録するのに対して，光波の複素振幅分布を記録するホログラフィーは，次のような優れた特徴をもつ．① 光波のすべての特性（振幅分布と位相分布）を記録できるので，完全な立体像の記録と再生ができる．② 拡散性の物体の場合，回折像がホログラム面全体に広がる．このため，ホログラムの一部からでも完全な像の再生が可能である．③ 参照光の向きを変えたり波長を変えたりして，1枚のホログラムに多重記録ができ，またそれを独立に再生できる．この性質は，ホログラフィック光記録に利用される．④ 波面の変換ができる．つまり，AとBの波面をそれぞれ物体波と参照波とみなして，ホログラムを作り，Aの波面で再生するとBの波面が，Bの波面で再生するとAの波面が得られる．

一方，① 記録の過程でレーザーなどのコヒーレント光源を必要とすること，② 高解像度の記録媒体が必要であることなどがホログラフィーの問題点である．

c．ホログラム材料

ホログラムとして記録される干渉縞の間隔は μm 程度になることが多い．したがってホログラムを記録する感光材料は，1000本/mm 以上の解像力をもつ必要がある．主なホログラム記録材料を表1に示す．DCGはダイクロメーテドゼラチンである．ホログラム材料は，ホログラムを構成する

表1 ホログラム記録材料

材料	感度 (J/m^2)	解像力 (l/mm)	記録方式
銀塩感光材料	≈ 1.5	≈ 5000	振幅
DCG	10^2	10000	位相
フォトレジスト	10^2	3000	位相
フォトポリマー	10-10^4	5000	位相
BSO結晶など	10	10000	位相

干渉縞を透過率の変化で表す振幅型と位相の変化で表す位相型に分類することができる．

d．ホログラムの種類

物体波と参照波が角度をもって記録媒体を露光するか否かによって，オフアクシスホログラムとインラインホログラムに分類されたように，ホログラムの記録配置によって分類される．

(1) **Fresnelホログラムと Fraunhoferホログラム** 図2(A)は，物体からのFresnel回折像を記録するのでFresnelホログラムとよばれている．これに対して，物体とホログラムの位置を十分離してFraunhofer回折像を記録するホログラムがFraunhoferホログラムである．微粒子の計測などに利用されている（図2(B)）．同じく図2(C)に示すように，物体とホログラムの間に凸レンズを挿入しレンズの焦点面でFraunhofer回折像を記録することもできる．このホログラムはフーリエ変換ホログラムとよばれる．焦点面上にできる像の大きさは小さいので，デジタルデータの光記録への応用が検討されている．

一方，図2(D)に示すように，物体をレンズによってホログラム面に結像した状態で参照波を重ね合わせてホログラムを撮影することもできる．これはイメージホログラムとよばれている．再生像はホログラム面近傍にできるので，波長の異なる再生光を用いても像のずれは小さい．このため白色光再生用のホログラムとして利用され

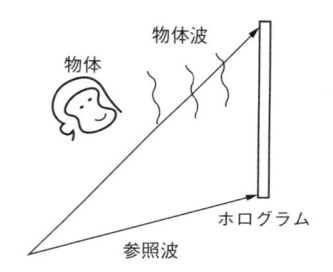

(A) Fresnelホログラム

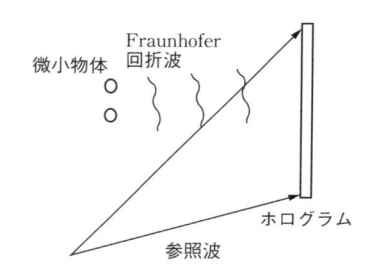

(B) Fraunhoferホログラム

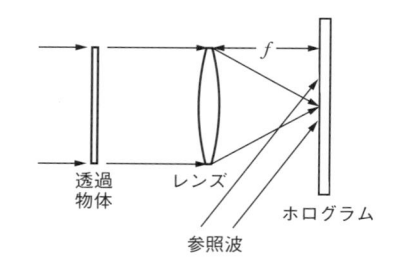

(C) フーリエ変換ホログラム

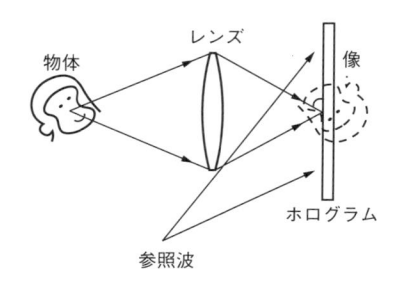

(D) イメージホログラム

図2 ホログラムの種類

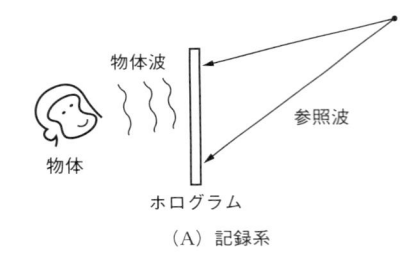

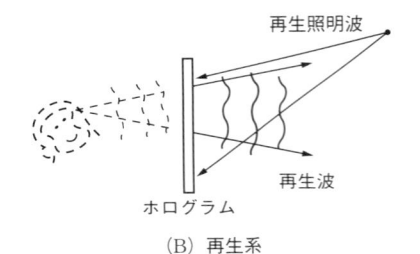

図3 Lippmannホログラムの記録と再生光学系

る．クレジットカードや紙幣に使われるホログラムはこの形のホログラムである．

(2) **Lippmannホログラム**　比較的厚い記録媒質に，物体波と参照波を対向して照明すると，できる干渉縞はほぼ記録媒質面に平行な層状構造となる．この層状構造は，一種のBragg格子とみなせ，参照波を照射すると再生像が反射波として得られる．この形のホログラムはLippmannホログラムとよばれている．図3にLippmannホログラムの記録と再生光学系を示す．媒質の厚いLippmannホログラムは再生光に対して高い角度選択性と波長選択性をもっている．　　　　　　　　　　[谷田貝豊彦]

■参考文献
1) R. J. Collier *et al.*：Optical Holography, Academic Press (1971).
2) P. Hariharan：Optical Hologramphy, Principles, Techniques and Applications, Cambridge University Press (1984).
3) 久保田敏弘：ホログラフィー入門，朝倉書店 (1995).
4) 辻内順平：ホログラフィー，裳華房 (1997).
5) S. A. Benton and V. M. Bove, Jr.：Holographic Imaging, John Wiley & Sons (2008).

66 [ホログラフィー]

デジタルホログラフィー

通常のホログラフィーでは，レーザー照明された物体からの回折波（これを物体波という）と同じ光源からの参照波を干渉させて，干渉縞を高解像度の記録媒体にホログラムとして記録する．このホログラムに同じ参照波を照射して，物体波を再生する．これに対して，ホログラムを高解像度のイメージセンサーで撮像して，デジタル化されたホログラムからの再生を計算によって行う技術，もしくは，物体を仮定して，物体からの回折波を計算で求め，この情報からホログラムを作り，光学的に再生する技術をデジタルホログラフィーという．狭義には，前者をデジタルホログラフィーといい，後者を計算機（計算機合成）ホログラフィーという．

a. デジタルホログラフィー

(1) 記録光学系の配置　デジタルホログラムの記録は，通常の光学的ホログラムの記録と同じ配置がとられる．〔65. ホログラフィー〕の図1において，ホログラムの位置に高解像度のイメージセンサーを置く．記録されるホログラムの強度分布は，物体波と参照波の複素振幅分布をそれぞれ，$A(x,y)$，$B(x,y)$ とすると，
$$I(x,y) = |A(x,y)+B(x,y)|^2$$
$$= |A(x,y)|^2 + |B(x,y)|^2$$
$$+ A(x,y)B^*(x,y) + A^*(x,y)B(x,y) \quad (1)$$
となる．この強度分布 $I(x,y)$ が直接イメージセンサーで検出される．ホログラムの振幅透過率は，$I(x,y)$ と考える．

これに参照光 $B(x,y)$ を乗算すると，再生波 $B(x,y)I(x,y)$ が得られる．

光学的なホログラムの撮影に使用している記録材料と比較して，使用できるイメージセンサーの解像力とセンサー画素の数には制限があるので，物体波と参照波のなす角はなるべく小さくする必要がある．このため，しばしばオンアクシスホログラフィーの配置が用いられる．

(2) 像再生の計算　ホログラムの面から d の位置に存在する物体の再生には，再生波の回折を計算すればよい．

(i) Fresnel 回折計算法：　図のような配置を考え，参照光の複素共役波で再生する場合を考える．再生像の複素振幅分布は，定数項を除いて，Fresnel 回折式で与えられるとする．

$$h(x',y') = \iint_{-\infty}^{\infty} B^*(x,y) I(x,y)$$
$$\times \exp\left\{\frac{i\pi}{\lambda d}[(x-x')^2+(y-y')^2]\right\} dx dy$$

$$= \exp\left[\frac{i\pi}{\lambda d}(x'^2+y'^2)\right]$$

$$\times \iint_{-\infty}^{\infty} B^*(x,y) t(x,y) \exp\left[\frac{i\pi}{\lambda d}(x^2+y^2)\right]$$

$$\times \exp\left[-\frac{i2\pi}{\lambda d}(xx'+yy')\right] dx dy \quad (2)$$

ここで，$\nu_x = x'/(\lambda d)$，$\nu_y = y'/(\lambda d)$ と置き換えると，

$$h(\nu_x, \nu_y) = \exp[i\pi\lambda d(\nu_x^2+\nu_y^2)]$$
$$\times \iint_{-\infty}^{\infty} B^*(x,y) I(x,y) \exp\left[\frac{i\pi}{\lambda d}(x^2+y^2)\right]$$
$$\times \exp[-i2\pi\nu_x x + \nu_y y] dx dy \quad (3)$$

再生像は，ホログラムを透過した光波に位相項 $\exp[i\pi\lambda d(\nu_x^2+\nu_y^2)]$ を乗じたものをフーリエ変換すれば得られる．

(ii) 角スペクトル法：〔B. 波動光学〕の式 (73) を用いる方法である．すなわち，$z=d$ における光波の複素振幅を

$$U(x', y', z=d)$$
$$= \iint_{-\infty}^{\infty} \tilde{U}(\nu_x, \nu_y, 0) e^{i(k_x x + k_y y)}$$
$$\times e^{\left(i2\pi d\sqrt{(1/\lambda)^2 - \nu_x^2 - \nu_y^2}\right)} d\nu_x d\nu_y \quad (4)$$

で計算する．ただし，$k_x = 2\pi\nu_x$, $k_y = 2\pi\nu_y$ で，$\tilde{U}(\nu_x, \nu_y, 0)$ は，ホログラムの再生光 $B^*(x, y)t(x, y)$ のフーリエ変換

$$\tilde{U}(\nu_x, \nu_y, 0) = \iint_{-\infty}^{\infty} B^*(x, y) I(x, y)$$
$$\times \exp[i2\pi(x\nu_x + y\nu_y)] dxdy \quad (5)$$

である．

(3) 位相シフト法 光記録・光再生のホログラムと異なり，デジタルホログラフィーでは，イメージセンサーの画素数に制限があるので，物体光と参照光のなす角度を小さくする必要がある．この場合に，再生像やその位相共役像の近傍に強度の強い0次光が再生される．この0次光や共役像の影響を除くために，位相シフト法が用いられる．位相シフト法では，物体光と参照光の間の相対的位相 δ を変化させて複数枚のホログラムを取得する．位相変化 δ が与えられたホログラムの強度分布は，

$$I(x, y, \delta) = |A(x, y)|^2 + |B(x, y)|^2$$
$$+ A(x, y) B^*(x, y) e^{-i\delta}$$
$$+ A^*(x, y) B(x, y) e^{i\delta} \quad (6)$$

ここで，4ステップ法とよばれる方法では，$\delta = 0, \pi/2, \pi, 3\pi/2$ のように変化させ，

$$A(x, y) = \frac{1}{4B^*(x, y)} \{I(x, y, 0) - I(x, y, \pi)$$
$$+ i[I(x, y, \pi/2) - I(x, y, 3\pi/2)]\} \quad (7)$$

通常，位相シフトデジタルホログラフィー法では，物体光と参照光をインラインに配置して，イメージセンサーに垂直入射させる配置とるので，このときは，参照光の振幅分は実数で一定である．

b．計算機ホログラフィー

ホログラムの強度分布を示す式は〔65．ホログラフィー〕の項の式（6）であった．したがって，表示したい物体波 $A(x, y)$ と参照波 $B(x, y)$ が既知なら，計算によってホログラムの強度分布 $I(x, y)$ が求まり，これを適当な表示装置で，$I(x, y)$ に比例する振幅透過率分布が表示できれば，これをホログラムとして再生することができる．しかし，この方法は表示装置の特性（表示点数，濃淡レベル数）から必ずしも適当とはいえない．ここでは，セル表示法と点表示法の2つの方法を述べる．

(1) セル表示法 この方法では，図に示すように，ホログラムに到達する物体波の標本点に対して幅 Δx の正方形のセルを対応させ，標本点 (m, n) の振幅 A_{mn} と位相 ϕ_{mn} を，セルに開けられた高さ H_{mn} 幅 W の矩形開口とこの開口のシフト量 P_{mn} で表す方法である．このホログラムは，Lohmann ホログラムともよばれる．

今，ホログラムが平面波 $\exp(-i2\pi\alpha x)$ の平面波で照明されているとき，各開口から回折される光波は，

$$\int_{m\Delta x + P_{mn} - W/2}^{m\Delta x + P_{mn} + W/2} \exp(-i2\pi\alpha x) dx$$
$$\times \int_{n\Delta x - H_{mn}/2}^{n\Delta x + H_{mn}/2} dy$$
$$= W H_{mn} \mathrm{sinc}(W\alpha)$$
$$\times \exp[-i2\pi\alpha(m\Delta x + P_{mn})] \quad (8)$$

ここで，N を整数として，$\alpha \Delta x = N$ のように選ぶと，式(8)は，複素振幅 $H_{mn} \exp(-iNP_{mn})$ に比例し，$N = 1$ とすると，希望する複素振幅が得られる．

(2) 点表示法 ホログラムの各標本点の強度分布を直接計算する方法である．

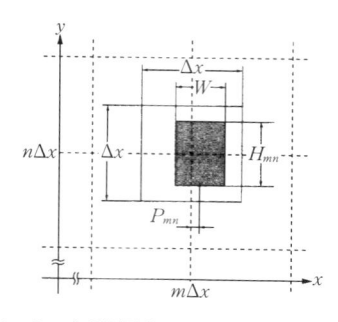

図1 セル表示型計算機ホログラムのセル構造

ただし，光学的に記録するホログラムの0次光に相当する項は計算しない．ここではまず1次元のフーリエ変換ホログラムについて説明する．まず，幅 D の物体 $u(x)$ を考える．このフーリエ変換を $U(\nu) = A(\nu) e^{i\phi(\nu)}$ とする．関数 $u(x)$ のエルミート対称の関数は，$u_h(x) = (1/2)[u(x+D/2) + u^*(-x+D/2)]$ である．この関数のフーリエ変換は，

$$\tilde{U}_h(\nu) = \frac{1}{2}\left[\tilde{U}(\nu)e^{i\pi D\nu} + \tilde{U}^*(\nu)e^{-i\pi D\nu}\right]$$

$$A(\nu)\cos[\pi D\nu + \phi(\nu)] \quad (9)$$

この関数は常に実関数である．したがって，適当な定数 t_0 を加えると，正の値をとるので，これを表示すればフーリエ変換ホログラムが得られる．実際のホログラムの計算では，始めに物体 $u(x)$ のフーリエ変換 $U(\nu)$ を計算し，これを使って式 (9) を求め，ホログラムを計算すればよい．もしくは，始めに物体を原点から $D/2$ だけずらしてフーリエ変換を計算し，その実部だけをとってホログラムを求めることもできる．

(3) Fresnel 変換ホログラム 〔B．波動光学〕の Fresnel 回折の式 (62) は，

$$U(x,y) = \iint_{-\infty}^{\infty} g(\xi,\eta)$$
$$\times \exp\left\{\frac{i\pi}{\lambda R}[(x-\xi)^2 + (y-\eta)^2]\right\}d\xi d\eta \quad (10)$$

のコンボリューション積分の形をしている．すなわち，$h(x,y) = \exp[(i\pi/\lambda R)(x^2+y^2)]$ とすると，

$$U(x,y) = g(x,y) * h(x,y) \quad (11)$$

ただし，*はコンボリューション積分を表す．式 (11) をフーリエ変換すると，

$$\tilde{U}(\nu_x, \nu_y) = \tilde{G}(\nu_x, \nu_y)\tilde{H}(\nu_x, \nu_y) \quad (12)$$

ただし，$\tilde{G}$, $\tilde{H}$ はそれぞれ $g(x,y)$, $h(x,y)$ のフーリエ変換である．点表示法で Fresnel ホログラムを作成するのは，式 (12) を式 (9) を2次元に拡張した式に代入してホログラムを計算すればよい．

式 (13) は次のようにも変形できる．

$$U(x,y) = \exp\left[\frac{i\pi}{\lambda R}(\xi^2+\eta^2)\right] \iint_{-\infty}^{\infty} g(\xi,\eta)$$
$$\times \exp\left[\frac{i\pi}{\lambda R}(\xi^2+\eta^2)\right]\exp\left[-\frac{i2\pi}{\lambda R}(x\xi+y\eta)\right]d\xi d\eta$$
$$(13)$$

この式によれば，Fresnel 回折の計算は，$g(\xi,\eta)$ に2次の位相項 $\exp[(i\pi/\lambda R)(\xi^2+\eta^2)]$ を乗じたものをフーリエ変換すればよいことがわかる．

c. 回折の計算

回折の計算式にはしばしばフーリエ変換が現れる．デジタル計算機でフーリエ変換を計算するのは，入力物体とそのフーリエ変換を各々標本化し，フーリエ変換も離散化する必要がある．今，物体面の標本間隔を Δx とし，標本点数を N とする．同様に，フーリエスペクトル面の標本間隔と標本点数をそれぞれ，$\Delta \nu$, N とすると，離散フーリエ変換は，

$$G(m'\Delta\nu, n'\Delta\nu) = \sum_{m=0}^{N-1}\sum_{n=0}^{N-1} g(m\Delta x, n\Delta x)$$
$$\times \exp\left[-\frac{i2\pi}{N}(mm' + nn')\right]$$
$$(14)$$

で与えられる．この数値計算には，高速フーリエ変換法（FFT）のアルゴリズムが使われる．

〔谷田貝豊彦〕

■参考文献
1) U. Schnars and W. Jueptner：Digital Holography, Springer (2004).
2) T. Kreis：Handbook of Holographic Interferometry, Wiley-VCH (2005).
3) W. H. Lee：Progress Optics XVI (E. Wolf ed.), Elsevier (1978), pp. 121-231.
4) O. Bryngdahl and F. Wyrowski：Digital Progress In Optics (E. Wolf, ed.), North-Holland, XXVIII (1990), pp. 1-86.
5) 谷田貝豊彦：計算機ホログラム技術の展開，光学，**30** (2001), 156-166.

67 [ホログラフィー]

ホログラフィック光学素子

a. ディスプレイ用ホログラム[1-3]

ホログラフィーは，立体像表示，計測，光情報処理，各種光学素子などに利用されている．ここでは，立体像表示に利用されているホログラムについて述べる．

(1) カラーホログラム 赤，緑，青の3本のレーザー光によってできるホログラムを1枚の記録媒体に記録すればカラー像が再生できるホログラムを作製できる．しかしこのホログラムでは，記録時と同じ3本のレーザー光で再生する必要があり，赤で記録したホログラムを緑や青の再生光でも再生することになり，色々な成分のホログラム像が重なるクロストークの問題が発生する．それぞれの光に対するホログラムの参照光の角度を変えたり，色フィルターを利用する方法などが提案されている．

Lippmannホログラムは，波長選択性が高くクロストーク像の問題は発生しないので，白色光再生が可能である．また，イメージホログラムも高い波長選択性があるので，両者を組み合わせたホログラムが利用されることも多い．

(2) ホログラフィックステレオグラム 3次元物体を視点を変えてカメラで撮影すると，視差の異なる複数枚の原画が得られる（図1）．この原画を拡散スクリーン上に置き，これを垂直方向に長いスリットを置いて，順番にホログラムとして記録する．このとき，はじめ原画を撮影した位置とホログラムの上に置くスリットの位置を対応させておく．このように撮影されたホログラムの再生像を両眼で見れば，視差をもった原画像が見え立体感が得られる．

(3) レインボーホログラム 白色光

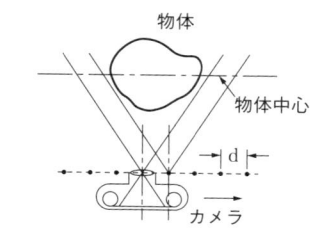

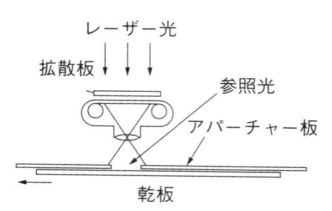

図1 ホログラフィックステレオグラムの作製と再生

で再生可能なホログラムの1つに，レインボーホログラムがある．まず，図2（A）に示すように，物体のホログラム（マスターホログラム）を作る．次にこのホログラムにスリットを重ねて再生し，この再生像（実像）の位置で第2のホログラムを記録する．このホログラムは物体の実像を記録しているので，イメージホログラムになっている．マスターホログラムのうち，スリット部分のみの情報を使って実像を再生しているので，スリットの方向と直角方向の視差の情報は欠落している．このホログラムを白色光で再生すると，赤，緑，青などのスリットの像が波長によってずれて再生される．赤スリット像の位置に眼を置いて再生像を見ると，赤色の再生像が，緑のスリット像の位置に眼を置けば，緑の再生像が見える．眼を動かせば，虹のように色づいた再生像が見える．この第2のホログラムは，元の物体の色情報を再現しないが，虹色に見える立体像が得られ，ディスプレイ用ホログラムとして利用されている．

b. 光メモリー[4]

CDやDVDに代表される光記録法は，データの記録と再生がビットごとに順番に

(A) マスターホログラムの記録

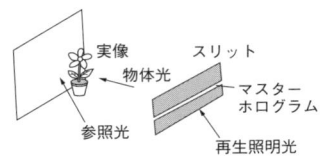

(B) レインボーホログラムの記録

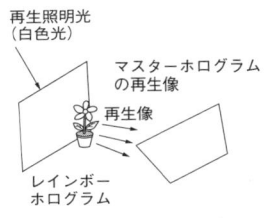

(C) 白色光による再生

図2　レインボーホログラムの作成と再生

行われる時系列方式である．高速書き込み読み出しのためには，2次元並列書き込み読み出しができる並列方式が有利と考えられる．このため，ホログラフィック光メモリーが検討されている．〔65.　ホログラフィー〕b項で述べたように，参照光の方向を変えることでホログラムの記録多重化が可能であることや，フーリエ変換ホログラムを使うことで極めて微小な領域にデータが記録できることなどから高い記録密度の実現も期待できる．図3にホログラム方式の概念図を示す．多重記録容量を増すためには，体積型ホログラムにする必要があるので，記録媒質にはフォトリフラクティブ結晶や厚いフォトポリマー材料などが用いられる．2次元の記録用データは空間光変調器に表示され，レンズのほぼ焦点付近に参照ビームを当てホログラムを記録する．再生データは2次元イメージセンサーで検出される．このように2次元データを直接記録再生する方式をページデータ方式という．図4に，ディスク上にシフト多重記録されたホログラムとその読み出し系を示す．

c. ホログラフィック回折光学素子

(1)　分散素子[5]　　回折格子の多くは，ルーリングエンジンとよばれている刻線機によって1mm幅に1000本前後の周期的な溝を刻むことによって製作される．この周期構造をホログラフィックな干渉縞として写真記録し，エッチングして回折格子としたものが，ホログラフィック回折格子である．比較的大面積の格子が製作できること，平面以外に球面上にも格子が製作できること，球面波や非球面波を用いてホログラムを製作すれば結像特性などをもたせた回折格子も製作できること，刻線回折格子に比べればゴーストの発生が少ないことなど，優れた特性がある．また，格子は平面上に製作されるばかりでなく，凹面上にも製作される．

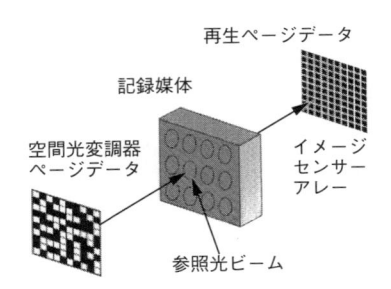

図3　ホログラムによるページデータの記録と再生

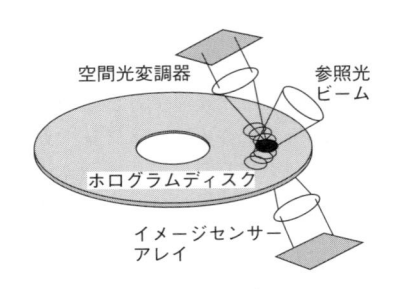

図4　ホログラムディスク

(2) 結像素子[6] ホログラム面から R の距離に点物体 $A\exp[i(2\pi/\lambda f)(x^2+y^2)]$ を置き，平面波の参照光 $B\exp(-2\pi\alpha x)$ を用いてホログラムを作ると，ホログラムには，

$$h(x,y) = A^2 + B^2$$
$$+ AB\exp\left[i\frac{2\pi}{\lambda f}(x^2+y^2) + 2\pi\alpha x\right]$$
$$+ AB\exp\left[-i\frac{2\pi}{\lambda f}(x^2+y^2) - 2\pi\alpha x\right] \quad (1)$$

が記録され，このホログラムを平面波 $B\exp(-2\pi\alpha x)$ で再生すると，

$$h(x,y)B\exp(-2\pi\alpha x) = (A^2+B^2)B\exp(-2\pi\alpha x)$$
$$+ AB^2\exp\left[i\frac{2\pi}{\lambda f}(x^2+y^2)\right]$$
$$+ AB^2\exp\left[-i\frac{2\pi}{\lambda f}(x^2+y^2) - 4\pi\alpha x\right] \quad (2)$$

が再生される．この第3項はホログラム面から f の位置に焦点を結ぶ．つまり，このホログラムは焦点距離 f の凸レンズの働きをする．これをホログラフィックレンズという．また，$\exp[i(2\pi/\lambda f)(x^2+y^2)]$ の実部を2値したものは，Fresnel ゾーンプレートとよばれ，図5に示すような同心円環状のパターンになる．これもレンズの働きをする．

ホログラフィックレンズがこのような結像作用をもつばかりでなく，物体光を工夫することにより収差補正，分光，分波などの作用ももたせることができる．通常のレンズは屈折によって結像作用を得るが，ホログラフィックレンズは回折によって結像作用を得る．屈折の作用が著しく弱いX線の領域では，Fresnel ゾーンプレートが結像素子として利用されている．

(3) スキャナー[7] バーコードを読み取る方式として，レーザービームを走査する方法がある．回転多面体鏡やガルバノミラーによる方式に比較して，ホログラムを

図5 Fresnel ゾーンプレート

用いる方法は，簡便で走査パターンもラスタースキャンやX字スキャンなどが実現できる．ピッチが連続的に変化する格子に細いレーザービームをあて，この格子を格子線と直角方向に動かすと，ビームの偏向方向は変わり，ビームを走査することができる．いくつかの方法でピッチが変わる格子を作ることができるが，最も簡単なものは，図5のFresnel ゾーンプレートである．Fresnel ゾーンプレートは結像効果をもっているので，ビームを収束させながら走査することができる．実用的にはこのFresnel ゾーンプレートはホログラフィックに最策される．走査方向が異なる複数枚の走査用ホログラムをディスク状に配置し，ディスクを回転させると複雑な走査パターンを作ることができる． ［谷田貝豊彦］

■**参考文献**

1) 久保田敏弘：ホログラフィー入門，朝倉書店 (1995) pp. 58-76.
2) 辻内順平：ホログラフィー，裳華房 (1997) pp. 132-210.
3) S. A. Benton and V. M. Bove, Jr.：Holographic Imaging, John Wiley & Sons (2008).
4) J. Ashley et al.：IBM J. Res. Dev., **44** (2000) 341-368.
5) 辻内順平：ホログラフィー，裳華房 (1997) pp. 332-337.
6) P. C. Mehta and V. V. Rampal：Lasers and Holography, World Scientific (1993) pp. 517-551.
7) L. Beiser：Holographic Scanning, John Wiley & Sons (1988).

[生理光学]

68 眼の光学系

a. 眼のレンズ系による網膜上への結像

外界から眼に入射した光は，角膜，瞳孔，水晶体，および硝子体を経て，網膜で結像する（図1）．眼はカメラに例えられるが，カメラのレンズに相当するのが角膜と水晶体である．組み合わせレンズ（角膜と水晶体）を1つのレンズに還元した場合，この仮想的なレンズの中心はレンズ系の左側から見た場合と右側から見た場合で異なる場合があるので，2つの点として表示される．点の間は空間が存在しないと考える．さらに，眼のように像が外界と異なった屈折率の媒質中にできる場合，角度が保存される光線にとってのレンズの中心と，焦点を通る光が光軸に平行に曲げられるレンズの中心が異なる．前者を節点（nodal point），後者を主点（principal point）という（図2）[1]．Gullstrand の模型眼では，調節が働かないとき角膜の屈折力は 43.05 ジオプター（-D：diopter）水晶体の屈折力は 19.11-D，眼軸長は 24.0 mm である．

網膜像の質に関係するのは，角膜および水晶体のレンズとしての質（収差の程度），透明性（散乱の程度），瞳孔の大きさ（ピンホールの大きさ）である．このうち収差は眼鏡で矯正できる低次の収差（近視，遠視，乱視）と，矯正できない高次収差に分けられる．眼球に入射した平行光線が網膜

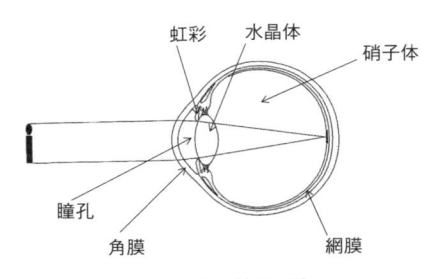

図1 目の断面の図

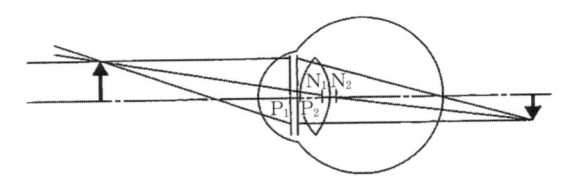

図2 眼球光学結像系
P_1：物体主点　P_2：像主点　N_1：物体節点，N_2：像節点

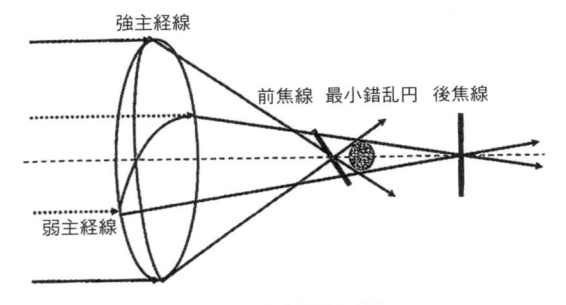

図3 角膜乱視眼の結像

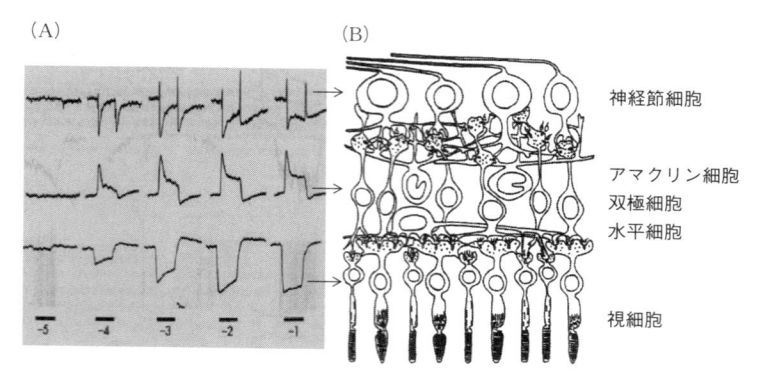

図4　網膜内情報伝達機構
(A) 照射光量を変えた場合（-5〜-1）の，視細胞（下段），双極細胞（中段），神経節細胞（上段）の反応．視細胞ではアナログ的な反応であるが，神経節細胞ではデジタル的な反応になる．
(B) 網膜内各層の細胞．

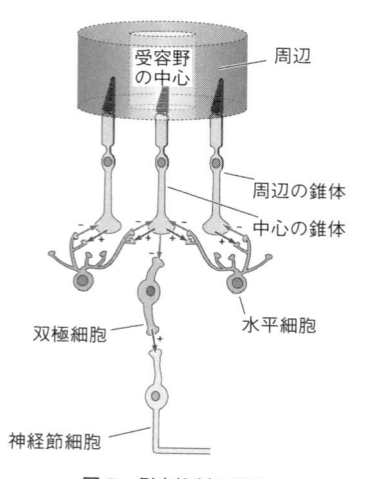

図5　側方抑制の機構
神経節細胞の受容野の周辺に光が当たると，水平細胞が中心の錐体に抑制性の信号が送られる．この側方抑制の機構により輪郭強調が得られる．

より前に焦点を結ぶ状態が近視で，後ろに結ぶ状態が遠視である．乱視は角膜がラグビーボールのように縦方向と横方向で曲率半径が異なった状態である（図3）．瞳孔径が小さいと，網膜像のボケが小さくなる．老視の年齢になると，瞳孔径が小さくなるが，これは焦点深度を深くすることにより，水晶体の調節量が少なくても網膜像の劣化を少なくできる適応現象と考えられる．

b．網膜での画像処理

物が見えるという感覚は，網膜像そのものから得られるのではなく，網膜像が網膜および視覚中枢で情報処理された信号で生み出される．網膜では，視細胞で光が吸収され，電気的な情報に変換された後，双極細胞，網膜神経節細胞へと情報伝達され，視神経を経て脳に情報伝達される（図4(B)）．視細胞には赤，緑，青の波長の光をそれぞれ吸収する錐体と桿体が存在する．視細胞では，吸収した光の量に応じた電位変化が生じるが，これが，双極細胞を経て神経節細胞に伝達されるところで，スパイク状の電位（action potential）に変換され，光量がパルスの周波数に比例して脳に送られる．このA-D変換機構により，情報の劣化を起こさずに，脳まで信号を伝えることができる（図4(A)）．神経節細胞には大きな細胞と小さな細胞があり，前者は時間分解能は高いが空間分解能の低い情報伝達（動きの検出など）を，後者は時間

分解能は低いが空間分解能が高い情報伝達（色や細かい形状の検出など）を担っている．各神経節細胞は，反応する視野の領域（受容野）をもっている．受容野の外側に光が当たると反応が抑制される（中心周辺拮抗型受容野）（図5）．この効果は側方抑制ともよばれ，輪郭強調の効果に関係する．網膜内の介在神経である水平細胞がこの効果に関係していると考えられている．また，赤，緑の錐体から黄色の感覚を作り出す情報変換も，水平細胞の働きによるものと考えられている．

[不二門　尚]

■参考文献
1) 鵜飼一彦：視覚I，感覚・知覚の科学（内川惠二，篠森敬三編）　朝倉書店（2007），pp. 1-22.

69 ［生理光学］

生物の眼
―複眼の構造と機能について―

眼の第一の機能は，光エネルギーを生体信号に変換することである．光エネルギーを吸収する分子はロドプシンというタンパク質で，この祖先分子は生物が現在の形になるよりもずっと以前から地球上に存在していたと考えられている．眼の進化は，ロドプシンを多量に発現する「光受容細胞」が体表に集まることに始まった．光受容細胞は徐々にその数を増やし，体表のくぼみや突出した構造に配列するようになった．こうすることによって生物は光源の方向を特定できるようになり，空間分解能を獲得していった．より高い空間分解能を実現する方向に進化した結果，くぼみはカメラ眼に，突出した構造は複眼になった[1]．

ヒトを含む脊椎動物の眼は，カメラ眼である．その他，軟体動物のイカ・タコ類の眼，クモ類や昆虫の単眼もカメラ眼である．複眼は小さな受光ユニット集まってできた眼で，多くのユニットがそれぞれに小さなレンズをもつ．カメラ眼の構造は〔68. 眼の光学系〕に譲り，本項では複眼の構造と機能を解説する．

a．複眼の構造

(1) 個眼の基本構造 複眼を構成する小さなユニットは個眼とよばれる．1つの個眼には1つのレンズ系と数個の光受容細胞（視細胞）が含まれる．外から見える小さなレンズの直径は，複眼の大小にかかわらずだいたい20〜25 μmである．したがって，個眼の数は複眼の大きさにほぼ比例する．ごく小さな昆虫の場合で数十個程度，トンボのような大きなものになると2万個を超える．一方，個眼の長さは100〜500 μmとかなり多様だ．細長い個眼は隣同士少しずつ角度をなしているため，複眼は全体としてドーム状になっている．

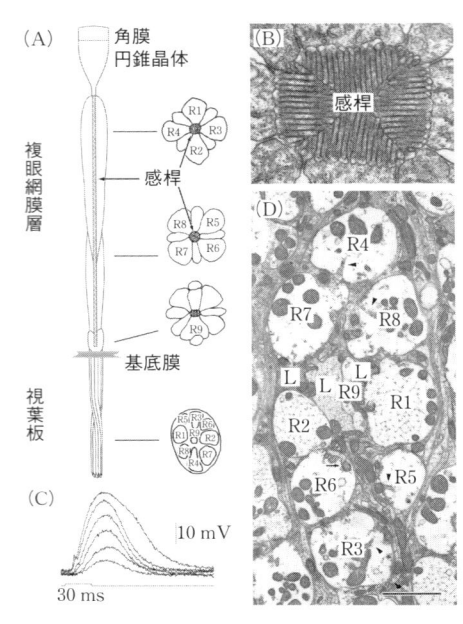

図1（A）は，アゲハの個眼の模式図である．アゲハの場合，1つの個眼には9個の視細胞が含まれる．視細胞には細胞膜の一部が突出してできた微絨毛があり，この膜に多量のロドプシンが含まれている．各視細胞の微絨毛は集まって感桿分体となり，これらは個眼中央で集合して1つの感桿となる（図1（B））．細胞膜の主成分はりん脂質なので，感桿は周囲の細胞質に比べて脂質含有量が高く，したがって屈折率が高い（ハエでは，細胞質の屈折率が1.34，感桿分体の屈折率が1.36と見積もられてい

図1　個眼の構造
(A) 1つの個眼の模式図．縦断面（左）と様々な深さでの横断面（右）．9個の視細胞（R1-9）が個眼中央に向かって微絨毛を伸ばし，感桿を作る．(B) 感桿の横断切片の電顕像．視細胞1〜4番の感桿分体が集合している．(C) アゲハ視細胞の受容器電位．30 msecの光パルスをさまざまな強度であてたときの反応．光が強いほど受容器電位の振幅は大きくなる．(D) 視葉板カートリッジの横断切片の電顕像．Lは視覚二次ニューロンの軸索．

る).このため,感桿は光ファイバーとして機能し,レンズから感桿に入った光は,たとえ感桿が多少曲がっていたとしても外部に漏れることなく,感桿内を伝播する.光は感桿内を伝播するうちに,ロドプシンによって吸収され,視細胞に受容器電位(図1(C))を発生させる[2]).

1つの個眼に含まれる視細胞は複眼底部の基底膜のところでそれぞれが細い軸索になり,軸索はそのまま束になって視覚第一次中枢(視葉板)に入る.視葉板では9本の視細胞軸索が数本の二次ニューロンとともにカートリッジというモジュールを作り,その中でシナプス結合する(図1(D)).つまり,視葉板には個眼の空間配置がそのまま投射されていることになる.この構成は,少しずつ崩れはするものの視覚第3次中枢まで保たれる.

(2) 連立像眼 図1のように,レンズ系の直下から長い感桿が始まる個眼でできた複眼を,連立像眼とよぶ.いったん感桿に入った光は外に漏れず,また個眼と個眼の間には色素細胞もあるので,ひとつひとつの個眼は光学的には独立している.連立像眼は光の十分にある昼間に活動する種に広く見られる複眼で,レンズ系の特性と視葉板の構成に基づいて,少なくとも4タイプに分類されている(図2).

単純連立型(図2(A))は,ハチ類,カニ類などに広く見られる.角膜と円錐晶体で構成されたレンズ系によって,光は感桿の上端で焦点を結ぶ.無限焦点型(図2(B))はチョウ類で発見されたタイプで,基本構造は単純連立型とほとんど変わらない.違うのは,円錐晶体が強いレンズになっていて,光は円錐晶体の中ほどで焦点を結び,感桿へは平行光が入射するという点である.この性質は,受光効率や空間分解能の改善に寄与しているとされる.分散感桿・神経重複型(図2(CD))は,ハエ類など一部の昆虫に見られる.感桿分体が

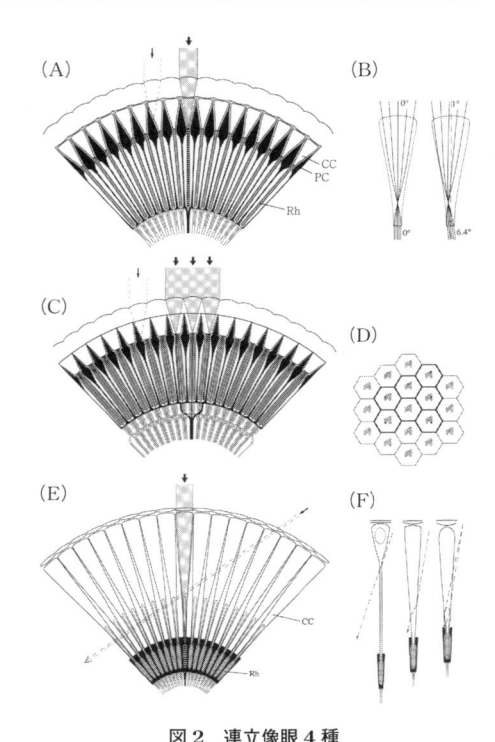

図2 連立像眼4種
(A) 単純連立型および無限焦点型.(B) 無限焦点型の円錐晶体における光路.(C, D) 分散感桿型/神経重複型.(E, F) 透明連立型.CC,円錐晶体;PC,色素細胞;Rh,感桿.

個眼中央で集合せずに分かれたままである点,視葉板の部分で隣り合う個眼からの神経情報が一定の規則に従って集まる点が特徴である.透明連立型(図2(EF))は,浮遊性の甲殻類にのみ発見されている特殊なタイプである.円錐晶体が非常に長いので,一見すると次節で説明する重複像眼のように見える.しかし実は,円錐晶体に入った光は外部に漏れることなくその個眼の感桿に到達(=各個眼は光学的に独立)するため,連立像眼に分類されている[1)].

(3) 重複像眼 夜行性の種はより暗い環境に適応した「重複像眼」をもっている.このタイプの複眼では,円錐晶体の下端と感桿の上端が厚い透明層で隔てられて

ズをもつもの，放物面型はワタリガニ類で見つかっている[1]．

いずれの光学系でも，1つの感桿には50〜300個程度の個眼レンズから入った光が集められる．これでは空間分解能が極端に低下するように思われるが，実はそうではない．隣の感桿には個眼間角度分だけ傾いた方向からの光が集められるため，空間分解能は主として個眼間角度と一個眼の受容角で決まることになるのである．一方，多数の個眼から光が集められるので，感度は連立像眼よりも格段に高くなる．

b．複眼で見た世界

(1) 空間分解能　複眼で見た世界を，電気屋の店頭に並んだテレビのように，同じ景色が繰り返したように表現することがあるが，それは間違いである．分散感桿型を別にすれば，個眼にはそれぞれ受光部（感桿＝光ファイバー）は1つしかないので，個眼はあくまでも視野の1ピクセルにすぎない．ハエ類の分散感桿型でも1個眼当たりの感桿分体はわずか7個であり，これでは細かな像を作り出すにはいかにも不十分である．

連立像眼でも重複像眼でも，1つの個眼が受容する光は個眼軸を中心に高々1.5〜3°程（受容角）の範囲に留まる．また，隣りあう個眼のなす角（個眼間角度）は0.6〜2.0°程度である．たとえばアゲハでは受容角は約1.9°，個眼間角度は約0.8°である．つまりアゲハは，1.9°の大きさのピクセルを0.8°ずつずらして並べたような世界を見ていると考えられる．これはヒトで定義されている視力（分の単位で表した受容角の逆数）に換算すると約0.02に相当する．夜行性の重複像眼でも，視力は約0.01と見積もられている．ヒトでいえばかなり強度の近視ということになるが，複眼としてはこれで十分なのだろう[3]．

(2) 色覚　昆虫には色覚もある．色覚の基礎はロドプシンの多様性である．ロ

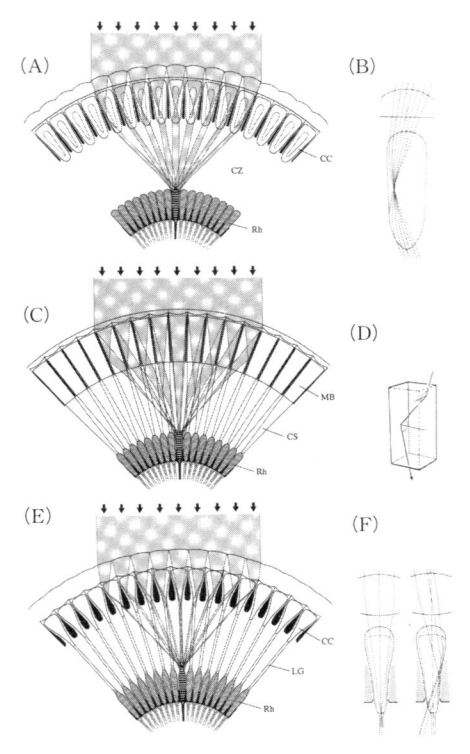

図3　重複像眼3種
(A, B) 屈折型．(C, D) 反射型．(E, F) 放物面型．CC，円錐晶体；CZ，透明域；MB，鏡箱；LG，光ファイバー；PC，色素細胞；Rh，感桿．

いる．各個眼は解剖学的には独立した構造だが，光学的には独立していない．それは，個眼に斜めから入射した光が，あたかも鏡で反射されたかのような光軸で複眼内に入り，個眼を越えて感桿にまで到達するためである．多くの場合，この独特な光軸は，円錐晶体の屈折率を周辺部にゆくに従って高くすることで実現している．これが屈折型（図3（AB））に分類されるもので，夜行性昆虫に広く見られる．円錐晶体の周囲に本当に「鏡」が存在する場合もある．反射型（図3（CD））と放物面型（図3（EF））はこのタイプである．反射型はザリガニやヤドカリ類など，正方形の個眼レン

ドプシンはそのアミノ酸配列が吸収波長を決める．ヒトのロドプシンに青・緑・赤の3種があるようにミツバチには紫外線・青・緑の3種があり，視細胞にはこのうちいずれか1つが発現している．ミツバチの個眼では9個の視細胞のうち7個は緑ロドプシンを発現する．あとの2個は，両方とも紫外線，両方とも青，あるいは紫外線と青を1つずつのいずれかである．つまり，個眼の基本構造は同じだが，生理学的性質によって少なくとも3タイプに分類できるのである[4]．面白いことに，3タイプの個眼は複眼中にほぼランダムに分布しており，これは色モアレの発生を抑えるためではないかと考えられている．色紙と蜜を組み合わせた行動実験の結果，ミツバチには紫外線・青・緑を基盤とする3色性の色覚があることが証明されている[5]．

1つの複眼に含まれる視細胞の分光感度は3種に限らない．アゲハでは紫外線・紫・青・緑・赤・広帯域の6種がある．広帯域には緑と赤のロドプシンがともに発現している．モンシロチョウやモンキチョウでも6〜8種あり，しかも雌雄で違いがある．熱帯の珊瑚礁に生息するハナシャコの複眼からは16種もの分光感度が記録されている．ただ，すべてが色覚に必要とは限らない．アゲハで色覚に使われているのは，紫外線・青・緑・赤の4種である[6]．

昆虫や甲殻類の視覚的特性については，様々な側面からの研究があるので，詳細は参考文献に譲る[7]．光学的にも面白い構造がある．個眼の角膜にびっしりと並んだ微小突起は表面反射防止の機能があり，液晶モニターの表面などにすでに応用されている．これはガ類の複眼で初めて見つかったため，モスアイ（moth-eye）構造とよばれている[8]．感桿の基部には空気と細胞質が層状構造を作った多層膜反射層板（タペタム）がある．これは吸収しきれなかった光を再び感桿に戻して感度を上げる役割をもつと考えられている．また，連立像眼の感桿は直径が1〜2μm程度なので，高次モードの成分が感桿外を伝播する．感桿外に色素を置くことによって，この光学現象を視細胞分光感度の調節に使っている種もある[2]．

[蟻川謙太郎]

■参考文献

1) M. F. Land and D.-E. Nilsson : Animal Eyes. Oxford University Press (2002), p. 221.
2) K. Arikawa : *J. Comp. Physiol. A*, **189** (2003), 791-800.
3) M. F. Land : *Ann. Rev. Entomol.*, **42** (1997), 147-177.
4) M. Wakakuwa et al. : *Naturwissenschaften*, **92** (2005), 464-467.
5) R. Menzel and W. Backhaus : Color Vision in Honey Bees : Phenomena and Physiological Mechanisms, in Facets of Vision (D. G. Stavenga and R. C. Hardie eds.), Springer-Verlag (1989), pp. 281-297.
6) H. Koshitaka et al. : *Proc. R. Soc. Lond. B*, **275** (2008), 947-954.
7) E. Warrant and D. E. Nilsson : Invertebrate Vision. Cambridge University Press (2006).
8) D. G. Stavenga et al. : *Proc. R. Soc. Lond. B*, **273** (2006), 661-667.

70 ［生理光学］

視覚系の情報処理機構

　生理光学（physiological optics）といえばHelmholtzの視覚研究に関する先駆的な本である．現在opticsに視覚の意味は薄れているが，当時の生理光学は現在の視覚科学といってよいであろう．その意味で生理光学は，光学であるために光技術に含まれるというよりも視覚入力が光であるためそこに含まれると考えるべきである．ここでは網膜が光学像を受け取った後の視覚情報処理系について概観することとし，眼球結像系や，視覚処理の詳細については他書にゆずる[1-3]．

a．初期視覚経路

　眼球光学系により結像された網膜像は光受容体によって離散的に検出され，網膜での処理を経て外側膝状体を通り大脳視覚野に送られる．大脳視覚野はV1，V2などの複数の領野に分けられ，領野間での処理の違いなどが明らかにされている（図1）．網膜から大脳視覚野の処理を単純化すると，2つの視覚処理経路による並列処理と考えることができる．それらは，大細胞経路と小細胞経路とよばれ，外側膝状体の細胞の分類に基づき命名された．これらの経路は，外側膝状体では独立した神経細胞群であり，そこに信号を送る網膜の神経細胞も，信号を受け取る大脳の神経細胞も独立性を保ち（ただし完全ではない）並列的に働く．大細胞経路は時間的には高周波に空間的には低周波に感度をもち，小細胞経路は時間的には低周波に空間的には高周波に感度をもつ．そして前者は運動視に大きく関与し後者は色覚を含めた形態視に大きく関与すると考えられている．外側膝状体由来の経路には，もう1つ顆粒細胞経路とよばれるものも知られている．色覚への関与などが提案されているが，大細胞経路や小細胞経路に比肩する役割があるかどうかは不明である．

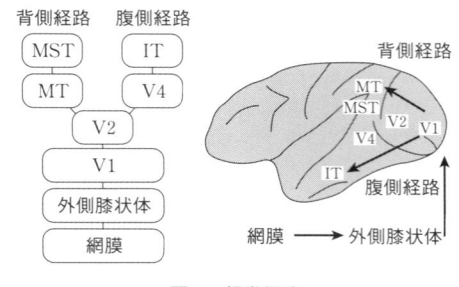

b．眼球運動

　視野の中心部分は高い視力をもつが，広い視野をカバーする周辺視の視力は低い．視力のみならず色覚なども周辺にいくほど機能は低下する．ただし，大きな刺激に対する時間特性など，周辺で感度が高い例外もある．したがって中心視野による効果的な情報収集のためには，視線移動が不可欠である．眼球運動はいくつかの種類に分けられるが，サッカード（saccade）とよばれる急速で大きな視線移動は広い視野を探索する上で最も重要である．サッカードは，突然出現する周辺刺激へ視線移動など反射的なものから誰かの視線の向く方向への視線移動など高次処理の結果まで，様々な視覚処理に依存し，上丘など皮質下処理や前頭眼野など高次の意識的な処理まで多くの処理過程と関連している．

c．色　覚

　色覚は，異なる分光感度をもつ3種類の錐体の出力に基づく．色が基本的に3色で表現できるのは，3種類の錐体が同程度に刺激すれば，視覚系にとって同じ信号とな

図1　視覚経路
V1：一次視覚野，V2：二次視覚野，V4：四次視覚野，MT：MT（middle temporal）野，MST：MST（middle superior temporal）野，IT：下側頭皮質，IPA：IPA野

るからである．分光組成が異なる2つの光が各錐体を同じだけ刺激するなら，その光は条件等色しているといい，それらはメタマー（metamer）とよばれる．標準的な色覚モデルでは，3種類の錐体からの応答が，明暗，赤緑，黄青の3つの反対色対の信号として処理されるとする．この処理は，輝度信号と色信号が分離して処理されることに対応し，輝度刺激と色刺激に対する反応の差異を示す多くの視覚特性と整合的である．一方，初期視覚の2経路との関係は単純ではない．色情報を伝える小細胞経路は高い空間周波数の明暗信号も伝えるため，色覚モデルにおける赤緑や黄青の反対色過程とは一致しない．また大脳視覚野では，色相別の処理をしているとも考えられ，色覚モデルの精緻化のための研究が進んでいる．色彩工学的応用を想定し，照明環境の影響を考慮した色の見えモデルの提案などもある．

d．両眼立体視

両眼立体視は，両眼の網膜像のずれ（両眼視差）に基づく奥行知覚であり，初期視覚野において，そのための基礎的処理が行われている．具体的には V1 や V2 の神経細胞が両眼視差の検出をしている．視覚神経細胞の特性は，その細胞へ信号を与える網膜の範囲，受容野によって表現できる．図2は，両眼視差検出細胞の受容野であり，左右眼の受容野特性が異なることから両眼視差の検出が可能となる．

e．運動視

動き知覚の処理過程は，初期視覚野における運動信号（運動エネルギー）検出に始まる．V1 の神経細胞には，特定の方向に対する運動に感度をもつものがあり，MT など高次過程では V1 などの出力に基づき運動知覚の基礎を与える処理がなされている．図3は，運動信号検出細胞の受容野の模式図であり，時空間座標において傾きをもつ．このような運動信号検出に基づくも

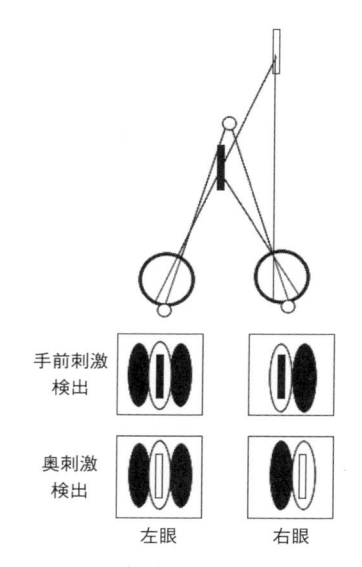

図2　視差検出細胞の受容野
左眼に比べ右眼では左にずれた位置に感度をもつことで手前の刺激を，逆にずれた感度をもつことで奥の刺激を検出できる．白い部分は興奮性入力，黒い部分は抑制性入力．

の以外に，視覚刺激の特徴を追跡する過程の運動視への関与も知られている．この特徴追跡過程は，刺激の移動が曖昧な場合にも，観察者の注意の移動によっても誘発されることから，能動的な処理に基づく知覚であると考えられている．

f．高次視覚過程

視覚処理の最終段階としては，腹側経路による物体認識のための処理と，背側経路による行動のための処理がある．腹側経路は，低次の視覚野の出力を受け取り，V4 を介して側頭葉へ向かう経路である．サルの TE 野とよばれる領野では顔に特異的に反応する神経細胞があると報告され，ヒトの fMRI でも側頭葉に顔処理に特化した領域が確認されている．一方，初期視覚から物体認識などの高次処理の間の処理（中期視覚）については，面の知覚や大域的図形特徴などについて研究され，関連する神経

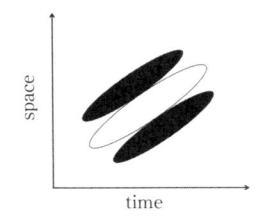

図3 運動視モデル
運動信号の検出する時空間受容野．時空間座標での傾き検出器として働く受容野特性をもつことで，動きを検出できる．白い部分は興奮性入力，黒い部分は抑制性入力．

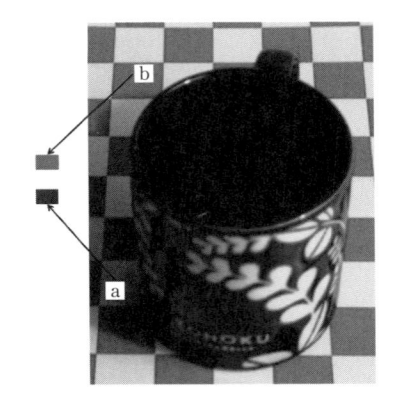

図4 錯視は誤りではないこと示す明暗錯視
aはbより低明度であるが（矢印の先は切り取った部分），明るく見える．実際の床が市松模様であれば，aはbより高い明度であるため，見え方はそれに一致している．

細胞の特性も知られている．しかし，初期視覚の処理結果からいかに顔認識が達成されるかなどについては，ほとんど理解されていない．

背側経路については，運動知覚処理に特化した処理をしているといわれるMT野，その信号を受け取り視野全体の拡大/縮小や回転を検出するMST野が知られている．またMST野は運動対象を追跡するときに生じる追従眼球運動の影響を受けることから視覚情報の処理のみではなく，行動にかかわる処理をしているといえる．さらに，背側経路のVIP野（ventral intraparietal area）などでは，視線の方向によって活動が変化する神経細胞の存在も確認されている．これは，視線移動という行動を伴う視覚処理にとって必要な特性と考えられ，視覚認識が行動と強く関連した処理であることの証拠と考えることもできる．

g. 視覚現象

視覚は主観的に見えることを指す体験であり，それは視覚現象ともよばれる．たとえば，錯視（眼の錯覚）は視覚体験そのものであり，実物と異なるものが「見える」ために強い印象を与える．錯視は視覚情報処理の反映であることは間違いないが，それを単に人間の情報処理過程の信頼性の低さと捉えるべきではない．逆に，高度な処理の結果であるといえる場合も多い．典型的な例は，図4の明暗の錯視である．図4のaはbより低明度であるが，aの方が明るく見える．その意味で錯視といえるが，実際の場面を考えると正しい理解といえる．ここでの問題は，網膜に映った像から明暗が物体表面の特性なのか，照明光の問題なのかはわからない点である．眼に入射する光の強度Iは，照明光強度Sと物体表面の反射率Rの積（$I=SR$）であるので，Iの違いがSの変化によるのか，Rの変化によるのかを見分けることができない．つまり視覚にとっては，いずれが正しいかわからない．図4を錯視というのは，紙面上の明暗を正解と考えるからである（Sが一定と仮定）．もしこれが実際のシーンを見た場合であれば，aとbの違いは床の模様の反射率と影の効果に起因すべきであり（RとSが変化すると仮定），視覚はaはbより明度が高いという正しい答えを与えているといえる．その意味で，図4の明暗錯視は，正しい視覚認識であり，視覚が不十分な情報から正しい解釈を得るための高度な情報処理をした結果といえる．

もちろん錯視のすべてが，正しい解釈を

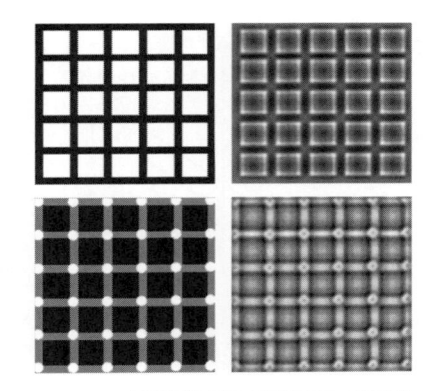

図5 エッジ強調的効果で説明できる明暗錯視の例

Hermann 格子(左上): 白線の交差部分が,それ以外に比べて暗く見える.類似した現象(左下): 視線を動かすと交点の白丸中央が黒く点滅して見える.右はエッジ強調フィルターをした結果.上では交差部分が白く,下では白丸中央部が黒くなり,錯視的見えを説明できる.

意味するわけではない.Mach バンドや Hermann 格子(図5左)などは,画像のエッジ強調に類似した視覚神経系の処理の結果である.網膜や大脳視覚野には,周辺からの抑制効果により,信号変化を強調する処理があり,Mach バンドや Hermann 格子など一様な領域における明暗変化を説明することができる(図5右).神経系によるエッジ強調処理は画質の向上のための機能と考えると,Hermann 格子などはその副作用ということになる.図4の明暗錯視の場合とは異なるが,ここでも錯視は単なる誤りというよりも,積極的な処理過程の反映と認識すべきであろう.[塩入 諭]

■参考文献

1) 日本視覚学会編: 視覚情報処理ハンドブック,朝倉書店 (2000).
2) 篠森敬三編: 視覚 I, 朝倉書店 (2007).
3) 塩入 諭編: 視覚 II, 朝倉書店 (2007).

71 ［最新光学技術］

近接場光学

a． 近接場光学：波長を超える波の光学

カメラや光学顕微鏡，半導体露光装置などの光学結像機器の空間分解能は，光の回折現象によって制限される．より高い分解能を得るためには，より短い波長を選ぶことが鉄則である．伝搬方向に直交して虚数の運動量成分（波数）をもつエバネッセント波は，自由空間を伝搬する光よりも伝搬方向に短い波長を有し，Maxwell の電磁波方程式の解として存在する．エバネッセント波は虚数の運動量成分をもつ非放射な波であるため，境界面の近接場においてのみ局在する．エバネッセント波が作る場は近接場とよばれ，これを扱う光学を近接場光学（near-field optics）とよぶ．

近接場光は，高屈折率プリズムと低屈折率誘電体（空気）の界面にプリズム側から臨界角以上で光を入射した際，空気側に発生する（図1 (A)）．波長よりも細かい周期の回折格子に光を入射した際にも，回折角度が虚数となることにより回折波はエバネッセント波となる．通常の回折格子への光の入射に対しても，高次の回折波はエバネッセント場化する（図1 (B)）．微小球に光を入射したときの散乱場は Mié によって与えられるが，遠方で検出できる放射場成分に加えて近接場成分が含まれる（図1 (C)）．微小片や微小開口はフーリエ成分に波長よりも短い周期成分を含むが，微小片や微小開口の広がりが波長よりも短くなるとき，近接場成分が支配的となる（図1 (D)）．

b． 近接場光学顕微鏡

近接場光を利用して回折限界を超える分解の画像を与える顕微鏡は，近接場光学顕微鏡（near-field scanning optical microscope：NSOM）とよばれる．結像のためのレンズに代わってプローブが用いられ，分解能はプローブの先端径で決まる．試料

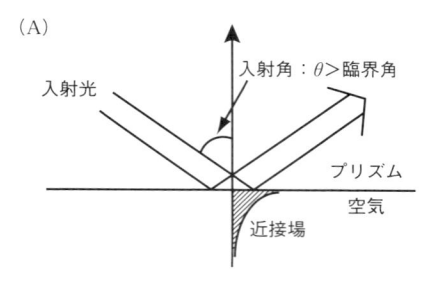

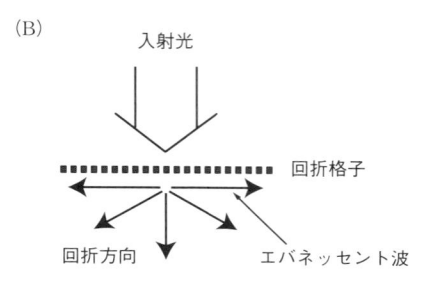

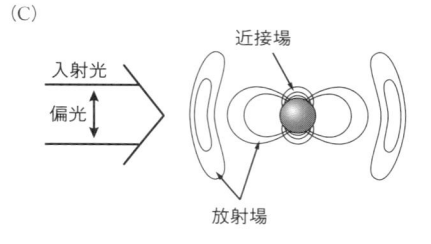

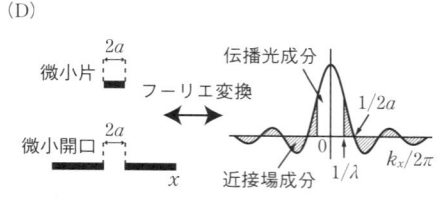

図1 (A) 全反射による近接場光
(B) 微細回折格子によるエバネッセント波
(C) 微小球による散乱場
(D) 微小片・微小開口による光の回折のスカラー理論による説明図

モン共鳴は電磁場を著しく増強するので，大きな信号強度が得られる．Raman散乱光の光強度の増強度は典型的に10の3〜5乗程度，最大10の14乗が得られている．

探針ではなく，金属微小球を用いて細胞内部のナノ観察をする顕微鏡も開発されている（図2（C））[3]．レーザー放射圧を用いた微小球の走査・制御の研究もあるが，細胞内イメージングに対しては，微小球の動きとトラッキングする方法が実用的である．

近接場顕微鏡は原子間力顕微鏡，走査型トンネル顕微鏡，走査型電子顕微鏡，透過型電子顕微鏡などのナノ顕微鏡技術との競合の中で，唯一分光分析により分子や結晶格子の同定・識別・評価ができるため，ナノ分析顕微鏡として重要な役割をもつ．近接場顕微鏡は，光ディスクの記録・再生ヘッドやフォトリソグラフィーの目的に開発されたこともある[4]．しかし，光メモリーは磁気ディスクや半導体メモリーとの競合において，またリソグラフィーは極紫外や電子ビームとの競合の中で，必ずしも優位性を示すことができない．顕微鏡としては，光は試料を破壊することなく観察することができる上に，そのスペクトル測定から分子振動や電子遷移などの物質情報を得られるため，他の手法に優る特徴を誇る．唯一の欠点である回折限界による分解能の低さが近接場光の活用によって解決することにより，その応用性はさらに広がる．

c．プラズモニクス

金属内表面における自由電子の集団的振動であるプラズモンは電磁場（光）を伴い，表面プラズモン・ポラリトン（surface plasmon polariton：SPP）とよぶ．SPPの分散関係は自由空間の光のそれと異なり，共鳴振動数において無限に大きな運動量をもつように傾いていく（図3）[5]．すなわちその波長は自由空間のそれより短く，金属表面から放射されない表面波となる．金属をこの短い波長の半分に切ると，SPPはそ

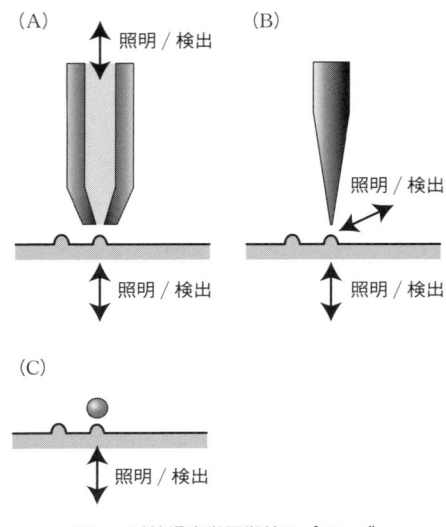

図2 近接場光学顕微鏡のプローブ
(A) 開口型，(B) 非開口型，
(C) 金属微粒子型

上をプローブが走査され，各点での光信号を並べて画像を構成する．図2に，近接場光学顕微鏡のプローブを示す．光ファイバーを先鋭化し金属を塗布して先端に微小開口を設けたプローブ（開口型プローブ）と，先端を尖らせた金属探針プローブ（非開口型プローブ）の2種が提案されている[1]．開口型プローブは波長以下の径の誘電体導波路部分（金属を周りに塗布）を光が伝播しないので，導波中の光減衰が著しく現在ではほとんど使われない．金属探針は蛍光分子試料に対して蛍光を消光するため，その用途はRaman散乱試料観察が主である[2]．プローブ材料としての金属の役割は表面プラズモンを光励起するためである．入射光は，金属探針先端部分で局在プラズモンを励起する．局在プラズモンは探針先端に光局在場（近接場）を伴う．その広がりは探針先端径程度である．試料によって変調されたRaman散乱光は再び金属先端で表面プラズモンを励振する．プラズ

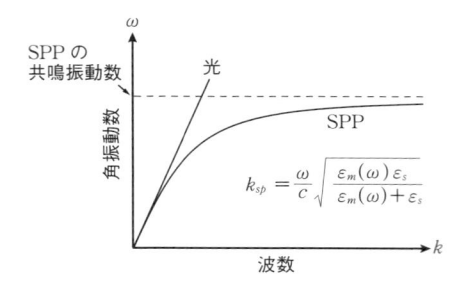

図3 光とSPPの分散関係
$\varepsilon_m(\omega)$は金属の複素誘電率，ε_sはその金属表面に隣接した誘電体の誘電率．

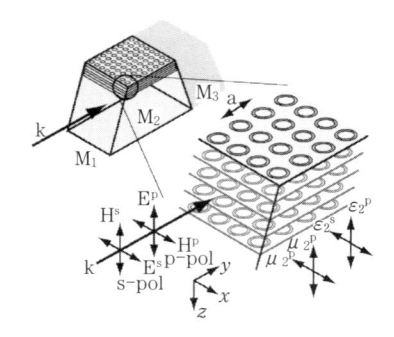

図4 入射面においてp偏光とs偏光の両方がBrewster条件を満足するメタルマテリアル[11]

の長さのキャビティーで定在波を作る．その結果，この金属片は非常に強いしかも非放射な光場をその表面に生む．このような金属が生み出す非放射で強い光場を扱う科学は，プラズモニクスとよばれる．

電場増強効果はRaman顕微鏡に加えて，レーザー，LED，太陽電池，癌治療などへの応用が期待されている[6]．またナノスポットを使って近接場顕微鏡に加えて，ナノ光回路への応用への展開も目指されている[7]．ただし，プラズモニックな効果はSPP共鳴振動数近くにおいてのみ顕著であるため，プラズモニクスは可視・近赤外の光科学である．遠赤外やマイクロ波領域では金・銀のSPPの分散曲線は光のそれとほぼ同じになり，普通のアンテナ工学に帰着する[8]．金・銀は紫外・深紫外では誘電体となるため，SPPは存在しない．深紫外においてはアルミニウムがプラズモニック体となる[9]．

d．メタマテリアルズ

人工的に作られた光の波長よりも小さなユニット構造の集合体が，自然界に存在しない現象を生み出すとき，このような構造をメタマテリアルズとよぶ．多くの場合，可視・近赤外域でSPPが伝搬光の波長よりも短くなることを利用して，光の波長以下のアンテナ・アレイとして作られる．その機能は主に電磁誘導であり，その応用はマクロに見たときの負の屈折率物質とクローキング（物体表面に被せると物体が透明になる）物質が主である[10]．　　　　［河田　聡］

■参考文献

1) 河田 聡：超解像の光学，学会出版センター(1999)．
2) S. Kawata et al.: *Nature Photon.*, **3** (2009), 388.
3) S. Kawata: Near-field Optics and Surface Plasmon Polaritons, Springer-Verlag (2001), pp. 143-161.
4) E. Betzig et al.: *Appl. Phys. Lett.*, **61** (1992), 142.
5) H. Raether: Surface Plasmons on Smooth and Rough Surfaces and on Gratings, Springer (1988).
6) V. M. Shalaev and S. Kawata: Nanophotonics with Surface Plasmons, Elsevier (2007).
7) S. I. Bozhevolnyi: Plasmonic Nanoguides and Circuits, Pan Stanford Publishing (2009).
8) S. Kawata: *Jpn. J. Appl. phys.*, **52** (2013), 010001
9) A. Taguchi et al.: *J. Raman Spectrosc.*, **40** (2009), 1324-1330.
10) M. A. Noginov and V. A. Podolskiy: Tutorials in Metamaterials, CRC Press. (2011).
11) T. Tanaka et al.: *Phys. Rev. B*, **73** (2006), 125423.

[最新光学技術]

72 電磁場解析

光学素子も含めて物体と光の相互作用において，物体の構造が光の波長よりも十分に大きければ，近似として，幾何光学的な扱いが可能であり，波動性を考慮する場合でも光をスカラー波とみなすことで対応できる．一方，光の波長程度の寸法の構造に対しては光を厳密に電磁波として扱う必要があり，その電磁場の解析には Maxwell の方程式が必要である．

実作業としては，Maxwell の方程式あるいはそこから導かれる，ベクトル波動方程式の解として得られる光の電磁場の時空間分布を用いて現象の解析や素子の設計を行うわけだが，解析的に解が得られる構造は非常に限られているため，現実には，数値計算によって Maxwell の方程式を解くことになる．

特に微細加工技術の発展に伴って，波長程度の構造作製技術が普及するにつれ，従来からの学術的な関心に加えて，実用上の必要性から，ますます重視されつつある技術分野であるといえる．

電磁波の伝搬に関する電磁場解析の数値計算手法は対象や目的により非常に多岐にわたっている．ここでは主として，光の問題によく利用されている手法を取り上げる．

a．時間領域差分法

FDTD (finite-difference time-domain) 法として広く知られており，マイクロ波から光に至る広い周波数帯で最も標準的に使用されている手法といえる[1]．その本質は，Maxwell の方程式中のすべての微分を差分に置き換え，時間を追いながら解いて行く点にある．

まず電磁場6成分の値は図1のように互

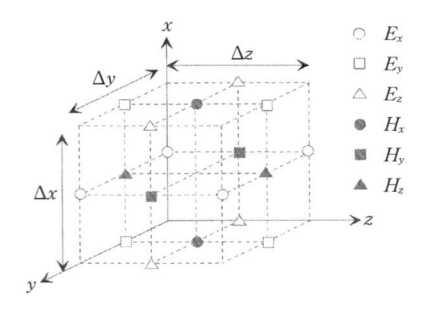

図1　FDTD 法：解析領域の単位構造

いに異なる離散的な点において，そこを中心に体積 $(\Delta x)(\Delta y)(\Delta z)$ の単位空間の代表として評価される．時間に関しては $\Delta t/2$ の間隔で電場と磁場の値を交互に計算する．たとえば，図1の xz 面に着目すると，電磁誘導の法則

$$\nabla \times \boldsymbol{E} = -\mu \frac{\partial \boldsymbol{H}}{\partial t} \quad (1)$$

の y 成分は

$$H_{yA}^{n+1/2} = H_{yA}^{n-1/2} - \frac{\Delta t}{\mu_A}$$
$$\times \left[\frac{E_{x2}^n - E_{x1}^n}{\Delta z} - \frac{E_{z2}^n - E_{z1}^n}{\Delta x} \right] \quad (2)$$

と記述される．ここで，時刻は n を整数として $n\Delta t$ などで表される．また，式 (2) 中の添字 A, 1, 2 は図2に示す位置関係を表す．誘電率，導電率は電場の，透磁率は磁場の各評価点で定義される．なお，時空間

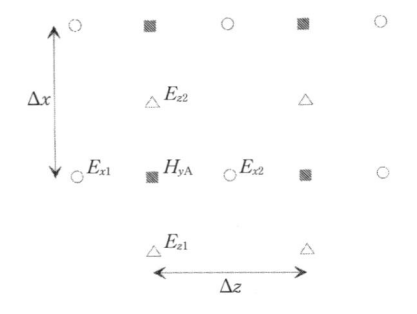

図2　FDTD 法：基本式の考え方（xz 面）

の離散化間隔は以下の安定化条件を満たす必要がある.

$$\nu \Delta t \leq \frac{1}{\sqrt{(\Delta x)^{-2}+(\Delta y)^{-2}+(\Delta z)^{-2}}} \quad (3)$$

ここでνは最大の位相速度である.

電磁場の6成分すべてに対して,式(2)のような基本式の計算を適切な初期条件と境界条件の下で実行して行く.このような原理から,FDTD法はほとんどすべての電磁波伝搬問題に適用が可能といえる.

b. フーリエモード法

回折格子の解析法でFMM (Fourier modal method) と称されることが多い.厳密結合波解析 (rigorous coupled-wave analysis：RCWA) とよばれることもある.

図3のような構造の2次元問題に対しては,入射側・出射側の均質媒質における光波は,α_m, r_m, t_mをそれぞれm次回折光の波数のx成分,反射光・透過光のz成分として,平面波の重ね合わせ(Rayleigh展開)

$$F_1 = \exp[i(\alpha_0 x + t_0 z)] + \sum_m R_m \exp[i(\alpha_m x - r_m z)] \quad (4)$$

$$F_2 = \sum_m T_m \exp\{i[\alpha_m x + t_m(z-h)]\} \quad (5)$$

で記述される.一方,格子領域($0 \leq z \leq h$)では構造がz方向に一様として,電磁場をx, zのみの関数に変数分離し,mおよび固有値の次数lに関して

$$F_g = \sum_{m,l} P_{ml} X_m(x) Z_l \quad (6)$$

のように表す.ここで,F_1, F_2, F_gはTE波に関してはE_yの,TM波に関してはH_yの値をとる.

次に,境界値問題として,$z=0$で$F_1=F_g$,$z=h$で$F_2=F_g$を満たすように各係数を決定することで,全領域の電磁場の分布および回折効率が求まる[2].なお,複雑な格子構造に対しては,z方向に一様な多層に分割して対処する.

c. 有限要素法

FEM (finite element method) とよばれ,航空機や建造物などを対象とする構造力学の分野で広く用いられてきた.他の手法のように直接,波動方程式を解くのではなく,系全体のエネルギーを表す汎関数の極値を求める変分問題を解くことにより,電磁場の分布を求める方法である[3].

解析領域全体を,2次元であれば三角形,3次元であれば四面体形状の要素に分割し,その要素境界における電磁場の値で各要素の電磁場を代表させる.各境界での特性を表す方程式を解析領域全体での(比較的疎な)行列の形式に置き換え,その線形問題を解くことで電磁場を求める.

d. 境界要素法

BEM (boundary element method) とよばれる.散乱体の境界表面を積分領域とする積分方程式を解いて電磁場を求めるものである[4].この際,境界面を多数の要素に分割することで積分方程式の離散化を行い,一連の方程式を行列の形式

$$A a = b \quad (7)$$

で表現する.ここで,その要素が積分方程式の係数に相当するA,および入射波の電磁場に関係するbが既知量であり,これを解いて,得られるaが境界上の電磁場の近似解となる.任意の位置の電磁場は境界上の値から計算可能である.

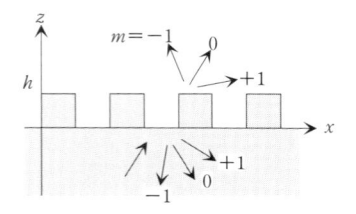

図3 FMM：2次元問題

e．CIP 法

CIP とは cubic-interpolated pseudo-particle などの略とされ，矢部により提案された日本発の解析方法で，流体力学などの分野から応用が広がった[5]．

関数 f が速度 u で移動する状態は移流方程式

$$\frac{\partial f}{\partial t} + u\frac{\partial f}{\partial x} = 0 \quad (8)$$

で表される．このとき f の傾き $\partial f/\partial x$ も同じ移流方程式に従う．この微分方程式を差分法で解く際に，本来，図 4 で示すような不連続な格子点で定義された関数の格子点間の形状を 3 次関数で補間して，関数の傾きも保存することで，差分に伴う誤差の拡大を抑え，少ない格子点数で高い計算精度を実現している．

式（8）は 1 次元だが，これを高次元に拡張する様々な方法が提案されており，Maxwell の方程式も移流方程式で表現することができるため，電磁場の解析にも利用可能である．

f．伝送線路モデル

TLM（transmission line method）などとよばれる．例として，図 5 で表される伝送線路の特性は電信方程式

$$\frac{\partial V}{\partial z} = -L\frac{\partial I}{\partial t} \quad (9)$$

$$\frac{\partial I}{\partial z} = -C\frac{\partial V}{\partial t} \quad (10)$$

で表され，両端の電圧・電流の関係は

$$\begin{pmatrix} V_0 \\ I_0 \end{pmatrix} = M_1 \begin{pmatrix} V_1 \\ I_1 \end{pmatrix} \quad (11)$$

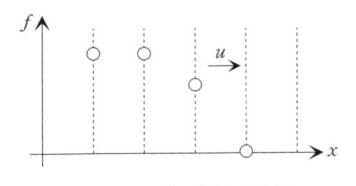

図 4　CIP 法：関数の移動

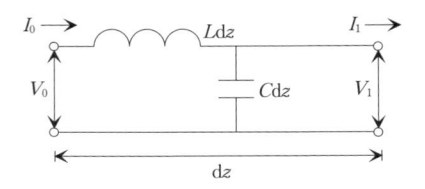

図 5　TLM：伝送線路の一区間

のように書ける．ここで，M_1 は L, C, dz の関数である．したがって，N 個のこのような区間が 1 次元に接続された線路の特性は $M = M_1 M_2 \cdots M_N$ で表される．

一方，x 方向に電場が振動しながら z 方向に伝搬する平面波を Maxwell の方程式で表すと，

$$\frac{\partial E_x}{\partial z} = -\mu\frac{\partial H_y}{\partial t} \quad (12)$$

$$\frac{\partial H_y}{\partial z} = -\varepsilon\frac{\partial E_x}{\partial t} \quad (13)$$

と書ける．すなわち，$\varepsilon \Rightarrow C, \mu \Rightarrow L$ の対応を利用して，電磁波伝搬を伝送線路の問題として解くことが可能となる．

2 次元構造の問題に対しては，単位構造の線路を矩形の網の目状に配置し，行列を用いて波動の散乱を計算することで対処できることが示されている[6]．　　　[市川裕之]

■参考文献
1) A. Taflove and S. C. Hagness : Computational Electrodynamics : The Finite-difference Time-domain Method, Artech House（2000）．
2) J. Turunen : Micro-Optics（H. P. Herzig ed.），Taylor & Francis（1997），pp. 31-52
3) 小柴正則：光・波動のための有限要素法基礎，森北出版（1990）．
4) 熊谷信昭，森田長吉：電磁波と境界要素法，森北出版（1987）．
5) 矢部孝ら：CIP 法，森北出版（2003）．
6) C. クリストポレス：TLM 伝達線路行列法入門，培風館（1999）．

73 [最新光学技術]

プラズモニクス

　表面プラズモンは金属表面近傍の自由電子の集団的振動であり，表面電磁場すなわち近接場光を伴う．表面プラズモンは大きく2種類に分けることができる．1つは図1（A）に示すように，十分に大きな表面を伝搬する伝搬型表面プラズモンで，もう1つは図1（B）に示すような金属ナノ粒子中の自由電子の振動である局在型表面プラズモンである．表面プラズモンは金属そのものによる吸収や輻射により減衰するが，その寿命は比較的長い（伝搬型でサブピコ秒オーダー，局在型でフェムト秒オーダー）．そのため，外部からの光で表面プラズモンを励起するとそのエネルギーは蓄積され，大きな電場増強効果を生じる．この効果と前述の場の閉じ込め効果がプラズモニクスの要点となっている[1]．

a. 伝搬型表面プラズモン

　図1（A）に示した描画からわかるように，表面プラズモンにはTM波しか存在しない．平坦な金属-誘電体界面を伝搬する表面プラズモンの分散関係は

$$k_x = \frac{\omega}{c}\sqrt{\frac{\varepsilon_d \varepsilon_m}{\varepsilon_d + \varepsilon_m}} \tag{1}$$

で与えられる．ここで，ε_mおよびε_dは金属および誘電体の比誘電率である．表面プラズモンが界面を長距離伝搬するためには，$\mathrm{Re}(\varepsilon_m)<0$でかつ，$\mathrm{Im}(\varepsilon_m) \ll |\mathrm{Re}(\varepsilon_m)|$という条件が必要である．可視域でこのような条件を満たす金属としては，金，銀，銅，アルミニウムなどがある．この分散関係から，表面プラズモンの波数は誘電体を伝搬する光の波数より常に大きいことがわかる．すなわち，表面プラズモンは誘電体中の伝搬光とは結合しない．また，式（1）

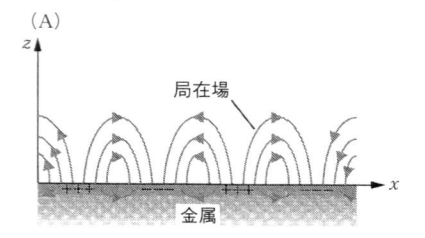

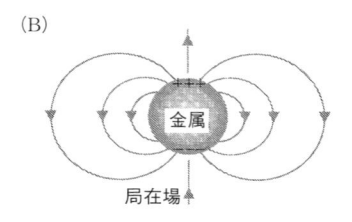

図1　（A）伝搬型表面プラズモンと，（B）局在型表面プラズモン

の根号内の分母が0に近づく周波数では表面プラズモンの波数は非常に大きくなる．

b. 局在型表面プラズモン

　直径が波長より十分に小さい金属ナノ粒子には光入射により単一の双極子が励起される．その分極率αは次式で与えられる[2]．

$$\alpha = \frac{V(\varepsilon_m - \varepsilon_d)}{L(\varepsilon_m - \varepsilon_d) + \varepsilon_d} \tag{2}$$

ここで，Vは金属ナノ粒子の体積，Lは金属ナノ粒子の形状と入射波の偏光方向によって決まる形状因子である．この式からわかるように，分母の実部が0のとき分極率は非常に大きくなる．この状態が局在型表面プラズモン共鳴である．球の場合，形状因子は$L=1/3$であり，共鳴は$\varepsilon_m = -2\varepsilon_d$のときに生じる．金属の誘電率は大きな周波数依存性をもつため，特定の周波数で共鳴が生じる．共鳴周波数においては，ナノ粒子の吸収断面積と散乱断面積は著しく大きくなる．

c. 異常透過

　Betheの理論では微小開口の透過率は開口径の4乗に比例するが，Ebbesenら[3]は

この常識に反して，銀薄膜に開けられた大きさが波長以下の周期的な開口列の透過率が，単純に開口の面積から計算した透過率と比べて非常に大きくなることを発見した（図2）．そのためこの現象は異常透過ともよばれる．また，Lezec ら[4]は銀薄膜の両界面に同心円状の周期的凹凸を設け，その構造の中心に開けられた微小開口からビーム状の光放射を観測している．

これらの現象は周期構造による回折効果で励起された金属表面における表面プラズモンが開口を透過し，再び，金属裏面における表面プラズモンとなりそれが回折して伝搬光になると説明される．しかし，この説明では不十分で，それを補うため，合成回折エバネッセント波（composite diffracted evanescent wave）モデル[5]，準円筒波（quasi-cylindrical wave）モデル[6]などが提案されている．

d．バイオセンサー

伝搬型の表面プラズモンの波数ベクトルは金属と接する誘電体の誘電率に依存する（式（1））．したがって，表面プラズモンの波数ベクトルの変化を読み取ることで，金属表面の誘電体試料の誘電率変化が感度よく測定できる．また，プラズモンの電場の誘電体側への侵入長は高々数 nm であるので，それ以下の厚みをもつ誘電体薄膜の膜厚測定にも用いることができる．ただし，平坦な界面における伝搬型の表面プラズモンは自由空間中の伝搬光と結合しないため，結合には工夫を要する．そのための機構として，Kretschmann 配置[7]とよばれる全反射光学系や金属表面への回折格子の導入などが考案されている．抗原抗体反応を検出するアフィニティセンサーは Liedberg ら[8]によって初めて提案されている．

e．導波路

平坦な金属-誘電体界面はそのまま表面プラズモンのスラブ導波路となっている．金属を薄膜にし，その両側の誘電体の誘電率を一致させると，両界面の表面プラズモンが結合し，長距離伝搬型表面プラズモンモードと短距離型のそれとに分裂する．プラズモニック導波路における前者の伝搬損失は金属の厚さが薄くなるにしたがい，劇的に小さくなる．さらに，金属の幅を有限にし，ストリップ状にすることでチャネル導波路が実現できる．ただし，長距離伝搬型表面プラズモンでは損失の低減に伴い，誘電体へのエバネッセント場のしみ出しが大きくなる．すなわち，モード断面積が大きくなる．これを避けるため，誘電体薄膜を金属で挟み込んだ構造（MIM 構造）をもつプラズモニック導波路も提案されている．金属表面の幾何学形状を "Λ" 字状や "V" 字状に変形することでも，表面プラズモン

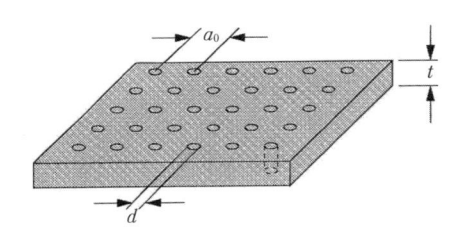

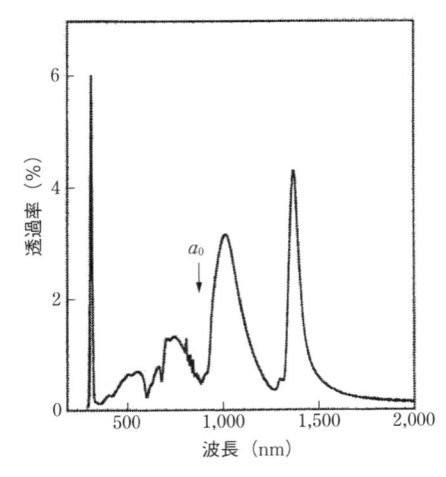

図2 銀薄膜に開けられたホールアレーの垂直入射に対する透過スペクトル
ホールアレーの各サイズは $a_0 = 0.9$ μm，$d = 150$ nm，$t = 200$ nm[3]．

をその部分に集中でき，チャネル型の導波路が実現できる．金属ナノワイヤーもプラズモニック導波路となる．この導波路では表面プラズモンの電場はワイヤーの軸に関して放射状となっている．カットオフ周波数は存在せず，ワイヤーの径が小さくなるにしたがい，モード断面積は小さくなる[10, 11]．

f．有機EL

有機EL素子では陰極として金属が用いられ，発光層と陰極表面との距離は100 nm以内である．そのため，発光層中の励起子のエネルギーは自由空間への輻射だけではなく，金属表面の表面プラズモンおよび，金属中の電子正孔対の生成にも消費される．そのため，発光エネルギーの内，外部に取り出されるエネルギーの割合は高々20％程度である．しかし，表面プラズモンの寿命は比較的長いので，種々の微細構造を金属陰極表面に施すことにより，再び表面プラズモンを光として取り出すことができる．この効率を上げることにより，高効率な有機EL素子が実現できる[11, 12]．

g．太陽電池

プラズモニック構造を導入することで，薄膜型太陽電池における光捕集効果の増大が実現できる．金属ナノ粒子，金属電極への回折格子の導入，金属-誘電体-金属構造などが提案されている．これらの構造の効果として，① 入射光の散乱光への変換，② 入射光の近接場光への変換，③ 入射光の伝搬型表面プラズモンや導波路モードへの変換が挙げられる．いずれの効果も活性層内の光子の滞在時間を増大し，そこでの光吸収の増大を引き起こす[11]．

h．表面増強Raman散乱

近接した2つの金属ナノ粒子にこれらの粒子を結ぶ方向と平行な偏光を入射すると，それぞれの粒子に双極子が誘起され，2つの双極子の相互作用により，粒子間には入射電場と比べて遥かに大きな電場が誘起される．このモードはしばしばギャップ・モードとよばれる．粒子間に置かれた分子からは非常に強いRaman散乱光が観測される．その増強度は$10^{14} \sim 10^{15}$に達し，増強を呈する位置はホットサイトやホットスポットとよばれる[9]．　　　　　　［岡本隆之］

■参考文献

1) 岡本隆之，梶川浩太郎：プラズモニクス—基礎と応用，講談社サイエンティフィク (2010).
2) C. F. Bohren and D. R. Huffman : Absorption and Scattering of Light by Small Particles, Wiley (1983).
3) T. W. Ebbesen et al. : Nature, **391** (1998), 667.
4) H. J. Lezec et al. : Science, **297** (2002), 820-822.
5) H. J. Lezec and T. Thio : Opt. Express, **12** (2004), 3629-3651.
6) P. Lalanne and J. P. Hugonin : Nature Phys., **2** (2006), 551-556.
7) E. Kretschmann and H. Raether : Z. Naturfors., **23a** (1968), 2135-2136.
8) B. Liedberg et al. : Sensors and Actuators, **4** (1983), 299-304.
9) S. Nie and S. R. Emory : Science, **275** (1997), 1102-1106.
10) J. Takahara et al. : Opt. Lett., **22** (1997), 475-477.
11) S. Hayashi and T. Okamoto : J. Phys. D : Appl. Phys., **45** (2012), 433001.
12) J. Feng et al. : Opt. Lett., **30** (2005), 2302-23024.

[最新光学技術]

74 量子光学

量子光学とは光の電磁場を量子化して扱う学問分野であり，それまで光と物質の相互作用を定式化するときに行われていた，電子のみを量子化し光は古典場として扱う半古典論とは大きく異なる．量子光学としての定式化は，レーザーの発明後すぐに1960年代にGlauberにより行われた[1]．ただし現実には，レーザー光の状態が準古典的な状態であっため，実際に量子光学を用いる必要が生じたのは，スクイーズド光が1985年にSlusherらによりはじめて生成されてからである[2]．したがって，極めて新しい学問分野であるといえる．その証拠に，量子光学が認知されてGlauberがノーベル物理学賞をとったのが2005年となっている．言葉を換えると，近年までの量子光学の歴史はスクイーズド光の歴史でもあるといえる．

電磁場のベクトルポテンシャルの波動方程式は，そのままシュレーディンガーの方程式に移行できる．そのため，量子光学での波動関数は（量子化された）ベクトルポテンシャルとなる[3]．古典電磁気学で十分理解されているベクトルポテンシャルという物理量が，波動関数として「再登場」するため，初学者には古典電磁気学と量子光学の区別が付きにくく，数々の誤解・曲解が存在する．

そこで，ここでは，まず誤解の多い単一光子状態について解説し，次にスクイーズド光といった量子光学を用いなければ説明できない状態について解説する．さらに，その応用である量子エンタングルメント，量子テレポーテーション，量子コンピューティングなどについて解説する．

a. 非古典状態

(1) 単一光子状態　単一光子状態が非古典状態だと聞いて違和感を覚える読者がいるかもしれない．かなり多くの読者が，レーザー光をフィルターなどで弱めていくと単一光子状態ができると信じていると思われる．残念ながら，その答えはノーである．レーザー光を極限まで弱めた光と単一光子状態 $|1\rangle$ とはまったく異なる．

レーザー光を極限まで弱めた光で光子数をカウントするとほとんどの場合でゼロで，ごくまれに光子を検出することになる．つまり，平均光子数は1よりかなり小さい．一方，単一光子状態 $|1\rangle$ で光子をカウントすると，どんなときでも1である．つまり，平均光子数は1である．ここまで述べただけで，単一光子状態 $|1\rangle$ が非古典状態であることがわかると思う．このような光の状態は，光子という粒子を想像していたらまったくイメージできない．

レーザー光を極限まで弱めた状態における位相と電場変位（振幅）の関係を図1に示し，単一光子状態 $|1\rangle$ の同様なものを図2に示す．図1は古典的な波動の構造をしているが，全体的にぼやけている．もちろん，波動の周期は光の波長に相当する．また，図中の1点は1回の測定に相当している．したがって，測定ごとに得られる値はばらついている．このばらつきそのものを

図1 レーザー光を極限まで弱めた状態における位相と電場変位（振幅）の関係

図2 単一光子状態 $|1\rangle$ における位相と電場変位（振幅）の関係

ショットノイズとよんだりするが，その起源は，光が光子というエネルギーの定まった量子の集団であることに由来する．

一方，図2からわかるように，単一光子状態 $|1\rangle$ には波の構造は存在しない．これは，単一光子状態 $|1\rangle$ ではエネルギーが決まっているため，その共役物理量である時間，波動では位相が決まらないためである．つまり，位相というものがない極めて量子力学的な状態─非古典状態─となっている．したがって，準古典的な波動であるレーザー光線に古典的な操作であるフィルターによる減光を行っても，単一光子状態を生成することはできない．

それではどのようにすれば単一光子状態 $|1\rangle$ を生成できるのであろうか？　その基本は，光子という量子を1つずつ扱うことがキーとなる．最もシンプルだと思われる方法は，1つの原子のみを励起し，そこから光子を放射させるものである．しかし，この方法だと，どのタイミングで光子が放出されるかわからないうえ，放射される光子に指向性はないので，あらゆるタイミングと方向に光子が存在する確率があり，単一光子状態 $|1\rangle$ とはならない．これらの問題を解決するには，共振器QED（量子電磁力学）効果の利用が必要である[4]．共振器QED効果を用いれば，光子の放射のタイミングをコントロールできるうえ，放射される光子の空間モードを1つに限定できる．つまり単一光子状態 $|1\rangle$ を生成することができる．

（2）スクイーズド光（状態）　次に，はじめて量子光学が必要となった光の状態であるスクイーズド状態について述べる．特に，ここではスクイーズド真空場とよばれる状態について述べる．スクイーズド真空場における位相と電場変位（振幅）の関係を図3に示す．これも波動的性質をもつが，図1のように横波にはなっていない．これは光の粗密波であり，ある種の「縦

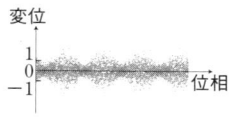

図3　スクイーズされた真空場における位相と電場変位（振幅）の関係

波」であるといえる．ただし，その周期は光の波長の半分となっている．「スクイーズ」（squeeze：絞る）の名前の由来は，図3からわかるように，ある位相成分のみ電場変位（振幅）が小さくなっていることに由来する．

スクイーズド真空場を光子数基底を用いて展開する．ここで光子数基底とは，光子数が確定している状態（光子数状態またはフォック状態）$|n\rangle$ であり，$\langle m|n\rangle = \delta_{mn}$ の関係から正規直交基底となっている．スクイーズド真空場 $\hat{S}(\xi)|0\rangle$ は光子数基底 $|n\rangle$ を用いて以下のように書ける．

$$\hat{S}(\xi)|0\rangle = (1-|\kappa|^2)^{\frac{1}{4}} \sum_{n=0}^{\infty} \frac{[(2n)!]^{\frac{1}{2}}}{2^n n!} \kappa^n |2n\rangle \quad (1)$$

ここで，$\xi = |\xi|e^{i\varphi_\xi}$，$\kappa = e^{i\varphi_\xi}\tanh|\xi|$ であり，ξ をスクイージングパラメータ，$\hat{S}(\xi)$ をスクイーズ演算子とよぶ．もちろん，$|0\rangle$ は真空場あるいはゼロ光子状態である．ただし，電磁場のエネルギー E は

$$E = \hbar\omega\left(n+\frac{1}{2}\right) \quad (2)$$

（$\hbar$ はPlanckの定数を 2π で割ったもの，ω は光の角周波数，n は光子数）であるから，ゼロ光子状態でもエネルギー $E = \hbar\omega/2$ が存在していることに注意が必要である．そのため真空場と呼ばれている．スクイージングパラメータ ξ では，$|\xi|$ がどの程度スクイーズする（絞る）かを表しており，φ でどの位相成分をスクイーズするかを表している．

式（1）から明らかなように，スクイー

ズド真空場は偶数個の光子の重ね合わせとなっている．一方で古典的な光はすべてランダムな光子流と考えてよいから，この差は際立っている．つまり，光子の統計性がはじめて古典力学的にはあり得ないものになったのがスクイーズド光（スクイーズド真空場）なのである．もう少し付け加えると，光子の統計性だけでなく，図3に示したように波としてのコヒーレンスも重要である．なぜなら，偶数個の光子がランダムに混合されただけでは，図3のような波の構造は現れないからである．

b．量子エンタングルメント

ここまで，1つの光ビームの状態について述べてきた．ここでは，2つ以上の光ビームの状態について解説する．

まず最もシンプルな場合について述べる．それは図4のように，ハーフビームスプリッターに単一光子状態 $|1\rangle$ にある光ビームが入射した場合である．ただし，この場合，何も入射していない側からは真空場 $|0\rangle$ が入射していることになる．

出力された2つの光ビーム A，B の状態は

$$\frac{1}{\sqrt{2}}(|1\rangle_A|0\rangle_B + |0\rangle_A|1\rangle_B) \qquad (3)$$

となり，光ビーム A に光子があれば光ビーム B にはなく，光ビーム B に光子があれば光ビーム A に光子がない状態の重ね合わせ状態になっている．この状態においては，片方の光ビームを測定するともう片方の光ビームの状態が確定するから，光ビーム A と光ビーム B は量子エンタングルしているといえる（もちろん，それだけでは量子エンタングルメントの十分条件ではないのであるが，簡単のためそのようにする）．

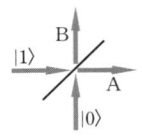

このように書いてくると，量子エンタングルメントを生成するのは非常に簡単のように思える．しかし，a項で説明したように，単一光子状態 $|1\rangle$ は非古典状態であり，それを簡単に生成する方法は存在しないから，実際にこの量子エンタングルメントを生成するのはかなり難しい．そこでもう少し容易な方法として，単一光子状態 $|1\rangle$ の代わりにスクイーズド真空場を入射する方法が知られている[5]．いずれにしても量子エンタングルメントは古典的な状態と古典的な操作のみ（今の場合はハーフビームスプリッターでの合波）では生成できず，単一光子状態 $|1\rangle$ やスクイーズド真空場のような非古典状態にある光が必要となる．

c．量子情報処理

量子エンタングルメントを用いると古典力学的には不可能であった操作が可能となる．その代表例が量子テレポーテーションと量子コンピューターである．光の場合，固体系に比べ量子エンタングルメントを容易に生成できる．その理由は，b項で見たように，非古典状態にある光ビームをビームスプリッターを用いて量子レベルで干渉できるからである．固体系ではビームスプリッターに相当するデバイスを作ることはとても難しい．したがって，量子光学的手法を用いた量子情報処理の研究が最も進んでいる． 　　　　　　　　　　　　　　　　[古澤 明]

■参考文献

1) R. J. Glauber : *Phys. Rev.*, **131** (1963), 2766-2788.
2) R. E. Slusher et al. : *Phys. Rev. Lett.*, **55** (1985), 2409-2412.
3) 砂川重信訳：ファインマン物理学 V 量子力学, 岩波書店 (1978), p.449.
4) C. K. Law and H. J. Kimble : *J. Mod. Opt.*, **44** (1997), 2067-2074.
5) 古澤 明：量子光学と量子情報科学, 数理工学社 (2005), p.83.

図4 ハーフビームスプリッターに単一光子状態 $|1\rangle$ にある光ビームが入射

75 ［最新光学技術］

非線形光学

a. 非線形分極

屈折率や吸収率など光学材料の光学定数は，光が弱いときは定数とみなせるが，レーザー光を集光したときのように強度が強くなると，定数ではなくなり，光強度に依存して変化するようになる．このように光学定数，あるいは広い意味で，光と物質の相互作用の非線形性に起因する現象を非線形光学効果とよぶ．

光と物質の相互作用は，光の電場によって生じる物質の分極を通して記述される．通常の線形光学では，分極は光電場に比例する．非線形光学では，分極は光電場の非線形関数で表される．これを光電場の振幅のべき級数で表す．

$$P_i = \epsilon_0 \sum \chi_{ij}^{(1)} E_j + \epsilon_0 \sum \chi_{ijk}^{(2)} E_j E_k + \epsilon_0 \sum \chi_{ijkl}^{(3)} E_j E_k E_l + \cdots \quad (1)$$

ここで，P_i は分極ベクトルの i 成分（$i = x, y, z$），E_j は電場ベクトルの j 成分，ϵ_0 は真空の誘電率である．第1項は電場に線形な項で，係数 $\chi_{ij}^{(1)}$ を線形感受率とよぶ．第2項以降が非線形な応答を表す項で，係数 $\chi_{ijk}^{(2)}$ を2次の非線形感受率，係数 $\chi_{ijkl}^{(3)}$ を3次の非線形感受率とよぶ．

b. 2次の非線形光学効果

2次の非線形光学効果は基本的に周波数の変化を伴う．周波数が ω_1 と ω_2 の単色光を同時に非線形媒質に入射すると，2次の効果により新たな周波数成分が生成される．具体的には，第二高調波（$2\omega_1, 2\omega_2$），和周波（$\omega_1 + \omega_2$），差周波発生（$\omega_1 - \omega_2$）である．さらに，静的な分極が誘起される光整流がある．2次の非線形感受率は反転対称性をもつ結晶では0になる．

(1) 周波数変換 第二高調波発生や和，差周波発生は，レーザー光の周波数変換（波長変換）に用いられる．代表的な例は，Nd固体レーザーの波長1064 nmの近赤外光を，第二高調波発生で波長532 nmの緑色光に変換する例で，緑色のレーザーポインターから可視光レーザー加工機まで，幅広く用いられている．また $\omega_3 = \omega_1 + \omega_2$ とすると，和，差周波発生を介して3光波が互いに変換する．これを3光波混合とよぶ．3光波混合の一種にパラメトリック過程がある．これは，周波数 ω_3 の光を入射すると，ω_1 光と ω_2 光に変換される現象である．和，差周波発生では2入力に対し1出力であるから，出力光の周波数ははじめから確定している．ところが，パラメトリック過程では，1入力に対して2出力であるから，出力光の周波数には無限の組合せがある．そのうち，実際に発生するのは，b. (4) 項に述べる位相整合条件を満足する組である．パラメトリック過程では，位相整合条件を変えることにより実際に出力される周波数の組合せが変化するから，周波数可変のコヒーレント光発生器として広く応用されている．また，位相整合を広帯域化すると，広帯域光増幅器として機能する．

(2) Manley-Roweの関係式 ω_1 光と ω_2 光が結合して $\omega_3 = \omega_1 + \omega_2$ 光が発生する和周波発生やその逆過程の差周波発生を考える．3光波の伝搬方向を z 軸にとる．ω_i 光の光強度を I_i とすると

$$\frac{1}{\omega_1}\frac{dI_1}{dz} = \frac{1}{\omega_2}\frac{dI_2}{dz} = -\frac{1}{\omega_3}\frac{dI_3}{dz} \quad (2)$$

が成り立つ．これを Manley-Rowe の関係式という．角周波数 ω_i の光子のエネルギーは $\hbar \omega_i$ であるから（$\hbar$ は Planck 定数），$I_i / \hbar \omega_i$ は光子数密度で測った強度に等しい．よって，式 (2) は，光子数密度の増減に関する平衡式と解釈できる．ここでは3光波混合を例に挙げたが，任意のパラメトリック過程に対して成り立つ基本法則で

ある.

(3) 第二高調波発生 非線形光学材料に, 角周波数 ω, 強度 I_1 の基本波を入射したときの第二高調波光の強度 I_2 は, 変換効率が小さいとき

$$I_2 = 8\pi^2 \mu_0 c \left(\frac{d_{eff}^2}{n_1^2 n_2}\right) \frac{L^2}{\lambda^2} \text{sinc}^2\left(\frac{\Delta k L}{2}\right) I_1^2 \quad (3)$$

で与えられる. ここで, μ_0 は真空の透磁率, c は真空中の光速度, d_{eff} は実効非線形感受率[*1], n_1, n_2 は基本波および第二高調波に対する屈折率, L は結晶長, λ は基本波の(真空)波長, $\text{sinc}(x) = \sin(x)/x$ はシンク関数, Δk は式(4)で定義される波数不整合である. $d_{eff}^2/n_1^2 n_2$ は非線形光学材料の性能指数で, 材料の優劣の指標となる値である. シンク関数は $\Delta k = 0$ で最大値1をとる. この因子は, 次に述べる位相整合条件からのずれの効果を表す.

(4) 位相整合 第二高調波発生により ω 光から 2ω 光が生じる過程を考えよう. 各光波の波数を $k_\omega, k_{2\omega}$ とする. 簡単のため各光波は平行に進むとする. 基本波振幅の2乗に比例する第二高調波分極は波数 $2k_\omega$ で進む. 一方 2ω 光は波数 $k_{2\omega}$ で進む. この2つの波数が異なると, 空間を伝搬する間に位相差が生じる. 位相差が π を超えると, エネルギーが逆流するようになり, 一度発生した 2ω 光が元の ω 光に戻ってしまう. 波数の差

$$\Delta k = k_{2\omega} - 2k_\omega = \frac{2\omega}{c}(n_{2\omega} - n_\omega) \quad (4)$$

を波数不整合という. ここで, $n_\omega, n_{2\omega}$ は基本波と第二高調波に対する媒質の屈折率である. 波数の差が消える条件 $\Delta k = 0$ を位相整合条件という. 実用的には, 非線形媒質の厚さを d として $\Delta k d$ が十分小さければよい. 位相整合条件は光子の見方では, 光子

[*1] 慣習で, 非線形定数 d は $\chi^{(2)}$ の1/2で定義される. 「実効」は, 結晶配位や偏光を考慮した値の意味である.

の運動量の保存則と解釈できる.

式(4)より, 媒質の屈折率が一定値をとれば, 位相整合条件は常に満たされる. しかし, 屈折率には必ず分散があり, 正常分散媒質であれば $n_{2\omega} > n_\omega$ であるから, 特別の工夫をしない限り位相整合条件は満たされない. 位相整合法には, 複屈折を用いた角度位相整合, 導波モードを用いる方法, 擬似位相整合法などがある.

c. 3次の非線形光学効果

3次の非線形光学効果は, 2次の効果と異なり全ての媒質で起こる. ここでは, 代表的な3次の非線形光学効果である非線形屈折率効果と誘導散乱を取り上げる.

(1) 非線形屈折率効果 強い光を入射すると, 媒質の屈折率は定数ではなくなり, 光強度に比例する変化が生じる. これを非線形屈折率効果とよぶ. 屈折率を複素数に拡張すると, 光強度に比例して吸収が増大する現象, すなわち, 2光子吸収もこれに分類される.

(i) **自己収束**: ガウスビームのように中心部分の強度が強いビームを媒質に入射する. 非線形屈折率効果で, 光強度分布に比例する屈折率分布が生じる. 非線形屈折率が正である場合(多くの物質で正になる), 光の強い所で屈折率が増大するから, 屈折率分布は凸レンズの機能をもつ. この結果, 入射ビームは自分自身に作用して収束することになる. これを自己収束という. 自己収束が起こると, 中心部分に光のエネルギーが集まり, 凸レンズ効果はさらに強くなる. このようにして, 入射ビームは伝搬につれて絞られることになる. 一方, ビーム伝搬には回折が伴うから, 絞られたビームは回折により拡がろうとする. 入射光の全パワーには臨界値があり, それ以下では回折の効果が大きいが, それを超えると自己収束が優勢になる. ビームは無限に細くはなれないから, やがて伝搬は不安定になり, ビームは崩れてしまう. こうして,

入射ビームは小さなスポット(フィラメント)に分裂する.

(ii) 自己位相変調: 単峰形の光パルスの伝搬を考えよう. 光ファイバー中のパルス伝搬を想定し,回折は起きないとする. 非線形屈折率効果により,パルスのピークの部分と裾の部分で屈折率が異なり,よって位相の進み具合が異なる. 自分自身の強度に比例した位相変化が生じるので,この現象を自己位相変調とよぶ. 位相を時間微分したものが周波数であるから[*2],自己位相変調により周波数が変化する. 非線形屈折率が正の場合,パルスの前半で位相が遅れるから,周波数はレッドシフトする. パルスの後半では,逆にブルーシフトする. このように,1つのパルスの中で周波数が変化する現象をチャーピングという. 光ファイバー中のパルスのように長距離にわたる伝搬では,ピーク値がそれほど大きくなくても非線形効果は無視できず,パルス波形が崩れる主要な原因の1つになる.

(iii) 光ソリトン伝搬: 光ファイバー中のパルス伝搬では自己位相変調効果によりパルス波形が崩れる. 一方,光学材料の屈折率分散によってもパルス波形は変化する. 1次の分散は,伝搬速度を位相速度から群速度に変えるのみで,波形は変化しない. 2次の分散(群速度分散)により,波形が変化する. 自己位相変調が正で,群速度分散が異常分散(周波数が高いほど群速度が増える)域にあるとき,位相変化は逆向きになる. よって,適当なパルス幅と光強度を選ぶと,両者が釣り合って,パルス波形を変えずに伝搬できるようになる. このようなパルスを光ソリトンという. これは,定常パルスが光伝搬を記述する非線形方程式(非線形シュレーディンガー方程式)

[*2] 時間と周波数は相補的な物理量であるから,本来,瞬時周波数は定義できないが,位相の時間微分をもって瞬時周波数とみなすことがよく行われる.

のソリトン解になっているからである. 自己収束で生じる2次元の空間ソリトンは不安定であるが,1次元の時間ソリトンは安定に存在する.

(iv) スーパーコンティニューム光の発生: 強い光パルスを光学材料に入射すると,非線形光学効果(自己位相変調,4光波混合など)によりスペクトルが変化する. この結果,入射光に比べスペクトル幅の拡がった光を得ることができる. 特に,群速度分散を抑え,パルス波形を変えずに長距離伝搬できるようにすると(フォトニック結晶ファイバーで実現している),非常に広い連続スペクトルをもった光を得ることができる. これをスーパーコンティニューム光といい,広帯域光発生法として用いられている.

(v) 4光波混合: 2次の非線形光学効果と同様に,3次の効果でも周波数変換が起こる. 3次の効果では4光波が相互作用するので,4光波混合とよばれる. しかし,2次の効果に比べ変換効率が上がらないので,波長変換に使われることは少ない. 特殊なケースとして,気体の非線形光学効果を用いた高次高調波発生がある. 気体では奇数次の高調波しか発生できない. この方法は,吸収が大きく固体を透過できない極端紫外から軟X線領域の光の発生に有効である.

(vi) 位相共役波発生: 4光波混合では $\omega_1+\omega_2=\omega_3+\omega_4$ を満たす4光波が相互作用する. この条件を満たす組合せとして,すべての周波数が等しい場合も可能である. これを縮退4光波混合という. 複素振幅が E_1, E_2, E_3 の3光波を入射すると,縮退4光波混合で $E_1E_2E_3^*$ に比例する第4の光波が発生する. 特に第1と第2の光波が互いに対向する平面波である場合,E_1E_2 は振幅(空間部分)は定数と考えられるから,第4光波の振幅は第3光波の振幅の複素共役に比例する. これを位相共役波とよぶ. 位相共役波は,入射波の時間反転波とみなすこ

とができる．位相共役波は次に述べる誘導Brillouin散乱の実験中に見つかったが，縮退4光波混合を使うとより理想的なものが得られる．

(2) 誘導散乱 均一な媒質中を伝搬する光は，誘電率の熱的な揺らぎで散乱を受ける．光散乱は，散乱の原因により，周波数シフトの伴わないRayleigh散乱，周波数シフトを伴うBrillouin散乱，Raman散乱に分けられる．Brillouin散乱やRaman散乱による周波数シフトの測定は，散乱媒質の分子構造についての情報を得る分光学的な手段として，材料分析などに使われている．光の放出過程に，自然放出に対し誘導放出があるように，光の散乱においても，誘導散乱がある．

(i) 誘導Raman散乱： Raman散乱は，散乱の結果，散乱中心となる分子に分子振動が励起される現象である．散乱光の光子エネルギーは入射光のエネルギーから分子振動のエネルギーを引いたものに等しい．このように，周波数がレッドシフトする散乱光をStokes光とよぶ．周波数シフトは分子振動周波数に等しいから，周波数シフトを測ることで，分子の分光ができる．一方，すでに分子振動している分子が散乱中心になると，分子振動のエネルギーを奪って，散乱光の周波数がブルーシフトする場合がある．これを反Stokes光という．

誘導Raman散乱過程により，散乱光は増幅を受ける．増幅利得係数は入射光の強度に比例する．利得係数が損失係数より大きくなれば発振が生じる．これは，入射レーザー光をポンプ光とするレーザー発振とみなすことができるので，Ramanレーザーとよばれる．Ramanレーザー光の発振周波数は，入射レーザー光の周波数から分子振動の周波数を引いた値に等しい．適当なレーザーが見つからない波長域でコヒーレント光を得る貴重な手段である．

誘導Raman散乱でStokes光が強くなると，励起状態にある分子が増えるので，反Stokes光が発生するようになる．反Stokes光の発生には，励起分子による散乱に加え，入射光とStokes光の4光波混合による発生機構がある．すなわち，入射光の周波数をω_L, Stokes光，反Stokes光の周波数をω_S, ω_Aとすると，ω_L光子2個とω_S光子が結合し，$\omega_A = 2\omega_L - \omega_S$光子が作られる過程が存在する．

上記の4光波混合で，「Stokes光」に相当する光（周波数ω_1）も外部から入射すると，$\omega_2 = 2\omega_L - \omega_1$光子が発生する．$\omega_1$をスキャンすると，Raman散乱に共鳴する周波数$\omega_S$で発生が強くなる．この現象を用いた分光法をコヒーレント反Stokes分光 (coherence anti-Stokes Raman spectroscopy：CARS) という．非線形光学効果を用いた分光法として広く使われている．

(ii) 誘導Brillouin散乱： Brillouin散乱は媒質中の音波による光散乱である．誘導Brillouin散乱は，古典的には，入射光，散乱光，音波の3光波間の結合で記述できる．3光波間には，エネルギーと運動量の保存則が同時に満足されなくてはならない．これから散乱角と周波数シフトの関係が導かれる．入射光と散乱光が平行または反平行のときに相互作用長が長くとれるが，平行の場合は周波数シフトが0になってしまうので散乱は起きない．したがって，散乱光が入射光に対向して生じる反平行の場合が実用上は重要である．このとき，散乱光は入射光の位相共役波になる．これは，高出力レーザー増幅器において生じた波面歪みの補償法に利用されている．

[黒田和男]

■参考文献
1) 黒田和男：非線形光学，コロナ社 (2008).
2) 服部利明：非線形光学入門，裳華房 (2009).
3) 井上恭：ファイバー通信のための非線形光学，森北出版 (2011).

76 [最新光学技術]

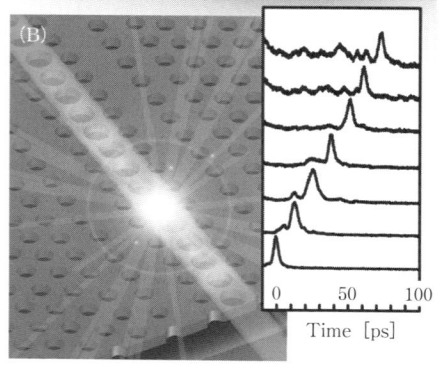

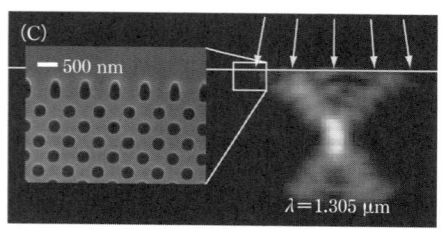

フォトニック結晶

　フォトニック結晶とは光の波長と同程度の周期をもつ微細構造のことであり，回折格子，多層膜など，従来より知られた周期構造の拡張版といえる．明確な規定はないが，屈折率差が大きな複数の媒質で構成されること，2次元，3次元といった多次元的な周期性が多用されることが特徴であり，いずれも光伝搬や発光を強力に制御するのに有効となる．また同構造中の光波解析では，周波数ωに対して波数kを求める光学の常套手段とは異なり，kに対してωを求めるという固体物理学や結晶学に由来する手法を採る点が特徴的である．これを基盤としたフォトニックバンド理論が任意のフォトニック結晶の厳密解析を可能とした点が，分野の発展に大きく寄与した[1]．

　フォトニックバンド理論は1979年大高らにより示唆され，1980年代に確立された．1987年Yablonovitchが光のバンドギャップ，Johnが光の局在を示唆し，1993年Joannopoulosらがこれらを用いた様々なデバイスを提案した．1990年代後半にはPainterらによるナノレーザー，馬場らによる導波路，Russelらによるファイバー，小坂らによるスーパープリズム，Kraussらと野田らによるバンドギャップなどが実証された．2000年以降，シリコンフォトニクス技術の発展と同期してSOI基板へ構造製作が広まった．また時間領域有限差分（FDTD）シミュレーションが普及し，部分変形をもつフォトニック結晶における光波が自在に計算できるようになった．これらのおかげで，様々な物理現象やデバイス応用が広く研究されてきた[2]．ちなみに同様に研究が盛んなメタマテリアルは，フォ

図1　フォトニック結晶の応用
（A）ナノレーザー，（B）スローライト導波路（右図は光パルスの伝搬時間を外部制御で変化させている様子），（C）負の屈折レンズ．

トニック結晶の理論家であるPendryやSoukoulisが1990年代後半にフォトニック結晶から派生させた分野である．

　フォトニック結晶の代表的な3つの応用を図1に示す．バンドギャップの概念とともにフォトニック結晶に最初に期待されたのは，発光デバイスにおける自然放出制御である．一般に自然放出は，発光媒質の電子分布を反映したスペクトルをもつ光を任意の方角に放射させる．この媒質にフォト

ニック結晶を形成し，スペクトルと重なるバンドギャップを形成すると，発光が禁止される．この状況でフォトニック結晶に部分変形（点欠陥）を導入すると，光がそのまわりで強い局在と共振を起こす．点欠陥が十分に小さく，共振条件を満たす光学モードが1つしかないとき，レーザー光のように狭スペクトルで高効率かつ高速な自然放出が発生する．励起を強めると自然放出がレーザー発振に移行するが，この移行が滑らかであれば，発振しきい値に制約されない究極の高効率発光デバイス＝無しきい値レーザーが得られる．

このようなレーザーを目指す多くの研究は，高屈折率薄膜に空孔を2次元配列させたフォトニック結晶スラブを用いている．ここでは，面内のバンドギャップとスラブ上下面の全反射により疑似3次元バンドギャップが生じ，最適な点欠陥では極微小の光局在（波長λに対する実効モード体積$0.1\lambda^3$以下）や500万以上の高Q値が得られる．GaInAsP系，InAs量子ドットなど，非発光再結合の問題が少ない半導体に欠陥付きフォトニック結晶スラブを形成すると，光励起により発振を起こすナノレーザーとなる[3]．最近，半導体再成長技術を駆使した電流励起型ナノレーザーも開発されている．わずかな非発光再結合が自然放出効率を大幅に低下させる問題があり，理想的な無しきい値レーザーは実現されていないが，それでも微小性を反映して，他のレーザーでは得られないマイクロワット級の低しきい値が得られる．微小性を生かせば多数のナノレーザーの大規模・高密度集積も容易である．このようなナノレーザーは光インターコネクションや光信号処理の光源として期待されるほか，共振器に媒質が付着することで波長が敏感に変わる特徴を利用したセンサーも開発されている．また量子ドットを発光媒質に用いると，熱揺らぎのない極低温下で単一電子と単一光子の相互作用が現れ，単一光子発光や単一原子レーザー発振，強結合相互作用などが観測される．これらを発展させた量子情報応用の研究も盛んである．

フォトニック結晶に初期から議論されてきたもう1つの応用は導波路である．バンドギャップをもつフォトニック結晶に囲まれた導波路（線欠陥とよばれる）は光を外に漏らさないので，急な曲げを組み込んだ高密度な光配線が期待された．しかし曲げでの反射損や狭帯域が問題となり，一方，並行して研究されていたシリコンフォトニクスの細線導波路が同様の曲げや高密度な光配線を低損失かつ広帯域で実現するに至り，この種の研究は収束した．その後，スローライト（低群速度をもつ光）が新しいテーマとして浮上した[4]．フォトニック結晶導波路は構造調整により様々なフォトニックバンドを示し，極めて小さな$d\omega/dk$も現れる．光学では$d\omega/dk$が群速度を表すことが知られ，小さな$d\omega/dk$はスローライトの発生を意味する．ここでも当初は狭帯域や高次の分散が問題とされたが，適度な帯域と低分散を示す構造が見出され，真空中の光速cに対して$c/100$程度の群速度や，$c/12 \sim c/53$の範囲の可変群速度，さらには伝搬中に媒質の屈折率を変える動的制御を用いた零群速度など，他の方法では実現困難な光パルス伝搬が可能になる．これらは光遅延を用いる干渉計や相関計，パルス列の同期や合成，究極的には光バッファ・メモリへの応用がある．また，低群速度の光パルスは媒質と強く相互作用し，位相変調や光非線形を増大させる．これにより，従来はcm級の長尺な導波路が必要とされた高速な光変調器，自己・相互位相変調や四光波混合などの非線形デバイスが100ミクロン級の長さで実現される．

点欠陥と線欠陥を融合すると，さらなる機能が生み出される．最も顕著なのが非線形全光スイッチである．2つの共振モード

をもつように設計された点欠陥共振器をフォトニック結晶スラブに形成し，線欠陥導波路を介して透明波長の信号光と制御光を入出力する．点欠陥の高Q値により，マイクロワット級の微弱な制御光でも非線形吸収が生じ，キャリアが生成される．このキャリアがプラズマ効果を介して共振条件をシフトさせ，信号光をオン/オフする．共振器が小さいため，40 Gb/sの高速な信号を0.6 fJという極低エネルギーでスイッチングできるほか，構造と条件を調整することで双安定状態を形成し，光メモリーとして動作させることもできる[5]．

以上はバンドギャップと欠陥の組合せによる機能であるが，これらを用いないフォトニック結晶の応用も多い．たとえば発光デバイスでは，大面積単一モードレーザーや高輝度発光ダイオードが開発されている．前者は，半導体レーザーウェハ面内に空孔配列を形成し，2次元的な分布帰還を起こさせる．ここでは大面積でも波長と空間分布が明確に規定されるため，基板上方に1°以内の狭出射角を示すワット級の高出力レーザーが得られる[6]．後者は，発光ダイオードの表面に2次元凹凸加工を施し，平面型デバイスよりも約2倍の光を取り出す．一般に発光ダイオードでは，半導体/空気境界面の全反射が光取り出し効率を低下させる．表面の凹凸による光散乱と回折には全反射を抑制する効果がある．現在の最高輝度を狙う発光ダイオードでは，このような何らかの表面構造が組み込まれている．

無欠陥フォトニック結晶としては，多次元的な高次の回折を利用する光デバイスも盛んに研究された．入射角や波長に敏感な伝搬（スーパープリズム効果）や入射角とは逆方向に曲がる伝搬（負の屈折効果）が有名で，特に後者は平坦面で実像を結像させるという通常のレンズとは異なる集光を示し，同様の特性を示すメタマテリアルとともに話題となった．しかし製作が難しい，入出射面での反射損が大きいなど問題があり，研究が収束しつつある．無欠陥フォトニック結晶の実用展開として，等価屈折率の違いを利用した光学部品がある．ここでは，微細な凹凸をもつ基板に多層膜を形成した3次元フォトニック結晶が用いられる．凹凸の形状や周期を面内で変調し，面垂直方向に光を入出力させると，等価屈折率分布に由来したフォトニックバンドの効果により，波長フィルタや偏光板として動作させることができる[7]．

フォトニック結晶ファイバーも実用化が進む応用である[8]．ここでは，空孔が配列されたクラッドが石英コアを囲むホーリーファイバー，同様のクラッドが空気コアを囲むフォトニックバンドギャップファイバー，円筒状の多層膜で空気コアを囲むオムニファイバーの3種類がある．特にホーリーファイバーは通常の石英ファイバーに迫る低損失，mm級の小さな許容曲げ半径，大きな非線形などの特徴があり，自由度が高い家庭内の光ファイバー配線や，超短パルス高出力ファイバーレーザーなどへ利用されている．またオムニファイバーは加工用中赤外レーザーのガイドとして用いられている．

[馬場俊彦]

■参考文献
1) J. D. Joannopoulos et al.: Photonic Crystals: Molding the Flow of Light 2nd ed., Princeton University Press (2008).
2) S. Noda and T. Baba eds.: Roadmap on Photonic Crystals, Kluwer (2003).
3) S. Kita et al.: IEEE J. Sel. Top. Quantum Electron., 17 (2011), 1632-1647.
4) T. Baba: Nature Photonics, 2 (2008), 465-473.
5) M. Notomi et al.: Opt. Exp., 15 (2007), 17458-17481.
6) D. Ohnishi et al.: Opt. Exp., 12 (2004), 1562-1568.
7) http://www.photonic-lattice.com/
8) P. Russell: Science, 299 (2003), 358-362.

77 [最新光学技術]

超短パルスレーザー

光パルスのパルス幅 t_p（強度包絡線の幅）と（強度）スペクトル幅 $\Delta\nu$ との間には Fourier の関係

$$t_p \cdot \Delta\nu \geq K \qquad (1)$$

が成り立つ（K はパルスの形に依存した定数）．したがって，超短レーザーパルスを得るには，① 超広帯域利得があること，② 各周波数の位相がある時刻にそろう（式(1)の等号を成立させる）ことが必要になる．図1に電場の5つの周波数成分を加え合わせたものを示す．各周波数成分の位相がそろわないと図1(A)のように合成された電場波形は時間的に広がる．これに対し，図1(B)のように，ある時刻にすべての周波数成分の位相がそろうと，鋭い電場ピークが生じ，包絡線であるパルス幅は短くなる．さらに，加え合わせる周波数成分が多い（広帯域である）ほど，そのパルス幅は短くなる．

時代とともに「超短」の定義が変わってきているが，超短パルスレーザーの歴史は，おおよそ色素レーザーに始まり，固体レーザー，半導体レーザー，ファイバーレーザーへと進んできている．超短パルスレーザーを発振させる際には，モード同期という手法が重要となる．以下では，① に対応する広帯域利得をもつ各種超短パルスレーザーについて述べ，② を実現するモード同期の手法，さらにはより精密な位相操作であり，超短パルスを扱うときに重要となる分散補償，つづいて超短レーザーパルスの増幅・応用について述べる．

a. 各種超短パルスレーザー

(1) 色素レーザー レーザー色素は広帯域の利得を有するので，1970年代以降

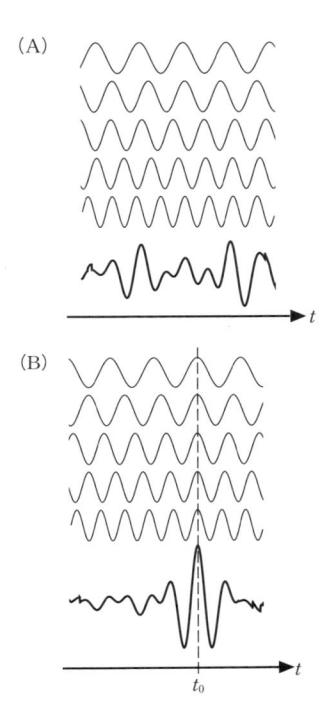

図1 電場周波数成分の合成
(A) 位相がそろっていない場合，(B) 位相がある時刻 t_0 にそろう場合．

主に使われていた超短パルスレーザーは色素レーザーである．アルゴンレーザーにより励起される．共振器内に過飽和吸収色素を用いて受動モード同期を生じさせ，分散補償用のプリズム対を配置することにより，数十 fs のパルスの発生が可能である．歴史的には，より性能のよい固体レーザーに置き換えられていった．

(2) 固体レーザー 現在最も多用されている超短パルスレーザーは固体レーザーである（図2）．レーザー媒質は，超広帯域の利得をもつチタンサファイアに代表される．イオン添加の結晶もしくはガラスである．モード同期には通常は Kerr レンズモード同期という手法が用いられる．この手法に加え，プリズム対とチャープミラー

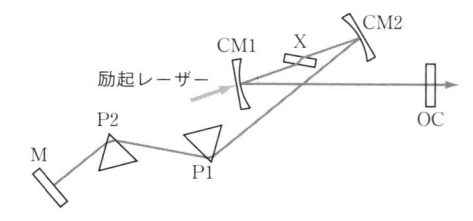

図2 超短パルス固体レーザー
X：レーザー結晶，CM1, CM2：凹面ミラー，P1,
P2：プリズム，M：鏡，OC：出力ミラー．

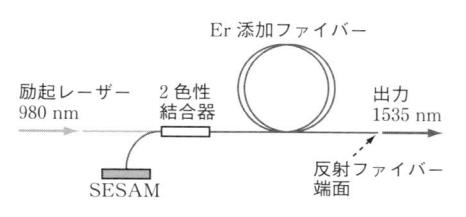

図3 超短パルスファイバーレーザー

とによる分散補償を行うこと（ソリトンモード同期）により，チタンサファイアレーザー共振器から～5 fs のパルスの直接発生もなされている[1]．

(3) **ファイバーレーザー** 希土類添加により利得を広帯域化させたファイバーがレーザー媒質として用いられる（図3）．安価でコンパクトな装置構成ができるという利点をもつ．超短パルスファイバーレーザーの場合，パルス幅，パルスエネルギー，ピークパワーは，ファイバーの非線型特性や高次分散特性により制限されることが多い．

(4) **半導体レーザー** 半導体レーザーに様々なモード同期（能動，受動，ハイブリッドモード同期）法を適用し，典型的には GHz の繰り返し周波数でピコ秒からサブピコ秒のパルスを発生させることができる．

b．**モード同期**
(1) **能動モード同期** 能動モード同期は，共振器内に音響光学素子や電気光学素子などを設置し，これらの変調と共振器の往復時間とを同期させることにより，超短パルスを発生させる方法である．通常ピコ秒程度までの短パルスの発生が可能である．

(2) **受動モード同期** 受動モード同期には，主に過飽和吸収効果によるもの，Kerr レンズ効果によるもの，共振器内分散の釣り合いによるソリトンモード同期がある．

(i) 過飽和吸収効果によるモード同期：過飽和吸収効果による受動モード同期は，共振器損失を高速に変調可能であるので，能動モード同期よりもさらに短いフェムト秒パルスの発生を可能にする．パルスが短くなるほど，より高速に共振器損失を変調できる．通常，セルフスタートが可能である．近年，過飽和吸収効果を与える最も重要なものとして，半導体過飽和吸収ミラー[2] (semiconductor saturable absorber mirror：SESAM) がある．SESAM はコンパクト，かつ広範囲で特性調整可能で，種々の超短パルス固体レーザー，半導体レーザーに用いられる．

(ii) Kerr レンズモード同期[3] (Kerr-lens mode locking：KLM)： 屈折率が光の強度に依存する（正の）非線型屈折率効果により，利得媒質内での光強度が高くなるとビームサイズが小さくなる（Kerr レンズ効果）．この効果により，過飽和吸収と等価的な効果を与えることができる．Kerr レンズ効果により，レーザー光と励起光の空間的重なりをよくし，より高利得を与える手法（ソフトアパチャー KLM）と，共振器内開口によりビームの一部に損失を与える手法（ハードアパチャー KLM）とがある．一般的に，この手法はセルフスタートができないことが多く，共振器への軽い摂動（共振器ミラーを少したたくなど）が必要である．

(iii) ソリトンモード同期： 共振器内

のプリズム対やチャープミラーによる負の群遅延分散量と，あるビーム強度に対する（正の）非線型屈折率効果による分散量とを釣り合うようにする．このビーム強度となる条件で擬似的なソリトンパルスが発生する．このようなモード同期はソリトンモード同期とよばれることがある．群遅延分散の効果が大きくなってくるフェムト秒固体レーザー，ファイバーレーザーで用いられる．この手法によるレーザーパルスは時間的に高品質で，擬似ソリトンとなることから，その強度パルス包絡線は $sech^2$ の関数形に近いとされる．

c. 外部分散補償

共振器内群遅延分散補償では十分でない場合や，3次以上の高次分散がパルス幅に影響する場合，また，共振器外で自己位相変調効果などによりスペクトルをより広帯域化し，さらなる超短パルス化を行う場合は共振器外で分散補償を行う．プリズム対は負の群遅延分散，負の3次分散を，回折格子対は負の群遅延分散，正の3次分散を与えることができるので，これらの組合せにより，3次までの分散は補償可能である．4次以上の分散や複雑な分散は4f光学系と空間位相変調器との組合せにより補償することができ，可視・近赤外では1.5サイクルの超短パルスの発生も行われている[4]．

d. 超短パルスレーザーの増幅

(1) チャープパルス増幅[5]（CPA）
超短光パルスをそのまま増幅しようとすると，増幅器内でピークパワーが非常に高くなり，パルスの変形，利得媒質，光学素子の損傷を引き起こしやすい．したがって，増幅前にパルスにチャープを与えてパルス幅を広げることにより，ピークパワーを下げて増幅し，その後，圧縮するという過程を経るのがチャープパルス増幅（CPA）である．CPAは，光学素子の損傷を避け，また，通常ナノ秒パルスである励起光との時間的重なりをよくすることができるという利点も有する．

(2) 光パラメトリックチャープパルス増幅（OPCPA） 光パラメトリック過程を用いて，CPAを行うのが光パラメトリックチャープパルス増幅（OPCPA）である．通常のCPAに比べて，シングルパス利得が大きいので多段増幅にする必要がない，位相整合条件を最適化すれば利得を超広帯域化できるなどの利点をもち，TW以上の超短パルスへの増幅が行われている．

e. 超短パルスレーザーを用いた応用

超短パルスレーザーは超高速分光，コヒーレント制御，光コムによる精密分光などに応用される．また，超短パルスレーザーを光源として，高次高調波発生，アト秒パルス発生，テラヘルツ波の発生も行われている．

［森田隆二］

■参考文献
1) U. Morgner et al.: Opt. Lett., **24** (1999), 411-413.
2) U. Keller et al.: IEEE J. Selected Topics in Quantum Electron, **2** (1996), 435-453.
3) D. E. Spence et al.: Opt. Lett., **16** (1991), 42-44.
4) M. Yamashita et al.: IEEE J. Selected Topics in Quantum Electron, **12** (2006), 213-222.
5) D. Strickland and G. Mourou: Opt. Commun., **56** (1985), 219-221.

78 [最新光学技術]

テラヘルツ応用

a. テラヘルツ応用可能性

近年,テラヘルツ波(THz)波とよばれるおよそ0.3～10 THz(波長1 mm～30 μm)の電磁周波数帯の光源開発とその応用開拓が世界的に急速に進んでいる[1,2].この帯域は電波と光波の中間に位置しており,テラヘルツ波は,電波のように紙,プラスチック,ビニール,繊維,半導体,脂肪,粉体,氷など様々な物質を透過できるとともに,光波のようにレンズやミラーで空間を自由に取り回すことができる.また,電波に比べて波長が短いため,多くのイメージング用途にとって必要十分な適度な空間分解能を有している.さらに近年,ビタミンや糖,医薬品,農薬,禁止薬物,爆薬など様々な試薬類に固有の吸収スペクトルがおよそ3 THz以下のテラヘルツ帯で見出され,その応用可能性が広がりつつある.

テラヘルツ領域は,光波と電波のそれぞれの領域が重要な応用技術とともに発展し熟成してきたのとは対照的に,技術面でも応用面でも未開拓の領域として認識されていた.これは,テラヘルツギャップとよばれるおよそ1～3 THz帯のテラヘルツ波を効率よく発生するための技術が確立されていなかったためである.旧来,テラヘルツ波発生のためには炭酸ガスレーザー励起サブミリ波レーザーや自由電子レーザーなどが用いられてきたが,これらの装置は大型であることや,波長可変が簡便でないといった制約があるため,その利用は主に研究用途に限られていた.最近では,フェムト秒レーザー技術の進歩によって広帯域テラヘルツ波パルスが比較的容易に発生できるようになったことや,非線形光学結晶を用いたパラメトリック発生・差周波発生を利用したテーブルトップサイズかつ常温動作可能な実用性の高いテラヘルツ光源の開発が進んでいる.これらのテラヘルツ波発生・検出技術の急速な発展によりテラヘルツ波応用に関する関心が高まっている.

テラヘルツ波の応用が見込まれる分野は広範囲にわたる.それは,テラヘルツ波が物質を適度に透過し,数百μmの空間分解能を有し,人体に安全,かつ試薬類の指紋スペクトルを示す,などといった他の電磁周波数帯にないユニークな特徴を有しているためである.テラヘルツ波に期待されている産業応用可能性の一部を列挙すると,高速通信,文化財検査,空港やビルのゲートにおける爆弾・セラミックナイフなどの危険物検査,郵便物中の危険物・禁止薬物検査,医薬錠剤の多層コートなどの品質検査,セラミックス製品やプラスチック製品の内部欠陥検査,スペースシャトルの外壁タイルの検査,大規模集積回路の故障解析,有毒ガス検出,壁内部の腐食や亀裂などの診断,黒インク濃度検査,バイオチップの蛍光ラベルフリー診断,病理サンプルのオンサイト診断,皮膚がんの早期診断,美肌(角質層)診断,車の塗装検査,薬局での包装薬の誤成分チェック,薬品工場での異種錠剤混入検査,半導体ウェハのドーパント密度の分布計測,ナノコンポジット材料の解析,小袋包装のヒートシール部欠陥検査,青果物の品質評価,植物工場の灌水自動制御,冷凍食品などの凍結解凍サイクルの最適化,凍結路面診断,積雪路での白線追尾,粉ミルクなど粉体中の異物検出,卵の鮮度検査,胡麻などの水分含有量検査,油類の成分検査,などすでに公表されている応用可能性の一部分を挙げるだけでもこれだけの多岐にわたる.

b. テラヘルツ時間領域分光法

テラヘルツ光源は,広帯域テラヘルツパルス光源と単色テラヘルツ光源の2種類に

図1 乾燥唐辛子と乾燥エビのテラヘルツ分光イメージング例

大別することができる．近年，テラヘルツ波が世界的注目を集めるに至った大きな要因の1つは，フェムト秒レーザーを用いた広帯域テラヘルツパルスの発生・検出法が開発されたことである．この技術はテラヘルツ時間領域分光法（terahertz time domain spectroscopy：THz-TDS）とよばれ，現在世界で最も広く用いられているテラヘルツ技術である．THz-TDSは，フェムト秒光パルスにより励起されたテラヘルツパルスの実時間波形を測定し，それをフーリエ変換することで複素電場振幅を得ることができる．これにより電場強度だけでなく位相情報を得ることができるため，Kramers-Kronig変換を用いることなく試料の複素誘電率を直接導出することができる．さらに，計測が高速・簡便であることから，分光イメージングなどへの期待が高まり，広く利用され始めた．THz-TDSについては多くの解説論文[3,4]などがあるため本項では詳述しない．THz-TDS装置のテラヘルツ波伝搬光路に試料を設置することで，分光測定や分光イメージングを行うことができる．図1は，乾燥した唐辛子とエビの1 THzにおける透過イメージであるが，内部の種などの構造が明瞭に画像化できていることが確認できる．X線を用いた場合，いわゆるソフトマテリアル内部の構造を画像化するのは吸収の弱さゆえに容易ではないが，テラヘルツ波を用いることで鮮明な透視像を得ることができる．

c．非線形光学効果によるテラヘルツ光源

単色テラヘルツ光源は，単位周波数当たりの強度が強いことや，周波数強度を直接測定できるため測定結果が試料の形状に依存しにくいといった利点を有している（THz-TDSでは，試料形状による時間波形の歪みがスペクトルに影響を及ぼすため問題となることがある）．現在，高出力化や広帯域波長可変性の実現により，分析機

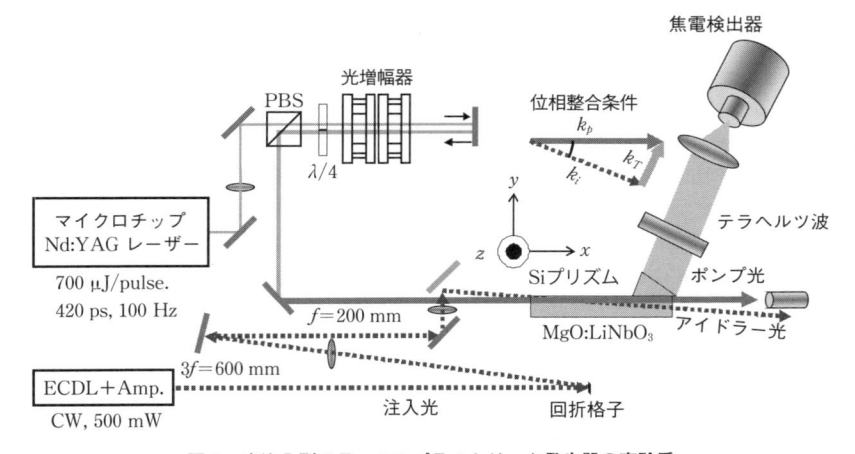

図2 光注入型テラヘルツパラメトリック発生器の実験系

図3 封筒内に隠された薬物のテラヘルツ分光イメージング例［口絵4］

器の開発やセキュリティ応用などに展開を始めている．代表的な波長可変単色テラヘルツ光源として光注入型THzパラメトリック発生（injection seeded THz parametric generator：is-TPG）があり，非線形光学結晶としてニオブ酸リチウム結晶（$LiNbO_3$）を用いることで 0.6〜2.6 THz（波長 120〜460 μm）付近をカバーする広帯域可変性が実現されている．光パラメトリック発生では，$LiNbO_3$ に高強度の励起光を入射すると，光活性フォノンとの相互作用によりテラヘルツ波とアイドラー光に分離されるという原理を用いている．発生するアイドラー光に対して光注入を行うことで，THz波の線幅がパルス幅のフーリエ限界へ，ピーク出力が数百倍に増大する．特に，最近マイクロチップYAGレーザーからの単一縦モードの数百 ps パルス光を，さらに光アンプで十数 mJ/pulse に増幅した高強度な励起光を用いることで，is-TPGからのテラヘルツ波出力が大幅に高出力化し，10 kW 超のピーク値，1 μJ/pulse 超のパルスエネルギーを得ている[5]．図2にその実験系を示すが，字数の制限で詳しくは文献を参照されたい．

d．分光イメージング応用

テラヘルツ波の応用可能性を模索する動きが世界中で加速しているが，ここでは一例として，上述の広帯域波長可変テラヘルツ光源を用いた分光イメージング技術について述べる．これは，複数の試薬が混ざったサンプル中の特定試薬の分布密度を画像化する技術で，光源の広帯域波長可変性，および3 THz以下の低周波域で次々見出されている試薬類の指紋スペクトルを活かした成果である[6]．この技術を用いて，郵便物検査，覚醒剤・爆発物所持検査，医薬品検査，病理組織診断，などへの応用が期待される．封筒内の薬物検出の実証実験として，薬物（合成麻薬MDMA，アスピリン，覚せい剤メタンフェタミン）をポリエチレン製小袋に入れ，封筒内に封入し，波長可変テラヘルツ光源を用いた分光イメージングによる検出結果を図3に示す．右側の各画像は，マルチスペクトル画像とスペクトルデータから得られた各成分の空間分布を示す．上から順に，メタンフェタミン，アスピリン，MDMAであり，成分ごとの2次元分布が抽出できている．

e. テラヘルツトモグラフィー

測定試料からの反射テラヘルツ波を検出できるように光学系を調整することで，THz-TDS装置は分光装置としてだけでなくTime of Flight方式のテラヘルツトモグラフィー（断層画像測定）装置として機能する．試料が多層構造を有する場合，各層からの反射テラヘルツパルスの時間遅延を検出しそれを距離に換算することで，非破壊・非接触で試料の断層像を画像化することができる．テラヘルツ波を用いるため，被爆の恐れのあるX線CTと異なり安全・安心な測定が可能である．また，テラヘルツ波の透過特性により，光波を用いた光コヒーレンストモグラフィー（OCT）では測定できないような様々な試料の断層情報を得ることができる．さらに，テラヘルツパルスはサブピコ秒のパルス幅をもっているため，数十μmという高い奥行き分解能を実現することができる[7]．このテラヘルツトモグラフィーの測定対象としては，工業製品の多層塗装膜や錠剤のコーティング，人肌の角質層など幅広い応用が期待されており，高分解能化や高速イメージングに関する研究が行われている．図4はテラヘルツトモグラフィー装置で測定された厚さ90μmの紙3枚の断層画像である．紙の膜厚が正確に再現できているのと同時に，高分

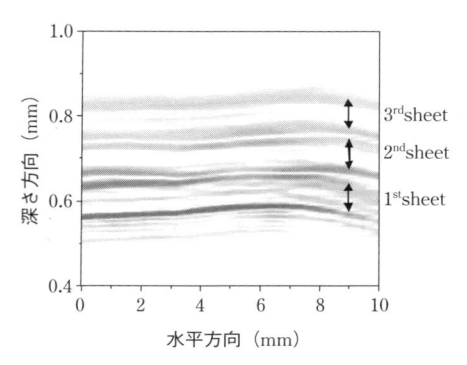

図4 テラヘルツトモグラフィーによる3枚の重なった紙の断層画像

解能特性により紙と紙の間のわずかな隙間も観測できていることが確認できる．

［川瀬晃道］

■参考文献
1) M. Tonouchi : *Nature Photonics*, **1** (2007), 97.
2) 斗内政吉編：テラヘルツ技術，オーム社 (2006).
3) 萩行正憲ら：応用物理，**74** (2005), 709.
4) 阪井清美：分光研究，**50** (2001), 261.
5) S. Hayashi et al. : *Optics Express*, **20** (2012), 2881.
6) K. Kawase et al. : *Optics Express*, **11** (2003), 2549.
7) J. Takayanagi et al. : *Optics Express*, **17** (2009), 7533.

[最新光学技術]

79

X線イメージング

可視光より何桁も波長が短くエネルギーの高いX線の画像を形成するとき，X線ならではの独特な問題が存在し，それを克服するための工夫が必要となる．それでも，その高い透過力に頼った透視観察や，その短い波長に頼った高分解能撮影の利点を活用するため，これまで多くの努力がX線イメージング技術開発に払われてきている．

a．X線と物質の相互作用

X線は透過力が高く直進性に優れている．これを複素屈折率で表現すると，その虚数部が極めて小さく，実数部がほぼ1であることに対応する．X線領域では，複素屈折率nを習慣的に$n=1-\delta+i\beta$と表現する．代表的な物質に対するδおよびβの値を表1に示した．

ここで，X線イメージングに関して重要な事柄を2つ指摘しておく．まず，屈折率がどの物質においてもほぼ1である事実が，X線光学素子の開発に大きな制限をもたらすことである．つまり，可視光のような手軽さでX線を操作することができない．もう1つは，通常のX線画像が吸収コントラスト，すなわちβに頼って形成されており，δに関する情報が使われていないことである．ところが，表1からわかるようにδとβの相対的な大きさには顕著な違いがある．つまり，δに頼る撮影，すなわち位相コントラストの活用によりX線撮影技術が大幅に前進する余地がある．

b．X線光学素子[1,2]

X線イメージングに関連して重要なX線光学素子をここで紹介する．

(1) X線ミラー　上で述べたように，X線領域の物質の屈折率は1よりわずかに小さい．したがって，ある平坦な物質表面にX線が表面にすれすれに入射すると，全反射現象が生じる．これがX線ミラーに使われる．その臨界角（表面とX線がなす角度）はSnellの法則より$\sqrt{2\delta}$であることがわかり，その大きさはおおよそmradのオーダーとなる．大きい臨界角を実現するには，白金などの重い元素の表面が望ましい．また，ミラー表面に人工多層膜を形成した多層膜X線ミラーも使われる．

後述するX線集光ビームを走査して画像を形成するタイプのX線顕微鏡では，X線集光ビームを形成するために，精密に形状を制御した曲面表面をもつ全反射ミラーが使われる場合が多い．

(2) 屈折レンズ　屈折率がほとんど1であることは，X線レンズの実現が難しいことも意味する．屈折率$1-\delta$の物体に半径Rの丸穴を形成し，その側面を通るようにX線を照射すると，丸穴はちょうど可視光の凸レンズと同じく機能し，その焦点距離は$R/2\delta$となる．ただし，具体的な値を調べてみるととても現実的でない長距離となる．ところが，この丸穴をX線の進行方向に沿って複数個並べると，その分だけ焦点距離は短くでき，シンクロトロン放射光を使うビームラインでは実際に使われる．最近は単純な丸穴ではなく，形状を制御して収差を抑えたものも製作されている．

(3) Fresnelゾーンプレート　同心円状に輪帯を形成し，それぞれの輪帯を通る光が中心軸上で同位相となるように輪帯

表1　20 keVのX線に対するいくつかの物質の複素屈折率 $n=1-\delta+i\beta$

物質	δ	β	δ/β
ポリスチレン	5.0×10^{-7}	3.2×10^{-10}	1.6×10^{3}
水	5.8×10^{-7}	6.0×10^{-10}	9.7×10^{2}
ガラス	1.3×10^{-6}	2.9×10^{-9}	4.5×10^{2}
シリコン	1.2×10^{-6}	4.9×10^{-9}	2.4×10^{2}
鉄	3.8×10^{-6}	9.7×10^{-8}	3.9×10^{1}

半径を設計したものをFresnelゾーンプレートとよぶ．一種の回折格子とみなせ，X線を集光したり結像したりするためのX線のレンズとして最も広く利用されている．

c．X線画像の取得方法

(1) 単純透視撮影　被写体にX線を照射して，その背後で透過してくるX線を撮影すると，被写体内部の構造に対応したコントラストが得られる．X線は透過力が高く直進性に優れていることを利用した，X線発見当初からの一般的な画像形成方法である．画像の解像度（空間分解能）は，使用するX線画像検出器の空間分解能に加え，X線源（発光部位）のサイズに依存する半影によるボケで決まる．最近では，X線焦点を小さくしたマイクロフォーカスX線源やさらに進んでナノフォーカスX線源が高分解能画像取得のために使われるようになっている．焦点近くに被写体を配置し，逆に被写体と検出器との距離を適宜大きく配置する拡大投影型X線顕微鏡に使われる．

(2) 走査型顕微鏡[3]　走査型X線顕微鏡は，X線集光ビームを形成して，試料上を走査するものである．X線集光ビーム形成には，前記の集光ミラーやFresnelゾーンプレートなどが使われる．空間分解能は集光ビームのサイズに依存する．原理的にはその波長程度（回折限界）にまでX線ビームを細く絞ることができるが，現状では10 nm 程度の硬X線集光ビームの形成が可能となってきた．

画像を形成する際，試料を透過するX線強度を計測するタイプに限らず，元素分布の可視化を可能とする蛍光X線などの二次放射を検出するタイプがある．

(3) 結像型顕微鏡[3]　X線領域で動作するレンズがあれば，光学顕微鏡と同じコンセプトによる結像型X線顕微鏡が構築できる．最近では実用的な精度のFresnelゾーンプレートが開発されている．これを用いた結像型X線顕微鏡がほとんどのシンクロトロン放射光施設で稼働している．また，実験室X線源を用いる同様のX線顕微鏡製品も市場に出ている．Abbeの結像条件を満たすように複数のX線ミラーを配置する結像型X線顕微鏡も構築可能である．

(4) 逆空間からの変換[2]　これは，試料に空間的にコヒーレントなX線を照射し，試料からのFraunhofer回折パターンを計測する方法である．一般に単純な強度計測では位相情報が消滅しているために，強度パターンだけからではフーリエ変換による試料構造の回復はできない（位相問題）．

回折顕微鏡は適当な拘束条件（たとえば，試料の周辺には何もない空間が広がっていることなど）を設けて回折パターンを撮影し，コンピュータによる繰り返し演算で試料内の電子密度分布を得る．光学素子を用いないこと，極めて優れた空間分解能が期待されることから，最近特に注目される．

X線ホログラフィーにより，回折パターンの複素振幅を計測する方法もある．試料の近傍に形成したピンホールで参照波を形成する方式が最近では優れた画像を報じている．なお，可視光領域でホログラフィーは立体視技術として知られているが，X線ホログラフィーでは立体情報を得るのは容易ではない．これは，X線の散乱がほぼ前方に集中して生じるからである．

d．X線位相コントラスト[4]

一般的なX線透視画像は，βの分布に対応する吸収コントラストを示している．よく使われる線吸収係数μとは，$\mu=4\pi\beta/\lambda$の関係がある．λはX線の波長である．内殻電子の励起による吸収端を別にすれば，βはおおよそ構成元素の原子番号の4乗に比例するので，ほぼ軽元素からなる物質内の構造に対しては，十分なコントラストが得られない．これは，生体の軟組織や高分子

材料のX線撮影において多く経験されている問題である．

これに対して，δの分布に対応した位相コントラストが得られれば，従来のX線撮影では観察できなかったものを対象とすることができる．これは，δがβより千倍近く大きいこと（表1）を見れば十分に予想できる．

δの影響はX線が物体を透過するときの位相シフトに現れる．位相シフトはX線波面の変形，すなわちX線の屈折をもたらす．ただし屈折によってX線が曲げられる角度は小さく，δと同じオーダー（10^{-6} rad）程度である．単純なX線画像撮影でこの影響が現れることはほぼない．

c.（4）項で述べた方法は位相情報を利用していることになるが，c.（1）〜（3）項は通常吸収コントラストに頼る手法である．ここに位相コントラスト法を導入する試みがいくつかなされており，高感度撮影が実際に行われている．それらの方法は大きく以下のように分類できるであろう．

（1） デフォーカス 結像型顕微鏡のピントを少しずらして像観察すると，試料の表面や内部構造の輪郭を表すコントラストが得られる．これは試料によるFresnel回折の効果が結像光学系によって補償されないためだが，ピントを合わせると見えない位相物体が可視化できる．X線顕微鏡においても比較的容易に生成できる位相コントラストである．

単純透視撮影においては，被写体と検出器を密着させたときがピントが合った状態とみなせる．被写体と検出器との間に空間を設けることは，ちょうどピントがずれることに対応し，Fresnel回折による位相コントラストが現れる．条件として，ある程度空間的干渉性を保ったX線を用いる必要がある．第3世代シンクロトロン放射光や，マイクロ/ナノフォーカスX線源を用いると観察できる．一般的なX線源を用いた撮影では，半影によるボケの効果の方が遥かに顕著である．

（2） 波面計測 光学素子を活用するアプローチで，物体による位相シフトでX線の波面が変形したところを検出する様々な方法がある．

（i） 二光束干渉計： X線領域では，結晶によるブラッグ回折を利用したMach-Zehnder型の二光束干渉光学系が知られている（図1）．一方のパスに配置した試料による2πごとの位相シフトに対応する干渉縞が形成される．X線は波長が短いために，干渉計を構成する光学素子相互の振動には極めて注意が必要である．このため，通常は1個のシリコン単結晶インゴットからの一体削り出しで干渉計が作製される．

（ii） 結晶アナライザ： シリコンなどの高品質単結晶におけるBragg回折の角度幅は10^{-5} rad程度であり，条件を選べばさらに小さくできる．これを，試料によって屈折されたX線の選別に使うことができる．図2にあるように，試料を透過したビームに対してほぼBragg回折条件を満たすように結晶板（アナライザ結晶）を配置してX線を反射させると，屈折を受けたX線に対しては反射率が変化して，それに応じたコントラストを得ることができる．

（iii） Talbot干渉計： これは，2枚の透過格子を用いて試料によるX線の屈折を検出する方法である（図3）．試料の背後に一枚目の格子を配置するが，この格子の下流でTalbot効果（self-imaging効果）が生じるようにある程度の空間的干渉性をもつX線で照明する．そのとき，X線の波長と格子周期で決まる特定の下流位置で格子パターンに対応した周期的強度分布（自己像）が現れ，試料による屈折はこの自己像を変形させている．2枚目の格子を自己像が現れる位置に置いてモアレ縞を発生させると，自己像の変形がモアレ縞の変形として容易に観察できる．

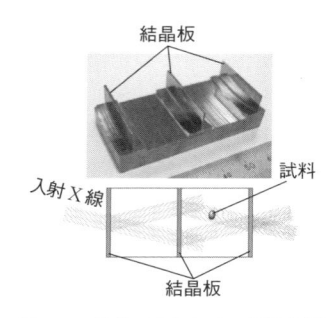

図1 Si 結晶で作られる X 線干渉計

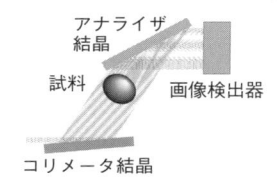

図2 アナライザ結晶による屈折 X 線の選別

図4 マウス肝臓組織の X 線位相トモグラフィー像

前記2つの方法は，結晶光学素子を用いるためにシンクロトロン放射光の利用が前提になるが，この方法による装置化は実験室や病院でも進められており，X 線位相コントラスト法の実用化に貢献している．

e．**X 線位相トモグラフィー**[4]

上で述べた方法は，位相コントラスト画像を単純に写真撮影する形態で使われるわけではない．通常，位相コントラスト画像には吸収コントラストや光学系の不完全性により生じるコントラストが混在している．それぞれを区別して分離することは容易ではない．そこで，デジタル画像計測とコンピュータ演算に基づく位相計測技術が X 線領域でも開発されている．その具体的方法は参考文献[4]などを参照されたい．これを

X 線位相コントラスト法と区別して X 線位相イメージング法と称することもある．

X 線断層撮影法（X 線 CT, X 線トモグラフィー）は医療や非破壊検査に広く使われている．ここで得られるコントラストも X 線の吸収係数，すなわち β の分布を示すものであるが，X 線位相計測技術によって計測する位相シフトを入力することにより，δ の分布を示す断層画像を再構成することが可能となっている．これが X 線位相トモグラフィーであり，優れた像感度が実現する．図4には，X 線二光束干渉計を用いた X 線位相トモグラフィーで計測したマウス肝臓組織を示す． 　　　　　［百生　敦］

■参考文献
1) 浪岡 武, 山下広順編：X 線結像光学, 培風館 (1999).
2) J. Als-Nielsen and D. McMorrow (篠原佑也ほか訳)：X 線物理学の基礎, 講談社 (2012).
3) J. Kirz et al.：Q. Rev. Biophys., **28** (1995), 33-130.
4) A. Momose：Jpn. J. Appl. Phys. **44** (2005), 6355-6367.

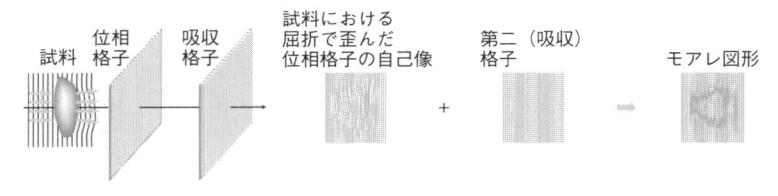

図3 X 線透過格子を用いた Talbot 干渉計による波面計測

[最新光学技術]

80 メタマテリアル

メタマテリアルとは，人工的に導入した構造体によって物質の電磁気学的（光学的）特性を制御し，単なる複合体の限界を超える特性を付与した疑似物質である．一般にメタマテリアルの構造は，用いる電磁波に対して均質な物質とみなせるように，その波長より充分に小さく設計・加工する．メタマテリアルは，マイクロ波から光波までの幅広い波長（周波数）領域で研究されており，さらに，音波[1]や物質波に対するメタマテリアルも提案されているが，ここでは電磁波に対するもののみを狭義のメタマテリアルと定義する．

メタマテリアルは，大きく2種類に分類できる．1つは，その構造に共振器を用いる共振型メタマテリアルで，もう1つは，伝送線路を用いる伝送線路型メタマテリアルである．後者は，主にマイクロ波領域で用いられ，光波領域では共振型メタマテリアルが一般的である．

a. 左手系物質と負の屈折率

物質中の電磁波の分散関係は

$$k^2 = \frac{\omega^2}{c^2}n^2 = \frac{\omega^2}{c^2}\varepsilon\mu \tag{1}$$

で与えられる．ここで，k は波数，ω は角振動数，c は真空中での光速，ε と μ は物質の比誘電率と比透磁率である．

式（1）から，光が伝播光として存在するのは，その物質の ε と μ が同時に正もしくは負の値をとる場合である．通常の透明物質では ε と μ は同時に正であり，その場合電場と磁場と波数ベクトルは右手系をなす．一方，ε と μ が同時に負の場合には，電場 E，磁場 H，波数ベクトル k は左手系の関係をなすので，このような物質は，左手系物質とよばれる．光波のエネルギーの流れはポインティングベクトル $E \times H$ で与えられるので，右手系物質ではエネルギーの流れと波数ベクトルは同じ方向を向いているが，左手系物質では逆向きになる．

右手系物質と左手系物質が接した境界面に電磁波が入射する場合を考える．境界面では，電磁場の波数ベクトルの界面方向成分が保存されなければならないので，光波は図1のように屈折しなければならず，屈折角が負の値になる．そのためSnellの法則と右手系物質の屈折率が正であることを考慮すると，左手系物質の屈折率は負の値であるとみなさなくてはならなくなる．そのため，左手系物質は負の屈折率物質ともよばれる．

b. 完全レンズ

図2に示すように，真空中に負屈折率物質（$n = -1$）の平行平板が存在し，それに光が入射する場合を考える．入射角 θ で入

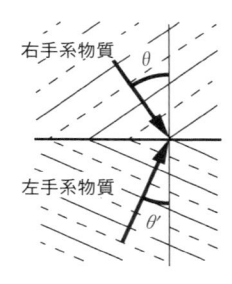

図1 負屈折率媒質

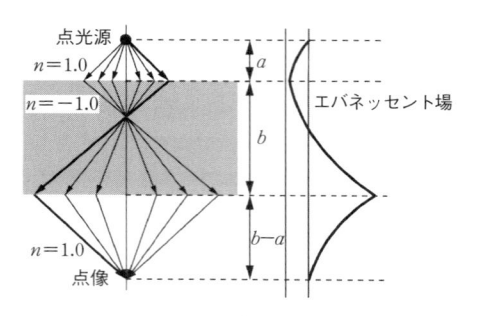

図2 完全レンズ

射した光は，境界面で屈折角 $\theta' = -\theta$ で屈折して負屈折率媒質中を伝搬する．その後，裏面で再度屈折して真空中に戻るが，負屈折率物質の表面から a の距離の光源から出た光は，入射角 θ によらず必ず裏面から距離 $b-a$ にある1点を通る．そのためこの点は焦点となり，光源とこの点との間は結像関係になって光源の像が形成される．すなわち負屈折率物質でできた平行平板はレンズのように振る舞う．これは，1997年にロシアの Veselago によって指摘された[2]．

興味深いのは，光波がエバネッセント場の場合である．平面波の伝搬は，

$$\exp[-ikx] \quad (2)$$

で与えられる．エバネッセント場の波数は正虚数なので，この式は伝搬方向に減衰する場を与える．ところが，負屈折率物質中では，屈折率が負なので，エバネッセント場の波数は負虚数となり，伝搬方向に対して振幅が増大する解になる．その結果，図2の焦点におけるエバネッセント場の振幅は，光源の振幅と同じになり，あらゆるエバネッセント場成分が光源から $2b$ 離れた距離に位相と振幅が保存されたまま結像されて光源の像が回折限界を超えて完全に復元される．これが完全レンズであり，2000年に Pendry によって指摘された[3]．

負屈折率物質や完全レンズは，本来はメタマテリアルとは独立した話題である．重要なのは，可視光領域において負の屈折率をもつ物質が自然界で見つかっていないことである．光学分野におけるメタマテリアル研究は，この負屈折率物質を人工的に作り出す手段としてその研究が活発化した歴史がある[4]．

c. メタマテリアル共振器

可視光の周波数領域では，一般の誘電体は正の誘電率をもち，金や銀などの貴金属は負の誘電率をもつ．すなわち物質を選べば誘電率に関しては正負どちらの値をもつ物質も見つけることができる．しかし透磁率については，どの物質の透磁率も真空のそれと変わらず，物質の比透磁率 μ は 1.0 になる．これが可視光領域で負の屈折率をもつ物質が存在しない原因である．

そこで光領域では，光の磁場成分に応答する物質を人工的に作り出すことがメタマテリアルの研究の興味の対象の1つになった．Pendry は磁気応答の起源となる仕組みとして，図3に示すような同心円状の金属体に対向する方向に切れ込みの入った分割リング共振器（split-ring resonator）を提案した[5]．初期の実験では，電子回路用の基板材料を用いて銅箔で分割リング共振器を作り，マイクロ波領域でその特性評価が行われた[6]．その後，動作周波数の高周波数化が活発に研究され，現在では近赤外から可視光の境界あたりの周波数で動作するメタマテリアルが報告されている[7]．また，可視光領域において最適な材料や構造に関しても理論解析ならびに実験の両面から議論されている[8,9]．

d. クローキング

クローキングとは，物体を不可視化する技術であり，噛み砕いていえば透明人間を作る技術である．このクローキングもメタマテリアルを用いれば実現可能であることが理論的に示され，近年メタマテリアルの応用分野として注目されている．

一般相対性理論における重力場との類推から，屈折率分布によって生じる光のポテンシャル分布を考え，周りの屈折率を制御することで，光が侵入できない領域を作り

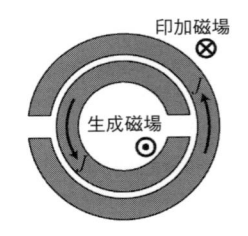

図3 分割リング共振器

図4 クローキング

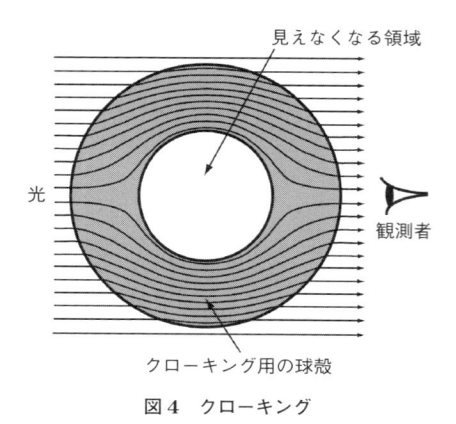

出して,その領域内に存在する物体を不可視化する手法が提案されている[10].これは,屈折率分布を用いて空間を巧みに歪める技術である.

一方,隠したい領域のまわりを光が迂回するような,屈折率分布を座標変換から求め,そのような屈折率分布をもつ球殻状物体(クローキングシェル)を用いてクローキングを実現する手法も提案されている[11].このクローキングシェルは,一般的には異方性をもち偏光依存性がある.

クローキングの実験は,マイクロ波領域で進められており,すでに分割リング共振器を同心円状に並べたクローキングシェルを用いて,完全ではないがシェル内部においた金属円盤を隠す実験結果が得られている.

可視光においては,金属ナノロッドを半径方向に放射状に配列させて分散させた構造を利用すれば実現できることが理論的に示されているが,実験的な検証はまだ行われていない[12].

e. フォトニック結晶と比較

メタマテリアルとフォトニック結晶を混同した議論がある.フォトニック結晶の詳細は,〔76. フォトニック結晶〕の項を参照いただくが,その本質は,波長程度のサイズの周期的な構造とその中に形成した欠陥構造によって光波を制御するものであり,そこには周期構造が必須である.一方,共振型メタマテリアルでは,波長より小さなスケールで設計された共振器構造がメタマテリアルとしての機能(特性)の起源であって,周期性は必須ではない.このように周期性と構造のサイズにおいて両者は全く異なるものであり,また互いに排他的なものでもない.メタマテリアルで作られたフォトニック結晶というものもあり得る.

［田中拓男］

■参考文献
1) G. Sébastien et al.：New Journal of Physics, **9** (2007), 399.
2) V. G. Veselago：Sov. Phy. Usp., **10** (1968), 509.
3) J. Pendry：Phys. Rev. Lett., **85** (2000), 3966-3969.
4) D. Smith et al.：Science, **305** (2004), 788-792.
5) J. B. Pendry et al.：IEEE Trans. Microwave Theory Tech., **47** (1999), 2075-2084.
6) R. A. Shelby et al.：Science, **292** (2001), 78.
7) J. Valentine et al.：Nature, **455** (2008), 376.
8) A. Ishikawa et al.：Phys. Rev. Lett., **95** (2005), 237401.
9) A. Ishikawa et al.：J. Opt. Soc. Am. B, **24** (2007), 510-515.
10) U. Leonhardt：Science, **312** (2006), 1777.
11) J. B. Pendry et al.：Science, **312** (2006), 1780.
12) W. Cai et al.：Nature Photonics, **1** (2007), 224-227.

[医用]

81 内視鏡

a. 内視鏡の用途および種類

内視鏡（endoscope）は，外径が2 mmから10 mm程度の細長い管に撮像機能を組み込み，体内へ挿入し，検査，診断，治療などに用いる医療機器である．内視鏡には診療科や使用目的などに応じて様々な種類があるが，外観・形状面で大別すると，体内に挿入する部分が柔軟な軟性鏡（図1）と，硬くて曲がらない硬性鏡（図2）とがある．両者とも，口，肛門，鼻，尿道などの自然開口から挿入するものと，体表から挿入経路を穿刺形成するものの2種類がある．

b. 内視鏡光学系の基本構成[1,2]

図3に内視鏡光学系の基本構成を示す．

(1) 照明系　内視鏡で光学的に観察するのは暗室状態の体内であり，対象物を照らす照明系が重要な構成要素である．光源部はハロゲンまたはキセノンなどのランプ，もしくはLEDなどの高輝度発光源と，その光を集光して内視鏡本体へ入射させるための集光光学系からなる．内視鏡本体

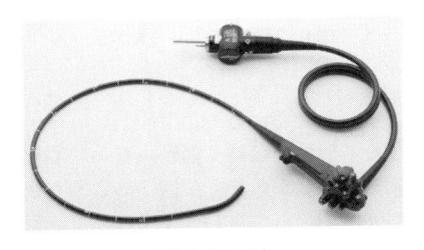

図1　軟性鏡

図2　硬性鏡

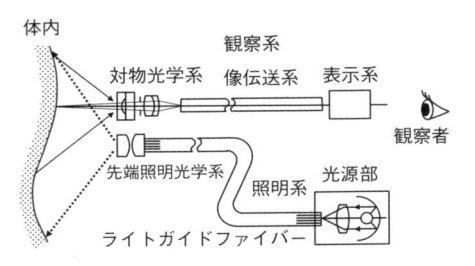

図3　内視鏡光学系の基本構成

には，光源から出射した光を内視鏡先端部まで伝送するライトガイドファイバー（light guide fiber）と，観察視野を均一に照明するための先端照明光学系を含む．

最近は内視鏡先端部にLEDを配置して直接対象物を照明する内視鏡，あるいは，光源部のLDから射出されるレーザー光を光ファイバーで内視鏡先端の蛍光体まで導き，蛍光による白色照明光を実現した内視鏡システムが開発されている．

なお，後述する光デジタル法による画像強調観察では，照明光の波長帯域などの特性を制御する機構が必要となる．

(2) 観察系　観察対象物で反射，散乱した光を対物光学系で結像し，その像を体外に伝えるための像伝送系，伝送された像を表示する系からなる．内視鏡の種類によらず，照明系および対物光学系の構成はほぼ同じであるが，観察系の像伝送系，表示系は，内視鏡の使用目的に応じて，表1に示す3つの方式を使い分ける．リレーレンズ方式は硬性鏡にしか用いることができないが，電子撮像方式，ファイバー方式は軟性鏡だけではなく，硬性鏡にも使用される．

c. ビデオスコープの撮像方式[4]

図4に示す対物光学系で結像した像をCCD，CMOSなどの撮像素子で光電変換し，その電気信号を体外に伝送し，画像処理の後モニターに表示する．カラー撮像方法には，面順次方式と同時方式の2種類が

表1 像伝送系の種類と特徴

像伝送方式	用いられる内視鏡	方式	観察
電子撮像方式	ビデオスコープ	電子撮像素子による電気信号で伝送	TVモニター
ファイバー方式	ファイバースコープ	イメージファイバーによる像伝送	光学ファインダー
リレーレンズ方式	硬性鏡	レンズによる光学像の像伝送	光学ファインダー

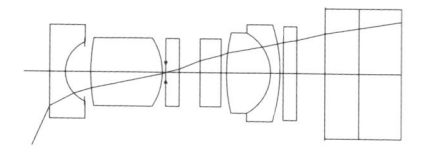

図4 ビデオスコープの対物光学系

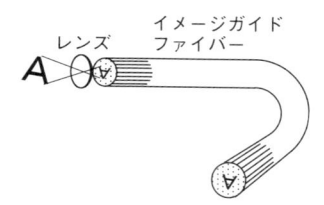

図5 イメージガイドファイバーの原理
(A) 像伝送の原理
(B) イメージガイドファイバーの構成 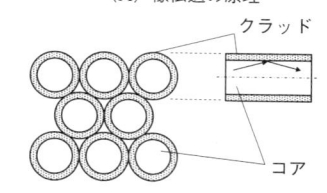

図6 硬性鏡のリレー光学系
(A) 通常レンズ
(B) ロッドレンズ

ある．面順次方式は，光源から赤，緑，青の3原色を順次間欠発光させ，時分割によりカラー画像を取得する．この場合，撮像素子にカラーフィルターは必要ない．同時方式は，照明プロセスには白色光を用い，撮像素子に設けられた補色モザイク方式や原色Bayer方式に配列したカラーフィルターによりカラー画像を取得する．

d． ファイバースコープの光学系[1,2]

ファイバースコープは，対物光学系で結像した像を図5に示すイメージガイドファイバー（image guide fiber）で光信号として体外に伝送し，接眼光学系で拡大表示する．

イメージガイドファイバーは光ファイバーを多数束ねたものであり，自由に曲げることができる．

e． 硬性鏡の光学系[1,2]

硬性鏡は，対物光学系で結像した像を図6に示すリレー光学系で光学像のまま体外に伝送し，接眼光学系で拡大表示する．像の伝送とあわせて瞳を伝達するために結像位置付近にフィールドレンズを配置する必要がある（図6（A））．

リレー回数は通常3～7回の奇数回であり，レンズ外径を小さく保ったまま，明るくするために，図6（B）のようにロッドレンズを配置し，開口数NAを大きくとる

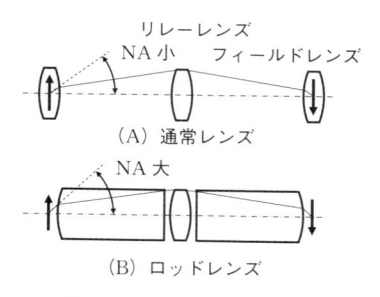

工夫がなされている．

また，硬性鏡は硬く曲がらないので視野を変えることが難しく，図7のような視野変換光学系をもつ対物光学系により，斜め方向の観察を可能にするものもある．

f． 内視鏡システムの観察技術

内視鏡には病変の発見・診断に有効な情報を提供するための様々な観察手法がある[3]．以下，光学的に特徴のある手法につ

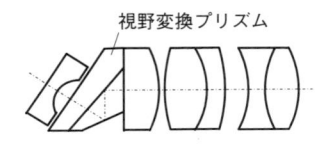

図7 硬性鏡の視野変換対物レンズ

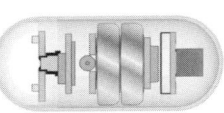

図8 カプセル内視鏡の外観とその断面図

いて概要を示す．

(1) 通常白色観察 波長帯域が約400～700 nmの可視域の白色光画像により，生体粘膜の凹凸などの形態変化や色調変化，粘膜構造などの表面性状に関する内視鏡所見から，病変の有無を診断する．淡い発赤や退色などのわずかな色調変化や粘膜の微細な不整は，早期がん発見の重要な手がかりになる．

(2) 拡大内視鏡観察 通常白色観察で病変を発見したあと，その部分を光学ズームまたは電子ズームで拡大観察することで，病変の質的診断を行う[1,4]．

(3) 画像強調観察 画像強調観察には多くの種類があるが，その中の光デジタル法は，生体組織に固有な光学特性を利用し，病変の発見・診断能を向上させる技術である．代表的なものに，狭帯域光観察（narrow band imaging：NBI），自家蛍光観察（auto fluorescence imaging：AFI），赤外観察（infra-red imaging：IRI）などがある．

NBIは，狭帯域化された2つの波長（青415 nm，緑540 nm）の照明光を用い，画像処理と組み合わせることで，① 粘膜表層の微細血管を強調する，② 粘膜表層の微細血管と粘膜深部の太い血管を識別する，③ 食道粘膜と胃粘膜との境界を強調する，などの効果がある[4]．

AFIは，生体組織に紫外から青色の光を照射すると腫瘍組織では正常組織に比べて特異的な自家蛍光が観測されることを利用し，早期がんの発見を目的としている[4]．

IRIは，近赤外光を用いた観察手法である．近赤外光は可視光よりも波長が長く散乱が弱いため，生体深部まで到達できる．近赤外光のこのような特性を利用して粘膜深部の腫瘍をイメージングする技術である[4]．

g．カプセル内視鏡[1,2,4]

小腸観察用として開発されたカプセル内視鏡を図8に示す．直径10 mm程度，長さ25 mm程度のカプセルにはLED，対物光学系，撮像素子，無線回路，電池などが内蔵されている．毎秒当たり複数枚撮像した静止画像をデジタル信号に変換し，体外の受信装置に無線送信し，データを一時的に保存する．検査終了後にデータをワークステーションにアップロードし，医師による読影が行われる． 〔菊地 彰〕

■参考文献

1) 槌田博文：光技術コンタクト，48-9 (2010)，3-8．
2) 鵜澤 勉：2012 光応用技術光学機器 (3)，日本オプトメカトロニクス協会 (2012)．
3) 田尻久雄，丹羽寛文：日本消化器内視鏡学会雑誌，51-8 (2009)，1677．
4) 石田隆行ら監修：医用画像ハンドブック，オーム社 (2010)．

[医用]

82 光コヒーレンストモグラフィー（OCT）

　時間的なコヒーレンスの低い多色光を光源として光干渉計を構成し，これを用いて生体の断層イメージを得る技術をOCT（optical coherence tomography：光コヒーレンストモグラフィー）とよぶ[1]．生体中で光は散乱されるので，OCTのイメージングできる深さは生体表皮から1〜2mmに制限されるが，およそ10μmの高分解能な断層イメージを得ることができる．このOCTは1990年初頭に提案されて，わずか5年後に眼科診断に実用化され，現在は動脈硬化の臨床診断に利用されている．なお，本項で記載のOCTの原理，技術開発動向の詳細については文献[2, 3]を参照頂きたい．

a. 時間領域OCT（TD-OCT）

　OCTイメージングの基本は，光干渉計の参照光ミラーを移動して光遅延走査を行い，生体の深さ方向に沿うイメージデータを時系列に取得する手法である．これを時間領域（タイムドメイン）OCT（TD-OCT）とよぶ．

　SLDを光源とするMichelson干渉計を図1Aに示す．SLDの発光スペクトルがガウス分布で，その半値全幅を$\Delta\lambda$，中心波長をλ_cとすると，SLDのコヒーレンス長は$\Delta l_c = (2ln2/\pi)(\lambda_c^2/\Delta\lambda)$である．市販のSLDの一例を示すと，$\lambda_c = 1.38$μm，$\Delta\lambda = 46$nmで$\Delta l_c = 18$μm，出力光パワー25mWである．

　SLDの出力光はビームスプリッター（BS）で参照光と信号光に分けられ，信号光は集光レンズを通して生体に照射される．生体表皮下の至るところから反射光が生じ，これらの反射光がBSを通過して参照光と干渉する．このとき，散乱によって波面の歪んだ反射光は取り除かれ，散乱の影響を受けずに元の平面波を維持した反射光（直進反射光）のみが選択的に検出される．

　図1（A）の干渉計で，参照光アームおよび信号光アームの長さをそれぞれL_R，L_Sとすると，$2|L_R - L_S| < \Delta l_c$なる条件が満足されたときのみ，参照光と信号光（反射光）は干渉する．ここで，生体中の3つの反射面をA，B，Cとすると，上記の干渉条件を満足する参照光ミラーの位置はそれぞれA′，B′，C′である．すなわち，参照光ミラーを一定速度で移動する（これを光遅延走査という）ことによって，光軸に沿う生体内の反射光強度分布を$\Delta l_c/2$なる空間分解能で測定できる．生体表皮下の光到達深度d_{max}は散乱によって決まり，光波長$\lambda_c = 0.8$μmで$d_{max} \sim 1$mm，$\lambda_c = 1.3$μmで$d_{max} = 1.5 \sim 2$mmである．

　次に，生体に対して入射光をx方向に5〜10μm間隔で移動し，前述の光遅延走査を繰り返すと，紙面に平行な面（x-z面）における生体表皮下の反射光強度分布が得られる．これがOCTイメージそのものである．

　実用上は，光ファイバーカプラーを用いて干渉計を構成し，たとえば，光遅延走査はPZT（ピエゾトランスデューサ）光ファイバー位相変調器を用いて電気的に行う．このタイプのTD-OCTでは，イメージデータ取得時間は>0.2秒である．

b. フーリエ領域OCT（FD-OCT）

　干渉信号をフーリエ変換して光軸に沿う反射光強度分布を求める手法をフーリエ領域（フーリエドメイン）OCT（Fourier domain OCT：FD-OCT）とよぶ．この方式では，参照光ミラーの移動による光遅延走査が不要となるため，前述のTD-OCTに比べて高速にイメージデータを取得できる．

　（1）SD-OCT　　FD-OCTには2つの

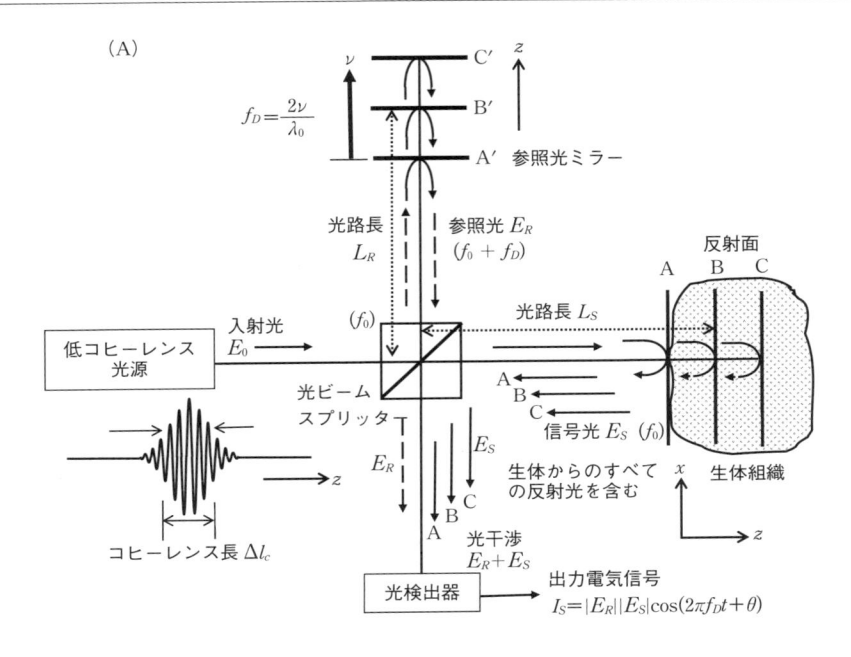

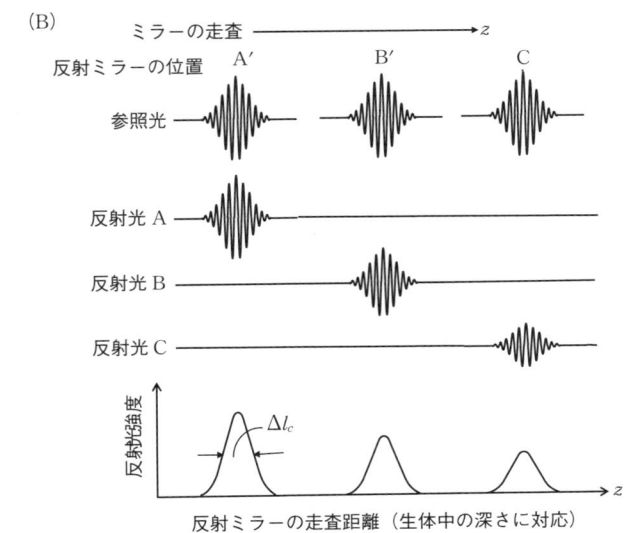

図1 時間領域 OCT（TD-OCT）の原理
(A) SLD を光源とする低コヒーレンス干渉光学系.
(B) 参照光パルスと信号光パルスの干渉の様子.

方式がある．1つはスペクトル領域（スペクトルドメイン）OCT（spectrum domain OCT：SD-OCT）であり，その基本光学系を図2に示す．干渉光を回折してCCDア

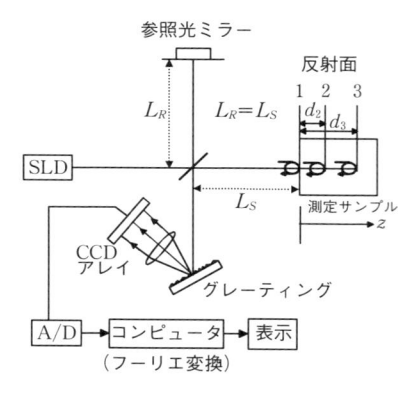

図2 スペクトル領域 OCT（SD-OCT）の光学系

レイで検出すると，波数列で分解された光スペクトルを得る．スペクトルの周期は反射点の深さに反比例する．したがって，この干渉スペクトルをフーリエ変換すれば，光軸に沿う反射光強度分布が得られる．空間分解能は SLD のコヒーレンス長で決まり，また生体における光到達深度は散乱によって制限され $d_{max} \sim 1$ mm である．測定範囲 z_{max} は分光器の波長分解能 $\delta\lambda$ の逆数に比例し，$\lambda_c = 840$ nm，$\delta\lambda = 0.05$ nm のとき，生体の屈折率を n として，$z_{max} = (1/4n)(\lambda^2/\delta\lambda) = 2.52$ mm である．断層イメージを得るには生体表面に沿って照射光ビームを走査する．走査速度 29,300 ライン/秒が可能で，1000 ラインで構成される OCT のデータ取得時間は 34 ms である．CCD アレイを必要とするので，SD-OCT の光波長域は 0.8 μm 帯に限定されるが，TD-OCT に比べて信号検出感度は 10 dB 程度優れている．

(2) SS-OCT FD-OCT のもう 1 つのタイプは光源の光周波数を掃引する方式の周波数掃引型 OCT（swept-source OCT：SS-OCT）である．基本光学系を図3に示す．まず，参照光ミラーと生体組織の表面の光路長差をゼロに調整する．ここで，生体内の反射面2および3に注目す

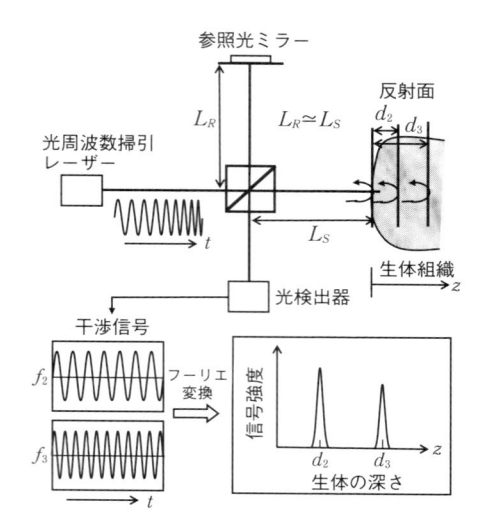

図3 周波数掃引型 OCT（SS-OCT）の原理

る．光源の光周波数を時間軸上で直線的に掃引すれば，これら2つの反射面からの反射光と参照光の干渉によって，反射面の深さ d_2 および d_3 に対応するビート周波数 f_2 および f_3 をもつ干渉信号を得る．実際には生体表皮下の至る所から反射光が生じるので，干渉信号をフーリエ変換すれば，容易に光軸に沿う反射強度分布を得ることができる．光軸に沿う空間分解能 Δz は，レーザーの波長掃引幅を $\Delta\lambda$ として，SLD のコヒーレンス長と同様の式で与えられる．生体表面に沿って照射光ビームを走査して OCT イメージを取得する．TD-OCT に比べて，SS-OCT の信号検出感度は約 20 dB 高く，生体内の光到達深度 d_{max} は 0.5 mm 以上大きくなる場合がある．市販の SS-OCT の仕様の一例を示すと，$\lambda_c = 1.325$ mm，波長掃引幅 $\Delta\lambda = 100$ nm，掃引周波数 16 kHz，光軸に沿うイメージ空間分解能 12 μm，256 ラインで 1 枚の OCT を構成する場合，イメージデータ取得速度は 50 フレーム/秒である．最近は掃引周波数 200 kHz 以上の高速 SS-OCT が開発されている．

c. 医療診断

1996年に眼科における実用OCT装置が開発され，今やOCTは網膜はく離や加齢黄斑変性などの網膜疾患の診断に不可欠な機器として普及している．照射光として水の吸収が小さい0.8 μm帯近赤外光が用いられ，水晶体，硝子体を通して光を入射し，網膜中心部（黄斑部）近傍の断層イメージを取得する．イメージ空間分解能は10 μmで，色素上皮や視細胞層など，網膜を構成する10層の組織を識別できる．最近は断層イメージを多重撮りして3次元OCTを構築し，より精密な網膜診断が行われている．

眼科以外では，循環器内科で1.3 μm帯OCTによる動脈硬化症の診断が行われている．内径2.5 mm程度の冠動脈内にファイバプローブを挿入し，先端のマイクロプリズムを回転して，血管内壁に付着したプラーク（堆積物）の断層イメージを取得する．現状の血管内超音波断層撮影（IVUS）に比べて，この血管OCTのイメージ空間分解能は1/10以下であり，より確度の高い動脈硬化の診断が可能である．

数年前から，歯科におけるOCT診断の開発研究が実施されている．う蝕（虫歯）や歯周病の診断，抜去歯牙でのレンジ充填の評価など，具体的なOCT応用が検討されている．歯科におけるOCTの臨床応用は着実に進展している[4]．

d. 今後の技術展開

実時間3次元イメージの構築を目指して，OCTの高速化はさらに進展する．たとえば，SS-OCTでは，すでに面発光レーザーとMEMSを組み合わせて，1 MHzの波長掃引速度が実現され[5]，またフーリエドメインモードロックレーザ（FDML）を用いた超高速OCTも開発されている．

高分解能OCTでは，スーパーコンティニウム（SC）光による超広帯域光源の高出力化が望まれる．眼科では，補償光学の助けを借りて，角膜や水晶体による像の歪みを取り除き，視細胞を観察できる高分解能OCTが開発されている[6]．

動脈硬化や消化器系の癌の早期診断では，異なる光波長域で病変部の断層イメージを取得する分光OCTが必要である[7]．

このように，OCTは高速・高分解能な断層イメージの取得と臨床診断における利用拡大を目指して，今も先端的な光エレクトロニクス技術を取り入れながら，活発に技術開発が行われている若々しい画像診断技術である． ［春名正光］

■参考文献
1) D. Huang et al.：Science, **254** (1991), 1178.
2) B. E. Bouma and G. J. Tearney ed.：Handbook of Optical Coherence Tomography, Marcel Dekker (2002).
3) 春名正光：応用物理, **77** (2008), 1085-1092.
4) 角 保徳：医学の歩み, **239** (2011), 473-479.
5) V. Jayaraman et al.：Electron. Lett., 5th July, (2012).
6) K. Kurokawa et al.：Opt. Express, **18** (2010), 8575-8527.
7) S. Ishide and N. Nishizawa：Jpn. J. Appl. Pys., **51** (2012), 030203.

83 [医用]

眼底カメラ

　眼底カメラは，網膜の血管や視神経乳頭などの組織を記録するための装置として，古くから知られている．現在の眼底カメラは，ドイツZeiss社が開発したZeiss-Nordenson光学系を基本として，新しい技術を採用することで，進化・発展した結果，簡単な操作で眼底像を記録できることから，現在でも眼底診断に広く応用されている．

a. 眼底カメラの光学系

　眼底カメラにおける光学系で最も特徴的な構成は，対物レンズを照明と撮影に共用していること，眼内の散乱光や反射光を撮影光学系から除去するためのリング状照明の配置である．

　図1は眼底カメラの典型的な光学系で，対物レンズ，照明光学系，撮影・観察光学系で構成される．

　観察用もしくは撮影用の光源から発する光は，リング状の開口（リングスリット）を通り，照明光学系により孔空きミラー付近に一度結像する．孔空きミラーは，結像したリングスリット中心の不透明部より小さい開口をもつミラーで，リングスリットの開口部を通過する光の全部を周辺部で反射する．反射した光は対物レンズによりリングスリットを眼球の瞳孔付近に再結像して眼底を照明する．

　一方で，眼底からの反射光は眼球の瞳孔を通過して，対物レンズの焦点付近にいったん結像したのち，孔空きミラーの孔部付近に配置され，瞳孔とほぼ共役な位置に配置される撮影絞りを通過した後，患者の屈折異常による結像位置を調整するための移動可能なフォーカシングレンズ，撮影・観察光学系により撮像面上に再結像する．撮像面上に配置される撮像手段は，古くは銀塩フィルムであったが，現在ではデジタルカメラの撮像素子が広く使われている．

　このように，リング状の開口をもつ照明光学系と中心部に小さい開口をもつ撮影光学系を組み合わせることで，瞳孔の前後にあり散乱をもつ眼内組織である角膜と水晶体上で照明光束と撮影光束を分離して，散

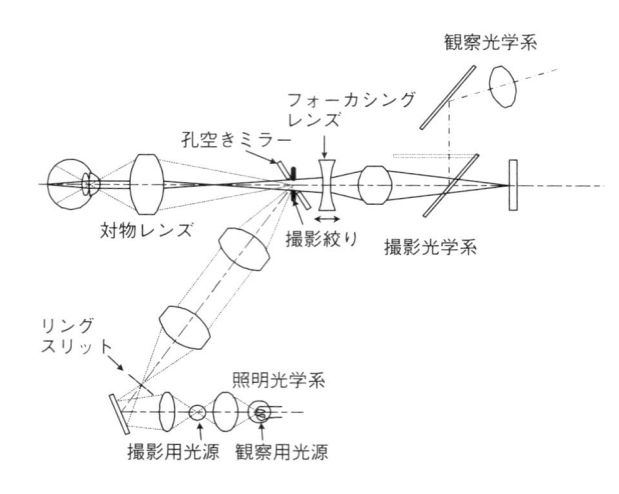

図1　眼底カメラの光学系

乱による光ノイズを除去しているとともに，照明光の角膜による鏡面反射像が直接対物レンズに入らないような構造をもっている．

これらの光学系の中で，上述のとおり対物レンズは照明光・撮影光がともに透過する光学系であることから，照明光による対物レンズ面での反射光が撮影光学系に入ることを防止するために，形状，コーティング他種々の技術を用いて光ノイズを除去している．

以上が眼底カメラの基本光学系であるが，現在では，より広画角の像を得るために，照明系に付加的な中心部が不透明な部材を配置して照明光束と撮影光束を分離する技術も広く採用されている．

また，現在では，上記の基本的光学系に加えて，患者の屈折異常によるフォーカス合わせを簡単にするための指標を投影する光学系，患者と装置との位置合わせを簡単にするために前眼部観察用の光学系などのユーザビリティを向上させるための付加的光学系をもつ眼底カメラがほとんどとなっている．

b. 眼底カメラの種類

現在の眼底カメラは，使用する環境により，散瞳型眼底カメラ，無散瞳型眼底カメラ，散瞳・無散瞳両用眼底カメラに大別される．以下に各種の特徴を述べる．

(1) 散瞳型眼底カメラ　眼底カメラは，元来 Tropicamide などの散瞳剤を点眼して瞳孔を開かせた状態で，可視の照明光で装置と被検眼との位置合わせを行い，検査者が光学ファインダーで眼底を観察してフォーカス合わせと撮影部位を決定した上で撮影していた．その間患者は強い光によるまぶしさを我慢して撮影されることを強いられる．このような散瞳剤を使用して可視光で撮影する眼底カメラを一般的に散瞳型眼底カメラと分類し，現在でも主に複数枚の画像を取得する必要のある撮影法，たとえば，蛍光剤を静脈注射して眼底内の血管のみを撮影する蛍光造影撮影法（fluorescein angiography：FAG）や，被験者の瞳孔を中心に装置を傾けて複数の眼底周辺部を撮影し，張り合わせて眼底全体を撮影するパノラマ撮影など，特定の撮影法に利用されている．

(2) 無散瞳型眼底カメラ　1976 年には，非可視領域の近赤外光で眼底を照明し，赤外領域に感度をもつ撮像素子上に投影される眼底をモニターなどで観察しながら位置合わせを行い，撮影時のみキセノンフラッシュを点灯して眼底を可視光撮影する無散瞳眼底カメラが開発された．無散瞳眼底カメラであっても，キセノンフラッシュによる縮瞳は避けられないため，眼底撮影に1回に限定されるものの，散瞳剤の点眼なしに半暗室での自然散瞳だけで眼底画像を取得することができる．この無散瞳型眼底カメラは，医師による散瞳剤の点眼なしに眼底撮影を行うことで，被験者に与える負担を軽減することを可能とした．この特徴を生かして，眼底や循環器系疾患の予防や早期発見の目的で企業や自治体などでの検診やスクリーニングに利用されるようになり，眼底カメラが広く普及することとなった．

無散瞳眼底カメラは，縮瞳を避けるために近赤外光で瞳孔付近の外眼部や眼底を観察することが必要であるため，赤外光に感度をもつ観察用撮像素子と観察用の独立の光学系をもっているものが多い．

(3) 散瞳・無散瞳両用眼底カメラ　このカメラは，散瞳撮影に広く用いられている光学ファインダーと無散瞳撮影に用いられる撮像素子およびモニターの両方をもち，撮影条件により散瞳撮影と無散瞳撮影を切り替えて眼底画像を得ることができる眼底カメラである．基本的には散瞳撮影・無散瞳撮影に必要な照明光学系・観察光学系・撮像素子をすべて装置内にもっている．

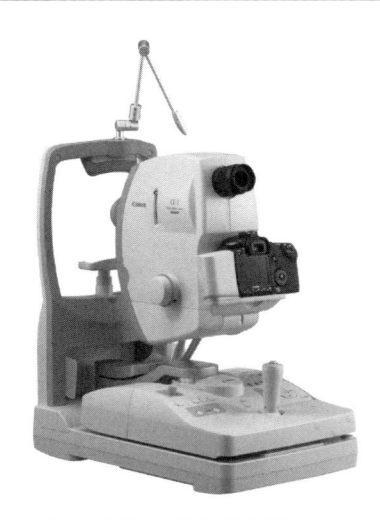

図2 散瞳・無散瞳両用眼底カメラ

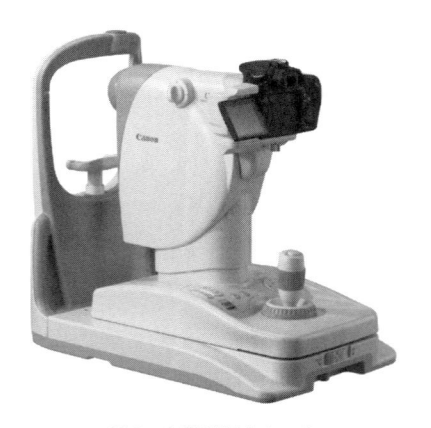

図3 無散瞳眼底カメラ

以上述べたように，眼底カメラは，人眼の瞳孔の周辺部を通して眼底を照明し，同じ瞳孔の中心部から撮影をする光学系をもって通常では観察・撮影が不可能な眼底画像を得る装置である．図2，図3はそれぞれ，散瞳・無散瞳両用眼底カメラおよび無散瞳型眼底カメラの外観図である．図からわかるように，光学系を持つ本体部以外に装置光軸と患者の目の位置を合わせるために，ジョイスティックなどの操作部により本体部を上下・左右・前後に移動させるステージ部，患者の顔が動かないように固定する顎受け台，額当てなどの付帯的機構をもっている．最近では，技術の進歩により患者の瞳孔位置を検知して本体部を電動駆動して自動的に位置合わせを行うオートアライメントや，患者の屈折状態を自動的に検知するオートフォーカスなどの自動化も進んで，より簡単な操作で眼底画像を得られるような進化を遂げている． [増田　高]

84 [医用]

眼内レンズ

眼内レンズ（intraocular lens：IOL）は，白内障手術で混濁した水晶体を摘出後に挿入される人工の水晶体であるが，近視矯正目的の有水晶体で挿入する眼内レンズも存在する．ここでは，前者について述べる．

a. 単焦点球面 IOL

両面球面の単焦点で，屈折力はおよそ－7D（ディオプター，1/（焦点距離（m））から 40D くらいまであり（会社によって若干異なる），0.25D，0.5D，1.0D 刻みで，用意されている．術後，目標屈折値にあう眼内レンズの度数は，眼軸長，角膜曲率半径（角膜屈折力），前房深度を用いて計算する．その計算値から得られる一番近い度数の IOL を選択する．その計算方法[1]は様々あり，SRK，SRK-II，SRK/T，Holladay，Hoffer-Q などがある．これらの式は，レンズごとに決められた A 定数とよばれるものを使った回帰式であり，世代が進むに従って，水晶体の厚み，年齢なども考慮された測定項目の多いものになる．これらは光学設計ソフトなどの理論式は使っていない．近年，理論式を使う試みがなされているが，今後，術後の IOL の位置の予測の精度を高めることにより，有効になると思われる．

b. 単焦点非球面 IOL

角膜は非球面であり，0 あたりから 0.5 μm の球面収差をもち，その平均値は，＋0.27 μm（6 mm 瞳孔，Zernike の収差表現）である．この球面収差を補正することで，軸上の像のコントラストを上げることができるため，IOL に負の球面収差を入れたものが開発され，使用されている．球面収差の量は，各社で異なり，各社で 1 種類であり，平均値に近い量である．これは完全に各個人の球面収差を補正するものではない．また，軸ずれを起こすと，コマ収差の発生により，像が劣化するので，精度の高い手術が求められる．非球面 IOL の例として，AMO 社テクニス ZA9003 がある．

c. トーリック IOL

乱視には，角膜乱視と水晶体乱視がある．どちらも，光軸に直交する面の互いに直交する軸で，曲率半径が異なることで起きる．角膜乱視は，以前は角膜切開時にも起きていた．しかし，現在は，白内障手術時に切開部分を小さくし（約 2.4 mm から 3.2 mm 程度），手術による角膜の変形への影響を避けるように IOL を折りたたんで入れる方式に変わってきた．素材からみると，折り込みできない PMMA（ポリメチルメタクリレート）から，折り畳み可能なシリコン素材あるいはアクリル素材が使われる

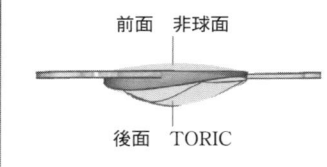

図 1　トーリック IOL（アルコン社アクリソフ IQ トーリック）

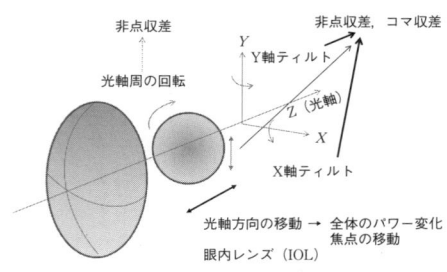

図 2　トーリック IOL の回転，ティルト，移動による収差の変化動

ようになった．角膜乱視のある眼の補正を IOL で行うために，非点収差の補正をするトーリック IOL が使われているが，その加入度数は 1.5, 2.25, 3D などの 3 種類しかなく，完全に非点収差を補正するものではない．代表例として図 1 にはアルコン社アクリソフ IQ トーリックレンズを示す．また，図 2 に示すように，角膜の乱視軸とトーリック IOL の間に回転ずれを生じると，補正効果がずれに比例してなくなるので，手術時に軸ずれを起こさない工夫と精度の高さが求められる．また，この図には，IOL の光軸からのセンターずれ，ティルト，軸方向へのずれで非点収差やコマ収差，パワーの変化が現れる様子が示してある．

d. 多焦点 IOL

術後は理論上調節力がなくなり固定焦点となる．そのため，遠方（近方）にフォーカスが合うようにした場合には，近くを（遠くを）見るためには老眼鏡（近眼鏡）が必要になる．また，累進メガネレンズを用いることも有効である．メガネの使用を好まない，あるいは避けたい場合には（1）モノビジョン法などの手技や（2）遠近両用眼内レンズ，（3）調節性眼内レンズを用いる．

(1) モノビジョン法　　単焦点レンズを使って，優位眼を遠方，劣位眼を 2D ほど近方に合わせる．これにより遠くと近くをある程度明視することができるようになる．しかし，この方法は遠方（近方）を見るときは，片方の眼しか使わないことになるため，斜視，疲労，肩こりなどを誘発する恐れもある．また，立体視がなくなる恐れもある．

(2) 遠近両用眼内レンズ　　1 枚のレンズで遠近両方にフォーカスを合わせることができるようにするために，図 3 に示すように，輪帯ごとに，あるいは，レンズの上下で屈折力が 3D（あるいは 4D）異なる屈折型，鋸状の回折格子を表面あるいは裏面にもつ回折型の眼内レンズがある．輪帯構造の屈折型では，瞳孔径に依存して見え方が変わる．小さい瞳孔では，単焦点レンズになり，2 焦点の効果は得られない．他方，上下で屈折力が異なるものでは，そのようなことは起きない．輪帯構造の遠近両用のレンズで大きな瞳孔（約 3 mm 以上）の場合，図 4 に示すようにフォーカスしている像のまわりに，デフォーカス像が重なり，コントラストの低下を示す．白い色が周辺にある場合，混色して，ワックスをかけたような見え方となる．図 5 には，全面に回折格子があるものと，中心部から徐々に回折格子の溝が浅くなっていくアポダイズ型

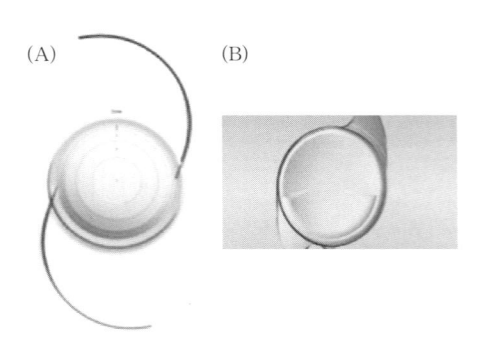

図 3　屈折型のマルチフォーカル IOL
(A)　輪帯ごとにパワーが異なるタイプ ReZOOM（AMO 社），(B)　上下でパワーが異なるタイプ Lentis Mplus（Oculentis 社）

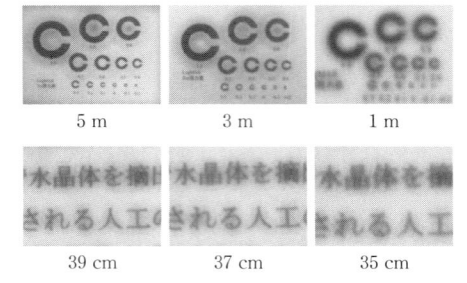

図 4　模型眼による光学像（ReZOOM（AMO 社）瞳孔径 3 mm，フォーカス位置 5 m）
図下の数値は指標距離を示す．

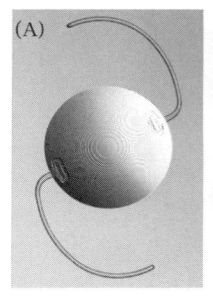

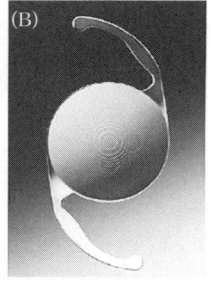

図 5 回折型のマルチフォーカル IOL
(A) Technis Multi（AMO 社）全面回折型，(B) Restore（アルコン社）アポダイズ型

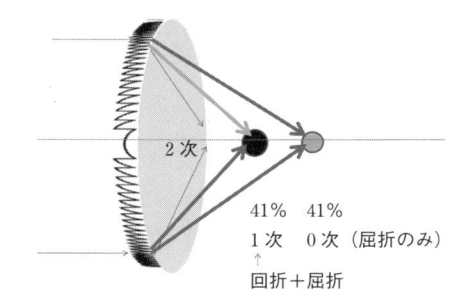

図 6 回折型レンズの集光効率

レンズを示す．回折型の場合，瞳孔径には依存しないが，常に，ワックスをかけたような見え方となる．また，全面に回折格子のあるレンズでは図 6 に示すように，緑の波長で，41％ずつの 2 焦点であるため，中間距離の解像力，コントラストの低下があり，0 次回折光では，屈折のみの色収差があり，一次回折光では屈折と回折光の色収差がほぼ打ち消しあっている．角膜乱視が大きい場合，また，手術で軸はずれ，傾きが入る場合には非点収差による像の劣化が大きく，勧められない．日本では，遠近両用 IOL は高度先進医療となり，高価な自由診療で行うしか使用する方法がない．

(3) 調節性眼内レンズ　毛様体の動きで，水晶体嚢に圧力がかかり，水晶体が変形することで，ピント調節が可能となっている．そこで，IOL にもこの機能をもたせる構造にして，ピント調節が可能になるのではないかと考えて作成されたが，思ったほど調節しないとの声が多い．

e. 着色 IOL

水晶体は加齢とともに，黄変していくので，黄色いフィルターを通して，色を見ているが，色順応により，白は黄色ではなく白く見えている．透明なレンズを挿入すると，青成分が多くなり，一時的に全体的に，明るく，青白く見えるが，徐々に色順応により，それも解消される．それまでは，黄色いメガネレンズをかけることが行われる．それならば，透明なレンズではなくて，また，青色光網膜傷害を抑えるために黄色く着色された眼内レンズの使用が考えられて，近年，普及してきている．着色眼内レンズの使用は，アメリカ合衆国で失明原因の第 1 位となっている加齢黄斑変性の予防効果も期待されている．

f. これからの IOL

1 つのレンズの前後面を使って，トーリック非球面多焦点着色，さらに色消し[2]など，コントラストを高めるレンズが出てくる．角膜のもついろいろな収差をすべて打ち消すオーダーメイドの IOL も考えられる．反面，手術の精度の高さが要求されることになる．　　　　　　　［大沼一彦］

■参考文献
1) 田野保雄ら：今日の眼疾患治療指針　第 2 版，医学書院（2007），pp. 638-640.
2) K. Ohnuma *et al.*：*Biomed. Opt. Express*, **2** (2011), 1443-1457.

85 [医用]

マンモグラフィー

マンモグラフィー（mammography，乳房撮影）は，X線撮影の中でも，体幹部や四肢などを撮影する一般X線撮影（radiography）とは区別して分類される．その特徴は，軟部のコントラスト差の小さい構造を描出するために，低エネルギーのX線を用いていることである．すなわち一般撮影用のX線エネルギーが20～150 keV（波長0.08～0.6 Å）に分布しているのに対し，マンモグラフィーでは，15～30 keV（波長0.4～0.8 Å）のX線を用いることである．

従来のマンモグラフィーでは，一般X線撮影と同様，X線照射によって蛍光を発する増感紙（screen）と，その光を感光して画像形成する銀塩フィルムを用いたSF（screen-film）システムが用いられてきた．

これに対し，近年ではデジタル検出器を用いたシステムが普及しており，その中でSFシステムにおける感光技術とは異なる各種光学技術が用いられる頻度が高くなっている．一般的なデジタルマンモグラフィーの形態をまとめると表1のようになる．

まずCR（computed radiography）は，輝尽性蛍光体を用いたシステムとして定義され，1990年代から広く普及してきたシステムである．輝尽性蛍光体は，照射されたX線のエネルギーを潜像として蓄え，励起光としての赤色レーザーの照射によって蛍光を発するものであり，レーザー光の二次元走査により画像を読み取る．代表的なCRの走査光学系の模式図を図1に示す．一般的に，偏向器としてポリゴンスキャナーが，光電変換素子として光電子増倍管が用いられる．通常は，体幹部を撮影する一般撮影と共用の光学系を用いるため，走査幅が約360 mmと広いのが特徴であり，収差特性などからシリンドリカルミラーがよく用いられる．各走査位置からの輝尽発光を効率よく光電子増倍管に導く集光体として，透明アクリル板や中空の反射管が用いられる．また輝尽性蛍光体には，粒子状のタイプと柱状結晶型のものがあり，後者では結晶の1つ1つが光導波路の役割をもつことから，励起光の拡散が抑制され高い鮮鋭性が得られるのが特徴である．柱状結晶型蛍光体の電子顕微鏡写真を図2に示す[1]．

DR（digital radiography）は，文字どお

表1　デジタルマンモグラフィーの分類

分類	CR（輝尽性蛍光体を用いたシステム）		DR				
			CCD方式	FPD			フォトンカウンティング方式
				間接変換型		直接変換型	
エネルギー変換材料	粒子状蛍光体（BaFIなど）	柱状結晶型蛍光体（CsBrなど）	柱状結晶型蛍光体（CsIなど）	柱状結晶型蛍光体（CsIなど）	柱状結晶型蛍光体（CsIなど）	アモルファスセレン	シリコンなど
像形成における光の介在	有		有	有		無	無
読み取り方式	レーザー走査＋光電子増倍管		ファイバープレート＋CCD	PD＋TFT	TFT	光スイッチング	一次元センサーを走査

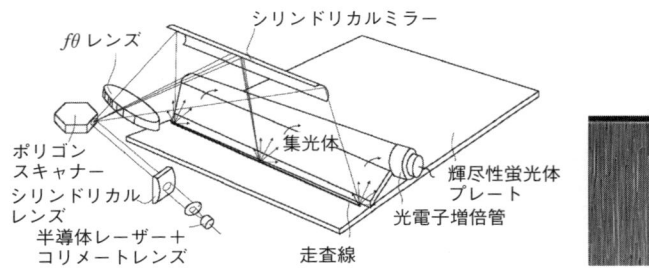

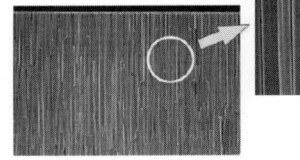

図1　CRにおけるレーザー走査光学系

図2　柱状結晶型蛍光体

り解釈すれば非常に広い概念となるが，X線画像の分野では，CR以外のデジタルシステムを指す言葉として用いられる．まずCCD方式であるが，蛍光を効率よく利用するため，通常は光学結像方式ではなく，蛍光体層とCCDをファイバープレートで結合することで像形成を行っている．1つのCCDで全領域をカバーすることは難しいことから，複数のCCDにより有効領域を分割し，場合によってはさらに光学系を走査することにより全域の像を得ている．

FPD（flat panel detector）は，二次元センサーとしてCRと並んでマンモグラフィーに広く用いられる方法であり，蛍光体を用いて光を介する間接変換型と，アモルファスセレンによりX線を直接信号電荷に変換する直接変換型に分類される．間接変換型FPDでは，CRと同様に高い鮮鋭性の得られる柱状結晶型の蛍光体が用いられ，蛍光はPD（photo diode）アレイにより電荷に変換され，TFT（thin film transistor）により読み出される．直接変換型FPDは，光学的なボケがないことから鮮鋭性が非常に高いことが特徴であり，信号電荷は，間接変換型FPDと同様にTFTにより読み出される．ここでTFT読み出し方式を用いたFPD共通の課題として，画素サイズの微小化に伴い電気ノイズが発生し画像が劣化するという問題がある．この問題を解決する方法として，直接変換型FPDにおいて光スイッチングを採用し読み出し時のノ

イズを低減したシステムも報告されている[2]．

フォトンカウンティング方式は，これらとはやや趣を異にしており，X線量子1個1個を検出しカウントすることで，1画素当たりのX線量子数を得るもので，元信号自体が離散的データとなっていることが特徴である．実用化されている製品では検出器は一次元で，これをスキャンすることで二次元画像を得ている[3]．

CRについては光学機器として位置付けてよいが，DRのうちFPDやフォトンカウンティング方式は，どちらかといえば半導体センサーとよんだ方が適当であろう．

市場でよく用いられる4システムの代表的なMTFを図3に示す[1,4]．光学的なボケのない直接変換型FPDのMTFの高さが際立っている．実用化されている間接変換型FPDは柱状結晶型蛍光体を用いているので，同じ柱状結晶型蛍光体のCRとほぼ同じMTFとなる．粒子状蛍光体のCRは，光学的なボケが大きく，MTFは低めとなる．実際にはノイズ特性を加味してシステムは選択され用いられている．

これらとは別の観点で光学技術が応用されている例を2つ紹介する．

まずは撮影法においてX線光学を駆使し，位相コントラストによりエッジ強調効果を得るものである．通常のマンモグラフィーにおいては，被写体と検出器は密着させて撮影を行うが，両者の間に距離を置き，かつ一定値以下の焦点径（X線源の大き

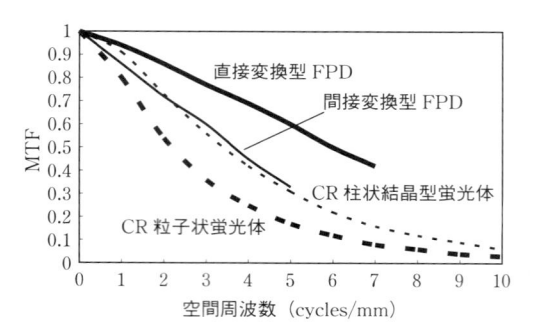

図3 代表的なデジタルマンモグラフィーシステムのMTF

さ）を選択することで，物質間の屈折率差により偏向したX線によるエッジ強調を得ることができる（図4）．このエッジ強調は，Fresnel回折縞がインコヒーレント状況下でなまったものとして説明される[5]．

もう1つの例は，近赤外光はヘモグロビンに特異的に吸収されることを利用し，光そのものにより乳癌検出を試みたもので，光マンモグラフィーともよばれている．乳癌組織は新生血管を多く生成しヘモグロビン密度が高いと考えられることから，近赤外光の透過像による乳癌の検出が期待される．光は生体内で強く拡散されるため，光拡散方程式による順問題と，逆問題としての最適化手法を組み合わせて内部構造を推定するのが普通であり，臨床上の有効性の確認と合わせて今後の動向が注目される[6]．

[石坂　哲]

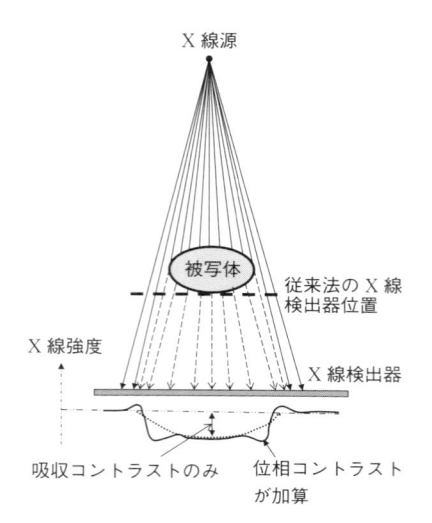

図4 位相コントラストによるエッジ効果

■参考文献
1) 柳多貴文ら：*KONICA MINOLTA TECHNOLOGY REPORT*, **5** (2008), 35-38.
2) 荒井毅久：光学, **39**-5 (2010), 235-240.
3) M. J. Yaffe *et al.*：デジタルマンモグラフィ，オーム社 (2004), pp.23-33.
4) S. Rivetti *et al.*：*Med. Phys.*, **36**-11 (2009), 5139-5147.
5) 本田凡ら：光学, **38**-10 (2009), 523-528.
6) R. Choe *et al.*：*J. of Biomedical Optics*, **14**-2 (2009), 024020.

86 ［医用］

光トポグラフィー

700～900 nm の近赤外波長域は，色素や水による吸収が少ないため比較的生体の透過性が高く「光学的窓」とよばれる．この波長域の光に対する生体内の主な光吸収体は，血液中の酸素化ヘモグロビンと脱酸素化ヘモグロビンである（図1）．よって，この波長域の最低2波長の光を生体外から照射，検出することにより，血液量と酸素化状態を分光計測することができる．この手法は，近赤外分光法（near-infrared spectroscopy：NIRS）とよばれ，パルスオキシメータや組織オキシメータなどの基礎技術である．NIRS を用いれば，脳活動に伴う大脳皮質の血液動態変化を頭皮上から非侵襲的に計測できる[1]．特に，多チャネルで NIRS 計測をし，この血液動態変化を画像化する技術を，光トポグラフィー法とよぶ[2]．光トポグラフィーは，他の脳機能イメージング法である陽電子断層撮像法（PET）や機能的磁気共鳴撮像法（fMRI）に比べ，装置が小型で被験者への拘束性が低く，計測が簡便であるという特長を有し，脳科学研究や臨床医療に用いられている．

本技術を用いた医療検査としては，脳外手術前の言語優位半球の同定や，てんかんの焦点計測が，保険適用されている．また，精神科では，うつ症状の鑑別診断補助の検査として先進医療に認可されている．

a．NIRS 計測の原理

光トポグラフィーの1つのチャネルの配置を図2に示す．光源を頭皮上に配置して近赤外光を頭皮上から照射すれば，光は強い散乱と吸収を受けながら頭内を伝播する．その一部は頭皮，頭骨を透過して大脳皮質部に達し，再び頭皮に戻ってくるので，これを頭皮上で検出する．図中に示したバナナ形の光路は，光源から照射され，検出器にて受光された光の軌跡を模式的に描いたものである．

頭部構造が均一であるとした場合，以下に示す修正 Lambert-Beer 則が成り立つ．

$$A(\lambda) = \log \frac{I_0(\lambda)}{I(\lambda)}$$
$$= \varepsilon_o(\lambda) C_o L + \varepsilon_d(\lambda) C_d L + S \quad (1)$$

ここで，$A(\lambda)$ は吸光度（常用対数），λ は波長，$I_0(\lambda)$ は入射光強度，$I(\lambda)$ は検出光強度，L は光路長，$\varepsilon(\lambda)$，C はヘモグロビンのモル吸光係数およびモル濃度を表す．ε と C の添字 o および d はそれぞれ酸素化ヘモグロビンと脱酸素化ヘモグロビンを表す．S は散乱による消失項である．脳活動に伴

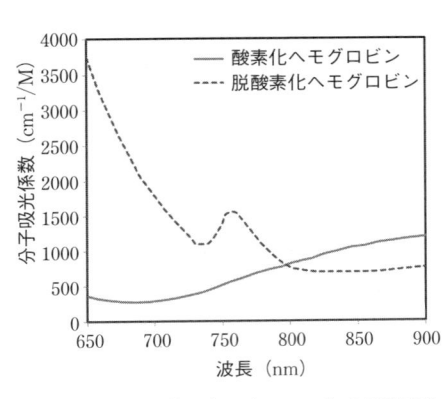

図1 酸素化ヘモグロビン（Oxy-Hb）と脱酸素化ヘモグロビン（Deoxy-Hb）の分子吸光係数スペクトル

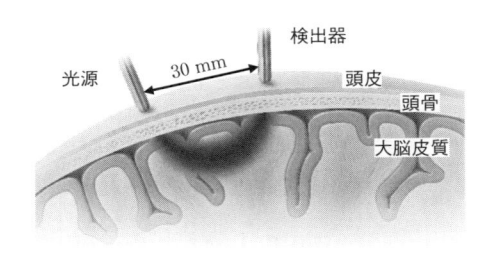

図2 頭内伝播光の検出

いヘモグロビン濃度が ΔC だけ変化すると，検出光強度は $I_c(\lambda)$ から $I_a(\lambda)$ に変化する．このとき，脳活動により散乱損失（S）は変化しないとすると，式（1）は，

$$\Delta A(\lambda) = \log \frac{I_a(\lambda)}{I_c(\lambda)}$$

$$= \varepsilon_o(\lambda) \Delta C_o L + \varepsilon_d(\lambda) \Delta C_d L \quad (2)$$

となる．$\varepsilon_o(\lambda)$ と $\varepsilon_d(\lambda)$ は既知であるため，2つの波長（λ_1, λ_2）の光を用いて $\Delta A(\lambda)$ をそれぞれ計測すれば以下のように $\Delta C_o L$ と $\Delta C_d L$ が求まる．

$$\Delta C_o L = \frac{-\varepsilon_d(\lambda_2)\Delta A(\lambda_1) + \varepsilon_d(\lambda_1)\Delta A(\lambda_2)}{\varepsilon_d(\lambda_1)\varepsilon_o(\lambda_2) - \varepsilon_d(\lambda_2)\varepsilon_o(\lambda_1)} \quad (3)$$

$$\Delta C_d L = \frac{\varepsilon_o(\lambda_2)\Delta A(\lambda_1) - \varepsilon_o(\lambda_1)\Delta A(\lambda_2)}{\varepsilon_d(\lambda_1)\varepsilon_o(\lambda_2) - \varepsilon_d(\lambda_2)\varepsilon_o(\lambda_1)} \quad (4)$$

よって，頭皮上で検出光量変化を計測すれば，式（3），（4）より $\Delta C_o L$ と $\Delta C_d L$ を算出することができる．以下，$\Delta C_o L$ と $\Delta C_d L$ の総称として ΔCL と表記する．実際には頭部構造は均一ではなく，光は頭皮，頭骨，大脳皮質などを伝播するため，検出信号は，これらの部分の ΔCL の和として表される．

$$\Delta CL = \sum_i \Delta C_i L_i \quad (5)$$

ここで，L_i は部分光路長とよばれ，各部分における光路長である．部分光路長を実測することは，現在まで実現されていない．そのため，光トポグラフィー法では，濃度と光路長の積の変化を計測量として扱い，M・mm というモル濃度と長さの積の単位を用いる．脳活動に伴って L が変化しないと仮定すれば，これはヘモグロビン濃度に比例した量となる．ΔCL と fMRI で計測される BOLD 信号との比較により，脳活動中心が一致することや，波形の時間相関が高いこと，信号振幅が比例関係にあることなどが報告されている．

光源と検出器の間の距離を長くするほど，深部の部分光路長が長くなるため，検出信号（ΔCL）の大きさは大きくなる反面，検出光量が減少するため信号対雑音比が低下する．また，バナナ形状の光路は深くまで達するようになる．実際には，大脳皮質に達して十分な感度を得るために，光源と検出器の距離は 30 mm 程度とされることが多い．

b．画像化技術

頭内組織は強い散乱と吸収を有しているため，光源から離れるに従い，急速に光強度が減衰する．同様に検出器から離れた位置で散乱された光は検出器に到達するまでに大きく減衰する．よって，光源から照射されて検出器で検出される光は，ほとんど光源と検出器の間に分布する．光源–検出器間距離を 30 mm とした場合には，光は光源位置と検出器位置の外側にはほとんど広がらない．よって，一対の光源・検出器の組で計測される信号には，その光源・検出器の組の間に存在する血液動態の情報が主として含まれている．そこで，光源・検出器の組を頭皮上に 2 次元格子状に配置し，一対の光源・検出器により計測された ΔCL 値を，その光源・検出器の中点の位置の計測値としてマッピングする．さらに，これらの計測点の間を補間して表示することも一般的に行われている．MRI 画像に光トポグラフィー像を重ねて描画した図を図 3 に示す[3]．

光源・検出器の対を効率的に配置するために，図 4 に示すように光源と検出器を組間で共用することが多い．この場合，1つの検出器 A には，周辺の 4 個の光源から 2 波長の光が入射されるため，8 個の信号を分離する必要がある．この信号分離手法としては，それぞれの光源を異なる周波数で強度変調し，混合された検出信号を位相同期検波する方法や，それぞれの光源を異なるタイミングで点灯し，検出信号を時間的に分離する方法がある．少数チャネルの装置では，光源と検出器は光素子を直接頭部

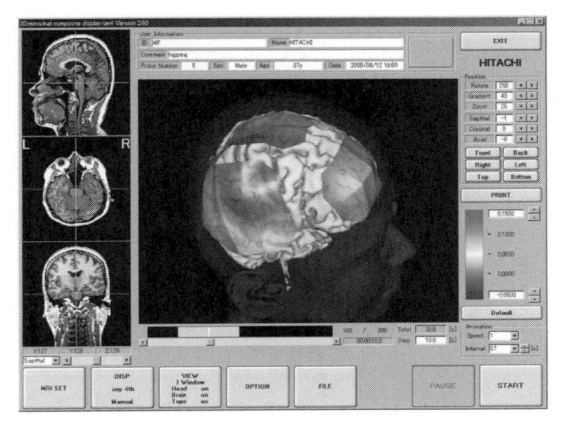

図3 MRI 画像に重畳した光トポグラフィー像［口絵5］
酸素化ヘモグロビンの量が増加した部分が赤く，減少した部分が青く表示されている．（文献[3]より転載）

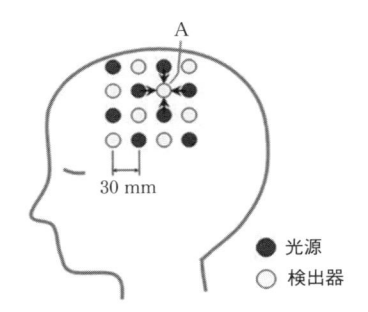

図4 光源・検出器配置

に配置する場合もあるが[4]，多数チャネルの装置では，頭部に光ファイバーを配置し，筐体内の光素子との間で光を伝送するものが多い．

c．頭内光伝播

脳活動計測の妥当性を検証するため，あるいは，計測条件の最適化や新規計測手法の検討のためなど，頭内の光伝播の様子を知る必要がある場合には，光伝播シミュレーションが行われる．

一般に多く用いられるシミュレーション法は，モンテカルロ法である．媒体の散乱係数 μ_s，吸収係数 μ_a，および散乱光の角度分布を表す散乱位相関数を用いて，散乱過程を確率的に模擬する．生体における散乱位相関数としては，次に示す Henyey-Greenstein 関数がよく用いられる．

$$p(\theta) = \frac{1}{4\pi} \frac{1-g^2}{(1+g^2-2g(\cos\theta))^{3/2}} \quad (6)$$

ここで g は異方散乱パラメータとよばれる，散乱角の平均余弦である．g が 0 の場合は等方散乱，$g>0$ は前方散乱，$g<0$ は後方散乱を意味する．生体組織は，0.9 程度の g を有し，強い前方散乱を生じることが知られている．モンテカルロ法は，計算において特別な仮定を必要としないため，複雑な頭部組織に適用は容易であるが，大きな計算リソースが必要となる．

比較的短時間で結果を得るためには，光拡散方程式によるシミュレーションが用いられる．強散乱体中での多重散乱は，マクロスコピックには等方散乱とみなすことができ，等方換算散乱係数 μ_s' が導入される．

$$\mu_s' = (1-g)\mu_s \quad (7)$$

$\mu_s' \gg \mu_a$ の場合には，光輸送方程式が以下に示す拡散方程式の形に近似できる．

$$\frac{1}{c}\frac{\partial \Phi(r,t)}{\partial t} - \mathrm{div}\{D(r)\mathrm{grad}\Phi(r,t)\}$$
$$+ \mu_a(r)\Phi(r,t) = q_0(r,t)$$
$$D(r) = 1/\{3(\mu'_s(r) + \mu_a(r))\} \quad (8)$$

ここで，c は光速，r は位置ベクトル，Φ はフォトンフルーエンス，q_0 は光源を表す．本式は，通常の拡散問題と同様に，有限要素法などを用いて任意形状モデルに対して解くことができる．ただし，脳脊髄液層については，散乱が小さく，拡散近似が成り立つ条件 $\mu'_s \gg \mu_a$ が満たされないため，モンテカルロ法とのハイブリッド手法も提案されている[5]．

d．脳活動計測

脳が活動すると，その活動部の血液量が増大することが知られている．よって，血液動態変化をイメージングすることにより，脳活動状態を知ることができる．ただし，血液動態は，注目する脳機能以外の背景脳活動や心拍や血圧などにも影響される．よって，脳活動計測のためには，注目する脳活動状態のみを変化させるような計測デザインが必要である．つまり，被験者に適切な課題を遂行させたり刺激を与えたりして，注目する脳活動が賦活されている状態 a と，その脳活動が賦活されていないことを除けば他の状態は a と同じである状態 c を作り出し，状態 a の計測信号と状態 c の計測信号の差分をとることにより，注目する脳活動のみを抽出する．このとき，状態 c はコントロール状態とよばれる．

この計測デザインは，fMRI や PET など血液動態変化を計測対象とする他の脳機能イメージング技術でも同じように必要とされる．NIRS 計測の場合には，式（5）に示すように，頭皮や頭骨などの血液動態が変化すると検出信号が変化するため，これらを差し引くための工夫も必要となる．これについては，計測デザインで対応するほかに，ハードウェアやソフトウェアを用いた解決手法に関する多くの報告がある[6-11]．

〔木口雅史〕

■参考文献
1) F. F. Jobsis：*Science*, **198**（1977），1264-1267.
2) A. Maki *et al.*：*Med. Phys.*, **22**（1995），997-2005.
3) （株）日立メディコ：光トポグラフィー ETG-7100 カタログ（CO-121）より転載.
4) H. Atsumori *et al.*：*Rev. Sci. Instrum.*, **80**（2009），043704-043709.
5) T. Hayashi *et al.*：*Appl Opt.*, **42**（2003），2888-2896.
6) R. B. Saager and A. J. Berger：*J. Opt. Soc. Am. A Opt. Image. Sci. Vis*, **22**（2005），1874-1882.
7) T. Yamada *et al.*：*J. Biomed. Opt.*, **14**（2009），064034.
8) T. Katura *et al.*：*J. Biomed. Opt.*, **13**（2008），054008.
9) S. Kohno *et al.*：*J. Biomed. Opt.*, **12**（2007），062111.
10) 舟根 司ら：電気学会研究会資料，OQD-11-033（2011），17-22.
11) T. Funane *et al.*：*NeuroImage*, **85**（2014），150-165.

87 [医用]

光線力学的治療

光感受性薬剤(光増感剤,photosensitizer)の光化学反応により発生する活性酸素やラジカルの殺細胞効果を用いる治療を光線力学的治療(photodynamic therapy:PDT)という.腫瘍集積性のある光感受性薬剤と光照射を組み合わせると腫瘍組織を選択的に死滅させることができることから,がんの低侵襲治療法として発展してきた.上記の直接的殺細胞のほか,血管遮断や免疫の活性化も治療に寄与する場合がある.腫瘍に集積した光感受性薬剤が発する蛍光を観測するとがんを高感度に検出することが可能であり,これを光線力学的診断(photodynamic diagnosis:PDD)という.現在PDTの適用は,がん以外の様々な疾患へも拡大しつつある.

a. 歴 史

科学的根拠のある最初の光線力学的効果の報告は,1900年代初頭のvon Tappeinerのグループによるとされる.同研究室の学生Raabがアクリジン色素に接触させたゾウリムシが実験室の光量依存的に死ぬことを発見[1],さらにこの効果に酸素が寄与していることが明らかになり,von Tappeinerはこの効果をphotodynamic actionとよんだ.彼らはただちにヒトの皮膚がん(基底細胞がん)の治療に応用して一定の効果を得たが(エオジン色素と日光ないしアークランプを使用)[2],その後しばらくPDTの臨床応用は報告されなかった.なお1903年にFinsenがアークランプを用いた尋常性ろうそう(皮膚結核の一種)の治療(薬剤を用いない純粋な光治療)[3]でノーベル医学・生理学賞を受賞したが,最近の研究により,菌に内在するポルフィリンによるPDTが治療に寄与していたことが示唆されている[4].

1960年になりLipsonらがPDDを目的に腫瘍集積性のあるヘマトポルフィリン誘導体(HpD)を開発し[5],動物実験によりPDT効果も示された.DoughertyらはこのHpDを用いたPDTの臨床研究を開始,1978年に乳がんの皮膚転移巣および皮膚がんに対する高い治療成績を報告し[6],PDTは大きな注目を集めることとなった.ここで光源にArイオンレーザー励起色素レーザーを,またその伝送に光ファイバーが使用され,これが現在のPDTの技術的原型

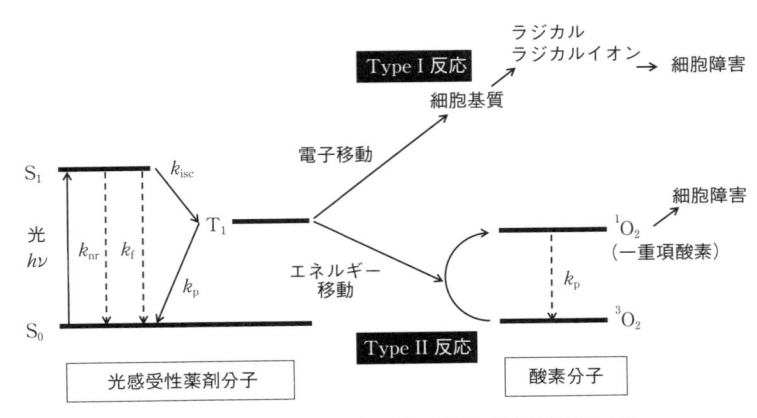

図1 PDTにかかわるエネルギー準位と化学反応の模式図

b. 原理

PDT反応にかかわるエネルギー準位と化学反応の模式図を図1に示す．光照射により一重項状態 S_1 に電子励起された光感受性薬剤分子は，項間交差により速やかに三重項状態（T_1）に緩和する．T_1 からの反応過程は Type I と Type II の2つが知られており，Type I では T_1 状態の薬剤分子から反応分子へ電子の移動や水素の引き抜きが生じて反応性の高いラジカルが生成し，これにより細胞障害が誘起される．一方 Type II では，T_1 状態の薬剤分子が生体中の酸素分子と衝突し，エネルギー移乗により一重項酸素が生成され，その酸化力により細胞障害を起こす．通常のPDTにおいては低酸素状態や一重項酸素の消去剤の使用により殺細胞効果が減ずることから，Type II が主要な過程と考えられている．生体組織中の一重項酸素の寿命は約 250 ns と短く，その間の拡散距離は 45 nm 程度と見積もられることから[7]，一重項酸素生成部位に限局した選択的な治療が可能となる．最近では，酸素が欠乏しても殺細胞効果が得られる Type I 反応を活用できる光感受性薬剤の開発も進められている．

がん治療を目的としたPDTの場合，通常，光感受性薬剤を静脈注射し，腫瘍組織における薬剤集積コントラストが最大になる時間帯に光を照射する．がん組織においては血管の透過性が亢進するため血中の薬剤が漏出しやすく，さらにリンパ系が未発達で薬剤分子が回収されにくいため集積が促進される（EPR効果[8]）．光感受性薬剤ががん細胞に選択的に取り込まれるメカニズムについては十分に解明されているとはいえないが，上記HpDの場合は次のことが明らかになっている．すなわち，HpDは蛋白と強い親和性を有するが，両親媒性（親水性かつ親油性）であることから，水に溶解しながらリポ蛋白，特に低比重リポ蛋白（LDL）と強く結合する．一方がん細

表1 保険適用になっているPDTの諸元（2014年5月現在）

保険収載	光感受性薬剤		適用（対象疾患）	光源			
	一般名／商品名			種類（販売名）	波長(nm)	発振モード	最大出力
1996年4月	ポルフィマーナトリウム (porfimer sodium)／フォトフリン (Photofrin)		早期肺がん（病期0期またはI期）表在型食道がん表在型早期胃がん子宮頸部初期がんおよび異形成	エキシマレーザー励起色素レーザー（エキシマダイレーザー）	630±5	パルス(10±5 ns)	8 mJ/pulse (40 Hz)
2004年4月	ベルテポルフィン (verteporphyrin)／ビスダイン (Visudyne)		中心窩下脈絡膜新生血管を伴う加齢性黄斑変性症	半導体（AlGaAs）レーザー（ビズラスPDTシステム）	689±3	CW	200 mW
2004年6月	タラポルフィンナトリウム (talaporphyin sodium)／レザフィリン (Laserphyrin)		早期肺がん（病期0期またはI期）	半導体（AlGaInP）レーザー（PDレーザー）	664±2	CW	500 mW
2014年1月	タラポルフィンナトリウム (talaporphyin sodium)／レザフィリン (Laserphyrin)		原発性悪性脳腫瘍	半導体（AlGaInP）レーザー（PDレーザーBT）	664±2	CW	318 mW

胞では活発な増殖を維持するためにLDLレセプターの活性が上昇し，LDLと結合したHpDがエンドサイトーシスにより取り込まれる[9]．薬剤の種類が変わると結合蛋白の種類も変わり，障害部位も変化しうる．

c．適　用

表1にこれまで国内で保険適用になっているPDTの諸元をまとめた．ポルフィマーナトリウムの励起波長は630 nmで，光源にはXeClエキシマレーザー励起色素レーザー（ローダミン640使用）が認可され，その後Nd:YAGレーザー励起光パラメトリック発振器（OPO）も認可された．これらの出力光は何れもナノ秒パルスであり，世界的には連続波（CW）レーザーを用いるのが一般的であった中，我が国においては独自仕様の励起光によりPDTが発展したことになる．しかしながら，装置が大型で高価であることなどを理由に，その後いずれも製造中止となっている．

光感受性薬剤については，光線過敏症防止のため治療後の排泄がより早く，また光侵達長が大きく深部治療に適したより吸収波長の長い第二世代薬剤の開発が進められた．タラポルフィンナトリウムはその代表であり，半導体レーザーとの組合せによる早期肺がん治療が2004年に，また原発性悪性脳腫瘍治療が2014年に保険適用となった．

保険適用となっているがん治療は早期がんを対象とするものが中心であったが，最近PDTはがん治療の様々な局面で重要な役割を担いつつある．たとえば肺がんにおいては，進行気管支がんにおける気道確保のためのPDT，肺がん外科手術において切除領域を縮小するための術前PDTなど，また消化器がんに関しては，食道がん放射線化学療法後の遺残，再発例に対するPDT（salvage PDT）などがある．PDTはその低侵襲性より，他の治療法と併用しやすいことも大きな利点であり，一般的な抗がん剤治療との組合せも試みられている．

がん以外では，加齢性黄斑変性症（age-related macular disease：AMD）が保険適用となっている（表1）．AMDは欧米では成人の失明原因の第1位で，国内でも患者が増加している．萎縮型と滲出型の2つがあり，PDTの適用となるのは後者である．滲出型AMDは異常な血管（脈絡膜新生血管）により網膜が障害される疾患で，この新生血管をPDTにより退縮させる．しかし抗血管新生薬（抗VEGF）療法の登場以来，PDTの適用は減っている．皮膚科領域においては難治性の尋常性痤瘡（にきび）や乾癬に5-ALA（5-アミノレブリン酸）を用いたPDTが広く臨床応用されている．5-ALAは生体内の代謝でプロトポルフィリンIVになり光感受性薬剤として働く．光源としては大面積照射が可能なLEDアレイが普及しつつある．循環器領域においては，動脈硬化や不整脈治療への適用につき研究が進められている．また2010年代に入り感染症に対するPDTの研究が特に活発化しており，耐性菌由来の感染の局所治療への適用が期待されている．

d．動　向

上述したように，PDTは光感受性薬剤の腫瘍集積性を巧みに利用した選択的治療法であるが，薬剤の病変組織への輸送は上記EPR効果に依存しており，その効率と選択性は必ずしも十分でない．そこで近年，PDTにDDS（drug delivery system）の手法を導入する試みが活発になされている．その代表は薬剤分子キャリアとしてリポソームや高分子ミセルなどのナノ粒子を用いるアプローチで，粒径の最適化により病変組織における薬剤の集積を促進する．たとえばNishiyamaらは，680 nmで励起可能なフタロシアニンを中心分子とする樹状高分子（デンドリマーフタロシアニン，DPc）を開発し，これを内包したミセルを用いることにより，マウス皮下腫瘍モデル

を対象に高い抗腫瘍効果を少ない光障害で得ている．デンドリマー型光感受性薬剤は，薬剤分子の凝集による濃度消光を抑制する効果もある[10]．また概念としては新しくないが，がん細胞を標的化するため，抗体の活用も進められている．Kobayashi らは，ヒト上皮成長因子受容体を標的としたモノクロナール抗体を結合させたフタロシアニン（励起波長 700 nm）を開発し，その有効性を実証している[11]．また Hu らは組織因子（TF）ががん細胞と新生血管の両方に発現することに着目し，これら両者を標的とする光感受性薬剤を開発している[12]．これら標的化機能を有する光感受性薬剤は第三世代光感受性薬剤ともよばれ，今後，ナノ粒子と抗体を組み合わせたキャリアの開発も進むであろう．しかしいかに光感受性薬剤の高機能化が進んでも，標的組織に効率的な光照射を行わなければPDTは成立しない．今後，生体深部における光のデリバリー，照射技術の確立が，PDTの適用拡大に特に重要になると考えられる．

[佐藤俊一]

■参考文献
1) O. Raab：*Z. Biol.*, **39**（1900），524-546.
2) H. Jesionek and H. von Tappeiner：*Dtsch. Arch. Klin. Med.*, **82**（1905），223-226.
3) N. R. Finsen：Phototherapy, Edward Arnold, （1901）.
4) K. I. Moller *et al.*：*Photodermatol. Photoimmunol. Photomed.*, **21**（2005），118-124.
5) R. L. Lipson and E. J. Baldes：*Arch. Dermatol.*, **82**（1960），508-516.
6) T. J. Dougherty *et al.*：*Cancer Res.*, **38**（1978），2628-2635.
7) M. Ochsner：*J. Photochem. Photobiol. B, Biol.* **39**（1997），1-18.
8) Y. Matsumura and H. Maeda：*Cancer Res.*, **46**（1986），6387-6392.
9) 加藤治文監修：PDTハンドブック，医学書院（2002），pp. 2-3.
10) N. Nishiyama *et al.*：*J. Control. Release*, **133**（2009），245-251.
11) M. Mitsunaga *et al.*：*Nat Med.*, **17**（2011），1685-1691.
12) Z. Hu *et al.*：*Breast Cancer Res. Treat*, **126**（2011），589-600.

88 [医用]

医用計測機器

眼科機器の進歩は著しい．この中で，屈折を検査する装置として波面センサーを，視細胞レベルの画像診断を可能にした装置として補償光学光干渉眼底鏡（adaptive optics scanning laser ophthalmoscope）を取り上げる．

a. 波面センサー

屈折を検査する装置として，これまではオートレフラクトメーターが用いられてきたが，これは眼球の球面レンズ値（近視，遠視の度数）と，円柱レンズ値（乱視の度数）のみが計測可能であった．近年波面センサーが開発され[1]，眼球の高次の収差が簡便に定量的に測定できるようになった．

波面センサーには，Hartmann-Shack 型のほか，検影法型などがあるが，ここでは Hartmann-Shack 波面センサーに関して述べる．Hartmann-Shack 波面センサーは，中心窩からの反帰光を瞳孔面と共役の位置においた CCD カメラに，100 個以上配した小さなレンズを通して集光させることにより，眼球の局所の屈折状態が把握できる装置である．収差のない眼では Hartmann 像の点像は碁盤の目のように配置される（図1）．収差のある眼では，Hartmann 像の点像は，歪んだ配置となるが（図2B），各 spot の碁盤の目からのずれから波面関数を求め，Zernike 多項式で展開し，その係数から収差が求められる[2]．Zernike 多項式はその係数が古典的収差（コマ収差，球面収差など）に対応し，その強度分布として表示できるため便利である．

収差の表示方法としては，射出瞳におい

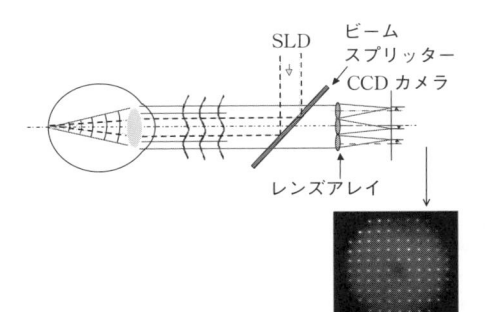

図1 波面センサーのシェーマ

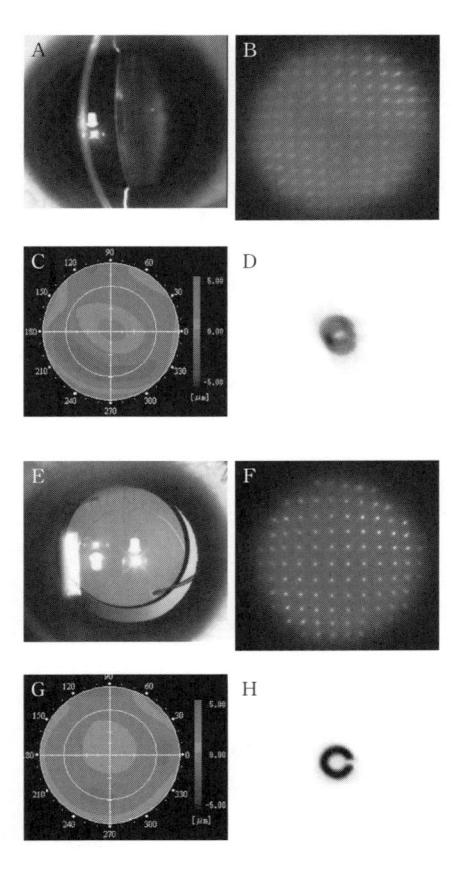

図2 初期白内障眼の波面センサーによる解析（**A-D,** 術前，**E-H,** 術後）［口絵6］
A, E：水晶体の断面写真，B, F：Hartmann 像，C, G：カラーコードマップ，D, H：網膜像のシミュレーション．

て，各 Zernike 係数に相当する収差があった場合の波面の状態（進みあるいは遅れ）を2次元的にカラーコードマップで示したものが用いられる．寒色系の表示は波面が遅れていること示し，暖色系の表示は波面が進んでいることを示している（図2C）．

加齢に伴って生じる皮質白内障では，Hartmann 像の点像は樽型の配置を示す（図2B）．これは，正の球面収差が増大したことを示す．波面関数から瞳関数を計算し，これをフーリエ変換すると，point spread function（PSF）が求められる．PSFと視力検査で用いられるランドルト環を重畳することにより，被験者の網膜像のシミュレーションができる（図2D）．

実際の見え方は，収差のみでなく水晶体の混濁による散乱の影響もあるため，必ずしもシミュレーション像と一致しない場合もあるが，若年者で混濁の少ない白内障による視力低下の原因解明に，網膜像のシミュレーションは有用である．図2の症例は，若年者の混濁は少ないが高次収差の多い白内障の症例でシミュレーション像に一致した二重視を訴えていた．白内障の手術後，シミュレーション像も自覚的にも二重視は消失した（図2H）[3]．

b．補償光学眼底カメラ

補償光学とは，もともとは天体観測において用いられていた技術である．大気のゆらぎを補正することで詳細な星の観察が可能になる．光の経路における収差が詳細な観察の妨げになっている点は眼も同様である．外界から入ってきた光は網膜に到達するまでに，角膜と水晶体において光は大きく屈折するが，角膜や水晶体の微小な歪みにより収差が発生するため外界からの光は網膜上において一点では収束しない．このため，従来行われている眼底カメラを用い

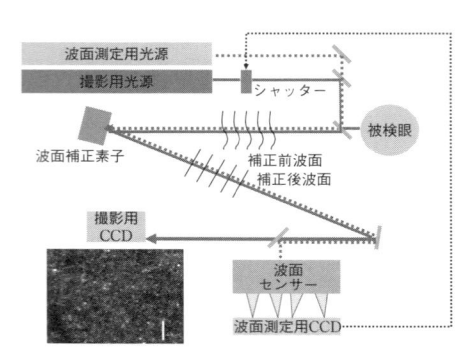

図3　補償光学眼底カメラのシェーマ

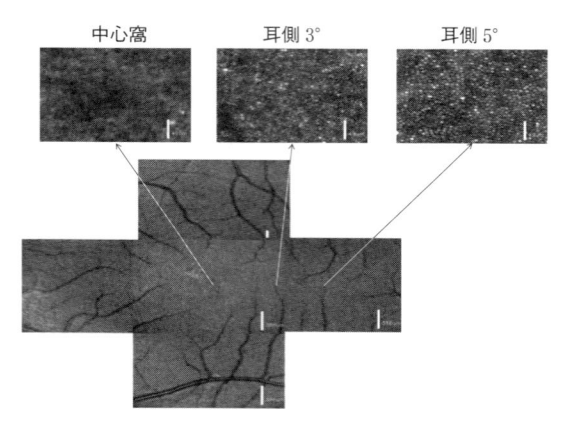

図4　補償光学眼底カメラで撮影した正常者の左眼（上の3枚：強拡大，下：弱拡大）
　　　白線は49μm（強拡大像），388μm（弱拡大像）を表す．

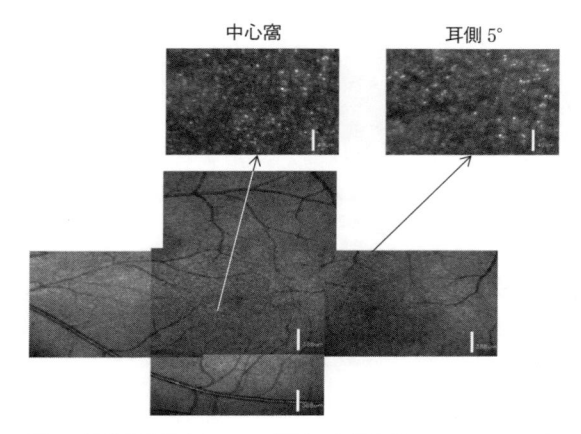

図 5 補償光学眼底カメラで撮影した錐体ジストロフィーの左眼（上の 2 枚：強拡大, 下：弱拡大）
白線は 49μm（強拡大像），388μm（弱拡大像）を表す．

た眼底検査では眼底像がボケてしまい，錐体など網膜内の微小な構造を観察することは不可能である．

補償光学眼底カメラ（AO カメラ）を用いることで眼球の収差を補正すると，水平面で約 2 μm の解像度が得られ，錐体のモザイク構造が観察可能になる[4]．今まで見えていなかった錐体が見えるようになることで，網膜の病変について新たな知見が得られる可能性がある[5]．

AO カメラはハイスピード波面センサーと，波面補正素子を内蔵し，眼球収差を測定すると同時に補正を行うことができる．眼球に入射した光の収差を波面センサーにより測定し波面補正素子を変形させることで収差を減少させるという仕組みである．波面を測定しながら収差の補正を行い，目標値まで収差が低減された所で，測定光を入射し測定を開始する．測定は CCD カメラを用い，1 秒間に 20 フレームのビデオフレームで撮影する（図 3）．

AO カメラを用いて撮影した正常眼の中心窩画像を示す．1 つ 1 つの輝点が明瞭に解像され，中心窩に近いほど輝点の大きさが小さくなることより，輝点は錐体を示していると考えられる．中心窩では，錐体の大きさが AO カメラの解像限界を超えるので，視細胞のモザイクは同定できない（図 4）[6]．眼底が正常であるにもかかわらず視力や視野に異常をきたす初期の黄斑ジストロフィーの症例の眼底を，AO カメラで撮影すると，視細胞の密度が減少すると同時に個々の視細胞が拡大し，中心窩でも視細胞モザイクは同定可能である（図 5）．

［不二門　尚］

■参考文献

1) J. Liang et al.：J. Opt. Soc. Am., **11**（1994），1949-1957.
2) 不二門尚：角膜トポグラファーと波面センサー（前田直之，大鹿哲郎，不二門尚編）Medical View（2002），96-103.
3) T. Fujikado et al.：Am. J. Ophthalmol., **141**（2006），1138-1140.
4) A. Roorda and D. R. Williams：Nature, **397**（1999），520-522.
5) Y. Kitaguchi et al.：Ophthalmology, **115**（2008），1771-1777.
6) T. Yamaguchi et al.：Optics Letters, **13**（2012），2490-2492.

[光応用技術]

89

太陽熱利用

　太陽エネルギーの利用方法には，すべての輻射エネルギーを熱として利用する方法と，電子状態の遷移，化学反応として応用する方法がある．本項では前者を取り扱う．後者には次項で述べる太陽電池がある．

a．太陽エネルギーの特徴

　太陽は直径が 1.39×10^9 m で地球より 1.50×10^{11} m の距離にあり，視直径 $0.53°$ の大きさをもつ光源である．3.8×10^{20} MW でエネルギーを放出しており，地球にはその一部が到達し，強度は大気外の直交面で 1.367 kW/m^2 である．この値はほぼ一定で太陽定数とよばれている．

　地球に到達した太陽光は大気圏に入射し，吸収，散乱され，地表には散乱を受けない直達光と散乱光が降り注ぐ．地表に到達する太陽光は通過する大気の厚さに依存する．大気圏に入射する前の強度を AM（エアマス）0，大気を垂直に透過したときの強度を AM1，斜入射により垂直透過時の 1.5 倍の距離を通過する場合は AM1.5 とよぶ．

　光学系を利用して集光できるのは直達光で，その強度は入射光と直交する単位面積当たりの強度 DNI（direct normal irradiance）で定義される．

b．太陽の日周運動

　太陽位置の表現は地表面を固定して，天球上を太陽が移動すると考える方が便利である．このとき太陽の位置は地表面に固定した座標で，太陽高度 α と太陽アジマス角 z の2つの角度で表示される．α と z は自転によって変化する時角 h の関数である．図1にこれらの関係を示す．太陽の天球上での軌道は赤緯 δ によって決定され，図中では破線で表されている．赤緯 δ は公転に

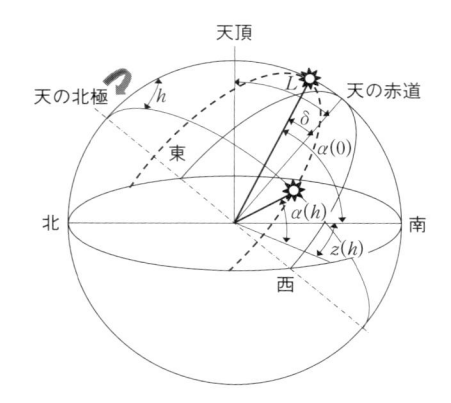

図1　太陽の軌道

よって変化し，以下の近似式で表され，

$$\delta = 23.45 \sin\left[\frac{360}{365}(284+N)\right] \quad (1)$$

2つの角 α と z は以下の式で表される．
$$\sin(\alpha) = \sin(L)\sin(\delta) + \cos(L)\cos(\delta)\cos(h)$$
$$\sin(z) = \frac{\cos(\delta)\sin(h)}{\cos(\alpha)} \quad (2)$$

ここで N は冬至からの日数で，L はその地点の緯度である．

c．太陽集熱器[1]

　太陽エネルギーを集める集熱器を表1に分類する．集めた熱による発電を集光太陽熱発電（concentrated solar power：CSP）とよぶが，発電に利用するには熱機関の効率を上げるために高温が必要である．光学系を用いて集光倍率を高めるにしたがい，より高温が得られるが，より高精度の太陽追尾も必要になる．以下に光学系を利用する太陽集熱器について述べる．

（1）複合型パラボラ集光器（CPC）

集熱部は管状で反射鏡とともに南北に配置される．反射鏡は図2に示す断面形状を有し，入射角が $-\theta \sim +\theta$ の範囲にあれば，追尾なしで管に入射する．

　入射角が $\pm\theta$ のとき，図2の反射鏡の QP の部分で反射された光線は管に接するように入射する．このような形状はマクロフォーカルパラボラとよばれ，複数の反射

表1 太陽集熱器（コレクター）

追尾方法	集光器タイプ	集熱部形状	集光倍率	集熱温度（℃）	用途
固定	平板	平面	1	30-60	温水器，空調
固定	真空ガラス管	平面	1	50-200	温水器，空調
固定	複合型パラボラ集光器（CPC）	管	1-5	60-240	温水器，空調
1軸追尾	リニアフレネル	管	10-40	60-250	温水器，空調，海水の淡水化，発電
1軸追尾	パラボリックトラフ	管	10-85	60-400	温水器，空調，海水の淡水化，発電
2軸追尾	パラボリックディッシュ	点（小面積）	600-2000	100-1500	発電
2軸追尾	ヘリオスタット	点（小面積）	300-1500	150-2000	発電

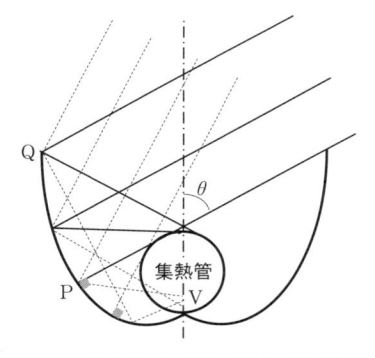

図2 複合型パラボラ集光器（CPC）

鏡により，複合型パラボラ集光器（compound parabolic concentrator：CPC）が構成されている[2]．

(2) パラボリックトラフ（図3（A））
断面が放物線の樋状の反射鏡で，太陽光を焦線上配置された集熱管に集める．太陽の追尾は集熱管と平行な1軸の回転で行われる．図4に示すように回転軸を南北にとり，東から西に追尾する方法と，回転軸を東西に配置し，南北に追尾する方式がある．

東西に追尾する方式は，1日の集熱量が安定しているが，季節変動すなわち夏と冬での集熱量の差が大きく，南北に追尾する方式は逆に1日の変化が大きい．

現在用いられている集光太陽熱発電（concentrated solar power：CSP）は90％以上がこのパラボリックトラフ方式により，ほとんどが南北を軸とし，東西に追尾

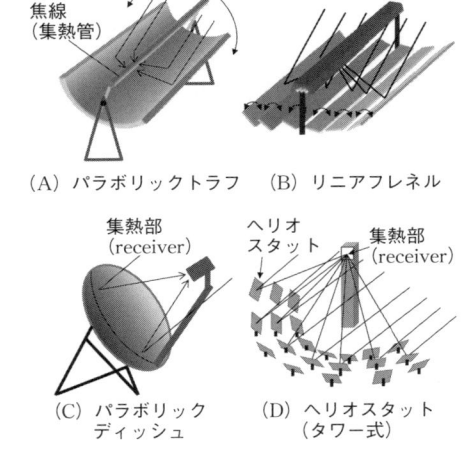

図3 追尾式太陽集熱器
(A) パラボリックトラフ　(B) リニアフレネル
(C) パラボリックディッシュ　(D) ヘリオスタット（タワー式）

する方式である．集光倍率は80倍程度と低いので，長さを100～200m連結して1つのループを形成し，400℃に加熱された熱媒体を回収する．

(3) リニアフレネル（図3（B））　パラボリックトラフと同じく1軸追尾の焦線集光である．細長い平面鏡を軸と平行に並べて，個々の反射鏡の向きを変えて固定した集熱管に反射光を集める．

集光倍率は40倍程度と低く，得られる温度はトラフより低いため高効率は得られないが，トラフに比べ設置面積を少なくでき，安価な平面鏡が使える利点がある．

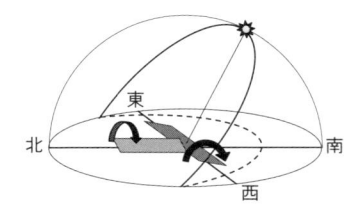

図4　追尾軸

(4) パラボリックディッシュ（図3(C)）　回転放物面鏡の焦点に光を集める方式であり，集光倍率は2000倍まで高められ集熱温度は1000℃以上の高温で運転される．焦点位置にはStirlingエンジンが配置され，直接熱からピストンを駆動し発電する．光学系と集熱部は一体で太陽を2軸追尾する．そのため装置の大きさは反射鏡の直径で約10～20 mが一般的で，大型の発電プラントではこれを並べて使用する．

(5) ヘリオスタット（タワー式）（図3(D)）　ヘリオスタットとよばれる2軸追尾する平面鏡を多数並べ，独立に制御して各々の反射光をタワー上部に固定された集熱部に集める．多数のヘリオスタットを用いることで集光倍率を高くでき高温の大型プラントに向いている．集熱温度は，1000℃以上で融点の高い溶融塩を熱媒体として用い，蓄熱によりエネルギーを蓄える際に有利で，低コストの平面鏡を用いることができるので，次世代CSPと期待されている．

d．CSPの発電効率[3]

CSPの効率は集光倍率が高いほど，高くなるが，集熱温度は集光倍率に応じた最適値がある．なぜなら集熱部の温度が高くなると熱輻射による損失が大きくなるからである．熱機関を理想的なCarnotサイクルとしたときのCSPの効率ηは，以下の式で表される．

$$\eta = \left(1 - \frac{\varepsilon \sigma T_H^4}{CI}\right) \cdot \left(1 - \frac{T_0}{T_H}\right) \quad (3)$$

右辺の第1の括弧は集熱効率で第2の括弧

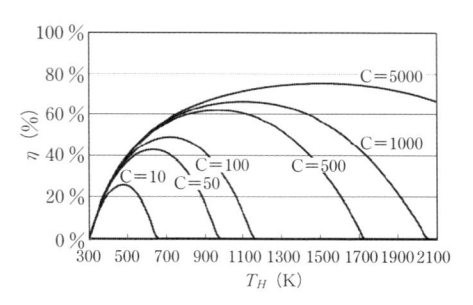

図5　CSPの効率

は熱機関の効率である．ここで集熱部への集光倍率をC，直達光の放射強度をIとし集熱部に集められる放射強度は光学系での損失を無視するとCIとなる．集熱部での損失は熱伝達と熱輻射の2種があるが，高温で支配的となる温度の4乗に比例する熱輻射のみを考慮する．集熱部の温度をT_H(K)とすると，単位面積当たりの熱輻射は，以下の式で表される．

$$\varepsilon \sigma T_H^4 \quad (4)$$

ここで，εは熱輻射率で，σはStefan-Boltzmannの定数である．$T_0(K)$は熱機関の低温部の温度である．

Iを1 kW/m^2，εを黒体輻射の1とし，T_0は外気温の300 Kとして，いくつかの集光倍率において，集熱部温度T_Hに対する効率ηの変化を図5に示す．

集光倍率を高め，集熱温度を高めると50％以上の効率が期待できる．実際の発電は，蒸気タービンなどの熱機関と発電機の組合せとなり，これらの効率アップが必要である．

［森　伸芳］

■参考文献
1) S. A. Kalogirou：Solar Energy Engineering：Process and Systems, Academic Press (2009).
2) J. Chaves：Introduction to Nonimaging Optics, CRC Press (2008).
3) E. A. Fletcher：*J. Sol. Energy Eng.*, **123** (2001), 63-74.

90 [光応用技術]

太陽電池

a. 太陽電池研究開発の歴史

1954年米国ベル研究所で結晶Si太陽電池が発明され[1]，人工衛星の電源や灯台や無線中継基地などの遠隔地の電源として実用化された．その後半世紀近くを経て太陽電池が半導体，フラットパネルディスプレイに次ぐ大型事業になることが期待されるまでに成長してきた．薄膜Si太陽電池については，1975年英国ダンディー大学で水素化薄膜Siが半導体になることが見出され[2]，ついで1977年米国のRCAでアモルファスSi太陽電池が発明された[3]．薄膜Si太陽電池は発明されてわずか6年後の1980年代初期に，ガラス基板を用いたタイプの太陽電池付電子卓上計算機（電卓）が製品化され[4]，1980年代後半にはほとんどの電卓が太陽電池で駆動するまでに普及した．民生用として時計の電源，庭園灯，自動車の社内換気扇などの応用製品が開発されたが，市場規模としては期待したほど大きくならなかった．電卓市場の飽和と相次ぐ新規参入で競争が激化し，不採算事業化してきた．電力用については一連の法制度が整備され，1994年に住宅用太陽電池に補助金がつくようになったことから本格的な太陽電池市場が日本で形成され始めた．住宅用は結晶Si太陽電池が中心となり事業展開された．本格的な電力用アモルファスSi太陽電池は1999年日本のメーカーによって世界ではじめて量産開始された[5]．2000年以降ドイツで導入されたフィード・イン・タリフは欧州での太陽電池の普及を加速し大規模な太陽光発電市場を創生した．大量需要の創出によって2004年前後には結晶Si太陽電池の原料の高純度Si不足が顕在化し，原料問題の少ない薄膜系太陽電池が注目を集め欧州での大規模な採用が始まった．この高純度Si不足問題は他のCdTeやCIGSという化合物薄膜系太陽電池の実用化をも促した．2004年にはわずか40 MW程度の生産能力であった米国First Solar社のCdTe太陽電池は2009年には1000 MWにまで拡大して単独では世界最大の生産能力に成長し，生産コストも早くも1 $/Wを実現した．2009年には世界の太陽電池生産量が10,000 MWを越え，2011年は3倍の30,000 MWという巨大な産業へ成長を始めた．

b. 太陽電池の発電の仕組みと太陽電池の種類[6]

太陽電池は光を電力に変換する装置で，半導体を使って光を吸収するデバイスは図1に示すp/n接合を基本構造としている．半導体が1つの光子（フォトン）を吸収すると電子─正孔対を生じる．これだけでは起電力を生じないが，p型とn型の半導体を接合するとそのフェルミレベルが同じになるように半導体の価電子帯と伝導体のエネルギー準位がずれて，p層とn層の界面に強い電界が生じる．この電界の生じる領域を空乏層というが，この空乏層内の電子はn層側へ，正孔はp層側に移動するためにキャリアーがほとんど存在しないのであ

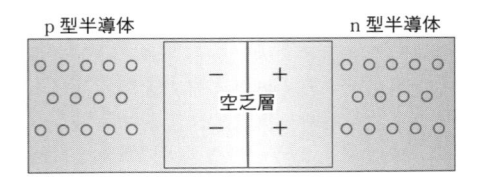

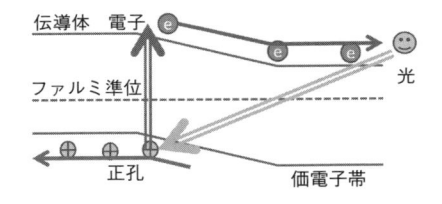

図1 太陽光発電の原理（p/n接合）

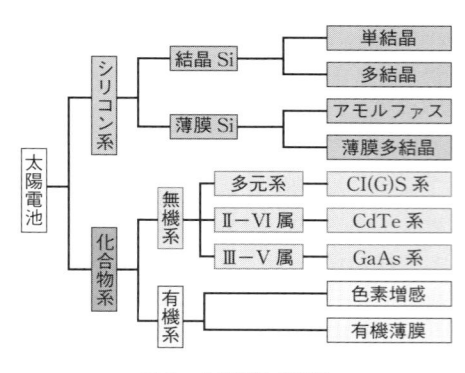

図2 太陽電池の種類

る．このキャリアー分離機能が半導体内で生じた正孔をp層側へ，電子はn層側に集める結果，p層側に電極を付けるとプラス（＋）に，n層側はマイナス（－）となり光起電力を生じることになる．太陽光は地上では約 1 kW/m^2 のエネルギー密度をもち紫外線から赤外線までの広い範囲の波長で構成されているが，現在の太陽電池のほとんどは 0.4 μm から 1.2 μm の波長が利用されている．

太陽電池に使われる材料は図2に示す半導体シリコン（Si），化合物半導体（CIS，CdTe，CIGSなど），Ⅲ－Ⅴ属半導体（GaAs，InPなど），有機材料（色素増感，有機バルクヘテロ）などがあるが，それぞれ材料固有の光吸収帯があり，その特徴を生かしたデバイスの工夫がされている．現在実用に供されるほとんどの太陽電池はシリコン系である．単結晶 Si，多結晶 Si，リボン結晶 Si というバルクの太陽電池と薄膜系の Si 太陽電池である．

化合物半導体ではコストと光学特性から CdTe 太陽電池が理想的な材料であったが，有害な Cd のリスクで国内では 2000 年頃に生産が中止された．米国の First Solar 社が，将来撤去する際には全量回収保証するビジネスモデルで市場参入し 2000 年代後半に爆発的に生産を伸ばしてきた．CIS 系も材料の自由度があり，小面積では高効率が得られている．CdS を使わないバッファー材料で昭和シェル石油（ソーラーフロンティア社）が年産 900 MW の生産ラインを宮崎に作り市場参入した．こうした薄膜系の太陽電池は結晶 Si 太陽電池コストダウンに限界があることを前提にして開発が進められている．すなわち結晶 Si セルの厚みが 200 μm 以下でもウェハを作るときのカーフロスが 150 μm 程度発生するために，高純度 Si が 7 g/W 程度は必要である．高純度 Si の価格が 6 円/g 程度とすると原料だけで 40 円/W かかり，目標とする 100 円/W 以下にするには相当な困難を予想したからである．最近では厚みを 150 μm，100 μm と薄くし，セルの効率を 20 ％以上，さらには 25 ％に改善し，原料 Si もコストの安い製法研究が試みられている．

c. 結晶 Si 太陽電池

最もオーソドクスなのが結晶 Si 太陽電池である．不純物濃度が 10^{-11} 以下という高純度シリコンを原料として単結晶または多結晶のインゴットを成型して厚みが約 200 μm の 6 インチ角のウェハをマルチワイアーソーで切り出す．通常は p 型のウェハを用いて片面をリンなどのドーパントを熱拡散して n 型にし裏面に Ag などの電極を印刷，表面側に SiN などのパッシベーション膜をつけて集電極を形成したのが図3の太陽電池セルである．工程が簡単で，それぞれのターンキー設備が販売されているので，最近では中国，台湾で生産が集中している．セルの変換効率は 15～22 ％で，通常の結

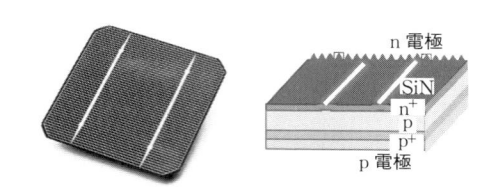

図3 結晶シリコン太陽電池セルの構造

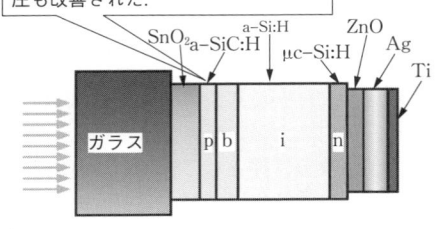

図4 アモルファス単層セルの構造

図中ラベル: 従来のa-Siのp層は色が黒くて光を吸収.A-SiCで透明な材料を開発して入射する光の量を増やし,かつ電圧も改善された. / SnO₂ / a-SiC:H / a-Si:H / μc-Si:H / ZnO / Ag / Ti / ガラス / p b i n

図5 建材一体型薄膜シリコン太陽電池モジュールの設置例(平板瓦一体型タイプ)

晶Si太陽電池セルの効率は20％以下であるが,薄膜Siとヘテロ接合したHITセル,あるいはp/n接合を受光面の裏面で形成したバックコンタクト型が20％を超えるセルとして注目されている.このセルをタブ線で直列接続してガラスとバックシートで封止材を介してモジュールされるが,モジュール化の工程で様々な長期の信頼性工夫がされ差別化されている.

d. 薄膜Si太陽電池

コストで最も安いと期待される薄膜Si太陽電池は,アモルファスSiと薄膜多結晶Siからなる太陽電池である.発端となった技術は1976年発表のRCA社Carlson博士による水素化したa-Si太陽電池である.大阪大学の濱川教授らは,pinをすべてa-Siで作り4.5％の効率を得た[7].2.6×2.2mというサイズの大面積化を可能としたのは三洋電機の桑野博士が考案した集積型a-Si太陽電池である.これはガラス基板上に製膜すると同時に太陽電池が直列接続できるという発明である.変換効率を大きく改善したのは筆者が濱川研で発明したa-SiC/a-Siヘテロ接合太陽電池である[8].図4に示すようにガラス基板上にSnO₂という透明導電膜を形成した後,p型で透明なシリコンカーバイド(a-SiC)をp層とするpinのa-Si薄膜太陽電池である.このp層は透明なので活性層に入射する光の量が増える結果電流が増え,かつ電圧も上昇する特徴があり,その後品質の向上と大面積化が図られ屋外で使用できる安定化後8％のモジュールが実用化された.その後低温成膜で薄膜多結晶Siができることが見出されアモルファスSiとスタックすることで安定化8％のアモルファスSi太陽電池を1.5倍の12％に改善した.2001年に安定化10％に相当する1m角サイズの太陽電池の生産を開始している[9].既存のアモルファスの生産ラインに「薄膜poly-Si CVD」装置を追加するだけで,a-Siのラインをハイブリッドのラインに変えることができた.2005年には12％のタンデム技術が確立されている.海外でも,このタイプで10％近い性能のモジュールが生産されている.日本の住宅用では外観が極めて重要で,図5に示す平板瓦一体型のVISOLAが上市されている.従来の大型モジュールを設置した場合の外観の違和感がないのが薄膜Si太陽電池モジュールの特徴である.

e. 他の薄膜太陽電池との競合動向

日本では毒性問題で生産と研究開発が停止しているCdTe太陽電池が急速に生産を伸ばしてきた.米国のFirst Solar社が9％以上の効率で安価に製造する技術を開発し,不要になったモジュールは将来買取を保証するビジネスモデルで急成長し,2009年には生産能力1000 MWという世界最大

の太陽電池製造会社になった[10]．性能，価格で従来のアモルファスSi太陽電池は競争力を失いつつある．そのほか昭和シェルソーラー（フロンティアソーラーに社名変更）が化合物半導体である薄膜CIGS太陽電池の生産を開始し，2011年には900MWの工場建設が稼働した[11]．CIGSは現在12％程度の効率のモジュールが生産されているが，小面積ながら19％も技術ができており，13％品の出現は確実とみられる．

これらの化合物半導体は，Cd, Te, Inの毒性問題という潜在的リスクをかかえている．First Solar社は引き取り保証しているが，フィールドでモジュール破損すると，酸性雨によってCdイオンが溶出し，深刻な土壌汚染の拡大が懸念される．またTeとInは資源的な制約があり，CdTeやCIGS太陽電池は将来の主力の製品とはならないと思われるが，資源の制約がない薄膜Siタンデム太陽電池と性能，価格という点で競合している．薄膜Siタンデム太陽電池は12％の技術は確立しているが，さらなる効率改善とスケールアップ技術の確立が喫緊の課題となっている．太陽電池産業は2030年には25兆円になると予測されて，この事業規模になると，100GW単位の生産量になり，資源的に豊富で毒性に懸念のない薄膜Siが再び主流になるであろう．

f. 太陽電池産業の今後の動向

2011年8月に成立した再生可能エネルギーの全量買取制度が2012年7月1日にスタートした．福島原発事故が再生可能エネルギー導入に拍車をかけている．政府も太陽電池で発電した電力を40円＋消費税／kWhという期待以上の高値で20年間買い取ることを決めた．日本での太陽光発電がドイツ同様に急速に拡大すると予想される．当然海外のメーカーも押し寄せてくると思われるが，20年の保証が必要であることから長い実績のある国産メーカーは信頼性を武器にすればかなり競争力のある事業となろう．国内の太陽電池産業は中国・台湾勢の低価格攻勢に押されて苦戦してきたが，国内市場の活性化は千載一遇のチャンスとなる．20年の買い取り保証制度のために，モジュールの長期信頼性の保証が極めて重要な課題となり，認証を含めた保証方法の確立が求められている． ［太和田善久］

■参考文献
1) D. M. Chapin et al.：*J. Appl. Phys.*, **25**（1954），676.
2) W. E. Spear and P. G. LeComber：*Solid State Commun.*, **17**（1975），1193.
3) D. E. Carlson：*Appl. Phys. Lett.*, **28**（1976），67.
4) Y. Kuwano et al.：1st. Photovoltaic Sci. & Eng. Conf. in Japan（1979），p55.
5) Y. Tawada：*Phil. Mag.* Vol. 89, Issue 28-30，(2009), p2677
6) 詳しくは，太和田善久監修：太陽電池のすべてがわかる本，ナツメ社（2011）を参照
7) Y. Hamakawa et al.：*Appl. Phys. Lett.*, **35**（1979），187.
8) Y. Tawada et al.：*Appl. Phys. Lett.*, **39**（1981），237.
9) Y. Tawada et al.：*Solar Energy Mat. & Solar Cells*, **78**（2003），647.
10) 資源総合システム太陽光発電情報5月号（2010年）
11) K. Kushiya：3A PL01, 21th PVSEC, Fukuoka Sea Hark, Nov.28-Dec.2, 2011.

91 ［光応用技術］

オートフォーカス

オートフォーカス（autofocus：AF）とは，自動で光学系を対象物へ合焦させる手法のことである[1]．自動焦点ともいう．検出器と制御系および駆動系を用いる．対象物の位置を検出する方式に，アクティブ方式とパッシブ方式がある．アクティブ方式は装置側から光や音を能動的に対象物へ放射してその反射信号を利用する．パッシブ方式は対象物の明るさやコントラストを受動的に利用する．

a. カメラのオートフォーカス

(1) アクティブ方式　近赤外線，超音波などをカメラ側から対象物に照射して，その反射信号を検出器で捕える．三角測量を原理とする赤外線式の例では，カメラを対象物に正対させシャッターボタンを押すと発光素子が発光し，受光器が回転し至近距離から無限遠距離まで受光方向を変える（図1）．対象物があれば反射光が受光器へ達し光量が増加する．この極大値のときの方向の角度から距離を求め，撮影レンズを駆動して合焦する[2,3]．35 mm レンズシャッター式カメラに多く用いられた．1979年にキヤノンからAF35Mとして発売され，小型化のため近赤外発光ダイオードを使用しシリコン PIN フォトダイオードを受光用

に用いた[3]．超音波式はポラロイドより1978年に発売されたSX-70ソナーオートフォーカスで用いられた[2]．複数の超音波を対象物へ向けて送信し，反射波を検出器で捕えるまでの時間を計測して合焦位置を制御した．

(2) パッシブ方式

(i) コントラスト検出方式（contrast detection）：　受光素子が受ける像の照度分布を検出する．像にフィルターをかけて空間周波数成分を取り出して積算し，撮影レンズを駆動して比較することでコントラスト検出器として動作する．

歴史的に最初の自動焦点機構組み込み小型カメラは，1963年に見本市フォトキナでキヤノンより発表された．1971年の発表にAFニッコール80 mm f/4.5がある[5]．コントラスト検出方式はカメラの撮像素子の映像を利用できるため，現在コンパクトデジタルカメラやレンズ交換式ノンレフレックスデジタルカメラ，携帯電話のカメラのオートフォーカスに多く用いられている．

コントラストと合焦の関係は，光学系で形成される像が線型性であることが前提となる．物体を離散物体に分ければ，物体の像はそれぞれの点が作る像面上の点像分布関数（point spread function：PSF）の和として計算される（図2 (A)，(B)）．収差がない理想レンズではPSFは焦点位置で最大になるので像コントラストが最も高いところが合焦位置になる．隣接する画素の照度を比較すると合焦位置でその差が最も大きいので，隣接画素の照度差の絶対値を積算したり，照度差が大きなところが反映されるような非線型の評価関数を用いてコントラスト最大を求める（図2 (C)，(D)）．収差がある通常のレンズでは，空間周波数によりコントラスト最大位置が異なり，最大コントラストと最良像面は一般に異なる位置になる．

この方式は前ピン（希望の物体より手前

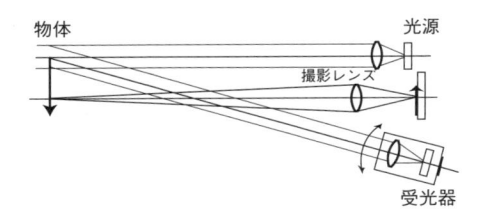

図1　アクティブ方式

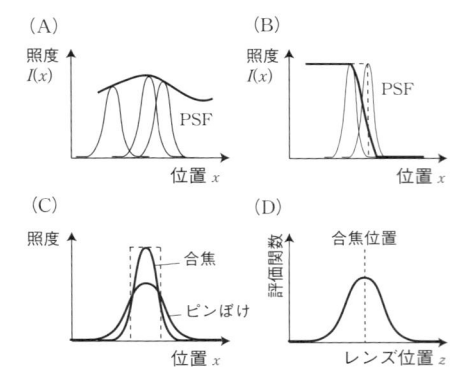

図2 コントラスト検出方式
(A) PSFと像照度分布
(B) エッジ部分の像
(C) 合焦とピンぼけの照度分布
(D) 合焦とコントラスト評価関数の関係

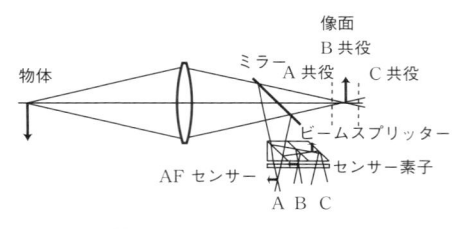

図3 コントラスト検出方式

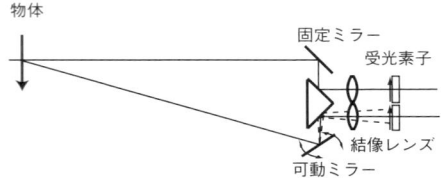

図4 相関検出方式

にピントが合った状態）と後ピンがわからない．1981年のペンタックスME-FのTTL-EFCシステムではビームスプリッター光学系を用いてコントラストを比較して方向を判別した[4]．図3の例では光束を3分割してコントラスト最大を判定している．またレンズを駆動しながらコントラストの高い位置を探すので一般に時間がかかるが現在では高速化が著しい．

(ⅱ) 相関検出方式（correlation detection）： 一方に右側のイメージセンサー，もう一方に左側のイメージセンサーが配置され，これらの受光素子上に正確に同じ部分が投影されるようにして動作する（図4）．1977年発売のコニカC35AFはハネウェルの距離検出器，ビジトロニック・オートフォーカス（VAF）モジュールを組み込んだ最初の製品である[2]．このモジュールのイメージセンサーは短冊形の受光素子を片側5個ずつ全部で10個並べたもので，それまでにあった肉眼用の二重像合致式ファインダーと同じように固定鏡と可動鏡があり，可動鏡を回転して無限遠側から近距離側まで像を移動する．像の相関を肉眼の代わりにVAFモジュールで検出し，最も相関のとれた位置を記憶してこの回転角に応じた距離のところに撮影用レンズを駆動して合焦を行う[5]．

そのころ8ミリカメラではVAFモジュールを組み込んだAF機があり，常時AFのため可動鏡を振動させ常に距離を計測した．1980年にはSST方式と称しキヤノンからAF514XL-Sが発売された[3]．基準像用の窓と参照像用の窓があり，それぞれの光路はミラーでCCD上に像が作られる．ミラーは固定されていて可動部がないことが特徴である．基準像を対象物に向けて像を作り，参照像は結像レンズの焦点位置に無限遠から近距離の距離に応じた位置に像を作る．参照像の照度分布を基準像と比較して合致するところを対象物までの距離に換算する．

(ⅲ) 位相差検出方式（phase detection）： 2つ以上の像の位置ずれ（位相差）を検出する．撮像レンズを通して検出するTTL（through the lens）方式が現在デジタル一眼レフカメラに多く用いられる[7]．像の移動量から焦点方向とずれ量を求めることができるので，合焦位置へ一気

にレンズを駆動できる．また像移動の変化量を計測し，対象物の移動を予測したレンズ駆動が可能である．

図5のように撮影レンズで作る像の，像を作る光束の異なる領域を用い2次結像レンズのセパレータレンズでセンサー素子上に再結像させる．合焦状態ではセンサー上に一定間隔離れた同じ像ができる．そして前ピンでは合焦状態よりも像の間隔が狭くなり，後ピンでは像の間隔が広くなる．なおどちらの像もボケた像（低コントラストの像）になる．セパレータレンズで用いる光束は，F値の小さなレンズの周辺光束部分の方が像の移動量が大きくなるため精度よく合焦できる．互換性のために光軸に近い部分の光束を用いると明るいレンズに対する合焦精度を出すのが難しくなる．像の中央1点のオートフォーカスから，撮像面内の複数の箇所でオートフォーカスが可能な多点AFも工夫されている[6]．フィールドレンズで像面のすべての点の光束をセパレータレンズに導き通し，センサー素子上に多点のAFエリアを設ける．

(iv) 位相差方式とコントラスト方式のハイブリッド式： 位相差検出方式とコントラスト検出方式の両方を用いて高速化と合焦精度の両方を達成するAFセンサーが開発されている．位相差検出方式は合焦の高速化に有利だが，撮像部と別にAFセンサーが必要であった．撮像面で位相差検出を行う方式を撮像面位相差検出方式という．2010年富士フイルムよりイメージセンサーに位相差検出画素を内蔵したデジタルカメラZ800EXRが発売された[8]．撮像素子の一部を位相差検出に用いる．撮像素子上にマスクをつけてマイクロレンズをセパレータレンズのように利用している．ニコンからは2011年にハイブリッド式が用いられたレンズ交換式デジタルカメラNikon 1が発売された．撮像面位相差検出方式は以前より特許出願がされていたが[9]，最近デジタルカメラに組み込まれて製品化された．

b. 顕微鏡のオートフォーカス

アクティブ方式とパッシブ方式がある[10]．顕微鏡は焦点深度が数 μm からそれ以下と浅いことや，高倍率の対物レンズほど合焦位置から外れると像面が大きく移動するため，ピント状態を検出するのが難しい．

(1) アクティブ方式　例を図6に示す．観察用の対物レンズを通してTTLで

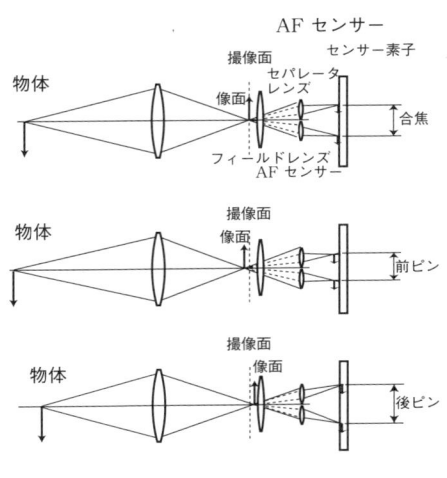

図5　位相差検出方式

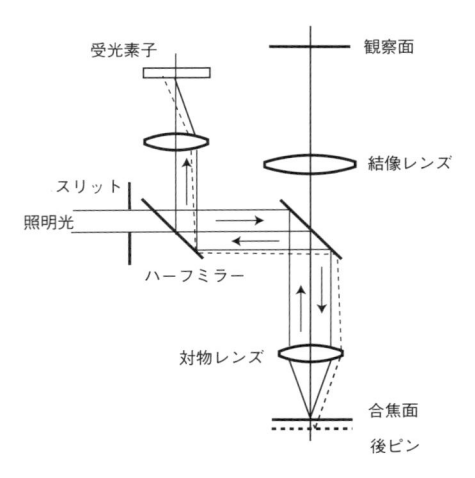

図6　アクティブ方式（スリット投影法）

AF用照明光を投影し試料面で反射する光束のずれを捉える．照明光は観察用の光と干渉を防ぐためにたとえば近赤外線を用いる．照明光は光束の半分側の部分を投影するようにスリットにより制限され，赤外線反射鏡で対物レンズへ導かれ試料面へ達する．試料面で反射された光束は対物レンズを戻り，再び赤外線反射鏡で反射され，さらにハーフミラーでAFセンサーの受光素子へ導かれる．AF光は所定の試料面に合焦している場合には受光素子上で光軸上に結像するが，ピントの位置に応じて受光素子上で光束の位置が光軸に垂直な方向に変化するので，光束の位置を検出して合焦を行う．

(2) パッシブ方式　コントラスト検出方式では，a.(2)(i)項と同じ原理でコントラストが高いところを合焦とする．ただし無色透明な位相物体では高コントラスト位置と焦点位置が異なる．図3の例のようにビームスプリッター光学系を用いて前後のコントラストを比較して，合焦方向や像面位置を検出する．顕微鏡対物レンズの種類によりデフォーカスに対するコントラスト変化が大きく異なるので光束を制限する絞りを入れて前ピンと後ピンのボケ量を制御する方法もある．

c. その他の方式

(1) 斜入射検出方式　半導体露光装置ステッパーや測定顕微鏡に多く用いられるアクティブ方式の1つ（図7）．高速で精密なオートフォーカスが必要であるがTTL方式を用いることが難しい場合，このように投影レンズを使わずに直接焦点を合わせたい位置にAF用の光束を投影する．振動ミラー方式では，反射光束を受ける振動ミラーが周期的に振動し，合焦時には反射光束は受光スリットを等間隔時間で通過して受光素子で受光される[11]．前ピン後ピンの状態により受光間隔が変化するのでこの状態を比較して合焦を行う．

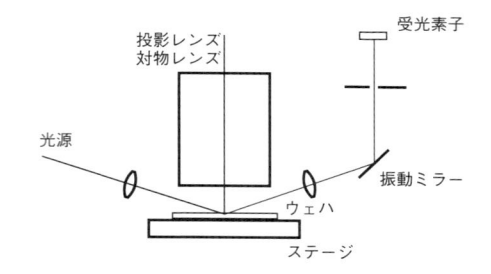

図7　アクティブ方式（斜入射法）

(2) 液体レンズ駆動方式　合焦のためレンズ駆動には電磁式モーターや超音波モーターを用いることが多いが，液体の界面をレンズとして，その形状を変化させる液体レンズが開発されている．機械的駆動なしに防振とAFの両方を制御する方式が紹介されている[12]．　　　　　　［大瀧達朗］

■参考文献
1) ISO 10934-2 : 2007.
2) 百瀬治彦：テレビジョン学会誌, **33** (1979), 386-394.
3) 池澤敏夫：テレビジョン学会技術報告 (1980), 75-80.
4) 青木晴美：テレビジョン学会技術報告 (1982), 7-12.
5) 小倉磐夫：現代のカメラとレンズ技術 新装版, 写真工業出版社 (1995), pp. 90-120.
6) 池森敬二, 辻内順平ら編：光学技術ハンドブック, 朝倉書店 (2002), pp. 727-730.
7) 浜田正隆：光アライアンス, **10**-10 (1999), 7-11.
8) 遠藤 宏：光設計研究グループ機関誌, **46** (2011), 34-37.
9) たとえば, 大井上建一：特開昭 59-146010.
10) 米山 貴, 小嶋実成：光アライアンス, **10**-10 (1999), 17-20.
11) 水谷英夫：光アライアンス, **10**-10 (1999), 2-6.
12) E. Simon et al.: ODF '10 Tech. Digest, (2010) 429-430.

92 [光応用技術]

超解像技術

　超解像技術という用語は近年いろいろな分野で用いられるようになったが，本来は回折限界による解像力の限界を打ち破る技術，という意味である．カメラやビデオカメラ，テレビなどの分野における超解像はイメージセンサーの画素数による解像限界の打破や，特定の画像処理技法による解像力向上技術などを指す場合があり，厳密な意味での光学的超解像とは異なる．ここでは顕微鏡や半導体露光装置，光ディスクなど回折限界の性能が前提となる光学系で用いられる解像力限界打破技術に限定する．

a. 解像限界の定義

　光学系の分解能の定義において，最も明確なのは光学的遮断周波数（optical cut-off frequency）であり，この値は $2NA/\lambda$ で与えられる．ここで NA は光学系の開口数，λ は光の波長であり，この逆数 $\lambda/2NA$ が解像限界のパターン周期を与える．この限界は通常の結像では決して超えることはできないが，いくつかの手法でこれを超える解像を実現できる．

b. 超解像の分類

　(1) 目的による分類　　基本的には光学像の解像力を上げ，より物体に忠実な像を得ることが目的であるが，必ずしもそうでない場合がある．たとえば半導体露光装置においては，超解像の目的はウェハ面上に回折限界より細かいパターンを描画することである．このとき，描画するパターンは投影原板上のパターンを忠実に再現したものである必要はない．これは「描ければよい」超解像に属する．この対極が「読めればよい」超解像であり，光ディスクがその代表的な例である．光ディスクはディスク面上に高密度に記録されたデータを読み取るが，そのままの空間密度で読み取る必要はなく，ディスク面になんらかの細工を施して結果的に読み出しができればよい．このように「描ければよい」「読めればよい」というタイプは，物体と像の関係が忠実かどうかは問わないという点で，超解像へのアプローチがやや広がる．

　(2) 構成による分類　　結像を行うほとんどの光学系は，有限な視野を同時に結像する「一括結像」タイプであるが，それ以外のタイプに「走査型結像」がある．レーザー走査顕微鏡や光ディスクは後者に属する．レーザー走査型結像では，物体上でのレーザースポットサイズを小さくできればそのまま超解像効果につながる．しかし一括結像では，Abbe の結像理論[1]から，像面上に形成される干渉縞の最小周期が $\lambda/2NA$ に制限されるため，仮に点像を小さくすることができてもそれだけでは超解像にならない．この点からは，結像が直接 Abbe の結像理論に支配されない走査型結像の方が若干有利である．

c. 超解像の実現法

　(1) 物体の非線形応答を用いる方法

物体や受光体が光強度に対して非線形な応答をする場合，これを超解像につなげることができる．光ディスクに応用した場合を考えよう．光ディスクの記録面上に，光強度に比例して光透過率が増加する層を設ける．レーザースポットが照射されるとこの層の透過率分布は照射強度分布に比例し，その結果透過後のレーザースポット強度分布は透過前分布の二乗になる．こうしてディスク面上でのレーザースポットを実効的に小さくすることができ，このときの空間周波数帯域は本来の光学系の光学的遮断周波数を超える[2]．また，レーザースポットを小さくしないで超解像を得る方法もある．光磁気ディスクで提案された磁気的超解像[3]は，データが記録された層の上にもう一層

磁性体層を設置し，レーザースポット照射による熱によってこの付加磁性体層があたかもレーザースポットと同期して移動する微小開口の役割をするようになっている．これは「読めればよい」超解像の好例といえる．光ディスクでは，読み取り時にディスク面に微小開口効果または記録情報拡大効果[4]が得られるような工夫をした様々な提案がなされた．

物体の非線形応答は走査光学系において超解像につなげることができるが，一括結像系でも光リソグラフィーにおける多重露光と組み合わせれば「描ければよい」超解像を実現できる[5]．この手法はさらに量子光学的干渉を応用したものへと発展した[6]が，いまのところ実用化はなされていない．

(2) **近接場光を用いる方法**　近接場光は伝搬不可能な光であるが，なんらかの形でこれを取り出せれば超解像を達成できる．言い換えれば，通常の回折限界は空間伝搬可能な進行波を用いた光学結像に対して定義されているともいえる．近接場光を用いた近接場顕微鏡の最も基本的な構成[7]では，石英ロッドの一端を異方性エッチングで尖らせ，その先端に波長より小さい開口を金属膜に作成する．この開口から照射した光で開口近傍に存在する物体を極めて狭い範囲で照明し，物体により回折・散乱された光の進行波成分を集光レンズで集める．一定面積の視野を得るために微小開口と物体の位置を相対的に走査するので，結像としては走査型となる．超解像が得られる理由は，物体が光の波長よりも狭い範囲でのみ照明されるからで，これは開口近傍に局在する近接場光の寄与がなければ実現できない．開口から遠く，近接場光が届かない距離にある物体に対しては超解像効果はない．この構成は微小開口から照明光を照射するタイプ (illumination mode) であるが，通常の照明をされた物体に微小開口を近づけ，開口内に近接場光を取り込んで検出するタイプ (collection mode) もある[8]．最近ではこれらのほかにもいろいろな手法が提案されている．近接場光を用いた観察では物体に微小開口を極めて近接させるため，微小開口の存在が近接場を乱すという問題がある．この状況のもとで観測された像において何が見えているかについては適切な解釈が必要であり，双極子モーメントの伝搬から結像を論じた研究[9]もある．

(3) **空間周波数をシフトする方法**　観察しようとする物体上に微細な格子を重ねたり，格子状のパターンを有する照明を行ったりして空間周波数帯域を変化させれば，解像限界外の物体情報が光学系を通過できるようになる．古くはLukoszらの論文[10]が有名であるが，蛍光顕微鏡に応用したGustafssonの構造化照明顕微鏡[11]は近年実用化されている．物体を格子状の光強度分布で照明し，物体構造の解像限界外領域を格子状照明とのモアレ縞を検出することで解像限界内に持ち込む（2つの物体が生成するモアレ縞の空間周波数は各々の空間周波数の差である）．最終的な画像は，格子の位置を変えた複数の画像から計算によって復元する．復元画像の解像限界は通常照明を用いた場合の約2倍程度まで高めることが可能である．格子照明では超解像効果が一次元方向に限られるため，通常は格子を120°刻みに変えた3方向の超解像から二次元超解像を復元する．最も古典光学的な超解像技術といえる．

(4) **コンフォーカル構成を用いる方法**
レーザー走査顕微鏡において，結像面にピンホールを設置し，ピンホールを透過した光だけを検出するようにしたものがコンフォーカル顕微鏡（〔99. レーザー走査型顕微鏡〕参照）である．この結像を数式で表したとき，ピンホールサイズを無限小とすると光学系の点像強度分布 (point spread function：PSF) が二度掛け算されることになり，実効的なPSFが実際の光学系の

PSFの二乗になる．蛍光顕微鏡のようなインコヒーレント結像ではこの効果がもろに効いて空間周波数帯域は理論上約2倍に広がる[12]（励起光波長に対するPSFと蛍光波長に対するPSFの掛け算になるため単純に2倍ではない）．ただしピンホールを小さくするとノイズの影響が大きく，コンフォーカル蛍光顕微鏡のメリットはもっぱら奥行（光軸）方向の分解能にある．

(5) 画像処理を用いる方法 物体上の極めて微小な一点から放射された光は等方的に広がるため，光学系に回折広がりがあってもその中心は推定できる．このように，等方的に広がった光を中心に位置する微小な輝点に置き換えていけば最終的にはあたかもPSFの広がりが極めて小さい光学系で撮像したかのような画像を得ることができる．この手法[13]もすでに蛍光顕微鏡で実用化されている．

(6) 確率論による方法 結果が既知であるとき，その結果を与えた原因を確率的に推定するのがベイズ推定である．ベイズ推定において，既知の結果を結像機器により得られた像強度分布とし，その原因を像に対応する物体強度分布，と考えればこの手法によって像から物体を推定することができる[14]．確率的なものであるから定量的な正確性には欠けるが，推定による復元画像の空間周波数帯域は光学的遮断周波数の束縛を受けず，少なくとも見た目の解像力向上には貢献できる．

このほか得られた画像信号に既知情報を利用して現信号を再生する技術は数多く存在する[15]が，超解像技術というより信号復元技術に近いものが多いためここでは省略する． 　　　　　　　　　　　　　[大木裕史]

■参考文献
1) 渋谷眞人，大木裕史：回折と結像の光学，朝倉書店（2005），pp. 26-27.
2) T. Wilson and C. Sheppard：Theory and Practice of Scanning Optical Microscopy, Academic Press（1984），pp. 151-152.
3) K. Aratani et al.：*Proc. SPIE*, **1449**（1991），209-215
4) 粟野博之ら：電子情報通信学会技術研究報告，MR97-573（1998），25-31.
5) H. Ooki et al.：*Jpn. J. Appl. Phys.*, **33**（1994），L177-L179.
6) A. N. Boto et al.：*Phys. Rev. Lett.*, **85**（2000），2733-2736.
7) D. W. Pohl et al.：*Appl. Phys. Lett.*, **44**（1984），651-653.
8) E. Betzig et al.：*Appl. Phys. Lett.*, **51**（1987），2088-2090.
9) C. Girard and D. Courjion：*Phys. Rev. B*, **42-15**（1990），9340-9349.
10) W. Lukosz and M. Marchand：*Opt. Acta*, **10**（1963），241-255.
11) M. G. L. Gustafsson：*J. Microsc.*（Oxford），**198**（2000），82-87.
12) 中村 収ら：応用物理，**57-5**（1988），784-791.
13) M. J. Rust et al.：*Nature Methods*, **3**（2006），793-796.
14) W. H. Richardson：*J. Opt. Soc. Am.*, **62**（1972），55-59.
15) 河田 聡編：超解像の光学，学会出版センター（1999），pp. 97-119.

93 [光応用技術]

補償光学系

a. 大気揺らぎによる像の悪化

ここでは補償光学系の主要な応用分野である天文学に関して，大気揺らぎによる結像の影響について述べる．

地上にある望遠鏡は空気の層を通して空を見ているので，空気の吸収によって観測できる波長域が制限されるだけでなく，大気の密度の揺らぎの影響を大きく受ける．大気には場所ごとに温度むらがあり，これが屈折率の不均一を生じ，光の位相が乱れて星像がぼやけた像になってしまう[1]．これは，主に地表近くで暖まった空気によるかげろう，高層のジェットストリームなどによって起こる．

望遠鏡の理論角度分解能は観測する光の波長 λ と望遠鏡の鏡の口径 D の比 λ/D で表され，口径に比例して分解能は高くなる．しかし，大気揺らぎのためにある口径で頭打ちになってそれ以上はよくならない．この大気揺らぎで決まる分解能になる口径を Fried 長 r_0 という．これと大気揺らぎで決まる分解能である「シーイング」とは，

$$\theta = \frac{\lambda}{r_0}$$

の関係がある．世界で最も環境がよい天文台では平均的なシーイングは約 0.7 秒角で，目で見える光の波長はおおよそ 500 nm であるので，r_0 は十数 cm 程度となり，その口径の望遠鏡の角度分解能しか出ないことになるのである．この Fried 長は開口の中で光の位相がほぼ揃っているサイズであるので，波長に比例して長くなるという性質があり，

$$r_0 \propto \lambda^{6/5}$$

となる．赤外域の代表的な観測波長 2.2 μm では，1 m 程度の範囲では波面が揃っていることになる．それでも最近の 8～10 m の口径のある大型望遠鏡では本来の分解能を大きく損なっていることになる．

b. 補償光学系

補償光学系は大気揺らぎによる波面の乱れを測定し，大気揺らぎが変化しないうちに，光路中にある可変形鏡などの波面補正デバイスで揺らぎを物理的に打ち消して波面の乱れを直し，回折限界の像を得る装置である．1990 年代の終わりからは 8～10 m 級の望遠鏡に取り付けられ，現在大きな科学的成果を挙げている．補償光学系の効果は高い空間分解能が得られるようになるだけでなく，狭い領域に光を集めるために天体の検出感度も向上する点も重要である．

補償光学系の性能はストレル比（Strehl ratio）で表される．これは，回折限界での点光源の中心強度と，実際に得られた中心強度の比である．波面誤差（単位ラジアン（rms））を σ とするとストレル比は近似的には $SR \sim \exp(-\sigma_{tot}^2)$ と表される．補償光学系のシステム設計，性能の評価をするには以下のような其々の誤差要因を調べればよい．たとえば（c）から波面補正デバイスの素子数は素子間隔 d が r_0 より小さくなければならないことがわかる．

$$\sigma_{tot}^2 = \sigma_{fitting}^2 + \sigma_{anisop}^2 + \sigma_{temporal}^2 + \sigma_{meas}^2 + \sigma_{calib}^2$$

(a) Anisoplanatism $\sigma_{anisop}^2 = (\theta/\theta_0)^{5/3}$
  θ：視野中心からの角度ずれ
(b) Temporal error
  $\sigma_{temporal}^2 = 28.4\ (t/t_0)^{5/3}$
  t：補正時間遅れ
(c) Fitting error $\sigma_{fitting}^2 \sim 0.28(d/r_0)^{5/3}$
  d：可変形鏡分割の大きさ
(d) 測定誤差
(e) キャリブレーション誤差
5/3：揺らぎの空間周波数依存性からくる係数

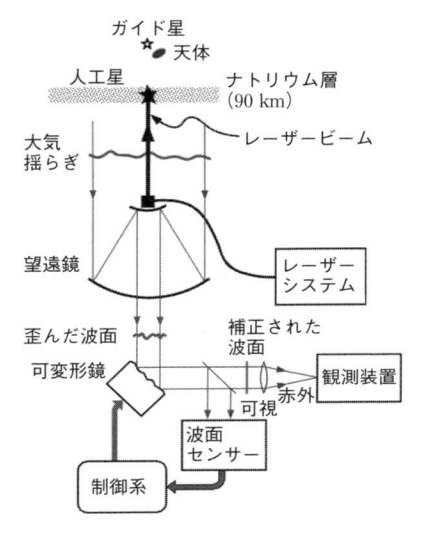

図1 補償光学系の原理

c. 補償光学系の要素技術

(1) 可変形鏡 可変形鏡は波面のゆがみを打ち消すように表面の形状を変形させることのできる鏡で補償光学系に使われる最も重要なコンポーネントの1つである．天体観測用には広い波長域で使用できなければならないので，現在のところ主として反射鏡のタイプのものが用いられている．大望遠鏡用には大きなストローク（波面で10 μm）が必要で，応答速度もミリ秒程度が要求される．

(i) 積層アクチュエーター可変形鏡：これは，平面状に積層圧電素子を並べて，その上に薄鏡を貼りつけたものである．圧電素子を伸び縮みさせることによって鏡面の形状を変えることができる．アクチュエーターの間隔は5〜7 mm程度のものが標準で素子数は数十から1000素子のものが作られており，アクチュエーターのストロークは数μm程度である．この間隔を狭くすると，同じ鏡の径で素子数を増やすことができるため，光学系の大きさを小さくすることができるが，薄鏡にかかるストレスが大きくなる問題がある．このタイプの鏡はすでに商品として購入できるレベルに達しており，現在最も一般的に使用されている．素子の固有振動数が高いので，応答性には問題ない．近年は5000素子程度のものの開発が進んでいる．

(ii) バイモルフ可変形鏡： 2枚の薄い圧電素子を貼り合わせて，一方には圧電素子の分極方向，反対側の素子には分極と反対方向に電圧をかけると，片側が縮んで，反対側が伸びるので，面を曲げることができる．圧電素子の電極を分割して，場所ごとにかける電圧を変えると，鏡の形状を制御することができる．このタイプは鏡の曲率を制御することができるので，波面の曲率を測定する波面曲率センサーと組み合わせて使うと制御性がよくなる．この素子は，すばる望遠鏡用に188素子のものが使われている．

(iii) 可変副鏡： 通常の補償光学系ではいったん結んだ焦点を平行光線になおして可変形鏡で補正した後，再び結像させる．そのため，通常は余分に5〜6面の光学系を通ることになり，光の損失があるばかりでなく，赤外域では熱雑音を出すことになってしまう．可変副鏡は，望遠鏡の副鏡を可変形鏡にしてしまうことで，余分な光学系が加わらないという利点があり，現在LBT望遠鏡8.4 m用672素子などに使われ始めている[2]．課題としては，大望遠鏡では副鏡の径が大きいということで，LBT望遠鏡用では911 mmにもなる．ただし，これによって広い視野を確保できるという大きな利点もある．この制御には圧電素子ではなく，電磁力を使ったアクチュエーターが使われている．

(iv) MEMS： 最近のMEMS (micro electronics mechanical systems) 技術を用いた可変形鏡が実用化されてきている．これは，シリコンの半導体プロセスを利用して多数の薄いシリコン電極を作り，それを

静電力で駆動して波面を補正するものである．この場合は1素子当たり数十ミクロンのサイズで製造することが可能であり，現在は4000素子のものまで作られるようになった．

(2) 波面センサー

(i) Shack-Hartmann センサー（図2(A)）： 光束中に小レンズアレイを置き，それぞれのレンズで結像した星像の位置を測定する．これらの位置ずれが波面の傾きに対応し，そこから波面形状を求めることができる．この方式は直感的にわかりやすく最も一般的に使われている．波面検出にはCCDなどの画像素子が使われるが，天体観測用には画素数は少なくてもよいが（80×80素子など），高速読み出し（約1 kHz）でかつ低読み出し雑音のものが開発されている．近年のCMOSセンサー技術の進歩により，これらのセンサーの低コスト化が期待できる．

(ii) ピラミッド波面センサー（図2(B)）： 最近注目を浴びているのがピラミッド波面センサーというものである．これは，焦点位置にピラミッド型の鏡（レンズ）を配置して，そこを通過した後に4分割される開口での明るさ分布を測定するものである．理想的に結像した場合にはそれぞれの開口の明るさ分布は一様であるが，波面に傾きがあると，ピラミッドの頂点からずれたところに光が当たるので，光は4つの開口に均等に配分されなくなり，それがちょうど波面の傾きに比例することを利用して波面測定をする[3]．同じく波面の傾きを測定する Shack-Hartmann センサーと比較すると，開口を小レンズで分割することによる回折の影響を受けないので，より高感度での波面測定が可能となり，明るい参照光源を見つけることが難しい天体観測用では今後広く使われるようになる可能性がある．

(iii) 曲率センサー（図2(C)）： 望遠

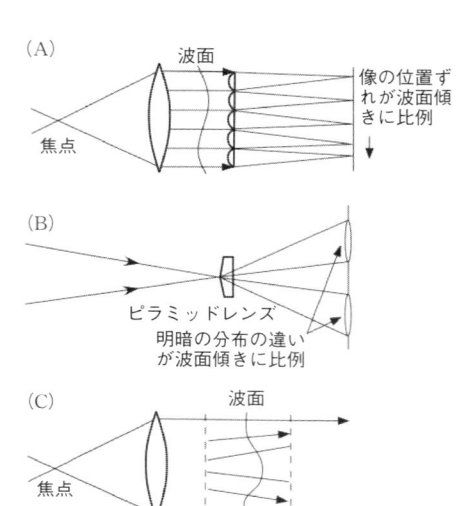

図2 各種波面センサー
(A) Shack-Hartmann センサー，(B) ピラミッドセンサー，(C) 曲率センサー

鏡の焦点外れの像を見ると明暗が見られる．これは，大気揺らぎ，望遠鏡の収差などのために開口の場所ごとに波面の曲率が変わり焦点を結ぶ位置がずれるためである．焦点の前後での明るさの分布の差が波面の曲率に比例することを利用して波面を測る．すばる望遠鏡にはこのタイプのセンサーを用いている．

(3) レーザーガイド星 高度90 km付近には，ナトリウム原子が集積している層がある．そこへ，波長589 nmに合わせたレーザーを当てるとそのナトリウム原子が励起され，発光する．これを人工のガイド星として波面を測定するのである．これを使うと，任意の方向にガイド星を作ることができる．

(4) リアルタイム制御 大気揺らぎによる波面誤差と波面センサーからの誤差信号は，揺らぎが大きくない場合は線形の関係にある．また，可変形鏡への駆動信号

とそれによってもたらされる波面変位も線形の関係にある．すなわち実際の制御に用いる波面センサー誤差信号と可変形鏡への駆動信号とは，

　　可変形駆動信号ベクトル
　　＝制御マトリックス
　　　　×センサー誤差信号ベクトル

という関係になる．このことを利用して，比較的簡単に補償光学系のリアルタイム制御を行うことが可能となる．この制御マトリックスは一般には次のように実験的に求めている．

可変形鏡の素子を駆動して波面揺らぎを作り，それによる波面センサーの反応を記録する．すべての素子についてこれを繰り返すと可変形鏡の駆動電圧に対する波面センサーの応答行列が求まる．この逆行列を求めると，波面センサーからの誤差信号に対する可変形鏡駆動の制御行列が求まることになる．実際には，レスポンス行列を特異値分解し，波面の変形モードに対するレスポンスの大きさを調べる．ここで，波面センサーでは検出できない波面の変形モード（ピストンなど）があるので，それらのモードを除いた一般逆行列を作り，それを制御に用いる．

CONTROL MATRIX FOR LGSAO188(ABSOLUTE)

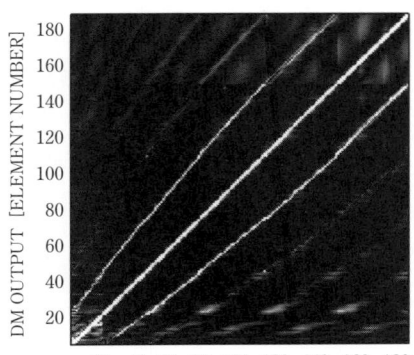

図3　制御マトリックスの例

制御は通常1 kHz程度の周期で行う．数百素子程度の補償光学系ではこの計算は問題ないが，新しく開発されつつある数千素子レベルのものになると，計算アルゴリズムの改良，FPGIプロセッサーなどの高速化が必要となっている．

d．新しい補償光学系

(1)　マルチコンジュゲート補償光学系
天体観測用の補償光学系の問題点は補正できる視野が狭いことである．ガイド星と観測天体との角度が離れてくると，上空を通る大気揺らぎの場所が異なってくるために波面測定の誤差が増えてくる．マルチコンジュゲート技術は，空の複数の高さに対応する（共役な）位置に可変形鏡を配置して，それぞれの可変形鏡が対応した高さにある揺らぎを分担して補正する[4]．このようにすると，1つの可変形鏡が受け持つ揺らぎ層の厚さが小さくなるので，角度がついても波面測定誤差の増加が抑えられ，補正できる視野を2～3倍広げることができる．

これを実現するためには，大気揺らぎの高さ分布がわかっている必要がある．そのために，波面センサーは異なった方向にある複数のガイド星からくる光の波面を同時に測定し，断層撮影の要領で揺らぎの高さ情報を得るような構造になっている．

(2)　多天体補償光学系　それ以上に視野を広げるために，別の方法が考案された．これは，広い視野の中にある複数の観測したい天体それぞれを補正する小型の補償光学系＋観測装置を並べるという発想である．観測したい天体だけだと視野は狭くてよいので，光学系も小さく作れる．これを多天体補償光学系（MOAO）とよぶ．この方法では，可変形鏡を通して波面を測定するのではなく，波面測定専用の光学系で複数の人工星の光を使って大気揺らぎの立体情報を精度よく測定し，その情報をもとにガイド星がない方向に向けた補償光学系

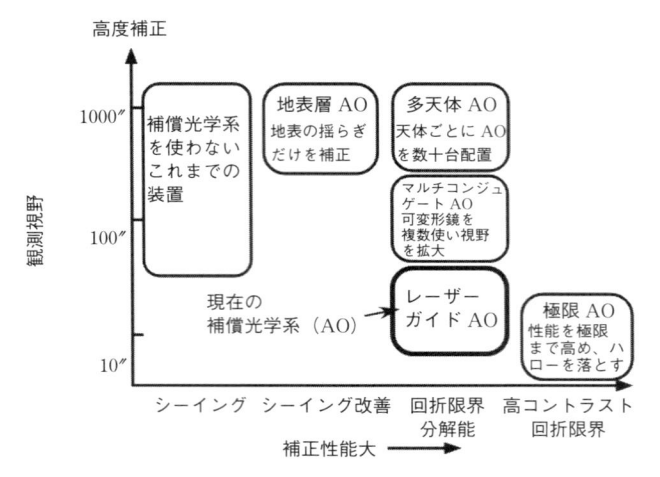

図4 様々なタイプの補償光学系

の可変形鏡を制御するという,いわゆる「オープンループ制御」をする.この場合は,可変形鏡を駆動して補正しても,センサー側の波面誤差信号は変わらないので,それぞれが極めて正確でないといけないところが技術的課題である.

e. 幅広い分野への応用

現在の補償光学系には口径30 m級の超大型天体望遠鏡のための開発とともに,幅広い分野への応用がある.宇宙光通信のための光伝送ビーム品質改善,レーザー加工,人の眼の中の揺らぎを補正して網膜などの詳細な研究,細胞内の揺らぎを補正しての顕微鏡観察などであり,今後この技術が進歩することによってさらに新しい分野への応用が期待できる.　　　　　　[高見英樹]

■参考文献
1) J. W. Hardy : Adaptive Optics for Astronomical Telescopes, Oxford University Press (1998).
2) A. Riccardi et al. : Proc. SPIE, **7736** (2010).
3) R. Ragazzoni et al. : Optics Communications, **208** (2002), 51-60.
4) F. Rigaut et al. : Proc. SPIE, **4007** (2000), 1022.

[光応用技術]

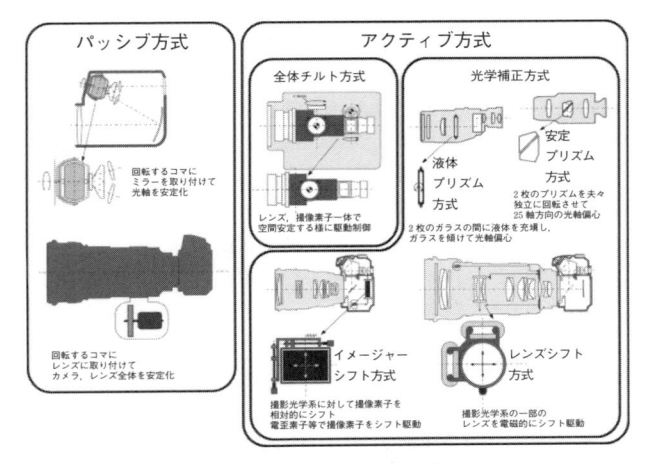

94 手振れ防止技術

a. 手振れ防止技術の分類

手振れを緩和する技術は1960年代よりシネカメラや航空写真など産業分野で実現されている．その後民生品への展開が進むに伴って様々な方式の手振れ防止技術が生まれている．

最も原理が簡単な方式は，慣性力で機器全体を安定化させるパッシブ方式とよばれる方法である．パッシブ方式とは異なり，手振れを検出してそれを積極的に補正する方法をアクティブ方式とよび，この方式も1960年代より実現されている．

アクティブ方式も光学補正方式と全体チルト方式に分けられ，さらに光学補正方式の中にも図1に示すようにレンズシフト方式，安定プリズム方式，液体プリズム方式，イメージャーシフト方式など様々な手振れ補正方式がある．

レンズシフト方式は撮影光学系の一部のレンズを上下左右にシフトする構造のためレンズ鏡筒全体を小型化できる．また，一眼レフカメラにおいては装着するレンズの種類ごとに手振れ補正機構を用意し，各レンズ最適な手振れ補正をチューニングできるとともに光学ファインダーを通して手振れ補正効果を実感できるメリットがある．

逆にイメージャーシフト方式の場合にはカメラボディ側で手振れ補正を行うために装着するレンズを選ばない点が特徴である．

なお，これらパッシブ／アクティブ方式の分類とは別に撮像信号を処理して手振れを軽減する電子式手振れ防止技術もある．

b. 手振れの種類

図2に示すようにカメラに加わる手振れにはピッチ，ヨー，ロールの角度振れとX，Y，Zのシフト振れがある．それぞれの振れは撮影者の体の振れと手や腕の振れにより発生している．手振れによる画像劣化は，角度振れは撮影光学系の焦点距離が長いとき，シフト振れは撮影距離が近いときほど大きくなる．

c. 手振れ補正の効果

焦点距離の長いレンズを使うときやシャッタースピードが長くなる場合，カメラをしっかり構えられない場合には手振れによる画像劣化が大きくなる．手振れ防止技術が

図1 手振れ防止技術の分類

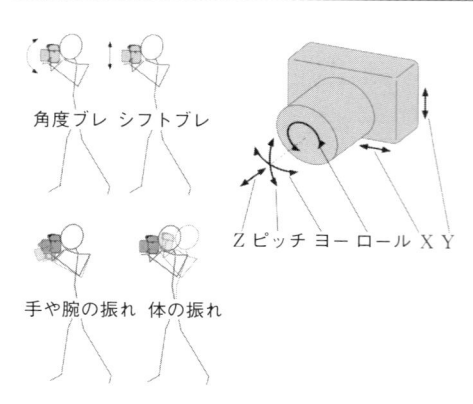

図2 カメラに加わる手振れ

活用される撮影条件を下記にまとめる．
① 望遠レンズによる撮影
② ストロボ，三脚が使えない暗所での撮影
③ 意図的に長秒時にする撮影
・被写体の動きを表現するとき
・小絞りにして被写界深度を深くするとき
・スローシンクロ撮影
④ 流し撮り（カメラを動かす撮影）
⑤ マクロ撮影（シフト振れの影響大）

d．光学設計

撮影光学系の一部を駆動して手振れ補正を行う方式においてはレンズが動くことによる光学収差劣化を抑える光学設計が重要になる．これまでのレンズにおいてはレンズ群相互のバランスを整えるレンズ設計により収差劣化の対策を行っていた．

しかしながらそのような光学設計では手振れ補正のために一部のレンズを大きくシフトさせることはできない．そこで手振れ補正を行うために各群ごとに発生する収差をそれぞれの群の中で独立して取り除く光学設計が採用されている．

これによりレンズがシフトしても，その影響が他の群のレンズに及ばないようにできている．またイメージサークルを大きく捉えた光学設計を行うことでレンズシフトによるケラレの発生も抑えている．

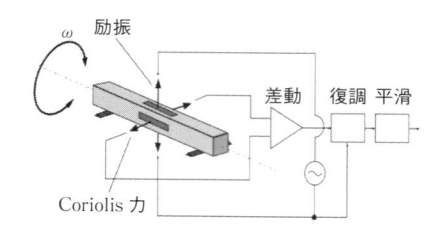

図3 振動ジャイロ

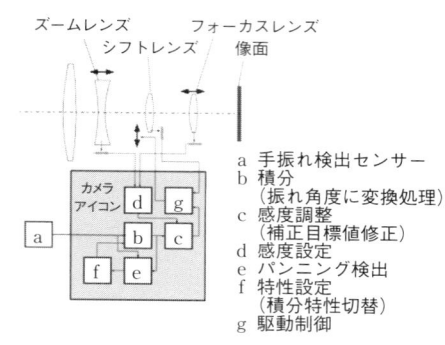

図4 信号処理回路
a 手振れ検出センサー
b 積分（振れ角度に変換処理）
c 感度調整（補正目標値修正）
d 感度設定
e パンニング検出
f 特性設定（積分特性切替）
g 駆動制御

e．手振れ検出センサー

現在の手振れ防止技術に多くに用いられている手振れ検出センサーは「振動ジャイロ」とよばれる角速度センサーであり，Coriolis（コリオリ）の力を利用して角速度を求めている．コリオリの力とは速度をもった質量体に角速度が加わるときに速度方向と直交する方向に発生する力である．振動ジャイロでは継続的に安定した速度を得るために図3に示すように梁を励振させ，手振れによる角速度 ω が加わったときにその振動速度と直交する方向に発生する力を圧電素子などで検出して角速度を求める．

振動ジャイロは角度振れ検出に用いられており，シフト振れ検出のために加速度センサーを利用するシステムも開発されている．

f．信号処理回路

図4は信号処理回路の概略ブロック図である．信号処理回路内では大別して以下の

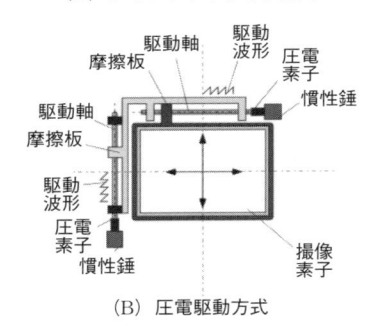

図5 手振れ補正機構

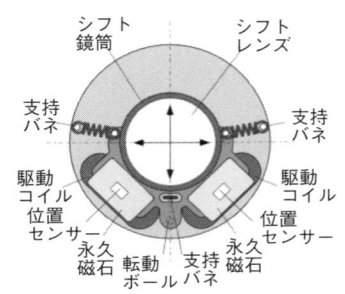

(A) ダイレクトドライブ方式

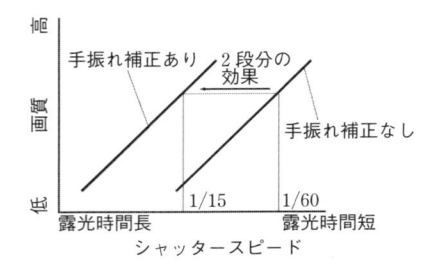

(B) 圧電駆動方式

図6 手振れ補正の効果

処理が行われている．
① 手振れ検出センサー信号を手振れ補正に必要な信号（振れ角度や振れ角速度など）に変換．
② 得られた信号を撮影光学系のズームやフォーカスに応じた手振れ補正目標値に変換．
③ パンニングや三脚据え付けなどカメラの把持状態を検出し手振れ補正目標値を修正．

g. 手振れ補正機構

光学補正方式では高精度な手振れ補正機構が必要である．

手振れ補正のために主に用いられている駆動方式を図5に示す．

図5（A）はダイレクトドライブ方式のレンズシフトによる手振れ補正機構概念図であり，シフトレンズと一体に対の永久磁石が固定されている．そして固定部材に設けられ，永久磁石と対向した駆動コイルに電流を流すことでレンズ鏡筒をシフト駆動させる．永久磁石の駆動コイル反対面には磁気式の位置検出センサーなどが設けられる．位置検出センサーはレンズ鏡筒の位置を検出して駆動コイルに流す電流量を調節することで駆動精度を向上させる．

図5（B）は圧電駆動方式の手振れ補正機構概念図であり，イメージャーシフト機構で図示する．高周波で非対象の振動を圧電素子により発生させ，振動勾配の違いにより起きる慣性力の差によりイメージャーをシフトさせる．

h. 手振れ補正技術の評価

手振れ補正の効果を表す方法としてシャッタースピード換算を用いる場合が多い．これはシャッタースピード（露光時間）が短いときは，手振れによる撮影画像の劣化が少ないことに関連する．

たとえば図6に示すように手振れ補正ありとなしで様々なシャッタースピードで撮影を行う．そしてシャッタースピードを横軸，得られた画像の画質を縦軸にプロットしてグラフにする．このグラフにおいて手振れ補正なしの撮影でもシャッタースピードが1/60秒より速いと手振れによる撮影画像の劣化が抑えられたとする．このときに手振れ補正を行うと1/15秒のシャッタースピードでも撮影画像の劣化が抑えられる場合にはその手振れ補正の効果は「シャッタースピード換算で2段ある」と表現する．

[鷲巣晃一]

95 ［光応用技術］

計算機リソグラフィー

半導体回路パターンの微細化要求を満足するために，半導体露光装置の結像光学系は，短波長化，高 NA 化の歴史をたどってきている．それは，結像光学系の解像限界を示す Rayleigh の式から理解できる．

$$R = k_1 \frac{\lambda}{NA} \tag{1}$$

ここで，R は解像可能な周期パターンの最小周期，λ は露光波長，k_1 は定数（k_1 ファクターとよばれる）．

さらに，斜光照明，マスク技術および加工プロセスの進化による k_1 ファクターの低減も進められてきている．特に近年は，光リソグラフィーの短波長化，高 NA 化に対する技術的，経済的障壁により，k_1 ファクターのさらなる低減が微細化実現の主な手段となっている．その最も有効な技術の1つが，計算機リソグラフィー（computational lithography）である．本項では，計算機リソグラフィー技術と露光機におけるその実現について解説する．

a. 計算機リソグラフィーとは

計算機リソグラフィーは，リソグラフィーにおける k_1 ファクター低減施策を実現するためのモデリング，プロセス設計および評価の総称であり，非常に大きな計算負荷が必要になることから，計算機能力の進化により，近年になって実用的なものとなった技術である．

光リソグラフィーにおいて特に注目されている計算機リソグラフィーは source and mask optimization（SMO）と呼ばれる技術である．これは，光源形状とマスクパターン形状を最適化することで，ウェハ上に露光されるパターンの像質を高め，実効的な結像パターンの微細化を実現しようとするものである．半導体露光装置の結像光学系は，写真レンズのように物体をいかに忠実に結像するかを目的にしているのではなく，所望の強度分布をウェハ上に形成することを目的としていることと整合する．

b. SMO

SMO の主な目的は，特定のパターンに特化して，プロセスマージン（露光量余裕度および焦点深度）を拡大することにある．結果として実効的な解像力が向上することになる．

(1) SMO 手法[1,2]　図1に SMO の計算フロー例を示す．入力情報として，ウェハ上に形成する所望のパターン情報，最適化前のマスク形状と照明光源形状，評価関数および制約条件がある．アルゴリズムによっては，マスク形状，照明光源形状初期値を必要としない場合もある．また，評価関数として，通常，特定パターンのプロセスマージン量，MEEF（mask error en-

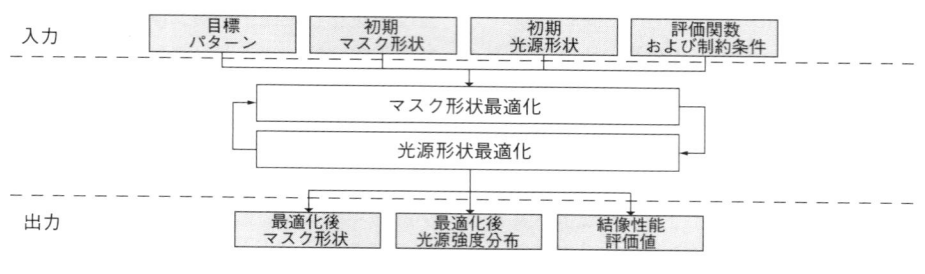

図1　SMO 計算フロー例

hancement factor）とよばれる，マスクの寸法誤差がウェハ上のパターン寸法にどれだけ増幅されるかを示す指標（小さいほど望ましい）が指定されることが多い．また，制約条件はたとえば，瞳上の最大光強度，光源の空間的分解能，階調，マスク上の空間分解能などがある．

出力値としては，マスクの目標形状，光源強度分布，対象パターンの結像性能評価値がある．この例では最適化はマスク形状と照明形状を逐次的に最適化しているが，同時に最適化する場合もある．

(2) SMO の数値実験例　　数値実験例として，簡単な目標パターン形状の SMO 計算を紹介する．計算条件は以下のとおりである．

① 目標パターン：
- 線幅 45 nm の縦線パターン
- パターンピッチ：110 nm, 120 nm, 140 nm, 160 nm, 180 nm, 200 nm, 300 nm, 500 nm

② 評価関数
- 共通プロセスウィンドウ（すべてのパターンの共通露光量余裕度と焦点深度）の最大化

③ 最適化パラメーター（図 2）
- マスク線幅（Line width）
- 補助パターン（sub resolution assist feature：SRAF）の線幅と位置（主パターン中心からの距離）
- 瞳内照明強度分布

④ 結像条件
- NA：1.30
- 波長：193 nm
- 偏光状態：縦方向直線偏光（Stokes パラメーター： $S_1 = -1$）
- 水中光学像（水の屈折率 $n = 1.44$）

SMO の比較対象として通常の変形照明での試行錯誤的手法による解を示す．

表 1 に，各パターンピッチにおけるマスク線幅，SRAF 位置，SRAF 線幅，図 3 に最適化結果として選択された Bowtie タイプ二極照明の光源強度分布，ただし，(x, y) は結像光学系の NA との比（Sigma）で示した瞳座標．この条件での共通プロセスウィンドウを図 4 に示す．このプロセスウィンドウは，目標寸法に対して ±10 % の

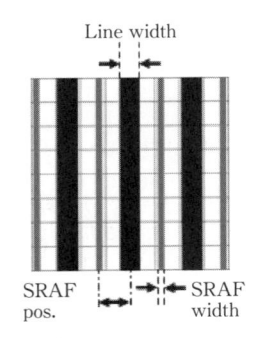

図2　マスク最適化パラメーター
Line width：主パターンの線幅
SRAF-pos.：補助パターンの位置（主パターンからの距離）
SRAF-width：補助パターンの線幅

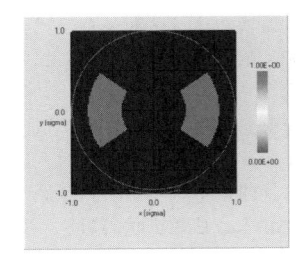

図3　通常の変形照明例（Bowtie dipole）

表1　通常の試行錯誤的手法で決定したパターン形状

Pattern Pitch [nm]	110	120	140	160	180	200	300	500
Line width [nm]	45.0	41.1	40.0	41.3	48.0	53.6	53.8	44.0
SRAF-pos. [nm]	0	0	0	0	0	95	100	100
SRAF-width [nm]	0	0	0	0	0	10	18	18

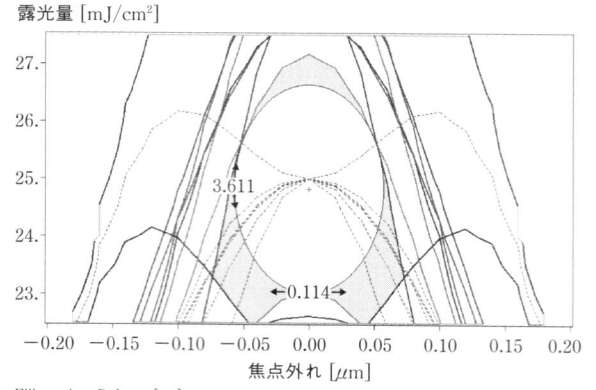

露光量 [mJ/cm²]

図4 通常の変形照明を前提とした試行錯誤的な手法によるプロセスウィンドウ

Ellipse : best Defocus [μm] : 0.000, best Exposure Dose [mJ/cm²] : 24.834, Area 0.324

表2 SMOによるパターン形状

Pattern Pitch [nm]	110	120	140	160	180	200	300	500
Line width [nm]	59.6	64.9	65.9	64.3	67.6	76.4	82.1	79.1
SRAF-Center [nm]	0	0	0	0	0	0	117.7	115.5
SRAF-width [nm]	0	0	0	0	0	0	18.3	37.0

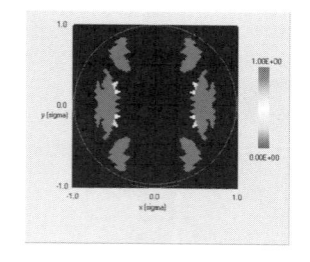

図5 SMOによる光源強度分布

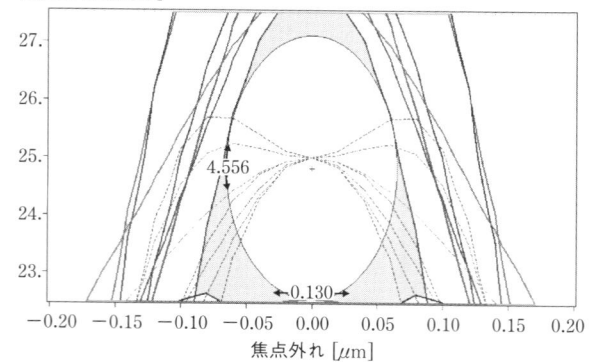

図6 SMOによるプロセスウィンドウ

Ellipse : best Defocus [μm] : −0.000, best Exposure Dose [mJ/cm²] : 24.820, Area 0.466

できあがり寸法誤差を許容したものである．

それに対し，SMOによる最適化後のパターン情報を表2に，光源強度分布を図5に，共通プロセスウィンドウを図6に示す．SMO解の場合，光源強度分布は複雑な形状となるが，共通プロセスウィンドウの拡大効果が確認できる．この例では，最適化対象パターンは単純な1次元で，数も少ないが，実際のSMOでは，数十種類の2次元パターンを同時に最適化する[3]．その結果，マスク形状もウェハ上にできあがるパターンとは似ても似つかぬ複雑な形状

となる場合がある．また，最適化対象パターン以外の結像特性も同時に評価する必要があるため，数百個の CPU をもってしても数十時間の計算時間を必要とする場合が多い．まさに，計算機リソグラフィーの名のとおりの状況となる．

c．露光装置上での SMO 解の実現[4,5]

SMO による照明光源形状は，図5にみられるような自由形状（freeform）となることが多い．そのような freeform 光源形状を露光装置上で実現するために，照明光学系に，目標の瞳上強度分布を自由に生成する機能を付加することが提案されている．これにより，多数の SMO 解を露光装置上で短時間に実現することが可能になり，結果として，多数のマスクにおいて実効的な解像力を向上することが可能になる．

(1) 照明瞳内強度分布　図7に実際に露光装置上で実現した，瞳内光源強度分布を示す．これは，露光装置上の照明光源形状の観察系で所得したデータである．従来の輪帯照明，二極照明，四極照明に加えて，各種 freeform 照明を実現している．

(2) 光強度分布の露光装置上の制約条件について　実際に露光装置上で実現可能な光強度分布はいくつかの制約条件を必要とする．たとえばそれは瞳上の光学的分解能や，最大強度であったりする．これらの制約条件は SMO において予測した結像特性を劣化させる要因となるが，これらの制約条件を SMO の段階で考慮することで，実際の結像特性と理想的な結像特性のかい離を小さくすることが可能になる．

SMO に代表される計算機リソグラフィーは k_1 ファクター低減による光露光技術のさらなる延命にとって重要な技術である．これは，ダブルパターンニング[6]，directed self assembling（DSA）[7] といった加工プロセス技術と併用することによってさらに効果的になるものとして期待されている．

[松山知行]

■参考文献
1) A. Rosenbluth et al.：*Proc. SPIE*, **4346**（2001），486.
2) J. Bekaert et al.：*J. Micro/Nanolith. MEMS MOEMS*, **10**（2011），013008.
3) M. Tsai et al.：*Proc. SPIE*, **7973**（2011），79730A.
4) Y. Mizuno and T. Matsuyama：*Proc. SPIE*, **7640**（2010）.
5) M. Mulder：*Proc. SPIE*, **7640**（2010），76401P.
6) 井上壮一：「第15回 STS Award」受賞論文紹介（5）"Double Patterning 技術開発戦略と課題,"SEMI（2009）.
7) R. Gronheid et al.：*J. Micro/Nanolith. MEMS MOEMS*, **11**（2012），031303.

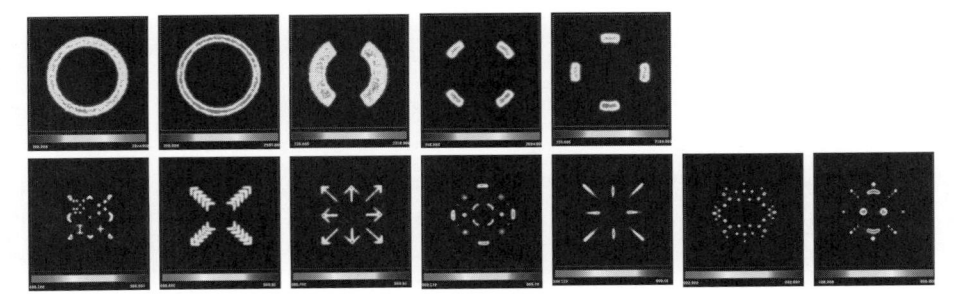

図7　照明瞳内強度分布（露光機上での測定結果）[口絵7]

IV

光学機器

●光学機器

96 ［光学機器］

カメラ（システム）

今日，市場には様々なカメラがあり，用途，記録媒体，フィルムサイズ，ファインダー，シャッターなどにより分類されている．本項では大きく静止画用カメラと動画用カメラに分けて解説する．

a. 静止画用カメラ

記録媒体としてフィルムを使う銀塩カメラと電子記録によるデジタルカメラがある．現在はデジタルカメラが主流となっている．

(1) 銀塩カメラ[1] フィルムサイズにより，大判カメラ，中判カメラ，小型カメラがある．小型カメラの中で35ミリ判や24ミリのAPSは広く一般に普及したが，APSフィルムはデジタルカメラの普及に押されて2011年に生産を終了した．

(ⅰ) 35ミリ判フォーカルプレン式一眼レフカメラ： パララックスがない，明るい，像が大きいなど見やすいファインダーと豊富な交換レンズ群，豊富なアクセサリーにより初心者からプロフォトグラファーまで広く愛用された．

(ⅱ) 35ミリ判レンズシャッターカメラ：レンズが固定で操作が簡単，小型，低価格なことから広く一般ユーザーに普及した．

(ⅲ) 35ミリ判フォーカルプレン式距離計カメラ： ライカ型とコンタックス型がある．ライカ型はドイツの光学会社Ernst Leitzの製造するカメラが元祖である．ライカMシリーズは1954年に発売されたM3が始まりであり，フィルム用としては2002年発売のM7が最新である．コンタックスはZeiss Ikon社のContaxが元祖である．これらのカメラはレンジファインダーカメラともよばれ，愛好者が多く根強い人気がある．

(2) デジタルカメラ デジタルカメラ開発の歴史は古く，初期はアナログ方式の電子スチルカメラであった．1981年ソニーから磁気記録式の電子スチルカメラマビカが発表された．製品化には至らなかったが当時マビカショックといわれ各社本格的な電子スチルカメラの開発が始まった．1995年カシオからQV-10が発売され大ヒットとなった．ここから，フィルムからデジタルへの移行が本格化していった．日本では2002年にデジタルカメラの販売台数がフィルムカメラの販売台数を上回り現在ではスチルカメラのほとんどがデジタルカメ

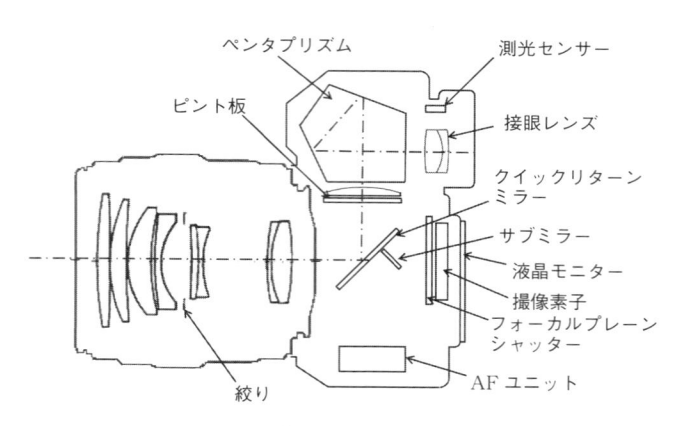

図1 デジタル一眼レフカメラ

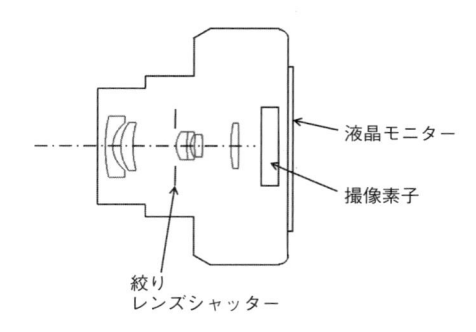

図2　コンパクトデジタルカメラ

（液晶モニター／撮像素子／絞り　レンズシャッター）

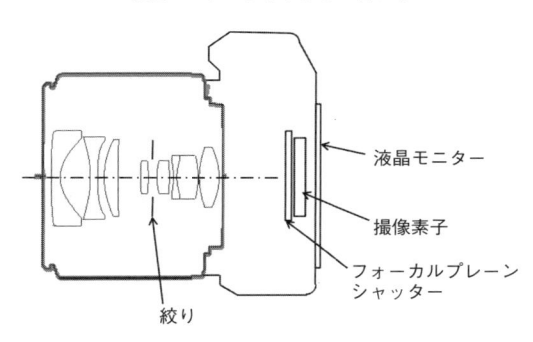

図3　ミラーレスカメラ

（液晶モニター／撮像素子／フォーカルプレーンシャッター／絞り）

ラとなっている．

　(i) デジタル一眼レフカメラ：　大判撮像素子，パララックスがなく視認性のよい光学ファインダー，豊富な交換レンズ群によりプロからアマチュアまで好評を得ている．一般的なデジタル一眼レフカメラは図1のとおり銀塩一眼レフカメラの構成を引き継いでおり，フィルムに代わって撮像素子，映像エンジン，記録媒体を備えている．主な撮像素子サイズはフルサイズ（36×24 mm），APS-Cサイズ（24×16 mm），フォーサーズ（17.3×13 mm）である．

　(ii) コンパクトデジタルカメラ：　小型，軽量そして操作が簡単であり初心者から上級者まで広く普及している．コンパクトデジタルカメラは，固定式の撮影レンズとレンズシャッター，撮像素子，背面液晶モニターなどから構成されている（図2）．小型・低価格を優先して撮像素子は1/2.3インチや1/1.7インチが多く用いられている．

　(iii) ミラーレスカメラ：　2008年に登場したミラーレスカメラは，その後複数のメーカーが参入し市場が広がっている．デジタル一眼レフカメラと同様にレンズ交換式であるが，光学ファインダーおよびクイックリターンミラー，ペンタプリズムがない点が特徴となっている．さらに撮像素子で測距，測光を行うため，これらのユニットが不要となりデジタル一眼レフカメラに対しカメラの小型化に有利である（図3）．主な撮像素子サイズはAPS-Cサイズ，フォーサーズ，1インチ（13.2×8.8 mm），1/2.3インチ（6.2×4.6 mm）である．

　(iv) その他のデジタルカメラ：　ライカM9などレンジファインダーを搭載したカメラ，フルサイズセンサーより大きな撮像

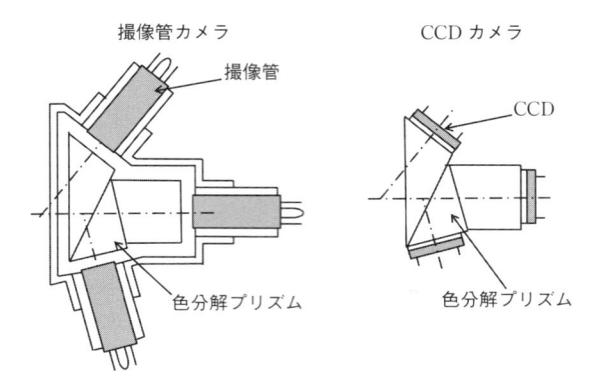

図4 撮像管カメラとCCDカメラ

素子を用いた中判デジタルカメラやデジタルカメラバックなど様々なデジタルカメラがある．

b．動画用カメラ

(1) **ビデオカメラ**[2,3]　ビデオカメラと記録媒体の変遷を振り返ってみる．1970年代後半はカメラ部と記録部が別のいわゆる別体型の時代であり，記録媒体はVHSおよびBeta規格のビデオテープであった．1980年代前半に一体型ビデオカメラが登場し，家庭用ビデオカメラの普及が始まった．1980年代半ばには8 mm，VHS-Cを記録媒体とするビデオカメラが登場し小型化が進んだ．1992年シャープから液晶ビューカムが発売され，これ以降液晶モニター搭載が一般的となった．これまでは記録方式はアナログであったが，1990年代半ばにデジタル化が始まり記録媒体としてMiniDVが登場した．2003年ハイビジョンの民生用ビデオカメラが登場し，画質が格段に向上した．その後HD化が進み記録媒体もMiniDV，DVD，HDD，MemoryCardと多様化している．また撮像素子は従来の撮像管から1985年にはCCDを採用したビデオカメラが登場．さらにCCDの小型化に伴い光学系の小型化も進んだ．現在はCMOSを用いた機種が多数を占めており，撮像素子サイズは1/2.3インチから1/5.8インチを主として各社用途に合わせて様々なサイズが使われている．

(2) **放送用カメラ**　大別してスタジオカメラとハンディカメラがある．1980年代，放送用カメラは撮像素子が撮像管からCCDへと急速に置き換わり小型化が進んだ（図4）．また，従来のNTSTシステムからSDTV，HDTVシステムへと高解像化している．このため，レンズに対してもさらなる高性能化と小型化が求められるようになった．　　　　　　　　　　　　［遠藤宏志］

■参考文献
1) 辻内順平ら編：最新光学技術ハンドブック，朝倉書店（2002），pp. 705-708.
2) 辻内順平ら編：最新光学技術ハンドブック，朝倉書店（2002），pp. 788-789.
3) 菅原 安：ビデオサロン2012年3月号，14-30.

[光学機器]

97 カメラ用レンズ

本項では，カメラ用レンズとして撮像系（撮影レンズ）と観察系（ファインダー光学系）について解説する．撮影レンズの分類方法には，機能，使用目的，焦点距離，レンズタイプ，屈折力配置によるものなどがある．

a. 交換レンズの撮像系 [1-3]

(1) 広角レンズ 35ミリ判換算で焦点距離が40 mmより短いレンズを一般に広角レンズとよぶ．レンズタイプは大きく分けて対称型とレトロフォーカス型がある．対称型は広角レンズに適しており古くよりハイパーゴン，トポゴン，アビオゴン，ビオゴンなどが知られている．一方レトロフォーカス型は一眼レフカメラ用撮影レンズとして発展してきたタイプである．クイックリターンミラーの跳ね上げスペースを確保するために焦点距離の短い広角レンズでありながらバックフォーカスを長くする必要がある．このため物体側に負の屈折力のレンズ群，像側に正の屈折力のレンズ群を配置してバックフォーカスを確保している．また，レトロフォーカス型は近距離の物体に対して周辺の像性能が悪化するという問題があった．この問題を克服するためにレンズ内の一部の空気間隔を変えながら繰り出す，フローティングとよばれるフォーカシング方式が開発された．近年は非球面レンズや異常分散ガラスなどを多用することで歪曲収差，像面湾曲，倍率色収差を良好に補正することが可能となってきた（図1）．

(2) 標準レンズ 一般的に焦点距離が画面対角線の長さに近いレンズ，35ミリ判換算で40 mmから80 mmのレンズを標

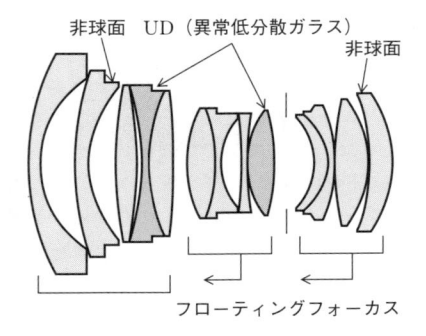

図1 キヤノン 24 mm F1.4
（キヤノン株式会社HPより）

準レンズとよんでいる．1950年代には距離計連動式カメラ用として各社大口径，高性能を競っていた．F2より明るい大口径レンズはガウスタイプの発展形が多くF1.8クラスは6枚構成，F1.4クラスは7枚構成で改良が進んだ．さらに非球面レンズを用いて大口径化を実現したレンズや，薄型に特化したレンズなどもある．

(3) 望遠レンズ 35ミリ判換算で焦点距離が80 mmより長いレンズを望遠レンズとよんでいる．望遠レンズの中でも焦点距離が標準レンズに近いものを中望遠レンズ，焦点距離が400 mm以上のレンズを超望遠レンズとよぶ場合もある．望遠レンズは望遠比（光学全長/焦点距離）を小さくできるテレフォトタイプが用いられているが，中望遠レンズは標準レンズに近いレンズタイプが用いられることが多い．望遠レンズは焦点距離が長いため，色収差（2次スペクトル）が増大する傾向がある．これを改善するためには蛍石や異常低分散ガラスを前群の凸レンズに用いるのが有効である．2001年には回折光学素子を用いて色収差を補正したレンズも商品化されている．また，フォーカシングに関しては後方のレンズ群のみを移動するいわゆるリアフォーカスあるいはインナーフォーカスを採用している機種がほとんどである．

(4) マクロレンズ 一般のレンズは

無限遠から撮影倍率 0.1 倍程度までに対応しているが，撮影倍率 0.5 倍，1 倍（等倍）といった高倍率撮影用に設計されたレンズをマクロレンズとよんでいる．レンズ構成としては，ガウスタイプの変化形の像側に弱い屈折力のレンズ群を配置したタイプや 4 群ズームの構成を取り入れたタイプがある．マクロレンズではワーキングディスタンスが重要な仕様であり焦点距離が長いほどワーキングディスタンスも長くなる．

(5) **魚眼レンズ** 画角 180°の半球立体角を有限な像面に写しこむレンズを魚眼レンズとよんでいる．一般撮影用の魚眼レンズには 180°の画角を画面の対角線に対応させる「対角線魚眼レンズ」，180°の画角を画面に円像として写す「円像魚眼レンズ」がある．また魚眼レンズは，方位角，日照時間，雲量の測定など学術用途にも用いられる．次に各射影方式を示す．

① 通常の写真レンズ　　$Y' = f \tan \theta$
② 立体射影　　　　　　$Y' = 2f \tan \theta/2$
③ 等距離射影　　　　　$Y' = f \theta$
④ 等立体角射影　　　　$Y' = 2f \sin \theta/2$
⑤ 正射影　　　　　　　$Y' = f \sin \theta$

OP フィッシュアイニッコール 10 ミリ F5.6 は非球面を使って正射影方式を実現している．キヤノン 8-15 ミリ F4 フィッシュアイは等立体角射影方式であり広角端では円像魚眼，望遠端では対角線魚眼を実現している．

(6) **あおりレンズ** レンズの光軸を撮像面に対して傾けたり（ティルト），レンズの光軸を平行に移動させる（シフト）機構を備えたレンズをあおりレンズとよぶ．通常，像面と物体面は平行だが，レンズをティルトさせると，奥行きのある被写体に幅広くピントを合わせることができる．これは像面，レンズ主面，物体面の延長線は 1 点で交わるというシャインプルーフの原理に基づいた機構である（図 2 (A)）．また高い建物を見上げて撮影すると建物が上すぼまりに歪んでしまうが，レンズをシフトさせると建物の歪みを補正することができる（図 2 (B)）．キヤノン TS レンズやニコン PC レンズなどがある．

(7) **ミラーレンズ** 反射鏡を組み合わせて光学系を構成したレンズをミラーレンズとよんでいる．長焦点距離のレンズに用いられており，全長短縮および軽量化が可能である．ただし，一般のレンズと異なりボケがリング状になったり二線に分離したりする特徴がある．また，絞り機構がないため光量調節はシャッタースピードや ND フィルターなどで行うことになる．

(8) **ズームレンズ** 焦点距離を連続的に変えることができかつ焦点移動のないレンズをズームレンズとよぶ．ズームレンズは最低 2 つのレンズ群を光軸上移動させる必要があり焦点移動の補正方法によって 2 つのタイプがある．1 つ目は光学補正式で複数の移動群の移動軌跡が同一で，各群の屈折力を適切にすることで焦点移動を補

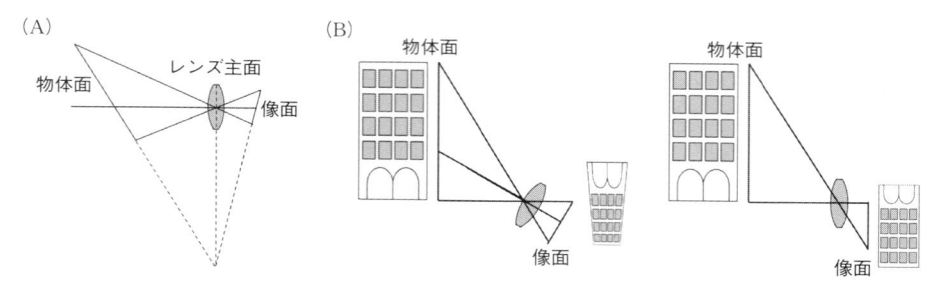

図 2 (A) シャインプルーフの原理，(B) レンズシフトの効果

正している．もう1つは機械補正式で，複数の移動群の移動軌跡を相対的に非直線とすることで焦点移動を補正している．現在ほとんどのズームレンズがこのタイプである．

(i) 広角ズーム： ズームタイプは凹群が先行するいわゆるネガティブリードがほとんどである．代表的なズームタイプとしては，凹凸2群ズーム，凹凸凸3群ズーム，凹凸凹凸4群ズームなどがある．レトロフォーカスタイプのレンズと同様，樽型の歪曲収差，倍率色収差，高次の像面湾曲が発生しやすいタイプであるが，非球面，異常分散ガラスの活用により高性能化が進んでいる．

(ii) 標準ズーム： ネガティブリードは比較的変倍比の小さなレンズに適しており，凹凸2群ズーム，凹凸凹凸4群ズームおよびこれらの発展形と考えられるタイプがある．凸群が先行するいわゆるポジティブリードは変倍比を大きくでき，凸凹凸3群ズーム，凸凹凸凸4群ズーム，凸凹凸凸凸5群ズームおよびこれらの発展形が多い．ズームレンズの高変倍化にはインナーフォーカス（リアフォーカス）が必須となってくる．ズームレンズのフォーカス方式は最も物体側の群を繰り出すいわゆる前玉フォーカスが一般的であった．この方式は原理的に同一物体距離に対する繰り出し量が焦点距離によらず一定であるため鏡筒構造を簡単にできることから現在も多く採用されている．しかし至近距離へのフォーカシングの際に凸の前玉を繰り出すと画面周辺の光量を確保するために前玉径が大きくなりレンズ系が大型化してしまう．そこで2群をフォーカシングに用い，同一物体距離に対する繰り出し量の変化をズーム用のカムとフォーカス用のカムを複合的に用いて実現したレンズが開発された．以降多くの高倍率ズームが開発され，現在では変倍比15倍に達するズームレンズが商品化されてい

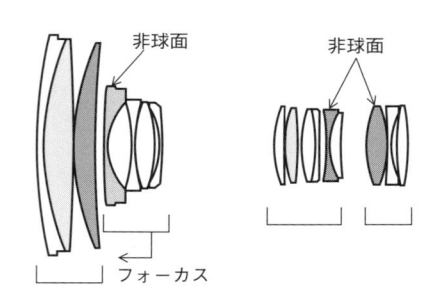

図3 タムロン 18-270 ミリ F3.5-6.3
（APS-C用，株式会社タムロン HP より）

る（図3）．

(iii) 望遠ズーム： 大別して変倍時1群固定タイプと1群移動タイプがある．1群固定タイプはF値が一定であり大口径レンズに多く用いられている．このタイプは凸凹凸凸4群ズームが多い．従来，1群はフォーカス群，2群は変倍のために移動，3群は焦点移動を補正するために移動，4群は結像レンズであり固定であった．現在の製品はオートフォーカスとの親和性を考慮し1群の一部でフォーカスを行ったものあるいはその発展形，3群でフォーカスを行ったものなどがある．一方1群移動タイプは変倍時F値が変化する．広角端から望遠端への変倍時1群を繰り出すことで，広角端のレンズ全長を短くし携帯性をよくしている．代表的なズームタイプとして凸凹凸3群ズーム，凸凹凸凸4群ズーム，凸凹凸凸凹5群ズーム，凸凹凸凹凸凹6群ズームなどがある．

b. ミラーレスカメラの撮像系

バックフォーカスを短くできること，コントラストAFであることなどミラーレスカメラ特有の制約および要求により新たなレンズタイプが開発されている．レンズ全長を短くするために沈胴機構を採用したレンズやウォブリングに対応するためレンズ1枚でインナーフォーカスを行ったレンズ（図4），電動ズームに対応したレンズなど

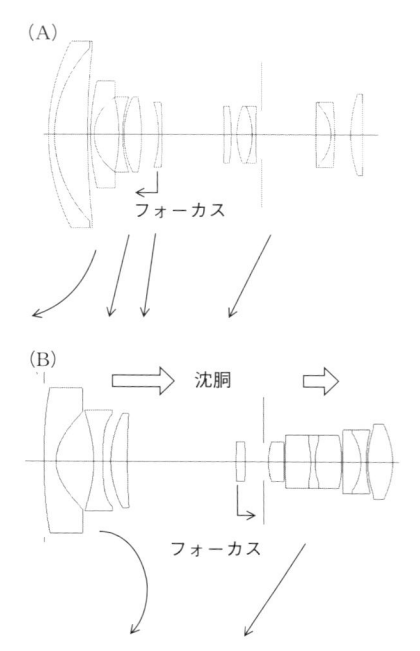

図4 (A) 特開 2009-251112 実施例 5,
(B) 特開 2010-250233 実施例 3

が製品化されている．

c．コンパクトデジタルカメラの撮像系[3]

撮像素子が小型なことやバックフォーカスの制約がないことを生かして薄型化を図っている機種が大多数である．また，ほとんどがズームレンズである．以下，代表的なレンズタイプについて説明する．

ズーム比3倍から5倍程度の機種には凹凸凸の3群ズームが，ズーム比7倍～16倍といった高倍率の機種には凸凹凸凸の4群ズームが多く用いられている．薄型化の技術として，収納時にレンズ群を光軸方向に移動し群間隔を狭める沈胴方式（図5(A)），さらに一部の群を光軸上から退避させる方式（図5(B)），プリズムを利用し光軸を90°折り曲げる屈曲方式（図5(C)）がある．また屈曲方式でプリズムを1群の光軸上から退避させ空いた空間にレンズ群を沈胴させて薄型化を図ったレンズも登場し

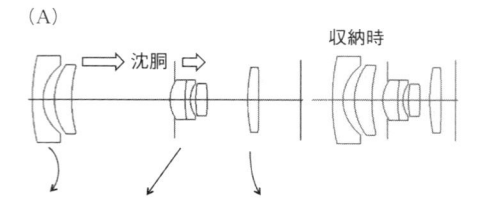

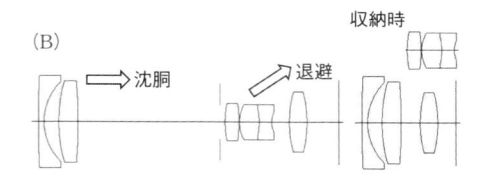

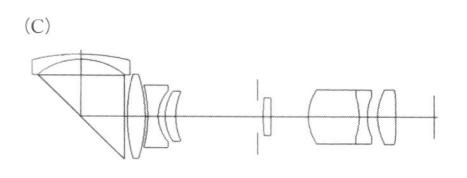

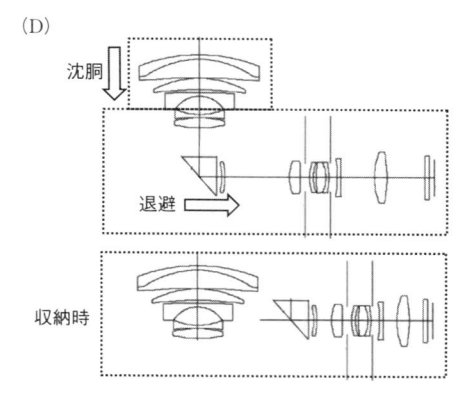

図5 (A) 特開 2005-331641 実施例 1,
(B) 特開 2004-004765 実施例 1,
(C) 特開 2003-202500 実施例 3,
(D) 特開 2012-27084 実施例 2

ている（図5(D)）．また，ズーム比30倍～40倍以上の超高倍ズームレンズが製品化されており，凸凹凸凹凸タイプ，凸凹凸凸凸タイプなどが用いられている．

d．ビデオカメラ用ズームレンズ[4]

アナログまでは凸凹凹凸の4群ズームが

主流であった（図6（A））．このタイプは各群の役割分担が明確であり，第1群は変倍時固定で被写体にピントを合わせるために繰り出すのでフォーカス群あるいは前玉とよばれ，第2群は焦点距離を変えるために移動するバリエータ，第3群は変倍時のピントのずれを補正するためバリエータと連動して移動するコンペンセータ，第4群は固定したレンズ群でリレーレンズとよばれている．1990年代になると凸凹凸凸の4群ズームで，1群と3群が固定，2群がバリエータ，4群はコンペンセータとフォーカス群を兼ねた方式のズームタイプが開発され主流となった（図6（B））．2000年代になると小型，高変倍に加えHD化の流れによりさらなる高画質化が求められるようになった．そのため，凸凹凸凸の4群ズームで従来固定であった3群も移動させた方式のズームレンズ（図6（C））や凸凹凸凹凸の5群ズーム（図6（D））も出現している．

e．放送用ズームレンズ

放送用レンズには大別してスタジオ用ズームレンズとハンディ用ズームレンズがある．ズームタイプは4群構成で10倍から100倍と非常に大きな変倍比でありながらすべての焦点距離において収差を小さく抑えるために複雑なレンズ構成となっている．

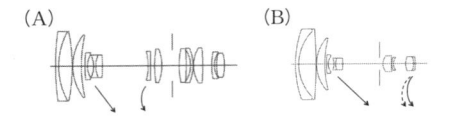

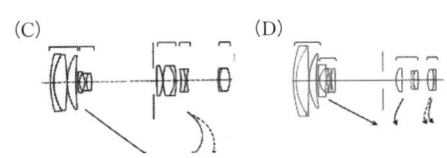

図6 (A) 特開平4-060605　実施例1,
　　(B) 特開2003-295053　実施例1,
　　(C) 特開2001-033697　実施例1,
　　(D) 特開2011-145565　実施例1

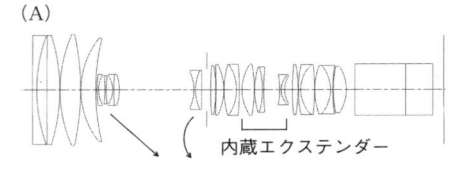

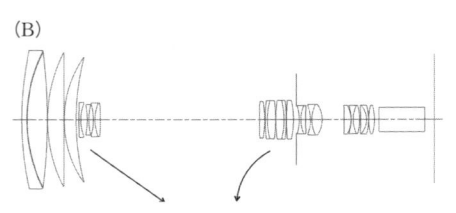

図7 (A) 特開平7-325252　実施例1,
　　(B) 特開2000-121939　実施例7

が各レンズ群の役割分担が明確となっている．ビデオ用ズームレンズの凸凹凹凸タイプと同様，第1群はフォーカス群，第2群はバリエータ，第3群はコンペンセータ，第4群はリレーレンズである．図7（A）はハンディ用ズームレンズの一例であり，凸凹凹凸の4群構成である．コンペンセータが凹レンズ群となっており変倍時物体側に凸の軌跡で移動する．変倍比は40倍程度までであるが，比較的レンズ枚数を少なく構成できる特徴がある．図7（B）は，スタジオ用ズームレンズの一例であり，凸凹凸凸の4群構成である．こちらは，コンペンセータが凸レンズ群であり一方向にのみ移動する．このタイプはズーム比の高倍化が可能であり，変倍比100倍以上を実現した機種も登場している．

f．カメラ付き携帯電話の撮像系[5]

1999年はじめて携帯電話（PHS）へカメラが搭載されて以来，高画素化，多機能化が急速に進みそれに伴って光学系も飛躍的な進歩を遂げている．初期は11万画素であったが31万画素，100万画素と高画素化が進み2013年現在2000万画素を越える製品が出ている．光学系は31万画素程度までは1枚～2枚構成，100万～200万画素

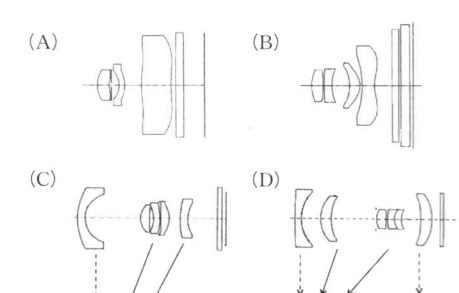

図 8　(A)　US8094383　　　　実施例 1,
　　　(B)　特開 2012-68355　　実施例 1,
　　　(C)　特開 2005-77692　　実施例 3,
　　　(D)　特開 2007-156417　実施例 4

は 3 枚構成（図 8（A）），300 万画素以上は 4 枚構成（図 8（B））のものが多い．また光学ズームとしては，2005 年に変倍比 2 倍の広角端と望遠端のみ使用する光学系（図 8（C））が，2006 年には変倍比 3 倍のズームレンズ（図 8（D））が製品に搭載された．携帯電話用の光学系はほとんどが単焦点レンズであり，ズームレンズは少数に留まっている．また，レンズの材質はプラスチックの使用が圧倒的に多く，すべてプラスチックまたはガラス 1 枚に他はプラスチックという構成が一般的である．

g.　ファインダー[6,7)]

光学ファインダーは大別して透視ファインダーと反射ファインダーの 2 種類がある．

（1）　透視ファインダー

（i）枠型ファインダー：視野を決めるための枠と覗き穴からなる簡単なファインダーである．

（ii）Newton ファインダー：枠型ファインダーの枠の位置に凹レンズを配置し小型化したものである．

（iii）逆 Galileo ファインダー：Newton ファインダーの覗き穴の位置に凸レンズを配置したものでありさらに小型化が可能となる．

（iv）アルバダ式逆 Galileo ファインダー：画面枠板もしくは接眼凸レンズの内側に白線を作り対物凹レンズの内側の全面もしくは周辺部だけをハーフミラーとし，ファインダー視野内に明るい枠が浮かび上がって見えるようにしたものである．

（v）採光式逆 Galileo ファインダー：別光路の視野枠の像を視野に重ねたもの．

（vi）実像式ファインダー：対物レンズで被写体の実像を作りこれを接眼レンズで拡大して見る方式．上下左右反転した実像をプリズムやミラーで正立させている．

（2）　反射ファインダー

（i）一眼レフ式ファインダー：撮影レンズの光路をミラーで 45° 折り曲げピント板上に像を形成し，ペンタダハプリズムで正立正像とし，接眼レンズで観察する方式．

（ii）二眼レフ式ファインダー：撮影レンズと同じ焦点距離の専用レンズの像をミラーで折り曲げピント板上の像を観察する方式．

（3）　その他のファインダー

光学ファインダーとは別に，従来よりビデオカメラに用いられていた電子ビューファインダー（EVF）がある．また近年は背面液晶モニターをファインダーとして使用する機種が増えている．　　　　［遠藤宏志］

■参考文献

1) 辻内順平ら編：最新光学技術ハンドブック，朝倉書店（2002），pp. 705-731.
2) 小倉敏布：写真レンズの基礎と発展，朝日ソノラマ（1995），pp. 100-229.
3) 飯塚隆之，江口　勝：光学，**37**-6（2008），318-325.
4) 辻内順平ら編：最新光学技術ハンドブック，朝倉書店（2002），pp. 788-795.
5) 福嶋　省：光学，**37**-6（2008），326-333.
6) 山崎康雄：カメラ・レンズ百科，写真工業出版社（1983），p. 24.
7) 辻内順平ら編：最新光学技術ハンドブック，朝倉書店（2002），pp. 725-727.

[光学機器]

98

顕　微　鏡

顕微鏡は生命科学研究や医療機関での各種診断，半導体製造検査用途など幅広い分野で最先端機器として利用されている．顕微鏡の性能を左右するのは光学系であり，本項ではその構成と特徴について解説する．

a．顕微鏡の種類

(1) 正立型顕微鏡　試料を上方から観察するタイプであり，最も一般的な形である．病理試料などプレパラートに固定された試料の観察をはじめ，半導体ウェハの検査など，医学・生物分野から産業分野まで幅広い用途に用いられている．

(2) 倒立型顕微鏡　試料を下方から観察するタイプであり，生きた細胞などをシャーレなどに入れて底面側から観察する．また，鉱物切片や厚みのある金属材料断面の観察など，一部の産業用途でもこのタイプが用いられている．

(3) 実体顕微鏡　stereo microscopy ともよばれ，左右両眼で覗くと試料を立体的に観察できる．試料と対物レンズまでの距離が通常の顕微鏡に比べて長く，検査や作業が容易となる．また，ズーム機能を備えており，全体をスクリーニングしながら，特定部位を拡大することもできる．

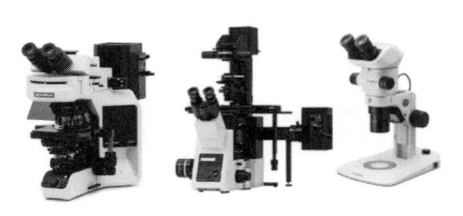

図1　顕微鏡の種類（左から正立型顕微鏡・倒立型実体顕微鏡・実体顕微鏡）

b．顕微鏡の基本：全系

図2に光学顕微鏡の中で最も代表的な正立型顕微鏡の構成と主な部位を示す．大別すると，試料の拡大像を得る観察光学系と試料を照明する照明光学系（光源含む）から構成される．

c．顕微鏡の基本：観察光学系

(1) 拡大観察の原理と倍率　肉眼観察における拡大は，対物レンズによって試料の拡大像（倒立実像）を作り，その拡大像を接眼レンズによってさらに拡大（正立虚像）する構成となっている（図3）．対物レンズの倍率（横倍率）を M_o，対物レン

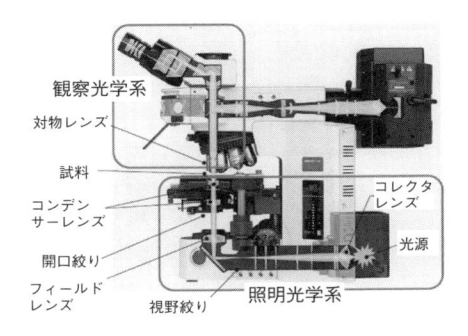

図2　正立型顕微鏡の構成

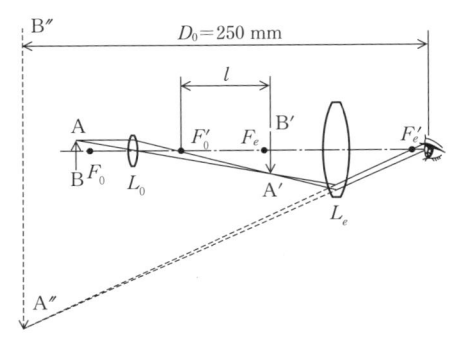

図3　拡大観察の原理
L_0：対物レンズ，L_e：接眼レンズ，F_0：対物前側焦点，F_0'：対物後側焦点，F_e：接眼前側焦点，F_e'：接眼後側焦点，AB：試料，A'B'：対物レンズによる試料の1次像，A''B''：接眼レンズによるA'B'の虚像，D_0：明視の距離，l：光学筒長

ズの焦点距離を f_o，対物レンズの後側焦点から1次像までの距離を l（光学筒長）とすると $M_o = -l/f_o$ で与えられる．対物レンズから出る光を平行光束とし，結像レンズによって1次像をつくる無限遠補正光学系では，結像レンズの焦点距離を f_t とすると，$M_o = -f_t/f_o$ で与えられる．また，接眼レンズの倍率 M_e は，ルーペと同様に，接眼レンズの焦点距離を f_e，明視の距離を D_0（通常 250 mm）とすると，$M_e = D_0/f_e = 250/f_e$ となる．したがって，肉眼観察の場合の総合倍率 M は，$M = M_o \cdot M_e = -250 l / (f_o \cdot f_e)$ で与えられる．

同様に無限遠補正光学系の場合は $M = M_o \cdot M_e = -250 f_t / (f_o \cdot f_e)$ で与えられる．

一方，近年主流となりつつあるデジタルカメラによる観察は，対物レンズによる倒立実像をそのまま観察するタイプであり，総合的な倍率 M は，対物レンズの倍率 M_o にカメラアダプタ光学系 M_c の倍率，さらにモニター倍率 M_m（モニターサイズ/撮像素子サイズ）を掛けたものとなり，

$$M = M_o \cdot M_c \cdot M_m$$

で表される．

(2) 分解能・焦点深度・明るさ

(i) 開口数（NA）： 分解能は，細かい構造を見るという顕微鏡の基本特性上，最も重要な要素であり，対物レンズの開口数（numerical aperture：NA）によって左右される．NA は図4に示すように，対物レンズと試料を封入しているカバーガラスの間にある媒質の屈折率を n，試料から出た光が対物レンズに入る光線と光軸とのなす最大角を β とすると，

$$NA = n \cdot \sin \beta$$

で表される．ここで媒質が空気あるいはカバーガラスがない産業用の試料（半導体ウェハなど）の場合は，$n = 1$ であるため，

$$NA = \sin \alpha$$

で表される．

(ii) 分解能： 分解能とは，本来分離している2点を2点として見分けうる最小間隔である．分解能にはいくつか定義があるが，一般的には図5に示す Rayleigh の分解能が知られている．対物レンズは有限な大きさをもつ円形開口のため回折の影響を受け，試料上の1点は第1種第1次のベッセル関数を用いて表される広がりをもって結像する（点像強度分布：PSF）．このとき，強度の中心位置と最初の暗環で囲まれた最も明るい円形部分を Airy ディスク，その半径を Airy 半径（r_0）とよぶ．

Rayleigh の分解能は，各々の点像強度分布のピークとなる間隔が Airy 半径 r_0 に等しくなる場合としている．合成された2点の強度分布において，中央部の極小値は両側の極大値に対して 74 % であり，この凹みが肉眼で識別可能な限界と考え，この距離 ε を分解能と定義した．このとき，対物

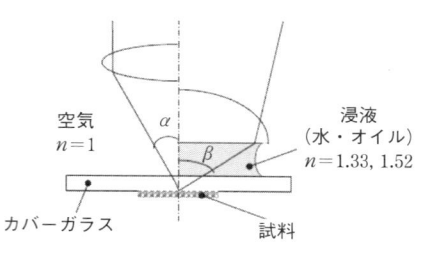

図4 開口数（NA）

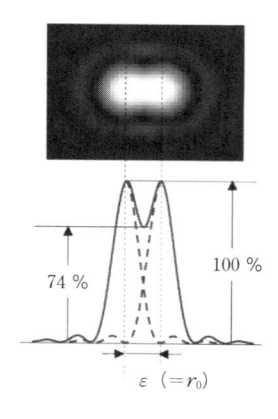

図5 Rayleigh の分解能

レンズの開口数を NA，波長を λ とすると，$\varepsilon = 0.61\lambda/NA$ で表される．

しかし，近年の画像技術を用いれば中央部のわずかなピーク差も検出し，Rayleigh 分解能より近い 2 点が分解できる可能性は十分にある．また，2 点の強度は等しく，互いにインコヒーレントな状態であることや，光学系は無収差を仮定しているなど，実際とは乖離している面もあり，Rayleigh の分解能はあくまで目安と考えるべきであろう．

(iii) **焦点深度**： 顕微鏡で観察するとき，観察している焦点面に対し，ピントを前後に移動させても同様な像に見える深さ方向の範囲を焦点深度とよぶ．一般に，NA が大きく，また総合倍率が大きくなると焦点深度は浅くなる．焦点深度にもいろいろな定義式があるが，下記に示す Berek の式が広く知られている．第 1 項は肉眼の調節機構に由来する項であり，個人差がある．第 2 項はデフォーカスによる波面収差が $\lambda/4$ となる位置であり，波動光学的な焦点深度である．デジタルカメラによる観察では，第 2 項がベースになるが，画素サイズと拡大率によって焦点深度は左右される．

$$T = \pm n\left\{\frac{\omega}{M}\cdot\frac{250000}{NA} + \frac{\lambda}{2NA^2}\right\}$$

T：試料側の焦点深度（μm）
n：試料周囲の媒質の屈折率
ω：眼の最小視角 約 5 分 = 0.0014（rad）
M：総合倍率，NA：対物レンズの開口数

λ：光の波長（μm）

(iv) **明るさ**： 対物レンズが作る像面の明るさ（照度）は，像側 $NA = $（対物レンズ NA/対物レンズ倍率）の 2 乗に比例する．対物レンズの NA が大きければ大きいほど，倍率が低いほど像は明るくなる．たとえば，同じ倍率で NA が 2 倍大きな対物レンズを用いると 4 倍明るい像が得られる．蛍光観察という近年注目の観察方法では，対物レンズを用いて照明（励起）も行うため，明るさは（対物レンズ NA）^{4}/（対物の倍率）^{2} に比例する．まとめとして，表 1 に対物レンズの NA，倍率と分解能・焦点深度・明るさの一覧表を付記しておくので参考にされたい．

(3) **対物レンズ**　顕微鏡用の対物レンズは，試料の情報を肉眼または検出器まで歪みなく送り届ける役割を有しており，光学顕微鏡の心臓部ともいえる重要な部位である．短い全長の中に十数枚もの曲率・厚さ・屈折率の異なるレンズ（ハッチング部分）が数 μm オーダーでの精密度で詰め込まれており，光学設計・製造ともに各メーカーの技術の粋が集められている．

(i) **対物レンズのクラス**： 対物レンズは色収差補正と像面湾曲のレベルでクラス（等級）が分けられる．（図 6）

a) 色収差の補正レベルによる区分

① アクロマート

赤（C 線：656.3 nm）と青（F 線：486.1

表 1　分解能・焦点深度・明るさ一覧表

対物レンズ倍率 M_o	10×	20×	50×	100×
対物レンズ NA	0.3	0.46	0.8	1.4
像側 $NA = NA/M_o$	0.03	0.023	0.016	0.014
分解能 ε（μm）	1.12	0.73	0.42	0.24
接眼レンズ倍率 M_e	10×	10×	10×	10×
総合倍率 M	100×	200×	500×	1000×
焦点深度（μm）	±14.7	±5.1	±1.3	±0.59
像の明るさ比	1	0.59	0.28	0.22

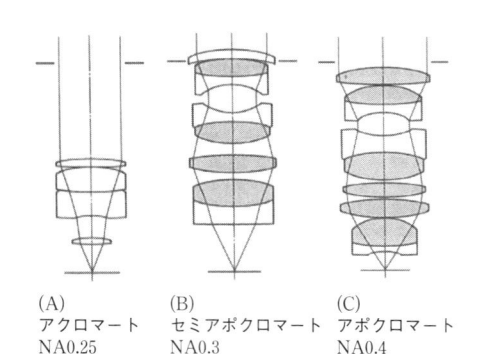

(A) アクロマート NA0.25
(B) セミアポクロマート NA0.3
(C) アポクロマート NA0.4

図6 対物レンズのクラスと断面図（10×）
（網掛けのレンズは異常分散ガラス）

nm）の2色に対して色収差補正されたもの．

② セミアポクロマート（フルオリート）
C線とF線に加え，2次スペクトル（通常はg線：435.8 nm）の色収差補正がアクロマートとアポクロマートの中間付近に設定されたもの．

③ アポクロマート
C線とF線に加え，2次スペクトル（g線：435.8 nm）まで色収差補正されたもの．近年では405 nmや1000 nmまで補正範囲が広がっている．

b）像面湾曲の補正レベルによる区分
像面湾曲があると，視野中心にピントを合わせても視野周辺がボケてしまう．そこで，色収差とのバランスをとりながら強い負パワーをもったレンズによりペッツバール和を補正し，観察範囲全域にわたって像面が平坦な対物レンズをプラン対物レンズとよぶ．

一般に，最高級の対物レンズはプランアポクロマート，比較的安価な普及用対物レンズはアクロマートとして設計されている．

(ii) 無限遠補正光学系と有限補正光学系： 対物レンズ自身で直接像を結ぶ光学系を有限補正光学系とよび，顕微鏡の歴史とともに長い間使われてきたが，近年では無限遠補正光学系とよばれる，対物レンズで一旦，平行光束にした後，鏡筒内に配置されている結像レンズで像を作る光学系が主流になってきている．無限遠補正光学系のメリットとしては，対物レンズと結像レンズの間が平行光のため，プリズムやミラーなどを挿脱しても結像位置や結像性能に影響がないという特徴があり，最先端分野の様々なニーズに対応可能なシステム拡張性をもたせることができる．（図7）

(iii) 対物レンズその他諸元： 対物レンズを取付ける面を胴付面とよび，この胴付面から試料までの距離を同焦点距離とよぶ．各メーカーで同焦点距離は一定（45 mmまたは60 nmm）となっており，他の倍率に変換してもピントは変わらない．また，対物レンズ先端から試料面（カバーガラス上面）までの距離を作動距離（working distance：WD）とよぶ．

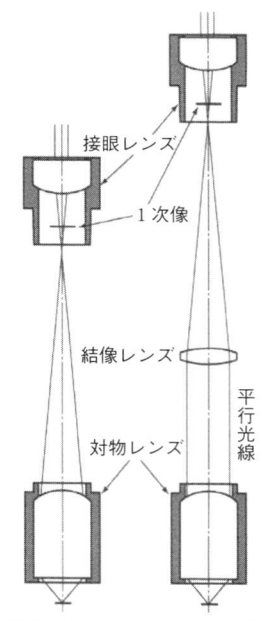

(A) 有限補正光学系　(B) 無限遠補正光学系

図7　有限補正光学系と無限遠補正光学系

d．顕微鏡の基本：照明光学系

(1) Köhler 照明 照明光学系に必要な条件は，「明るく・照明ムラがない」「対物レンズの開口数を満たす」「照明系の開口数と照明範囲が独立・可変」であり，顕微鏡ではこれらの条件を満たす Köhler（ケーラー）照明が採用されている．図8に示すように，光源からの光はコレクターレンズによってコンデンサーレンズの前側焦点位置に配置される開口絞りに投影される．この光源像が2次光源となり，試料面に平行な光束，いわゆるテレセントリックな光となって試料を照明する．光源から出た光は試料に対して平行で照明され，試料を囲む全方向から照明するため，均一な照明が可能になる．コンデンサーの開口絞りは，照明系の開口数を可変にする役割を果たしており，視野絞りはコンデンサーレンズにより視野絞りが試料面に投影され，照明範囲を可変に制御する機能を有している．

なお，c．(2) 項で分解能について述べたが，Rayleigh 分解能の前提の1つに，2点は互いに干渉しないインコヒーレントな状態という条件があった．しかし，実際には蛍光観察以外は部分コヒーレント照明であり，そのコヒーレンス度が分解能やコントラストに影響を与える．そこで，コンデンサーの開口絞りを対物レンズの NA よりもわずかに（80％程度）絞った方が分解能・コントラストのバランスがとれるとされている．

(2) 落射照明（反射照明） 半導体ウェハや鉱物試料などは光を透過しないため，産業用途の顕微鏡では，対物レンズを通して照明する落射（反射）照明が採用されている．図9に代表的な落射（反射）照明の構成図を示すが，基本は d．(1) 項で説明した透過型での Köhler 照明と同じであり，異なる点はハーフミラーを介していること，対物レンズが照明用のコンデンサーの役割を兼ねている点である．

(3) 光源 顕微鏡用の光源は，様々な観察法の発達と相まって光源も進化してきている．以下，現在用いられている代表的な光源とその特徴を示す．

(i) 超高圧水銀ランプ： アーク放電ランプで面光源としては最も高輝度な光源で，強い照射エネルギーが必要な蛍光観察に用いられる．ただし，寿命が短く，強度のチラツキが発生する．

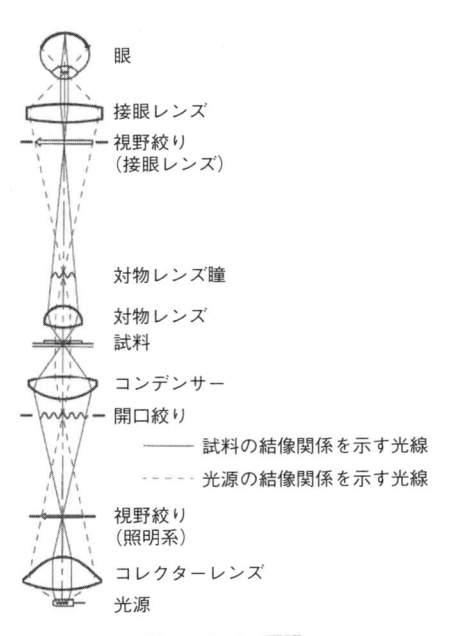

図8 Köhler 照明

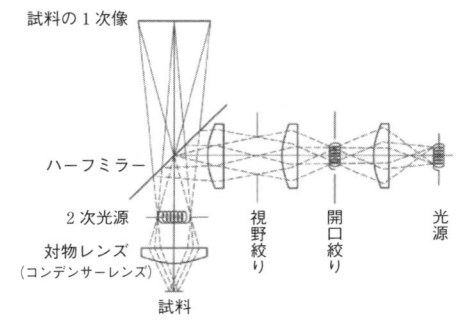

図9 落射照明における Köhler 照明

(ii) レーザー： 輝度も非常に高く，出力も安定している．位相が揃っていて干渉性や指向性も高く，理想に近い点光源とみなすことができる．その一方で，価格や大きさ，スペックルノイズの発生などに注意する必要がある．

(iii) ハロゲンランプ： 安価で取扱い容易かつ長寿命であるため，最も広く用いられている．電圧で色温度が変化するため，所定電圧で所定の色温度補正フィルターを使用する必要がある．

(iv) LED： 超長寿命・低消費電力・，高速 On・Off という優れた特性を有している．現状では，その輝度と演色性が発展途上であるが，近い将来，ハロゲンランプや超高圧水銀ランプの置換えも可能になると思われる．

e. 顕微鏡の観察法

顕微鏡というと古典的なイメージもあるが，光学理論に基づき，照明系や結像系に工夫を施し，非侵襲で試料の情報を得る様々な観察法が開発されている．以下，代表的な観察法について解説する．

(1) 明視野観察（図1，図8，図9） 最も一般的な観察法．試料各部の光の吸収率が異なり，透過像または反射像にコントラストが付くことを利用した観察法．病理診断など色素で特定部位を染色した試料や半導体ウェハ面を観察することが多い．

(2) 暗視野観察（図10） 照明光が対物レンズに直接入らないように，図11に示す暗視野用コンデンサーレンズにより試料を斜めから照明し，試料からの回折光，散乱光を観察する．背景が暗黒になるため，コントラストが高く，分解能以下の物体もその存在を検出することができる．

(3) 位相差観察（図11） 生きた細胞は無色透明のため，明視野では観察できない．そこで，細胞と周囲の媒質の屈折率差に着目し，光の回折と干渉を利用して，この屈折率差を明暗の強度差に変換して可視化したのが位相差観察である．試料を通過した光は，そのまま直進する直接光と，試料の屈折率変化に応じて生じる回折光に分かれるが，このとき回折光は，直接光に対して $\lambda/4$ だけ位相が遅れる．そこで，対物レンズの後側焦点位置に位相と強度を変化させる光学素子（位相膜）を配置し，直接光の位相を $\lambda/4$ 進ませて回折光の位相と反転させ，さらに強度を回折光と同程度に減光させる．その結果，像位置では直接光と回折光が干渉により弱め合い，屈折率の差が明暗のコントラストとして可視化される．なお，発明者である F. Zernike は1953年にノーベル賞を受賞している．

(4) 微分干渉観察（図12） 位相差観

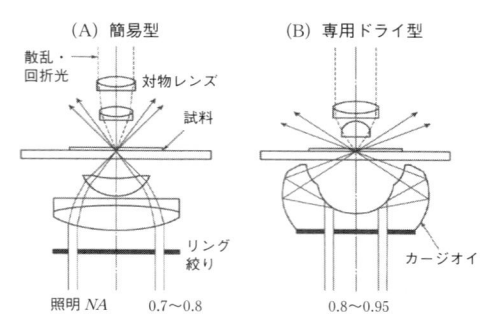

図10 暗視野用コンデンサー

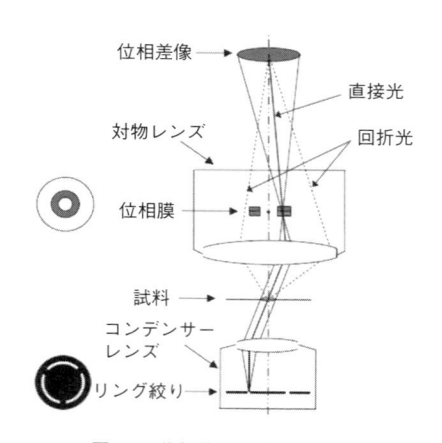

図11 位相差顕微鏡（透過型）

察と同様に，無色透明な試料の観察を目的にしている．特殊な偏光素子（WollastonプリズムやNomarskiプリズム）を用い，照明光を分解能程度のわずかに離れた二光束に分離させ（シア），試料の屈折率勾配により光路長差が発生した二光束を，再び偏光素子で重ね合わせて干渉させることで明暗のコントラストを形成する．試料で生じる光路長の微分値（屈折率勾配）をコントラストに変えるため，微分干渉とよばれ，像には影が付いて立体的に見える．

(5) **蛍光観察**（図13） 蛍光とは，物質に紫外線，可視光などの光を照射すると，電子が基底状態から励起状態へと遷移し，再び基底状態に戻る過程で光が放出される現象のことである．励起波長よりも蛍光波長の方が長く（Stokesの法則），蛍光色素とよばれる，蛍光を効率よく発するのに適した化学構造をもつ物質を用い，様々な細胞やタンパク質を標識すれば，標識された対象のみが蛍光を発するため，その局在や移動を高感度で可視化することができる．蛍光の強度は励起光の10^{-6}程度と極めて微弱なため，わずかなノイズも排除する

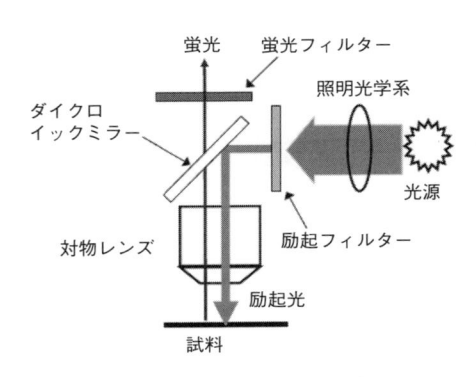

図13 蛍光顕微鏡（落射型）

ことが重要である．キーとなる部位は，光源からの光を選択して特定の蛍光色素を効率よく励起するための励起フィルター，試料からの蛍光を効率よく分離する蛍光フィルター，微弱な蛍光をより多く取得するための高開口数対物レンズといった三要素が挙げられる．

なお，ここで紹介した以外にも，試料のもつ光学的異方性を観察して鉱物を特定したり，高分子・液晶の検査に用いる偏光顕微鏡など，多彩な観察法が存在する．

[阿部勝行]

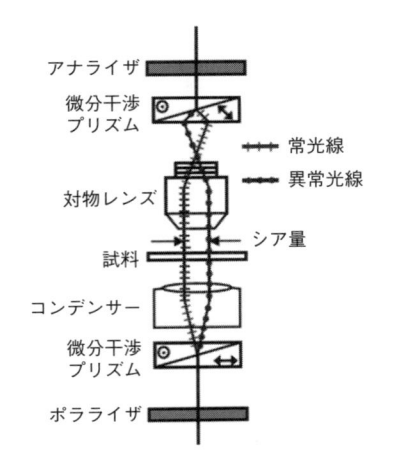

図12 微分干渉顕微鏡（透過型）

■参考文献
1) 野島博編：改訂第3版 顕微鏡の使い方ノート，羊土社（2011）．
2) 稲澤譲治ら監修：顕微鏡フル活用術イラストレイテッド，学研メディカル秀潤社（2000）．
3) オプトロニクス社編集部編：光学系の仕組みと応用，オプトロニクス社（2003）．
4) 早水良定：光機器の光学Ⅰ Ⅱ，日本オプトロニクス協会（1988）．
5) 鶴田匡夫：応用光学Ⅰ Ⅱ，培風館（2000）．
6) 岸川利郎：光学入門，オプトロニクス社（1990）．
7) 辻内順平：光学概論Ⅰ Ⅱ，朝倉書店（1979）．
8) 久保田広：光学，岩波書店（1964）．

99 [光学機器]

レーザー走査型顕微鏡

a. レーザー走査型顕微鏡の原理

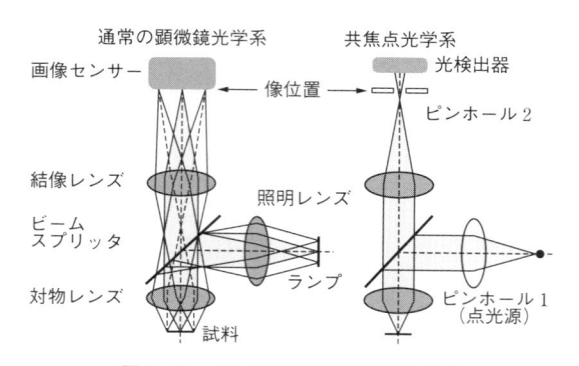

レーザー走査型顕微鏡の原理かつ最大の特徴として，共焦点光学系が挙げられる．図1に共焦点光学系と通常の光学系を示す．共焦点光学系ではピンホール1を試料に投影し，さらに試料の像位置にピンホール2と検出器（多くは光電子増倍管）を配置する．ここで，ピンホール1（点光源）・試料・ピンホール2（像位置）が共役位置にあることから共焦点（コンフォーカル）光学系とよばれる．ピンホール1は必ずしも必要ではなく，近年のレーザー走査型顕微鏡では，シングルモードファイバーのコア部分や，LD（laser diode）の発光点がこのピンホールを兼ねている．

b. レーザー走査型顕微鏡の特徴

(1) 結像特性 レーザー走査型顕微鏡は図1の共焦点光学系を基本としており，コントラストや分解能が通常の顕微鏡と比べて向上するという特徴を有している．その理由は，①照明が点状であるため試料に隣接する横方向からの迷光が生じない．②焦点位置だけの情報がピンホールを通過して検出器に到達し，焦点位置以外の光はピンホールでカットされるため，深さ方向（z方向）にセクショニング効果が生じ，光学的断層像を得ることができる．③蛍光観察の場合，照明する励起光と試料からの蛍光はインコヒーレントのため，得られる全体の点像強度分布（point spread function：PSF）は，照明系と検出系各々のPSFの積（二乗特性）で決まる．その結果，通常の顕微鏡よりもPSFがよりシャープになり，分解能が通常顕微鏡より向上する．反射型の共焦点顕微鏡ではコントラストは向上するが，コヒーレント結像のため分解能は向上しない．

図2に共焦点効果により光学断層像が得られる概念図，図3に通常顕微鏡とレーザー走査型顕微鏡の実際の画像比較，そして表1に分解能の比較を示す[3]．表1に示す値は蛍光観察（インコヒーレント）の場合であり，ピンホール径が無限小という理想的な場合である．ピンホール径を考慮した場合の分解能は文献[4]を参照されたい．

(2) 走査 レーザー走査型顕微鏡の根幹である共焦点光学系とは基本的に1点照明かつ1点検出であり，そのままでは画像が形成できない．そこで，レーザービームを走査することで画像化する．それを実現するために共焦点顕微鏡内部の光学系には図4に示すような走査光学系が配置され

図1 レーザー走査型顕微鏡の基本構成

焦点面からの光のみ
ピンホールを通過

共焦点
ピンホール

焦点面のみ情報

焦点面以外の光は
ピンホールを通過
できない。

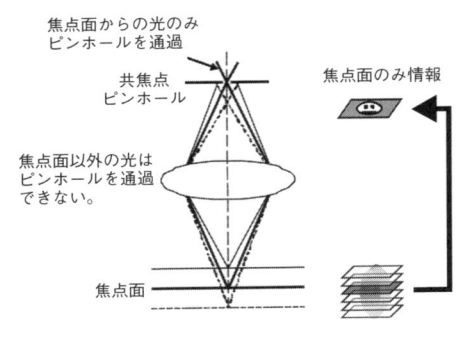

焦点面

図2 共焦点効果と光学断層像の概念図

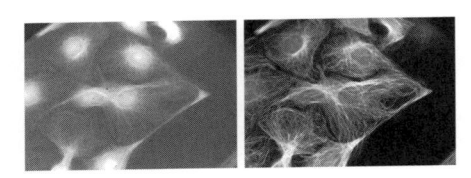

図3 通常顕微鏡（左）とレーザー走査型顕微鏡の画像（右）

表1 レーザー走査型顕微鏡の分解能

	通常顕微鏡	レーザー走査型顕微鏡
xy 面内 FWHM	$\dfrac{0.51\lambda_{em}}{NA}$	$\dfrac{0.37\bar{\lambda}}{NA}$
z 軸方向 FWHM（微小球蛍光体）	$n\dfrac{\lambda_{em}}{NA^2}$	$\dfrac{0.64\bar{\lambda}}{n-\sqrt{n^2-NA^2}}$
z 軸方向 FWHM（極限的に薄い膜状の蛍光体）	無限大（z方向に分解能なし）	$\dfrac{0.67\bar{\lambda}}{n-\sqrt{n^2-NA^2}}$

注1) レーザー走査型顕微鏡の分解能は PSF の FWHM（半値全幅）で評価することが一般的

注2) $\bar{\lambda} = \dfrac{\lambda_{ex}\lambda_{em}}{\sqrt{\dfrac{\lambda_{ex}^2 + \lambda_{em}^2}{2}}}$ λ_{ex}：励起波長 λ_{em}：蛍光波長

ている．まず，コリメーターレンズによって整形されたレーザービームを2次元走査するための光偏向器（主にガルバノミラー）に入射させる．次に瞳投影レンズと呼ばれるリレーレンズを用い，ガルバノミラーと対物レンズの瞳（射出瞳）を共役位置に配置する．ガルバノミラーが共役位置にないと，視野周辺を走査するためのレーザービームが正しい位置や角度で対物レンズに入射しなくなり，周辺が暗くなったりする．ガルバノミラーによって偏向されたレーザービームは瞳投影レンズ，結像レンズを経て対物レンズに入射し，試料上に集光される．試料から戻ってきた光（蛍光または反射光）はレーザービームが入射した光路を逆に辿って検出器（光電子増倍管：PMT）に入射する．

ここで重要なのは，共焦点顕微鏡の画像は各点の集合体であり，共焦点顕微鏡はまさしくデジタル顕微鏡の先駆けであり，精度の高い定量解析などを行うことができる．

(3) **光源**　光源にレーザーを用いる理由は，① 点光源とみなすことができ，位相が揃っていて干渉性や指向性も高く，理論的な回折限界までビームを絞込むことができる．② 輝度が従来の光源（水銀ランプなど）に比べて高く，出力も安定している．③ 波長帯域が狭く，一般には直線偏光であり，音響光学素子などによる高速の強度変調が可能．非線形現象の応用を含め，今後の進化はレーザーが大きな鍵を握っている．

c. **2光子励起顕微鏡**

2光子顕微鏡とはレーザー走査型顕微鏡の発展系であり，2光子吸収とよばれる非線形現象を利用したものである[5]．主に蛍光観察で用いられるが，蛍光分子が2つ（またはそれ以上）の光子を同時に吸収して励起状態となり，蛍光を発する．この2光子吸収は自然界では非常に稀にしか起きない事象であるが，ピークパワーの高いパルスレーザーを用い，対物レンズにより集光して光子の密度を高めることで焦点付近のみが励起される．画像構築の方法は，レーザー走査型顕微鏡と同じく，ガルバノミラーと光電子増倍管（PMT）を用いる．焦点付近のみが光を発するため，ピンホールは

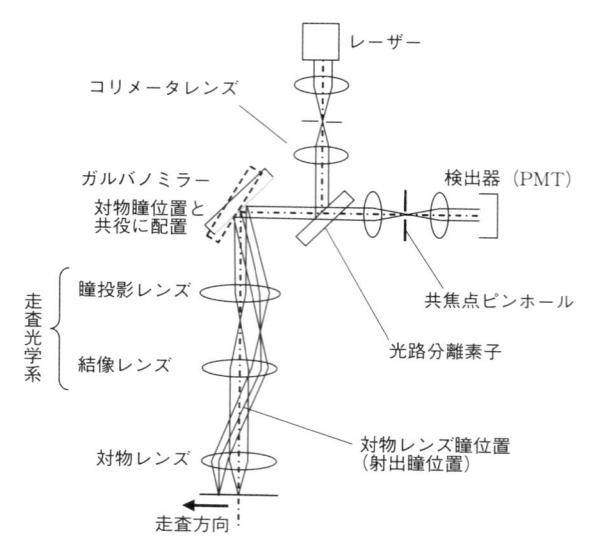

図4 レーザー走査型顕微鏡の基本構成

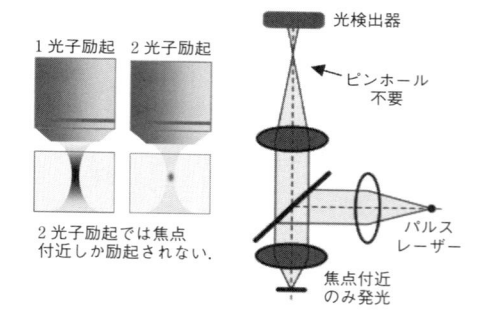

図5 2光子励起顕微鏡の特徴と基本構成

不要であり，3次元的に光学断層像を得ることができる（図5）．最大の利点は近赤外域などの長波長の光によって試料を励起するため，組織透過性が高く，主に散乱体を対象とする脳神経科学分野での研究に用いられ，生きた動物も観察可能になっている．

［阿部勝行］

■参考文献
1) J. Pawley : Handbook of Biological Confocal Microscopy, 3rd ed., Plenum Press (2006).
2) 藤田哲也監修，河田 聡編：新しい光学顕微鏡，第1巻 レーザ顕微鏡の理論と実際，学際企画 (1995).
3) G. Kino : Confocal Scanning Optical Microscopy and Related Imaging Systems, Academic Press (1996).
4) T. Wilson and A. R. Carlini : *Opt. Lett.*, **12**-4 (1987), 227-229.
5) W. Denk *et al.* : *Science*, **248** (1990), 73-76.

[光学機器]

100 望遠鏡

a. 望遠鏡光学系

(1) 屈折望遠鏡 G. Galilei が用いた対物凸レンズと接眼凹レンズからなる Galileo 式望遠鏡は正立虚像が得られるが視野が狭いという難点があった．接眼凸レンズを用いる Kepler 式望遠鏡は，対物レンズの焦点部にできる実像の位置を焦点面に張ったくも糸を基準に測定できるメリットがあるが，像は倒立する（図1）．

単レンズの屈折望遠鏡には色収差があり，この影響を軽減するためには長焦点距離の望遠鏡が用いられたが視野が極端に狭いという問題があった．Fraunhofer は屈折率の異なる2種類のガラスを貼り合わせた色消レンズを発明してこの問題を解決した．屈折望遠鏡はヤーキス天文台の1m望遠鏡が最大となった．透過光で用いるため光学的に均一な大型レンズの製作に限界があったためである．

(2) 反射望遠鏡 本質的に色収差がない鏡を用いた望遠鏡は Newton が最初に試作した．だが，金属を研磨した鏡を用いたため反射率が短期間で劣化した．実用化に至ったのはガラス鏡を研磨してメッキすることで劣化しない鏡ができるようになってからである．

(3) 大型望遠鏡の焦点（図2） 主焦点は主鏡の直焦点だが，単一鏡の光学収差を除去して広い視野を活かすため，通常は専用の主焦点補正光学系を製作して用いる必要がある．高度軸から遠い主焦点に観測装置を装備するには望遠鏡構造を堅牢にする必要がある．小望遠鏡では主焦点にカメラを配置することは困難なため，斜鏡で主焦点を望遠鏡筒の外に折り返す Newton 焦点が用いられる．

放物面主鏡と凸双曲面副鏡からなる古典的 Cassegrain 系は光軸上では無収差の完全なナスミス焦点光学系となるが，軸外ではコマ収差が大きい．すばる望遠鏡などで採用された Ritchey-Chrétien 系は主鏡と副鏡を双曲面とし非球面定数を最適化することにより比較的広い視野にわたり実用的な光学系を実現したものである．主鏡の焦点位置の先に凹面副鏡を配置するグレゴリアン系は太陽望遠鏡などに用いられる．

経緯儀では高度軸と方位軸の交点に斜鏡を配置して，Nasmyth 焦点を設けることができる．Nasmyth 焦点に像回転補正系を組み込めば大型観測装置を配置することができる．

Coude 焦点は回転する望遠鏡から不動の実験室に光路を導くもので焦点距離も長くなるが，高分散分光器など大型で安定性が重要となる観測に適している．

三非球面望遠鏡は，主鏡，副鏡からなる

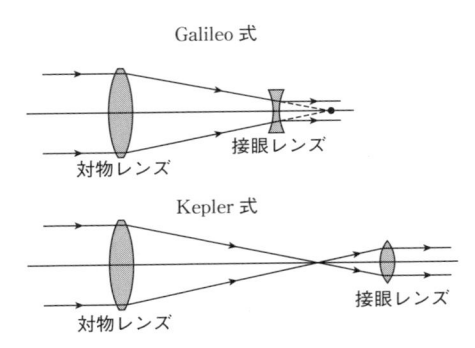

図1 Galileo 式と Kepler 式屈折望遠鏡の原理

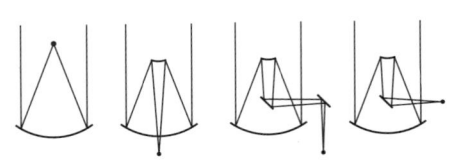

図2 反射望遠鏡の焦点
左から主焦点，Cassegrain 焦点（Ritchey-Chrétien 焦点），Coude 焦点，Nasmyth 焦点

二面反射望遠鏡に第3の非球面鏡を配して収差をすべて除去し広い視野にわたりシャープな画質を実現することができる.

球面主鏡とその曲率中心位置に球面収差を補正する補正版を備えた Schmidt 望遠鏡は広い視野を確保できる望遠鏡である. 東京大学木曽観測所には口径 105 cm の Schmidt 望遠鏡がある.

b. 望遠鏡構造

(1) **鏡材** 気温変化があっても変形しないよう望遠鏡の鏡材は熱膨張率が極めて小さいものでなければならない. また, 鏡面を滑らかに研磨できる加工性と安定性をもつ材質が必要であり, ガラス鏡材として実用化されているのは何種類かの超低膨張率ガラスに限られている. 鏡でなく, レンズに用いるにはさらに内部の均一性などの仕様が厳しくなる. 宇宙望遠鏡用としては, 軽量のベリリウム鏡や, 炭化ケイ素鏡が開発されている.

(2) **架台** 天体望遠鏡は観測天体に指向して, 天体の日周運動を追尾できるような架台と駆動機構が必要である. 架台は大きく分けて赤道儀と経緯儀がある.

赤道儀は地軸に平行に設置した極軸と極軸に垂直な軸を持つ架台であり, 極軸のまわりに一定角速度で望遠鏡を回転することで日周運動を追尾できるので, 駆動速度が一定でよいという単純さが利点であり, 小型望遠鏡に多用される. 小型望遠鏡で最も一般的なのはドイツ式だが, 大型望遠鏡ではイギリス式, フォーク式, 馬蹄形式などの架台も用いられる.

経緯儀は, 天体追尾の際, 方位軸(鉛直軸)と高度軸(水平軸)まわりの回転を変速駆動する必要があるが, 傾斜した極軸が不要で対称性のよいコンパクトな架台方式であり, コンピュータ制御の発達とともに大型望遠鏡に多用されるようになった. 経緯儀の場合, 焦点面の天体像が追尾中に回転するため, 像回転補正光学系か装置回転

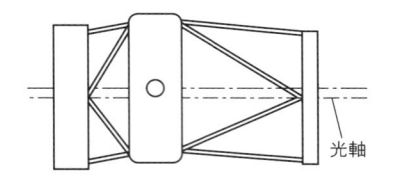

図3 Serrurier トラスの原理

機構を設ける必要がある.

(3) **鏡筒** 屈折望遠鏡では鏡筒の両端に対物レンズと接眼レンズを保持する構造が一般的で, 鏡筒は迷光の遮蔽を兼ねることが多い. 大型反射望遠鏡では構造の軽量化のため筒構造のかわりにパイプ接合のトラス構造を採用する. トラス構造は, 望遠鏡を傾けたときの自重変形による主鏡と副鏡の垂下量が同じになるように部材強度を最適化する Serrurier トラスの設計が基本となる (図3). ハッブル宇宙望遠鏡の場合は地球周回軌道上での熱変形があっても, 主鏡と副鏡間の距離が不変となるような熱変形消去設計が施されている.

(4) **駆動** 望遠鏡の駆動は赤道儀の場合はモーターの定速駆動を基本とし, 望遠鏡ガイド機構によりガイドエラーの微少補正を行うのが一般的である. 経緯儀の場合は, 方位軸回転と高度軸回転をコンピュータ制御して日周運動をなめらかに追尾させる. 駆動機構としてはウォームギヤによる減速機構を用いたギヤ駆動方式, 摩擦駆動ローラーを用いる方式に加えて, 近年の大型望遠鏡では静圧軸受けで望遠鏡構造を浮かせて, リニアモーターのような非接触直動モーターで精密駆動する方式が主流となっている.

c. 望遠鏡関連技術

(1) **補正レンズ系** 古典的 Cassegrain 望遠鏡の場合, 主焦点では光軸上は無収差だが軸外では収差が大きく広い視野はとれない. 主鏡に最適化した通常3枚からなる補正レンズ系を配置することにより,

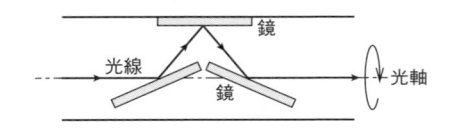

図4　像回転補正光学系

広い視野にわたりシャープな撮像を可能にする光学系が用いられる．すばる望遠鏡の新主焦点補正系は視野直径 1.5° の撮像を可能にする．

(2) 像回転補正　経緯儀の望遠鏡では焦点面の天体画像は追尾とともに回転するため，観測装置を回転させるか天体画像を回転させる必要がある．平面鏡を3枚用いたユニットを像回転速度の半分の角速度で回転させて Nasmyth 焦点上で像回転を補正する光学系などが用いられる（図4）．

(3) 大気分散補正系　大気の屈折率は波長依存性があるため，天頂からの角度が大きくなると星像に色分散が生じる．大気分散補正系としては大気の色分散と似た特性をもつような直視薄プリズムを2対用いて，天頂距離に応じた色分散補正を実現するレスリー型プリズムが代表的である（図5）．

(4) ガイド系　自重変形，熱変形，エンコーダー誤差，風外乱，大気差などによる望遠鏡の追尾誤差は観測視野内のガイド星の動きを測定して補正する．追尾誤差補正用のガイド星に加えて，補償光学系（〔93. 補償光学〕を参照）では大気擾乱による光波面の擾乱を測定するためのガイド星が別に必要となる．

(5) 光学検査系　非球面主鏡の製作時の光学検査には専用のヌルレンズ干渉計を製作して用い，また凸非球面副鏡の製作時の光学検査にはヒンドルシェルを用いた専用のヌル干渉計が用いられる．組み上がった望遠鏡の運用時には Shack-Hartmann カメラなどが用いられる．

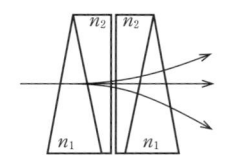

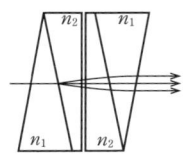

図5　大気分散補正系

d．望遠鏡の歴史

G. Galilei が 1609 年に対物凸レンズと接眼凹レンズを組み合わせた口径 3 cm の屈折望遠鏡を自作して，天体観測に用いたのが望遠鏡の始まりとされている．Galilei は木星の4大衛星，土星の輪，太陽の黒点，星の集まりとしての天の川を観察した．

17世紀はじめ頃 J. Kepler は接眼レンズを凸レンズにして倒立実像を見えるようにし，焦点面にくも糸を張って，星の位置を正確に測ることができるようにした．

19世紀初頭 Fraunhofer は単レンズの望遠鏡の色収差を軽減するため，色分散の異なるクラウンガラスとフリントガラスを組み合わせた色消しレンズを発明し，実用的な屈折望遠鏡が製作されるようになった．

屈折望遠鏡は均質一様な大型レンズの製作が難しく，1897年に完成したヤーキス天文台の 102 cm 望遠鏡が最大となった．

反射望遠鏡は 1672 年に I. Newton が金属鏡を磨いて試作し，英国王立協会で発表したのが始まりである．屈折望遠鏡のような色収差がないという利点があるが，金属鏡はすぐに曇ってしまうという欠点があった．W. Herschel は 1789 年に 1.26 m の主鏡をもつ望遠鏡を建設した．大型反射望遠鏡が実用化されたのは 20 世紀にガラス鏡にアルミニウム蒸着する技術が開発されてからである．

パロマー天文台の 5 m 望遠鏡は 1948 年に完成した．

国立天文台は 1999 年にハワイ島マウナケア山頂に口径 8.2 m のすばる望遠鏡を完

図6 W. Herschel が建設した40フィート望遠鏡

図7 口径8.2 m すばる望遠鏡（国立天文台）

図8 30 m 望遠鏡 TMT の完成予想図（国立天文台）

成させた．厚さ20 cmの薄皿型主鏡はコンピュータ制御の261本のアクチュエータで設計上の回転双曲面形状を保つよう毎秒制御されている．主焦点，Cassegrain 焦点，2つのNasmyth 焦点に8つの観測装置を装備できる．2011年には解像力を10倍に改善するレーザーガイド星補償光学系を装備した．

すばる望遠鏡は8 m級望遠鏡で唯一広視野主焦点カメラを搭載しており，129億光年の最遠銀河や，太陽系外惑星の発見などの成果を挙げている．

1990年にスペースシャトルにより打ち上げられた口径2.4 mのハッブル宇宙望遠鏡は，その光学系に球面収差があることが打ち上げ後に発覚したが，1993年にはシャトルのサービスミッションで補正光学系を装備することに成功し，以後大気のゆらぎのない宇宙空間からみごとな天体画像を届け続けている．

ケック望遠鏡は対角1.8 mの六角形鏡を36枚敷き詰めて，有効口径10 mの望遠鏡を実現したもので1993年にマウナケア山頂に完成した．

日・米・カナダ・中国・インドの五カ国はマウナケア山頂に口径30 m望遠鏡 TMT の建設を目指している．対角1.5 mの六角形鏡を492枚敷き詰める方式で，2021年の完成を目指している．［家　正則］

■参考文献

1) 家　正則ら編：シリーズ現代の天文学第15巻，宇宙の観測 I- 光・赤外天文学，日本評論社 (2007).
2) 吉田正太郎：望遠鏡光学・屈折編，誠文堂新光社 (1989).
3) 吉田正太郎：望遠鏡光学・反射編，誠文堂新光社 (1988).
4) 山下泰正：反射望遠鏡，東京大学出版会 (1991).

101 [光学機器]

眼鏡レンズ

眼鏡レンズは，近視・遠視・乱視・老視などの屈折異常をもった眼を補正するための代表的な屈折補正用具である．眼球光学系と一体となって網膜への結像を促すため，眼鏡レンズを設計するためには眼球光学系の理解が必須となる．眼鏡レンズはその目的に応じて，単焦点レンズ・多焦点レンズ・累進屈折力レンズに分類される．

a. 調節力と屈折異常

(1) 調節力 人は水晶体の調節作用により近くから遠くまでピントを合わせることができる．ピントの合う最も遠い位置を遠点，最も近い位置を近点とよび，眼からそれぞれの位置までの距離の逆数の差を調節力とよぶ．老視は加齢により調節力が低下し近点が遠くなった状態を指す．

(2) 屈折異常 調節が入らない状態で遠方の物体が網膜に結像しない状態を屈折異常とよぶ．屈折異常を分類すると，①遠視（遠方の物体が網膜の後ろに結像する），②近視（遠方の物体が網膜の手前に結像する），③乱視（遠方の物体が一点には結像しない），である（図1）．

b. 眼鏡レンズの屈折力

(1) 球面の面屈折力 曲率半径 r の球面による面屈折力 D_1 は以下となる．

$$D_1 = \frac{n_2 - n_1}{r} \quad (1)$$

n_1 はレンズ面より物側の領域の屈折率，n_2 は眼側の領域の屈折率である．曲率半径の単位が m のとき，面屈折力の単位をディオプトリまたはディオプターとよび，通常，記号 D で表す．

(2) 球面レンズのレンズ屈折力 レンズの屈折力として眼鏡レンズでは後側バックフォーカスの逆数から求めた後面頂点屈折力を用いる．前面，後面とも球面の球面レンズにおけるレンズ屈折力 D_v は以下となる．

$$D_v = K_s \times D_1 + D_2 \quad (2)$$

D_1 は前面の面屈折力，D_2 は後面の面屈折力，K_s は形状係数とよばれ眼鏡レンズの倍率に関与する係数である．眼鏡レンズの場合，K_s は1に近く，定性的な議論においては $D_v \simeq D_1 + D_2$ として構わない．

(3) トロイダル面の面屈折力 乱視のうち眼鏡によって補正可能なものを正乱視とよび，その補正にはトロイダル面を用いる．トロイダル面は直交する2方向において異なる曲率半径をもつ（図2）．一方の曲率半径 R 方向の面屈折力を D_R，それと直交する曲率半径 r 方向の面屈折力を D_r としたとき，r 方向から θ 回った方向の面屈折力 D_θ は以下となる．

$$D_\theta = D_r \cos^2\theta + D_R \sin^2\theta \quad (3)$$

(4) トーリックレンズの屈折力 少なくとも1つのトロイダル面をもつトーリックレンズのレンズ屈折力は方向によって異なる．その表記法は，①2つの主経線屈折力の値と角度の表記，②いずれか一方の主経線屈折力（球面屈折力とよぶ）の値と乱視屈折力の値と角度の表記，のいずれかとなる（図3）．

(5) プリズム屈折力 プリズム屈折力は光線束をプリズム基底方向に一様に偏向させる屈折力である．後面頂点屈折力 D_v のレンズに対し，光軸からの高さ h に光軸に平行な光線を入射した場合，プリズム屈折力 P は以下となる．

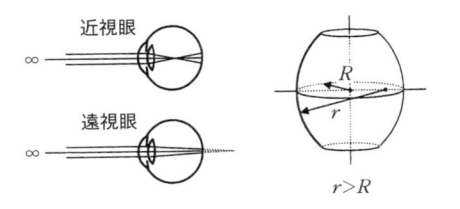

図1 屈折異常　　図2 樽形トロイダル面

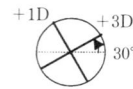

```
+1D  +3D    ① Cyl+1D      Ax 30°
       30°    Cyl+3D       Ax 120°
              Sph+1D⊃Cyl+2D  Ax 120°
           ② または
              Sph+3D⊃Cyl−2D  Ax 30°
```

図3 トーリックレンズの屈折力の表記法

$$P \cong h \times D_v \quad (4)$$

この式をPrenticeの公式とよぶ．h をcm，D_v をディオプトリーで表したとき，プリズム屈折力 P の単位をプリズムディオプトリとよび，記号△で表す．

プリズム基準点においてプリズム屈折力をもつレンズはプリズムレンズとよばれ，斜位眼などの場合に視線の向きを変える目的で使用する．

c．眼鏡レンズの収差特性

眼鏡レンズ設計の際には，網膜の錐体細胞が黄斑部中心窩に集中していること，回旋点を中心に眼球は回旋することを考慮する．この結果，黄斑部中心窩の共役点である物点の軌跡は回旋点を中心とする球面（遠点球面とよぶ）となる．設計の際には，実質的な射出瞳である回旋点を通る細い光線束に対して，レンズ全面に渡って収差補正が必要になる．

収差補正に関しては，①眼球の焦点距離に比して虹彩絞りが小さいため開口性の収差（球面収差・コマ収差）は小さい，②網膜面は湾曲しているため像面湾曲収差が軽減される，③視覚の慣れのため歪曲収差は感じにくい，の3点より，非点収差の補正が最優先となる．

d．眼鏡レンズの設計

(1) 単焦点レンズ 単焦点レンズには，球面レンズと非球面レンズ，乱視レンズがある．単焦点レンズは遠方視用の遠用レンズとしての用途ばかりでなく，近距離作業用の近用レンズとしても用いられる．

(i) 球面レンズ： 球面レンズは前面も後面も球面によって構成されたレンズである．処方された度数に合わせたレンズのベンディングにより，非点収差を補正する．レンズの中心厚をゼロとして眼球回旋点を通る光線で非点収差が発生しない条件式を展開して得られた解は二次式になり，Tscherning の楕円としてよく知られている．図4には，視距離が十分に遠い遠用レンズと，視距離25cmの近用レンズの解を示す．横軸はレンズの屈折力を，縦軸はレンズの前面カーブ（面屈折力）を表す．

(ii) 非球面レンズ： 回転対称非球面を少なくとも一方に含んだ単焦点レンズを非球面レンズとよぶ．回転対称非球面は一般的に次式を用いることが多い．

$$x = \frac{c\rho^2}{1+\sqrt{1-(1+\kappa)c^2\rho^2}} + \sum_{n=1}^{m} A_{2n}\rho^{2n} \quad (5)$$

ここで，x はレンズ面接平面からの距離，ρ は光軸からの距離，κ はコーニック定数（$\kappa=0$ のとき球面），A_{2n} は非球面定数であり，$c = 1/r_0 - 2A_2$（ただし，r_0 は頂点曲率半径）である．

非球面化により非点収差の低減が可能となるため，Tscherning の楕円の数値解から外れた前面カーブの選択も可能となる．近年のカーブの小さいレンズは非球面化により可能となった．

(iii) 乱視レンズ： トロイダル面などを含み，正乱視を補正するためのレンズを乱視レンズとよぶ．トロイダル面を含む場

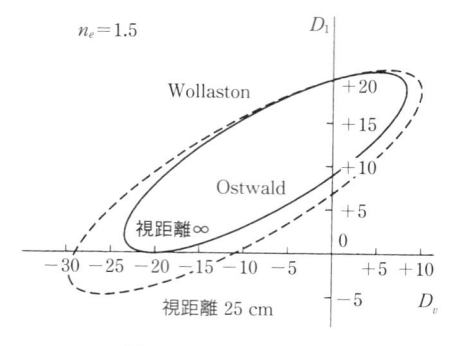

図4 Tscherning の楕円

合，2つの主経線方向の曲率半径のうち一方はTscherningの楕円を考慮して選ぶこともできるが，他方の曲率半径は自動的に決まってしまい非点収差が除去できない．さらなる非点収差の低減のためには，非トロイダル面を用いる．

(2) 多焦点レンズ 調節力を補うレンズであり，遠用領域に加え近用領域を設けた二重焦点レンズ，さらに中間領域を設けた三重焦点レンズがある．

各領域を明確に分割し設計を行うため，それぞれの領域における光学性能は良好である．しかし，各領域が連続的につながらず境界は明確であり，外観が優れない，イメージジャンプが生じる場合がある，という欠点をもつ．

台玉となるレンズの前面に近用用の小玉を埋め込み融着する融着型，レンズの下方を削り取って近用の曲率半径に磨き上げるワンピース型がある（図5）．

(3) 累進屈折力レンズ 調節力を補うレンズであり，遠近の境目がなく見た目に老視を感じさせないなど外観に優れ，中間の距離も連続的にピントを合わせることができるという特徴をもつレンズである．

レンズ上方に遠用部，下方に近用部があり，遠用部から近用部へ向けて加入屈折力が連続的に増加する中間累進帯がある（図6）．中間累進帯では屈折力および形状が連続的に変化するために，中間累進帯の側方において非点収差の大きな領域ができる．遠用部の広さ，近用部の広さ，加入度の大きさ，累進帯の長さに応じ，側方の非点収差の大きさが決まる．この非点収差の大き

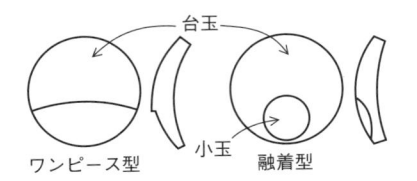

図5 多焦点レンズ

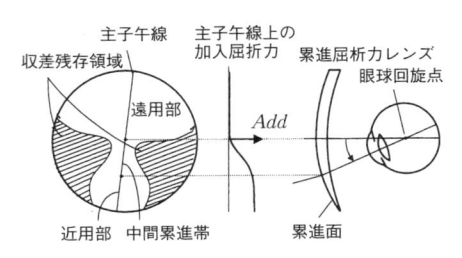

図6 累進屈折力レンズの構成と各部名称

い領域を通して見ると像のボケやゆれ・ゆがみが生じる．

(i) 累進屈折力レンズのタイプ：累進屈折力レンズは用途に応じて，遠近バランス型，中近重視型，近方専用型の3タイプがあり，① 遠近バランス型は遠方から手元までピントが合うレンズ，② 中近重視型は室内距離から手元までピントの合うレンズ，③ 近方専用型は手元空間のピントを重視したレンズ，である．これらのレンズは近年，若年層の近距離作業をアシストする用途でも利用されている．

(ii) 累進屈折力レンズの構成：累進面の配置でタイプが分かれ，① 累進面を前面に配置した外面累進レンズ，② 後面に配置した内面累進レンズ，③ 前面・後面の両方に配置した両面累進レンズ，がある．

e．眼鏡レンズの技術革新

加工技術・設計技術の向上に伴い，様々な視線方向に対する最適化が可能となり，より良好な光学性能のレンズが提供可能となっている．また，装用者ごとのフレーム形状，装用状態，生活様式などを考慮したレンズも提供可能となっている．

［水野正朝］

■参考文献
1) 辻内順平ら編：最新光学技術ハンドブック，朝倉書店（2002），pp. 837-850.
2) 鶴田匡夫：第3・光の鉛筆，アドコム・メディア（1993）．

102 [光学機器]

コンタクトレンズ

近視・遠視など視力を補正するためのコンタクトレンズ（以下 CL）は医療機器であり，その機能に障害が生じた場合は人の生命や健康に重大な影響を与える恐れがある「高度管理医療機器」であるため，安全性・生体適合性・良好な装用感・明瞭な視界・適切な強度などが求められる．治療や検査を目的に用いられるものも CL に含まれる．

その名称は，contact＋lens（角膜に接するレンズ）に由来し，Leonardo da Vinci が角膜に接した水をレンズに見立てた実験によりその原理を発案したとされる．初期はガラス製であったが，装用感の悪さなどから，ハード CL 材料として使用される透明度が高く加工性に優れた PMMA 材料や素材が酸素を通す RGP（rigid gas permeable）CL，ソフト CL の材料として含水可能な HEMA 材料などが開発され，現在は角膜への酸素供給を目的としたシリコーンハイドロゲル素材が注目される．

a．眼鏡レンズとの違い・特徴

眼鏡レンズと CL は視力を補正するという共通の目的により使用される場合が多いが，レンズ位置の違いなどにより異なった光学特性をもつ．また，眼鏡レンズの場合，角膜とレンズの空間は空気であるのに対し，CL の場合はその間に涙液が存在する．それらの違いを以下に示す．

（1） コンタクトレンズの視野と輻輳
眼鏡において，屈折力の強い凹レンズではレンズ周辺視時に二重像を生じる場合があるが，CL の場合，眼球が動いても通常は角膜の中心にレンズが定位するために視野は裸眼時とほぼ変わらない（図1）．また，左右眼で立体視をする場合，眼鏡レンズでは裸眼時や CL 装用時よりも輻輳調節のバランスが崩れやすい．

（2） 網膜上の像の拡大倍率 眼鏡レンズは CL と比べるとプラス・マイナスの両レンズにおいて，屈折度数が大きくなると像の拡大率・縮小率が大きくなる（図2）．よって左右眼の屈折度数に差が大きい不同視の場合，その左右眼倍率差の少ない CL は見え方への影響がやや小さい．

（3） 涙液レンズ作用・度数差 ハード CL では角膜との間にできる涙液層によりレンズ作用が生じる．この涙液層により，角膜表面上の乱視（不正乱視）を矯正できることもその特徴である．また，眼鏡レンズでは角膜まで装用距離による違いにより度数差が発生する．

（4） その他の特徴 眼鏡レンズでは軸外収差が避けられない欠点がある．しかし，斜視に対するプリズム矯正が可能であるなど CL にはないそれぞれの特徴を有する．それら特徴を生かし個々の症例に適した処方が重要である．

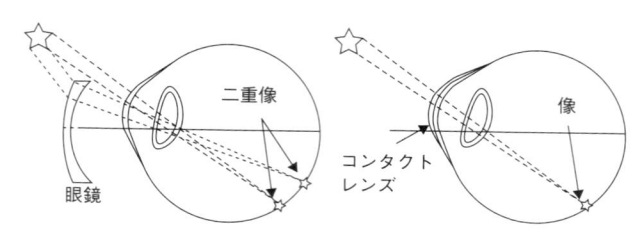

図1　眼鏡における網膜上の二重像

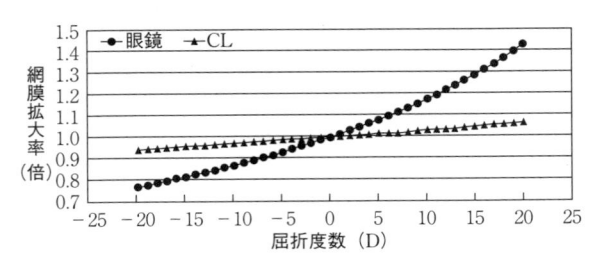

図2　網膜上の像の拡大倍率

b. コンタクトレンズの構造

CLの基本構造を示す（図3）.

(1) 光学部（optical zone：OZ）　視力補正するための主要部分である．通常は暗視散瞳時の瞳孔径約6 mmをカバーする範囲で設計され，屈折や回折の光学原理を利用して屈折度数を得るが，現存するレンズは屈折による光学設計が多くを占める．

(2) 直径（diameter：DIA）　ハードCLの直径は約9 mmとソフトCLの約14 mmより小さく，瞬目時にCLが上下動し涙液交換・酸素供給をする．表面張力により角膜上にCLが定位するが，その接触面積の大きさに安定度が依存する．直径が大きくなると角膜上でのレンズの安定性が増すため，スポーツ時は直径の大きいソフトCLの方が外れにくい特徴がある．

(3) ベースカーブ（base curve：BC）　角膜に接する部分であるCLの後側の光学面で，直径と同様に表面張力の効果により角膜上の安定性や装用感に影響する．この面にて屈折度数を得る場合もある．ハードCLの場合，ベースカーブの違いが涙液レンズ効果となり屈折度数へ影響する．

(4) フロントカーブ（front curve：FC）　空気（屈折率1.0）と材料間の屈折率差により屈折度数を決定するための主要な光学面で，フロントカーブの変更により屈折度数をコントロールする場合がほとんどである．

(5) 中心厚（center thickness：CT）　酸素透過性や強度，装用感，レンズ形状保持性などに影響する．他の光学素子とは異なり厚みが0.1 mm以下の場合もあるため，屈折度数に対する厚みの影響は少ない．

(6) ベベル（bevel）・**エッジ**（edge）　涙液交換や動きなど，装用感に影響する．

c. コンタクトレンズの屈折力計算

CLは特殊なレンズを除いて2面構成からなるメニスカスレンズである．通常は角膜に接するベースカーブを基準として光学設計を行い，複数の度数に対応するためにフロントカーブの曲率半径を算出する（図

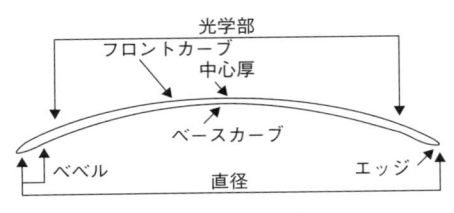

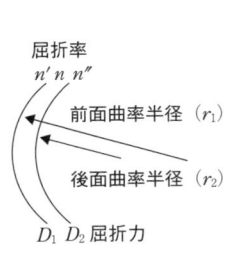

図3　CLの基本構造

D：コンタクトレンズの屈折力
D_1：前面の屈折力
D_2：後面の屈折力
n：コンタクトレンズ材料の屈折率
n'：コンタクトレンズ前面の屈折率
n''：コンタクトレンズ後面の屈折率
r_1：コンタクトレンズの前面曲率半径
r_2：コンタクトレンズの後面曲率半径

図4　CLの屈折力構成要素

4). 球面レンズの厚み要素を除いた簡易的な屈折力計算式は以下となる.

$$D = D_1 + D_2 = \frac{n-n'}{r_1} + \frac{n''-n}{r_2} \quad (1)$$

d. コンタクトレンズの種類
(1) 光学的分類
(i) 球面・非球面コンタクトレンズ：単純な2面の球面・非球面設計からなるCLであり，近視用と遠視用の視力補正レンズである．非球面形状設計により諸々の収差を取り除いたレンズも存在するが，その加工方法や評価・測定の難しさなどから球面形状による設計が多くを占める．

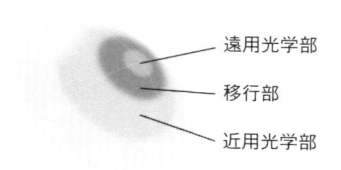

(ii) 遠近両用コンタクトレンズ：視力矯正用のCLの光学部（OZ）に近用視部（加入度部）光学領域を配置する．老視などによる水晶体の調節力低下を，度数を加えた光学面の追加にて近方視を補助する．同時視型（図5）や徐々に度数変更する累進型，レンズ下方に近用視部を配置した，ハードCLに用いられる交代視型などがある．

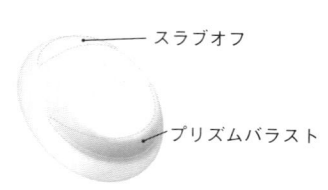

(iii) 乱視用コンタクトレンズ：乱視のうち不正乱視はハードCLにて矯正可能な場合があり，CL-角膜間涙液が不正乱視成分を打ち消すことにより矯正される．

正乱視による異なる2軸の度数を矯正するための最大の狙いは，CLの軸安定性の向上である．プリズムバラストとよばれるレンズ下方の厚みを増して重心制御をする方法や，瞼に挟む部分を薄く加工し瞼と角膜の間に挟み込むスラブオフ加工により軸安定を図る方法があり，その両方の組合せによる方法もある（図6）．

(2) 材料的分類
CL材料により角膜が低酸素状態に陥ってはならず，かつ角膜組織の代謝への悪影響を抑えなければならない．一般的には酸素透過率（Dk/t）が指標として用いられる．RGP（rigid gas permeable）CLは一般的にハードCLとよばれ，酸素透過性が高い．ソフトCLはHEMA材料を主としており含水した水分が角膜に酸素を供給しているが，現在は柔らかく酸素透過性の高いシリコーン材料を用いて高Dkを達成している．

(3) 機能的分類
(i) 視力補正用コンタクトレンズ：いわゆる一般的なCL．単回使用（使い捨て）と再使用可能なレンズに分類される．色素や顔料を含むものは色付CLとして分類される．また，無水晶体眼向けの視力補正と虹彩欠損特殊症例に対して，虹彩色を着色することで，特殊症例の整容や羞明感の軽減を行うレンズも含まれる（図7）．

(ii) 検査用コンタクトレンズ：角膜と虹彩の付け根部分の隅角を検査するための緑内障等向け検眼用CL（図8）．

(iii) 角膜矯正用コンタクトレンズ：オルソケラトロジーとよばれ，近視および近視性乱視の患者に対し，就寝時にCL装用することで角膜中央を圧迫変化させ，屈折異常を一時的に矯正し，昼間に裸眼で生活できることを特徴とするハードCL．

(iv) 治療用コンタクトレンズ：点眼薬を点眼した後に角膜上に装着する．これにより機械的な刺激などを緩和し痛みの軽

図5 遠近両用コンタクトレンズ
（遠用光学部／移行部／近用光学部）

図6 乱視用コンタクトレンズ
（スラブオフ／プリズムバラスト）

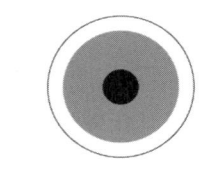

図7　虹彩付ソフトコンタクトレンズ

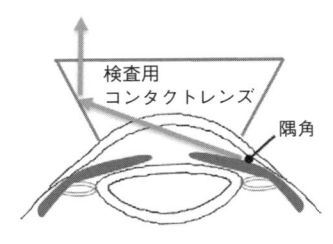

図8　検査用コンタクトレンズ

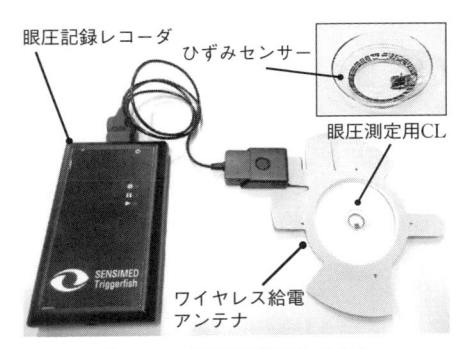

図9　24時間眼圧測定システム

減と角膜創傷治癒の促進を補助する．

(v)　**非視力補正用色付コンタクトレンズ**：虹彩や瞳孔の外観（色，模様，形）を変えるおしゃれ用カラーCLであり外観的な印象を変えることを目的とする．

(vi)　**その他のコンタクトレンズ**：網膜電位計用角膜電極や眼科手術用レーザーレンズなどもCLに含む．

d．コンタクトレンズの製造製法

日本国内のレンズは，その装用感のよさと利便性や煩雑な洗浄による感染症リスクを低減させるため，以下に示す(1)から(2)，(3)の製法による使い捨てCLが主流となった．

(1)　**レースカット製法**　ハード・ソフトCLに共通し，モノマー（レンズ材料）を棒状に熱重合（硬化）しポリマー状態にする．棒から数ミリの厚さに切り分け旋盤にてCL形状に加工研磨する．

(2)　**キャストモールド製法**　成型した凸・凹2つの樹脂型空間（CL形状）の中にモノマーを流し込みCLを重合（硬化）する．ガラス型を用いて光で短時間に重合する場合もある．その後，樹脂型からレンズを外し膨潤とよばれる水和処理を施して含水させ，保存液に浸してブリスターパックに封入して滅菌・出荷する．

(3)　**スピンキャスト製法**　回転するフロントカーブ型にモノマーを注ぎ遠心力でベース光学面を形成してレンズを重合する．型からレンズを外した後はキャストモールド製法と同じ工程をたどる．

e．コンタクトレンズ応用技術

近年では透明なソフトCL内に圧力検知用のひずみセンサーを埋め込み，眼球の内部圧力（眼圧）を角膜の膨張として検知し，その信号をCLより受信・監視することで，24時間の眼圧変動をモニタリング・記録するCLが開発されている（図9）．エネルギーは外部アンテナよりワイヤレス給電により送電される．また，CL内に薬液をしみ込ませてCL装用時間の経過とともに薬液を徐放させるDDS（drug delivery system）-CLが開発されるなど，光学特性を利用する眼科医療機器としてだけではなく，技術の進歩によりさらに付加価値を加えた製品の開発が行われてきている．

［久保田慎］

■**参考文献**

1) 日本眼鏡学会：眼鏡学ハンドブック，眼鏡光学出版（2013）．
2) 増田寛次郎ら編：眼科オピニオン3　コンタクトレンズ，中山書店（1998）．

103 ［光学機器］

光ディスク

　光ディスクは，対物レンズにより集光された光を回転する円盤状のディスクに照射し，微小な情報マークを記録再生する装置であり，走査型顕微鏡の応用と考えてもよい．

　1970年代初頭にレーザービジョンとして発表され，国内では1981年にレーザーディスクとして製品化された．当初アナログビデオ信号の再生用であったが，1982年に製品化されたCD（compact disc）より，デジタル信号を用いる情報記録メディアとして普及している．記録再生可能な光ディスクとしてMO（magneto-optical, 1988年発売）ディスク，MD（mini disc, 1992年発売）なども製品化されている．光スポットを用いた記録膜の昇温による保磁力の制御と，磁気Kerr効果を用いる偏光検出が用いられるが，別途外部磁場の発生デバイスを必要とするなどの理由により，現在は記録方式として後述の相変化型が用いられている．本書では，主に映像音楽用に用いられているCD，DVD（digital versatile disc），BD（blu-ray disc）について記述する．

　ディスクは，ゴミ傷から記録再生層を保護するカバー層および基板によって構成されている（図1）．記録再生層上には，ROM（read only memory）ではpitとよぶ微小な凹凸（光学長で深さ$\lambda/6 \sim \lambda/4$，λ：波長）でマークが形成され，記録型（R：recordable 一回記録，RW，RE：rewritable）では，未記録時に光スポットのトラッキングを行うために案内溝が形成されている．Pit列あるいは案内溝はディスク内でスパイラル状にトラックとして形成され，案内溝を微小に揺らすことでアドレスを記録することも行われている（wobble address）．なお，DVD-RAM（random access memory：RAM）では，ランドグルーブ記録とよばれる，案内溝の凸および凹部の両方に記録再生を行う方法が用いられている．ROMの反射層としてはAl，Ag合金が用いられ，記録系の材料としては，カルコゲナイド系材料などの除冷による結晶化と急冷による非晶質化の反射率の違いを用いるREタイプ，有機色素や無機酸化物などの温度上昇による分解や合金化を用いたRタイプが用いられている．

　CD，DVDではカバー層と基板は同一であり，高強度で吸湿性と複屈折の小さいポリカーボネイトが用いられる．BD（blu-

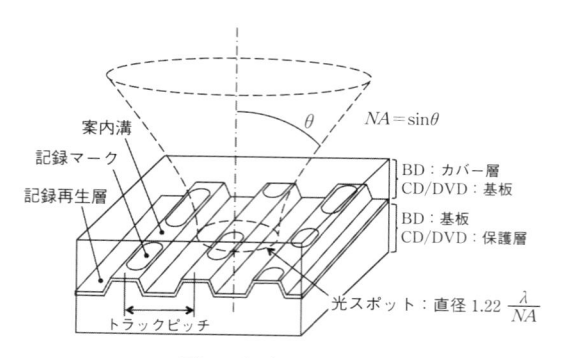

図1　光ディスクの構造

ray disc）ではカバー層が薄いため，記録再生層の構成された基板上に設けられる．

現在，上記の3種類のフォーマットが主に用いられているが，使用されているLD (laser diode) の波長，対物レンズのNA (numerical aperture)，直径12 cmのディスクに記録される1層当たりの記録容量などを表1に示した．また，光ディスク光学系（光学ピックアップ）の一例を概略として図2に示した．光源から出た光はコリメーターレンズによりほぼ平行光とされた後，円偏光でディスクに入射し，反射光は$\lambda/4$波長板を再度透過することにより偏光方向が入射時に対して90°回転し，検出器側へ集光する．検出器としては，感度，帯域とノイズ特性を考慮して，Si-PINフォトダイオードと増幅器を一体にしたICが用いられる．光電変換部は対物レンズ位置制御信号を検出するためにパターン化されており，記録マークからの情報信号（RF信号）はA＋B＋C＋Dの和信号として検出される．

記録再生層における光スポットを微小化することにより記録密度を上げることができる．波動光学より，フォーカス位置における光スポットの直径は$1.22\lambda/NA$（Airy disc）であり，信号変化を検出できるマーク列の最大の空間周波数は$2NA/\lambda$（カットオフ周波数）となる．光源として，点光源に近く集光特性がよい半導体LDが用いられる．波長780 nm，650 nm，405 nm用としてGaAlAs，AlGaInP，GaInN系のLDが用いられている．フォーマットにより異なるが，対物レンズ射出光量として，再生時には1 mW弱程度，記録時には10倍以上程度の光量で用いられる．短波長化により記録密度は向上するが，カバー層材料や，光学部品の透過率の波長依存性を考慮する必要がある．また，対物レンズとディスクの間の間隔が必要なため，NAが1を超えることは困難である．カバー層厚みはNAが上がるに従い薄くなっているが，ディスクの傾きによる光学収差（コマ収差）がNAの3乗とカバー層厚みに比例するためである．

表1　主な光ディスクの仕様

	CD	DVD (ROM)	BD
波長	780 nm	650 nm	405 nm
NA	0.45	0.6	0.85
カバー厚	1.2 mm	0.6 mm	0.1 mm
トラックピッチ	1.6 μm	0.74 μm	0.32 μm
最短マーク長	0.87 μm	0.40 μm	0.15 μm
記録容量（単層）	650 MB	4.7 GB	25 GB

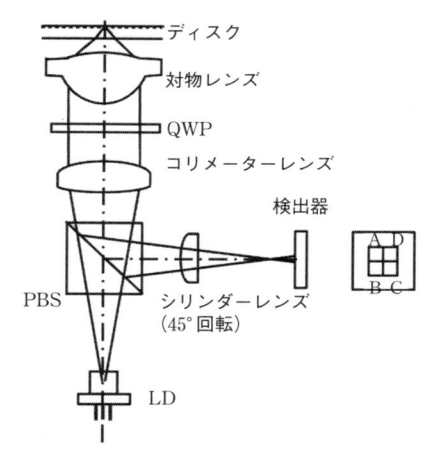

図2　光ピックアップ

光ディスクの場合，Seidelの5収差における像面湾曲，歪曲収差は基本的に考慮する必要がなく，BDのような限界に近い高NAの対物レンズにおいても，製造技術の進歩によりプラスチックおよびガラスモールドによる小型な非球面単レンズが実現されている．結像性能としてMarechal評価基準（波面収差0.07λrms以下）が知られているが，ディスク傾き，トラッキングによるレンズ移動などの摂動を考慮した状態で基準を満たすような精度が要求される．

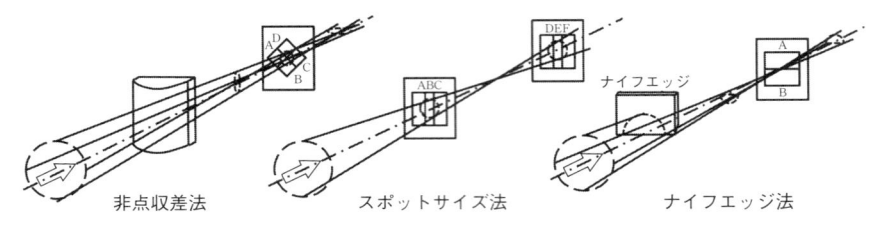

図3 フォーカスエラー検出法

（非点収差法／スポットサイズ法／ナイフエッジ法）

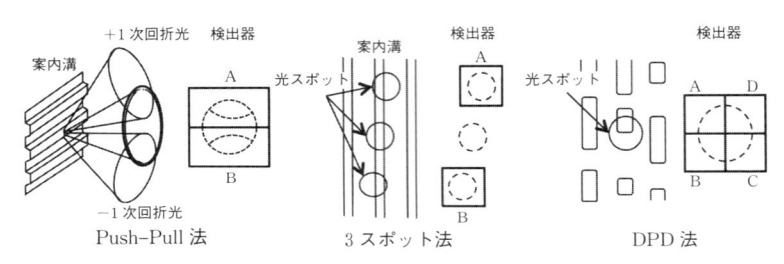

図4 トラッキングエラー検出法

（Push-Pull法／3スポット法／DPD法）

対物レンズは電磁アクチュエータを用いて2方向に位置制御されるようになっており，それぞれ，光スポットの焦点位置を記録再生面に合わせるフォーカスサーボ，トラックの中心に光スポットを合わせるトラッキングサーボとよばれる．トラッキングに関しては，ディスク半径上の大まかな位置にピックアップ全体を移動するスレッドサーボ，また，ディスクの回転を制御するスピンドルサーボ技術も必要である．光ピックアップでは，フォーカス，トラッキング用にエラー信号を検出している．

a. フォーカスエラー信号の検出

図3に代表的な3つの方式を示した．

記録再生面に対して光スポットの焦点位置が変化すると，検出器への光の収束位置が変化する．非点収差法ではシリンダーレンズが検出器前に配置されており，焦点位置変化により検出器上では扁平した光スポットの形状が変化する．フォーカスエラー信号は $A+C-(B+D)$ で得られる．スポットサイズ法は，検出器側の前後の焦点位置に検出器を置き，$A+C-B-(D+F-E)$ などにより検出する．ナイフエッジ法では図のようなナイフエッジで光ビームの半分を遮光し，$A-B$ でエラー信号を検出する．

b. トラッキングエラー信号の検出

Push-Pull法は案内溝あるいはpit列による回折光の変化を利用するもので，案内溝がシフトした場合に±1次回折光の位相が変化し，回折パターンに明暗が生ずることを利用する．本方法では，トラッキングによる対物レンズ移動によって検出器上の光分布が動いた場合の信号オフセットを補償することが必要である．3スポット法は，往路（LDからPBSまで）にGratingを配置することにより，記録再生面上に3つのスポットを形成し，検出器にて独立に検出する．上下の光スポットはトラックに対して±Tp/4ずれており，$A-B$ でエラーを検出する．DPD（differential phase detection）法は，ROM再生に用いられる方法で，検出パターンを図4のように4分割し，RF帯域での $A+C$ 信号，$B+D$ 信

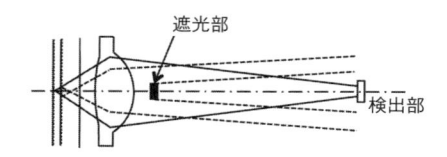

図5 多層ディスクの迷光除去方法

号の時間的な位相差（2つの検出パターンをディスク上に投影したスポットが再生する信号を考えるとよい）をエラー信号とする．

ディスク1枚当たりの容量を上げる方法として，中間層を介して複数の記録再生層を構成する多層ディスクが実現されている．現在，DVDでは片面2層（両面もあり），BDでは4層ディスクがある．記録再生を行っている層に対して，別層からの反射光は検出器位置へフォーカスのずれた分布として照射される（迷光）．この影響を抑えるために，中間層としてDVDでは55 μm前後，BDでは15 μm前後の厚みが設定されているが，光ピックアップでは，図5に示すような方法で検出器上の迷光を避ける方法が知られている．しかしながら，光路中の遮光領域によるRF信号再生特性の劣化を避けるために，遮光はサーボエラー検出系のみとし，HOE（holographic optical element）を用いて，サーボエラー検出パターンに対応する部分の光量を一部別方向に分岐し，検出器上の別パターンで検出する方法がよく用いられる．

特にBDではNAが高いため，カバー層の厚み誤差，および多層ディスクにおけるカバー層厚の違いによって生ずる球面収差の補償が必要になる．図2に示したコリメーターレンズを上下させると，対物レンズの使用倍率が変化して球面収差が発生し，補償を行うことができる．また，パターン化された液晶素子などを用いて，その他の収差を含めて補正を行う方法も知られている．

光ディスクはデータストレージデバイスとして，大容量化と同時にデータの高転送レート化が要求される．容量に関しては光学系の解像度だけではなく，信号処理技術の進歩による密度の向上も大きい（表中，光スポット面積と容量は反比例ではない）．転送レートに関しては，高回転の記録メディアに合わせた，高速なLD駆動方法（ライトストラテジ）や対物レンズの位置制御技術も重要である．また，下位フォーマット互換のための多波長対応光学系（部品）技術も開発されている．将来技術としては，Hologram記録，超解像技術，近接場再生技術，体積型ビット記録技術などが知られている．

[齊藤公博]

■参考文献
1) 尾上守夫監修：光ディスク技術，ラジオ技術社（1989）．
2) 中島平太郎，小川博司：コンパクトディスク読本，オーム社（1996）．
3) 徳丸春樹ら：DVD読本，オーム社（2003）．
4) 小川博司，田中伸一：ブルーレイディスク読本，オーム社（2006）．

[光学機器]

104

スキャナー・複写機

　一般にはコピー機とよばれている複写機は，デジタル化の進展とともに，近年MFP（multi function peripheral）あるいは複合機とよばれることが多い．複合機とは，（社）ビジネス機械・情報システム産業協会による定義では「複写機にFAX機能やプリンター機能を付加したものをいい，プリンターに複写機機能を持たせたものも複合機の範囲に含める」としている．

　複写機では，原稿を読み取りデジタルデータに変換する画像入力部と，そのデジタルデータを紙に印刷する画像出力部とで構成される．画像入力部はスキャナー機能をもつことになる．また，画像出力部はプリンター機能であり，電子写真方式（あるいは静電方式）という光を使った出力方式の他，インクジェット方式がある．

　本項では，電子写真方式の概要，および複写機やデジタル複合機のスキャナーの光学系について述べ，プリンター機能については〔105．レーザー走査光学系プリンター〕で触れる．

a．複写機

(1) 電子写真の原理　複写機の基本原理である電子写真方式（静電方式あるいはゼログラフィーともよばれる）は，1938年のC. F. Carlsonの発明に基づいている．その原理は，以下のとおりである．（図1）

① 帯電：感光体表面に静電気（負の電荷）を貯める．
② 露光：感光体に光をあて静電潜像（原稿画像に対応した電荷の像；光の照射部の電荷がなくなる）を形成する．
③ 現像：感光体に負に帯電したトナーを近づけ（感光体表面の電荷のないとこ

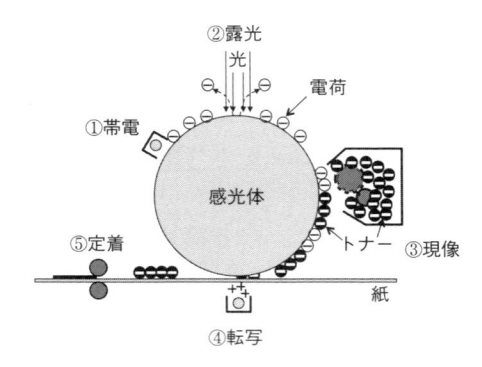

図1　電子写真のプロセス

　ろに）付着させる．
④ 転写：紙の裏側から正の電荷を与えて紙にトナーを移す．
⑤ 定着：熱や圧力で紙にトナーを定着させる．

　4色のトナーを使うフルカラー複写機（あるいはプリンター）では，モノクロの複写機に比べプロセスが複雑になるため，直接には紙に転写せずに，一度中間転写ベルトにトナーを移してから，それを紙に移す方式がとられている．この構造をとることで，高速印刷・小型・低価格化が図れる[1]．

(2) アナログ複写機の構成　図2に示すアナログ複写機では，コンタクトガラス（ガラスの原稿保持体）上に置かれた原稿は蛍光灯あるいはハロゲンランプにより

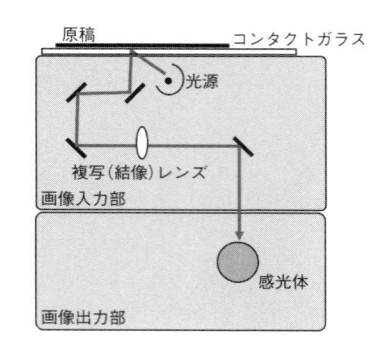

図2　アナログ複写機の構成

スリット状のマスクを介して照明され，原稿からの拡散反射光を複写（結像）レンズにより感光体表面にスリット状の像を結ばせる（これをスリット露光方式とよぶ）．反射光を感光体表面に直接結像させ照射することで，感光体上に静電潜像を形成し，図1に示した電子写真方式で原稿画像を紙に出力する．初期の複写機では原稿を1 : 1で複写する方式（等倍結像する複写レンズを使用する）であったが，現在では倍率を変えて複写できる方式が主流である．

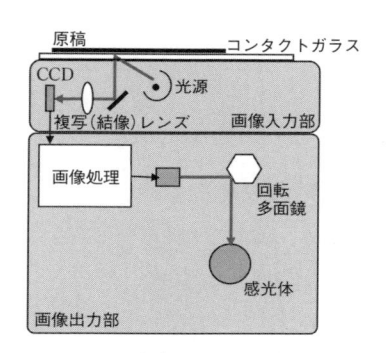

(3) **デジタル複写機の構成** デジタル複写機では，原稿を微小な画素に分解して，その位置情報と，画素からの反射光を，CCD (charge coupled device) イメージセンサーとよばれる素子で光電変換した強度情報を，デジタルデータとして取り込む．原稿への照明の仕方はアナログ複写機と同じである．この部分がフラットベットスキャナーとよばれる画像入力部である．光電変換素子としては，他に CMOS (complimentary metal oxide semiconductor) イメージセンサーや密着センサー（contact image sensor : CIS）などが使われる．画像出力部は，レーザー走査光学系により感光体上に潜像を形成するレーザービームプリンター（LBP）である（〔105. レーザー走査光学系プリンター〕を参照）．図3にデジタル複写機の構成を示す．

b. 画像入力（スキャナー）部

スキャナーに使われる光学系は，製版用読み取り装置に端を発し，ファクシミリの読み取り部を経て，今日の複写機，複合機のスキャナーに至る．以下，デジタル複写機や複合機で使われるスキャナーを中心に述べる．

(1) **技術の変遷** 製版用やアナログファクシミリでは，主に回転ドラム方式が使われていた．原稿を巻きつけた円筒ドラムを高速回転させながら，照明系，結像レンズおよび光電変換素子を一体化して，ド

図3 デジタル複写機の構成

ラムの回転軸に平行に移動させて1画素ずつ順次読み取っていくものである．重く大きなドラムを機械的に回転させるため，読み取り速度を速くできなかった．それを改善した高速ファクシミリ用の光学系として回転ピンホール方式がある[2]．

その後，光電変換素子のアレイ化，素子の高感度化，アレイの高密度化により，走査時間の短縮，装置の小型化，低価格が進み，業務用途だけでなく民生用途でもスキャナーの普及が進んだ．特に，光電変換素子の一次元アレイ化により縮小結像方式のフラットベットスキャナーが，また，低価格を目的とした装置の簡素化のために密着センサーを用いたシートフィードスキャナーが開発された．

(2) **縮小結像方式** 本方式は一般的な複写機，複合機で用いられる光学系である．縮小結像の複写レンズにより原稿をCCDに結像させるもので，一般には300〜600 dpi (dots/inch) 程度の画像解像度を有するが，1200 dpiを超えるようなものも出てきている[*1]．図4にその光学系の一例を示す．a.(2)項で述べたスリット露光方式により，コンタクトガラス上に置かれた原稿は，平面反射鏡を介して複写レンズ

[*1] 近年の画像処理技術の進歩により，CCD画素数に対応する画像解像度よりも高い解像度をうたう装置も発売されている．

により1/5〜1/10倍に縮小結像されCCDイメージセンサーで光電変換される（5000画素程度のCCDが多く使われるが，画像解像度を上げるため複数のCCDを並べて使うこともある）．この場合，主走査方向はCCDイメージセンサーによる電子的走査となるが，副走査方向は光学系を移動させる機械的走査となる．図4に示すように第1ミラーがA点からB点に移動するとき，第2，3ミラーの移動速度を半分とすることで，コンタクトガラスから複写レンズまでの光路長が常に一定となる．複写レンズでは，原稿を約5〜10分の1の倍率で縮小結像するためにガウス型レンズが採用される[3]．

原稿の照明には，白黒読み取りの場合は緑色蛍光灯が使われるが，フルカラー読み取りの場合は白色蛍光灯や白色LEDが使われる．

（3） 等倍結像方式　　等倍結像方式では，通常，等倍結像する複写レンズが使われるが，複写機の小型化，光学系の低価格化を目指して，下記のようないろいろな等倍結像アレイレンズが提案されている．

① 分布屈折率型ロッドレンズアレイ
② ルーフミラーレンズアレイ（RMLA）
③ マイクロレンズアレイ
④ 板状レンズアレイ
⑤ 球レンズアレイ
⑥ テレセントリックレンズアレイ

この中で1970年代より最も多く，長く実用で使われているものが分布屈折率型（GRIN-Gradient Index）ロッドレンズアレイである．図5にその光学系を示す．ここでは照明光源として発光ダイオード（LED）アレイが用いられ，原稿からの反射光は等倍結像素子であるGRINロッドレンズアレイを介してセンサーアレイ（多くの場合CMOSイメージセンサーが使われる）に受光される．

GRINロッドレンズをアレイ状にして像を連続的に結ばせるためには個々のレンズは正立等倍実像を形成する必要がある[4]．GRINロッドレンズの屈折率分布は，光軸に対し直角な方向に放物線状となっており，ロッドレンズに入った光は図6のように正弦波状に蛇行する．正立像を得ることができるロッドレンズの長さは，正弦波の一周期の1/2から3/4の範囲となる[5]．

GRINロッドレンズアレイでは多成分ガラス製のものが主流であったが，近年プラスチック製のGRINロッドレンズアレイも実用に供されている．一方，GRINロッド

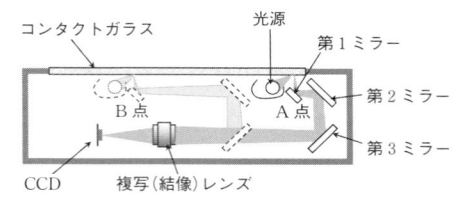

図4　縮小結像方式スキャナーの構成

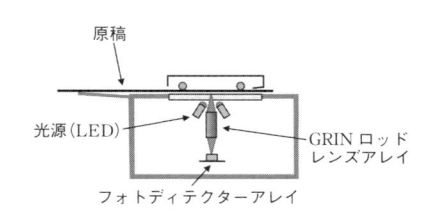

図5　GRINロッドレンズアレイを用いた光学系

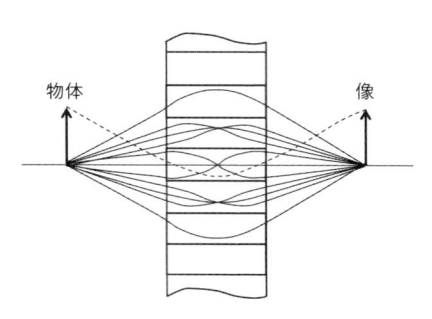

図6　GRINロッドレンズアレイでの等倍結像の仕方

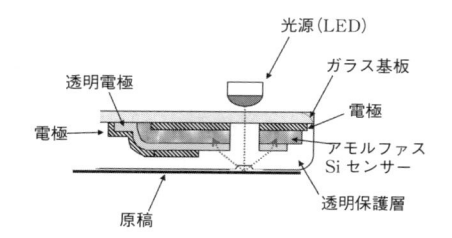

図7 密着センサー方式の構成

レンズアレイの他にあげた種々の正立等倍型の結像素子は，現在では，ほとんど市場から姿を消している．

(4) 密着センサー（CIS）方式 レンズ系を用いない最も薄型で低価格化がはかれる方式である．図7に示すように，センサーアレイとしてアモルファス Si が用いられ，その一部に照明用の窓が設けられこの背後より LED アレイで照明する．原稿からの反射光は光学系を介さず直接アモルファス Si センサーで受光される．本方式は原稿を移動させて読み取るシートフィードスキャナーに用いられる．紙を動かすため高速な走査ができ，大量のシート原稿を連続で読み取るのに適している．最近では，この密着センサーをシート原稿の両面に配して，原稿の両面を一度に読み取る高速スキャナーも出ている．

また，低価格フラットベッドスキャナーにも使われているが，被写界深度が小さいため通常の複写機には使われず，小型の装置（フィルムスキャナーなど）に限定される．　　　　　　　　　　　　　　　［横森 清］

■参考文献
1) 平倉浩治，川本広行監修：電子写真，東京電機大学出版局（2008），pp. 134-139.
2) リコー：IPS への道 - リコー 60 年技術史，リコー（1996），p. 122.
3) 篠原弘一，山口勝巳：特開昭 63-075720（カラー用高密度ガウス型レンズ）．
4) 西沢紘一：光学技術コンタクト，**16**-5（1978），25-37.
5) 小椋行夫：微小光学ハンドブック，朝倉書店（1995），p. 677.

[光学機器]

105 レーザー走査光学系プリンター

本項では，レーザービームプリンター（LBP）やデジタル複写機などの光を用いたプリンターの印字原理，それに使用されるレーザー走査光学系に関して解説する．また，他の方式の光を用いたプリンターに関しても概説する．

a．印字原理

LBPやデジタル複写機などの光を用いたプリンターの印字は，一般的な電子写真プロセスによる（図1）．感光ドラムは光照射により電荷を発生させる感光体で表面が覆われており，露光に先立ち帯電器により感光ドラム表面を一様に帯電し電荷を発生させる．その後，光で感光ドラム上に画像パターンを露光すると，露光された部分の感光体から電荷が発生し，先に帯電された電荷が中和され電荷が消去される．これによって形成される画像パターンに対応した電荷分布を静電潜像とよぶ．次に，現像器により，電荷が消去された部分だけにトナーを付着させることによりトナー像が形成される．さらに，トナー像を紙などの出力媒体上に移す転写，出力媒体上のトナーを熱と圧力を加えて出力媒体に固着させる定着の各工程を経て印字が完了する．

b．レーザー走査光学系

LBPやデジタル複写機などに用いられるレーザー走査光学系の一般的な構成を図2に示す．主な構成は，入射光学系，光偏向器，結像光学系に分類される．入射光学系から出射したレーザービームを光偏向器で偏向走査し，結像光学系により感光ドラム面上にスポット状に結像し等速度で走査させる．感光ドラムはレーザービームが走査する方向と直交する方向に回転しており，これにより2次元画像が形成される．レーザービームが走査する方向を主走査方向，それと直交する方向を副走査方向とよぶ．感光ドラム面上のスポットサイズ ϕ は通常その強度分布の $1/e^2$ 直径で定義し，像側のFナンバーを F，レーザーの波長を λ (mm)，としたとき，ϕ(mm)$ = kF\lambda$ となる．ここで，k はトランケーション係数とよばれ，結像光学系に入射するレーザービームの断面形状が円形で強度分布が一定の場合は1.645という値をとる．

（1）入射光学系 一般的な入射光学系は，光源，コリメータレンズ，開口絞り，シリンドリカルレンズとから構成される．光源としては，小型で安価であること，電流制御による高速変調が可能なことなどの理由で半導体レーザーが使用される．

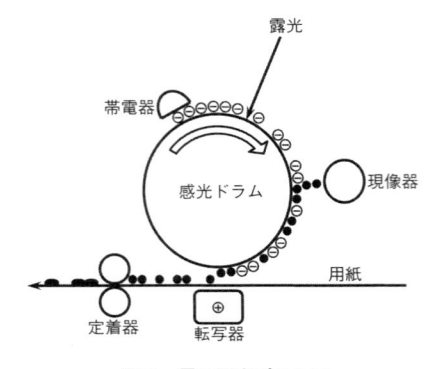

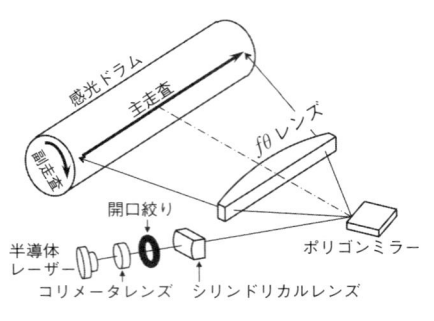

図1 電子写真プロセス

図2 レーザー走査光学系の構成

波長は赤色〜近赤外域のものが多用される．近年は高速化と高画素化を図るため，複数の発光点からなるマルチビーム半導体レーザーも使用されている．さらに最近では，光源の高集積化と2次元配列に有利な垂直共振器型面発光レーザー（VCSEL）を使用したものも製品化されている．光源から出射したレーザービームはコリメータレンズにより略平行光とされ，開口絞りにより主/副走査のスポット径に応じた光束幅に制限された後，副走査方向にのみ屈折力を有するシリンドリカルレンズにより，光偏向器の反射面近傍において副走査方向にのみ集光した主走査方向に横長の焦線状に結像される．コリメータレンズとしては硝子球面レンズや硝子モールド非球面レンズがよく使用される．最近では，コストダウンのためコリメータレンズとシリンドリカルレンズをプラスチックで一体成型したアナモフィックレンズなども使用されており，さらにレンズ面上に回折格子を形成し，プラスチックの環境温度特性を補償するような工夫もなされている．

(2) 光偏向器 光偏向器は，入射光学系からのレーザービームを高速に偏向走査して後述する結像光学系に入射させる機能を有する．方式としては，単一の平面ミラーを回転軸のまわりに共振駆動させるものと，複数の反射面を有する正多角形状の多面鏡（ポリゴンミラー）を回転軸のまわりに等角速度で回転させるものとに大別されるが，後者の方式が主流である．ポリゴンミラーの反射面数は4〜10数面のものが多用される．

(3) 結像光学系
(i) 主走査方向特性： 結像光学系は，ポリゴンミラーによって等角速度で偏向走査されたレーザービームを感光ドラム面上にスポット状に結像し等速度で走査させる機能を有する．具体的には，レンズに入射する光線の角度をθ(rad)，レンズの焦点距離をf(mm)としたとき，主走査方向の結像位置y(mm)が$y=f\theta$となるレンズであり，結像位置が光線の入射角度に比例するという特徴を有している．このようなレンズを一般に「$f\theta$レンズ」とよび，負の歪曲収差を発生させることにより上記特性を実現している．$f\theta$レンズを使用すれば，たとえば一定間隔のパターンを印字したい場合にはレーザーを一定時間周期でオン/オフすればよいことになる．また，常に一定速度でレーザービームが走査されるため感光ドラム面上の任意の位置における単位面積当たりの露光エネルギーを一定とすることができる．一方，カメラなどに使用される一般のレンズ系は$y=f\tan\theta$という特性を有しており，このようなレンズ系で$f\theta$レンズと同じような印字を実現するためには，レンズに入射する光線の角度に応じてレーザーのオン/オフ周期や発光強度を走査に同期して制御するなどの特別な工夫が必要となる．

(ii) 副走査方向特性： $f\theta$レンズは，副走査方向においては特殊な機能を有している．ポリゴンミラーの複数の反射面は主走査方向に対して垂直に加工されるが，加工精度の限界ですべての面が完全に垂直とはならず，各面がそれぞれ副走査方向に微小な倒れを生じている．ポリゴンミラーの反射面が副走査方向に倒れると，感光ドラム面上でスポットが副走査方向に変動し走査線が副走査方向に位置ズレを起こしてしまう．倒れ補正とはこれを補正するためのものであり，入射光学系のシリンドリカルレンズによりポリゴンミラーの反射面近傍において副走査方向にのみ結像させ，それを$f\theta$レンズにより感光ドラム面上に再結像させるという構成をとる（図3）．副走査方向において，ポリゴンミラーの偏向反射面と感光ドラム面は$f\theta$レンズにより共役な関係とされるため，ポリゴンミラーが副走査方向に倒れたとしても感光ドラム面上でス

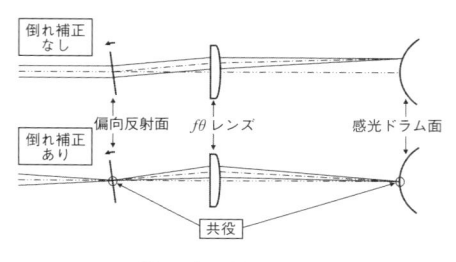

図3 倒れ補正の原理

ポットが副走査方向に変動しないことになる．

つまり，$f\theta$ レンズは，主走査方向はほぼ平行なレーザービームを感光ドラム上に結像させ，副走査方向はポリゴンミラーの偏向反射面近傍に集光したレーザービームを感光ドラム面上に結像させる．したがって，主走査方向と副走査方向の屈折力が互いに異なるレンズとなる．これを実現するために $f\theta$ レンズを構成する光学面の少なくとも1面を主走査方向と副走査方向で屈折力を異ならせたアナモフィックな面としている．最近の $f\theta$ レンズは，設計性能の向上とコストダウンを両立するため，複雑な非球面を多用したプラスチックの射出成型によるレンズが主流となっている．

c. 他の方式の光を用いたプリンター

光を用いたプリンターの他の方式としてLEDプリンターが挙げられる．光源として，解像度から決定される間隔でLED素子を主走査方向に多数個配列し，それを感光ドラム面上に等倍結像させることにより印字を行う．LEDプリンターに用いられる

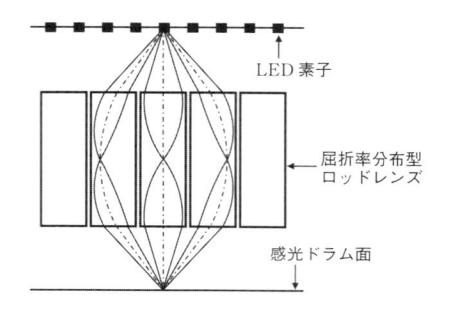

図4 LEDプリンターの光学系の例

結像光学系は，正立等倍結像を行う屈折率分布型の円柱状のロッドレンズをLED素子の配列方向に沿って多数個配列したものである（図4）．複数のロッドレンズで個々のLED素子を感光ドラム面上に結像させる構成となっている．通常のレンズは倒立結像であるが，複数のレンズで1個のLED素子を感光ドラム面上で1個の像として結像させるためには，正立等倍結像するレンズが必要となる．分布屈折率型（屈折率分布型ともいう）のロッドレンズは正立等倍結像が可能な代表的なレンズであり，レンズ中心部に対してレンズ外周部にいくに従い屈折率が連続的に低くなっているようなレンズである．現在ほとんどのLEDプリンターにこのレンズが使用されている．

［石部芳浩］

■参考文献
1) 久保田広：波動光学，岩波書店（1971）．

[光学機器]

106 レーザー加工機

a. レーザー加工機の種類と基本構成

レーザー加工技術には種々のものがあるが、大別すると表1のようである。これらの加工を行う加工機は基本的には①レーザー発振器、②ビーム伝送光学系、③ガルバノスキャナー・集光光学系を含む加工ヘッド、④加工テーブルまたはロボット、および制御系から構成される。

b. 加工用のレーザー発振器

産業用の加工レーザーとしての従来の主役はCO_2レーザー、Nd:YAGレーザーおよびエキシマレーザーであった[1]。CO_2レーザーは低価格で技術が安定しているので金属加工、溶接、マーキングなどに依然として広く使われているが、高出力時にビーム品質の悪いNd:YAGレーザーとエキシマレーザーについては、代替する製品が望まれてきた。この問題を解決すべく十数年間に開発された発振器は、Nd:YVO_4レーザー(2倍波:532 nm、3倍波:355 nm、4倍波:266 nmおよび5倍波:213 nm)、ファイバーレーザー(1064±30 nm)、高出力LDなどである。

(1) ファイバーレーザー レーザー加工によく使われるファイバーレーザーには、連続(CW)発振と4方式のパルス発振がある。

(i) CWファイバーレーザー: 図1はCWファイバーレーザーの基本的な設計図である。励起用のレーザーダイオード、レーザーモード領域ダブルクラッドファイバー、高反射率のFBG(ファイバーBraggグレーティング)、低反射率のFBGにてレーザー発振し、外部へ出射する。出射ビームはコリメータで平行光にして、併せて、ワークからの反射光によるダメージを防ぐ目的で、アイソレータを取り付ける。広く使われる出力範囲としては5 W級から30 kW級のものが実用化している。

(ii) パルスファイバーレーザー: ファイバーレーザーには4種類ある。
① CW発振時に励起電流をON-OFFする方法:図2において、励起用レーザーダイオードに変調電流を印加してパルス発振する。ピークパワーはCW時のパワーと同じである。
② AO-Q(音響光学素子のQ-スイッチ)を使う方法:図2はAO-Qを用いてパルス発振を行う場合の基本概念図である。共振器構成は高反射率のFBGと低反射率FBG1

表1 レーザー加工技術の種類と使用するレーザー

加工の種類	加工法の種類	使用レーザー
除去加工	切断、スクライビング、トリミング、マーキング、穴あけ、表面清浄化、剥離	Fiber, Nd:YAG, Nd:YVO_4, LD直接, CO_2, slab (Yb:YAG, Nd:YAG)
接合加工	溶接、ろう付け、溶着	Fiber, LD直接, CO_2, Nd:YAG
表面改質加工	① 物理的表面改質:変態効果、溶接効果(チル化)、非平衡金属塑性形成、表面アモルファス化、衝撃効果、表面肉盛り、物理蒸着、アニーリング、クラッディング、ドーピング、焼き入れ	Fiber, Nd:YAG, ND:YVO_4, LD直接, slab (Yb:YAG, Nd:YAG), CO_2, エキシマなど
	② 化学的表面改質:表面合金化、化学蒸着(CVD)	Fiber, LD直接, CO_2, Nd:YVO_4 (355)など
その他の加工	塑性変形加工、歪とり、3次元造系加工	Fiber, Nd:YAG, ND:YVO_4, LD直接, CO_2

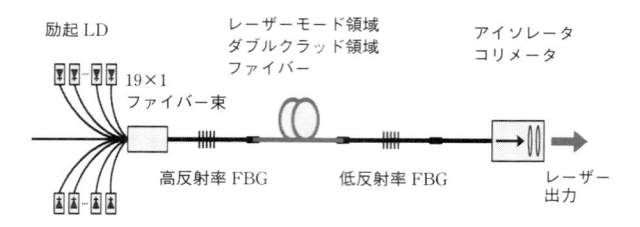

図1 連続（CW）ファイバーレーザーの構成

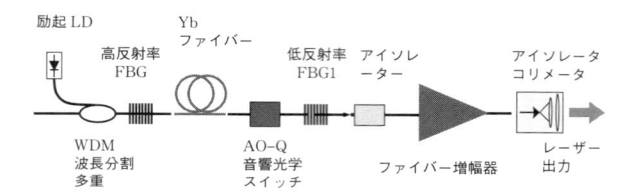

図2 音響光学スイッチを用いてのパルスファイバーレーザーの基本概念図

とで構成される．この共振器にて発生されたレーザー（シール光）は低反射率FBG2にて基本波長（1064 nmを中心とする）のみを伝送し，ファイバー増幅器で増幅する．平均パワー10 Wの例を取り上げると，パルスの繰り返し周波数は20～80 kHz，パルス幅は20～100 nsが一般的である．

（iii）MOPA方式によるパルス発振方法：シードレーザーの発振器と増幅器によるMOPAタイプのパルスファイバーレーザーは，一般的にはパルス幅で数ns～数百ns，パルス繰り返し周波数で数kHz～数百kKzのパルス発振が可能である．

（iv）超短（ピコ秒およびフェムト秒）レーザー：ファイバー方式のpsおよびfsレーザーは小型・コンパクトで高効率であることから広く使われている．

(2) 固体レーザー この十数年間ではNd:YVO$_4$レーザーの開発・製品化が広く行われ，特に2倍波，3倍波を中心に，マーキング，トリミング，スクライビング，アニーリング穴開け，切断などに広く使われる．この場合にns（ナノ秒）パルス発振が中心であるが，ps（ピコ秒）発振，fs（フェムト秒）パルスへの展開は，スラブレーザー技術を取り込んだ形でも広く発展した．

（i）Nd:YVO$_4$レーザー（nsパルスを中心として）：図3は内部共振器（intra-cavity）方式で，基本波（1064 nm）を発生し併せて2倍波（532 nm）および4倍波（266 nm）を発生する構成図[2]である．M1とM2とで基本波（1064 nm）の共振器を構成し，SHG結晶にて532 nmを発生させる．この方式でAO-Qスイッチ素子に高周波を印加し，光学スイッチとして使い，広範囲の繰り返し周波数（数Hz～1 MHz）でnsパルスを発生することが可能である．

（ii）ps（ピコ秒）レーザー：非熱レーザー加工の強い要求に答える産業用レーザーは高出力psレーザーである．図4にpsレーザー発生装置の概念図[3]を示す．M1とM2とでの構成される共振器でモードロックにより発生される．励起LDのパワーを最適化することで波長：1064 nm，繰り返し周波数：80 MHz，パルス幅：10

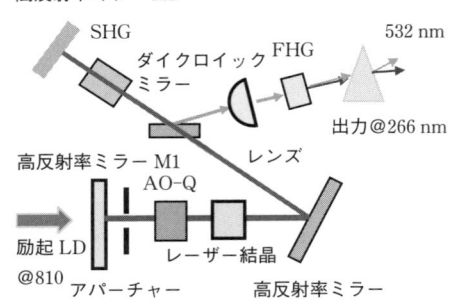

図3 内部共振器型（intracavity）高調波（532 nm と 266 nm）の発生原理

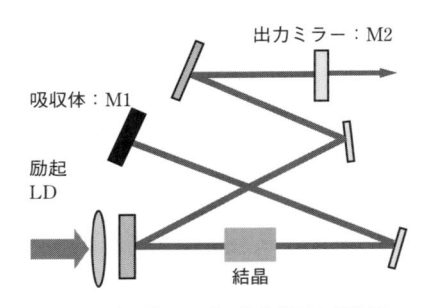

図4 ピコ秒レーザー発生装置の概念図

ps, 平均出力：3 W, パルス当たりエネルギー：60 nJ を発生する．この 80 MHz の出力をパルスピッカーを用いて，100 kHz レベルから 1 MHz レベルまでに変えて，さらに増幅して，たとえば 400 kHz の繰り返し周波数で，パルスエネルギー 100 μJ（平均出力 40 W）以上のレーザーが使われてきた．

（iii）fs（フェムト秒）レーザー： 高出力の fs レーザーの発生方法には大きく分けてファイバーレーザー法と固体レーザー法がある．ここではドイツの Fraunhofer 研究所で開発され，AMPHOS 社[4]で製品化されたイノスラブ（innoslab）技術を基本とした発生方法について考える．図5に示すようにレーザー媒質はスラブ状（slab：10×10×1 mm）の Yb:YAG レーザー結晶を増幅媒質として使い，レーザーシード光をマルチパスが可能な光学系に入射し，多重増幅を繰り返して高出力を得る．この光学系の特長は，パスを繰り返すごとにビーム径を大きくすることで高出力・超短パルスレーザーを発生させる．研究段階での最大出力は波長 1030 nm，パルス幅 600 fs で 1.1 kW が報告されている[5]．

(2) 高出力 LD レーザー　LD レーザーの特長はほとんどの金属において波長吸収特性が高い．図6は高出力 LD を発生させる基本構成図である．速軸（fast axis），遅軸（slow axis）を個別に集光伝送を行うことで，線状ビーム（例 0.5×12 mm，3×50 mm），矩形ビーム（例 5×5 mm，5×10 mm）を容易に得られる．超小型（YAG レーザーの 1/1000 以下）で発振効率は各種レーザーの中で最高の極めて高い効率（50％以上）が可能である．

LD レーザーは上記の特徴が反映され，薄手鋼鈑の溶接，局部的な焼入れと合金化，大表面の焼入れと合金化が得意な加工分野である．そして，被加工材への歪が極めて少ないことも大きな特徴である．図6の構成図での実用化されたレーザー出力は 40 W から 6500 W[6] である．

c．ビーム伝送系，制御系，観察系

図7は実際に製品化されたトリミング加工用のレーザー微細加工機の概略図である[7]．レーザー発振器から出射するレーザービームを M1, ATT, M2, ZBEX, QWP, DM, にて構成されるビーム伝送系にて制御系 GLV に入射し，ATFθL の光学伝送系を通じて，加工対象に集光される．同時に LED, M3, HM, ZX, BPF, および CCD で構成する観察光学系にて加工対象物と加工状況を観察する．CCD から得られる情報を加工制御する情報に返還する機能を追加することも可能である．

(1) ビーム伝送光学系　ビーム伝送光学系には図7にて採用するミラー伝送方

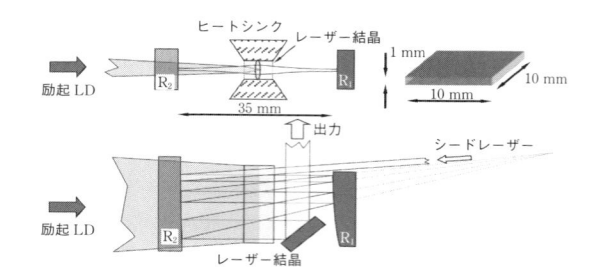

図5 イノスラブ (innoslab) 増幅器による極短パルス発生用共振器の概要図 (Fraunhofer ILT)

図6 高出力 LD の基本構成図 (アレイと集光光学ヘッド)

式とファイバー伝送方式に大別される．さらに加工用集光光学系としての $f\theta$ レンズの多機能化も進んだ．

（i）ミラー伝送系： 従来のnsレーザーに加えて，psレーザー，fsレーザーに実用化に伴い，分散の少ない高性能反射ミラーの開発が進んだ．さらに高輝度に耐えうる高性能なミラーを製作する研磨・蒸着技術が開発され高性能な製品の入手が可能となった．

（ii）ファイバー伝送系： 従来の可視から近赤外波長用ファイバーの高パワー対応に加えて，紫外レーザーの伝送を可能とするファイバーの開発が進んできたが，長時間の実用化に耐える段階には至っていない．

（iii）$f\theta$ レンズ： $f\theta$ レンズを機能別に大別すると，標準型（色消しなし），標準型（色消しあり），テレセントリック型（色消しなし）およびテレセノリック型（色消しあり）の4種類[5]に分別される．ここで色消しとは，関係する波長間での色収差がないという意味である．

(2) ビーム制御系 ビーム制御系で実用上広く使われる技術・製品はガルバノスキャナーである．

（i）アナログ型ガルバノスキャナー：スキャナーおよびドライバーともアナログ方式であり，技術的に確立され，低価格であることからレーザーマーカーをはじめとして広く使われてる．問題は温度依存性が

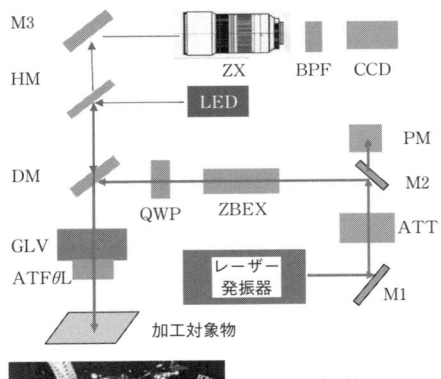

図7 レーザ加工機の概略図

M1, M2, M2：全反射ミラー，ATT：アッテネータ，PM：パワーメーター(モニター用)，ZBEX：ズームビームエキスパンダー，QWP：1/4波長版，DM：ダイクロイックミラー，GLV：ガルバノスキャナー，ATFθL：色消しテレセントリック$f\theta$レンズ，HM：ハーフミラー，LED：照明用LED光源，BPF：バンドパス（赤透過）フィルター，ZX：ズームエキスパンダー，CCD：CCDカメラ

大きく，たとえばゼロ（オフセット）ドリフトに関しては，15μrad/℃（機械角）が限界であり，この問題を解決するために，スキャナー本体を50℃前後に熱して対応する製品が販売されている．ただし，温度依存性の少ない製品が求められてきた．

(ii) デジタル型ガルバノスキャナー：スキャナーおよびドライバーともデジタル仕様のオールデジタル方式のスキャナーは温度および湿度によるドリフトが小さく，高繰り返しの位置精度，高分解能を実現した3μrad/℃（機械角）などが市販されている．

(iii) リニアモーター駆動XYテーブル： 図7に示す写真は回転テーブル付ワーク保持機能搭載型リニアモーター駆動XYテーブルである．加工機のサイズはフラットパネルの大型化の要求に答えて，第11世代（3000×3320 mm）まで実用化されている．

d．レーザ加工機への考察と課題

レーザ加工機の進展はレーザーの進展によることが大きい．特にファイバーレーザー，Nd:YOV$_4$レーザーの高調波（532 nm，355 nm，266 nm，213 nm），LD直接レーザー，psレーザーおよびfsレーザーの高出力化によって，レーザー加工技術とレーザー加工機の多能性が広がり，高機能化がなされてきた．制御系に関しては，ガルバノスキャナーのデジタル化が確立し，製品化が完成したことは大きな進展である．ただし，加工現象のオンライン計測と加工の自動化については，これからの課題である．

[長田英紀]

■参考文献

1) 松縄 朗：最新光学技術ハンドブック，朝倉書店(2002)，p. 892.
2) N.Hodgson et al.：*Optical Resonators*, **557** (2005).
3) D.Muller：private communication, Lumera Laser GmbH.
4) C. Schnitzler：private communication, AMPHOS GmbH.
5) P.Russbuelt et al.：*Optics Letters*, **35**, (2010) 4160.
6) T.Maeda：Hitachi Plant Technology "6.5kW High Power Direct Diode Laser Applications in Heave Industries", 27th ICALEO.October (2008), 20-23.
7) 長田英紀ら：レーザ加工学会誌，**12**（2005），42.

107 ［光学機器］

分光機器

　分光機器はスペクトルを利用する機器の総称である．スペクトルは電磁波の波としての性質と，その強度とを2次元に展開した図である．本項では分光法の種類，分光機器の種別および代表的な機器の構造と作動原理について述べる．

a．分光法の種類

　分光法では，利用する電磁波の波長領域による分類がある．波長領域に応じて観測する現象が異なり，測定原理はもとより，装置の構成にも極めて多くのバリエーションがある．分光法による分子の観測という点でいえば，紫外可視分光では分子の電子状態，赤外分光では振動状態，マイクロ波分光では回転状態の観測に各々対応する．

このように，一般に波長領域をもって，たとえば「赤外分光」のように波長領域での吸収分光を指すことが多い（図1）．
　一方，吸収，発光，光散乱など，観測する物理現象の種類や分光の目的などによる分類もある．以下はその一例である．
　(1)　**吸収分光**　試料に光を照射して透過（反射）光の強度を測定し，吸収の程度と照射した光子のエネルギー（光の波長）とをスペクトルで表す．照射光として赤外線，可視，紫外線，X線を用い，最も広く行われている分光法．
　(2)　**発光分光**　光照射，電気，化学反応によって試料から放出する光の強さと光子のエネルギーとをスペクトルで表す．熱による原子の発光現象が炎色反応である．分子発光には蛍光と燐光とがある．光照射によって発光させる場合，発光の強さと照射する光の光子エネルギーとを励起スペクトルとして表す．X線では，蛍光X線元素分析法（XRF），X線発光分光法（XES）がある．
　(3)　**光散乱分光**　試料に照射する光子のエネルギーから一定のエネルギー分だけシフトした散乱光の強度をスペクトルで表す．Raman散乱分光法やBrillouin散乱分光法がある．媒質中の微粒子により生ずる散乱を利用して粒径分布を測定する方法（動的光散乱法），X線を用いたX線小角散乱法がある．
　(4)　**光電子分光**　光電効果によって放出される光電子のエネルギーを測定し，電子状態を観測する．照射する光に応じてX線光電子分光（XPS），紫外光電子分光（UPS）の二種がある．光電子が放出された後に生じる2次電子を分析する方法にAuger（オージェ）電子分光法がある．
　(5)　**光音響分光**　吸収分光法の一種．試料がエネルギーを吸収し励起状態になり，そこから光を放出せずに緩和して発生する熱から起こる現象を測定する．光を断続的

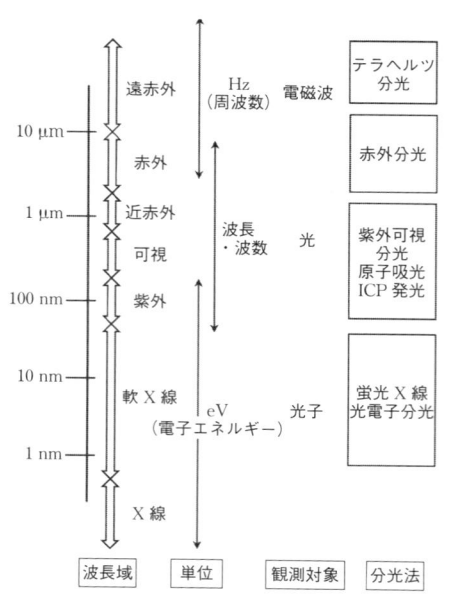

図1　光・電磁波の単位と分光法

に照射して生じる振動や，試料の熱膨張によって生じる屈折率変化などがある．

(6) 時間分解分光 化学反応の動力学的解析法．測定する物理量の時間変化を測定する．一般的な化学反応の場合，ストップトフロー法などを用い急速に試薬を混合し，スペクトルの時間経過を観測して反応速度を求める．光化学反応の場合，超短パルスレーザーを使用して過渡スペクトルを測定し，フェムト秒レベルの速い反応の進行の様子を観測する．

(7) 空間分解分光 細胞内での物質分布や，材料の元素分布など，2次元または3次元的に分光する手法．分光法と顕微鏡を組み合わせる．

b. 分光器の種類[1]

分光機器を慣用的に分光器とよぶことも多い．分光光学系を指す場合と，分光光学系を中心に装置化された分光システムを指す場合とがあり，それが指し示す内容として以下のようなものがある．

(1) 分光器（spectroscope） 焦点面上に展開されたスペクトルを肉眼で観察するための道具．小型直視分光器が代表例であり，可視域が対象．

(2) 分光計（spectrometer） 狭義には，目盛円板中央に分散素子台があり，それを中心に円盤に沿って動くコリメーターと望遠鏡を備え，スペクトルの分散角を肉眼で正確に読み取れるようにした装置．広義には，分散角自動走査を行い，光電的にスペクトルが自記されるものを含む．スペクトル波長の読み取りを主目的とする．

(3) 分光写真器（spectrograph） (1)で肉眼に代えて写真感光材上にスペクトルを収集記録するもの．高分解の広域スペクトルが1回の露光で得られる点が特徴．

(4) 単色光器（monochromator） スペクトル中の任意の1波長点における狭波長帯域光を選択出力する装置．

(5) 多色光器（polychromator） スペクトル中の複数波長点における狭波長帯域成分を同時に選択出力する装置．分光写真器をこの分類に入れることもある．

(6) 分光光度計（spectrophotometer） 光パワーの相対走査測光（photometry）に重点が置かれるもので，分光光学系と測光ユニットの組合せによりなる．したがって，試料の吸光度（あるいは透過率），反射率などが波長の関数として自動的に出力されるものや，発光・蛍光・散乱光などの標準に対する相対強度が正確に求められるものがこの部類に入る．波長域や現象名を冠した，たとえば，赤外分光光度計，蛍光分光光度計などが代表例．

(7) 分光放射計（spectroradiometer） 対象物からの分光放射量パワーの絶対値を測定することを目的とした装置．

(8) 光スペクトルアナライザー（optical spectrum analyzer） 時系列電気信号の周波数解析を目的としたスペクトルアナライザーの原理を光波領域に拡張したもので，本体は上述した分光系と同じ構成．主として光通信関連の計測に使用．

c. 分光光度計の構造と作動

紫外可視分光装置は光源部，分光器部，試料室部，検出器部の4つの部分からなる（図2）．光源には可視部用にタングステンハロゲンランプ，紫外部用に重水素放電管を用いる．分光器には分散素子としてグレーティングあるいはプリズムを用いる．光源光を分散素子により分散させ，スリットによって目的とする波長の光を取り出す．検出器としてはシリコン検出器または光電子増倍管が用いられる．光源からの白色光を分光器部にて単色光に分け，これを試料室内の試料を通過させ，検知器部で強度を測定する．分光器部から出射される単色光を2分し，そのうち1本を対照光用として常時光強度のモニターに用いる構成をダブルビーム方式とよぶ．これに対して対照光を用いず試料光のみを用いる方式をシング

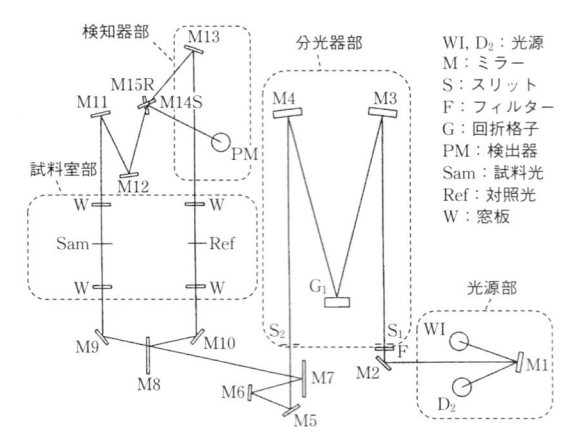

図2 分光光度計の構造

ルビーム方式という．分光器部に1つの分光器を用いるシングルモノクロメータ方式と，2つの分光器を直列につないで用いるダブルモノクロメータ方式とがある．分光器の焦点面に多数の検出器を並べ，同時瞬間測光を可能としたマルチ検出器方式がある．

(1) 分光器部（モノクロメータ） モノクロメータは光源の白色光から目的とする波長の光を取り出す部分であり，分散素子とスリットからなる．初期の分光器の多くがプリズムを用いていたが，現在では回折格子（グレーティング）を使用した機器がほとんどである．プリズムを用いたモノクロメータは迷光や偏光特性に優れるが，分散の波長依存性のため駆動機構がやや複雑になる．回折格子を用いたモノクロメータは分散が波長によらず一定であり駆動機構は比較的単純である．一方，回折格子には，素子自身の偏光特性・波長依存性，異常分散（回折光強度が特定の波長域で鋭い極大や極小を示す現象）があるが，温度による屈折率の変化が起こらないという利点もある．分散素子とスリットの配置としては大きく Littrow 型，Ebert 型，Czerny-Turner 型などの配置のほか，種々の変型

がある[2]．目的とする波長以外の光を迷光といい，測光正確さと直線性（ダイナミックレンジ）に大きく影響する．迷光を低減させるための分光器の配置の1つにダブルモノクロメータ方式がある．2つの分光器を直列に配置することによってより波長純度の高い光束が得られる．

(2) ダブルビーム方式 分光器部（モノクロメータ）で得た単色光を2分して，試料光と対照光とに分割する方式．ハーフミラーを使用する方式とセクタ鏡を用いる方式の2つがある．セクタ鏡は光を透過する部分（試料光），光を反射する部分（対照光）および光を遮断する部分（ダーク）の3つの部分が円盤状に回転する機構からなる．

検出器の出力は，各々試料透過強度，対照光強度，ダーク強度である．これらの信号をセクタ鏡の回転と同期して取り出し，透過率を求める．すなわち，参照信号 I_0 を基準に，試料によって減衰を受けた透過光の試料信号 I の比（I/I_0）が透過率 $T\%$ である．透過率 T から Beer の法則に従って対数（$\log(1/T)$）をとり，吸光度（Absorbance）を求める．ダブルビーム方式は対照光と試料光とを同時（交互）に測

定するため透過率の直読が可能で，しかも光源光の揺らぎや変動が比演算によって自動補償されるという利点がある[3]．

(3) **マルチ検出器方式** マルチ検出器方式は分散された光を半導体アレイ型検出器によって同時瞬間測光する．原理はスペクトル写真機と同一である．モノクロメータが分散された光の成分をスリットで区切るのに対し，スペクトル写真機は分散された光をカメラによりフィルムに収める．フィルムの代わりに半導体アレイ型検出器を配置したのがマルチ検出器方式による多波長同時測定分光光度計である．光源とモノクロメータの間に試料を置くという配置上の特徴から，分散型分光器を前分光型，マルチ検出器方式を後分光型とよぶ．

d. **その他の分光機器**

分光器部・検出部の構成には波長に応じて多くのバリエーションがある．電子分光や質量分析では，光学素子の代わりに電磁場を用いて波をエネルギー別に分離する．検出器には高電圧を印加した電極を用い，荷電粒子により生じる電流を検出する．赤外光～電波領域では強度の時間変化を測定し，フーリエ変換により周波数スペクトルを得る．紫外可視光では，分光器で波長を選別してから検出器で強度を検出する．通常，波長選択と強度測定を繰り返してスペクトルを得るが，近年では空間的に分光した光をアレイ型検出器やCCDカメラに一度に導入し，スペクトルを瞬時に測定する機器も増えている．色差計，光沢度計，白色度計，各種の色試験機器，濁度計，ヘーズメータといった機器群も，公定法に合わせて専用機化された分光機器の一種である．

［長谷川勝二］

■**参考文献**

1) 南 茂夫：最新光学技術ハンドブック，朝倉書店 (2002), pp. 861-877.
2) 工藤恵栄：分光の基礎と方法，オーム社 (1985).
3) 尾中龍猛：可視・紫外分光測定，物理測定技術，朝倉書店 (1967).

108 ステッパーの光学系

[光学機器]

1965年,Gordon Moore博士は「集積回路1チップ当たりのトランジスター数が毎1～2年(18ヶ月)で倍増する」というトレンド,いわゆるMooreの法則を提唱した[1].これまで,技術的な障壁により幾度となくその終焉が指摘されたが,その都度,各種技術革新によりその壁を乗り越えてきている.この半導体の高集積化を推進してきたのはステッパーを中心とした光リソグラフィー技術である.

a. ステッパー光学系への要求

半導体の集積度を拡大するにはパターンの微細化を実現する必要がある.そのため,光学系には所望の解像度が要求される.この要求を満たすため,ステッパーの光学系には,Rayleighの式で示す解像度(解像可能な周期パターンの半周期)の向上(数値の低減)が進められてきた.

$$R = k_1 \frac{\lambda}{NA} \quad (1)$$

ここで,λは露光波長,k_1はマスク,照明条件,レジスト解像性などで決まるプロセスファクター(k_1ファクターとよばれる).この式から,ステッパー光学系の歴史は,高NA化,露光波長の短波長化,k_1の低減の歴史であることが理解できる.また,1チップ当たり面積拡大のため,光学系の最大像高yの拡大が進められた.また,式(2)に示すように,スキャン露光による実効的な最大像高$y_{effective}$の拡大効果も適用された.

$$y_{effective} = ys \quad (2)$$

ここで,sはスキャン露光による実効最大像高の拡大効果係数.これらをまとめると,次式に示す値Lの拡大が進められてきたといえる(この式は幾何光学的にはラグランジュの不変量に相当するのでその頭文字Lを使った).

$$L = \frac{y_{effevtive}}{R} = \frac{NA}{k_1 \cdot \lambda} ys \quad (3)$$

露光領域が2次元であることを加味すると,光学系により転写される相対的な情報量(information volume)はL^2で表現できる.

以上から,ステッパー光学系にとってのMooreの法則は,単位時間当たりに結像光学系により転写する情報量の拡大要求であるといえる.

例として,図1に株式会社ニコンの半導体露光装置投影光学系のL^2(2004年の値で規格化)と各種パラメータ,NA,露光波長λ,像高(1980年の値で規格化),k_1ファクター,の変遷を示す[2].2010年まで,加速度的にL^2の値が増大していることがわかる.波長は高圧水銀ランプのg線(436 nm)から始まり,1989年にi線(365 nm),1997年にKrF(フッ化クリプトン)エキシマレーザー(248 nm),2002年にはArF(フッ化アルゴン)エキシマレーザー(193 nm)が採用された.NAに関しては,0.35から始まり,1998年に球面光学系の最大NA0.68まで達し,1999年,非球面レンズの採用により0.75を超え,2004年,NA0.92に達した.さらに,液浸レンズの

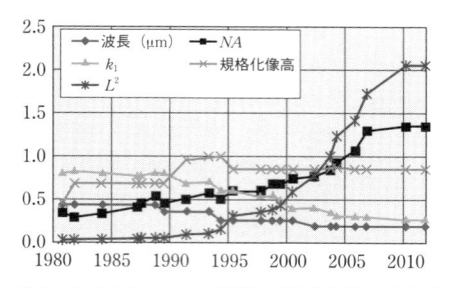

図1 株式会社ニコンの半導体露光装置投影光学系のL^2(**2004年の値で規格化**)と各種パラメータ,露光波長λ,像高(**1980年の値で規格化**),k_1の変遷

採用により，NAは1.35まで拡大している．また，1995年にはスキャン露光方式の採用により，光学系のサイズを現実的なものに収めながら必要な露光領域を確保することを可能にした．k_1 ファクターは0.8程度から始まり，プロセス技術の進化，斜光照明，偏光照明など，各種高解像技術の採用により，2000年には0.4，さらに，OPC（optical proximity correction）やDFM（design for manufacturability）といったマスク設計手法（プロセス開発手法）の進化により，2010年には0.3に達している．また，k_1 ファクターの低減により，一般に，露光装置光学系の各種誤差を極限まで低減させることが求められてきている．たとえば，投影レンズの（波面）収差性能は，Marechalの評価基準である$\lambda/14$（71 mλ）RMS（root mean squire）程度に始まり，1998年には15 mλRMS，最近では2 mλRMS（0.4 nm RMS）を実現している．

b． 投影光学系の変遷[2]

ステッパー投影光学系の歴史は高NA拡大と収差低減により，information volume L^2 の拡大を支えた歴史である．

初期の投影レンズの光学設計例を図2（A）に示す．この光学設計例の諸元は，投影倍率は1/5，NAは0.3，最大像高は10.6 mm，露光波長は高圧水銀灯のg線（波長436 nm）である．この初期のレンズは比較的小さく，レチクル（マスク）-ウェハ間距離は約600 mm，レンズ最大径は100 mm程度であった．低倍率の顕微鏡対物レンズの構成との共通点も見られるが，ステッパーの投影レンズでは露光エリア内の端まで像面平坦性を出すべくペッツバールの条件を満たすパワー構成となっている．

1980年代後半に入ってくると，露光波長は高圧水銀灯のg線からi線（波長365 nm）へと移行し，併せて投影光学系のNAも大きくなっていき，また露光エリアも15 mm正方から17.5 mm正方，そして22 mm正方へと拡大が進んだ．この世代に入るとディストーション要求精度に対応するため，レチクル側もテレセントリック光学系となる．結果として，レチクル側から見て凸・凹・凸・凹・凸の5群パワー構成となる．このパワー構成は5収差を効率的に補正できる構成で，以後暫く使い続けられる．図2（B）にはi線ステッパー投影レンズの光学設計例を示す．各諸元は，露光波長365 nm（i線），投影倍率1/5，NA 0.57，最大像高15.6 mmである．

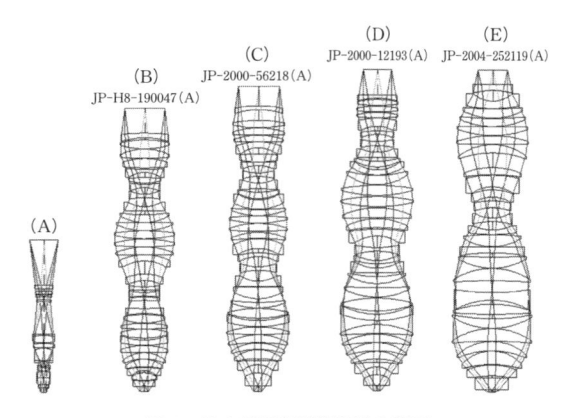

図2　縮小屈折投影光学系の変遷
初期g線ステッパー投影レンズからArFスキャナー投影レンズまで

図2（C）にはKrF用ステッパー投影レンズの光学設計例を示す．各諸元は，露光波長248 nm（KrF），投影倍率1/5，NA 0.55，最大像高15.6 mmである．残留収差の低減要求に応えるため，ほとんど色収差補正を行っていないにもかかわらず，多くの部番にパワーを分散して各面での高次収差の発生をできるだけ抑える必要があった．

この後もNAの拡大が要求されたが，レンズの大きさの制約やコストが重要な問題となってくる．ここで，スキャン技術の採用により投影レンズとしての像高を抑えることで，NA拡大を現実的なサイズの光学系で実現することを可能にした．図2（D）はスキャン露光用投影レンズの光学設計例である．露光波長248 nm（KrF），投影倍率1/4，NA 0.68，最大像高13.2 mmである．

この後，さらなる高解像の需要に対応するため，最先端機種の光源はKrFエキシマレーザーからArF（フッ化アルゴン）エキシマレーザー（波長193 nm）へと移行し，NAもさらなる拡大化を進めていく．この世代の投影レンズでは積極的に非球面が使われるようになる．非球面を取り入れた光学系では，以前とほぼ同程度のレンズ径，全長を保ちつつ，より大きなNAを確保し，同時により厳しい収差性能を実現している．図2（E）にこの世代の光学設計の例を示す．各諸元は露光波長193 nm（ArF），投影倍率1/4，NA 0.85，最大像高13.8 mmである．

近年では，究極の高NAの実現のため，液浸光学系が採用されている．液浸化は高解像を実現するのみでなく，焦点深度拡大の面でも恩恵がある．液浸化によるNA拡大効果を最大限活かすには，図3に示す反射屈折投影光学系の採用が効果的であった．

c．照明光学系

半導体露光装置の照明光学系には，露光量制御，露光量の露光面内の均一性の確保，各種斜光照明に対応した光源形状（変形照明）の実現，偏光状態の制御，光強度に対する高耐性の確保など多種多様な機能が要求される．投影光学系同様information volume L^2の拡大の歴史のなかにおいて重要な役割を果たしてきている．特に，露光機側として，k_1ファクターの低減による解像力向上技術を実現する主役を担ってきている．その意味で特に重要な役割は，変形照明と偏光制御機能[3]である．

図1において，1998～2000年におけるk_1ファクターの低減は，図4に示す各種変形照明の寄与が小さくない．これらは，照明光学系内に，それぞれの照明形状に応じ

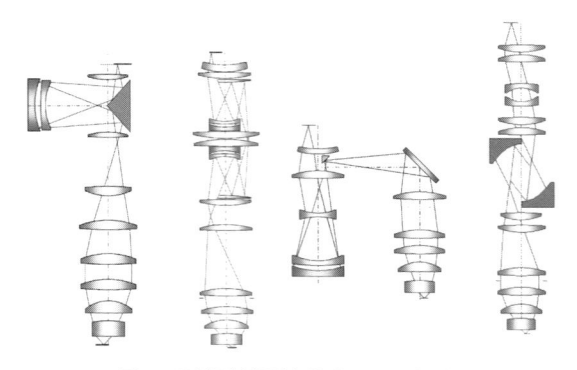

図3 反射屈折投影光学系 レイアウト例

図4 各種変形照明形状（瞳内照明光源形状）

た専用光学素子を配置し，瞳面内に所望の強度分布を実現している．これにより，特定パターン（空間的周期と方向）の実効的な解像力を高めることが可能になった．

その後のさらなる高NA化に伴い，結像面で干渉し合う光の電場ベクトルが，互いに平行でなくなることによるコントラスト低下（いわゆるベクトル効果）の影響が無視できない状況となった．そこで登場したのが偏光照明機能である．それまでの非偏光照明による結像では高NAになるにつれ，p偏光成分の回折光どうしの電場ベクトルが像面（ウェハ面）上で互いに平行ではないことで，s偏光成分のそれに比べて結像のコントラストが低下する．この影響により，全体としても像コントラストが低下してしまう．この現象を避けるために，高NAになっても像コントラストの低下が発生しないs偏光を光源にしようというのが偏光照明のコンセプトである．

高NAによる露光の際，通常の非偏光照明に対して，偏光照明の効果としてコントラストを高く維持することで，露光量余裕度を拡大することができる．偏光照明（s偏光照明）による露光量余裕度の拡大と液浸化による焦点深度拡大効果との相乗効果により，従来の乾燥投影光学系による非偏光照明時に比べて大幅なリソグラフィーマージンの拡大が確認できる（図5）．

さらなるk_1の低減施策として，光源形状とマスク形状を高い自由度で変形させてウェハ上に形成するパターンを実効的に少しでも微細化しようという，source and mask optimization（SMO）技術[5]が採用されつつある．最新の照明光学系では，SMOで要求される自由形状照明光源強度分布を自由に生成することが提案されている．

d．今後の動向

図6にinformation volume L^2とMooreの法則に従ったチップ当たりのダイオード数のトレンドを示す．これまで，information volume L^2の拡大の歴史を述べてきたが，それでもまだ，Mooreの法則によるトレンドには追いついていない．特に，ここ数年はそのかい離が大きくなっている．このかい離を埋めるものとして登場しているのは，ダブルパターンニング[6]といわれるプロセスを2回繰り返すことで，実効的には，2光束干渉の限界周波数で決まる光学的な理論限界である0.25を超えるk_1ファクターを実現する加工手法やDSA[7]（directed self assembly）といわれる，自己組織化作用によるパターン微細化手法などがある．また，王道として，光源波長を極短

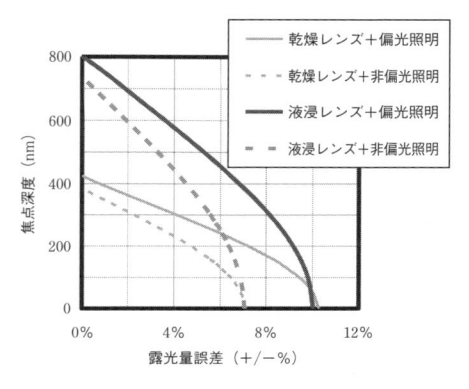

図5 空間像シミュレーションベースED（Exposure/Defocus）ツリー[5]評価による偏光照明と液浸化の効果

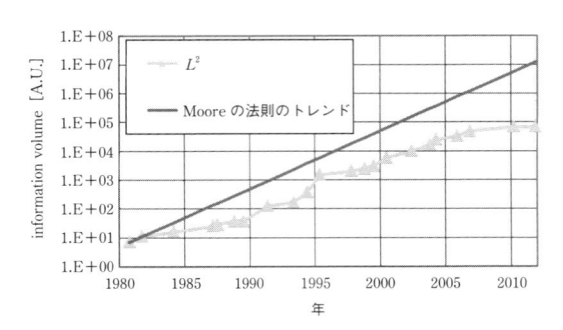

図6 Moore の法則のトレンドと information volume L^2 との関係

紫外光の 13.5 nm とする．EUVL(extreme ultraviolet lithography) も開発されている．解像力的には大きなメリットがあるが，実際に量産用に使用するためには，周辺技術，特に光源の開発に課題が残されている．

Moore の法則は，決して技術的なトレンドから予想したものではなく，経済的な理由から予測したものである．今後，ダブルパターンニング，DSA などの技術により光リソグラフィーの延命がさらに進むか，EUVL が主役に躍り出るかは，結局はコストが決めることになる． [松山知行]

■参考文献

1) G. Moore：Electronics, **38**-8 (1965), 114-117.
2) T. Matsuyama, et al.：Proc. of SPIE, **6154** (2006), 615403.
3) H. Nishinaga, et al.：SPIE **5754** (2005).
4) B. J. Lin：Jpn. J. Appl. Phys., **33** (1994), 6756-6764.
5) J. Bekaert et al.：J. Micro/Nanolith. MEMS MOEMS **10** (2011), 013008.
6) 井上壮一：「第 15 回 STS Award」受賞論文紹介 (5) "Double Patterning 技術開発戦略と課題," SEMI (2009).
7) R. Gronheid, et al.：J. Micro/Nanolith. MEMS MOEMS **11** (2012), 031303.

[光学機器]

109 レーザーディスプレイ

レーザーディスプレイは，古くは線や図形を描くものであったが，レーザー光源の著しい進展により超小型レーザーを搭載した携帯プロジェクターから高出力レーザーを用いた大画面ディスプレイへと進化した．

a. 基本構成

(1) 特徴と分類 レーザー光源は，光源から見たディスプレイの進化において最終世代にあたる[1]．第1世代の水銀ランプなどの気体光源は光源まわりが少なからぬ体積をもち，光源からの放射光も全方位的で利用効率が小さい．第2世代のLEDは固体光源の登場であり，LED発光面積を増加することで光量をかせいでいる．固体光源は交換が不要で，瞬時点灯，水銀フリーでもある．レーザーは点光源であり最終世代に位置付けることができる．小型軽量性を有し，発光面積が小さく指向性があるため必要なところにだけ必要な量の光を効率よく届けることができる．また偏光を利用することも可能である．つまり装置の小型化だけでなく低消費電力化も可能となる．さらにレーザーの単色性により，従来の光源に比べ色域は大きく広がるため実物の色を忠実に再現することができる．

構成としては，RGB3原色レーザーを利用し外部に直接放射する方式，紫外または青色レーザーによる蛍光励起を用いる方式がある．また投射方式としては後述する走査方式と空間変調素子利用方式に分かれる．

(2) 走査方式と空間変調素子利用方式 レーザーディスプレイの走査方式光学系基本構成を図1（A）に示す．走査方式においては，変調された赤色，緑色，そして青色のレーザー光が合波され，光偏向器などの光走査系により走査され，スクリーンに投射される．従来のポリゴンミラーとガルバノミラーを用いて行っていた走査は超小型化が可能なMEMS（micro electro mechanical systems）で置き換えられている[2]．もう1つの方式としては，走査を行うための光偏向器を用いず2次元

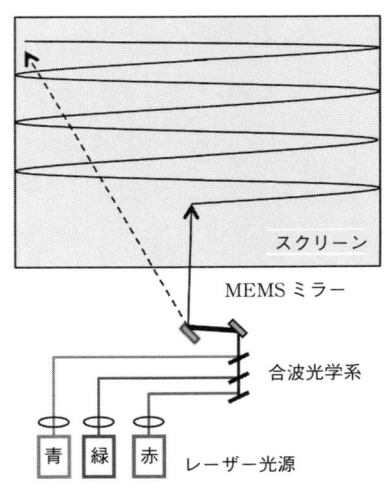

図1 レーザーディスプレイ光学系基本構成
(A) 走査方式
(B) 空間変調素子利用方式

空間変調素子と投射レンズにより構成される方式がある（図1（B））．高圧水銀ランプを用いたプロジェクターで利用されている安価な画像デバイスを用いることができ，また高出力化が可能なマルチモード光源との組合せも可能である．

b．レーザーディスプレイの主要技術

レーザーディスプレイにおける主要な技術はレーザー光源だけでなく，スペックルノイズ除去，画像形成などがある．以下各技術について述べる．

（1） ディスプレイ用レーザー光源
半導体レーザーの直接発振において，レーザー構造は投射光学系と相性がある．たとえば2次元走査方式では投射先（スクリーン）までほぼ平行光での伝送が必要なためシングルストライプでの単一横モードレーザー発振が必須となる．単一横モード半導体レーザーはワットクラスになると端面パワー密度が極めて大きくなり信頼性の確保が難しい．高輝度を実現するためには，ワイドストライプやマルチストライプの半導体レーザーが2次元空間変調素子と組み合わせて用いられている．

赤色半導体レーザーは，ディスプレイ用として波長域630～645 nmのものが必要であり，材料としてAlGaInPを用いているためDVD用（650～660 nm）に比べて発振限界に近い．そのため単一横モード発振では100 mW級，マルチストライプ構造により1チップで10 W級が可能である[2]．青色はGaN半導体レーザーで波長450 nm近傍のものが使用される．緑色に関しては，低出力領域ではInの添加量を増やしたGaN半導体レーザーが，高出力領域では半導体レーザーのSHG（second harmonic generation）による波長変換[2]が使用されている．

（2） スペックルノイズ除去　画像表示に対して大きな障害となるのがレーザー特有のスペックルノイズである．コヒーレントなレーザー光がスクリーンの微小な凹凸の干渉によって斑点状の画像ノイズを生じ，その大きさはスペックルコントラストCs（標準偏差/輝度空間平均値）で表される[2]．これを低減するためにレーザー光源のスペクトル，光学系，スクリーンのそれぞれで対策が試みられている．これらを組み合わせることで許容範囲までの低減を図れる（低減目標Csは4～10 %，応用により異なる）．

スペックルノイズ低減の主要な方式[2]を以下紹介する．レーザー光源に対しては波長スペクトル幅を広げる，または複数の異なる波長の光源を組み合わせて用いるという方法がある．半導体レーザーはもともと波長にばらつきがあるので，複数個用いることで効果が生じる．光学系での工夫としては，レーザー光源からのビームを時間ごとに角度を変化させて出射させることが有効である．具体的な構成として，回転レンズアレイ光学系や拡散板揺動などの方法が提案されている．またスクリーン上に到達するレーザーの偏光を直交する2つの偏光に分離するという方法もある．一方，スクリーンを振動させることが最も簡便で効果が高いが，少し大がかりな振動機構が必要である．

（3） 画像形成用デバイス　走査型において光走査はキーデバイスとなる．光を走査するための方法はいくつかあるが，広い走査角度が必要なディスプレイ用としては機械的にミラー角度を変化させる方式が主流である．初期はガルバノミラーやポリゴンミラーが使用されてきたが，最近は超小型化が容易なMEMSに移行している．MEMSは共振周波数として数十KHz，走査角として数十度と，SVGA（super video graphics array）投射型ディスプレイの要求仕様をほぼ満足している．

2次元画像デバイスには大きく分けて，DMD（digital micro-mirror device），透

過型液晶，反射型液晶（liquid crystal on silicon：LCOS）の3種類がある．透過型液晶は安価，DMDはスイッチング速度が速い，LCOSは光利用効率大，高解像度とそれぞれに特徴を有する．用いる2次元画像デバイスにより大きさ，解像度，コントラスト，光利用効率が決まってしまうのでそれぞれ用途で使い分けされている．

c．応用装置

レーザーディスプレイの応用[1,2]において，低消費電力，超小型は共通しており，色再現性，高輝度なども際立った特徴となる．表1に示すように携帯プロジェクターやヘッドマウントディスプレイ（HMD）のような携帯投射端末，高輝度プロジェクター，ヘッドアップディスプレイ（HUD），レーザー TV などの映像装置がある．また映像装置実用化の波及効果としてレーザー照明も期待されている．以下レーザーディプレイ装置の応用事例を紹介する．

(1) プロジェクター　レーザー走査方式の携帯プロジェクター[2]はLEDプロジェクターに比べ光利用効率が高い上に，光源を常時最大出力で点灯する必要がなく消費電力が極めて低い．また通常プロジェクターで必要な投射レンズが不要であり超小型化容易であることも大きな特徴である．さらにビームがほぼ平行光で空間伝搬していくため，ユーザーとして面倒なフォーカス調整が不要となる点も有利である．ポケットに入れて持ち運べ，バッテリーで長時間投射を可能とする．

2次元画像デバイスを使用した方式は明るさの点で優れている．高輝度レーザープロジェクターは水銀レス，長寿命，低消費電力を活かして業務用のデータプロジェクターとして有効である．一方で色再現性のよさによりデジタルシネマ用だけではなく家庭用のホームシアターにも利用が可能である．

レーザーを用いたHUD[2]は，航空機や車のフロントガラスにレーザーを照射し，計器類や警告を視認性よく表示することができる．フロントガラス上の情報表示は運

表1　レーザーディスプレイの応用

応用	製品	方式等
プロジェクター	携帯型プロジェクター	走査方式 空間変調素子利用方式
	ノートPC等内蔵 ポケットパソコン	空間変調素子利用方式 走査方式
	データプロジェクター	空間変調素子利用方式 ＊ハイブリッド光源も使用される
	ヘッドアップディスプレイ（HUD）	走査方式
レーザー TV	リアプロジェクション TV	空間変調素子利用方式
	液晶 TV	導光板＋バックライト
ヘッドマウントディスプレイ（HMD）	メガネ型 HMD メガネ装着型 HMD	網膜走査方式
レーザー照明	インテリジェント照明 ヘッドライト 高輝度白色光源	レーザー蛍光励起方式 RGBレーザー方式

転者の視点移動の必要がなく運転上安全であるだけでなく，フロントガラス横の運転者から死角になる部分を見通すための仮想表示も可能でありさらなる安全性が確保できる．また消費電力の低さも電気自動車を中心に大きな長所となる．

(2) **レーザー TV**　一般にレーザー TV と称するが，リアプロジェクション方式と液晶バックライト方式がある．レーザーリアプロジェクション TV[2] は 3 色のレーザーをバックライトとし，空間変調素子で画像信号を重畳し，スクリーンに拡大投映された像を反対面より観察する．消費電力は同一サイズの液晶 TV やプラズマ TV の数分の 1 と低消費電力である．

一方，液晶パネルのバックライトとしてレーザー光を利用した液晶 TV[2] は，レーザーの単一偏光利用やスペクトル幅の狭さを用いた色分離などにより大幅な低消費電力化が可能である．また，薄型導光板への低損失入射により，超薄型で広い色域も大きな特徴である．

(3) **ヘッドマウントディスプレイ**
メガネ装着型またはメガネ型 HMD は，まさにユビキタス機器の代表でありいつでもどこでも情報が瞬時に得られる．赤，青，緑色レーザーを網膜に直接描画することで小型かつ軽量なヘッドマウントディスプレイが実現されている[2]．省電力で，使用しているという意識もないため片眼式は情報端末として有効である．一方，両眼式は左右の目に異なる信号を入れることで立体映像投射も容易であり娯楽用や業務用に展開できる．

(4) **その他**　動画や静止画表示機能を有するレーザー照明は省エネルギーということに加え，光を遠方に運び照射すること，色および波長を選択的に利用できるという特徴もある[3]．たとえば建物外部からレーザーを照射する外観照明は工事も不要なため簡単に夜間の外観を変化させることができる．また指向性を活かしたレーザーヘッドライトも検討されている．道路上に標識や行先などの情報を投射する機能を付加することも可能である．　　　[山本和久]

■参考文献
1) 山本和久：応用物理，**78** (2009)，1021-1028.
2) 黒田和男ら編：解説レーザーディスプレイ，オプトロニクス社 (2010).
3) 山本和久：日本画像学会誌，**50** (2011)，254-259.

[光学機器]

110 プロジェクター（フロント，リア）

プロジェクターの投写方式は2つに大別され，プレゼンテーションやシアター用途のように拡大した画像をスクリーン上に投写し，反射させて表示するフロントプロジェクターと，拡大した画像を透過型スクリーンに投写し，透過拡散させて表示するリアプロジェクターがある．

a．フロントプロジェクター

画像を形成する表示デバイスの種類に従い，表示方式は複数存在するが，本項では，現在の主流である2次元表示デバイスを用いた，液晶プロジェクター，DMD（digital mirror device）プロジェクターを中心に記述する．

(1) 光源 現在，プロジェクター用の光源は，超高圧水銀ランプが主流である．発光効率が高く，高出力化も可能であることから製品の高輝度化が比較的容易である．最近では，立ち上がり時間，水銀フリー，長寿命，高演色性といった観点でLEDやレーザー，ハイブリッドタイプ（LED，レーザー，蛍光体などの複合光源）を採用するプロジェクターも開発されている．

(2) 照明光学系 プロジェクターでは，スクリーン上の照度を均一にすること，光源からの光を効率よく表示デバイスに導くことが重要であり，そのため様々な光学素子が使われている．高い均一性を得るために，フライアイレンズやロッドレンズを用い，パネル上で光源からの光を重畳（インテグレート）させ，同時にKöhler（ケーラー）照明を実現している．また位相変調型の液晶パネルの前に偏光変換素子を配置することで，光量の損失なく同一方向の偏光に揃えることを実現している（図1）．さらに光源の発光点の大きさと発散角，表示デバイスの大きさと取り込み角の間には光利用効率上，最適な関係が存在し，その指標としてÉtendue（エタンデュ）が用いられ，光源からの放射光束に対し高い利用効率が得られるよう設計が成されている．光源の発光の広がりを空間的に表すÉtendueを E_s，表示デバイスの受光能力を表すÉtendueを E_p，発光（受光）面積を $A_{s,p}$，発散（取り込み）角を $\theta_{s,p}$ としたとき，次のようになる（図2）．

$$E_{s,p} = \pi A_{s,p} \sin^2 \theta_{s,p} \ [\mathrm{mm^2 Sr}] \quad (1)$$

光源側のÉtendue E_S とデバイス側のÉtendue E_p は発光（受光）面積と発散（取り込み）角の正弦の二乗の積に比例し，$E_s \leq E_p$ の関係が満足されると100％の利用効率が得られる．高輝度化のためには光源の発光面積を大きく，装置の小型化のためには表示デバイスの受光面積を小さくしたいが，いずれもÉtendueとしては不利な方向となる．最近注目されているレーザーは他の光源に比べ発光面積が十分小さいため，照明効率上有利な光源となる．

(3) 色分離合成光学系 カラー画像

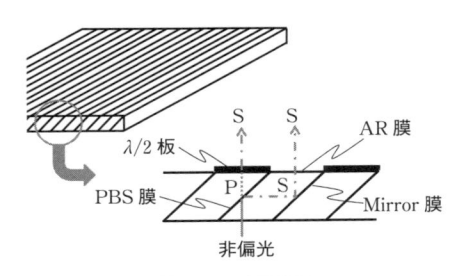

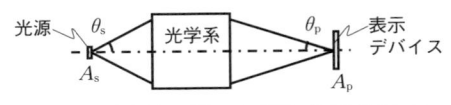

図1　PS変換素子

A：発光（受光）面積，θ：発散（取り込み）角
※θ_p は光学系のF値に依存

図2　Étendue

を表示する方法は，表示デバイス上で光の3原色であるRGBの階調を各々制御し，その画像をスクリーンに投写することで形成する．色分離合成の方法は大きく分けて以下の方法に分類される（図3）．

（i）単板式プロジェクター：　表示デバイスが1つであるため，人間の視覚機能の中で時分割された色情報を合成する方法でカラー表示を実現している．表示デバイスは高速な駆動が必要となるためDMDが用いられる場合が多い．

① DMD：光源からの光路中に回転するカラーホイール（RGB）を配置することで各色の色分離を行い，各色の光をDMDに入射し，DMDの角度によるON/OFFにより信号光を形成している（図4）．階調やフルカラー表示は単位時間当たりのON時間を各色ごとに積分的に表示することで得られている．このため個人差はあるが，視線が移動する際にRGBがずれて知覚されるカラーブレーキングノイズが発生しやすい．最近では，RGBの3原色に補色を組み合わせたカラーホイールを用い色再現性を高めることや，カラーホイールの分割数や回転数を上げることでカラーブレーキングノイズを軽減させる工夫がなされている．

（ii）3板式プロジェクター：　光源が白色光源の場合には，ダイクロイックミラーなどを用いてRGBの3色に色分離する．LEDやレーザーの場合には，RGBの3色の光源をそのまま使用する場合もある．RGBの各色光をそれぞれの色に対応した表示デバイスに導き，偏光を用いた検光，またはDMDのON/OFFにより形成されたRGBの画像は，合成光学素子で単一光路に合成され，投写レンズに入射する．代表的な合成光学素子にはクロスダイクロプリズムがある．

① LCD（透過型液晶方式）：表示デバイスに偏光した各色を入射させ，画像信号に従って，液晶による各画素の位相制御と検光により透過画像を形成している（図5）．液晶デバイスの各画素間に制御用の電極配線があり，この電極配線の幅により開口率の低下を招くが，液晶パネル近傍にマイクロレンズなどの光学素子を配置することにより透過効率を向上させている．また画像信号の検光が偏光板などによって簡易に実現できることで，系全体を比較的シンプルに構成することが可能である．

② LCOS（反射型液晶方式）[1]：表示デバイスに偏光した各色光を入射させ画像信号

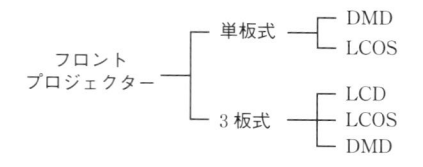

図3　色分離合成方法

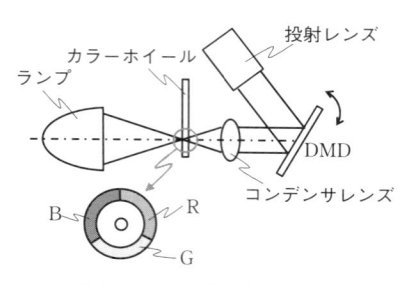

図4　DMDプロジェクター

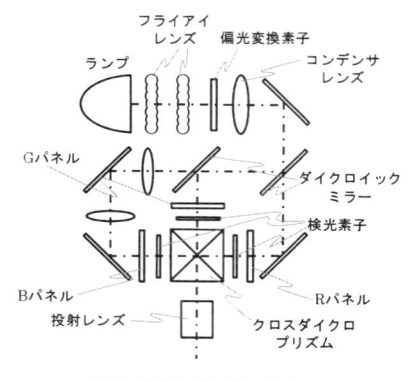

図5　LCDプロジェクター

に従って，液晶による各画素の位相制御と検光により反射画像を形成している（図6）．反射面の背面に電極配線を形成できるため，画素間に電極配線がなく，開口率を高くできる．反射型であるため，入射光と表示デバイスからの反射光が同一の光路で往復し，往路で検光を実現させる必要があることから，検光のために特殊な光学部品を必要とし，ガラスPBS（polarizing beam splitter）やワイヤーグリッドPBSを用いている．ワイヤーグリッドPBSは検光特性に優れており，高いコントラストが必要とされるホームシアター機で広く使用されている．

(4) 投写レンズ 近年，装置の高解像度化が進むとともに用途に応じてレンズタイプにも多様化が見られている．一般的な投写光学系のレンズとして，スクリーン側に負の屈折力を配置したレトロフォーカスタイプがある．これは前述のとおり，表示デバイスと投写光学系の間に色合成素子などの光学素子を配置するため，長いバックフォーカスを必要とする場合があるからである．投写光学系に必要な性能として，結像性能，歪曲収差，倍率色収差などがある．また結像性能以外の特性として，表示デバイスなどの要求により，出射光のテレセントリック性を必要とされる場合もある．望遠レンズでは正の屈折力をスクリーン側に配置したテレフォトタイプを用いることがある．また，投写距離が短い広角レンズでは画面周辺部で発生する倍率色収差や歪曲収差を補正するために異常分散ガラスや非球面レンズを用いている[2]．また，非球面ミラーを射出側に配置したり非共軸光学系を適用するなどしてさらなる短投写距離化を実現したものも開発されている．

b．リアプロジェクター

リアプロジェクションTV（RP-TV）などで使用される透過型スクリーン背面から拡大画像を投写するリアプロジェクター方式．本項では，RP-TVの薄型化に貢献している光学技術を中心に記述する．

(1) 投写光学系 RP-TVの投写光学系には，TV自体の設置自由度，デザイン自由度を高めるため，本体の薄型化を実現する広角化が求められる．また，特に画質面においては，歪曲収差，色収差の補正が重要である．

（i）投写タイプ

① 共軸折り曲げ型投写光学系（図7）：共軸系投射系としては，レトロフォーカスタイプのレンズが用いられるが，本体薄型化のために広角化する必要があり，大型の非球面レンズがスクリーン側に配置される．また，レンズ内部に折り返しミラーを配置するための長い空気間隔が必要となる．レンズから射出された光は装置背面のミラーで折り返され，光路を折りたたみ本体の薄型化を実現している．

② 反射型投写光学系（図8）：さらなる薄型化の技術として，投写光学系にミラー系を備えた反射型投写光学系が用いられる．投写光学系のスクリーン側に非球面形状の凸面ミラーを配置し，投写光束を大きく発散させ，スクリーン面に斜めに投写させることで，光路の短縮を実現し本体の薄型化を実現している．非球面ミラーを用いるこ

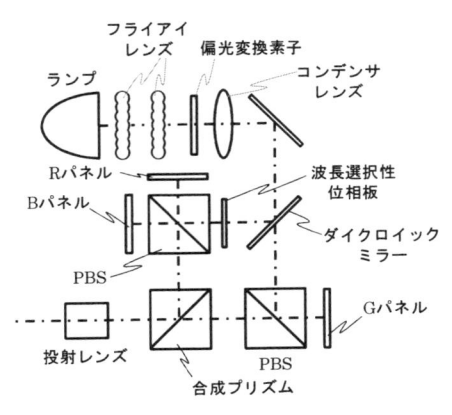

図6　LCOSプロジェクター

とで,広角ながら歪曲,色収差の補正を十分に行うことを可能にしている.

(2) スクリーン RP-TV のスクリーンは,複数のレンズスクリーンを積層して構成されるのが一般的であり,その構成による画面輝度特性,コントラスト特性,視野角特性などの TV 画質に直接影響する特性向上を目的としている.本項では,特に本体薄型化のため,大きな入射角をもつ斜め投写への対応技術を中心に記述する.

(i) スクリーンタイプ

① 屈折型 Fresnel レンズスクリーン(図9):前述した共軸折り曲げ型投写光学系などのスクリーン面に垂直に投写する構成の RP-TV に対応し,スクリーン周辺へ角度をもって入射する光束をスクリーン面に垂直方向に偏向させる屈折型 Fresnel レンズを投写光学系側に備える.さらに,入射した光を拡散させることで視野角特性を向上させるレンチキュラーレンズ,外光の反射を低減させることでコントラスト特性を向上させるブラックマトリクスなどが積層されて構成される.また,さらに視野角特性を高めるための拡散材が配合されたスクリーンも一般的に用いられる.

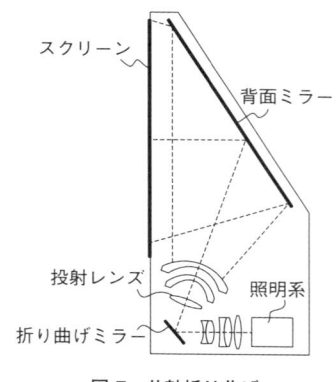

② 全反射型 Fresnel レンズスクリーン(図10):前述した反射型投写光学系などのスクリーン面に大きな入射角で斜めに投写する構成の RP-TV に対応し,入射光束をスクリーン面に垂直方向に偏向させる全反射型 Fresnel レンズを投写光学系側に備える.全反射型にすることで,屈折型に比べると光束を大きく偏向させることが可能となり,斜め投写する構成の RP-TV においても画面内の輝度特性を保つことができる.後段の構成としては,上記屈折型スクリーンと同様の積層構成により各種特性の向上が図られる.

[佐藤 浩]

■参考文献
1) 佐藤 浩:光学,**35**-6(2006),318-323.
2) 菅原三郎:プロジェクターの最新技術Ⅱ,シーエムシー出版(2010),pp.140-152.

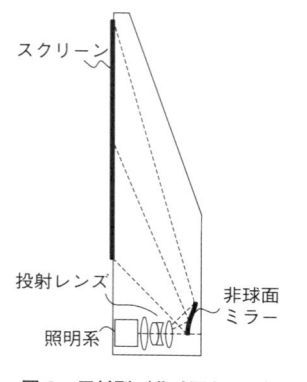

図7 共軸折り曲げ

図8 反射型(非球面ミラー)

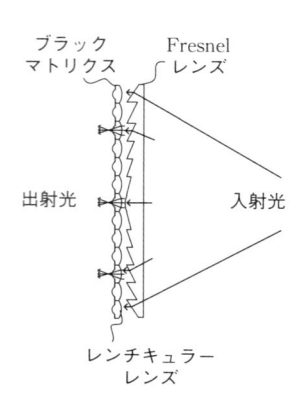

図9 屈折型

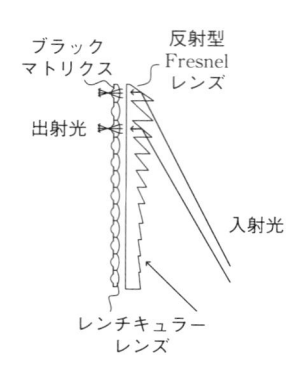

図10 反射型

111

[光学機器]

3次元映像機器

3次元映像機器は，提案されているものまで含めると極めて多種多様である．また入力（撮像）から表示までの過程に，多くの光学技術が用いられている．3次元映像技術と機器を詳細に記述したハンドブック[1]が刊行されており，また実用的な機器を対象とした書物が近年も盛んに刊行されている[2-4]ことから詳細はそれぞれの資料を参照いただき，本項では，3D映画やテレビで使用されるS3D（2眼式，ステレオ写真）方式を中心に解説する．

a. 奥行を感じる手がかりと3次元映像表示技術

ヒトの眼球はカメラにたとえられる結像光学系である．3次元映像の技術は，ヒトが奥行を感じる手がかりと直接結びついているが，この手がかりを分類・整理した結果を表1に示す．ここに示す14項目の手がかりの中で，左右の2つの目がかかわるのは2項目だけであり，第3の項目から第12の項目までは結像面（網膜）に生じた像から抽出される手がかりである．これら14項目の手がかりは，実物あるいは光学装置が作り出した像を見る際に用いられるが，対象物に対する距離や対象物の差により，強く働く要素とあまり影響を生じない要素が変わってくる．この事柄は，撮像（入力）と表示それぞれの場合に適する装置構成に大きな影響を与え，3次元映像に用いられる装置が多様なものとなる原因になっ

表1　奥行を感じる手がかり

単眼	① 水晶体の焦点調節
	② 単眼運動視差
	③ 物の大小，④ 物の高低，⑤ 物の重なり，⑥ きめの粗密，⑦ 物の形状，⑧ 明暗（陰影），⑨ コントラスト（もや，空気遠近感），⑩ 彩度，⑪ 色相（前進色と後退色），⑫ 鮮明度
2眼	⑬ 両眼の輻輳角（両眼の視軸のなす角）
	⑭ 両眼視差（左右の網膜像の位置ずれ）

表2　3次元映像表示の分類

メガネ不要		実物視	実体モデル，3次元造形データ
		単一面	遠方表示，空中像，大画面取り囲み，照明効果
	空間像形性	空間標本式	多層スクリーン，液晶積層式
		空間走査式	移動・回転スクリーン，振動ミラー，パリフォーカルミラー
		ホログラフィー	Fresnelホログラム，Lippmannホログラム，レインボーホログラム，イメージホログラム
	並列配置	マスク（スリット，ピンホール）	パララックス・ステレオグラム，ピンホール型インテグラルフォト
		レンズアレイ	レンチキュラーステレオ写真，インテグラルフォト
		合成ホログラム	ホログラフィック・ステレオグラム，計算機ホログラム
		その他空間瞳分離	大型フィールドレンズ，全反射プリズム
メガネ必要，接眼レンズ使用	メガネ	左右像分離	直線偏光メガネ，円偏光メガネ，シャッターメガネ，アナグリフ（赤・シアン，緑・マゼンタ，分光方式）
		濃度フィルター（時間遅れ）	Pulfrich方式
	ステレオビューア，ヘッドマウンテッドディスプレイ		

ている．

表2は，広い意味での3次元映像表示技術の全体を一覧表にしたものである．ヒトが奥行を感じる手がかりが，表示する物体，対象物までの距離により異なり，また3次元映像の表示目的も様々であるので，いろいろな技術が採用されている．一方劇場公開の映画やテレビ放送では，古くからのステレオ写真と共通した2眼式の方式が用いられている．多くの3次元映像技術の中で，特に区別するため，「S3D」という呼び方が定着しつつある．

銀塩感光材料を用いた映像の方式では，記録時と表示時でフィルム上での像配置を変更しないことが多く，記録（撮影）方式と表示方式には強い対応関係があった．一方デジタル画像データが用いられるようになると，記録・伝送の家庭での方式の変換により，表示方式を選択することがかなり自由になってきている．

b．S3D方式の撮影光学系

図1と図2を用い，基本的なS3D（ステレオ写真）方式の撮影光学系を示す．いま，平面の物体Oを，レンズL_lとL_rを用いた光学系で撮像することを考える．このときの光軸の間隔を「撮影基線長」，「ステレオベース」などの名前で呼ぶ．最終的な像までの表示・処理を考えると，撮像光学系の光軸は平行に配置することが好ましい．このとき，光学系のイメージサークルは光軸を中心とした円なので，物体上で左右ずれた位置を撮影することになる．最終的にディスプレイあるいは映写スクリーン上では，目的とする物体の像が左右同じ位置に表示される（これをコンバージェンス調整という）必要がある．これを実現するためには，撮影画面を適当な距離左右移動して切り出す．S3D撮影専用のデジタルスチルカメラやビデオカメラでは，このコンバージェンス調整は自動的に行われることが多い．また銀塩フィルムを用いるステレオカ

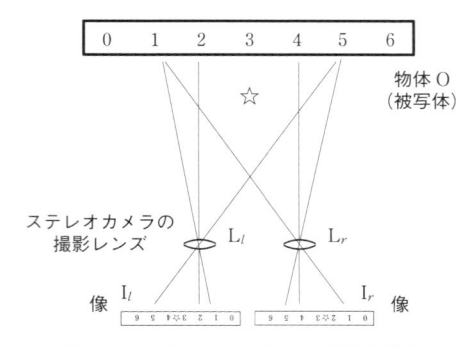

図1 S3D（ステレオ写真）の撮影光学系

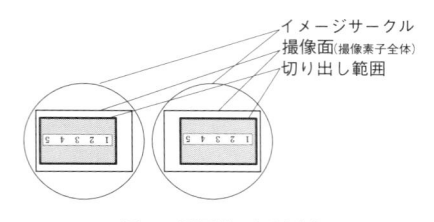

図2 画面枠の切り出し

メラでは，固定距離（たとえば2.5 m）の物体に合わせた画面枠をもったカメラも多いが，より精密な調整には，ビューアにプリントやカラースライドをセットする際，位置合わせを行ってコンバージェンス調整が実現されている．

中心被写体に向けて2台のカメラの光軸を，角度をつけ（平行ではなく）配置する場合もある．この際には必要に応じて台形（キーストン）歪を補正し，再サンプリングを行うことで最終表示画面ではコンバージェンス調整を終えた左右画像としている．

いま，物体の中央（番号3）の手前に物体「☆」が配置されていると，左の撮影レンズから見た際に，この物体は番号3より右側に見える．また右の撮影レンズからは，物体は左に寄って見える．この位置の差は，最終的に鑑賞する画面にも反映され，鑑賞時の視差となる．

c．S3D映像の鑑賞

図3は，直線偏光メガネを用いたS3D

映像の鑑賞の様子を示している．この図は，カラースライドフィルムの場合であるが，プロジェクターを用いた映写でも用いる光学要素は同一である．適切な撮影基線長で撮影された左右の像を，互いに直交した方向に配置した偏光板を通し，偏光を保存する性質をもったスクリーンに映写する．鑑賞者は，左右で直交した方向に配置した偏光フィルターを備えたメガネをかけてスクリーン上の像を見る．偏光フィルターの働きで，左右の像が分離して見え3次元映像表示が行われる．

直線偏光を用いた方式では，鑑賞者がメガネを傾けるとクロストーク（反対の像での信号漏れ込み，ゴースト像）が生じる．この現象は，右回り円偏光と左回り円偏光を用いることで大幅に軽減できる．フィルターとしては，直線偏光を透過する偏光フィルターと4分の1波長板が用いられる．図4は，円偏光を用いる方式の模式図である．鑑賞者がかけている3Dメガネには，右回り円偏光と左回り円偏光が時分割で入射する．それぞれの円偏光は，4分の1波長板を透過した後，上下方向あるいは左右方向に振動する直線偏光となるので，左右の目には分離された像が見える．円偏光を用いる目的だけであれば，図3の光学系で映写

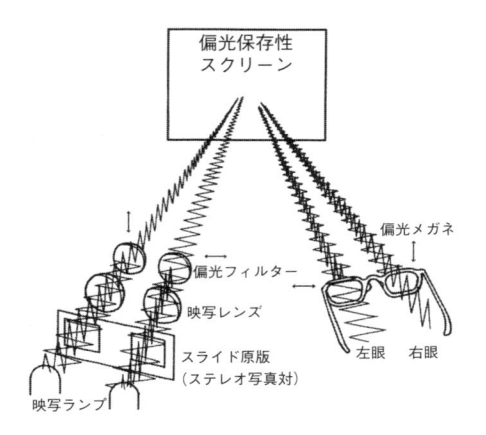

図3　直線偏光メガネを用いるS3D映写像の鑑賞

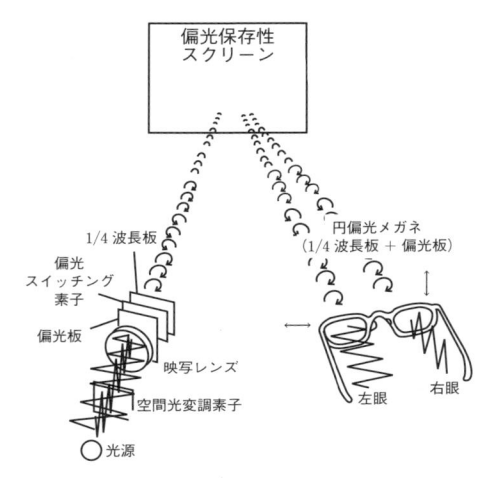

図4　円偏光メガネを用いるS3D映写像の鑑賞（時分割方式）

用の光路に4分の1波長板を配置するだけでよいが，多くのS3Dのシステムでは，図4に示す時分割方式が採用される．偏光を用いる時分割の方式では，偏光版を透過して直線偏光となった光束は，電圧を加えることにより2分の1波長板になる偏光スイッチング素子を透過する．多くの3D映画の上演では，スイッチングは144 Hzで行われ，右目用と左目用の像がそれぞれ毎秒72コマ映写される．ヒトの目の残像現象により，異なった時刻に表示された左右の像が融像し，立体視が3Dテレビで多く用いられる方式では，ディスプレイ（液晶あるいはプラズマディスプレイパネル）は240 Hzで駆動される．表示される像に同期したシャッターメガネをかけることで，鑑賞者の左右の目には異なった像が表示される．

d．裸眼3次元映像表示

鑑賞時にメガネをかける不便を解消し，また多数の方向から見た像を表示するためにいろいろな裸眼3次元映像表示の技術が用いられている[5]．裸眼の方式の中でもS3Dで用いている平面像を左右の目に表示する方式と，目の焦点調節にも対応する光

束を作り出す方式があるが，共通の技術要素として「光の進行方向を再現する」ことがある．

図5の模式図を用いて光の強度だけを記録・再現する映像の方式と進行方向が再現できる方式のちがいを説明する[6]．図5(A)では，点物体（光の射出方向に制限を受けた点光源）からの光束が結像レンズを通して記録面P_2に入射する様子を示している．ここで，面P_1は物体の結像面であり，通常の撮影ではこの面に記録材料あるいは撮像素子が配置される．面P_2では結像光束の広がりに対応した広がりをもった面に光が広がっている．この広がりは通常，結像レンズの絞りにより制限を受けるが，物体からの光束が特別な角度特性（たとえば鏡面反射）をもっている，あるいは物体の手前に他の物体が配置されている場合にはその場合ごとの制限を受ける．

図5(B)は，面P_2で強度分布を記録し，表示している状態である．ディスプレイ上では，像は広がりをもったボケ像になる．一方，光の強度と進行方向を記録・再現した場合は，図5(C)となる．鑑賞者がディスプレイよりも奥に目の焦点を調節すると，空中に点物体S'が再現される．光の進行方向を記録・再現するには，マイクロレンズ（ハエの眼レンズ，レンチキュラーレンズ）の後側焦点位置に光検出／表示素子を配置，ピンホールあるいはスリットをレンズの代わりに配する方法が用いられる．またレーザーからの光を分割し，一方を参照光として物体からの光束と鑑賞させる，ホログラフィーの方法などが用いられる．

レンチキュラーレンズを用いた3次元映像表示の模式図を図6に示す．撮影にあたっては，4本の撮影レンズが左右等間隔に配置された3Dカメラを用いる．この仕様のカメラでは，1983年に発売されたニムスロー（Nimslo）3Dカメラが著名である．レンチキュラーレンズ板に感光材料を塗布した，専用のカラー印画紙を用い，鑑賞者の目が配置される空中の位置に引伸し機のレンズを配置して4回焼付を行う．反転現像を行い，背後から照明する．このとき，レンチキュラーレンズに対する記録面の左右方向の位置が光の進行方向に対応し，記録と再現が行われる．空中に再現された引伸し機のレンズ位置に目を置くと，撮影された1コマがプリント面全面に見えること

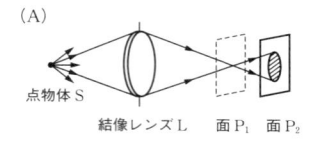

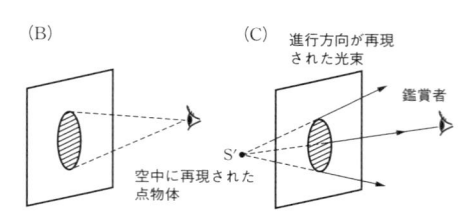

図5 光の進行方向の記録と再現
(A) 記録（撮影）の概念図，(B) 光の強度だけを記録・再現した場合，(C) 光の進行方向を再現した状態

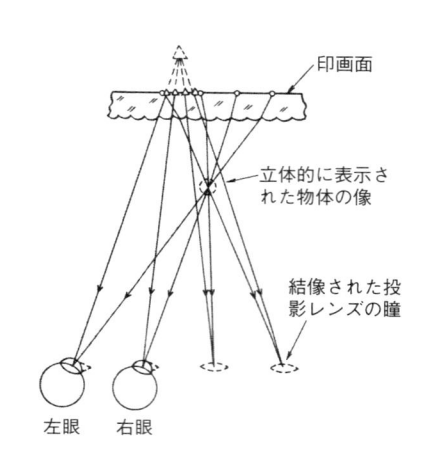

図6 レンチキュラーレンズを用いた空中像表示の模式図

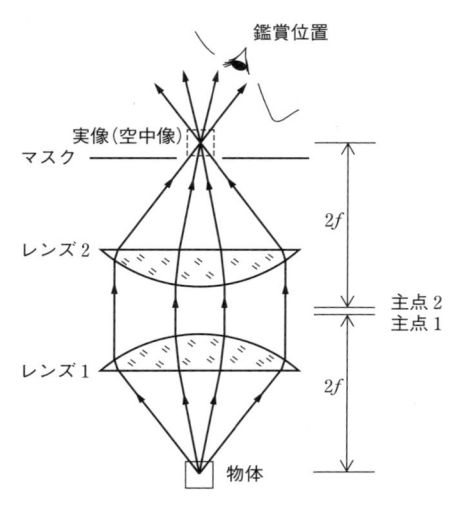

図7 等倍結像を用いる3次元映像表示

から，適当な1組のステレオ写真対による立体像表示が実現する．液晶ディスプレイなどでも，印画紙を用いたのと近似的な表示ができ，複数の視点からの像を表示する裸眼ディスプレイを実現することができる．

空間中に3次元映像を表示する方法は数多く存在するが，3次元物体の実像を空中に結像する装置は，単純ながら周囲360°どこからでも見える表示を実現することができる．図7はその模式図である．物体と像はともに，主点から結像光学系の合成焦点距離fの2倍$2f$の位置にある．2枚のFresnel凸レンズを用いた装置や，2枚の凹面鏡を用いた装置が商品化されている．3次元の物体は等倍で結像されるので，横倍率は-1倍，縦倍率は1倍となり歪のない3次元映像が表示される．

以上，3次元映像表示のごく一部を紹介した． ［桑山哲郎］

■参考文献
1) 尾上守夫ら編：3次元映像ハンドブック，朝倉書店（2006）．
2) 立体視テクノロジー ―次世代映像表皮技術の最前線，エヌ・ティー・エス（2008）．
3) 本田捷夫監修：立体映像技術 ―空間表現メディアの最新動向，シーエムシー出版（2008）．
4) 大口孝之ら：3D世紀 驚異! 立体映画の100年と映像新世紀，ボーンデジタル（2012）．
5) 羽倉弘之ら編：裸眼3Dグラフィクス，朝倉書店（2012）．
6) 本田捷夫：日本写真学会誌，**72**, 237-244 (2009)．

112 ［光学機器］

測 量 機 器

最近の測量機器は光学技術と高精度 GPS（測量用に開発された GPS）技術を用いた機器があり，それらは GPS 電波の受信状況と使用距離の違いにより使い分けられている．最近の光学技術を用いた測量機器は電子化の発展に伴い，光学技術に電子技術を加えた機器となっており，ここではその代表的な例として電子レベル，トータルステーション，写真測量について紹介する．

a．電子レベル

(1) レベルの特徴と光学的構成　水準測量用に光学式のレベルが古くから使われているが，電子レベルはレベルの読み取り機能を自動的に行うものである．レベルの使用方法は図1に示すように高低差のある2カ所に標尺といわれる目盛の描かれた棒を鉛直に立て，そのおよそ中間点にレベル本体を設置してレベル本体の視準方向を反転操作しながら両標尺の目盛を読み，両者の読み値の差を求めることで高低差を計るものである．この方式の特徴は反転操作によりレベル本体の機械的水平誤差が相殺され，高精度の水準測量ができる点である．図2は電子レベル本体の光学的構成であり，対物レンズから入射した光が CCD（リニアイメージセンサー）上に結像するようになっており，対物レンズと CCD の間には視準光軸が水平に保たれる自動補正機構（一般的に鏡が吊り線で吊られた構造）が入っている．

(2) 読み取りの電子化　図3は電子レベル本体と標尺の例である．標尺とレベル本体の距離は数 m から 100 m 程度で，標尺画像の大きさは距離の変化に伴い図4のように大きく変化する．したがって近距離においては標尺パターンの一部のパターン画像から視準位置を決定しなければならず，標尺パターンの一部のパターンが標尺全体に渡って一カ所にしか存在しないパターンとなっている．また遠距離においては CCD 分解能以上の精度で視準位置を検出しなければならず，処理系では視野内の標尺画像全体に対して CCD 画素以下ピッチでの相関処理などを施し，CCD 分解能以上の精度で視準位置を求めている．

b．トータルステーション

トータルステーション（図5）は，角度測定機能と距離測定機能を一体化させた測量機である．光の往復時間から直接に2点間の距離を測定する距離測定機能は，それ

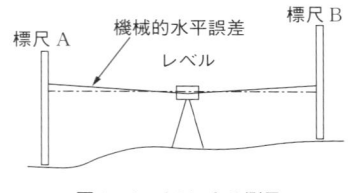

図1　レベルによる測量

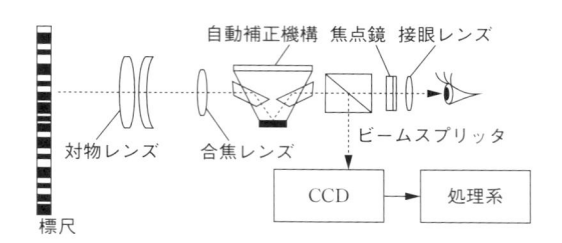

図2　電子レベルの光学的構成

図3　電子レベル本体と標尺

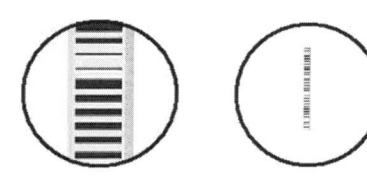

図4　標尺画像

図5　トータルステーション

までの測量分野における基準点測量を間接的な距離測定である三角測量から三辺測量へと一変させる大きなエポックであった．当時，角度測定機能はセオドライト，距離測定機能は光波距離計とそれぞれ独立した装置であり，セオドライトの上に光波距離計を亀の子状に搭載し，測量が行われていた．その後の電子工学の発達により，距離測定機能はセオドライトの望遠鏡部分に格納され，角度はLEDと受光センサーにより電子式に読み取られるようになった．測定点までの距離と角度を同一視準軸で同時に測定できる現在のトータルステーションは，測量機の1つの完成された姿といえる．ここでは，その距離測定と角度測定の原理について述べる．

(1)　光波距離測定　光の強度変調を用いた距離測定であり，原理的に大きく分けて連続変調型とパルス変調型の2種類のタイプがある．

(i)　連続変調型：　連続変調型では，測定光にon offもしくは正弦波状の変調を掛ける．測定点から戻ってくる光の時間遅れを変調光の位相差として測定する．測定点までの距離は，次式で求められる．

$$L = \frac{\theta_2 - \theta_1}{2\omega} c \tag{1}$$

ここで，Lは測定点までの距離，θ_1, θ_2はそれぞれ放射・受光する変調光の位相，ωは変調角周波数，cは光速である．精密な測定を行うために，変調周波数とわずかに異なる周波数を掛け，低い周波数への周波数変換を行った後，位相測定を行うのが一般的である．図6に周波数と位相の関係を示す．

(ii)　パルス変調型：　パルス変調型では，非常に短い時間に極めて大きな出力（連続変調型の数千倍）でパルス状の光を放出し，測定点までの光の往復時間を直接測定する．代表的な方法を図7に示す．光の往復時間中の基準信号クロック数と，基準クロックとのずれを電圧に変換して測定した残差時間とを組み合わせることで測定点までの光パルスの往復時間を求めている．尖頭値の高い光により，測定点に反射鏡を設置せず対象物を測定することができる．

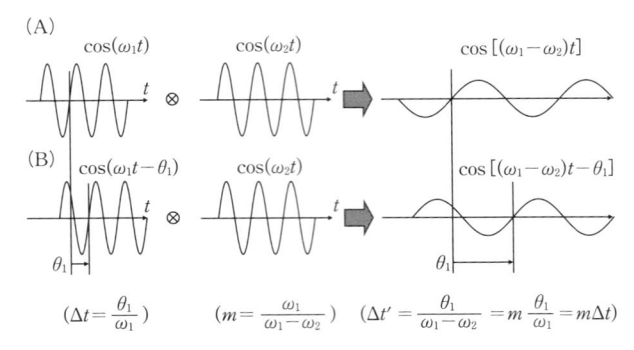

(A) $\cos(\omega_1 t)$ ⊗ $\cos(\omega_2 t)$ → $\cos[(\omega_1-\omega_2)t]$

(B) $\cos(\omega_1 t - \theta_1)$ ⊗ $\cos(\omega_2 t)$ → $\cos[(\omega_1-\omega_2)t - \theta_1]$

$(\Delta t = \frac{\theta_1}{\omega_1})$ $(m = \frac{\omega_1}{\omega_1-\omega_2})$ $(\Delta t' = \frac{\theta_1}{\omega_1-\omega_2} = m\frac{\theta_1}{\omega_1} = m\Delta t)$

図6 連続変調型の周波数変換

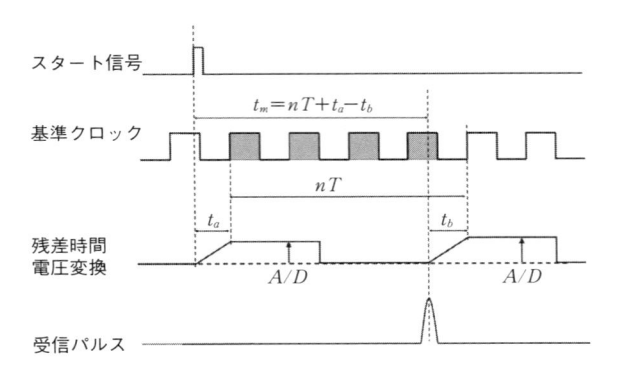

$t_m = nT + t_a - t_b$

図7 パルス変調型の時間測定原理

反射鏡を用いた場合には，より長距離の測定が可能になるという特徴がある．

(2) 角度測定 ガラス板に円弧状にパターンが描かれたエンコーダとよばれる分度盤の位置を測り，角度測定を行う．原理的にインクリメンタル方式とアブソリュート方式の2種類がある．

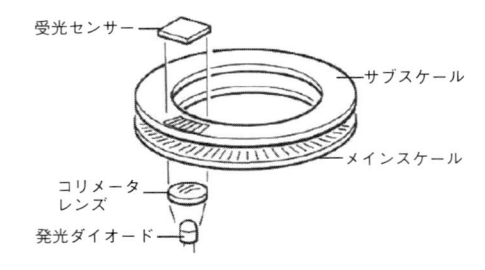

(i) インクリメンタル方式： インクリメンタル方式は，円周上に等間隔ピッチの明暗パターンが刻まれているメインスケールと，同ピッチに明暗が刻まれたサブスケールを用いる．図8に構成を示す．メインスケールの回転に応じて，固定されたサブスケールとの位置関係が変化する．このとき受光素子上に発生する周期的な光の明暗から，角度の増加量を測定することができ

図8 インクリメンタル方式

る．サブスケールにはメインスケールに対して1/4ピッチずらした別のパターンも刻まれており，回転方向の判別に用いられる．この方式では角度の増加量のみが観測されるので，両スケールには原点を示すパターンも刻まれており，原点を検出してから測

図9 アブソリュート方式

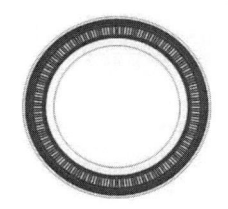

図10 アブソリュート方式パターン

定することで原点を基準とした角度を知ることができるようになっている.

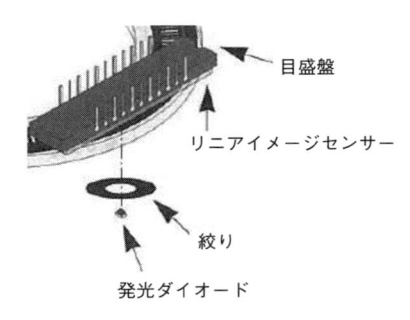

(ii) アブソリュート方式: アブソリュート方式は，円周上に特殊な配列のビットパターンを描き，円盤上の絶対的な角度を直接読み取る方式である．一般的な構成とエンコーダのパターンの例を図9，図10に示す．読み取りは配列のパターンを読み取るためにCCDリニアイメージセンサーを用いる．サブスケール，コリメータレンズは不要となる．インクリメンタル方式のような原点を設ける必要がなく，電源投入後ただちに角度測定が行えるという特徴がある.

c. 写真測量

写真測量は古くから地図などを作図するためにフィルムを用いた航空写真を光学と機械による図化機で解析作業が行われていた．この作業には熟練と多大な解析時間が必要であり，大量のフィルム解析は困難であった．最近ではイメージセンサーの高画素化（デジタルカメラ）と演算処理機（パソコン）の発展に伴い，高画素なデジタルカメラと高性能なパソコンを用いて計測の自動化が進められている.

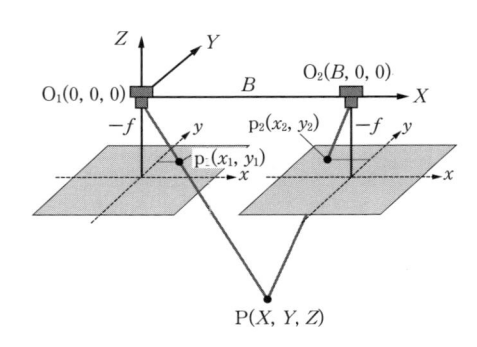

図11 写真測量の原理

(1) **写真測量の原理** 写真測量の原理は，一般に1枚の画像のみでは三次元計測はできない．図11に示すように，デジタルカメラなどを用いて位置を変えて撮影した左右2枚以上の画像を用いる．すなわち，左右の異なる位置O_1，O_2から対象を平行撮影し，左右の画像上の対応点p_1とp_2を計測（視差）して，式(2)の三角測量の原理により，対象の3次元座標P(X, Y, Z)が求められる.

$$\left.\begin{aligned} X &= \frac{x_1}{x_1 - x_2} B \\ Y &= \frac{y_1}{x_1 - x_2} B \\ Z &= \frac{-f}{x_1 - x_2} B \end{aligned}\right\} \quad (2)$$

f：焦点距離，B：基線長，x, y：画像座標系，X, Y, Z：空間座標系

(2) **自動計測** 上記のステレオ画像の対応点の探索を自動で行う手法は「ステレオマッチング」とよばれる．ステレオマッチングには多くの手法があるが，一般的には図12に示すように，左画像上のp_1に正方領域のテンプレート（ウィンドウ）を設定し，そのテンプレートと同じ大きさの

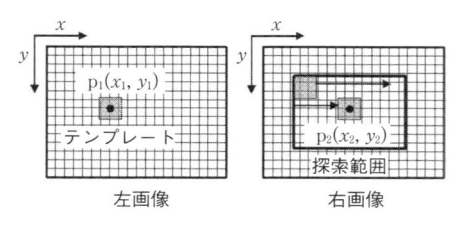

図12　ステレオマッチング

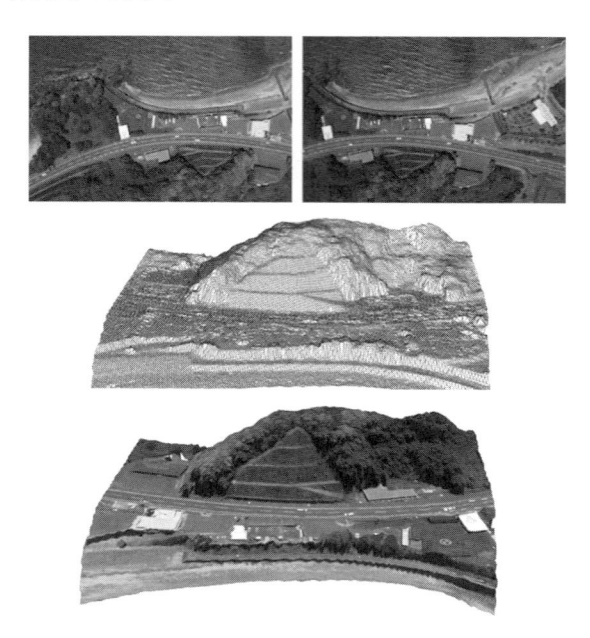

図13　自動処理による三次元モデル

ウィンドウを右画像上で動かして，左右画像の濃度値が最も類似している位置 p_2 を自動で検出する．さらにマッチングの信頼性と効率を上げるために，画像の大きさに応じて，原画像から縮小した画像をピラミッド状に形成し，粗い画像から細かい画像へマッチングを行う方法などがなされている．図13は2枚の画像から自動処理により得られた三次元モデルの例である．

［大友文夫］

公　式　集

■ 1　幾何光学基本方程式 ■

1.1　Fermatの原理
$\gamma(s)$：r_1点とr_2点を結ぶ任意の道，s：道γに沿った距離，L：道γに沿った屈折率nの積分

$$\delta L = \delta \int_\gamma n\, ds = 0$$

ただし，δは変分

1.2　光線方程式
$r(s)$：光線の軌跡，s：光線に沿った距離，n：屈折率

$$\frac{d}{ds}\left(n\frac{dr}{ds}\right) = \mathrm{grad}\, n$$

1.3　アイコナールの微分
$L(r_1, r_2)$：アイコナール，すなわち，r_1点からr_2点に至る光線の光路長，$t = dr/ds$：光線方向の単位ベクトル

$$\mathrm{grad}_2 L = n(r_2) t_2, \quad \mathrm{grad}_1 L = -n(r_1) t_1$$

1.4　アイコナール方程式

$$\left(\frac{\partial L}{\partial x_2}\right)^2 + \left(\frac{\partial L}{\partial y_2}\right)^2 + \left(\frac{\partial L}{\partial z_2}\right)^2 = n^2(r_2), \quad \left(\frac{\partial L}{\partial x_1}\right)^2 + \left(\frac{\partial L}{\partial y_1}\right)^2 + \left(\frac{\partial L}{\partial z_1}\right)^2 = n^2(r_1)$$

■ 2　光線追跡・結像公式 ■

2.1　Snellの法則
N：入射空間の屈折率，N'：射出空間の屈折率，Q：入射光線の方向ベクトル，Q'：屈折光線の方向ベクトル，n：境界面の屈折点での面法線方向ベクトル．

$$N'Q' \times n = NQ \times n$$

入射光線，屈折光線，面法線方向ベクトルは同一平面内にあるが，Snellの法則はその面内での記述では

$$N' \sin\theta' = N \sin\theta$$

と書ける．ここで，θは入射光線と面法線のなす角，θ'は屈折光線と面法線のなす角．

2.2　光線追跡
光学系内での光線追跡は，以下の屈折のプロセスと転送のプロセスの繰り返しで求められる．

(1) 面形状 $x = f_\nu(y, z)$ の第ν面での屈折のプロセス
　　面での入射座標

入射光線方向余弦 Q_ν と，面頂点基準の入射位置座標 T_ν をそれぞれ

$$Q_\nu = \begin{pmatrix} X_\nu \\ Y_\nu \\ Z_\nu \end{pmatrix}, \qquad T_\nu = \begin{pmatrix} f_\nu(y_\nu, z_\nu) \\ y_\nu \\ z_\nu \end{pmatrix}$$

としたとき，入射点での面法線ベクトル $\boldsymbol{n}$ は

$$\boldsymbol{n}_\nu = \frac{1}{\sqrt{1 + \left(\frac{\partial f_\nu}{\partial y}\right)^2_{\substack{y=y_\nu \\ z=z_\nu}} + \left(\frac{\partial f_\nu}{\partial z}\right)^2_{\substack{y=y_\nu \\ z=z_\nu}}}} \begin{pmatrix} 1 \\ -\frac{\partial f_\nu}{\partial y} \\ -\frac{\partial f_\nu}{\partial z} \end{pmatrix}_{\substack{y=y_\nu \\ z=z_\nu}}$$

屈折後の射出光線の方向余弦 $Q_\nu' \equiv Q_{\nu+1}$ は Snell の法則 $N_\nu' Q_\nu' \times \boldsymbol{n}_\nu = N_\nu Q_\nu \times \boldsymbol{n}_\nu$ より

$$Q_\nu' \equiv Q_{\nu+1} = \frac{N_\nu Q_\nu + \left\{ N_\nu'(Q_\nu \cdot \boldsymbol{n}_\nu)\sqrt{\left(\frac{N_\nu}{N_\nu'}\right)^2 + \frac{N_\nu'^2 - N_\nu^2}{N_\nu'^2(Q_\nu \cdot \boldsymbol{n}_\nu)^2}} - N_\nu(Q_\nu \cdot \boldsymbol{n}_\nu) \right\} \boldsymbol{n}_\nu}{N_\nu'}$$

ここで，N_ν は入射空間の屈折率，$N_\nu' \equiv N_{\nu+1}$ は射出空間の屈折率．

(2) 次の面での交点座標を求める転送のプロセス

第 ν 面の面頂点基準の $T_\nu = \begin{pmatrix} f_\nu(y_\nu, z_\nu) \\ y_\nu \\ z_\nu \end{pmatrix}$ の位置から，方向ベクトル $Q_{\nu+1} = \begin{pmatrix} X_{\nu+1} \\ Y_{\nu+1} \\ Z_{\nu+1} \end{pmatrix}$ で出た光線が光軸上での面間隔 d_ν' 離れた点を面頂点にもつ $x = f_{\nu+1}(y, z)$ の形状の面との交点位置座標が面頂点基準で $T_{\nu+1} = \begin{pmatrix} f_{\nu+1}(y_{\nu+1}, z_{\nu+1}) \\ y_{\nu+1} \\ z_{\nu+1} \end{pmatrix}$ と書けるとすれば，これらの座標は，光線が 2 面の間で進んだ距離を p_ν' としたとき，$T_\nu + p_\nu' Q_{\nu+1} = d_\nu' \begin{pmatrix} 1 \\ 0 \\ 0 \end{pmatrix} + T_{\nu+1}$ つまり，

$$\begin{pmatrix} f_\nu(y_\nu, z_\nu) \\ y_\nu \\ z_\nu \end{pmatrix} + p_\nu' \begin{pmatrix} X_{\nu+1} \\ Y_{\nu+1} \\ Z_{\nu+1} \end{pmatrix} = d_\nu' \begin{pmatrix} 1 \\ 0 \\ 0 \end{pmatrix} + \begin{pmatrix} f_{\nu+1}(y_{\nu+1}, z_{\nu+1}) \\ y_{\nu+1} \\ z_{\nu+1} \end{pmatrix}$$

を p_ν', $y_{\nu+1}$, $z_{\nu+1}$ の連立方程式として解くことにより求められる．

光学系が反射面を含む場合は，反射面後で屈折率 $N_{\nu+1}$ と面間隔 d_ν' の符号を入射空間とは反転させることで屈折系と同様に光線追跡が続けられる．

2.3 近軸追跡

構成面の面形状の式を $x_\nu = (H^2/r_\nu)/\left(1 + \sqrt{1-(1+\kappa_\nu)(H/r_\nu)^2}\right) + B_\nu H^4 + C_\nu H^6 + \cdots$（ただし $H \equiv \sqrt{y^2 + z^2}$）としたとき，面のパワーは $\varphi_\nu \equiv (N_\nu' - N_\nu)/r_\nu$ で与えられる（ただし，N_ν は入射空間の屈折率，N_ν' は射出空間の屈折率）．

近軸追跡の換算傾角を $\alpha_\nu \equiv N_\nu u_\nu$，換算面間隔を $e_\nu' \equiv d_\nu'/N_\nu'$ と定義し，近軸入射高さ h_ν

と換算傾角 α_ν を追跡する場合，近軸追跡の式は厳密な光線追跡に比して簡単化され，

(1) 屈折の式 $\begin{pmatrix} h_\nu \\ \alpha'_\nu \end{pmatrix} = \begin{pmatrix} 1 & 0 \\ \varphi_\nu & 1 \end{pmatrix} \begin{pmatrix} h_\nu \\ \alpha_\nu \end{pmatrix}$

(2) 転送の式 $\begin{pmatrix} h_{\nu+1} \\ \alpha_{\nu+1} \end{pmatrix} = \begin{pmatrix} 1 & -e'_\nu \\ 0 & 1 \end{pmatrix} \begin{pmatrix} h_\nu \\ \alpha'_\nu \end{pmatrix}$

で与えられる．この考えを使えば，光学系全体（最終面の番号 k）の近軸追跡はまとめて，

$$\begin{pmatrix} h_k \\ \alpha'_k \end{pmatrix} = \begin{pmatrix} 1 & 0 \\ \varphi_k & 1 \end{pmatrix} \begin{pmatrix} 1 & -e'_{k-1} \\ 0 & 1 \end{pmatrix} \begin{pmatrix} 1 & 0 \\ \varphi_{k-1} & 1 \end{pmatrix} \begin{pmatrix} 1 & -e'_{k-2} \\ 0 & 1 \end{pmatrix} \cdots \begin{pmatrix} 1 & 0 \\ \varphi_2 & 1 \end{pmatrix} \begin{pmatrix} 1 & -e'_1 \\ 0 & 1 \end{pmatrix} \begin{pmatrix} 1 & 0 \\ \varphi_1 & 1 \end{pmatrix} \begin{pmatrix} h_1 \\ \alpha_1 \end{pmatrix} \equiv \begin{pmatrix} A & B \\ C & D \end{pmatrix} \begin{pmatrix} h_1 \\ \alpha_1 \end{pmatrix}$$

と書ける．このとき，この行列をガウス行列とよぶ．また，これらの成分には $AD-BC=1$ の関係がある．

このとき，光学系全体のパワー φ_T は $\varphi_T=C$，系の焦点距離 f_T は $f_T=1/C$，第1面から入射側主点までの距離は，空気換算距離として $\Delta=(1-D)/C$，最終面（第 k 面）から射出側主点までの距離は，空気換算距離として $\Delta'=(A-1)/C$ と与えられる（ただし，空気換算距離とは実際の距離をその空間の屈折率の値で割った距離として定義される距離である）．

2.4　結像公式
(1) 焦点基準の結像公式

物体側焦点から光軸上の物点までの空気換算距離を x，像側焦点から光軸上の像点までの空気換算距離を x' とすれば

$$xx' = -f_T^2 \quad \text{（Newton の結像公式）}$$

この結像の横倍率 β は，

$$\beta = \frac{x'}{-f_T} = \frac{f_T}{x}$$

ここで，焦点距離 f_T は，像側主点から像側焦点までの距離として定義される距離．

(2) 主点基準の結像公式

物体側主点から光軸上の物点までの空気換算距離を s，像側主点から光軸上の像点までの空気換算距離を s' とすれば，この光学系での結像公式は，

$$\frac{1}{s'} - \frac{1}{s} = \frac{1}{f_T}$$

と，薄肉レンズの結像式と等価な式として表現できる．この結像における横倍率 β は

$$\beta = \frac{s'}{s} = \frac{s'-f_T}{-f_T} = \frac{f_T}{s+f_T}$$

で与えられる．

(3) 2つの結像式の関係

$$x = s + f_T, \quad x' = s' - f_T$$

の関係があり，2つの結像式は全く等価である．

(4) 近軸入射高さ h_ν と換算傾角 α_ν の近軸追跡量を使った結像公式の表現

$$\alpha' = \alpha + h\varphi_T \quad \left(\text{ただし } \varphi_T \equiv \frac{1}{f_T} \text{ は全系でのパワー}\right)$$

ここで，近軸追跡値と物体距離，像距離の関係は $\alpha' = h/s'$，$\alpha = s/h$．また，この結像における横倍率 β は $\beta = \alpha/\alpha'$ と近軸傾角の逆数比として与えられる．

3 Seidel 収差・色収差

3.1 Seidel 収差 [1]

(1) 横収差展開式

回転対称光学系では，物点は Y 軸上にあるとした場合，像面における単色の横収差カーブは3次の近似の範囲で次のように書ける．

$$\Delta Y = -\frac{1}{2\alpha'_k}\{\mathrm{I}R^3\cos\phi + \mathrm{II}(N\tan\omega)R^2(2+\cos 2\phi) + (2\mathrm{III}+\mathrm{IV})(N\tan\omega)^2 R\cos\phi + \mathrm{V}(N\tan\omega)^3\}$$

$$\Delta Z = -\frac{1}{2\alpha'_k}\{\mathrm{I}R^3\sin\phi + \mathrm{II}(N\tan\omega)R^2\sin 2\phi + \mathrm{IV}(N\tan\omega)^2 R\sin\phi\}$$

ここで，I，II，III，IV，V は球面収差係数，コマ収差係数，非点収差係数，球欠像面湾曲収差係数，歪曲収差係数で，Seidel の5種類の収差に対する収差係数．$\alpha_k{}'$ は物体面中心から出た近軸光線（物体近軸光線）の最終面射出後の換算傾角（追跡値），R は瞳径，ω は半画角，ϕ は物体方位基準にはかった瞳座標の方位角（アジマス）．

この横収差表現は，近軸追跡の尺度単位を最終像面上で1になるような正規化をした場合（正規化2とよぶ）には横収差表現はより実用的な表記として次のように書ける．

$$\Delta Y = -\frac{1}{2}\{\mathrm{I}(NA)^3\cos\phi + \mathrm{II}\overline{Y}'_k(NA)^2(2+\cos 2\phi) + (2\mathrm{III}+\mathrm{IV})\overline{Y}'^2_k(NA)\cos\phi + \mathrm{V}\overline{Y}'^3_k\}$$

$$\Delta Z = -\frac{1}{2}\{\mathrm{I}(NA)^3\sin\phi + \mathrm{II}\overline{Y}'_k(NA)^2\sin 2\phi + \mathrm{IV}\overline{Y}'^2_k(NA)\sin\phi\}$$

この式では，$\overline{Y}_k{}'$ は理想像高で画角に比例する量として収差展開の変数として用いられており，また，NA は瞳径に比例する量の変数である．なおこの NA は，最大径では開口数（numerical aperture）に対応する量となる．

(2) 各面分担寄与項の計算式と全系の収差係数との関係

面形状の式を $\quad x = \dfrac{\dfrac{H^2}{r}}{1+\sqrt{1-(1+k)\dfrac{H^2}{r^2}}} + BH^4 + \cdots \quad$（ただし $H \equiv \sqrt{y^2+z^2}$）

h，α を物体面中心を通る近軸光線（物体近軸光線）の追跡値，$\overline{h}$，$\overline{\alpha}$ を瞳面中心を通る近軸光線（瞳近軸光線）の追跡値とし，補助量として

$$hQ \equiv h\frac{N}{r}-\alpha, \quad \overline{h}\overline{Q} \equiv \overline{h}\frac{N}{r}-\overline{\alpha} \quad (\text{Abbe の不変量})$$

$$h\Delta\left(\frac{1}{Ns}\right) \equiv \frac{\alpha'}{N'^2}-\frac{\alpha}{N^2}, \quad \overline{h}\Delta\left(\frac{1}{Nt}\right) \equiv \frac{\overline{\alpha}'}{N'^2}-\frac{\overline{\alpha}}{N^2}$$

$\mathrm{P} \equiv \dfrac{\varphi}{NN'} \quad$（ペッツバール項）$\quad$ ただし $\varphi \equiv \dfrac{N'-N}{r} \quad$（各面の屈折によるパワー）

$\psi_a \equiv (N'-N)b \quad$（非球面寄与項）$\quad$ ただし $b \equiv \dfrac{k}{r^3}+8B$

---

[1] 本節の表現用語は以下の文献を参照.
　松居吉哉：収差論，社団法人オプトメカトロニクス協会（1989），第3章.

は球面からのずれの 4 次係数を導入したとき，各面での屈折による 3 次の収差係数は

$$\mathrm{I} = h(hQ)^2\left(h\Delta\left(\frac{1}{Ns}\right)\right) + h^4\psi_a \quad \text{球面収差係数}$$

$$\mathrm{II} = h(hQ)(\overline{hQ})\left(h\Delta\left(\frac{1}{Ns}\right)\right) + h^3\overline{h}\psi_a \quad \text{コマ収差係数}$$

$$\mathrm{III} = h(\overline{hQ})^2\left(h\Delta\left(\frac{1}{Ns}\right)\right) + h^2\overline{h}^2\psi_a \quad \text{非点収差係数}$$

$$\mathrm{IV} = \mathrm{III} + \mathrm{P} \quad \text{サジタル像面湾曲係数}$$

$$\mathrm{V} = \overline{h}(\overline{hQ})^2\left(h\Delta\left(\frac{1}{Ns}\right)\right) + (\overline{hQ})\left(\overline{h}\Delta\left(\frac{1}{Nt}\right)\right) + h\overline{h}^3\psi_a \quad \text{歪曲収差係数}$$

さらに共軸回転対称系での各面の寄与と全系の 3 次の収差係数の関係については，以下のように

$$\mathrm{I} = \sum_\nu \mathrm{I}_\nu,\ \mathrm{II} = \sum_\nu \mathrm{II}_\nu,\ \mathrm{III} = \sum_\nu \mathrm{III}_\nu,\ \mathrm{P} = \sum_\nu \mathrm{P}_\nu,\ \mathrm{IV} = \sum_\nu \mathrm{IV}_\nu,\ \mathrm{V} = \sum_\nu \mathrm{V}_\nu$$

各面の寄与の和が全系の係数である．

3.2 色収差 [2]

回転対称光学系の像面における色収差の横収差カーブは 1 次項が最低次数の基本項で，物点は Y 軸上にあるとした場合，

$$\Delta Y = -\frac{1}{{}^1\alpha'_k}\frac{{}^1N'_k}{{}^2N'_k}(LR\cos\phi + T(N\tan\omega))$$

$$\Delta Z = -\frac{1}{{}^1\alpha'_k}\frac{{}^1N'_k}{{}^2N'_k}(LR\sin\phi)$$

ここで L，T は軸上色収差，倍率色収差に対する収差係数．${}^1\alpha'_k$ は基準波長の物体面中心から出た近軸光線（物体近軸光線）の最終面射出後の追跡値，${}^1N'_k$，${}^2N'_k$ は最終面射出後の空間での基準波長，色収差を評価する第 2 波長の屈折率．また，R は瞳径，ω は半画角，ϕ は物体方位基準にはかった瞳座標の方位角（アジマス）．

なお，より実用的な，近軸追跡の尺度単位を最終像面上で 1 になるような正規化をした場合（正規化 2 とよぶ）には次のように書ける．

$$\Delta Y = -\frac{{}^1N'_k}{{}^2N'_k}\{L(NA)\cos\phi + T\overline{Y}'_k\}$$

$$\Delta Z = -\frac{{}^1N'_k}{{}^2N'_k}\{L(NA)\sin\phi\}$$

また，各面での屈折による色収差係数は次のように書ける．

$$L_\nu = {}^2h_\nu{}^1h_\nu Q_\nu \Delta_\nu\left(\frac{\delta N}{N}\right) = {}^2h_\nu\left(\frac{{}^1N'_\nu{}^1h_\nu}{r_\nu} - {}^1\alpha_\nu\right)\left(\frac{\delta N'_\nu}{{}^1N'_\nu} - \frac{\delta N_\nu}{{}^1N_\nu}\right)$$

$$T_\nu = ({}^2\overline{h}_\nu{}^1h_\nu Q_\nu + 1)\Delta_\nu\left(\frac{\delta N}{N}\right) = \left\{{}^2\overline{h}_\nu\left(\frac{{}^1N'_\nu{}^1h_\nu}{r_\nu} - {}^1\alpha_\nu\right) + 1\right\}\left(\frac{\delta N'_\nu}{{}^1N'_\nu} - \frac{\delta N_\nu}{{}^1N_\nu}\right)$$

ここで，h，α は物体近軸光線の追跡値，$\overline{h}$，$\overline{\alpha}$ は瞳近軸光線の追跡値．各追跡値の左肩

---

[2] 本節で示されている 2 波長での近軸追跡値を使った色収差論については以下の文献を参照．
荒木敬介：OPTICS & PHOTONICS JAPAN 予稿集（2009），p. 554.
荒木敬介：収差論の基本的考え方，日本光学会光設計研究グループ機関紙 OPTICS DESIGN，**52**，5.

の添え字は1が基準波長の追跡値，2が色収差を評価する第2波長の追跡値．

さらに共軸回転対称系での各面の寄与と全系の色収差係数の関係についても，以下のように

$$L = \sum_\nu L_\nu, \quad T = \sum_\nu T_\nu$$

各面の寄与の和が全系の係数となる．また，縦収差としての軸上色収差量は軸上色収差係数 L を使って

$$\Delta s' = -\frac{{}^1 N_k'}{{}^1\alpha_k' \, {}^2\alpha_k'} L$$

のように表される．

4　Zernike 多項式

4.1　波面収差と Zernike 多項式

光学系の波面収差は，円形開口の光線が瞳を通過する座標の直交関数を使った形では一義的に表すことができる．そのとき，使われるのが極座標を採用した Zernike 多項式である．

(1) 標準型 Zernike 多項式

波面収差を $W(x, y) = W(\rho \cos\theta, \rho \sin\theta)$ としたとき，n の次数が k 次までての展開式は

$$W(x,y) = W(\rho\cos\theta, \rho\sin\theta) = \sum_{n=0}^{k}\sum_{m=0}^{n} A_{nm} \cdot R_n^{n-2m}(\rho) \cdot \begin{cases} \cos|n-2m|\theta : n-2m \geq 0 \\ \sin|n-2m|\theta : n-2m < 0 \end{cases}$$

と書ける．ここで，展開係数 A_{nm} は標準型 Zernike 係数，多項式 $R_n^{n-2m}(\rho) \equiv \sum_{s=0}^{m}(-1)^s \dfrac{(n-s)! \, \rho^{n-2s}}{s!(m-s)!(n-m-s)!}$ は標準型 Zernike 多項式とよばれる．

具体的には15項まで書き下すと次のようになる．

項	次数				
	n	m	$n-2m$		
1	0	0	0	1	定数項
2	1	0	1	$\rho\cos\theta$	傾き（Tilt）X 成分
3		1	-1	$\rho\sin\theta$	Y 成分
4	2	0	2	$\rho^2\cos 2\theta$	非点収差（0° と 90° 方向）
5		1	0	$2\rho^2-1$	フォーカス・シフト
6		2	-2	$\rho^2\sin 2\theta$	非点収差（±45° 方向）
7	3	0	3	$\rho^3\cos 3\theta$	
8		1	1	$(3\rho^3-2\rho)\cos\theta$	3次のコマ　X 成分
9		2	-1	$(3\rho^3-2\rho)\sin\theta$	Y 成分
10		3	-3	$\rho^3\sin 3\theta$	
11	4	0	4	$\rho^4\cos 4\theta$	

12		1	2	$(4\rho^4-3\rho^2)\cos 2\theta$	
13		2	0	$6\rho^4-6\rho^2+1$	3次の球面収差
14		3	-2	$(4\rho^4-3\rho^2)\sin 2\theta$	
15		4	-4	$\rho^4\sin 4\theta$	

(2) フリンジ型 Zernike 多項式

Zernike 多項式では，上記の標準型 Zernike 多項式のほかにフリンジ型 Zernike 多項式もよく利用される．この多項式は標準型 Zernike 多項式とは，次数のとり方が違うだけで，実質的に同じ式である．

$$W(x,y)=W(\rho\cos\theta,\rho\sin\theta)=\sum_{n=0}^{k}\sum_{m=-n}^{n} B_{nm}\cdot R_n^m(\rho)\cdot\begin{cases}\cos|m|\theta: m\geqq 0\\ \sin|m|\theta: m<0\end{cases}$$

と書ける．ここで，展開係数 B_{nm} はフリンジ型 Zernike 係数，

多項式 $R_n^{\pm m}(\rho)\equiv\sum_{s=0}^{\frac{n-m}{2}}(-1)^s\dfrac{(n-s)!\rho^{n-2s}}{s!\left(\dfrac{n+m}{2}-s\right)!\left(\dfrac{n-m}{2}-s\right)!}$ はフリンジ型 Zernike 多項式

とよばれる．

具体的には 16 項まで書き下すと次のようになる．

項	次数			
	n	m		
1	0	0	1	定数項
2	1	1	$\rho\cos\theta$	傾き（Tilt）X 成分
3		-1	$\rho\sin\theta$	Y 成分
4	2	0	$2\rho^2-1$	フォーカス・シフト
5		2	$\rho^2\cos 2\theta$	非点収差（0°と 90°方向）
6		-2	$\rho^2\sin 2\theta$	非点収差（±45°方向）
7	3	1	$(3\rho^3-2\rho)\cos\theta$	3次のコマ　X 成分
8		-1	$(3\rho^3-2\rho)\sin\theta$	Y 成分
9	4	0	$6\rho^4-6\rho^2+1$	3次の球面収差
10	3	3	$\rho^3\cos 3\theta$	
11		-3	$\rho^3\sin 3\theta$	
12	4	2	$(4\rho^4-3\rho^2)\cos 2\theta$	
13		-2	$(4\rho^4-3\rho^2)\sin 2\theta$	
14	5	1	$(10\rho^5-12\rho^3+3\rho)\cos\theta$	
15		-1	$(10\rho^5-12\rho^3+3\rho)\sin\theta$	
16	6	0	$20\rho^6-30\rho^4+12\rho^2-1$	

5　Maxwell 方程式

5.1　Maxwell 方程式
E：電場，D：電束密度，H：磁場，B：磁束密度，J：電流密度，ρ：電荷密度

$$\mathrm{rot}H = \frac{\partial D}{\partial t} + J, \quad \mathrm{rot}E = -\frac{\partial B}{\partial t}$$

$$\mathrm{div}D = \rho, \quad \mathrm{div}B = 0$$

5.2　電荷の連続の式

$$\frac{\partial \rho}{\partial t} + \mathrm{div}J = 0$$

5.3　構成方程式
P：電気分極，M：磁化，ϵ_0：真空の誘電率，μ_0：真空の透磁率

$$D = \epsilon_0 E + P$$

$$B = \mu_0(H + M) \qquad \left(H = \frac{1}{\mu_0}B - M\right)$$

ただし，第2式括弧内は $E-B$ 対応における式．

5.4　角周波数 ω の単色波に対する線形応答
$\chi(\omega)$：電気感受率，$\epsilon(\omega)$：誘電率，$\mu(\omega)$：透磁率，$\sigma(\omega)$：電気伝導度（これらの量は，等方性媒質ではスカラー，異方性媒質中では2階のテンソルになる）

$$P(\omega) = \epsilon_0 \chi(\omega) E(\omega), \quad D(\omega) = \epsilon(\omega) E(\omega)$$

$$B(\omega) = \mu(\omega) H(\omega), \quad J(\omega) = \sigma(\omega) E(\omega)$$

ただし，光の周波数領域では，ほとんどの媒質で $\mu(\omega) \approx \mu_0$ が成り立つ．本書では，特に断らない限り $\mu = \mu_0$ と近似する．

6　波動方程式

等方的で一様な媒質中の光の電場が満たす波動方程式（電流密度 $J=0$ と仮定）

$$\nabla^2 E - \epsilon\mu \frac{\partial^2 E}{\partial t^2} = 0$$

角周波数 ω の単色波に対しては

$$\nabla^2 E + k^2 E = 0$$

ただし

$$k = \omega\sqrt{\epsilon\mu} = \frac{\omega}{c}n = \frac{2\pi}{\lambda}$$

は波数．n は屈折率，λ は波長，c は真空中の光速．

7　スカラー波動方程式の解

角周波数 ω のスカラー波 u は Helmholtz 方程式

$$\nabla^2 u + k^2 u = 0$$

を満たす．ここで，k は波数である．

7.1 直交座標

直交座標 (x, y, z) では

$$\frac{\partial^2 u}{\partial x^2} + \frac{\partial^2 u}{\partial y^2} + \frac{\partial^2 u}{\partial z^2} + k^2 u = 0$$

$$u(x, y, z) = \exp(i\boldsymbol{k} \cdot \boldsymbol{r})$$

$$\boldsymbol{k} = (k_1, k_2, k_3), \; k_1^2 + k_2^2 + k_3^2 = k^2$$

7.2 円柱座標

円柱座標 (r, ϕ, z) では

$$\frac{\partial^2 u}{\partial r^2} + \frac{1}{r}\frac{\partial u}{\partial r} + \frac{1}{r^2}\frac{\partial^2 u}{\partial \phi^2} + \frac{\partial^2 u}{\partial z^2} + k^2 u = 0$$

$$u(r, \phi, z) = W_m(\alpha r) e^{i\beta z} e^{im\phi}$$

$$\alpha^2 + \beta^2 = k^2$$

ここで，$W_m(\alpha r)$ はベッセル関数 $J_m(\alpha r)$ またはノイマン関数 $N_m(\alpha r)$．

7.3 極座標

極座標 (r, θ, ϕ) では

$$\frac{1}{r^2}\frac{\partial}{\partial r}\left(r^2 \frac{\partial u}{\partial r}\right) + \frac{1}{r^2 \sin\theta}\frac{\partial}{\partial \theta}\left(\sin\theta \frac{\partial u}{\partial \theta}\right) + \frac{1}{r^2 \sin^2\theta}\frac{\partial^2 u}{\partial \phi^2} + k^2 u = 0$$

$$u(r, \theta, \phi) = w_l(kr) Y_l^m(\theta, \phi)$$

ここで，$w_l(kr)$ は球ベッセル関数 $j_l(kr)$ または球ノイマン関数 $n_l(kr)$，$Y_l^m(\theta, \phi)$ は球面調和関数．

8 特殊関数

8.1 ベッセル関数

ベッセル関数 $\{W_m(z) = J_m(z) \text{ または } N_m(z)\}$ は，ベッセルの微分方程式の解．

$$\frac{d^2 W_m}{dz^2} + \frac{1}{z}\frac{d W_m}{dz} + \left(1 - \frac{m^2}{z^2}\right)W_m = 0$$

ベッセル関数に関する公式

$$e^{z(t-1/t)/2} = \sum_{-\infty}^{\infty} J_n(z) t^n, \quad J_{n+1}(z) = \frac{2n}{z} J_n(z) - J_{n-1}(z)$$

$$\frac{d}{dz}\{z^n J_n(z)\} = z^n J_{n-1}(x), \quad \frac{d}{dz}\{z^{-n} J_n(z)\} = -z^{-n} J_{n+1}(x)$$

8.2 球ベッセル関数

球ベッセル関数 $\{w_j(z) = j_l(z) \text{ または } n_j(z)\}$ は微分方程式

$$\frac{d^2 w_l}{dz^2} + \frac{2}{z}\frac{d w_l}{dz} + \left[1 - \frac{l(l+1)}{z}\right]w_l = 0$$

の解．整数次の球ベッセル関数は初等関数で表される．

$$j_m(z) = (-1)^m z^m \left(\frac{1}{z}\frac{d}{dz}\right)^m \left(\frac{\sin z}{z}\right)$$

$$n_m(z) = (-1)^{m+1} z^m \left(\frac{1}{z}\frac{\mathrm{d}}{\mathrm{d}z}\right)^m \left(\frac{\cos z}{z}\right)$$

8.3 球面調和関数

球面調和関数 $Y_l^m(\theta, \phi)$ は θ, ϕ に関する正規直交関数系で
$$\iint Y_l^{m*} Y_{l'}^{m'} \sin\theta \mathrm{d}\theta \mathrm{d}\phi = \delta_{mm'}\delta_{ll'}$$
を満たす.ただし,積分は球面全体にわたる.球面調和関数は,Legendre の陪関数 $P_l^m(z)$ を用いて
$$Y_l^m(\theta, \phi) = (-1)^m \sqrt{\frac{(2l+1)}{4\pi}\frac{(l-m)!}{(l+m)!}} P_l^m(\cos\theta) e^{im\phi}$$
と表される.ここで,$P_l^m(z)$ は,微分方程式
$$\left[(1-z^2)\frac{\mathrm{d}^2}{\mathrm{d}z^2} - 2z\frac{\mathrm{d}}{\mathrm{d}z} + l(l+1) - \frac{m^2}{1-z^2}\right] P_l^m(z) = 0$$
の解で,直交条件
$$\int_{-1}^{1} P_k^m P_l^m \mathrm{d}z = \frac{2}{2l+1}\frac{(l+m)!}{(l-m)!}\delta_{kl}$$
を満たす.

9 光 強 度

9.1 屈折率,インピーダンス

n:屈折率,Z:インピーダンス(電場と磁場の大きさの比)
$$n^2 = \frac{\epsilon\mu}{\epsilon_0\mu_0} \approx \frac{\epsilon}{\epsilon_0}, \quad Z = \sqrt{\frac{\mu}{\epsilon}} \approx \frac{Z_0}{n}$$
$Z_0 = \sqrt{\mu_0/\epsilon_0} \approx 377\ \Omega$ は真空のインピーダンス.

9.2 光強度

実電場 E_r と複素電場 E を
$$E_r = \Re[E] = \frac{1}{2}(E + E^*)$$
と定義する.ただし,$\Re$ は実部を,$*$ は複素共役を意味する.磁場についても同様.

U:エネルギー密度,I:強度
$$U = \frac{1}{4}\epsilon|E|^2 + \frac{1}{4}\mu|H|^2 = \frac{1}{2}\epsilon|E|^2 \approx \frac{1}{2}\epsilon_0 n^2|E|^2$$
$$I = |S| = \frac{1}{2Z}|E|^2 \approx \frac{n}{2Z_0}|E|^2$$
ただし,S はポインティングベクトル $E_r \times H_r$ の時間平均.単位ベクトル n に垂直な断面を通過する光のパワーは $I_n = S \cdot n = I\cos\theta$ で与えられる.ただし,θ はポインティングベクトルと n のなす角度.

10 Fresnel 係数

10.1 反射率，透過率，反射係数，透過係数

n_1：入射媒質屈折率，n_2 透過媒質屈折率，θ_1：入射角，θ_2：屈折角，E_1^+：入射光電場，E_1^-：反射光電場，E_2^+：透過光電場，r：反射係数，t：透過係数，R：反射率，T：透過率

$$r = \frac{E_1^-}{E_1^+}, \quad t = \frac{E_2^+}{E_1^+}, \quad R = |r|^2, \quad T = \frac{n_2 \cos \theta_2}{n_1 \cos \theta_1}|t|^2$$

10.2 s 偏光

$$r_s = \frac{n_1 \cos \theta_1 - n_2 \cos \theta_2}{n_1 \cos \theta_1 + n_2 \cos \theta_2} = -\frac{\sin(\theta_1 - \theta_2)}{\sin(\theta_1 + \theta_2)}$$

$$t_s = \frac{2 n_1 \cos \theta_1}{n_1 \cos \theta_1 + n_2 \cos \theta_2} = \frac{2 \cos \theta_1 \sin \theta_2}{\sin(\theta_1 + \theta_2)}$$

ただし，$\mu \neq \mu_0$ の媒質に対しては，屈折率 n_j の代わりに，アドミタンス（インピーダンスの逆数）$Y_j = 1/Z_j$ を代入した式が成り立つ．この場合は，最後の等号は成り立たない．p 偏光についても同様．

10.3 p 偏光

$$r_p = \frac{n_2 \cos \theta_1 - n_1 \cos \theta_2}{n_2 \cos \theta_1 + n_1 \cos \theta_2} = \frac{\tan(\theta_1 - \theta_2)}{\tan(\theta_1 + \theta_2)}$$

$$t_p = \frac{2 n_1 \cos \theta_1}{n_2 \cos \theta_1 + n_1 \cos \theta_2} = \frac{2 \cos \theta_1 \sin \theta_2}{\sin(\theta_1 + \theta_2) \cos(\theta_1 - \theta_2)}$$

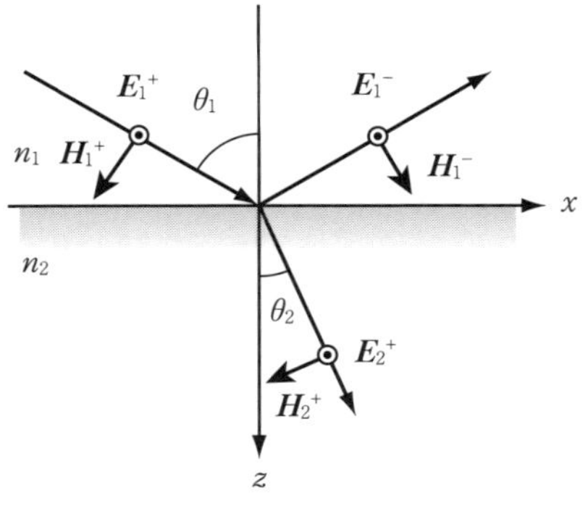

図 1　s 偏光

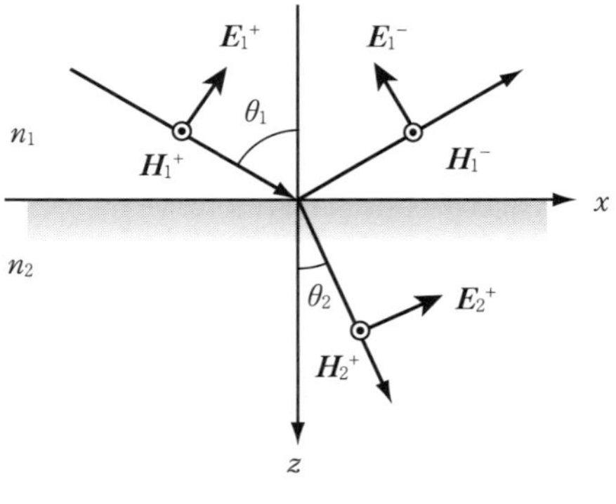

図 2　p 偏光

11 回折

11.1 Fresnel-Kirchhoff の回折積分

u：光波の振幅，P：領域 V 内の観測点，Σ：領域 V の境界，r：P 点からの距離，$\partial/\partial n$：外向き法線微分，k：波数

$$u(P) = \frac{1}{4\pi} \iint_\Sigma \left[\frac{e^{ikr}}{r} \frac{\partial u}{\partial n} - u \frac{\partial}{\partial n} \left(\frac{e^{ikr}}{r} \right) \right] \mathrm{d}S$$

波動 u が Sommerfeld の放射条件 $r(iku - \partial u/\partial r) \to 0 \, (r \to \infty)$ を満足すれば，境界を無限遠にもっていったとき，そこからの積分の寄与は消える．

11.2 Kirchhoff の境界条件

u_0 を入射波として，開口部 A で $u = u_0$，遮蔽部で $u = \partial u/\partial n = 0$ と近似．

$$u(P) = \frac{1}{4\pi} \iint_A \left[\frac{e^{ikr}}{r} \frac{\partial u_0}{\partial n} - u_0 \frac{\partial}{\partial n} \left(\frac{e^{ikr}}{r} \right) \right] \mathrm{d}S$$

11.3 Rayleigh-Sommerfeld の回折積分

前項と同じ条件で，開口面が平面（xy 平面）のとき

$$u_1(x, y, z) = -\frac{1}{2\pi} \iint_A u_0 \frac{\partial}{\partial z} \left(\frac{e^{ikr}}{r} \right) \mathrm{d}x' \mathrm{d}y'$$

$$u_2(x, y, z) = \frac{1}{2\pi} \iint_A \frac{e^{ikr}}{r} \frac{\partial u_0}{\partial z} \mathrm{d}x' \mathrm{d}y'$$

ただし，$u_1(x, y, z)$ は Rayleigh-Sommerfeld の第 1 回折積分，$u_2(x, y, z)$ は第 2 回折積分，$r = \sqrt{(x-x')^2 + (y-y')^2 + z^2}$．

11.4 Fraunhofer 回折

u_0：入射波の振幅，(x, y, z)：観測点の座標，$r_0 = \sqrt{x^2 + y^2 + z^2}$：開口面の原点から観測点までの距離，$(x', y')$：開口面上の座標

$$u(x, y) = -\frac{ie^{ikr_0}}{\lambda r_0} \iint_A u_0(x', y') \exp\left\{ -\frac{ik(xx' + yy')}{r_0} \right\} \mathrm{d}x' \mathrm{d}y'$$

(1) 矩形開口

大きさが $a \times b$ の矩形開口，u_0：入射平面波の振幅

$$u(x, y) = -\frac{iu_0 e^{ikr_0}}{\lambda r_0} ab \, \mathrm{sinc}\left(\frac{kax}{2r_0} \right) \mathrm{sinc}\left(\frac{kby}{2r_0} \right)$$

ここで

$$\mathrm{sinc}\, x = \frac{\sin x}{x}$$

はシンク関数

(2) 円形開口

半径 a の円形開口，(ρ, ϕ)：極座標，u_0：入射平面波の振幅

$$u(r, \theta) = -\frac{iu_0 e^{ikr_0}}{\lambda r_0} \pi a^2 \frac{2J_1\left(\dfrac{ka\rho}{r_0} \right)}{\dfrac{ka\rho}{r_0}}$$

ここで，J_1 はベッセル関数

11.5 Fresnel 回折

u_0：入射波の振幅，z：開口面から観測面までの距離，(x, y)：観測面上の座標，(x', y')：開口面上の座標

$$u(x,y) = -\frac{ie^{ikz}}{\lambda z}\iint_A u_0(x',y')\exp\left\{\frac{ik}{2z}[(x-x')^2+(y-y')^2]\right\}dx'dy'$$

12 偏光表示

12.1 実表示

z 軸の正の方向に進む角周波数 ω，波数 k の平面波を考える．E_1, E_2：光電場の x, y 成分

$$\begin{pmatrix}E_1\\E_2\end{pmatrix} = \begin{pmatrix}A_1\cos(\omega t - kz + \phi_1)\\A_2\cos(\omega t - kz + \phi_2)\end{pmatrix}$$

δ：位相差

$$\delta = \phi_2 - \phi_1$$

12.2 楕円偏光

$$\frac{E_1^2}{A_1^2} - 2\frac{E_1 E_2}{A_1 A_2}\cos\delta + \frac{E_2^2}{A_2^2} = \sin^2\delta$$

12.3 標準形

θ：振幅比，$\tan\chi$：楕円率（符号は右回り楕円偏光を正），χ：楕円率角，ψ：主軸の方位角，B_1, B_2：主軸の半軸長

$$\tan\theta = \frac{A_1}{A_2}, \quad \tan\chi = \pm\frac{B_1}{B_2}$$

ただし，$\tan\chi$ の符号は，右回り楕円偏光を正にとる．

変換公式

$$B_1^2 + B_2^2 = A_1^2 + A_2^2$$
$$\tan 2\psi = \tan 2\theta \cos\delta, \quad \sin 2\chi = \sin 2\theta \sin\delta$$

12.4 光電場

本書では，z 方向に進む平面波の波動関数を $\exp\{i(kz-\omega t)\}$ と表示した．しかし，偏光の表示では符号を変え $\exp\{i(\omega t - kz)\}$ とする場合が多い．ここでは，この2つの表示を併記する．これらの表記は互いに複素共役の関係にある．

E_1, E_2：光電場の x, y 成分，$\Re$：実部

$$\begin{pmatrix}E_1\\E_2\end{pmatrix} = \Re\begin{pmatrix}A_1 e^{i(kz-\omega t + \phi_1')}\\A_2 e^{i(kz-\omega t + \phi_2')}\end{pmatrix} \qquad \begin{pmatrix}E_1\\E_2\end{pmatrix} = \Re\begin{pmatrix}A_1 e^{i(\omega t - kz + \phi_1)}\\A_2 e^{i(\omega t - kz + \phi_2)}\end{pmatrix}$$

12.5 Jones ベクトル

電場の複素表示で，共通の位相項を無視した表示を Jones ベクトルという．

$$U = \begin{pmatrix}A_1 e^{i\phi_1'}\\A_2 e^{i\phi_2'}\end{pmatrix} \equiv \begin{pmatrix}A_1\\A_2 e^{-i\delta}\end{pmatrix} \qquad U = \begin{pmatrix}A_1 e^{i\phi_1}\\A_2 e^{i\phi_2}\end{pmatrix} \equiv \begin{pmatrix}A_1\\A_2 e^{i\delta}\end{pmatrix}$$

12.6 規格化 Jones ベクトルの例

(1) 振動方向の方位角 ψ の直線偏光

$$\begin{pmatrix}\cos\psi\\\sin\psi\end{pmatrix} \qquad \begin{pmatrix}\cos\psi\\\sin\psi\end{pmatrix}$$

(2) 右回り円偏光

$$\frac{1}{\sqrt{2}}\begin{pmatrix} 1 \\ -i \end{pmatrix} \qquad \frac{1}{\sqrt{2}}\begin{pmatrix} 1 \\ i \end{pmatrix}$$

(3) 左回り円偏光

$$\frac{1}{\sqrt{2}}\begin{pmatrix} 1 \\ i \end{pmatrix} \qquad \frac{1}{\sqrt{2}}\begin{pmatrix} 1 \\ -i \end{pmatrix}$$

12.7 Jones 行列

(1) 旋光子

$$\begin{pmatrix} \cos\psi & -\sin\psi \\ \sin\psi & \cos\psi \end{pmatrix} \qquad \begin{pmatrix} \cos\psi & -\sin\psi \\ \sin\psi & \cos\psi \end{pmatrix}$$

(2) Jones 行列 **J** で与えられる偏光素子を反時計方向に ψ 回転した素子

$$\begin{pmatrix} \cos\psi & -\sin\psi \\ \sin\psi & \cos\psi \end{pmatrix} \mathbf{J} \begin{pmatrix} \cos\psi & \sin\psi \\ -\sin\psi & \cos\psi \end{pmatrix}$$

(3) x 偏光子

$$\begin{pmatrix} 1 & 0 \\ 0 & 0 \end{pmatrix} \qquad \begin{pmatrix} 1 & 0 \\ 0 & 0 \end{pmatrix}$$

(4) 透過直線偏光方位角 ψ の偏光子

$$\begin{pmatrix} \cos^2\psi & \sin\psi\cos\psi \\ \sin\psi\cos\psi & \cos^2\psi \end{pmatrix} \qquad \begin{pmatrix} \cos^2\psi & \sin\psi\cos\psi \\ \sin\psi\cos\psi & \cos^2\psi \end{pmatrix}$$

(5) 主軸が xy 軸に一致した位相遅れ Γ のリターダー

$$\begin{pmatrix} 1 & 0 \\ 0 & e^{i\Gamma} \end{pmatrix} \equiv \begin{pmatrix} e^{-i\frac{\Gamma}{2}} & 0 \\ 0 & e^{i\frac{\Gamma}{2}} \end{pmatrix} \qquad \begin{pmatrix} 1 & 0 \\ 0 & e^{-i\Gamma} \end{pmatrix} \equiv \begin{pmatrix} e^{i\frac{\Gamma}{2}} & 0 \\ 0 & e^{-i\frac{\Gamma}{2}} \end{pmatrix}$$

(6) 主軸の方位角 ψ, 位相遅れ Γ のリターダー

$$\begin{pmatrix} \cos\frac{\Gamma}{2} - i\cos 2\psi\sin\frac{\Gamma}{2} & -i\sin 2\psi\sin\frac{\Gamma}{2} \\ -i\sin 2\psi\sin\frac{\Gamma}{2} & \cos\frac{\Gamma}{2} + i\cos 2\psi\sin\frac{\Gamma}{2} \end{pmatrix} \qquad \begin{pmatrix} \cos\frac{\Gamma}{2} + i\cos 2\psi\sin\frac{\Gamma}{2} & i\sin 2\psi\sin\frac{\Gamma}{2} \\ i\sin 2\psi\sin\frac{\Gamma}{2} & \cos\frac{\Gamma}{2} - i\cos 2\psi\sin\frac{\Gamma}{2} \end{pmatrix}$$

(7) 主軸方位角が $45°$, 位相遅れ Γ のリターダー

$$\begin{pmatrix} \cos\frac{\Gamma}{2} & -i\sin\frac{\Gamma}{2} \\ -i\sin\frac{\Gamma}{2} & \cos\frac{\Gamma}{2} \end{pmatrix} \qquad \begin{pmatrix} \cos\frac{\Gamma}{2} & i\sin\frac{\Gamma}{2} \\ i\sin\frac{\Gamma}{2} & \cos\frac{\Gamma}{2} \end{pmatrix}$$

(8) 主軸方位角が $45°$ の $1/4$ 波長板

$$\frac{1}{\sqrt{2}}\begin{pmatrix} 1 & -i \\ -i & 1 \end{pmatrix} \qquad \frac{1}{\sqrt{2}}\begin{pmatrix} 1 & i \\ i & 1 \end{pmatrix}$$

(9) 主軸方位角 ψ の $1/2$ 波長板

$$\begin{pmatrix} \cos 2\psi & \sin 2\psi \\ \sin 2\psi & -\cos 2\psi \end{pmatrix} \qquad \begin{pmatrix} \cos 2\psi & \sin 2\psi \\ \sin 2\psi & -\cos 2\psi \end{pmatrix}$$

12.8　Stokes パラメーター
定義：
$$S_0 = \langle A_1^2 + A_2^2 \rangle, \quad S_1 = \langle A_1^2 - A_2^2 \rangle$$
$$S_2 = 2\langle A_1 A_2 \cos\delta \rangle, \quad S_3 = 2\langle A_1 A_2 \sin\delta \rangle$$
ただし，$\langle \cdots \rangle$ は時間平均．

12.9　偏光度
V：偏光度
$$V = \frac{\sqrt{S_1^2 + S_2^2 + S_3^2}}{S_0}$$

12.10　Stokes パラメーターと偏光のパラメーターの関係
$$S_1 = S_0 \cos 2\theta = S_0 \cos 2\chi \cos 2\psi$$
$$S_2 = S_0 \sin 2\theta \cos\delta = S_0 \cos 2\chi \sin 2\psi$$
$$S_3 = S_0 \sin 2\theta \sin\delta = S_0 \sin 2\chi$$

12.11　Müeller 行列の例
(1) x 偏光子
$$\frac{1}{2}\begin{pmatrix} 1 & 1 & 0 & 0 \\ 1 & 1 & 0 & 0 \\ 0 & 0 & 0 & 0 \\ 0 & 0 & 0 & 0 \end{pmatrix}$$

(2) 旋光子
$$\begin{pmatrix} 1 & 0 & 0 & 0 \\ 0 & \cos 2\psi & -\sin 2\psi & 0 \\ 0 & \sin 2\psi & \cos 2\psi & 0 \\ 0 & 0 & 0 & 1 \end{pmatrix}$$

(3) 主軸が xy 方向の位相遅れ Γ のリターダー
$$\begin{pmatrix} 1 & 0 & 0 & 0 \\ 0 & 1 & 0 & 0 \\ 0 & 0 & \cos\Gamma & \sin\Gamma \\ 0 & 0 & -\sin\Gamma & \cos\Gamma \end{pmatrix}$$

13　結晶光学

13.1　誘電率テンソル
誘電率テンソルの対角化
$$[\epsilon] = \begin{pmatrix} \epsilon_{11} & \epsilon_{12} & \epsilon_{13} \\ \epsilon_{21} & \epsilon_{22} & \epsilon_{23} \\ \epsilon_{31} & \epsilon_{32} & \epsilon_{33} \end{pmatrix} \rightarrow \begin{pmatrix} \epsilon_1 & 0 & 0 \\ 0 & \epsilon_2 & 0 \\ 0 & 0 & \epsilon_3 \end{pmatrix} \equiv \epsilon_0 \begin{pmatrix} N_1^2 & 0 & 0 \\ 0 & N_2^2 & 0 \\ 0 & 0 & N_3^2 \end{pmatrix}$$

ここで，ϵ_0 は真空の誘電率，N_i：主屈折率

13.2　結晶の分類

分類	主屈折率	結晶系
等方性結晶	$N_1 = N_2 = N_3$	等軸晶系
一軸結晶	$N_1 = N_2 \neq N_3$	正方晶系，三方晶系，六方晶系
二軸結晶	$N_1 \neq N_2 \neq N_3 \neq N_1$	三斜晶系，単斜晶系，斜方晶系

13.3　屈折率面（Fresnel の式）

n：屈折率，$e = (e_1, e_2, e_3)$：波面法線，N_i：主屈折率

$$\sum_i \frac{n^2 e_i^2}{n^2 - N_i^2} = 1, \quad \sum_i \frac{e_i^2}{1/n^2 - 1/N_i^2} = 0$$

13.4　一軸結晶の屈折率

n_o, n_e：常光線，異常光線の屈折率，N_o：常光線主屈折率，N_e：異常光線主屈折率，θ：波面法線が光学軸となす角度

$$n_o = N_o$$
$$\frac{1}{n_e^2} = \frac{\sin^2\theta}{N_e^2} + \frac{\cos^2\theta}{N_o^2}$$

13.5　二軸結晶の屈折率

n：屈折率，$N_1 < N_2 < N_3$：主屈折率，θ_1, θ_2：波面法線が 2 本の光学軸となす角度

$$\frac{1}{n^2} = \frac{1}{2}\left[\frac{1}{N_1^2} + \frac{1}{N_3^2} + \left(\frac{1}{N_1^2} - \frac{1}{N_3^2}\right)\cos(\theta_1 \pm \theta_2)\right]$$

14　放射量と測光量

	放射量 radiometry	単位	測光量 photometry	単位
光束（放射束）	radiant flux	W	luminous flux	lm
光度（放射強度）	radiant intensity	W/sr	luminous intensity	cd
（放射）輝度	radiance	W/(m²sr)	luminance	cd/m²
（放射）照度	irradiance	W/m²	illuminance	lx
光束（放射）発散度	radiant exitance	W/m²	luminous exitance	lm/m²

W：ワット，sr：ステラジアン，m：メートル，lm：ルーメン，cd：カンデラ，lx：ルクス

索 引

*太字は見出し項目ページを示す

ア 行

アイコナール方程式　2
アイソプラナチック　47, 52
アイソレータ　409
あおりレンズ　372
アキシャル型分布屈折率（GRIN）
　レンズ　67, 94, 151
アクティブステレオ法　212
アクティブ方式　347
アクリル樹脂系接着剤　99
アクリレート　135
アクロマート　56
圧縮応力　145
圧力の計測　**229**, 231
アト秒パルス発生　301
アドミッタンス　76
穴あけ　409
アナモルフィックプリズム　156
アナモルフィックレンズ　407
アナログ型ガルバノスキャナー
　412
アニーリング　409
アバランシェフォトダイオード
　177
アフィン変換　215
アブソリュート方式　439
アプラナート　56
アポクロマート　56
網点による色再現　253
網目形成酸化物　124
泡出し　99
暗視野検出　232
暗所視　243
暗所視比視感度関数 $V'(\lambda)$　244
安定共振器　166

イオンアシスト法　105
イオン交換処理　95
イオンビームスパッタ法　104
イオンプレーティング法　102
イギリス式（架台）　388
異常光線　20
異常透過　286

位相　299
位相型回折格子　164
位相共役波発生　294
位相コントラスト　327
位相差　147
位相差検出　348
位相差補正膜　158
位相シフト法　223, 225, 264
位相整合　293, 301
位相操作　299
位相変調　189
位相問題　307
1画素3色分解方式　198
一軸結晶　20
1次の収差　66
一重項　171
一重項酸素　334
一般物体認識　204
イノスラブ技術　411
異方性　117
イメージガイドファイバー　314
イメージセンサー　197
イメージホログラム　261
イメージローテーター　157
医用計測機器　**337**
色温度　246
色空間　247
色消しレンズ　98, 387
色恒常性　246
色再現　**255**
色再現域　255
色収差　45, 445
色分解プリズム　101
色分散の分解能　156
色変換　199
色予測　251
インクリメンタル方式　438
インコヒーレント結像　49
印刷の三原色　251
印刷物　255
因子分解法　211
インターフェログラム　31
インナーフォーカス　371
インプリント　**88**

インプレーンスイッチング（IPS）
　型　137
ウェッジプリズム　155
ウェーブフロントコーディング
　201, 203
ウォールプラグ効率　174
運動視　277
エイリアシング　161, 195, 197
エキシマランプ　170
エキシマレーザー　91, 92, 170
液晶　**136**, 146
液晶ディスプレイ　137
液相法　139
液中アブレーション　93
エスケープ円錐　175
エタンデュ　70, 427
絵作り　257
エッジ強調　200
エッジレイ　71
エッチング　91
エバネッセント効果　118
エバネッセント波　11, 15, 238,
　280
エバネッセント場　311
エポキシ　134
エポキシ樹脂系接着剤　99
エルミート・ガウス関数　73
エルミート・ガウスモード　73
エレクトロルミネッセンス　170
塩化カリウム　132
塩化ナトリウム　132
円形開口の Fraunhofer 回折　14
遠視　269, 391
演色性　246
演色評価数　246
円像魚眼レンズ　372
遠点　391
遠点球面　392
円偏光　16
円偏光メガネ　433

オージェ（Auger）再結合　175
オートコリメーター　99, 221

オートフォーカス 203, **347**
オーバーフロー 174
オプティカルコンタクト 98, 100
折り返しノイズ 197
音響光学効果 191
音響光学素子 300
オンチップマイクロレンズ 197
温度の計測 **229**

カ 行

開口効率 43
開口効率ファクター 43
開口絞り 41
開口数 42, 149, 378
開口率 180
改質 91
回折 12, 451
回折限界 307, 351
回折顕微鏡 307
回折格子 88, 151, **162**
回折格子対 301
回折効率 151, 162
回折次数 163
回折面 151
回折レンズ 85
回旋点 392
解像度 119, 418
解像力 52, 119
　　——の測定 **119**
階調変換 200
回転対称非球面 60
外部分散補償 301
ガウス行列 65
ガウスビーム光学系 **73**
ガウスモード 73
化学気相析出法 139
化学的耐久性 124
拡散透過 116
拡散反射 116
角スペクトル法 15, 263
角速度センサー 360
拡大投影型 X 線顕微鏡 307
角度の計測 **218**
角度振れ 359
角倍率 40
角膜 321
化合物半導体 344
可視光源 170
火線 52
画素 179
画像出力部 402

画像入力部 402
画像のサンプリング 193
画像復元 **201**
加速度センサー 360
架台 388
合焦 347
活性層 173
カットフィルター 79
カートリッジ 273
カナダバルサム 98
加入屈折力 393
カーブジェネレータ 82
カプセル内視鏡 315
可変形鏡 355
可変副鏡 355
加法混色 245
過飽和吸収効果 300
カメラ **368**
　　——のオートフォーカス 347
カメラキャリブレーション 209
カメラ眼 272
カメラ用レンズ **371**
カラーキャリブレーション 210
ガラス製ロッドレンズ 95
ガラス組成 124
ガラスの加工 **82**
ガラスモールド成形 125
ガラスモールドレンズ 85
ガラスレンズ 90
カラーフィルターアレイ（CFA）
　配列 198
カラーホログラム 266
カラーマスキング法 256
カラーマネジメント 257
カラーマネジメントシステム 258
ガリウムヒ素 129
カルコゲナイドガラス 131
ガルバノスキャナー 409
カルマンフィルター 214
感桿 272
感桿分体 272
感光ドラム 406
換算傾角 38
換算面間隔 39
干渉 11, 76
干渉計測法 222
干渉縞 31
　　——の局在 12
干渉縞解析法 223
干渉フィルター 79
干渉法 115

間接変換型 327
完全レンズ 310, 311
観測 213
観測ノイズ 213
観測モデル 213
桿体 243
眼底カメラ **320**
眼内レンズ **323**
感熱素子 138
γ 補正 210
機械的特性 124
幾何キャリブレーション 209
幾何光学 **2**, 441
基準軸 64, 66
偽色 197
輝尽性蛍光体 326
気相法 139
基礎定数の測定 **106**
輝度 244
輝度不変の法則 70
逆フィルター 201
キャストモールド製法 397
吸光光度法 116
吸収係数 251
球面収差 44
球面調和関数 450
球面波 8
球面ミラー 152
球面レンズ 392
境界要素法 284
共焦点光学系 384
狭帯域光観察 315
強度（光の） 9
鏡筒 388
強度干渉計 33
強度透過率 11
強度反射率 11
共分散 213
鏡面干渉法 225
鏡面の計測 222
魚眼レンズ 372
局在表面プラズモン 286
局在プラズモン 281
局所特徴量 205
曲率センサー 356
距離の計測 **218**
銀塩カメラ 368
銀塩感光材料 261
近視 269, 391
近軸光学 **38**
近軸追跡 442

近軸領域　149
近軸理論　38
近赤外分光法　329
近接場光　352
近接場光学　**280**
近接場光学顕微鏡　280
金属ナノロッド　312
近点　391
均等色空間　248

空間周波数フィルター　160
空間的干渉性　308
空間フィルター計測法　229
空間分解能　272
空間変調器　191
空洞放射　23
矩形開口の Fraunhofer 回折　14
屈折異常　391
屈折型　274
屈折の法則　2
屈折プリズム　155
屈折望遠鏡　387
屈折率　76, 98, 104, 123, 133
　　──の計測　**113**
屈折率制御　93
屈折率楕円体　19
屈折率分布型 (GRIN, 分布屈折率) レンズ　67, 94, 150
屈折率変化法　224
屈折率面　19
屈折力　395
屈折レンズ　306
クラウン系ガラス　150
クラッド層　173
グレーティング方程式　163
クローキング　311
クロスダイクロプリズム　428
グローバルシャッター　181
群速度　184
群遅延分散　301
群遅延分散補償　301

経緯儀　388
蛍光　171, 383, 414
蛍光顕微鏡　352
蛍光性　99
蛍光造影撮影法　321
蛍光体　174
計算機ホログラフィー　264
計算機リソグラフィー　**362**
傾斜因子　13
形状係数　391

形状の計測　**222**
欠陥検査　**232**
ケック望遠鏡　390
結晶　**126**
結晶 Si 太陽電池　343
結晶光学　**16**, 455
結像型 X 線顕微鏡　307
結像公式　443
結像材料の加工　**82**
結像素子　268
ゲルマニウム　131
原刺激　247
原色配列　199
原色フィルター　198
減衰係数　76
減衰最小二乗法　57
懸濁重合法　140
顕微鏡　**377**
　　──のオートフォーカス　349
減法混色　245, **251**, 255
研磨　82

5-ALA　335
5-アミノレブリン酸　335
高 NA 顕微鏡　203
光学ガラス　**123**
広角高倍ズームレンズ　54
光学サイズ　179
広角ズーム　373
広角ズームレンズ　54
光学調整　99
光学的厚み　100
光学的遮断周波数　351
光学的接着　100
光学伝達関数　201
光学薄膜　**76**, 142
光学薄膜材料　**142**
光学フィルム　**146**
光学ベンチ　108
光学密着　100
光学用接着剤　98
広角レンズ　54, 371
光学ローパスフィルター　197
交換レンズ　371
合金化　411
高屈折率膜　142
口径比　109
光源　**170**
光源推定　212
虹彩認証　203
格子鏡像法　223
高次高調波発生　301

高次収差　269
高次色補正　257
光子数状態　290
格子定数　163
高出力 LD レーザー　411
交照法　244
硬性鏡　313
光線　2
光線過敏症　335
光線基本 4 元ベクトル　65
光線空間法　211
光線収差　46
光線速度面　19
光線追跡　441
光線通過点 4 元ベクトル　65
光線方程式　2
光線力学的診断　333
光線力学的治療　**333**
高速時間変調器　189
高速フーリエ変換法　265
光電式計測法　230
光電子増倍管　176, 326
光電変換　179
光波　29, 310
効率のドループ現象　175
光路長　2
個眼　272
個眼間角度　274
黒体軌跡　174
黒体放射　23
黒体放射軌跡　246
黒体放射光源　172
コサイン 4 乗則　43
コサイン 4 乗ファクター　43
誤差感度　53
ゴースト　53, 98
固体撮像素子　**179**
固体レーザー　299, 410
コーティング　132, 135
古典的 Cassegrain 系　387
コート　154
コーナーキューブ　7, 157
好ましい色再現　200, 257
コヒーレンス関数　30
コヒーレント　166
コヒーレント結像　47
コヒーレント制御　301
コヒーレント反 Stokes 分光　295
コヒーレント光周波数領域反射測定法　237
コマ収差　44
固有偏光　18

コレステリック　136, 146
コロイド結晶　141
混色系　247
コンタクトレンズ　**394**
コントラスト　11
コントラスト検出　347
コントラスト伝達関数　52
コンパクトデジタルカメラ　369
コンピューテーショナルフォトグラフィー　203
コンフォーカル　352
コンフォーカル顕微鏡　352
コンポジット材料　141
コンボリューション　47, 201

サ 行

最高占有分子軌道　171
最小偏角　155
最小偏角法　5, 114
再生可能エネルギー　346
最低非占有分子軌道　171
彩度　249
彩度重視　257
錯視　278
サジタル面　44
撮影解像力　120
撮影レンズ　54
サッカード　276
撮像管　370
撮像面位相差検出　349
座標変換　312
サブバンド間遷移　172
サポートベクターマシン　208
三角測量法　221
Ⅲ-Ⅴ属半導体　344
三刺激値　247
3次元映像　**431**
3次元画像計測　**209**
3次元座標測定器　222
3次元積層技術　182
3次元造形加工　409
3次元マイクロ中空構造　93
3次収差　66
三重項　171
30 m 望遠鏡 TMT　390
参照球面　46
参照光　259
三色説　245
3色分解プリズム　198
サンドイッチホログラム　224
散瞳　321

散瞳剤　321
三板式　198
サンプリング定理　**193**
散乱　**23**, 99
散乱行列　26
散乱係数　251
散乱断面積　27

シアリング干渉　110
シェーディング補正　200
紫外光源　170
紫外線　275
紫外線硬化型接着剤　99
視覚系　**276**
時間的コヒーレンス　220
時間領域 OCT　316
時間領域差分法　283
色覚　**245**, 276
磁気光学効果　21
色差　249
色相　249
磁気双極子放射　25
色素レーザー　299
色度座標　174, 247
色度図　247
軸上色収差　45
時系列解析　**213**
時系列データ　213
自己位相変調　294
自己位相変調効果　301
自己共分散　213
自己収束　293
自己相関　213
視細胞　243, 272
システムノイズ　213
システムモデル　213
自然放出　25
自然放出再結合　173, 174
視体積交差法　211
下色除去　256
実体顕微鏡　377
自動焦点　347
自動設計法　**57**
シートフィードスキャナー　405
シフト　372
シフトバリアント　47
シフト振れ　359
絞り　**41**
シャインプルーフの原理　372
弱回折近似　50
車載カメラ　203
視野絞り　41

射出瞳　41
射出窓　41
写真測量　439
臭化カリウム　132
集光太陽熱発電　341
集光比　70
収差　**44**
収差補正　57, 94
修正 Lambert-Beer 則　329
充填密度　104
周波数シフタ　190
周波数掃引型 OCT　318
周波数変調　189
重複像眼　273
周辺光量比　43
周辺視　276
主屈折率　18
縮瞳　321
主光線　41
　　――の傾角　53
主焦点　387
主焦点補正系　389
出力機器に対応した色空間　258
主点　39, 149, 269
受動モード同期　300
主濃度　256
主波長　173
受容器電位　273
主要点　149
ジョイスティック　322
条件等色　277
常光線　20
小細胞経路　276
消衰断面積　27
状態　213
状態空間モデル　213
状態推定　213
焦点　39, 149
焦点距離　39, 106, 149
焦点深度　42, 379
照度　244
照度差ステレオ法　210
視葉板　273
照明光学系　420
照明光変化法　224
ショックレー・リード・ホール型非発光再結合　174
ショットノイズ　290
シリコン　131
シリコン樹脂系接着剤　99
シリコンフォトニクス　296
視力　274

真空場　290
真空蒸着　144
真空蒸着法　102
シングルビーム方式　415
シングルヘテロ構造　173
シングルモノクロメータ　416
シンクロトロン放射光　306
神経重複型　273
人工多層膜　306
芯出し　99
心取り　83
振幅型回折格子　164
振幅透過率　10
振幅反射率　10
振幅変調　189

水素化薄膜 Si　343
水素結合　101
錐体　243
　　──のモザイク構造　339
垂直共振器型面発光レーザー　407
垂直配向　137
垂直配向（VA）型　138
水平配向　137
スキャトロメトリー　239, 241
スキャナー　268, **402**
スクイージングパラメータ　290
スクイーズ演算子　290
スクイーズド光　289
スクイーズド真空場　290
スクライビング　409
スクリーン　430
スケルトンブラック　256
スタジオカメラ　370
スタジオ用ズームレンズ　375
ステッパーの光学系　**418**
ステレオ写真　432, 435
ステレオ法　210
ステレオマッチング　439
ストレール比　51, 354
スーパーコンティニューム光　294
スパッタ法　103
スーパープリズム　296, 298
すばる望遠鏡　389
スピンキャスト製法　397
スピン許容遷移　171
スピン禁制遷移　171
スペクトル　245
スペクトル幅　299
スペクトル領域 OCT　317

スペックル干渉法　227
スペックル写真法　228
スペックルノイズ　424
スペックルパターン　34
スポットダイアグラム　52
スミア　180
墨入れ　256
ズームレンズ　54, 372
スメクチック　136
スラブレーザー技術　410
スリット露光　403
3D 映画　431
スローライト　297

正確な色再現　200
正規化　214
精研削　82
正弦条件　44, 48
正弦波チャート　52
正孔注入層　171
正孔輸送層　171
正射影　372
静電潜像　406
性能評価法　**51**
製膜法　**102**
正乱視　391
正立型顕微鏡　377
正立等倍結像　408
赤外カットフィルター　197
赤外カメラ　129
赤外光学材料　**129**
赤外光源　171
赤外用ミラー　143
積層回折格子　165
赤道儀　388
積分球　116
接眼レンズ　387
接合　98
接合工程　98
接合歪み　100
絶対色空間　258
絶対反射率　117
切断　409
接着　**98**
節点　40, 149, 269
セラミックレーザー　168
セルフォックレンズ　67, 151
セルフスタート　300
セレン化亜鉛　129
ゼロシート　202
　　──の分離　202
線形ガウス状態空間モデル　214

旋光子　17
旋光性　22
選択反射　138
全反射　3, 10, 156
全反射ミラー　306
全反射臨界角　175
鮮明度　11

像回転補正光学系　388, 389
相関検出　348
相関色温度　174, 246
双曲ミラー　152
双曲面集光器　71
相互強度　49
走査型 X 線顕微鏡　307
相対屈折率　113
像面照度　43
像面湾曲　44
速軸　411
速度の計測　**229**
側方抑制　271
測量機器　**436**
粗研削　82
塑性変形加工　409
測光　**243**
測光量　456
ソフトアパチャー　300
ソープフリー乳化重合法　140
粗密波（光の）　290
粗面の計測　223
ソリトンモード同期　300, 301
ゾル・ゲル法　104
ゾーンスキャン法　112

タ　行

大域的最適化手法　59
対角線魚眼レンズ　372
大気分散補正系　389
ダイクロイックプリズム　158
ダイクロメーテドゼラチン　260
大細胞経路　276
対称型　371
体積位相格子　164
体積収縮率　99
ダイナミックレンジ　200
第二高調波発生　293
大脳視覚野　276
対物レンズ　379, 387
ダイヤモンド　132
太陽定数　340
太陽電池　**288**

太陽熱利用　**340**
ダイレクター　136
楕円ガウスビーム　74
楕円主軸　240
楕円偏光　16
楕円率　240
倒し補正　407
多光子吸収　93
多天束干渉　12
多焦点IOL　324
多焦点レンズ　393
多層ディスク　401
縦倍率　40
多天体補償光学系　357
ダハプリズム　157
ダブルパターンニング　421
ダブルビーム方式　415
ダブルヘテロ構造　173
ダブルモノクロメータ　416
タペータム　275
単一光子状態　289
単一モード条件　184
段階説　246
単純連立型　273
単焦点レンズ　54, 392
単色光　245
単層型　151
単側波帯変調器　191
短パルスレーザー　168
単板式　198

遅延ポテンシャル　24
逐次モンテカルロ法　214
遅軸　411
チタンサファイアレーザー　300
チャープパルス増幅　301
チャープミラー　301
中間屈折率膜　143
中間累進帯　393
昼光軌跡　246
忠実な色再現　257
柱状結晶　326
柱状構造　144
中望遠レンズ　371
超解像技術　**351**
長距離伝搬型表面プラズモンモード　287
超広帯域利得　299
超深度　**201**
調節力　391
超短パルスレーザー　93, **299**
超短レーザー　410

超短レーザーパルス　299
超低膨張率ガラス　388
超望遠レンズ　371
直接変換型　327
直線偏光　16
直線偏光メガネ　432
直達光　340
直角プリズム　156
直交ニコル　186

ツイステッドネマチック（TN）型　137

ディオプター　391
ディオプトリ　391
低屈折率膜　142
ティルト　372
デジタル一眼レフカメラ　369
デジタル型ガルバノスキャナー　413
デジタルカメラ　150, 368
デジタルカメラ画像処理　**197**
デジタル複写機　406
デジタルホログラフィー　263
デフォーカス　308
手振れ　359
手振れ防止技術　**359**
手振れ補正の効果　361
デモザイク　199
テーラードエッジレイ法　72
テラヘルツ応用　**302**
テラヘルツ光源　172
テラヘルツ時間領域分光法　303
テラヘルツトモグラフィー　305
テラヘルツ波　301, 302
テレセントリック　41
テレセントリック投影光学系　109
点アイコナール　2
電圧効率　174
転移点Tg　125
電気4重極放射　25
電気光学効果　21, 189
電気光学素子　300
電気双極子放射　24
電気双極子モーメント　24
電子写真プロセス　406
電子写真方式　402
電子注入層　171
電磁場解析　**283**
電子ビューファインダー　376
電磁誘導　282

電子輸送層　170
電子レベル　436
点像強度分布　47, 149, 352
点像（強度）分布関数　51, 201
転送作用　38
点像振幅分布　47
伝送線路　310
伝送線路モデル　285
点像中心強度　51
電場波形　299
伝搬型表面プラズモン　286

ドイツ式（架台）　388
等厚干渉　11
投影解像力　120
投影光学系　419
動画像法　211
透過率　77, 99, 123
　——の計測　**116**
等距離射影　372
等傾角干渉　11
統計光学　**29**
透視ファインダー　376
投写光学系　429
投写レンズ　55, 429
同焦点　55
等色　245
等色関数　245
導波モード　183
導波路　296
透明導電フィルム　148
透明連立型　273
倒立型顕微鏡　377
等立体角射影　372
特性行列　76
特性行列法　76
特徴抽出法　233
特定物体認識　204
トータルステーション　436
トラッキングサーボ　400
トーリックIOL　323
トーリック面　62
トーリックレンズ　391
トリミング　409, 411
トロイダル面　391

ナ　行

内視鏡　**313**
ナイフエッジ法　110
内部改質　93
内部共振器方式　410

内部量子効率　174
長さの計測　**218**
ナノ微粒子　92
ナノ粒子　335
ナノレーザー　296, 297
軟X線用ミラー　143
軟性鏡　313

ニオブ酸リチウム結晶　304
2光子励起顕微鏡　385
二光束干渉　11
2次曲面ベースの非球面　60
二軸結晶　20
2次収差　66
二重焦点レンズ　393
二色性　186
日周運動　340
ニー特性　200
ニードル法　77
二波長法　224
乳化重合法　140
入射瞳　41
入射窓　41
任意偏角法　114

熱インプリント法　88
熱放射　23
熱放射エネルギー　230
ネマチック　136

ノイズ除去　200
能動モード同期　300
ノーダルスライド　108
ノーダルスライド方法　106

ハ行

配向秩序　136
配向ベクトル　136
背側経路　277
バイナリー格子　164
ハイブリッドレンズ　85
バイモルフ可変形鏡　355
倍率色収差　45
倍率色収差補正　200
白色 MTF　121
白色光 OTF　52
薄肉レンズ　38
薄膜 Si 太陽電池　343
薄膜型 EL　171
薄膜堆積　91
薄膜多結晶 Si　345

薄明視　243
8 mm　370
波長可変レーザー吸収分光法　172
波長板　17, 101
波長フィルター　159
バックフォーカス　108
発光再結合　174
発光層　171
発光ダイオード　**173**
発光中心　171
パッシブ方式　347
ハッブル宇宙望遠鏡　390
パーティクルフィルター　214
馬蹄形式（架台）　388
ハードアパチャー　300
波動光学　**8**
波動方程式　8, 448
ハーフビームスプリッター　291
波面　2
波面計測　308
波面収差　46, 48, **110**, 446
波面センサー　337, 356
パラボリックディッシュ　342
パラボリックトラフ　341
バルサム工程　98
パルス幅　299
パルスファイバーレーザー　409
パルス変調型　437
パルスレーザー堆積法　92
反 Stokes 光　295
反射型　274
反射照明　381
反射と屈折の法則　9
反射の法則　3
反射ファインダー　376
反射プリズム　156
反射望遠鏡　387
反射防止　147
反射防止膜　77
反射率　77, 115
　——の計測　116
反対色　277
反対色説　245
ハンディカメラ　370
ハンディ用ズームレンズ　375
反転像　5
反転分布　166
半導体過飽和吸収ミラー　300
半導体シリコン　344
半導体レーザー　168, 300
半導体レーザー励起固体レーザー

167
半導体露光装置　351
バンドギャップ　116, 296
反応性成膜　105
パンフォーカス　43
反復アルゴリズム　202

比較法　233
光インプリント法　88
光拡散　148
光感受性薬剤　333
光強度　450
光検出器　176
光コヒーレンストモグラフィー　**316**
光コム　301
　——による測距　220
光時間領域反射測定法　237
光周波数コムによる測長　219
光受容細胞　272
光スペクトルアナライザー　415
光ズーミング法　219
光切断法　212, 223
光増感剤　333
光ソリトン　294
光注入型 THz パラメトリック発生　304
光ディスク　351, **398**
光デジタル法　313, 315
光伝播シミュレーション　331
光導波路　**183**
光トポグラフィー　329
光取り出し効率　174
光配向法　137
光パラメトリックチャープパルス増幅　301
光ビート　11
光ファイバー　96, **183**
光ファイバー型温度計　231
光ファイバージャイロ　221, 236
光ファイバーセンサー　**235**
光変調による測距　220
光捕集　288
光メモリー　266
光レーダー法　212
非球面研削　83
非球面研磨　83
非球面光学系　**60**
非球面ミラー　152
非球面レンズ　150, 392
非球面レンズ製造法　150
非共軸光学系　**64**

ピーク波長　174
非結像用光学系　**70**
非古典状態　289
ピコ秒レーザー　93
比視感度関数　244
ビジトロニック・オートフォーカス（VAF）モジュール　348
被写界深度　42
微小開口　280
非線形屈折率効果　293
非線形光学　**292**
非線形光学結晶　126, 304
非対称非球面　61
左手系物質　310
引張応力　145
ビデオカメラ　370
ビデオスコープ　313
非点収差　44
比透磁率　310
ヒートサイクル成形　86
瞳　41
瞳関数　48, 51, 122, 201
非破壊検査　309
非発光再結合　174
非偏光ビームスプリッター　80
ビームスプリッター　80, 158
ビーム伝送系　411
ビーム伝送光学系　409, 411
比誘電率　310
標準色空間　258
標準ズーム　373
標準白板　117
標準レンズ　371
表色系　**247**
表面粗さ　101
表面改質　140
表面清浄化　409
表面プラズモン　238, 286
　——の分散関係　286
表面プラズモン・ポラリトン　281
表面レリーフ格子　164
ピラミッド波面センサー　356
微粒子　**139**
微粒子生成　91
ピント　348
ヒンドルシェル　389
ピンホールカメラ　209

ファイバー Bragg グレーティング　236
ファイバースコープ　314
ファイバーレーザー　167, 300, 409
フィルター　**159**
フィルム　135
フェムト秒レーザー　93
フォーカスサーボ　400
フォーカルプレン式一眼レフカメラ　368
フォーカルプレン式距離計カメラ　368
フォーク式（架台）　388
フォーサーズ　369
フォトダイオード　177, 180
フォトニック結晶　**296**, 312
フォトニック結晶ファイバー　298
フォトニックバンド理論　296
フォトポリマー　261
フォトレジスト　261
フォトンカウンティング　327
フォトンノイズ　202
不均質膜　145
複眼　272
複吸収　187
複屈折　100, 133
複合型パラボラ集光器　340
複合放物面集光器　71
複レンズ　150
複写機　**402**
腹側経路　277
負屈折率物質　311
フーコーテスト　110
物体追跡　215
物体認識　**204**
物体波　259
物理気相析出法　139
ブートストラップフィルター　214
負の屈折　298
負の屈折率　310
部分的コヒーレント OTF　50
部分的コヒーレント結像　49
部分分散比　123
不要吸収　255
ブラインドデコンボリューション　201, 202
ブラインド復元　202
プラスチックレンズ　85
プラスチックロッドレンズ　95
プラズマ洗浄　101
プラズモニクス　281, **286**
フラットベッドスキャナー　403

フランジバック　108
フーリエ光学　**47**
フーリエの関係　299
フーリエ反復アルゴリズム　203
フーリエ分光法　31
フーリエ変換　14, 47
フーリエ変換法　223
フーリエ変換ホログラム　261
フーリエモード法　284
フーリエ領域 OCT　316
プリズム　**155**
プリズム屈折力　391
プリズム対　301
プリズムディオプトリ　392
プリズム倍率　155
プリズムレンズ　392
プリンター　**406**
フリント系ガラス　150
フルオレン系光学材料　**133**
フルサイズ　369
フレア　98
ふれ角　4
ブレーズ化　164
ブレーズ角　164
ブレーズ波長　151, 164
プレチルト　137
プロジェクター　**427**
フローティング　371
フローライン法　71
フロントカーブ　395
フロントプロジェクター　427
分解能　119, 149, 378
分割プリズム　158
分割リング共振器　311
分光イメージング　304
分光感度　244, 275
分光器　415
分光機器　**414**
分光計　415
分光光度計　415
分光写真器　415
分光放射計　415
分散　123, 184, 213
分散型 EL　171
分散感桿型　273
分散重合法　140
分散素子　267
分散プリズム　156
分散方程式　184
分散補償　299
分子間力　101
分布屈折率　94

分布屈折率光学系　**67**
分布屈折率型ロッドレンズアレイ　404
分布屈折率（GRIN，屈折率分布型）レンズ　67, 94, 150

平滑化　214
平均　213
平均演色評価数　246
平行ニコル　186
ベイズ推定　353
平面波　8
平面ミラー　152
ベクトル効果　421
ベクトルフラックス　71
ベースカーブ　395
ヘーズ値　116
β-BBO　127
ベッセル関数　449
ヘッドアップディスプレイ　425
ヘッドマウントディスプレイ　425
ヘテロダイン法　218, 226
ヘリオスタット（タワー式）　342
ペレット　82
変位・振動の計測　**225**
偏角　114
偏光　16, 146
　──の計測　**239**
偏光解析法　115
偏光行列　29
偏光子　17, 101, **186**
偏光度　17, 186
偏光板　146
偏光ビームスプリッター　80, 101, 158, 188
偏光表示　453
偏光フィルター　160
偏心　64
ペンタダハプリズム　157
ペンタプリズム　157
変調素子　**189**
変調帯域　189

望遠鏡　**387**
望遠ズーム　373
望遠ズームレンズ　54
望遠比　371
望遠レンズ　54, 371
放射　**23**
放射量　456
放射温度計　230

放送用カメラ　370
放物ミラー　152
放物面型　274
包絡線　299
補間　199
補間演算　199
補償光学系　**354**, 390
補償光学光干渉眼底鏡　337
補色配列　199
補色フィルター　198
補正環　56
蛍石　128
ホットサイト　288
ホットスポット　288
ホモ接合　173
ホモダイン法　218
ポーラコア　187
ポラロイド　187
ポリイミド　137
ポリエステル樹脂系接着剤　99
ポリゴン　221
ポリゴンスキャナー　326
ポリゴンミラー　407
ポルフィマーナトリウム　335
ホログラフィー　**259**
ホログラフィー干渉法　224, 226
ホログラフィック回折光学素子　267
ホログラフィック光学素子　**266**
ホログラフィックステレオグラム　266
ホログラム材料　260
ホワイトバランス　199

マ　行

マイクロチップ YAG レーザー　304
マイクロ波　310
マイクロフォーカス X 線源　307
マイクロマシーニング　91
マイクロレンズ　180
マイクロレンズアレイ　54
マーキング　409
マグネトロンスパッタ法　103
マクロレンズ　371
窓　41
マルチコンジュゲート補償光学系　357
マンモグラフィー　326
みかけの深さ　3

右手系物質　310
密着複層型 DOE　151
ミラー　**152**
ミラーレスカメラ　369
ミラーレンズ　372

無機 EL　171
無機微粒子　139
無限焦点型　273
無散瞳　321
無しきい値レーザー　297
無電解ニッケルメッキ　85
眼（光学系）　**269, 272**
明暗錯視　278
迷光　401
明所視　243
明所視標準比視感度関数 $V(\lambda)$　244
明度　249
眼鏡レンズ　**391**
メタマテリアル　282, 296, **310**
メリディオナル面　44
面屈折力　391
面形状　**110**
面発光レーザー　168

モアレ縞　352
モアレ法　223
モスアイ構造　90, 275
モード同期　299
モード分散　184
モノクロメータ　416
モノマー　96
モールド　85, 88
モールドプレス法　88
モンテカルロフィルター　214

ヤ　行

焼入れ　411
屋根型プリズム　157

有機 EL　170, 288
有機 LED　171
有機材料　344
有機微粒子　140
有限要素法　284
有効 F ナンバー　42
有効口径　108
誘電異方性　137
誘電体バリア放電型　170

誘電体ミラー　78
誘電率テンソル　18
尤度　214
誘導 Brillouin 散乱　295
誘導 Raman 散乱　295
誘導放出　25, 166

溶接　409, 411
横収差　45
横波　8
横倍率　40
横モード　183
予測　214
予備硬化　100
$4f$ 光学系　301
4 光波混合　294

ラ　行

ライトガイドファイバー　313
ライトフィールド　203
ライトフィールドカメラ　203
落射照明　381
ラゲール・ガウスモード　74
ラジアル型分布屈折率（GRIN）
　レンズ　67, 94, 151
ラジカル　334
ラビング　137
乱視　269, 391
乱視レンズ　392

リアフォーカス　371
リアプロジェクション TV　429
リアプロジェクター　429
リサンプリング　214
理想結像条件　38
理想像高　45
理想的色材　255

理想レンズ系　149
リターダー　17
立体射影　372
リニアエンコーダ　221
リニアフレネル　341
リニアモーター駆動 XY テーブル
　413
リヒートプレス成形　125
裏面照射型　180
裏面ミラー　153
硫化亜鉛　129
両眼視差　277
両眼立体視　277
量子井戸　173
量子エンタングルメント　291
量子カスケードレーザー　172
量子光学　**289**
量子コンピューター　291
量子テレポーテーション　291
臨界角　3, 10, 113, 156
輪郭強調　200
リング状照明　320
燐（りん）光　171, 414

涙液　394
累進屈折力レンズ　393
ルックアップテーブル　257
ルーフプリズム　158
ルーペ　149
ルーリングエンジン　162

レインボーホログラム　266
レーザー　**166**
レーザー TV　425
レーザーアブレーション　91
レーザーガイド星　356
レーザー加工　129
レーザー加工機　**409**

レーザー干渉測長機　218
レーザー結晶　126
レーザー照明　426
レーザー走査型顕微鏡　**384**
レーザー走査光学系　**406**
レーザーディスプレイ　**423**
レーザー背面湿式加工法　91
レーザービームプリンター　406
レーザープロセシング　**91**
レースカット製法　397
レタデーション　134
レトロフォーカス型　371
レベル　436
レンズ　133, **149**
レンズ自動設計　57
レンズシャッターカメラ　368
レンズ焦点法　210
レンズ設計　**54**
連続変調型　437
レンチキュラーレンズ　434
連立像眼　273

老視　391
ロータリエンコーダ　221
ロッドレンズ　94
ロドプシン　272
ろ波　214
ローパスフィルター　160

ワ　行

歪曲起因ファクター　43
歪曲収差　45, 52
歪曲収差補正　200
ワイヤーグリッド偏光素子　187
ワーキングディスタンス　372

欧文索引

A

A 係数　25
Abbe 数　123, 151
Abbe の結像理論　351
Abbe の正弦条件　49
Abbe の不変量　40
Abbe プリズム　158
Amici プリズム　158
AM（エアマス）0　340

APS-C サイズ　369
a-SiC/a-Si ヘテロ接合太陽電池
　345
ATF　48

B

B 係数　25
Babinet の原理　14
bag-of-features　206
Bayer 配列　199

BD　398
Beer の法則　116, 416
BEM　284
Beta　370
Bhattacharyya 距離　216
Block dye　255
Born 近似　28
Bragg 回折　308
Bragg 反射　237
Brewster 角　188
Brillouin 散乱　237

索　引 | *467*

BSO 結晶　261

C

Cassegrain 焦点　387
CCD　327, 370
CCD イメージセンサー　179
CD　398
CIE 1960 UCS 色度図　248
CIE 1976 UCS 色度図　248
CIE RGB 表色系　247
CIE XYZ 表色系　247
CIE1976 $L^*a^*b^*$（CIELAB）色空間　248
CIE1976 $L^*u^*v^*$（CIELUV）色空間　248
CIECAM02　249
CIP 法　285
CIS　344
CL　394
CLBO　127
CMM（color management module）　258
CMOS イメージセンサー　179
COFDR　237
Colorimetric　257
CONDENSATION　215
Coude 焦点　387
CPA　301
CPC　71, 340
CPM　203
CR　326
CSP　341
CVD　104, 139
CW ファイバーレーザー　409

D

DAST　128
DDS　335
Deep Learning 法　208
depth from defocus 法　210
depth from focus 法　210
device dependent color-space　258
device independent color-space　258
Die-to-Database　233
Die-to-Die　233
DKL 色空間　249
DLS 法　58
DMD　428

DNI　340
DOE　151
Doppler 計測法　229
Dove プリズム　157
DPM 法　206
DR　326
DSA　421
Duc de Chaulnes 法　115
Duncan の式　252
DVD　398

E

EEM　84
ELID　84
EPR 効果　334
ESF　121
Étendue　70, 427
EUVL　422

F

F ナンバー　42, 109, 149
$f\theta$ レンズ　407
F_2 レーザー　91
FAG　321
Fabry-Pérot エタロン　101
Faraday 効果　21, 236
FDTD 法　283
FEM　284
Fermat の原理　2
FFT　265
Fisher Vector　208
Fizeau 干渉計　111
FMM　284
FOG　236
Forbes 非球面　60
FPD　327
Fraunhofer, J. von　162
Fraunhofer 回折　14
Fraunhofer ホログラム　261
Fresnel 回折　14
Fresnel 回折計算法　263
Fresnel 係数　451
Fresnel ゾーンプレート　162, 268, 306
Fresnel ナンバー　48
Fresnel の公式　10
Fresnel の方程式　19
Fresnel 変換ホログラム　265
Fresnel ホログラム　261
Fresnel レンズスクリーン　430

Fresnel-Kirchhoff の回折積分　13
fs レーザー　411

G

GaAs　129
Gabor, D.　259
Galileo 式望遠鏡　387
Ge　131
Geiger モード APD　178
Gerchberg-Saxton 法　203
Glan-Thompson プリズム　188
Glauber　289
GRIN（Gradient Index）レンズ　67, 94, 150

H

HC　71
HDTV　370
Helmholtz の相反定理　13
Helmholtz 方程式　9
Helmholtz-Kirchhoff の積分定理　13
Helmholtz-Lagrange の不変量　40
Henyey-Greenstein 関数　331
Hermann 格子　279
Herzberger　2
HIO 法　203
HOG 法　206
HOMO　171

I

IBF　83
ICC プロファイル　257
ImageNet　208

J

Jones 行列　17
Jones ベクトル　16

K

KBr　132
KCl　132
KDP　126
Kepler 式望遠鏡　387
Kerr 効果　21

Kerrレンズ効果　300
Kerrレンズモード同期　299, 300
Kirchhoffの法則　24
KK変換　117
KM変換　117
Köhler照明　380
KTP　126
Kubelka-Munk理論　251

L

L錐体　243
LBO　127
LBP　406
LCD　428
LCOS　192, 428
LED　173
LEDプリンター　408
LIBWE　91
Lippmannホログラム　262, 266
LN　127
Lohmannホログラム　264
LSF　121
LUMO　171

M

M錐体　243
MacLeod-Boynton表色系　249
Malusの定理　2
Malusの法則　17, 186
Manley-Roweの関係式　292
Marechalのクライテリオン　51
Maxwell方程式　448
MEMS　355
MEMSミラー　152
Michelsonの恒星干渉計　32
Mie散乱　28
MiniDV　370
MOPA　410
Moth Eye　90
MPPC　178
MTF　52, 120
Müller行列　17
Munsell表色系　249
Murray-Daviesの式　252

N

NA　149, 399
NaCl　132
Nasmyth焦点　387

NBI　315
NCS表色系　250
Nd:YVO$_4$レーザー　409, 410
NDフィルター　160
Neugebauerの方程式　253
Nicolプリズム　187
NIRS　329
NTST　370
Nullレンズ　389

O

OCT　316
Off-Axial光学系　64
OKP®　134
OLPF　197
OPCPA　301
OSA色票　250
OSA表色系　250
OTDR　237
OTF　49, 52, 120, 201
　——の測定　**119**

P

p偏光　10
PBS　429
PCS（profile connection space）258
PDD　333
PDT　333
Pechanプリズム　158
Perceptual　257
Planckの式　23
PLD　92
Pockels効果　21
Poincaré球　17
Porroプリズム　98, 157
Prenticeの公式　392
PSF　51, 121, 201, 338
psレーザー　410
PTF　120
Pülflich屈折計　113
PVD　139

Q

QスイッチNd:YAGレーザー　92
QRコード　203

R

Raman散乱　237, 281, 288
Ramanレーザー　295
RANSAC法　206
Rayleigh長　73
Rayleighの式　362
RF放電型　170
Ritchey-Chrétien　387
Rittenhouse, D.　162
RMS　51
ROM　398
Rowland, H. A.　162

S

S字特性　200
S錐体　243
s偏光　10
S3D　431
Sagnac効果　236
Saturation　257
Schmidtプリズム　158
Schmidt望遠鏡　388
Schmidt-Pechanプリズム　158
SDTV　370
Seidelの5収差　44, 444
self-imaging効果　308
Serrurierトラス　388
SESAM　300
Shack-Hartmannカメラ　389
Shack-Hartmannセンサー　111, 356
shape from motion法　211
shape from shading法　210
Si　131, 344
SIFT法　205
SiPM　178
SIRフィルター　214
Slusher　289
SMO　362
SMS法　72
Snellの法則　2, 76, 441
space carving法　211
sRGB　258
Stefan-Boltzmann定数　23
Stirlingエンジン　342
Stokes光　295
Stokesの関係式　10
Stokesパラメーター　17, 239
Stokes偏光計　239

Strehl ratio 354
SVM 208

T

Talbot 干渉計 308
Talbot 効果 308
TDI 234
TE 波 183
TFT 327
TLAS 172
TLM 285
TM 波 183
TOF カメラ 211
Tscherning の楕円 392
TTL 348
TV ディストーション 53

U

UCR 256

V

V ブロック法 114

van Cittert-Zernike の定理 32, 50
van der Waals 力 101
VCSEL 407
Verdet 定数 21
VHS 370
VHS-C 370
visual word 206
vocabulary tree 207

W

Wien の変位則 23
Wiener フィルター 201
Wollaston プリズム 188
Wood レンズ 68

X

xy 色度図 247
X 線 CT 309
X 線位相イメージング法 309
X 線位相コントラスト 307
X 線イメージング **306**
X 線干渉計 309
X 線顕微鏡 306
X 線光学素子 306
X 線断層撮影法 309
X 線トモグラフィー 309
X 線ホログラフィー 307
X 線ミラー 306

Y

YAG 126
Yb:YAG レーザー結晶 411
Yule-Nielsen の式 253

Z

Zernike 多項式 46, 62, 110, 337, 446
Zernike 多項式標準タイプ 63
Zernike 多項式フリンジタイプ 63
ZnS 129
ZnSe 129

資　料　編

──掲載会社──
（五十音順）

サイバネットシステム株式会社 ……………………………………… 1
株式会社ニコンインステック …………………………………………… 2
日本薄膜光学株式会社 …………………………………………………… 3

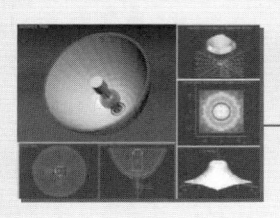

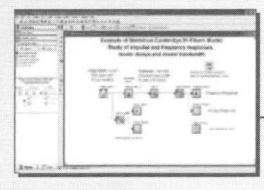

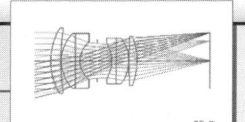

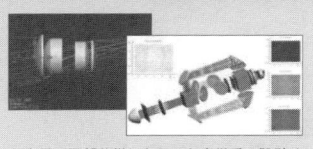

Nikon

先進をゆく顕微鏡が、生体/ライブセルイメージングの新時代を切り拓く。

微細な世界を見る技術が、また新たな次元に到達しました。
常に頂点を目指して挑戦し続けるニコンの高度な顕微鏡技術が、生命科学の明日を揺り動かします。

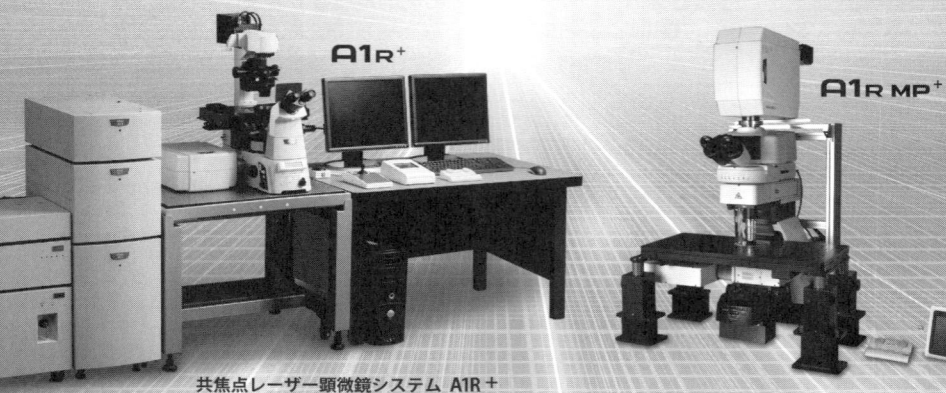

共焦点レーザー顕微鏡システム A1R+
- ガルバノ・高速レゾナントの2種類のスキャナーを搭載し、高速&高画質なイメージングが可能に。

高速多光子共焦点レーザー顕微鏡システム A1R MP+
- 独自の高速スキャニング技術と高感度受光技術により、600μm以上の深部からの画像を420枚/秒（512×32画素）で可視化します。

広帯域・高解像対物レンズ λS対物レンズ
- 超低屈折率を誇るニコン独自の薄膜技術、ナノクリスタルコートを採用。
- 広範囲波長での高い透過率と同時に、広い色収差補正を実現しています。

超解像顕微鏡 N-SIM/N-STORM
- 100nm以下の解像度で、0.6秒/枚*での連続画像取得が可能な「N-SIM」
- 従来製品の約10倍（約20nm）の分解能を実現した「N-STORM」
    * 2D-SIM/TIRF-SIMモードで最速の場合。

販売元
株式会社ニコン / 株式会社ニコン インステック

カタログ・パンフレット等のご請求は、（株）ニコンインステック バイオサイエンス営業本部へ
100-0006 東京都千代田区有楽町1-12-1（新有楽町ビル4F） 電話(03)3216-9163

■製品お問い合わせ（フリーダイヤル）0120-586-617
www.nikon-instruments.jp

各種レーザー反射鏡および光学用薄膜製品全般の研究・開発・製造

日本薄膜光学株式会社

薄膜に関して提起された難問を、迅速に開発、試作する

▶レーザー用反射膜

硝子、石英等の表面に多層膜を蒸着し、金属膜では得られない高反射膜、あるいは吸収が零に近い効率の良い半透明膜をつけることが出来ます。蒸着物質の組合せおよび膜厚、層数を適当な値にすることにより、任意の波長域において希望の反射率を持つ膜を作ることが出来ます。

▶干渉フィルター

干渉フィルターは吸収によらず干渉の結果行われる選択反射によって光の炉過を行い、真空蒸着した膜厚によって任意な波長のみを透過する単色フィルターであります。吸収型の色硝子、ゼラチン等の単色フィルターと比較して非常に透過帯の巾が狭く、透過率の高いのが特徴であり、簡便に明るく純度の良い単色光が得られるために、次のような方面に多く使われております。

比較計、炎光光度計、モノクロメーター等、光学器械の光学系の中に、また物理、化学、生物学、医学、薬学、天文学の各分野、およびレーザー、宇宙開発関係にも使われております。

▶ダイクロイック・フィルター

硝子板上に屈折率の高い非吸収の物質と、低い非吸収物質を交互に真空蒸着し、膜の厚さと層数を適当な値にすると、光の干渉作用で、ある波長域の光を反射し、他の波長域の光を透過するダイクロイック・フィルターが出来ます。標準型ダイクロイック・フィルターには反射型として、青反射ミラー、赤反射ミラー、緑反射ミラーがあり、透過型として、イエローフィルター、マゼンダフィルター、シアンフィルターがあります。

▶偏光ビーム・スプリッター

レーザー光、あるいは他の単色光のP成分とS成分とをほとんど損失なく任意の角度に分離する偏光キューブ・プリズムです。レーザーによるCD、ビデオディスク、光メモリー、光通信等多方面の応用に有用です。

▶近赤外カット・フィルター

可視光は色補正を行いながら透過し、近赤外を反射、あるいは吸収するフィルターです。カラーテレビ用撮像管、光通信用分光器等、その必要部品として不可欠のものであり、透過帯と反射帯の境界波長位置は使用目的に応じて任意に変えられます。

▶反射防止膜

基板材料の種類に応じて反射防止加工が出来ます。光学ガラス、石英、サファイア、シリコン、ゲルマニウム、YAG、その他特殊光学結晶等に施します。

▶コールド・ミラー/コールド・フィルター

ハロゲンランプ、キセノンランプ等はいずれも可視光以外に赤外光の形で熱を輻射します。映写機、スタジオ用投光器等の光源を使用するものは全てこの輻射熱のため悪影響を受けてきました。コールド・ミラーは可視光線のみを反射し、有害な熱線を良く透過するので光源用の反射鏡として好適であります。コールド・フィルターは、コールド・ミラーと逆の分光特性を持ち、可視光を透過して熱線を反射する性質を持っています。いずれも被膜は吸収のない多層膜からなります。

以上の他、金属膜や半導体膜等あらゆる薄膜製品を取り扱っております。

日本薄膜光学株式会社　　代表取締役　久木　民治　　本社・工場　神奈川県川崎市川崎区新川通5番5号
　　　　　　　　　　　　資　本　金　3,200万円　　　TEL 044(233)7883　　FAX 044(233)4066

| | 光学技術の事典 | | | 定価はカバーに表示 |

2014 年 8 月 25 日　初版第 1 刷

編集者	黒田和男
	荒木敬介
	大木裕史
	武田光夫
	森　伸芳
	谷田貝豊彦

発行者　朝　倉　邦　造

発行所　株式会社　朝　倉　書　店

　　　　東京都新宿区新小川町 6-29
　　　　郵便番号　162-8707
　　　　電　話　03（3260）0141
　　　　F A X　03（3260）0180
　　　　http://www.asakura.co.jp

〈検印省略〉

ⓒ 2014〈無断複写・転載を禁ず〉　　　　新日本印刷・渡辺製本

ISBN 978-4-254-21041-5　C 3550　　　　Printed in Japan

JCOPY ＜（社）出版者著作権管理機構 委託出版物＞

本書の無断複写は著作権法上での例外を除き禁じられています．複写される場合は，そのつど事前に，（社）出版者著作権管理機構（電話 03-3513-6969，FAX 03-3513-6979，e-mail: info@jcopy.or.jp）の許諾を得てください．

東京工芸大 渋谷眞人・ニコン 大木裕史著
光学ライブラリー1
回折と結像の光学
13731-6 C3342　　　　A5判 240頁 本体4800円

光技術の基礎は回折と結像である。理論の全体を体系的かつ実際的に解説し，最新の問題まで扱う〔内容〕回折の基礎／スカラー回折理論における結像／収差／ベクトル回折／光学的超解像／付録（光波の記述法／輝度不変／ガウスビーム他）／他

上智大 江馬一弘著
光学ライブラリー2
光物理学の基礎
―物質中の光の振舞い―
13732-3 C3342　　　　A5判 212頁 本体3600円

二面性をもつ光は物質中でどのような振舞いをするかを物理の観点から詳述。〔内容〕物質の中の光／光の伝搬方程式／応答関数と光学定数／境界面における反射と屈折／誘電体の光学応答／金属の光学応答／光パルスの線形伝搬／問題の解答

前東大 黒田和男著
光学ライブラリー3
物理光学
―媒質中の光波の伝搬―
13733-0 C3342　　　　A5判 224頁 本体3800円

膜など多層構造をもった物質に光がどのように伝搬するかまで例題と解説を加え詳述。〔内容〕電磁波／反射と屈折／偏光／結晶光学／光学活性／分散と光エネルギー／金属／多層膜／不均一な層状媒質／光導波路と周期構造／負屈折率媒質

宇都宮大学 谷田貝豊彦著
光学ライブラリー4
光とフーリエ変換
13734-7 C3345　　　　A5判 196頁 本体3600円

回折や分光の現象などにおいては，フーリエ変換そのものが物理的意味をもつ。本書は定本として高い評価を得てきたが，今回「ヒルベルト変換による位相解析」，「ディジタルホログラフィー」などの節を追補するなど大幅な改訂を実現。

(株)ニコン 歌川 健著
光学ライブラリー5
デジタルイメージング
13735-4 C3342　　　　A5判 208頁 本体3600円

デジタルスチルカメラはどのような光学的仕組みで画像処理等がなされているかを詳細に解説。〔内容〕デジタル方式の撮像／デジタル撮像素子と空間量子化／補間と画質／色の表示と色の数字／カメラの色処理カラーマネジメント／写真と目と脳

大阪大 伊東一良編著
光学ライブラリー6
分光画像入門
13736-1 C3342　　　　A5判 176頁 本体3400円

情報技術の根幹をなす「分光情報と画像情報」の仕組みを解説。〔内容〕分光画像とは／光の散乱・吸収と表面色／測光の基礎とフーリエ変換／分光映像法の分類／結像型分光映像法／波動光学と3次元干渉分光映像法／分光画像の利用／コラム

東工大 内川惠二総編集　高知工科大 篠森敬三編
講座 感覚・知覚の科学1
視　覚　Ⅰ
―視覚系の構造と初期機能―
10631-2 C3340　　　　A5判 276頁 本体5800円

〔内容〕眼球光学系－基本構造－（鵜飼一彦）／神経生理（花沢明俊）／眼球運動（古賀一男）／光の強さ（篠森敬三）／色覚－色弁別・発達と加齢など－（篠森敬三・内川惠二）／時空間特性－時間的足合せ・周辺視など－（佐藤雅之）

東工大 内川惠二総編集　東北大 塩入　諭編
講座 感覚・知覚の科学2
視　覚　Ⅱ
―視覚系の中期・高次機能―
10632-9 C3340　　　　A5判 280頁 本体5800円

〔内容〕視覚現象（吉澤）／運動検出器の時空間フィルタモデル／高次の運動検出／立体・奥行きの知覚（金子）／両眼立体視の特性とモデル／両眼情報と奥行き情報の統合（塩入・松宮・金子）／空間視（中溝・光藤）／視覚的注意（塩入）

3次元フォーラム 羽倉弘之・前日本工大 山田千彦・大口孝之編著
裸眼3Dグラフィクス
20151-2 C3050　　　　A5判 256頁 本体4600円

3Dの映像・グラフィクス技術は今や産業界だけでなく，家庭生活にまで急速に浸透している。本書は今後の大きな流れになる「裸眼式」を念頭に最新の技術と仕組みを多くの図を使って詳述。〔内容〕パララックスバリア／レンチキュラ／DFD等

大阪大学光科学センター編
光科学の世界
21042-2 C3050　　　　A5判 228頁 本体3200円

光は物やその状態を見るために必要不可欠な媒体であるため，光科学はあらゆる分野で重要かつ学際性豊かな基盤技術を提供している。光科学・技術の幅広い知識を解説。〔内容〕特殊な光／社会に貢献する光／光で操る・光を操る／光で探る

上記価格（税別）は2014年7月現在